Computabilidade e lógica

Título original: *Computability and Logic*

Fundação Editora da UNESP (FEU)
Praça da Sé, 108
01001-900 – São Paulo – SP
Tel.: (0xx11) 3242-7171
Fax: (0xx11) 3242-7172
www.editoraunesp.com.br
www.livrariaunesp.com.br
feu@editora.unesp.br

CIP – Brasil. Catalogação na fonte
Sindicato Nacional dos Editores de Livros, RJ

B715c

Boolos, George S.
Computabilidade e lógica/George S. Boolos, John P. Burgess, Richard C. Jeffrey; tradução de Cezar A. Mortari. – São Paulo: Editora Unesp, 2012.

Tradução de: Computability and logic
Inclui bibliografia
ISBN 978-85-393-0366-3

1. Matemática 2. Lógica simbólica e matemática. I. Burgess, John P., 1948-. II. Jeffrey, Richard C. III. Título.

12-7652. CDD: 510
CDU: 51

Editora afiliada:

Asociación de Editoriales Universitarias de América Latina y el Caribe

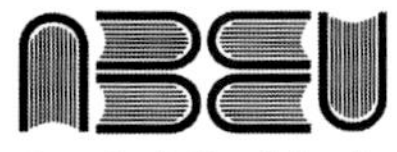

Associação Brasileira de Editoras Universitárias

George S. Boolos
John P. Burgess
Richard C. Jeffrey

Computabilidade e lógica

Tradução
Cezar A. Mortari

Para
SALLY
e
AIGLI
e
EDITH

Sumário

METALÓGICA BÁSICA

TÓPICOS ADICIONAIS

Prefácio à quinta edição em inglês

Os autores originais deste livro, os já falecidos George Boolos e Richard Jeffrey, afirmaram, no prefácio à primeira edição, que a obra destinava-se a estudantes de filosofia, de matemática ou de outras áreas, que desejassem um conhecimento de lógica mais avançado do que aquele fornecido por um curso introdutório ou livro-texto sobre o assunto, e acrescentaram o seguinte:

> O objetivo foi apresentar os principais resultados teóricos fundamentais *sobre* a lógica, e incluir também certos outros resultados metalógicos cujas demonstrações não podem ser facilmente obtidas em outra parte. Tentamos tornar a exposição tão agradável à leitura quanto fosse compatível com a apresentação de provas completas, usar as demonstrações mais elegantes que conhecíamos, empregar uma notação padrão, e reduzir em geral o grau de complicação.

Esses permaneceram os objetivos de todas as edições subsequentes.

Os "principais resultados teóricos fundamentais *sobre* a lógica" são, essencialmente, os teoremas de Gödel, o teorema de completude e, especialmente, os teoremas de incompletude, com os lemas e corolários que os acompanham. Os "outros resultados metalógicos" incluídos foram de dois tipos. Por um lado, ocupando aproximadamente o primeiro terço do livro, há uma extensa exposição, por Richard Jeffrey, da teoria das máquinas de Turing, um tópico a que frequentemente se faz alusão na literatura especializada de filosofia, ciências da computação e estudos cognitivos, mas que, com frequência, é omitido em livros do nível deste. Por outro lado, há uma seleção variada de teoremas sobre (in)definibilidade, (in)decidibilidade, (in)completude e tópicos relacionados, aos quais George Boolos foi acrescentando mais alguns itens a cada edição sucessiva, até que, por volta da terceira, a última para a qual ele contribuiu diretamente, isso veio a ocupar aproximadamente o último terço do livro.

Quando incumbi-me de uma edição revisada, meu objetivo especial era aumentar a utilidade pedagógica do livro, acrescentando uma seleção de problemas ao final de cada capítulo e fazendo que mais capítulos ficassem independentes um do outro, de modo a aumentar o âmbito de opções disponíveis ao instrutor ou leitor sobre o que incluir e o que deixar para depois. A tentativa de alcançar esse último objetivo envolveu reescrever substancialmente o texto, especialmente no terço médio do livro. Vários dos novos problemas e uma seção nova sobre indecidibilidade foram tomados do *Nachlass* de Boolos, ao passo que o trabalho de reescrever o resumo da lógica de primeira ordem – sintetizando o material tipicamente coberto de modo mais vagaroso em um curso ou texto introdutórios, e introduzindo os modos de raciocínio mais abstratos que distinguem a lógica de nível intermediário daquela de nível introdutório – foi empreendido por meio de uma troca de ideias com Jeffrey. Quanto ao resto, as mudanças foram inteiramente de minha responsabilidade.

Em linhas gerais, o livro agora é o seguinte: o curso básico em lógica intermediária, culminando no primeiro teorema de incompletude, está contido nos capítulos 1, 2, 6, 7, 9, 10, 12, 15, 16 e 17, exceto quaisquer seções desses capítulos assinaladas como opcionais. Os conhecimentos necessários a respeito de conjuntos enumeráveis e não enumeráveis são fornecidos nos capítulos 1 e 2. Todo o material sobre computabilidade (teoria da recursão) que é estritamente necessário para os teoremas de incompletude foi agora reunido nos capítulos 6 e 7, que podem, se desejado, ser adiados para depois dos conhecimentos de lógica necessários. Esse material é apresentado nos capítulos 9, 10 e 12 (para os leitores que não tiveram um curso introdutório de lógica que tenha incluído uma demonstração do teorema de completude, os capítulos 13 e 14 também serão necessários). Os mecanismos necessários para a demonstração dos teoremas de incompletude estão contidos no capítulo 15, sobre a aritmetização da sintaxe (embora o instrutor ou leitor disposto a confiar na tese de Church possa omitir todas as seções desse capítulo, exceto a primeira), e no capítulo 16, sobre a representabilidade das funções recursivas. O primeiro teorema de incompletude é demonstrado no capítulo 17. (O segundo teorema de incompletude é discutido no capítulo 18.)

Um curso de um semestre deveria incluir tempo suficiente para começar a estudar vários tópicos suplementares além desse material essencial. O tópico ao qual se dá a mais completa exposição é a teoria das máquinas de Turing e sua relação com as funções recursivas, que é tratado nos capítulos 3 a 5 e 8 (com uma aplicação à lógica no capítulo 11). Isso inclui agora uma exposição do teorema de Turing sobre a existência de uma máquina de Turing universal, um dos marcos intelectuais do século passado. Se esse material deve ser incluído, seria melhor estudar os capítulos 3 a 8 nessa ordem, quer depois do capítulo 2, quer depois do capítulo 12 (ou 14).

Os capítulos 19 a 21 tratam de tópicos em lógica geral, e qualquer um deles pode ser estudado imediatamente após o capítulo 12 (ou 14). O capítulo 19 é pressuposto pelos capítulos 20 e 21, mas esses últimos são independentes um do outro. Os capítulos 22 a 26, todos independentes uns dos outros, tratam de tópicos relacionados à aritmética formal, e qualquer um deles poderia ser tranquilamente estudado após o capítulo 17. Somente o capítulo 27 pressupõe o capítulo 18. Leitores da edição prévia desta obra descobrirão que essencialmente todo o material ainda está aqui, embora nem sempre no mesmo lugar, exceto por algum material que estava na versão anterior do capítulo 27 e que, desde a última edição, foi deslocado para *The Logic of Provability*.

Todas essas mudanças foram feitas na quarta edição. Na presente quinta edição, a principal mudança no corpo do texto (fora correções de erros tipográficos) foi uma revisão adicional e simplificação do tratamento dado à representabilidade das funções recursivas, tradicionalmente uma das maiores dificuldades para os estudantes. A versão que se encontra agora na seção 16.2 representa a essência de mais de vinte anos de experiência de ensino tentando encontrar maneiras mais fáceis de passar por esse obstáculo. A seção 16.4 sobre a aritmética de Robinson também foi reescrita. Em resposta a uma sugestão de Warren Goldfarb, uma discussão explícita da distinção entre dois tipos diferentes de recurso à tese de Church, os evitáveis e os inevitáveis, foi inserida no final da seção 7.2. Os recursos evitáveis são aqueles que consistem em omitir a verificação de que certas funções que obviamente são efetivamente computáveis são recursivas; os recursos inevitáveis são aqueles envolvidos sempre que um teorema sobre recursividade é convertido em uma conclusão sobre computabilidade efetiva no sentido intuitivo.

Por outro lado, deveria ser desnecessário dizer que, em um livro-texto sobre um assunto clássico, apenas um pequeno número dos resultados apresentados é originalmente dos autores. Por outro lado, um livro-texto talvez não seja o melhor lugar para entrar nas minúcias da história de uma área. Exceto pela seção de observações ao final do capítulo 18, indicamos ao estudante ou leitor a história deste campo de investigação mormente pelos nomes associados aos vários teoremas. Veja também a bibliografia comentada, no final do livro.

Resta a agradável tarefa de expressar agradecimentos (além daqueles a quem o livro é dedicado) àqueles com quem os autores tiveram dívidas pessoais. Na terceira edição desta obra, os autores originais já haviam citado Paul Benacerraf, Burton Dreben, Hartry Field, Clark Glymour, Warren Goldfarb, Simon Kochen, Saul Kripke, David Lewis, Paul Mellema, Hilary Putnam, W. V. Quine, T. M. Scanlon, James Thomson e Peter Tovey, com agradecimentos especiais a Michael J. Pendlebury por desenhar o diagrama "de limpeza" no que é agora a seção 5.2.

Com relação à quarta edição, meus agradecimentos deveram-se coletivamente aos estudantes que serviram como público cobaia para versões intermediárias e, especialmente, a meus muito capazes assistentes de ensino, Mike Fara, Nick Smith e Caspar Hare, com agradecimentos especiais ao último nomeado pelo exemplo da "função de pontuação" na seção 4.2. Com relação à presente quinta edição, Curtis Brown, Mark Buldofson, John Corcoran, Sinan Dogramaci, Hannes Eder, Warren Goldfarb, Hannes Hutzelmeyer, David Keyt, Brad Monton, Jacob Rosen, Jada Strabbing, Dustin Tucker, Joel Velasco, Evan Williams e Richard Zach devem receber agradecimentos pela correção de erros tipográficos da quarta edição, bem como por outras sugestões úteis.

Talvez a maior mudança relacionada a esta quinta edição não seja visível no próprio livro: ele vem agora com o apoio de um manual do instrutor. O manual contém (além de correção de quaisquer erros que sejam percebidos) sugestões aos estudantes para os problemas com numeração ímpar, e soluções a todos os problemas. Os recursos estão disponíveis para estudantes e instrutores em www.cambridge.org/us/9780521877527.

Janeiro de 2007 JOHN P. BURGESS

Teoria da computabilidade

1

Enumerabilidade

Nosso objetivo último será apresentar alguns teoremas célebres sobre as limitações inerentes ao que pode ser computado e ao que pode ser demonstrado. Mas, antes que tais resultados possam ser estabelecidos, precisamos empreender uma análise da computabilidade e uma análise da demonstrabilidade. Computações envolvem, em primeira instância, os inteiros positivos 1, 2, 3, ..., ao passo que demonstrações consistem em sequências de símbolos do alfabeto usual A, B, C, ... ou de algum outro. Resultará ser importante para a análise tanto da computabilidade quanto da demonstrabilidade compreender a relação entre inteiros positivos e sequências de símbolos, e os conhecimentos básicos sobre essa relação são fornecidos no presente capítulo. O tópico principal é uma distinção entre duas espécies de conjuntos infinitos, os enumeráveis e os não enumeráveis. Este material é apenas uma parte de uma teoria mais abrangente do infinito que é desenvolvida em obras sobre teoria de conjuntos: a parte mais relevante para a computação e a demonstração. Na seção 1.1, introduzimos o conceito de enumerabilidade. Na seção 1.2, nós o ilustramos por meio de exemplos de conjuntos enumeráveis. No próximo capítulo, apresentaremos exemplos de conjuntos não enumeráveis.

1.1 Enumerabilidade

Um conjunto *enumerável*, ou *contável*, é um conjunto cujos elementos podem ser enumerados: dispostos em uma única lista, tendo um primeiro item, um segundo item, e assim por diante, de modo que todo elemento do conjunto apareça mais cedo ou mais tarde na lista. Exemplos: o conjunto P dos inteiros positivos é enumerado pela lista

$$1, 2, 3, 4, \ldots$$

e o conjunto N dos números naturais é enumerado pela lista

$$0, 1, 2, 3, \ldots,$$

ao passo que o conjunto P^- dos inteiros negativos é enumerado pela lista

$$-1, -2, -3, -4, \ldots.$$

Note que os itens dessas listas não são números, mas numerais, ou nomes de números. Em geral, ao listar os elementos de um conjunto você manipula nomes, não as coisas nomeadas. Por exemplo, ao enumerar os membros do Senado dos Estados Unidos, você não obriga os senadores a formarem uma fila; ao contrário, você organiza seus *nomes* em uma lista, talvez alfabeticamente. (Pode-se argumentar que uma exceção ocorre no caso em que os elementos do conjunto sendo enumerado são, eles próprios, expressões linguísticas. Nesse caso, podemos plausivelmente falar em dispor os próprios elementos em uma lista. Mas também poderíamos falar dos itens na lista como *nomes de si mesmos*, para podermos continuar insistindo que, ao enumerar um conjunto, são os *nomes* dos elementos do conjunto que são arranjados em uma lista.)

Por cortesia, consideramos enumerável o conjunto vazio, $\emptyset$, que não tem elementos. (*O* conjunto vazio; há somente um. A terminologia é um pouco enganosa: ela sugere a comparação de conjuntos vazios com recipientes vazios. É mais conveniente, porém, comparar conjuntos a conteúdos, e dever-se-ia considerar que todos os recipientes vazios têm o mesmo conteúdo nulo.)

Uma lista que enumera um conjunto pode ser finita ou interminável. Um conjunto infinito que é enumerável é chamado *enumeravelmente infinito* ou *denumerável*. Sejamos claros a respeito de que coisas contam como listas infinitas, e que coisas não contam. Os inteiros positivos podem ser dispostos em uma única lista infinita, como indicado anteriormente, mas o arranjo a seguir não é aceitável como uma lista dos inteiros positivos:

$$1, 3, 5, 7, \ldots, 2, 4, 6, \ldots.$$

Aqui são listados todos os inteiros positivos ímpares e depois todos os pares. Isso não serve. Em uma lista aceitável, cada item deve aparecer cedo ou tarde como o n-ésimo elemento, para algum n finito. No arranjo inaceitável acima, contudo, nenhum dos inteiros positivos pares é representado dessa maneira. Em vez disso, eles aparecem (por assim dizer) como itens número $\infty + 1$, $\infty + 2$ etc.

Para que este ponto fique perfeitamente claro, poderíamos definir uma enumeração de um conjunto não como uma lista, mas como um arranjo no qual cada elemento do conjunto é *associado a* um dos inteiros positivos $1, 2, 3, \ldots$. Na verdade, uma lista *é* um tal arranjo. A coisa nomeada pelo primeiro item da lista é associada ao inteiro positivo 1, a coisa nomeada pelo segundo item da lista é associada ao inteiro positivo 2, e, em geral, a coisa nomeada pelo n-ésimo item da lista é associada ao inteiro positivo n.

No jargão matemático, uma lista infinita determina uma *função* (vamos chamá-la de f) que toma inteiros positivos como *argumentos* e toma elementos do conjunto como *valores*. [Deveríamos ter escrito: 'vamos chamá-la de "f"', em vez de 'vamos chamá-la de f'? A prática comum na redação matemática consiste em empregar símbolos especiais, inclusive até mesmo letras em itálico do alfabeto comum que estejam sendo usadas como símbolos especiais, como nomes de si mesmos. Caso aconteça que o símbolo especial seja também um nome para alguma outra coisa, por exemplo, uma função (como no caso presente), temos que nos basear no contexto para determinar quando o símbolo está sendo usado de uma maneira, e quando da outra. Na prática, isso não causa nenhuma dificuldade.] O valor da função f para o argumento n é denotado por $f(n)$. Esse valor é simplesmente a coisa denotada pelo n-ésimo item da lista. Assim, a lista

$$2, 4, 6, 8, \ldots,$$

que enumera o conjunto E dos inteiros positivos pares, determina a função f para a qual temos

$$f(1) = 2, \quad f(2) = 4, \quad f(3) = 6, \quad f(4) = 8, \quad f(5) = 10, \ldots.$$

Inversamente, a função f determina a lista, exceto pela notação. (A mesma lista teria a seguinte aparência, em numerais romanos: II, IV, VI, VIII, X, ..., por exemplo.) Assim, poderíamos ter definido a função f primeiro, dizendo que, para qualquer inteiro positivo n, o valor de f é $f(n) = 2n$; e poderíamos então ter descrito a lista dizendo que, para cada inteiro positivo n, seu n-ésimo item é a representação decimal do número $f(n)$, ou seja, do número $2n$.

Podemos então falar de conjuntos como sendo enumerados tanto por funções quanto por listas. Em vez de enumerar os inteiros positivos ímpares pela lista $1, 3, 5, 7, \ldots$, podemos enumerá-los pela função que associa a cada inteiro positivo n o valor $2n - 1$. E em vez de enumerar o conjunto P de todos os inteiros positivos pela lista $1, 2, 3, 4, \ldots$, podemos enumerar P pela função que associa a cada inteiro positivo n o próprio valor n. Esta é a *função identidade*. Se a denominarmos id, temos que $\mathrm{id}(n) = n$ para cada inteiro positivo n.

Se uma função enumera um conjunto não vazio, alguma outra também o faz; de fato, também o fazem infinitamente muitas outras. Assim, o conjunto de inteiros positivos é enumerado não somente pela função id, mas também pela função (vamos chamá-la g) determinada pela seguinte lista:

$$2, 1, 4, 3, 6, 5, \ldots$$

Essa lista é obtida da lista $1, 2, 3, 4, 5, 6, \ldots$ permutando os itens em pares: 1 com 2, 3 com 4, 5 com 6, e assim por diante. Essa lista é uma enumeração estranha, mas perfeitamente aceitável, do conjunto P: cada inteiro positivo aparece nela, cedo ou tarde. A função correspondente, g, pode ser definida como segue:

$$g(n) = \begin{cases} n + 1 & \text{se } n \text{ é ímpar} \\ n - 1 & \text{se } n \text{ é par.} \end{cases}$$

Essa definição não é tão elegante como as definições $f(n) = 2n$ e $\mathrm{id}(n) = n$ das funções f e id, mas faz o mesmo: ela de fato associa um e somente um elemento de P a cada inteiro positivo n. E a função g assim definida de fato enumera P: para cada elemento m de P, há um inteiro positivo n para o qual temos $g(n) = m$.

Ao enumerar um conjunto listando seus elementos, é perfeitamente legítimo que um elemento do conjunto apareça mais de uma vez na lista. A exigência é, mais precisamente, que cada elemento apareça *pelo menos uma vez*. Não importa que a lista seja redundante: tudo o que exigimos é que seja completa. De fato, uma lista redundante pode sempre ser desbastada para que se obtenha uma lista não redundante, uma vez que poderíamos percorrê-la e apagar os itens que repetem itens anteriores. É também perfeitamente legítimo que uma lista contenha lacunas, uma vez que poderíamos percorrê-la e preencher as lacunas. A exigência é que todo elemento do conjunto enumerado seja associado a um inteiro positivo, e não que todo inteiro positivo tenha um elemento do conjunto associado a ele. Assim, enumerações impecáveis dos inteiros positivos são dadas pela seguinte lista repetitiva:

$$1, 1, 2, 2, 3, 3, 4, 4, \ldots$$

e pela seguinte lista cheia de lacunas:

$$1, -, 2, -, 3, -, 4, -, \ldots.$$

A função correspondente a esta última lista (vamos chamá-la de h) atribui valores correspondentes à primeira, terceira, quinta, ... posição na lista, mas não atribui valor algum correspondente às lacunas (segunda, quarta, sexta, ... posições). Assim, temos $h(1) = 1$, mas $h(2)$ não é absolutamente nada, pois a função h *é indefinida* para o argumento 2; $h(3) = 2$, mas $h(4)$ é indefinida; $h(5) = 3$, mas $h(6)$ é indefinida. E assim por diante: h é uma *função parcial* de inteiros positivos; ou seja, é definida somente para argumentos que sejam inteiros positivos, mas não para todos esses argumentos. Explicitamente, poderíamos definir a função parcial h como segue:

$$h(n) = (n + 1)/2 \quad \text{se } n \text{ é ímpar.}$$

Ou, para deixar claro que não esquecemos de dizer que valores h associa a inteiros positivos pares, poderíamos formular a definição como segue:

$$h(n) = \begin{cases} (n+1)/2 & \text{se } n \text{ é ímpar} \\ \text{indefinida} & \text{caso contrário.} \end{cases}$$

Ora, a função parcial h é uma enumeração estranha, mas perfeitamente aceitável, do conjunto P dos inteiros positivos.

Seria perverso escolher h em vez da simples função id como enumeração de P; mas outros conjuntos são enumerados de modo mais natural por funções parciais. Assim, o conjunto E dos inteiros pares é convenientemente enumerado pela função parcial (vamos chamá-la de j) que concorda com id para argumentos pares, e é indefinida para argumentos ímpares:

$$j(n) = \begin{cases} n & \text{se } n \text{ é par} \\ \text{indefinida} & \text{caso contrário.} \end{cases}$$

A lista correspondente, com lacunas, é (em notação decimal):

$$-, 2, -, 4, -, 6, -, 8, \ldots.$$

É claro, a função f considerada anteriormente, definida por $f(n) = 2n$ para todos os inteiros positivos n, era uma enumeração igualmente aceitável de E, correspondendo à lista sem lacunas $2, 4, 6, 8$, e assim por diante.

Qualquer conjunto S de inteiros positivos é enumerado de maneira bastante simples pela função parcial s definida como segue:

$$s(n) = \begin{cases} n & \text{se } n \text{ está no conjunto } S \\ \text{indefinida} & \text{caso contrário.} \end{cases}$$

Veremos no próximo capítulo que, embora todo conjunto de inteiros positivos seja enumerável, há conjuntos de outros tipos que não são enumeráveis. Dizer que um conjunto A é enumerável é dizer que há uma função cujos argumentos todos são inteiros positivos e cujos valores todos são elementos de A, e que cada elemento de A é um valor dessa função: para cada elemento a de A há ao menos um inteiro positivo n ao qual a função associa a como seu valor.

Note que nada nessa definição exige que A seja um conjunto de inteiros positivos ou de números de qualquer espécie. Em vez disso, A poderia ser um conjunto de pessoas; ou um conjunto de expressões linguísticas; ou um conjunto de conjuntos, como quando A é o conjunto $\{P, E, \emptyset\}$. Aqui, A é um conjunto com três elementos, sendo que cada é um conjunto. Um elemento de A é o conjunto infinito P de todos os inteiros positivos; um outro elemento de A é o conjunto infinito E de todos os inteiros positivos pares; e o terceiro elemento é o conjunto vazio $\emptyset$. O conjunto A é certamente enumerável; por exemplo, pela seguinte lista finita: P, E, $\emptyset$. Cada item nessa lista nomeia um elemento de A, e todo elemento de A é cedo ou tarde nomeado nessa lista. Essa lista determina uma função (vamos chamá-la de f), que pode ser definida pelos três enunciados: $f(1) = P$, $f(2) = E$, $f(3) = \emptyset$. Para sermos precisos, f é uma *função parcial* de inteiros positivos, sendo indefinida para argumentos maiores do que 3.

Para concluir, vamos pôr em ordem nossa terminologia. Uma *função* é uma atribuição de *valores* a *argumentos*. O conjunto de todos aqueles argumentos aos quais a função associa valores é denominado o *domínio* da função. O conjunto de todos aqueles valores que a função associa a seus argumentos é chamado a *imagem* da função. No caso de funções cujos argumentos são inteiros positivos, distinguimos entre funções *totais* e funções *parciais*. Uma função total de inteiros positivos é uma cujo domínio é o conjunto P dos inteiros positivos. Uma função parcial de inteiros positivos é uma cujo domínio é algo menos do que todo o conjunto P. De agora em diante, quando falarmos de uma *função de inteiros positivos*, deve ser entendido que fica em aberto se a função é total ou parcial. (Isso difere da terminologia usual, na qual *função* de inteiros positivos sempre significa *função total*.) Um conjunto é *enumerável* se e somente se é a imagem de alguma função de inteiros positivos. Dissemos anteriormente que queremos contar o conjunto vazio $\emptyset$ como enumerável. Temos, portanto, que contar como uma função parcial a *função vazia e* de inteiros positivos que é indefinida para todos os argumentos. Seu domínio e sua imagem são ambos $\emptyset$.

Também será importante considerar funções com dois, três ou mais inteiros positivos como argumentos, notadamente a função adição $\text{soma}(m, n) = m + n$ e a função multiplicação $\text{prod}(m, n) = m \cdot n$. É com frequência conveniente considerar uma função de dois argumentos ou dois lugares de inteiros positivos como uma função de um argumento de *pares ordenados* de inteiros positivos, e analogamente para funções de muitos argumentos. Algumas noções adicionais relativas a funções são definidas nos dois primeiros problemas no final deste capítulo. Em geral, *os problemas finais deveriam ser lidos como parte de cada capítulo*, mesmo se nem todos eles forem ser resolvidos.

1.2 Conjuntos enumeráveis

Ilustramos a seguir a definição da seção precedente por meio de alguns exemplos importantes. Os conjuntos seguintes são enumeráveis.

1.1 Exemplo. (O conjunto dos inteiros). A lista mais simples é $0, 1, -1, 2, -2, 3, -3, \ldots$. Então, se a função correspondente é denominada f, temos $f(1) = 0$, $f(2) = 1$, $f(3) = -1$, $f(4) = 2$, $f(5) = -2$, e assim por diante.

1.2 Exemplo. (O conjunto de pares ordenados de inteiros positivos). A enumeração de pares será tão importante em nossos estudos posteriores que pode ser bom indicar duas maneiras diferentes de realizar isso. Primeira maneira: antes de fazer a enumeração, vamos organizar os pares em uma tabela retangular. Vamos então percorrer a tabela no estilo *em zigue-zague de Cantor*, indicado na Figura 1.1. Isso nos dá a lista

$$(1,1),(1,2),(2,1),(1,3),(2,2),(3,1),(1,4),(2,3),(3,2),(4,1),\ldots.$$

Se chamarmos a função aqui envolvida de G, temos então $G(1) = (1,1)$, $G(2) = (1,2)$, $G(3) = (2,1)$, e assim por diante. O padrão é: primeiro vem o par cuja soma dos elementos é 2, então vêm os pares cuja soma dos elementos é 3, então vêm os pares cuja soma dos elementos é 4, e assim por diante. No interior de cada bloco de pares cujos elementos têm a mesma soma, os pares aparecem em ordem crescente de primeiro elemento.

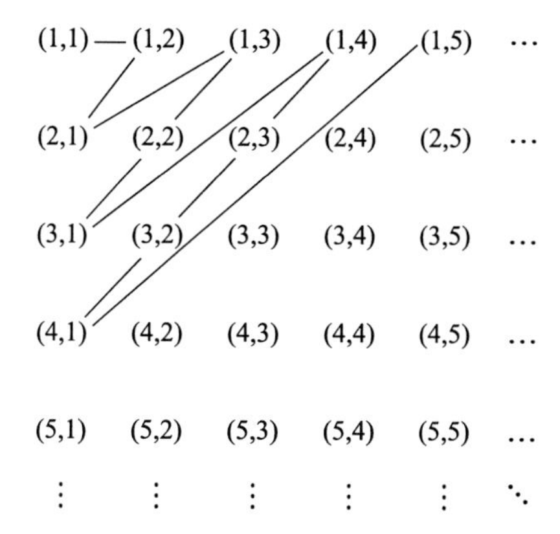

Figura 1.1. Enumerando pares de inteiros positivos

No que toca à segunda maneira, começamos com a ideia de que, enquanto um hotel comum pode ter que recusar um hóspede em potencial porque todos os quartos estão ocupados, um hotel com uma infinidade enumerável de quartos sempre terá lugar para mais alguém: o novo hóspede pode ser colocado no quarto 1, e solicita-se a todos os demais hóspedes que se mudem para o quarto seguinte. De fato, porém, um pouco mais de reflexão mostra que, com previdência, o gerente do hotel pode estar preparado para acomodar a cada dia um ônibus lotado com uma infinidade enumerável de novos hóspedes, sem incomodar nenhum hóspede mais antigo, fazendo-os trocar de quarto. Aqueles que chegam no primeiro dia são colocados em *cada segundo* quarto, aqueles que chegam no segundo dia são colocados em cada segundo quarto *entre aqueles quartos que permanecem vazios*, e assim por diante. Para aplicar essas considerações aos pares na enumeração, usemos cada segundo lugar ao listar os pares $(1,n)$, cada segundo lugar remanescente ao listar os pares $(2,n)$, cada segundo lugar remanescente ao listar os pares $(3,n)$, e assim por diante. O resultado ficará assim:

$$(1,1),(2,1),(1,2),(3,1),(1,3),(2,2),(1,4),(4,1),(1,5),(2,3),\ldots.$$

Se denominarmos a função aqui envolvida g, então $g(1) = (1,1)$, $g(2) = (2,1)$, $g(3) = (1,2)$, e assim por diante.

Dada uma função f que enumera os pares de inteiros positivos, tal como G ou g acima, um a tal que $f(a) = (m,n)$ pode ser denominado um *número de código* para o par (m,n). Aplicar a função f pode ser denominado *decodificar*, ao passo que ir na direção oposta, do par ao código para ele, pode ser denominado *codificar*.

É de fato possível derivar fórmulas matemáticas para as funções codificadoras J e j que acompanham as funções decodificadoras G e g acima. (Possível, mas não necessário: o que dissemos até agora é mais do que suficiente como uma prova de que o conjunto de pares é enumerável.)

Comecemos com J. Queremos que $J(m, n)$ seja o número p tal que $G(p) = (m, n)$, isto é, a posição p em que o par (m, n) ocorre na enumeração correspondente a G. Antes de chegar ao par (m, n), teremos que passar pelo par cujos elementos somam 2, os dois pares cujos elementos somam 3, os três pares cujos elementos somam 4, e assim por diante, até e inclusive os $m + n - 2$ pares cujos elementos somam $m + n - 1$. O par (m, n) aparecerá no m-ésimo lugar depois de todos esses pares. Assim, a posição do par (m, n) será dada por

$$[1 + 2 + \cdots + (m + n - 2)] + m.$$

Neste ponto, recordemos a fórmula para a soma dos primeiros k inteiros positivos:

$$1 + 2 + \cdots + k = k(k + 1)/2.$$

(Não importa, por enquanto, de onde veio essa fórmula. Sua derivação será relembrada em um capítulo posterior.) Assim, a posição do par (m, n) será dada por

$$(m + n - 2)(m + n - 1)/2 + m.$$

Isso pode ser simplificado para

$$J(m, n) = (m^2 + 2mn + n^2 - m - 3n + 2)/2.$$

Por exemplo, o par $(3, 2)$ deve estar na posição

$$(3^2 + 2 \cdot 3 \cdot 2 + 2^2 - 3 - 3 \cdot 2 + 2)/2 = (9 + 12 + 4 - 3 - 6 + 2)/2 = 18/2 = 9,$$

e pode-se de fato ver (relembrando a enumeração exibida acima) que está: $G(9) = (3, 2)$.

Passando agora a j, vemos que as coisas são um pouco mais simples. Os pares cujo primeiro elemento é 1 aparecerão nas posições cujos números são ímpares, com $(1, n)$ na posição $2n - 1$. Os pares cujo primeiro elemento é 2 aparecerão nas posições cujos números são o dobro de um número ímpar, com $(2, n)$ na posição $2(2n - 1)$. Os pares cujo primeiro elemento é 3 aparecerão nas posições cujos números são o quádruplo de um número ímpar, com $(3, n)$ na posição $4(2n - 1)$. Em geral, em termos de potências de dois ($2^0 = 1$, $2^1 = 2$, $2^2 = 4$, e assim por diante), (m, n) aparecerá na posição $j(m, n) = 2^{m-1}(2n - 1)$. Assim, $(3, 2)$ deve vir na posição $2^{3-1}(2 \cdot 2 - 1) = 2^2(4 - 1) = 4 \cdot 3 = 12$, como de fato ocorre: $g(12) = (3, 2)$.

A série de exemplos que segue mostra como objetos cada vez mais complicados podem ser codificados por inteiros positivos. Os leitores podem desejar tentar encontrar suas próprias demonstrações antes de lerem as nossas; por essa razão, apresentamos os enunciados de todos os exemplos primeiro, e reunimos todas as demonstrações depois. Como já vimos no Exemplo 1.2, várias codificações igualmente boas podem ser possíveis.

1.3 Exemplo. O conjunto dos números racionais positivos.

1.4 Exemplo. O conjunto dos números racionais.

1.5 Exemplo. O conjunto das triplas ordenadas de inteiros positivos.

1.6 Exemplo. O conjunto das k-uplas ordenadas de positivos, para qualquer k fixado.

1.7 Exemplo. O conjunto das sequências finitas de inteiros positivos menores que 10.

1.8 Exemplo. O conjunto das sequências finitas de inteiros positivos menores que b, para qualquer b fixado.

1.9 Exemplo. O conjunto das sequências finitas de inteiros positivos.

1.10 Exemplo. O conjunto dos conjuntos finitos de inteiros positivos.

1.11 Exemplo. Qualquer subconjunto de um conjunto enumerável.

1.12 Exemplo. A união de dois conjuntos enumeráveis quaisquer.

1.13 Exemplo. O conjunto das cadeias finitas de um alfabeto de símbolos finito ou enumerável.

Demonstrações

Exemplo 1.3. Um número racional positivo é um número que pode ser expresso como uma razão de inteiros positivos, isto é, na forma m/n, em que m e n são inteiros positivos. Portanto, podemos obter uma enumeração de todos os números racionais positivos começando com nossa enumeração de todos os pares de inteiros positivos e substituindo o par (m,n) pelo número racional m/n. Isso nos dá a lista

$$1/1, 1/2, 2/1, 1/3, 2/2, 3/1, 1/4, 2/3, 3/2, 4/1, 1/5, 2/4, 3/3, 4/2, 5/1, 1/6, \ldots$$

ou, simplificadamente,

$$1, 1/2, 2, 1/3, 1, 3, 1/4, 2/3, 3/2, 4, 1/5, 1/2, 1, 2, 5, 1/6, \ldots.$$

Todo número racional positivo aparece de fato infinitamente muitas vezes, já que, por exemplo, $1/1 = 2/2 = 3/3 = \cdots$ e $1/2 = 2/4 = \cdots$ e $2/1 = 4/2 = \cdots$ e analogamente para todos os outros números racionais. Mas não há problema nisso: nossa definição de enumerabilidade permite repetições.

Exemplo 1.4. Combinamos as ideias dos Exemplos 1.1 e 1.3. Você sabe, do Exemplo 1.3, como dispor os racionais positivos em uma lista única, infinita. Escreva um zero na frente dessa lista e depois escreva todos os racionais positivos, de modo inverso e com sinais de menos na frente deles, antes disso. Você agora tem

$$\ldots, -1/3, -2, -1/2, -1, 0, 1, 1/2, 2, 1/3, \ldots.$$

Finalmente, use o método do Exemplo 1.1 para transformar isso em uma lista apropriada:

$$0, 1, -1, 1/2, -1/2, 2, -2, 1/3, -1/3, \ldots.$$

Exemplo 1.5. No Exemplo 1.2 apresentamos duas maneiras de listar todos os pares de inteiros positivos. Por clareza, vamos trabalhar aqui com a primeira delas:

$$(1,1), (1,2), (2,1), (1,3), (2,2), (3,1), \ldots.$$

Percorremos agora esta lista, e em cada par substituimos o segundo elemento ou componente n pelo par que aparece no n-ésimo lugar nessa própria lista. Em outras palavras, substituimos cada 1 que aparece no segundo lugar de um par por $(1,1)$, cada 2 por $(1,2)$, e assim por diante. Isso nos dá a lista

$$(1,(1,1)), (1,(1,2)), (2,(1,1)), (1,(2,1)), (2,(1,2)), (3,(1,1)), \ldots,$$

a qual nos dá uma lista de triplas

$$(1,1,1), (1,1,2), (2,1,1), (1,2,1), (2,1,2), (3,1,1), \ldots.$$

Em termos de funções, essa enumeração pode ser descrita como segue. A enumeração original de pares corresponde a uma função associando a cada inteiro positivo n um par $G(n) = (K(n), L(n))$ de inteiros positivos. A enumeração de triplas que acabamos de definir corresponde a associar, em vez disso, a cada inteiro positivo n a tripla

$$(K(n), K(L(n)), L(L(n))).$$

Não deixamos escapar nenhuma tripla (p, q, r) dessa maneira, porque sempre haverá um $m = J(q, r)$ tal que $(K(m), L(m)) = (q, r)$, e então haverá um $n = J(p, m)$ tal que $(K(n), L(n)) = (p, m)$, e a tripla associada a esse n será precisamente (p, q, r).

Exemplo 1.6. O método pelo qual acabamos de obter uma enumeração de triplas a partir de uma enumeração de pares nos dá uma enumeração de quádruplas a partir de uma enumeração de triplas. Retorne à enumeração original de pares, e substitua cada segundo elemento n do par pela tripla que aparece no n-ésimo lugar na enumeração de triplas, de modo a obter uma quádrupla. As primeiras quádruplas nessa lista serão

$$(1, 1, 1, 1), (1, 1, 1, 2), (2, 1, 1, 1), (1, 2, 1, 1), (2, 1, 1, 2), \ldots.$$

Obviamente, podemos continuar daqui com quíntuplas, sêxtuplas, ou k-uplas para qualquer k fixado.

Exemplo 1.7. Uma sequência finita cujos elementos sejam todos inteiros positivos menores que 10, tais como $(1, 2, 3)$, pode ser lida como um numeral ordinário 123 decimal ou de base 10. O número que esse numeral denota, cento e vinte e três, pode então ser tomado como um número de código para a sequência dada. Na verdade, é conveniente, para propósitos posteriores, modificar ligeiramente esse procedimento e escrever a sequência *ao inverso* antes de lê-la como um numeral. Assim, $(1, 2, 3)$ seria codificada por 321, e 123 codificaria $(3, 2, 1)$. Em geral, uma sequência

$$s = (a_0, a_1, a_2, \ldots, a_k)$$

seria codificada por

$$a_0 + 10a_1 + 100a_2 + \cdots + 10^k a_k,$$

que é o número que o numeral decimal $a_k \cdots a_2 a_1 a_0$ representa. Além disso, também será doravante conveniente denominar o elemento inicial de uma sequência finita o 0-ésimo elemento; o próximo elemento, o primeiro, e assim por diante. Para decodificar e obter o i-ésimo item da sequência codificada por n, tomamos o quociente de sua divisão por 10^i, e então o resto da divisão por 10. Por exemplo, para encontrar o quinto item da sequência codificada por 123 456 789, nós a dividimos por 10^5 para obter o quociente 1234, e então o dividimos por 10 para obter o resto 4.

Exemplo 1.8. Usamos um sistema decimal, ou de base 10, porque, afinal de contas, seres humanos tipicamente têm 10 dedos, e a contagem começou pela contagem nos dedos. Um sistema análogo de base b é possível para qualquer $b > 1$. Para um sistema *binário*, ou de base 2, seriam usados somente os algarismos 0 e 1, com $a_k \ldots a_2 a_1 a_0$ representando

$$a_0 + 2a_1 + 4a_2 + \cdots + 2^k a_k.$$

Assim, por exemplo, 1001 representaria $1 + 2^3 = 1 + 8 = 9$. Para um sistema duodecimal, ou de base 12, dois algarismos adicionais, digamos, * e # como em um telefone, seriam necessários para representar dez e onze. Então, por exemplo, $1*\#$ representaria $11+12\cdot 10+144\cdot 1 = 275$. Se aplicássemos a ideia do problema anterior usando a base 12 em vez da base 10, poderíamos codificar sequências finitas de inteiros positivos menores que 12, e não somente sequências finitas de inteiros positivos menores que 10. De modo mais geral, podemos codificar uma sequência finita

$$s = (a_0, a_1, a_2, \ldots, a_k)$$

de inteiros positivos menores que b por

$$a_0 + ba_1 + b^2a_2 + \ldots + b^ka_k.$$

Para obter o i-ésimo elemento da sequência codificada por n, tomamos o quociente da divisão por b^i e então o resto da divisão por b. Por exemplo, ao trabalhar com a base 12, para obter o quinto elemento da sequência codificada por 123 456 789 dividimos 123 456 789 por 12^5, obtendo o quociente 496. Dividimos agora por 12, obtendo o resto 4. Em geral, ao trabalhar com a base b, o i-ésimo elemento – contando o elemento inicial como o 0-ésimo – da sequência codificada por (b, n) será

$$\text{elemento}(i, n) = \text{res}(\text{quo}(n, b^i), b),$$

em que $\text{quo}(x, y)$ e $\text{res}(x, y)$ são o quociente e o resto da divisão de x por y.

Exemplo 1.9. Codificar sequências finitas será bastante importante para nossos estudos posteriores, de modo que é apropriado considerar várias maneiras diferentes de realizar essa tarefa. O Exemplo 1.6 mostrou que podemos codificar sequências cujos elementos podem ser de qualquer tamanho, mas que sejam *de comprimento fixo*. O que queremos agora é uma enumeração de *todas* as sequências finitas – pares, triplas, quádruplas etc. – em uma lista única e, de quebra, vamos incluir igualmente as 1-uplas ou sequências de um termo (1), (2), (3), ... Um primeiro método, baseado no Exemplo 1.6, é o seguinte. Seja $G_1(n)$ a sequência de um termo (n). Seja $G_2 = G$ a função que enumera todas as 2-uplas ou pares do Exemplo 1.2. Seja G_3 a função que enumera todas as triplas como no Exemplo 1.5. Sejam G_4, G_5, ... as enumerações de todas as quádruplas, quíntuplas, e assim por diante, do Exemplo 1.6. Podemos obter uma codificação de todas as sequências finitas por *pares* de inteiros positivos estipulando que qualquer sequência s de comprimento k seja codificada pelo par (k, a), em que $G_k(a) = s$. Uma vez que pares de inteiros positivos podem ser codificados por números isolados, obtemos indiretamente uma codificação de sequências de números. Uma outra maneira de descrever o que está acontecendo aqui é a seguinte. Retornamos à nossa listagem original de pares, e substituímos o par (k, a) pelo a-ésimo item da lista de k-uplas. Assim, $(1, 1)$ será substituído pelo primeiro elemento (1) na lista de 1-uplas $(1), (2), (3), \ldots$; enquanto $(1, 2)$ será substituído pelo segundo item (2) da mesma lista; ao passo que $(2, 1)$ será substituído pelo primeiro item $(1, 1)$ da lista de todas as 2-uplas ou pares; e assim por diante. Isso nos dá a lista

$$(1), (2), (1, 1), (3), (1, 2), (1, 1, 1), (4), (2, 1), (1, 1, 2), (1, 1, 1, 1), \ldots.$$

(Se desejarmos incluir também a 0-upla ou sequência vazia ( ), que podemos considerar simplesmente como o conjunto vazio $\emptyset$, podemos colocá-la no início da lista, no que podemos considerar como a 0-ésima posição.)

O Exemplo 1.8 mostrou que podemos codificar sequências de qualquer comprimento cujos elementos sejam *menores que algum limite fixado*, mas o que queremos fazer agora é mostrar como codificar sequências cujos elementos possam ser *de qualquer tamanho*. Um segundo método, baseado no Exemplo 1.8, é começar codificando sequências de pares de inteiros positivos. Consideramos que uma sequência

$$s = (a_0, a_1, a_2, \ldots, a_k)$$

seja codificada por qualquer *par* (b, n) tal que todos os a_i sejam menores que b, e n codifica s no sentido de que

$$n = a_0 + b \cdot a_1 + b^2 a_2 + \cdots + b^k a_k.$$

Assim, $(10, 275)$ codifica $(5, 7, 2)$, uma vez que $275 = 5 + 7 \cdot 10 + 2 \cdot 10^2$, enquanto $(12, 275)$ codifica $(11, 10, 1)$, dado que $275 = 11 + 10 \cdot 12 + 1 \cdot 12^2$. Cada sequência s terá muitos códigos, visto que, por exemplo, $(10, 234)$ e $(12, 238)$ igualmente codificam $(4, 3, 2)$, uma vez que $4 + 3 \cdot 10 + 2 \cdot 10^2 = 234$ e $4 + 3 \cdot 12 + 2 \cdot 12^2 = 328$. Como no método anterior, dado que pares de inteiros positivos podem ser codificados por números isolados, obtemos indiretamente uma codificação de sequências de números.

Uma terceira abordagem, totalmente diferente, também é possível, baseada no fato de que todo inteiro maior do que 1 pode ser escrito de uma única maneira como produto de potências de primos cada vez maiores, uma representação chamada sua *decomposição em fatores primos*. Esse fato nos permite codificar uma sequência $s = (i, j, k, m, n, \ldots)$ pelo número $2^i 3^j 5^k 7^m 11^n \ldots$. Assim, o número de código para a sequência $(3, 1, 2)$ é $2^3 3^1 5^2 = 8 \cdot 3 \cdot 25 = 600$.

Exemplo 1.10. É fácil obter uma enumeração de conjuntos finitos a partir de uma enumeração de sequências finitas. Usando, por exemplo, o primeiro método do Exemplo 1.9, obtemos a seguinte enumeração de conjuntos:

$$\{1\}, \{2\}, \{1, 1\}, \{3\}, \{1, 2\}, \{1, 1, 1\}, \{4\}, \{2, 1\}, \{1, 1, 2\}, \{1, 1, 1, 1\}, \ldots.$$

O conjunto $\{1, 1\}$, cujos elementos são 1 e 1, é simplesmente o conjunto $\{1\}$, cujo único elemento é 1, e analogamente nos outros casos, de modo que essa lista pode ser simplificada para ficar assim:

$$\{1\}, \{2\}, \{1\}, \{3\}, \{1,2\}, \{1\}, \{4\}, \{1,2\}, \{1,2\}, \{1\}, \{5\}, \ldots.$$

As repetições não importam.

Exemplo 1.11. Dado qualquer conjunto enumerável A e uma listagem dos elementos de A:

$$a_1, a_2, a_3, \ldots,$$

obtemos facilmente uma listagem com lacunas dos elementos de qualquer subconjunto B de A pelo expediente de simplesmente apagar qualquer item da lista que não pertença a B, deixando em seu lugar uma lacuna.

Exemplo 1.12. Sejam A e B conjuntos enumeráveis, e consideremos listagens de seus elementos:

$$a_1, a_2, a_3, \ldots \qquad b_1, b_2, b_3, \ldots.$$

Imitando a ideia de *embaralhamento* do Exemplo 1.1, obtemos a seguinte listagem dos elementos da união $A \cup B$ (o conjunto cujos elementos são todos e somente aqueles itens que são elementos ou de A ou de B ou de ambos):

$$a_1, b_1, a_2, b_2, a_3, b_3, \ldots.$$

Se a intersecção $A \cap B$ (o conjunto cujos elementos estão tanto em A quanto em B) não for vazia, então haverá redundâncias nessa lista: se $a_m = b_n$, então esse elemento irá aparecer tanto na posição $2m - 1$ quanto na posição $2n$, mas isso não importa.

Exemplo 1.13. Dado um "alfabeto" de qualquer número finito, ou mesmo de uma infinidade enumerável, de símbolos $S_1, S_2, S_3, \ldots$, podemos tomar como número de código para qualquer cadeia finita

$$S_{a_0} S_{a_1} S_{a_2} \cdots S_{a_k}$$

o número de código para a sequência finita de inteiros positivos

$$(a_1, a_2, a_3, \ldots, a_k)$$

sob qualquer um dos métodos de codificação considerados no Exemplo 1.9. (Empregaremos costumeiramente o terceiro método.) Por exemplo, com o alfabeto ordinário de 26 letras símbolos S_1 = 'A', S_2 = 'B' etc., a cadeia ou palavra 'CAB' seria codificada pelo código para (3, 1, 2), que (com o terceiro método do Exemplo 1.9) seria $2^3 \cdot 3 \cdot 5^2 = 600$.

Problemas

1.1 Uma *função* (total ou parcial) f de um conjunto A em um conjunto B é uma atribuição para (alguns ou todos os) elementos a de A de um elemento associado $f(a)$ de B. Se $f(a)$ é definida para *todo* elemento a de A, então a função f é denominada *total*. Se todo elemento b de B é atribuído a algum elemento a de A, então a função f é denominada *sobrejetora*, e dizemos que é uma função de A *sobre* B. Se nenhum elemento b de B é atribuído a mais de um elemento a de A, então a função f é chamada *injetora*. A função *inversa* f^{-1} de B em A é definida estipulando-se que $f^{-1}(b)$ é o único a tal que $f(a) = b$, se tal a existe; $f^{-1}(b)$ é indefinida se não há nenhum a tal que $f(a) = b$ ou se há mais de um tal a. Mostre que, se f é uma função injetora e f^{-1} é sua função inversa, então f^{-1} é total se e somente se f é sobrejetora e, conversamente, f^{-1} é sobrejetora se e somente se f é total.

1.2 Seja f uma função de um conjunto A em um conjunto B, e g uma função do conjunto B em um conjunto C. A função *composta* $h = gf$ de A em C é definida por $h(a) = g(f(a))$. Mostre que:

(**a**) Se f e g são ambas totais, então gf também é.

(**b**) Se f e g são ambas sobrejetoras, então gf também é.

(**c**) Se f e g são ambas injetoras, então gf também é.

1.3 Uma *correspondência* entre conjuntos A e B é uma função total injetora e sobrejetora de A em B. Dois conjuntos A e B são *equipotentes* se e somente se há uma correspondência entre A e B. Mostre que a equipotência tem as seguintes propriedades:

(**a**) Qualquer conjunto A é equipotente a si mesmo.

(**b**) Se A é equipotente a B, então B é equipotente a A.

(**c**) Se A é equipotente a B, e B é equipotente a C, então A é equipotente a C.

1.4 Um conjunto A tem n elementos, em que n é um inteiro positivo, se for equipotente ao conjunto dos inteiros positivos até e inclusive n, de modo que seus elementos podem ser listados como $a_1, a_2, \ldots, a_n$. Um conjunto não vazio A é finito se tem n elementos para algum inteiro positivo n. Mostre que qualquer conjunto enumerável é ou finito ou equipotente ao conjunto de todos os inteiros positivos. (Em outras palavras, dada uma *enumeração*, isto é, uma função do conjunto dos inteiros positivos sobre um conjunto A, mostre que, se A não é finito, então há uma *correspondência*, isto é, uma função *total* e *injetora* do conjunto dos inteiros positivos sobrc A.)

1.5 Mostre que os seguintes conjuntos são equipotentes:

(**a**) O conjunto dos números racionais positivos menores que um, cujo denominador é uma potência de dois (quando escritos na forma mais simplificada), ou seja, o conjunto dos números racionais $\pm m/n$, onde $n = 1$ ou 2 ou 4 ou 8 ou alguma potência mais alta de 2 e $m < n$.

(b) O conjunto daqueles conjuntos de inteiros positivos que ou são finitos ou cofinitos, onde um conjunto S de inteiros positivos é *cofinito* se o conjunto de todos os inteiros positivos n que *não* são elementos de S é finito.

1.6 Mostre que o conjunto de todos os subconjuntos finitos de um conjunto enumerável é enumerável.

1.7 Seja $A = \{A_1, A_2, A_3, \ldots\}$ uma família enumerável de conjuntos, e suponha que cada A_i, para $i = 1, 2, 3$ etc., é enumerável. Seja $\cup A$ a união da família A, isto é, o conjunto cujos elementos são precisamente os elementos dos elementos de A. $\cup A$ é enumerável?

2

Diagonalização

No capítulo precedente, introduzimos a distinção entre conjuntos enumeráveis e não enumeráveis, e demos muitos exemplos dos primeiros. Neste capítulo, que será curto, apresentaremos exemplos de conjuntos não enumeráveis. Demonstraremos, primeiro, a existência de tais conjuntos, e então examinaremos com um pouco mais de detalhe o método, chamado diagonalização, *que é usado nessa demonstração.*

Nem todos os conjuntos são enumeráveis: alguns são grandes demais. Consideremos, por exemplo, o conjunto de *todos os conjuntos de inteiros positivos*. Esse conjunto (vamos chamá-lo de P^*) contém, como elementos, cada conjunto finito e cada conjunto infinito de inteiros positivos: o conjunto vazio $\emptyset$, o conjunto P de todos os inteiros positivos, e todo conjunto entre esses dois extremos. Temos, então, o célebre resultado a seguir:

2.1 Teorema. (Teorema de Cantor). O conjunto de todos os conjuntos de inteiros positivos não é enumerável.

Demonstração: Apresentamos um método, que pode ser aplicado a *qualquer* lista L de conjuntos de inteiros positivos, para descobrir um conjunto $\Delta(L)$ de inteiros positivos que não é nomeado na lista. Se tentarmos então consertar o defeito, acrescentando $\Delta(L)$ à lista como um novo primeiro elemento, o mesmo método, aplicado à lista ampliada L^*, gerará um outro conjunto $\Delta(L^*)$, o qual, do mesmo modo, não está nessa lista ampliada.

O método é o seguinte. Diante de uma lista infinita L

$$S_1, S_2, S_3, \ldots$$

de conjuntos de inteiros positivos, definimos um conjunto $\Delta(L)$ como segue:

(*) Para cada inteiro positivo n, n está em $\Delta(L)$ se e somente se n *não* está em S_n.

Deve estar claro que isso define genuinamente um conjunto $\Delta(L)$; pois, dado qualquer inteiro positivo n, podemos dizer se n está em $\Delta(L)$ se pudermos dizer se n está no n-ésimo conjunto na lista L. Assim, caso S_3 seja o conjunto E dos inteiros positivos pares, o número 3 não está em S_3 e, portanto, *está* em $\Delta(L)$. Como a notação $\Delta(L)$ indica, a composição do conjunto $\Delta(L)$ depende da composição da lista L, de modo que diferentes listas L podem produzir diferentes conjuntos $\Delta(L)$.

Para mostrar que o conjunto $\Delta(L)$ gerado por este método nunca está na lista L dada, argumentamos por *redução ao absurdo*: supomos que $\Delta(L)$ de fato aparece em algum lugar da lista L, digamos, como o item de número m, e deduzimos uma contradição, mostrando assim que a suposição deve ser falsa. Vamos lá. *Suposição*: para algum inteiro positivo m,

$$S_m = \Delta(L).$$

[Assim, se 127 é um tal m, estamos supondo que $\Delta(L)$ e S_{127} são o mesmo conjunto sob diferentes nomes: estamos supondo que um inteiro positivo pertence a $\Delta(L)$ se e somente se ele pertence ao centésimo vigésimo sétimo conjunto da lista L.] Para deduzir uma contradição dessa suposição, aplicamos a definição (*) ao inteiro positivo específico m: com $n = m$, (*) nos diz que

$$m \text{ está em } \Delta(L) \quad \text{se e somente se} \quad m \textit{ não } \text{está em } S_m.$$

Uma contradição se segue agora de nossa suposição: se S_m e $\Delta(L)$ são o mesmo conjunto, temos

$$m \text{ está em } \Delta(L) \quad \text{se e somente se} \quad m \text{ está em } S_m.$$

Uma vez que essa é uma contradição manifesta, nossa suposição deve ser falsa. Não temos, para nenhum inteiro positivo m, $S_m = \Delta(L)$. Em outras palavras, o conjunto $\Delta(L)$ não é nomeado em nenhum lugar da lista.

Assim, o método funciona. Aplicado a qualquer lista de conjuntos de inteiros positivos, ele gera um conjunto de inteiros positivos que não estava na lista. Logo, nenhuma lista enumera todos os conjuntos de inteiros positivos: o conjunto P^* de todos esses conjuntos não é enumerável. Isso completa a demonstração.

Note que resultados aos quais possamos querer nos referir posteriormente recebem números de referência 1.1, 1.2, ... consecutivamente ao longo do capítulo, para torná-los fáceis de localizar. Palavras diferentes, contudo, são usadas para os diferentes tipos de resultado. Os resultados gerais mais importantes são dignificados com o título de 'teorema'. Resultados menores são denominados 'lemas' se forem passos no caminho que leva a um teorema; 'corolários', se eles se seguem diretamente de algum teorema; e 'proposições', se forem independentes. Ao contrário de todos esses, 'exemplos' são particulares em vez de gerais. Os teoremas mais célebres têm nomes mais ou menos tradicionais, apresentados entre parênteses. O fato de que 2.1 foi rotulado 'Teorema de Cantor' é uma indicação de que esse é um resultado famoso. A razão não é – esperamos que o leitor vá concordar com isso! – que sua prova seja particularmente difícil, mas que o *método* da prova (*diagonalização*) foi uma inovação importante. De fato, é tão importante que é aconselhável examinar a prova mais uma vez de um ponto de vista ligeiramente diferente, que permite que os itens da lista L sejam mais facilmente visualizados.

Desta maneira, podemos conceber os conjuntos $S_1, S_2, \ldots$ como representados por funções $s_1, s_2, \ldots$ de inteiros positivos que tomam os números 0 e 1 como valores. A relação entre o conjunto S_n e a função correspondente s_n é simplesmente esta: para cada inteiro positivo p, nós temos

$$s_n(p) = \begin{cases} 1 & \text{se } p \text{ está em } S_n \\ 0 & \text{se } p \text{ não está em } S_n. \end{cases}$$

A lista pode então ser visualizada como uma tabela retangular infinita de zeros e uns, na qual a n-ésima coluna representa a função s_n e, portanto, representa o conjunto S_n. Ou seja, a n-ésima coluna

$$s_n(1)s_n(2)s_n(3)s_n(4)\ldots$$

é uma sequência de zeros e uns na qual o p-ésimo elemento, $s_n(p)$, é 1 ou 0 de acordo com se o número p está ou não no conjunto S_n. Essa tabela é mostrada na Figura 2.1.

	1	2	3	4	
s_1	$s_1(1)$	$s_1(2)$	$s_1(3)$	$s_1(4)$	$\ldots$
s_2	$s_2(1)$	$s_2(2)$	$s_2(3)$	$s_2(4)$	$\ldots$
s_3	$s_3(1)$	$s_3(2)$	$s_3(3)$	$s_3(4)$	$\ldots$
s_4	$s_4(1)$	$s_4(2)$	$s_4(3)$	$s_4(4)$	$\ldots$
$\vdots$	$\vdots$	$\vdots$	$\vdots$	$\vdots$	$\ddots$

Figura 2.1. Uma lista como uma tabela retangular

Os itens na diagonal da tabela (do canto superior esquerdo ao inferior direito) formam uma sequência de zeros e uns:

$$s_1(1)s_2(2)s_3(3)s_4(4)\ldots.$$

Essa sequência de zeros e uns (a *sequência diagonal*) determina um conjunto de inteiros positivos (o *conjunto diagonal*). *O conjunto diagonal bem pode estar entre aqueles listados em L.* Em outras palavras, pode muito bem haver um inteiro positivo d tal que o conjunto S_d seja justamente o nosso conjunto diagonal. A sequência de zeros e uns na d-ésima coluna da Figura 2.1 estaria, então, de acordo com a sequência diagonal item por item:

$$s_d(1) = s_1(1), \qquad s_d(2) = s_2(2), \qquad s_d(3) = s_3(3), \ldots.$$

Isso pode ser assim: o conjunto diagonal pode ou não aparecer na lista L, dependendo da composição detalhada da lista. O que queremos é um conjunto do qual possamos ter certeza que *não* apareça em L, não importa como L seja constituída. E há um tal conjunto: é o *conjunto antidiagonal*, que consiste nos inteiros positivos que não estão no conjunto diagonal. A *sequência antidiagonal* correspondente é obtida convertendo-se zeros em uns e uns em zeros na sequência diagonal. Podemos conceber essa transformação como uma questão de subtrair de 1 cada elemento da sequência diagonal: escrevemos a sequência antidiagonal como

$$1 - s_1(1),\ 1 - s_2(2),\ 1 - s_3(3),\ 1 - s_4(4), \ldots.$$

Podemos ter certeza de que *essa* sequência não aparece como uma coluna na Figura 2.1, pois se aparecesse – digamos, como a m-ésima coluna –, teríamos

$$s_m(1) = 1 - s_1(1), \qquad s_m(2) = 1 - s_2(2), \ldots, \qquad s_m(m) = 1 - s_m(m), \ldots.$$

Porém, a m-ésima dessas equações não pode valer. [*Demonstração*: $s_m(m)$ deve ser zero ou um. Se for zero, a m-ésima diagonal diz que $0 = 1$. Se for um, a m-ésima diagonal diz que $1 = 0$.] Logo, a sequência antidiagonal difere de toda coluna em nossa tabela e, assim, o conjunto antidiagonal difere de todo conjunto em nossa lista L. Isso não é novidade, pois o conjunto antidiagonal é simplesmente o conjunto $\Delta(L)$. Meramente repetimos através de um diagrama – a Figura 2.1 – nossa demonstração de que $\Delta(L)$ não aparece em lugar algum na lista L.

É claro, é bastante estranho dizer que os elementos de um conjunto infinito 'podem ser organizados' em uma lista única. Por quem? Certamente não por nenhum ser humano, pois ninguém dispõe de tanto tempo ou tanto papel assim, e restrições similares aplicam-se a máquinas. De fato, dizer que um conjunto é enumerável é simplesmente dizer que ele é a imagem de alguma função total ou parcial de inteiros positivos. Deste modo, o conjunto E de inteiros positivos pares é enumerável porque há funções de inteiros positivos que tem E como sua imagem. (Tivemos dois exemplos de tais funções anteriormente.) Qualquer função dessas pode ser concebida como um programa que um enumerador sobre-humano pode seguir a fim de organizar os elementos do conjunto em uma lista única. Mais explicitamente, o programa (o conjunto de instruções) é: 'Comece a contar a partir de 1, e nunca pare. À medida que você alcança cada número n, escreva um nome para $f(n)$ em sua lista. [Caso $f(n)$ seja indefinida, deixe a n-ésima posição em branco.]' Mas não é necessário fazer referência à lista, ou a um enumerador sobre-humano: qualquer coisa que precisemos dizer sobre enumerabilidade pode ser dita em termos das próprias funções; por exemplo, dizer que o conjunto P^* não é enumerável é simplesmente negar a existência de qualquer função de inteiros positivos que tenha P^* como sua imagem.

Esse falar vívido sobre listas e enumeradores sobre-humanos bem pode ajudar a imaginação, porém, colocada em tais termos, a teoria da enumerabilidade e diagonalização aparece como um capítulo de teologia matemática. Para evitar pisar em quaisquer calos atuais, poderemos reformular a coisa toda em um cenário grego clássico: Cantor demonstrou que há conjuntos que nem mesmo Zeus consegue enumerar, não importa quão rápido ele trabalhe, ou por quanto tempo (mesmo infinitamente muito tempo).

Se um conjunto é enumerável, Zeus pode enumerá-lo em um segundo escrevendo uma lista infinita cada vez mais rápido. Ele gasta 1/2 segundo escrevendo o primeiro item da lista, 1/4 de segundo escrevendo o segundo item, 1/8 de segundo escrevendo o terceiro; em geral, ele escreve cada item na metade do tempo gasto com seu predecessor. Em nenhum ponto *durante* o intervalo de um segundo ele escreveu a lista inteira, mas, tendo-se passado um segundo, a lista está completa. Em uma escala de tempo em que as divisões marcadas são dezesseis-avos de segundo, o processo pode ser representado como na Figura 2.2.

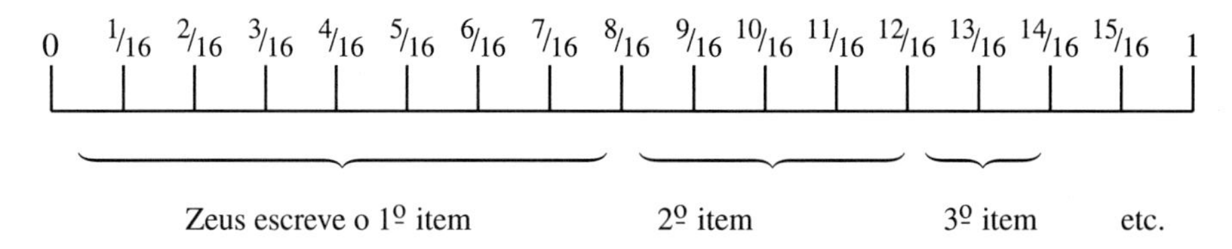

Figura 2.2. Completando um processo infinito em tempo finito

Falar em escrever por extenso uma lista infinita (por exemplo, de todos os inteiros positivos, em notação decimal) é falar em um tal enumerador que ou trabalha cada vez mais rápido, como acima, ou leva o tempo infinito inteiro para completar a lista (escrevendo um elemento por segundo, talvez). Na verdade, Zeus poderia escrever uma sequência infinita de listas infinitas se quisesse, usando apenas um segundo para realizar a tarefa. Ele poderia simplesmente alocar o primeiro meio segundo à tarefa de escrever a primeira lista infinita (1/4 de segundo para o primeiro elemento, 1/8 de segundo para o próximo, e assim por diante); ele poderia então escrever a segunda lista inteira no quarto de segundo seguinte (1/8 para o primeiro elemento, 1/16 para o segundo, e assim por diante); em geral, ele poderia escrever cada lista subsequente apenas na metade do tempo gasto em sua predecessora, de modo que, depois de se ter passado um segundo, ele teria escrito cada elemento em cada lista, em ordem. Mas o resultado não conta como uma única lista infinita, em nosso sentido do termo. Em nosso tipo de lista, cada elemento deve aparecer após algum número *finito* de lugares após o primeiro.

Segundo o emprego que estamos fazendo do termo 'lista', Zeus não produziu uma lista escrevendo infinitamente muitas listas infinitas uma após a outra. Mas ele poderia perfeitamente bem produzir uma lista genuína que esgotasse todos os itens de todas as listas, usando algum artifício como fizemos no capítulo anterior para enumerar os números racionais positivos. Não obstante, o *argumento diago-*

nal de Cantor mostra que nem esse, nem qualquer outro artifício mais engenhoso está disponível, mesmo para um deus, para organizar todos os conjuntos de inteiros positivos em uma única lista infinita. Uma tal lista seria tão impossível quanto um círculo quadrado: a impossibilidade de enumerar todos os conjuntos de inteiros positivos é tão absoluta quanto a impossibilidade de desenhar um círculo quadrado, mesmo para Zeus.

Uma vez que tenhamos um exemplo de um conjunto não enumerável, obtemos outros.

2.2 Corolário. O conjunto dos números reais não é enumerável.

Demonstração: Se ξ é um número real e $0 < \xi < 1$, então ξ tem uma expansão decimal $0, x_1 x_2 x_3 \ldots$, em que cada x_i é um dos algarismos 0–9. Alguns números têm duas expansões decimais, uma vez que $0,2999\ldots = 0,3000\ldots$, por exemplo; assim, se houver uma opção, escolhemos aquela com os 0s em vez daquela com os 9s. Associamos então a ξ o conjunto de todos os inteiros positivos n tais que um 1 aparece na n-ésima posição nessa expansão. Cada conjunto de inteiros positivos é associado a algum número real (a soma de 10^{-n} para todos os n no conjunto), e, assim, uma enumeração dos números reais produziria imediatamente uma enumeração dos conjuntos de inteiros positivos, a qual, pelo teorema precedente, não pode existir.

Problemas

2.1 Mostre que o conjunto de todos os subconjuntos de um conjunto infinito enumerável é não enumerável.

2.2 Mostre que, se para algumas, ou todas, as cadeias finitas de um dado alfabeto finito ou enumerável nós associamos à cadeia uma função total ou parcial de inteiros positivos em inteiros positivos, então há alguma função total nos inteiros positivos tomando somente os valores 1 e 2 que não é associada a nenhuma cadeia.

2.3 Na matemática, os números reais são frequentemente identificados com os pontos de uma reta. Mostre que o conjunto de numeros reais, ou, equivalentemente, o conjunto de pontos da reta, é equipotente com o conjunto dos pontos no semicírculo indicado na Figura 2.3.

2.4 Mostre que o conjunto dos números reais ξ com $0 < \xi < 1$ ou, equivalentemente, o conjunto de pontos no intervalo mostrado na Figura 2.3, é equipotente com o conjunto de pontos no semicírculo.

2.5 Mostre que o conjunto dos números reais ξ tal que $0 < \xi < 1$ é equipotente com o conjunto de *todos* os números reais.

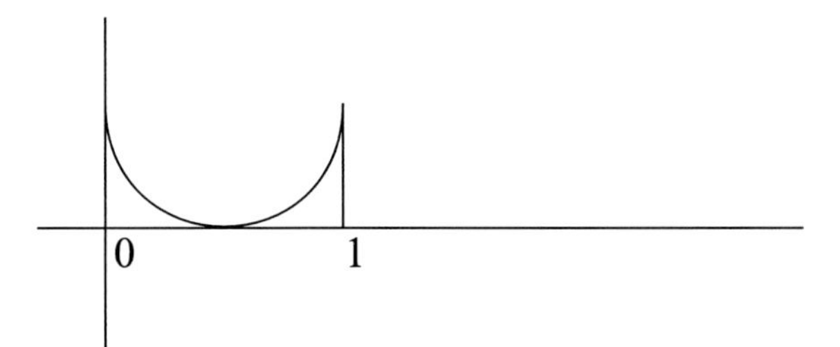

Figura 2.3. Intervalo, semicírculo e linha

2.6 Um número real x é denominado *algébrico* se for a solução para alguma equação da forma

$$c_d x^d + c_{d-1}x^{d-1} + c_{d-2}x^{d-2} + \cdots + c_2x^2 + c_1x + c_0 = 0,$$

em que os c_i são números racionais e $c_d \neq 0$. Por exemplo, para cada número racional r, o próprio número r é algébrico, uma vez que é a solução para $x - r = 0$; e a raiz quadrada $\sqrt{r}$ de r é algébrica, uma vez que é uma solução para $x^2 - r = 0$.

(**a**) Use o fato algébrico de que uma equação como a exibida acima tem no máximo d soluções para mostrar que todo número algébrico pode ser descrito por uma cadeia finita de símbolos de um teclado comum.

(**b**) Um número real que não é algébrico é chamado *transcendental*. Prove que existem números transcendentais.

2.7 Cada número real ξ tal que $0 < \xi < 1$ tem uma representação binária $0, x_1x_2x_4\ldots$, em que cada x_i é um dígito 0 ou 1, e as posições sucessivas representam metades, quartos, oitavos e assim por diante. Mostre que o conjunto dos números reais ξ com $0 < \xi < 1$, e tal que ξ não é um número racional com denominador de uma potência de dois, é equipotente com o conjunto de todos os conjuntos de inteiros positivos que não são nem finitos nem cofinitos.

2.8 Mostre que se A é equipotente a C e B é equipotente a D, e as intersecções $A \cap B$ e $C \cap D$ são vazias, então as uniões $A \cup B$ e $C \cup D$ são equipotentes.

2.9 Mostre que o conjunto dos números reais ξ com $0 < \xi < 1$ (e portanto, por um problema anterior, o conjunto de *todos* os números reais) é equipotente ao conjunto de todos os conjuntos de inteiros positivos.

2.10 Mostre que os conjuntos a seguir são equipotentes:

(**a**) o conjunto de todos os pares de inteiros positivos,

(**b**) o conjunto de todos os conjuntos de pares de inteiros positivos,

(**c**) o conjunto de todos os conjuntos de inteiros positivos.

2.11 Mostre que o conjunto de pontos em uma reta é equipotente ao conjunto de pontos do plano.

2.12 Mostre que o conjunto de pontos em uma reta é equipotente ao conjunto de pontos no espaço.

2.13 (*Paradoxo de Richard*) O que está errado (caso algo esteja) com o argumento seguinte?

O conjunto de todas as cadeias finitas de símbolos do alfabeto, incluindo o espaço, as letras maiúsculas e as marcas de pontuação, é enumerável; por clareza, utilizemos a numeração específica de cadeias finitas baseada em decomposição em números primos. Algumas cadeias são equivalentes a definições em português de conjuntos de inteiros positivos, mas outras não. Apagando aquelas que não são, ficamos com uma enumeração de todas as definições em português de conjuntos de inteiros positivos ou, substituindo cada definição pelo conjunto que ela define, uma enumeração de todos os conjuntos de inteiros positivos que têm definições em português. Uma vez que alguns conjuntos têm mais do que uma definição, haverá redundâncias nesta enumeração de conjuntos. Vamos apagá-las, de modo a obter uma enumeração não redundante de todos os conjuntos de inteiros positivos que têm definições em português. Consideremos agora o conjunto de inteiros positivos definidos pela condição de que um inteiro positivo n pertence ao conjunto se e somente se ele *não* pertence ao n-ésimo conjunto na enumeração não redundante que acabamos de descrever.

Esse conjunto *não* aparece na enumeração. Com efeito, ele não pode aparecer no n-ésimo lugar para qualquer n, uma vez que há um inteiro positivo, a saber, o próprio n, que pertence a esse conjunto se e somente se *não* pertence ao n-ésimo conjunto na enumeração. Uma vez que esse conjunto não aparece em nossa enumeração, ele não pode ter uma definição em português. Contudo, ele tem, de fato, uma definição em português; na verdade, nós acabamos de exibir uma tal definição no parágrafo precedente.

3

Computabilidade por máquinas de Turing

Uma função é efetivamente computável *se há regras definidas, explícitas, tais que, se as seguirmos, poderíamos em princípio computar seu valor para quaisquer argumentos dados. Essa noção será mais bem explicada mais abaixo; entretanto, mesmo depois dessa explicação adicional, ela permanece uma noção intuitiva. Neste capítulo, prosseguimos a análise da computabilidade introduzindo uma noção rigorosamente definida de uma função* Turing computável. *Ficará óbvio, pela definição, que funções Turing computáveis são efetivamente computáveis. A hipótese de que, inversamente, toda função efetivamente computável é Turing computável é conhecida como a* Tese de Turing. *Essa tese não é óbvia, nem pode ser rigorosamente demonstrada (uma vez que a noção de computabilidade efetiva é uma noção intuitiva, e não uma noção rigorosamente definida), mas uma enorme quantidade de indícios tem sido acumulada em seu favor. Uma pequena porção dessa evidência favorável será apresentada neste capítulo, e mais ainda em capítulos vindouros. Primeiro introduzimos a noção de uma máquina de Turing, damos alguns exemplos, e então apresentamos a definição oficial do que significa, para uma função, ser computável por máquina de Turing, ou Turing computável.*

Um ser sobre-humano, como Zeus no capítulo precedente, poderia talvez escrever por extenso a tabela inteira dos valores de uma função de um argumento nos inteiros positivos, escrevendo cada elemento duas vezes mais rápido do que o anterior a ele; para um ser humano, contudo, completar um processo infinito dessa espécie é impossível por princípio. Felizmente, para propósitos humanos não necessitamos em geral da tabela inteira dos valores de uma função f, mas apenas precisamos dos valores um de cada vez, por assim dizer: dado algum argumento n, precisamos do valor $f(n)$. Se for possível produzir o valor $f(n)$ da função f para um argumento n sempre que tal valor for necessário, isso é quase tão bom quanto ter a tabela inteira de valores escrita por extenso de antemão.

Uma função f de inteiros positivos em inteiros positivos é denominada *efetivamente computável* caso se possa apresentar uma lista de instruções que, em princípio, tornam possível determinar o valor $f(n)$ para qualquer argumento n. (Essa noção estende-se de maneira óbvia a funções de dois ou mais argumentos.) As instruções devem ser completamente definidas e explícitas. Eles devem nos dizer, a cada passo, o que fazer, e não nos dizer para ir perguntar a alguém o que fazer, ou descobrir por nós mesmos o que fazer: as instruções não devem exigir nenhuma fonte externa de informação, e não devem requerer engenhosidade para serem executadas, de modo que se possa ter esperança de automatizar o processo de aplicar as regras, e tê-las executadas por algum dispositivo mecânico.

Permanece o fato de que para todos os valores de n, exceto um número finito deles, será impossível na prática para qualquer ser humano, ou qualquer dispositivo mecânico, executar realmente a computação: em princípio, ela poderia ser completada em um tempo finito se permanecêssemos com boa saúde por esse período, ou se a máquina continuasse funcionando adequadamente nesse período. Na prática, porém, nós morreremos, ou a máquina irá parar de funcionar, muito antes de que o processo esteja completo. (Há também a preocupação sobre encontrar espaço suficiente para armazenar os resultados intermediários da computação, e mesmo a preocupação sobre encontrar material suficiente para utilizar ao registrar por escrito esses resultados: há somente uma quantidade finita de papel no mundo, de modo que teríamos que escrever cada vez mais diminutamente, sem limite; para colocar um número infinito de símbolos em papel, cedo ou tarde estaríamos tentando escrever em moléculas, em átomos, em elétrons.) Nosso estudo presente, no entanto, irá ignorar essas limitações práticas e trabalhar com uma noção idealizada de computabilidade que vai além daquilo que pessoas reais ou máquinas reais podem estar confiantes de realizar. Nosso objetivo final será demonstrar que certas funções *não* são computáveis, *mesmo se* as limitações práticas de tempo, velocidade e quantidade de material pudessem, de alguma forma, ser superadas, e, para esse propósito, o requisito essencial é que nossa noção de computabilidade não seja demasiado *restrita.*

Até agora estivemos negligenciando um ponto significativo. Quando recebemos, como argumento, um número n, ou um par de números (m, n), o que de fato nos é dado é um *numeral* para n, ou um par ordenado de *numerais* para m e n. Do mesmo modo, se o valor da função que estamos tentando computar é um número, aquilo com que nossas computações de fato terminam é um *numeral* para aquele número. Ora, no decurso da história humana foram desenvolvidos muitos sistemas de numeração, desde a primitiva notação *monádica* ou *de identificação*, na qual o número n é representado por uma sequência de n traços, passando por sistemas como os numerais romanos, nos quais grupos de cinco, dez, cinquenta, cem etc. traços são abreviados por símbolos especiais, até a notação *hindu-arábica* ou *decimal* de uso comum hoje em dia. Faz alguma diferença, em uma definição de computabilidade, qual desses muitos sistemas nós adotarmos?

Certamente as computações podem ser *mais difíceis na prática* com certas notações do que com outras. Por exemplo, multiplicar números dados em numerais decimais (expressando o produto da mesma forma) é mais fácil na prática do que multiplicar números dados em algo como numerais romanos. Suponha que nos sejam dados dois números, expressos em numerais romanos, digamos, XX-XIX e XLVIII, e que nos seja solicitado obter o produto, também expresso em numerais romanos. Para a maioria de nós, a maneira mais fácil de fazer isso seria, provavelmente, primeiro traduzir do romano para o hindu-arábico – as regras para fazer isso são, ou pelo menos costumavam ser, ensinadas no ensino fundamental, e, de qualquer modo, podem ser encontradas em obras de referência – obtendo 39 e 48. A seguir, executaríamos a multiplicação em nosso sistema de numerais, mais conveniente, obtendo 1872. Finalmente, traduziríamos o resultado de volta ao sistema inconveniente, obtendo MDCCCLXXII. Fazer isso tudo, é claro, é mais trabalhoso do que simplesmente executar uma multiplicação de números apresentados de início por meio de numerais decimais.

Porém, o exemplo mostra que, quando uma computação pode ser feita em uma notação, é *possível em princípio* fazê-la em qualquer outra notação, simplesmente traduzindo os dados da notação difícil em uma mais fácil, realizando a operação usando a notação mais fácil, e depois traduzindo o resultado de volta da notação mais fácil para a mais difícil. Se uma função é efetivamente computável quando os números são representados em um certo sistema de numerais, então ela também o será quando os números forem representados em qualquer outro sistema de numerais, desde que a própria tradução entre os sistemas possa ser executada de acordo com regras explícitas, o que é o caso para qualquer sistema histórico de numeração que pudemos decifrar. (Dizer que pudemos decifrá-lo equivale a dizer que há regras para traduzir de uma direção para outra entre ele e o sistema agora de uso comum.) Para os propósitos de formular uma noção rigorosamente definida de computabilidade, é conveniente utilizar uma notação monádica ou de identificação.

Uma *máquina de Turing* é um tipo específico de máquina idealizada, cuja função é executar computações, especialmente computações nos inteiros positivos representados em notação monádica. Assumimos que a computação tem lugar em uma fita, dividida em quadrados, que é interminável em ambas as direções – seja porque ela é de fato infinita, ou porque há alguém postado em cada extremidade, pronto a adicionar quadrados em branco suplementares à medida que forem necessários. Cada quadrado ou está *em branco*, ou tem um *traço* impresso nele. (Representamos o estar em branco, ou o branco, por S_0 ou 0 ou mais frequentemente B, e o traço por S_1 ou | ou mais frequentemente por 1, dependendo do contexto.) Além disso, exceto por no máximo um número finito de exceções, todos os quadrados estão em branco, tanto inicialmente quanto a cada estágio subsequente da computação.

A cada estágio da computação, o computador (ou seja, o agente humano ou mecânico efetuando a computação) está *examinando* algum quadrado da fita. O computador é capaz de apagar um traço no quadrado examinado, se houver um nele, ou de escrever um traço, se o quadrado examinado estiver em branco. E ele, ou ela, é capaz de movimentar-se: um quadrado para a direita, ou um quadrado para a esquerda, de cada vez. Se quiser, imagine essa máquina, de maneira bastante grosseira, como uma caixa sobre rodas que, em qualquer estágio da computação, está sobre algum quadrado da fita. A fita é como os trilhos de uma estrada de ferro: os dormentes marcam os limites dos quadrados, e a máquina é como um carro bem pequeno, capaz de mover-se ao longo dos trilhos em qualquer direção, como na Figura 3.1.

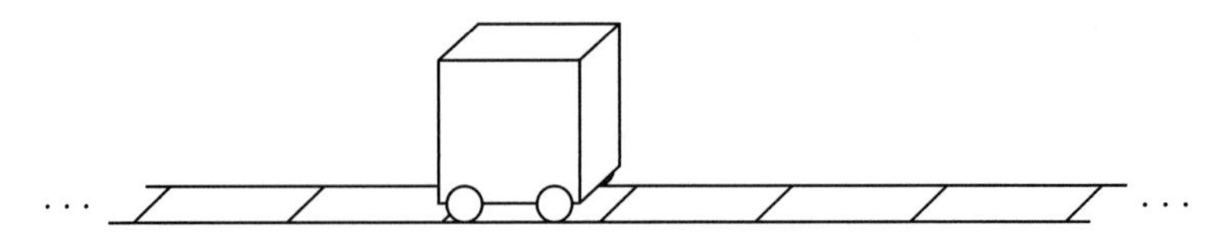

Figura 3.1. Uma máquina de Turing

No fundo do carro, há um aparelho que pode ler o que está escrito entre os dormentes, e apagar ou escrever um traço. A máquina é projetada de modo tal que, a cada estágio da computação, ela se encontra dentre um de um número finito de *estados* internos $q_1, \ldots, q_m$. Estar em um certo estado pode ser uma questão de algum dente de uma certa engrenagem estar na posição superior, ou de a voltagem em um certo terminal dentro da máquina estar em algum nível de m níveis diferentes, ou seja lá o que for: não estamos preocupados com a mecânica ou a eletrônica do assunto. Talvez o jeito mais simples de representar a coisa seja fazê-lo de maneira bem simples: dentro da caixa há um homenzinho que realiza todas as leituras e escritas e apagamentos e movimentações. (A caixa não tem fundo algum; o pobre coitado apenas vai andando entre os dormentes, puxando a caixa junto.) Esse operador no interior da máquina tem uma lista de m instruções escritas em um pedaço de papel e *está no estado q_i quando está executando a instrução de número i.*

Cada uma das instruções tem forma condicional: ela diz o que fazer, dependendo se o símbolo que está sendo lido (o símbolo no quadrado examinado) é o branco ou o traço, S_0 ou S_1. Ou seja, há cinco coisas que podem ser feitas:

(1) Apagar: escreva S_0 no lugar de qualquer coisa que esteja no quadrado examinado.
(2) Escrever: escreva S_1 no lugar de qualquer coisa que esteja no quadrado examinado.
(3) Mover-se um quadrado para a direita.
(4) Mover-se um quadrado para a esquerda.
(5) Parar a computação.

[Caso o quadrado já esteja em branco, (1) equivale a não fazer nada; caso o quadrado já tenha um traço, (2) equivale a não fazer nada.] Assim, dependendo de que instrução esteja em execução (= em que estado a máquina, ou seu operador, se encontra), e de qual símbolo esteja sendo examinado, a máquina ou seu operador executará uma ou outra dessas cinco ações manifestas. A menos que a computação tenha parado (ação manifesta número 5), a máquina ou seu operador irá executar também uma ação oculta, na privacidade da caixa, a saber, a ação de determinar qual será a *próxima* instrução (o *próximo* estado). Assim, o estado *presente* e o *símbolo presentemente examinado* determinam qual *ação* manifesta deve ser executada, e qual será o *próximo* estado.

O *programa* global de instruções pode ser especificado de várias maneiras, por exemplo, por uma *tabela de máquina* ou por um *fluxograma* (também chamado um *grafo de fluxo*), ou por um *conjunto de quádruplas*. No caso de uma máquina que escreve três símbolos S_1 em uma fita em branco e então para, examinando aquele que fica mais à esquerda, os três tipos de descrição são ilustrados na Figura 3.2.

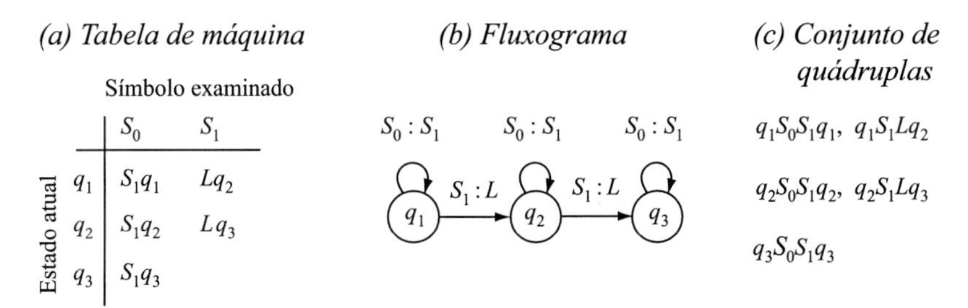

Figura 3.2. Um programa de máquina de Turing

3.1 Exemplo. (Escrever um número especificado de traços). Indicamos na Figura 3.2 uma máquina que escreve o símbolo S_1 três vezes. Uma construção similar funciona para qualquer símbolo especificado e qualquer número de vezes. A máquina escreve S_1 no quadrado que ela está examinando inicialmente, move-se um quadrado para a esquerda, escreve S_1 ali, move-se mais um quadrado para a esquerda, escreve S_1 ali e para. (Ela para quando não tem nenhuma instrução adicional.) Há três estados – um para cada um dos símbolos S_1 a serem escritos. Na Figura 3.2, os itens na coluna superior da tabela da máquina (sob a linha horizontal) dizem à máquina, ou a seu operador, quando estiver seguindo a instrução q_1, que (1) um S_1 deve ser escrito e que a instrução q_1 deve ser repetida se o símbolo examinado for S_0, mas que (2) a máquina deve mover-se para a esquerda e seguir a instrução q_2 depois, se o símbolo examinado for S_1. A mesma informação é dada no fluxograma pelas duas setas que emergem do nó marcado q_1; e a mesma informação também é dada pelas duas primeiras quádruplas. A importância em geral de um item de uma tabela, ou de uma seta em um fluxograma, e de uma quádrupla é mostrada na Figura 3.3.

A menos que se afirme o contrário, deve-se entender que uma máquina começa no estado de menor número. A máquina que estivemos considerando *para* quando estiver no

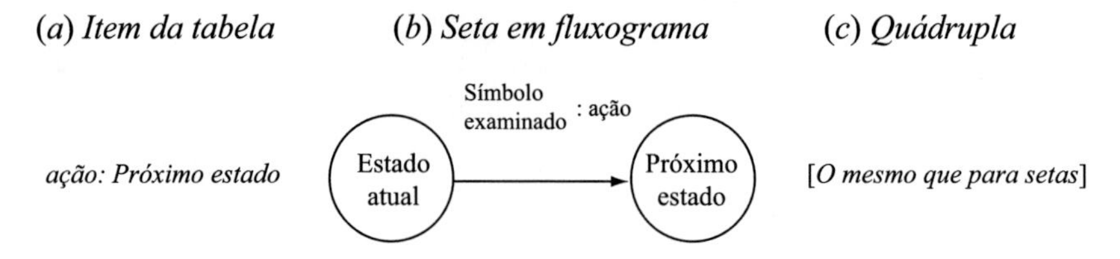

Figura 3.3. Uma instrução de máquina de Turing

estado q_3 examinando S_1, pois não há nenhum item de uma tabela ou uma seta ou uma quádrupla dizendo-lhe o que fazer em tal caso. Uma virtude do fluxograma como maneira de representar o programa da máquina é que, se o estado inicial estiver de algum modo indicado (por exemplo, deve-se entender que o nó mais à esquerda representa o estado inicial a menos que o contrário esteja indicado), então podemos dispensar os nomes dos estados: não importa como são chamados. O fluxograma, assim, poderia ser redesenhado como na Figura 3.4.

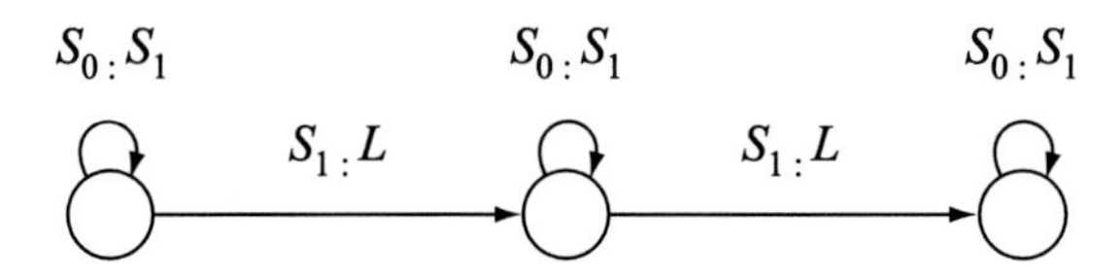

Figura 3.4. Escrevendo três traços

Podemos indicar como uma tal máquina de Turing opera escrevendo a sequência de suas *configurações*. Há uma configuração para cada estágio da computação, mostrando o que está na fita naquele estágio, em que estado a máquina se encontra naquele estágio, e que quadrado está sendo examinado. Podemos mostrar isso copiando o que está na fita e escrevendo o nome do estado atual sob o símbolo no quadrado examinado; por exemplo,

1100111
2

mostra uma cadeia ou bloco de dois traços seguidos por dois espaços em branco seguidos por uma cadeia ou bloco de três traços, com a máquina examinando o traço mais à esquerda e encontrando-se no estágio 2. Aqui escrevemos os símbolos S_0 e S_1 simplesmente como 0 e 1, e analogamente o estado q_2 simplesmente como 2, para evitar um excesso desnecessário de pormenores. Uma representação ligeiramente mais compacta escreve o número de estado como um subscrito ao símbolo examinado: $1_2100111$.

A mesma configuração pode ser descrita como $01_2100111$ ou $1_21001110$ ou 01_21001 110 ou $001_2100111$ ou . . . – um bloco de 0s pode ser escrito no início ou no fim da fita, e pode ser encurtado ou alongado à vontade sem alterar o significado: entende-se que a fita tenha tantos espaços em branco quantos se queira em cada extremidade.

Podemos começar a ter uma ideia do poder das máquinas de Turing considerando alguns exemplos mais complexos.

3.2 Exemplo. (Duplicando o número de traços). A máquina inicia examinando o traço mais à esquerda de um bloco de traços em uma fita que, fora isso, está vazia, e termina examinando o traço mais à esquerda de um bloco com duas vezes mais traços em uma fita que, fora isso, está vazia. O fluxograma está apresentado na Figura 3.5.

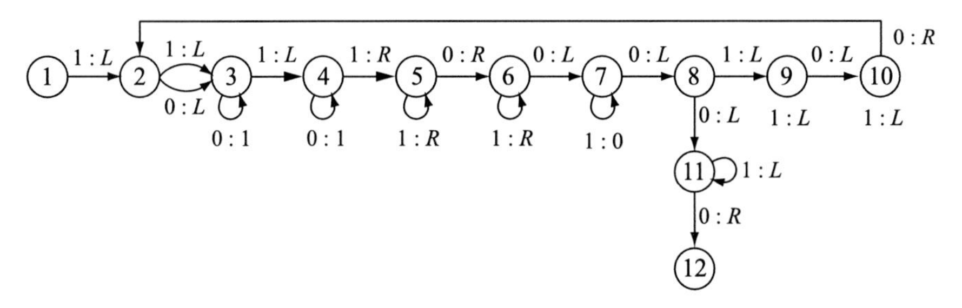

Figura 3.5. Duplicando o número de traços

Como ela funciona? Em geral, escrevendo traços duplos à esquerda e apagando traços isolados à direita. Especificamente, suponha que a configuração inicial é $1_1 11$, de modo que iniciamos no estado 1, examinando o traço mais à esquerda em um bloco de três traços em uma fita que de resto está vazia. As próximas configurações são como segue:

$$0_2111 \quad 0_30111 \quad 1_30111 \quad 0_410111 \quad 1_410111.$$

Assim, escrevemos nosso primeiro par de traços à esquerda – separados do bloco original 111 por um quadrado em branco. A seguir, iremos para a direita, passando pelo quadrado em branco na extremidade direita do bloco original, e apagamos o traço que está mais à direita. Funciona como segue, em duas fases. Fase 1:

$$11_50111 \quad 110_5111 \quad 1101_611 \quad 11011_61 \quad 110111_6 \quad 1101110_6.$$

Sabemos agora que passamos o último dos traços do bloco original, assim (fase 2), nós recuamos, apagamos um deles e movemos mais um quadrado para a esquerda:

$$110111_7 \quad 110110_7 \quad 11011_80.$$

Saltamos agora de volta para a esquerda, sobre o que restou do bloco original de traços, sobre o espaço em branco separando o bloco original dos traços adicionais que escrevemos, e sobre esses traços adicionais, até que encontremos o quadrado em branco além do traço mais à esquerda:

$$1101_91 \quad 110_911 \quad 11_{10}011 \quad 1_{10}1011 \quad 0_{10}11011.$$

Escrevemos agora mais dois traços novos, quase como antes:

$$01_21011 \quad 0_311011 \quad 1_311011 \quad 0_4111011 \quad 1_4111011.$$

Estamos agora de volta ao traço mais à esquerda do recém-escrito bloco de traços, e o processo que levou a encontrar e apagar o traço mais à direita será repetido, até que cheguemos à seguinte situação:

$$1111011_7 \quad 1111010_7 \quad 111101_80.$$

Uma outra rodada disso irá nos levar, primeiro, a escrever mais um par de traços:

$$1_4111101.$$

E isso irá nos levar a apagar o último traço do bloco original:

$$111111 01_7 \qquad 1111110 0_7 \qquad 111111 0_8 0.$$

E então a rodada final começa, pois já temos o que queremos na fita, e somente precisamos nos mover de volta até parar no traço mais à esquerda:

$$11111 1_{11} \qquad 1111 1_{11} 1 \qquad 111 1_{11} 11 \qquad 11 1_{11} 111 \qquad 1 1_{11} 1111 \qquad 1_{11} 11111$$
$$0_{11} 111111 \qquad 1_{12} 11111.$$

Estamos agora no estado 12, examinando um traço. Uma vez que não há nenhuma seta saindo desse nó, dizendo o que fazer em tal caso, nós paramos. A máquina funciona como anunciado.

(*Nota*: O fato de a máquina duplicar o número de traços quando o número original é três não é uma prova de que a máquina funciona como anunciado. No entanto, nosso exame do caso particular, em que há inicialmente três traços, não fez uso essencial do fato de que o número inicial era três: ele é facilmente convertido em uma prova de que a máquina duplica o número de traços não importa quão longo possa ser o bloco original.)

Pode ser que os leitores desejem, nos exemplos remanescentes, tentar desenhar suas próprias máquinas antes de ver como nós fizemos; por essa razão, apresentamos primeiro os enunciados de todos os exemplos, e só depois, reunidas, todas as demonstrações.

3.3 Exemplo. (Determinar a paridade do comprimento de um bloco de traços). Há uma máquina de Turing que, ao ser iniciada examinando o traço mais à esquerda de um bloco contínuo de traços em uma fita de resto vazia, finalmente para, examinando um quadrado em uma fita que, de resto, está vazia, em que o quadrado está em branco, ou contém um traço, dependendo de haver um número par ou ímpar de traços no bloco original.

3.4 Exemplo. (Adição em notação monádica (de identificação)). Há uma máquina de Turing que faz o seguinte. Inicialmente, a fita está vazia exceto por dois blocos contínuos de traços, digamos, um bloco esquerdo com p traços e um bloco direito com q traços, separados por um único quadrado em branco. Iniciada no traço mais à esquerda do bloco esquerdo, a máquina finalmente para, examinando o traço mais à esquerda em um bloco contínuo de $p + q$ traços, em uma fita que, fora isso, está vazia.

3.5 Exemplo. (Multiplicação em notação monádica (de identificação)). Há uma máquina de Turing que faz a mesma coisa que a anterior, mas com $p \cdot q$ em lugar de $p + q$.

Demonstrações

Exemplo 3.3. Um fluxograma para uma tal máquina é mostrado na Figura 3.6.

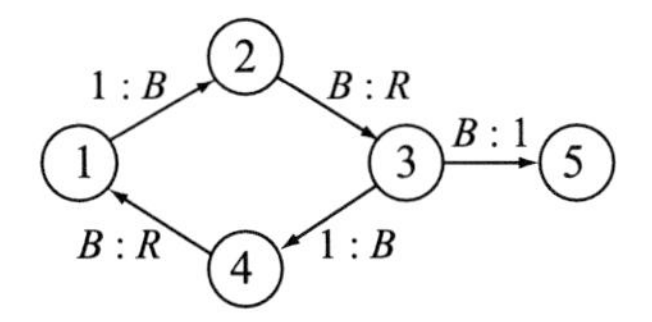

Figura 3.6. Máquina de paridade

Se havia, de começo, 0 ou 2 ou 4 ou ... traços, essa máquina para no estado 1, examinando um quadrado em branco em uma fita em branco; se havia 1 ou 3 ou 5 ou ..., ela para no estado 5, examinando um traço em uma fita que, fora isso, está em branco.

Exemplo 3.4. O objetivo é apagar o traço mais à esquerda, preencher a lacuna entre os dois blocos de traços e parar examinando o traço mais à esquerda que permanece na fita. Eis aqui uma maneira de fazer isso, em notação de quádruplas: $q_1S_1S_0q_1$; $q_1S_0Rq_2$; $q_2S_1Rq_2$; $q_2S_0S_1q_3$; $q_3S_1Lq_3$; $q_3S_0Rq_4$.

Exemplo 3.5. Um fluxograma para uma máquina é apresentado na Figura 3.7.

A máquina funciona assim. O primeiro bloco, com p traços, é usado como um *contador*, para registrar quantas vezes a máquina adicionou q traços ao grupo da direita. Para começar, a máquina apaga o traço mais à esquerda dos p traços e vê se sobrou algum traço no grupo do contador. Se não, $pq = q$, e tudo o que a máquina tem de fazer é posicionar-se sobre o traço mais à esquerda da fita, e parar.

Entretanto, se ainda restam traços no contador, a máquina entra em uma *rotina de pula-sela* (como no jogo infantil): de fato, ela move o bloco de q traços (o *grupo de pula-sela*) q lugares para a direita ao longo da fita. Por exemplo, com $p = 2$ e $q = 3$, a fita, inicialmente, tem esta aparência:

$$11B111$$

e parece-se assim, depois de ter passado pela rotina de pula-sela:

$$B1BBBB111.$$

A máquina percebe então que resta um único 1 no contador, e termina apagando esse 1, movendo-se para a direita dois quadrados, e transformando todos os Bs em traços até que chegue a um traço, ponto em que ela continua até o 1 mais à esquerda, e para.

O quadro geral de como a rotina de pula-sela funciona é apresentado na Figura 3.8.

Em geral, o grupo de pula-sela consiste em um bloco de 0 ou 1 ou ... q traços, seguidos por um espaço em branco, seguido pelo restante dos q traços. O espaço

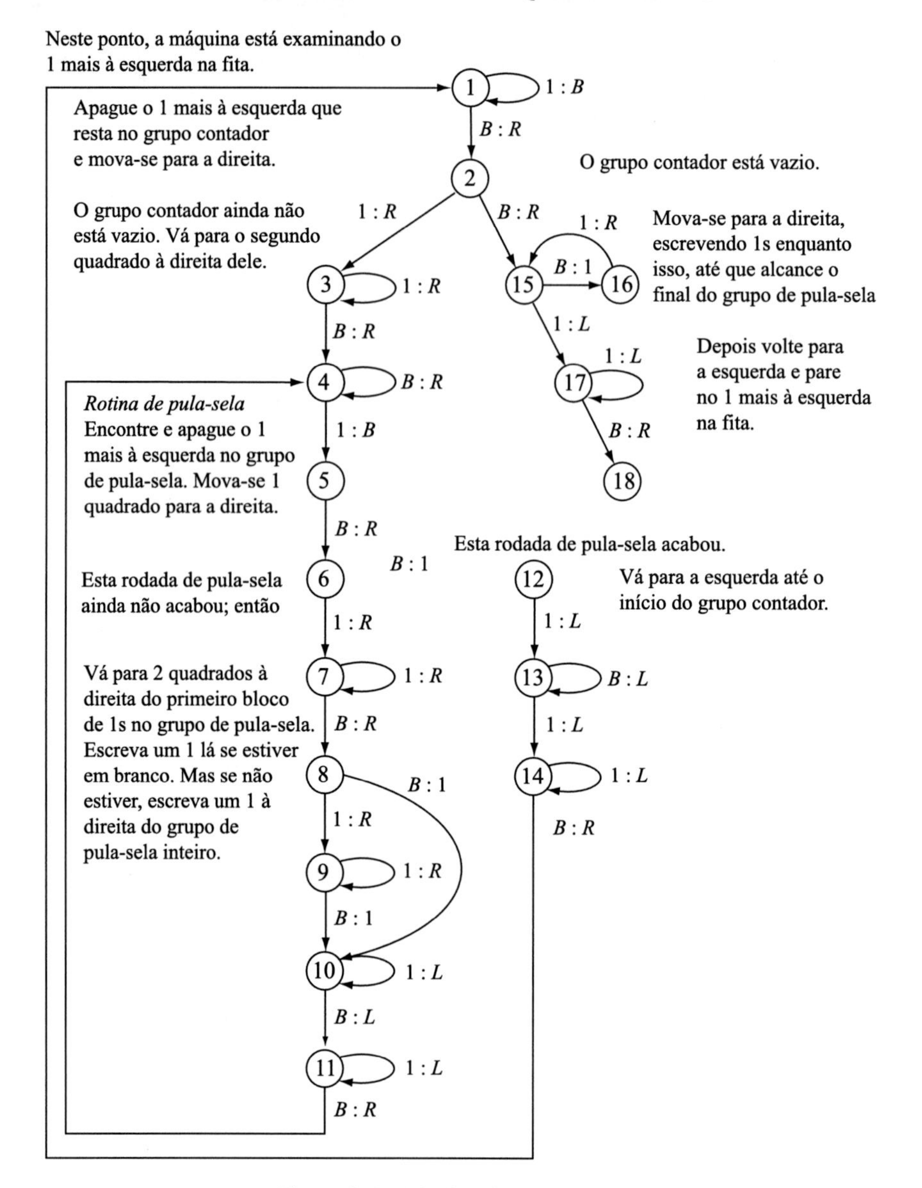

Figura 3.7. Máquina de multiplicação

em branco está lá para dizer à máquina quando o jogo de pula-sela acaba: sem ele, o grupo de q traços continuaria eternamente a se mover para a direita ao longo da fita. (Quando se brinca de pula-sela, a porção dos q traços à esquerda do espaço em branco no grupo de pula-sela funciona como um contador: controla o processo de adicionar traços à porção do grupo de pula-sela que está à direita do espaço em

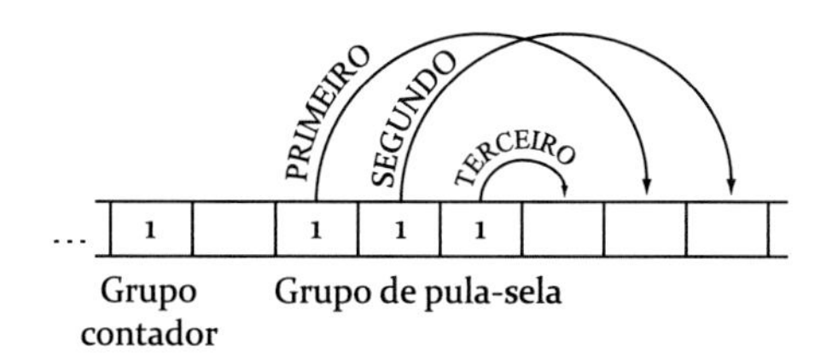

Figura 3.8. Pula-sela

branco. É por essa razão que há dois grandes laços no fluxograma: um para cada sub-rotina controlada por um contador.)

Não apresentamos ainda uma definição oficial do que significa dizer que uma função numérica é computável por máquina de Turing, especificando como as entradas, ou argumentos, devem ser representadas na máquina, e como as saídas, ou valores, devem ser representadas. Nossas especificações para uma função de k argumentos de inteiros positivos em inteiros positivos são como segue:

(a) Os argumentos $m_1, \ldots, m_k$ da função serão representados em notação monádica por blocos contendo esses números de traços, cada bloco separado do próximo por um único quadrado em branco, em uma fita que, exceto por isso, está em branco. Assim, no início da computação de, digamos, 3 + 2, a fita terá este aspecto: $111B11$.

(b) Inicialmente, a máquina examina o 1 mais à esquerda na fita, e estará em seu estado inicial, o estado 1. Assim, na computação de 3 + 2, a configuração inicial será $1_1 11B11$. Uma configuração tal como descrita por (a) e (b) é denominada uma *configuração* (ou *posição) inicial padrão.*

(c) Se a função a ser computada atribui um valor n aos argumentos que estão inicialmente representados na fita, então a máquina finalmente parará em uma fita contendo um bloco com esse número de traços, e com o resto em branco. Desta forma, na computação de 3 + 2, a fita terá este aspecto: 11111.

(d) Nesse caso, a máquina vai parar examinando o 1 mais à esquerda na fita. Assim, na computação de 3 + 2, a configuração final será $1_n 1111$, em que o n-ésimo estado é aquele para o qual não há nenhuma instrução sobre o que fazer se estiver examinando um traço, de forma que, nessa configuração, a máquina será parada. Uma configuração tal como descrita por (c) e (d) é denominada uma *configuração* (ou *posição) final padrão.*

(e) Se a função a ser computada não atribui nenhum valor aos argumentos inicialmente representados na fita, então a máquina nunca irá parar, ou irá parar em alguma configuração não padrão, tais como $B_n 11111$ ou $B11_n 111$ ou $B11111_n$.

A restrição feita à posição padrão (estar examinando o 1 mais à esquerda) para iniciar e parar não é essencial, mas *alguma* especificação tem que ser feita sobre as posições inicial e final da máquina, e as pressuposições anteriores parecem ser particularmente simples.

Com essas especificações, pode-se ver que qualquer máquina de Turing computa uma função de um argumento, uma função de dois argumentos e, em geral, uma função de k argumentos, para cada inteiro positivo k. Considere, assim, a máquina especificada pela única quádrupla $q_1 1 1 q_2$. Partindo da configuração inicial padrão, ela imediatamente para, deixando a fita inalterada. Se havia inicialmente apenas um bloco de traços na fita, sua configuração final será padrão e, assim, a máquina computa a função identidade id de um argumento: $\mathrm{id}(m) = m$ para cada inteiro positivo m. Desta forma, a máquina computa uma certa função total de um argumento. No entanto, se houvesse inicialmente dois ou mais blocos de traços na fita, a configuração final não seria padrão. Consequentemente, a máquina computa a função parcial extrema de dois argumentos que é indefinida para todos os pares de argumentos: a função vazia e_2 de dois argumentos. Em geral, para k argumentos, essa máquina computa a função vazia e_k de k argumentos.

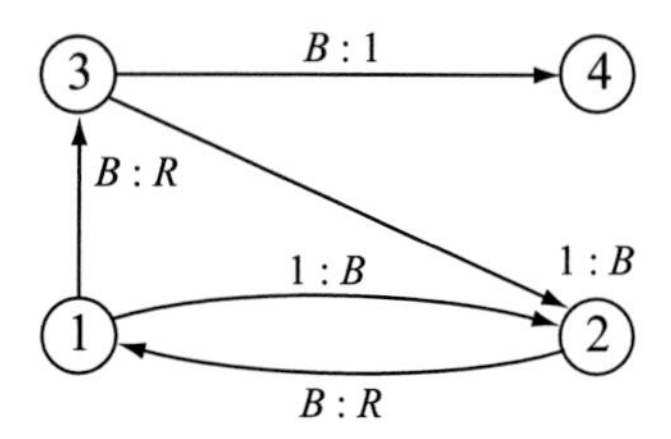

Figura 3.9. Uma máquina que computa o valor 1 para todos os argumentos

Por oposição, considere a máquina cujo fluxograma é apresentado na Figura 3.9. Essa máquina computa, para cada k, a função total que atribui o mesmo valor, a saber, 1, a cada k-upla. Partindo do estado inicial em uma configuração inicial padrão, essa máquina apaga o primeiro bloco de traços (alternando entre os estados 1 e 2 para fazer isso) e vai para o estado 3, examinando o segundo quadrado à direita do primeiro bloco. Caso veja ali um espaço em branco, ela sabe que apagou a fita inteira, de modo que escreve um único 1 e para no estado 4 em uma configuração padrão. Se enxerga um traço, ela reentra o ciclo entre os estados 1 e 2, apagando o segundo bloco de traços e indagando outra vez, no estado 3, se a fita inteira está em branco, ou se ainda há mais blocos com que lidar.

Uma função numérica de k argumentos é *computável por máquina de Turing*, ou *Turing computável*, se há alguma máquina de Turing que a computa no sentido que acabamos de especificar. Ora, computação no sentido de uma máquina de Turing é, certamente, *um* tipo de computação no sentido intuitivo do termo, de modo que todas as funções Turing computáveis são efetivamente computáveis. A *tese de Turing* é que, inversamente, qualquer função efetivamente computável é Turing computável, de modo que computação no sentido técnico preciso que estivemos desenvolvendo coincide com computabilidade efetiva no sentido intuitivo.

É fácil imaginar liberalizações dessa noção de máquina de Turing. Poderíamos admitir máquinas usando mais símbolos do que somente o branco e o traço. Poderíamos admitir máquinas operando em uma grade retangular, capazes de mover-se um quadrado para cima ou para baixo, além de para a esquerda e para a direita. A tese de Turing implica que nenhuma liberalização da noção de máquina de Turing ampliará a classe de funções computáveis, porque todas as funções que são efetivamente computáveis, seja lá de que maneira, já são computáveis por uma máquina de Turing no sentido restrito que estivemos considerando. A tese de Turing, assim, é uma afirmativa ousada.

É possível apresentar um argumento heurístico para ela. Afinal de contas, computação efetiva consiste em mover-se continuadamente e escrever e talvez apagar símbolos, de acordo com regras definidas e explícitas; e certamente escrever e apagar símbolos é algo que pode ser feito traço a traço, e mover-se de um lugar para outro pode ser feito passo a passo. O argumento principal, contudo, será o acúmulo de exemplos de funções efetivamente computáveis, das quais conseguimos mostrar que são Turing computáveis. Até aqui, contudo, tivemos apenas uns poucos exemplos de máquinas de Turing que computam funções numéricas, ou seja, de funções efetivamente computáveis que demonstramos serem Turing computáveis: adição e multiplicação na seção precedente, e agora a função identidade, a função vazia, e a função com valor constante 1.

Ora, adição e multiplicação são apenas as duas primeiras de uma série de operações aritméticas as quais são efetivamente computáveis. O próximo item na série é a exponenciação. Assim como multiplicação é adição repetida, exponenciação é multiplicação repetida. (E, nesse caso, exponenciação repetida nos dá uma espécie de superexponenciação, e assim por diante. Investigaremos esse processo geral de definir novas funções a partir de funções já conhecidas em um capítulo posterior.) Se a tese de Turing é correta, para cada uma dessas funções deve haver uma máquina de Turing que a computa. Especificar um multiplicador já foi difícil o suficiente, o que sugere que especificar um exponenciador vai ser realmente um desafio. De qualquer modo, a abordagem direta de especificar uma máquina para cada operação levaria uma eternidade, uma vez que há infinitamente muitas operações em tal série. Além do mais, há muitas outras funções numéricas efetivamente computáveis além daquelas que estão nessa série. Quando retornarmos, no capítulo 5, à tarefa de mostrar que várias funções numéricas efetivamente computáveis são Turing computáveis, e assim acumular evidência para a tese de Turing, adotaremos uma abordagem menos direta, e mostraremos, de uma vez só, que todas as operações nessa série que começa com adição e multiplicação são Turing computáveis.

Por enquanto, colocamos de lado a tarefa positiva de mostrar que certas funções são Turing computáveis, e voltamo-nos, em vez disso, a exemplos de funções numéricas de um argumento que são Turing *in*computáveis (e assim, se a tese de Turing for correta, que são efetivamente incomputáveis).

Problemas

3.1 Considere uma fita contendo um bloco de n traços, seguido por um espaço, seguido por um bloco de m traços, seguido por um espaço, seguido por um bloco de k traços, sendo que o resto da fita está em branco. Especifique uma máquina de Turing que, quando iniciada no traço mais à esquerda, finalmente para, sem ter escrito nem apagado nada, ...

(**a**) ... no traço mais à esquerda do segundo bloco.

(**b**) ... no traço mais à esquerda do terceiro bloco.

3.2 Continuando o problema precedente, especifique uma máquina de Turing que, quando iniciada no traço mais à esquerda, finalmente para, sem ter escrito nem apagado nada, ...

(**a**) ... no traço mais à direita do segundo bloco.

(**b**) ... no traço mais à direita do terceiro bloco.

3.3 Especifique uma máquina de Turing que, iniciando com a fita como nos problemas precedentes, finalmente para no traço mais à esquerda da fita, a qual deve agora conter um bloco de n traços, seguido por um espaço em branco, seguido por um bloco de $m + 1$ traços, seguido por um espaço em branco, seguido por um bloco de k traços.

3.4 Especifique uma máquina de Turing que, iniciando com a fita como nos problemas precedentes, finalmente para no traço mais à esquerda da fita, a qual deve agora conter um bloco de n traços, seguido por um espaço em branco, seguido por um bloco de $m - 1$ traços, seguido por um espaço em branco, seguido por um bloco de k traços.

3.5 Especifique uma máquina de Turing que compute a função $\min(x, y)$ = o menor de x e y.

3.6 Especifique uma máquina de Turing que compute a função $\max(x, y)$ = o maior de x e y.

4

Incomputabilidade

No capítulo anterior, introduzimos a noção de computabilidade por máquina de Turing. *Neste breve capítulo, damos exemplos de funções Turing incomputáveis: a* função da parada *na seção 4.1, e a* função produtividade *na seção opcional 4.2. Se a tese de Turing for correta, estes são, na verdade, exemplos de funções efetivamente incomputáveis.*

4.1 O problema da parada

Há demasiadamente muitas funções de inteiros positivos em inteiros positivos para que todas elas sejam Turing computáveis. Por um lado, como vimos no problema 2.2, o conjunto de todas essas funções é não enumerável. E por outro lado, o conjunto de máquinas de Turing, e, portanto, de funções Turing computáveis, é enumerável, visto que a representação de uma máquina de Turing na forma de quádruplas equivale a uma representação dela por uma cadeia finita de símbolos de um alfabeto finito, e vimos no capítulo 1 que o conjunto de tais cadeias é enumerável. Essas considerações nos mostram que devem existir funções que não são Turing computáveis, mas não nos fornecem um exemplo explícito de uma tal função. Fornecer exemplos explícitos é a tarefa deste capítulo. Começamos examinando em câmera lenta o argumento que acabamos de apresentar, dando atenção cuidadosa aos detalhes, de modo a extrair dele um exemplo específico de uma função Turing incomputável.

Para começar, sugerimos que podemos enumerar as funções Turing computáveis de um argumento pelo expediente de enumerar as máquinas de Turing, e que podemos enumerar as máquinas de Turing usando suas representações por quádruplas. À medida que nos voltamos aos detalhes, será conveniente modificar um pouco a representação por quádruplas usada até aqui. Para indicar a natureza das modificações, considere a máquina na Figura 3.9 no capítulo precedente. Sua representação por quádruplas seria

$$q_1S_0Rq_3, q_1S_1S_0q_2, q_2S_0Rq_1, q_3S_0S_1q_4, q_3S_1S_0q_2.$$

Já consideramos o estado de menor número q_1 como o estado inicial. Queremos agora pressupor que o estado de maior número seja o estado de parada, para o qual não há instruções nem quádruplas. Isso já é o caso em nosso exemplo, mas, se já não fosse dessa forma em algum outro exemplo, poderíamos fazer que o fosse, acrescentando um estado adicional.

Queremos agora pressupor também que, para *todo* estado q_i exceto esse estado de parada com o maior número, e para *cada um* dos dois símbolos S_j que estamos utilizando, a saber, $S_0 = B$ e $S_1 = 1$, há uma quádrupla começando com q_iS_j. Isso não é assim em nosso exemplo tal como ele está, pois não há nenhuma instrução para q_2S_1. Interpretamos a ausência de uma instrução para q_iS_j como uma instrução para parar, mas o mesmo efeito pode ser alcançado por meio de uma instrução explícita para manter o símbolo e então ir para o estado de maior número. Quando modificamos a representação acrescentando essa instrução, ela se torna

$$q_1S_0Rq_3, q_1S_1S_0q_2, q_2S_0Rq_1, q_2S_1S_1q_4, q_3S_0S_1q_4, q_3S_1S_0q_2.$$

Ora, tomando as quádruplas que começam por q_1S_0, q_1S_1S, $q_2S_0, \ldots$ nessa ordem, como fizemos, os dois primeiros símbolos de cada quádrupla são previsíveis e, portanto, não precisam ser escritos. Podemos então escrever simplesmente

$$Rq_3, S_0q_2, Rq_1, S_1q_4, S_1q_4, S_0q_2.$$

Representando q_i por i, e S_j por $j + 1$ (de modo a evitar 0), e L e R por 3 e 4, podemos escrever, de maneira ainda mais simples,

$$4, 3, 1, 2, 4, 1, 2, 4, 2, 4, 1, 2.$$

Assim, uma máquina de Turing pode ser completamente representada por uma sequência finita de inteiros positivos – e mesmo, se desejado, por um único inteiro positivo, por exemplo, utilizando o método de codificação baseado na decomposição em fatores primos:

$$2^4 \cdot 3^3 \cdot 5 \cdot 7^2 \cdot 11^4 \cdot 13 \cdot 17^2 \cdot 19^4 \cdot 23^2 \cdot 29^4 \cdot 31 \cdot 37^2.$$

Nem todo inteiro positivo vai representar uma máquina de Turing: se um inteiro positivo dado faz isso ou não depende de qual é a sequência de expoentes em sua decomposição em números primos, e nem toda sequência finita representa uma máquina de Turing. Aquelas que o fazem devem ter por comprimento algum $4n$ que seja múltiplo de 4, e ter entre seus elementos de ordem ímpar somente números de 1 a 4 (representando B, 1, L, R), e entre seus elementos de ordem par somente números de 1 a $n + 1$ (representando o estado inicial q_1, vários outros estados q_i, e o estado de parada q_{n+1}). Mas não importa: da representação acima, pelo menos obtivemos uma lista, com lacunas, de todas as máquinas de Turing, na qual cada máquina de Turing é listada pelo menos uma vez; preenchendo as lacunas, obtemos uma lista sem lacunas de todas as máquinas de Turing M_1, M_2, M_3,..., e dela uma lista similar de todas as funções Turing computáveis de um argumento, f_1, f_2, f_3,..., em que f_i é a função total ou parcial computada por M_i.

Para dar um exemplo trivial, considere a máquina representada por $(1, 1, 1, 1)$, ou $2 \cdot 3 \cdot 5 \cdot 7 = 210$. Iniciada examinando um traço, ela o apaga, não faz nada com o espaço em branco resultante e permanece no mesmo estado inicial, jamais atingindo o estado de parada, que seria o estado 2. Ou considere a máquina representada por $(2, 1, 1, 1)$, ou $2^2 \cdot 3 \cdot 5 \cdot 7 = 420$. Iniciada examinando um traço, ela o apaga, depois o escreve de novo, depois o apaga, depois o escreve de novo, e assim por diante, mais uma vez nunca parando. Ou considere a máquina representada por $(1, 2, 1, 1)$, ou $2 \cdot 3^2 \cdot 5 \cdot 7 = 630$. Iniciada examinando um traço, ela o apaga, então vai para o estado de parada 2, em que examina o espaço em branco resultante, o que significa que parou em uma configuração final não padrão. Um pouco de reflexão mostra que 210, 420, 630 são os menores números que representam máquinas de Turing, de modo que as três máquinas que acabam de ser descritas serão M_1, M_2, M_3, e temos $f_1 = f_2 = f_3 =$ a função vazia.

Apresentamos, assim, uma enumeração explícita das funções Turing computáveis de um argumento, obtida pelo expediente de enumerar as máquinas que as computam. O fato de tal enumeração ser possível mostra, como observamos no início, que devem existir funções de um único argumento que são Turing incomputáveis. O propósito de especificar tal enumeração é poder exibir uma função específica desse tipo. Para fazer isso, definimos uma *função diagonal d* como segue:

$$(1) \qquad d(n) = \begin{cases} 2 & \text{se } f_n(n) \text{ é definida e } = 1 \\ 1 & \text{caso contrário.} \end{cases}$$

Ora, d é uma função total de um argumento perfeitamente genuína, mas não é Turing computável, ou seja, d não é f_1 nem f_2 nem f_3 etc. *Demonstração*: Suponha que d seja uma das funções Turing computáveis – digamos, a m-ésima. Então, para cada inteiro positivo n, ou $d(n)$ e $f_m(n)$ são ambas definidas e iguais, ou nenhuma delas é definida. Mas consideremos o caso $n = m$:

$$(2) \qquad f_m(m) = d(m) = \begin{cases} 2 & \text{se } f_m(m) \text{ é definida e } = 1 \\ 1 & \text{caso contrário.} \end{cases}$$

Então, seja $f_m(m)$ definida ou não, temos uma contradição: ou $f_m(m)$ é indefinida, caso em que (2) nos diz que é definida e tem valor 1; ou $f_m(m)$ é definida e tem um valor $\neq 1$, caso em que (2) nos diz que tem valor 1; ou $f_m(m)$ é definida e tem valor 1, caso em que (2) nos diz que tem valor 2. Uma vez que derivamos uma contradição da suposição de que d aparece em algum lugar da lista $f_1, f_2, \ldots, f_m, \ldots$, podemos concluir que a suposição é falsa. Acabamos, assim, de demonstrar:

4.1 Teorema. A função diagonal d não é Turing computável.

De acordo com a tese de Turing, uma vez que d não é Turing computável, d não pode ser efetivamente computável. Por que não? Afinal de contas, embora nenhuma máquina de Turing compute a função d, *nós* fomos capazes de computar pelo menos alguns de seus primeiros valores. Pois uma vez que, como observamos, $f_1 = f_2 = f_3 =$ a função vazia, temos $d(1) = d(2) = d(3) = 1$. E talvez possa parecer que realmente podemos computar $d(n)$ para qualquer inteiro positivo n – se tivermos tempo suficiente para isso.

É certamente fácil descobrir quais quádruplas determinam M_n, para $n = 1$, 2, 3 e assim por diante. (Isso é fácil em princípio, embora acabe por ser humanamente inexequível na prática, dado que a duração dos cálculos triviais, para n muito grandes, excede o tempo de vida de um ser humano e, com toda a probabilidade, a duração da espécie humana. Contudo, em nossa noção idealizada de computabilidade, ignoramos o fato de que a vida humana é limitada.)

Além disso, é com certeza algo perfeitamente rotineiro acompanhar as operações M_n, uma vez que a configuração inicial tenha sido especificada; e se M_n finalmente para, devemos cedo ou tarde obter essa informação ao seguir suas operações. Assim, se iniciarmos M_n com entrada n e ela para com essa entrada, então, seguindo suas operações até que ela pare, podemos ver se para em uma posição não padrão, deixando $f_n(n)$ indefinida, ou se para em posição padrão, com saída $f_n(n) = 1$, ou para em uma posição não padrão, com saída $f_n(n) \neq 1$. No primeiro ou no último caso, $d(n) = 1$, e no caso intermediário, $d(n) = 2$.

Contudo, há ainda um outro caso em que $d(n) = 1$; a saber, o caso em que M_n não para jamais. Se M_n está destinada a nunca parar, dada a configuração inicial, será que podemos descobrir *isso* em um tempo finito? Essa é a questão essencial: determinar se a máquina M_n, ao ser inciada examinando o traço mais à esquerda de um bloco contínuo de n traços em uma fita que de resto está em branco, finalmente para, ou não.

É *isso* perfeitamente rotineiro? Tem que haver algum ponto, no processo rotineiro de seguir suas operações, no qual fique claro que a máquina nunca vai parar? Em casos simples, isso acontece, como vimos nos casos de M_1, M_2 e M_3. Mas para que a função d seja efetivamente computável, teria que haver um procedimento mecânico *uniforme*, aplicável não apenas nesses casos simples, mas também em casos mais complicados, para descobrir se uma dada máquina, ao ser inciada em uma dada configuração, finalmente irá parar ou não.

Considere, assim, o multiplicador no Exemplo 3.5. Sua representação sequencial seria uma sequência de 68 números, cada um deles ≤ 18. É rotineiro verificar que ela representa uma máquina de Turing, e pode-se com muita facilidade derivar dela um fluxograma como aquele mostrado na Figura 3.7, mas *sem as anotações, e é claro que sem o texto que acompanha.* Suponha que alguém se depare com uma tal sequência. Seria rotineiro verificar se ela representa uma máquina de Turing e, caso represente, derivar novamente um fluxograma *sem anotações e sem texto acompanhante.* Mas será que há um método uniforme, ou uma rotina mecânica, que, nesse caso e em casos muito mais complicados, permita-nos determinar, inspecionando o fluxograma, *sem quaisquer anotações ou texto acompanhante*, se a máquina finalmente para, uma vez que a configuração inicial tenha sido especificada?

Se houver tal rotina, a tese de Turing é incorreta: se a tese de Turing é correta, não pode haver tal rotina. Atualmente, várias gerações depois de o problema ter sido inicialmente formulado, ninguém ainda obteve sucesso em descrever uma rotina assim – um fato que deve ser considerado como algum tipo de evidência em favor da tese.

Reformulemos a questão. Uma função estreitamente relacionada a d é a *função da parada* h de dois argumentos. Aqui $h(m, n) = 1$ ou 2 conforme a máquina m, ao ser iniciada com entrada n, finalmente para ou não. Se h fosse efetivamente computável, d seria efetivamente computável. Com efeito, dado n, poderíamos primeiro computar $h(n, n)$. Se obtivéssemos $h(n, n) = 2$, saberíamos que $d(n) = 1$. Se obtivéssemos $h(n, n) = 1$, saberíamos que poderíamos iniciar com segurança a máquina M_n na configuração inicial padrão para a entrada n, e que ela finalmente pararia. Se parasse em uma configuração não padrão, teríamos mais uma vez $d(n) = 1$. Se parasse em uma configuração final padrão dando uma saída $f_n(n)$, teríamos $d(n) = 1$ ou 2 conforme $f_n(n) \neq 1$ ou $= 1$.

Esse é um argumento informal mostrando que, se h fosse efetivamente computável, então d seria efetivamente computável. Dado que nós mostramos que d não é Turing computável, assumindo a tese de Turing segue-se que d não é efetivamente computável e, portanto, que h não é efetivamente computável e, assim, não é Turing computável. É também possível provar rigorosamente, embora não tenhamos neste momento o aparato necessário para fazer tal coisa, que se h fosse Turing computável, então d seria Turing computável, e uma vez que mostramos que d *não* é Turing computável, isso mostraria que h não é Turing computável. Por fim, é possível provar rigorosamente de outra maneira, sem envolver d, que h não é Turing computável, e é isso que vamos fazer agora.

4.2 Teorema. A função da parada h não é Turing computável.

Demonstração: Como preliminar, precisamos de duas máquinas de Turing especiais. A primeira é uma *máquina de cópia C*, que funciona da seguinte maneira. Dada uma fita contendo um bloco de n traços, e de resto em branco, se a máquina inicia examinando o traço mais à esquerda na fita ela finalmente para com a fita contendo dois blocos de n traços, separados por um quadrado em branco, e tendo o resto em branco, com a máquina examinando o traço mais à esquerda na fita. Assim, se a máquina é iniciada com

$$\ldots BBB1111BBB\ldots,$$

ela finalmente para com

$$\ldots BBB1111B1111BBB\ldots.$$

Vamos pedir que você especifique uma máquina assim nos problemas ao final deste capítulo.

A segunda é uma *máquina indecisa I*. Iniciada no traço mais à esquerda em um bloco de n traços em uma fita que de resto está em branco, I finalmente para se $n > 1$, mas jamais para se $n = 1$. Tal máquina é descrita pela sequência

$$1, 3, 4, 2, 3, 1, 3, 3.$$

Iniciada em um traço no estado 1, ela se move para a direita e vai para o estado 2. Se ela se encontra em um traço, move-se de volta para a esquerda e para, mas se se encontra em um quadrado em branco, move-se de volta para a esquerda e entra no estado 1, iniciando um ciclo interminável de um lado para outro.

Suponhamos agora que tivéssemos uma máquina H que computasse a função h. Poderíamos *combinar* as máquinas C e H como segue: se os estados de C são numerados de 1 até p, e os estados de H numerados de 1 até q, renumeramos esses últimos estados de $p + 1$ até $r = p + q$, e escrevemos essas instruções renumeradas depois das instruções para C. Originalmente, C nos diz para parar dizendo-nos para ir ao estado $p + 1$; contudo, nas novas instruções combinadas, ir para o estado $p + 1$ não significa parar, mas começar as operações de máquina H. Assim, as novas instruções combinadas farão que primeiro passemos pelas operações de C, e então, quando C teria parado, que passemos pelas operações de H. O resultado é, portanto, uma máquina G que computa a função $g(n) = h(n, n)$.

Combinamos agora *essa* máquina G com a máquina indecisa I, renumerando os estados dessa última como $r + 1$ e $r + 2$, e escrevendo suas instruções depois daquelas para G. O resultado será uma máquina M que passa pelas operações de G e depois pelas operações de I. Assim, se a máquina de número n para quando iniciada em seu próprio número, isto é, se $h(n, n) = g(n) = 1$, então a máquina M *não* para quando iniciada naquele número n, ao passo que, se a máquina de número n *não* para quando iniciada em seu próprio número, isto é, se $h(n, n) = g(n) = 2$, então a máquina M *para* quando iniciada em n.

Mas é claro que não pode haver uma máquina como M. Pois o que ela faria ao ser iniciada tendo como entrada seu próprio número m? Ela iria parar se e somente se a máquina de número m, ou seja ela mesma, *não* para quando iniciada com a entrada m. A contradição mostra que não pode haver uma máquina tal como H.

O *problema da parada* consiste em encontrar um procedimento efetivo que, dada qualquer máquina de Turing M, representada, digamos, por seu número m, e dado qualquer número n, vai nos permitir determinar se essa máquina, tomando esse número como entrada, finalmente para ou não. Para que o problema seja solúvel por máquina de Turing, é preciso que haja uma máquina de Turing que, dados m e n como entradas, produz como saída a resposta à questão de se a máquina de número m com entrada n finalmente para. É claro, uma máquina de Turing da espécie que estivemos considerando não poderia produzir a saída mediante a impressão da palavra 'sim' ou 'não' em sua fita, uma vez que estamos considerando máquinas que operam com apenas dois símbolos, o branco e o traço. Em vez disso, consideramos que a resposta afirmativa é apresentada pela saída de 1 e a negativa pela saída 2. Com esse entendimento, a questão de se o problema da parada pode ser resolvido por uma máquina de Turing equivale à questão de se a função da parada h é Turing computável, mas acabamos de ver no Teorema 4.2 que não é. Esse teorema, assim, é frequentemente citado na forma: 'O problema da parada não é solúvel por máquina de Turing'. Pressupondo a tese de Turing, segue-se que ele não é solúvel de modo algum.

Até aqui, temos dois exemplos de funções que não são Turing computáveis – ou problemas que não são solúveis por nenhuma máquina de Turing – e, se a tese de Turing estiver correta, essas funções não são efetivamente computáveis. Um exemplo adicional será apresentado na próxima seção. Embora a leitura cuidadosa desse exemplo forneça uma familiaridade maior com o potencial das máquinas de Turing, a qual será desejável quando chegarmos ao próximo capítulo (e, além do mais, o exemplo é muito bonito), ainda assim nenhum material relacionado a esse exemplo é, estritamente falando, indispensável para nossos estudos posteriores; portanto, assinalamos com um asterisco, indicando que é opcional, a seção na qual ele aparece.

4.2* A função produtividade

Considere uma máquina de Turing com k estados (sem contar o estado parado). Inicie-a com a entrada k, isto é, inicie-a em seu estado inicial no traço mais à esquerda de um bloco de k traços em uma fita que de resto está em branco. Se a máquina nunca para, ou para em uma posição não padrão, atribua a ela 0 pontos. Se ela para em uma posição padrão com saída n, isto é, no mais à esquerda de um bloco de k traços em uma fita que, de resto, está em branco, atribua a ela n pontos. Defina agora $s(k)$ = a mais alta pontuação alcançada por qualquer máquina de Turing com k estados. Pode-se mostrar que essa função é Turing incomputável.

Mostramos primeiro que, se a função s fosse Turing computável, então a função t dada por $t(k) = s(k) + 1$ também o seria. Com efeito, supondo que tenhamos uma máquina que computa s, podemos modificá-la como segue para obter uma máquina, tendo um estado a mais do que a original, a qual computa t. No ponto em que as instruções para a máquina original fariam que ela parasse, as instruções para a nova máquina farão que ela entre nesse novo estado adicional. Nesse novo estado, se ela estiver examinando um traço, deve mover-se um quadrado para a esquerda, permanecendo no novo estado; ao passo que, se estiver examinando um quadrado em branco, deve escrever um traço e parar. Um pouco de reflexão mostra que uma computação da nova máquina irá passar por todos os mesmos passos que a máquina antiga, exceto que, quando a antiga pararia no traço mais à esquerda de um bloco de n traços, a máquina nova irá passar por dois passos de computação a mais (movendo-se para a esquerda e escrevendo um traço), deixando-a parada no traço mais à esquerda de um bloco de $n + 1$ traços. Assim, sua saída será um a mais do que a saída da máquina original, e se a original, para um dado argumento, computa o valor de s, a nova máquina irá computar o valor de t.

Portanto, para mostrar que nenhuma máquina de Turing pode computar s, será agora suficiente mostrar que nenhuma máquina de Turing pode computar t. E isso não é difícil de fazer. Suponhamos que houvesse uma máquina que computa t. Ela teria algum número k de estados (não contando o estado parado). Iniciada no traço mais à esquerda de um bloco de k traços em uma fita que, fora isso, está em branco, ela pararia no traço mais à esquerda de um bloco de $t(k)$ traços em uma fita cujo restante está em branco. Mas então $t(k)$ seria a pontuação dessa particular máquina de k estados, e isso é impossível, uma vez que $t(k) > s(k)$ = a mais alta pontuação alcançada por qualquer máquina de Turing com k estados. Assim, acabamos de demonstrar:

4.3 Proposição. A função de pontuação s não é Turing computável.

Examinemos outra vez essa função s à luz da tese de Turing. De acordo com a tese de Turing, uma vez que s não é Turing computável, s não pode ser efetivamente computável. Por que não? Afinal de contas, há (ignorando os rótulos) apenas finitamente muitas representações por quádruplas ou fluxogramas de máquinas de Turing de k estados, para um dado k. Poderíamos, em princípio, iniciar todas elas no estado 1 com entrada k e aguardar os desenvolvimentos. Algumas máquinas param imediatamente, com número 0 de pontos. À medida que o tempo passa, alguma das outras máquinas pode parar; é possível então verificar se ela parou ou não em posição padrão. Se não, seu número de pontos é 0; se sim, sua pontuação pode ser determinada simplesmente contando-se o número de traços em uma fila na fita. Se esse número é menor ou igual à pontuação de alguma máquina de k estados que parou antes, podemos ignorá-lo. Se for maior que a pontuação de qualquer máquina já parada, então temos uma nova recordista. Algumas funcionarão para sempre, entretanto, uma vez que há apenas finitamente muitas máquinas, chega um momento em que qualquer máquina que finalmente pararia já parou, e a recordista, naquele momento, é uma máquina de k estados com pontuação máxima, e sua pontuação é igual a $s(k)$. Por que isso não é uma maneira efetiva de computar $s(k)$?

Seria, *se* tivéssemos algum método de determinar efetivamente quais são as máquinas que finalmente vão parar. Sem tal método, não podemos determinar quais ainda não pararam em determinado momento e estão destinadas a parar em algum momento posterior, e quais estão destinadas a não parar jamais. Assim, não podemos determinar se atingimos ou não um momento em que todas as máquinas que alguma vez irão parar já pararam. O procedimento delineado no parágrafo precedente nos dá uma solução ao problema da pontuação, o problema de computar $s(n)$, somente se já tivermos uma solução para o *problema da parada*, o problema de determinar se uma dada máquina irá ou não, para uma certa entrada, finalmente parar. Essa é a falha no procedimento.

Há uma função Turing incomputável relacionada que é até mais simples de descrever do que s, chamada a *função de Rado* ou *função do castor ocupado*, que pode ser definida como segue. Consideremos uma máquina de Turing que comece com a fita *em branco* (em vez de com a entrada igual ao número de estados da máquina, como no exemplo da função de pontuação). Se a máquina finalmente para, examinando o traço mais à esquerda de um bloco contínuo de traços em uma fita que fora isso está em branco, dizemos que sua *produtividade* é o comprimento desse bloco. Mas se a máquina nunca para, ou para em alguma outra configuração, dizemos que sua produtividade é 0. Definamos agora $p(n)$ = a produtividade da mais produtiva máquina de Turing que não tem mais do que n estados (não contando o estado parado).

Pode-se mostrar que também essa função é Turing incomputável.

Os fatos necessários acerca da função p podem ser convenientemente registrados em uma série de exemplos. Enunciamos todos os exemplos primeiro, e então apresentamos nossas demonstrações, caso o leitor deseje buscar uma prova antes de consultar as nossas.

4.4 Exemplo. $p(1) = 1$.

4.5 Exemplo. $p(n + 1) > p(n)$, para todo n.

4.6 Exemplo. Há um i tal que $p(n + i) \geq 2n$, para todo n.

Demonstrações

Exemplo 4.4. Há somente 25 máquinas de Turing que têm um único estado q_1. Cada uma delas pode ser representada por um fluxograma no qual há só um nó, e 0 ou 1 ou 2 setas (saindo daquele nó e voltando a ele). Enumeremos esses fluxogramas.

Consideremos primeiro o fluxograma que não tem nenhuma seta. (Há somente um.) A máquina correspondente para imediatamente com a fita ainda em branco, e tem assim produtividade 0.

Consideremos a seguir fluxogramas com duas setas, rotuladas 'B:—' e '1 : ...', em que '—' e '...' podem ser preenchidos com R ou L ou B ou 1. Há $4 \cdot 4 = 16$ desses fluxogramas, correspondendo às 4 maneiras de preencher '—' e às 4 maneiras de preencher '...'. Cada um desses fluxogramas corresponde a uma máquina que nunca para, e tem assim produtividade 0. A máquina nunca para porque, não importa que símbolo ela esteja examinando, há sempre uma instrução que ela deve seguir, mesmo que seja uma instrução como 'escreva um branco no quadrado (já em branco) que você está examinando e permaneça no estado em que se encontra'.

Consideremos fluxogramas com uma seta. Há quatro deles em que a seta é rotulada '1 : ...'. Todos eles param imediatamente, uma vez que a máquina é iniciada num quadrado em branco, e não há nenhuma instrução sobre o que fazer ao examinar um quadrado em branco. Mais uma vez, então, a produtividade é 0.

Finalmente, consideremos fluxogramas com uma seta rotulada 'B:—'. De novo, há quatro deles. Três têm produtividade 0: aquele rotulado 'B: B', que não se move, e os dois rotulados 'B: R' e 'B: L', que se movem interminavelmente pela fita afora em uma ou outra direção (máquinas de Tu*rismo*). Aquela rotulada com 'B: 1' escreve um traço e então para, com produtividade 1. Uma vez que há, portanto, uma máquina cuja produtividade é 1, e todas as outras máquinas de 1 estado têm produtividade 0, a mais produtiva das máquinas de 1 estado tem produtividade 1.

Exemplo 4.5. Escolha qualquer uma das mais produtivas máquinas de n estados, e acrescente um estado a mais, como na Figura 4.1.

Figura 4.1. Aumentando a produtividade em 1

O resultado é uma máquina de $n + 1$ estados cuja produtividade é $n + 1$. Pode haver máquinas de $n + 1$ estados com produtividade ainda maior que essa, mas estabelecemos que a produtividade da mais produtiva das máquinas de $n + 1$ estados é *pelo menos* 1 a mais do que a produtividade da mais produtiva máquina de n estados.

Exemplo 4.6. Podemos tomar $i = 11$. Para ver isso, conecte uma máquina de n estados para escrever um bloco de n traços (Exemplo 3.1) com uma máquina de 12 estados para dobrar o comprimento de uma fileira de traços (Exemplo 3.2).

Aqui, 'conectar' significa sobrepor o nó inicial de uma máquina ao nó de parada da outra: *identificar* os dois nós. [Numere os estados da primeira máquina de 1 até n, e aqueles da segunda máquina de $(n - 1) + 1$ até $(n - 1) + 12$, ou seja, de n até $n + 11$. Este é o mesmo processo que descrevemos em termos de listas de instruções em vez de fluxogramas em nossa prova do Teorema 4.2.] O resultado está apresentado na Figura 4.2.

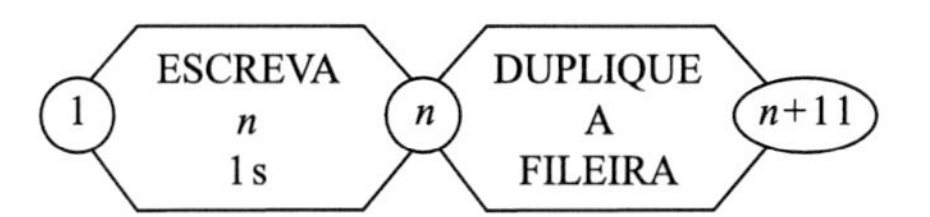

Figura 4.2. Dobrando a produtividade

O resultado é uma máquina de $n + 11$ estados com produtividade $2n$. Uma vez que bem pode haver máquinas de $n + 11$ estados com produtividade ainda maior, não estamos autorizados a concluir que a mais produtiva máquina de 11 estados tem uma produtividade de exatamente $2n$, mas estamos autorizados a concluir que a mais produtiva máquina de 11 estados tem uma produtividade de *pelo menos* $2n$.

Isso quanto às partes. Vamos agora juntá-las em uma prova de que a função p não é Turing computável. A prova será por redução ao absurdo: deduzimos uma conclusão absurda da suposição de que há uma máquina de Turing que computa p.

A primeira coisa que notamos é que, se há uma tal máquina (vamos chamá-la de BB), e o número de seus estados é j, então temos:

(1) $$p(n + 2j) \geq p(p(n))$$

para qualquer n. Com efeito, dada uma máquina BB de j estados que compute p, podemos conectar uma máquina de n estados, que escreve uma fileira de n traços, a duas réplicas de BB como na Figura 4.3.

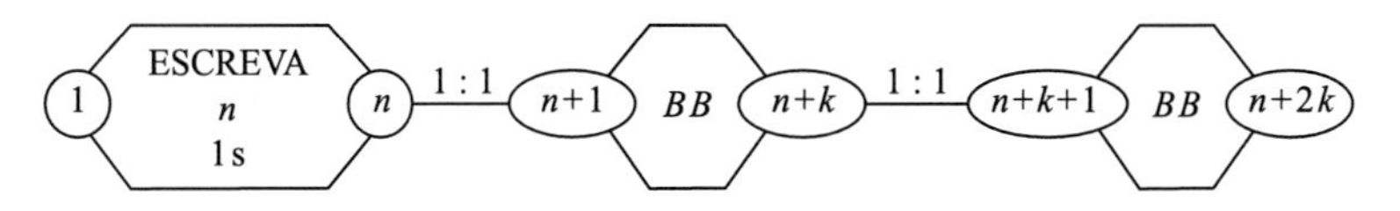

Figura 4.3. Elevando a produtividade usando a máquina hipotética BB

O resultado é uma máquina de $n + 2j$ estados cuja produtividade é $p(p(n))$. Agora, do Exemplo 4.5, segue-se que, se $a < b$, então $p(a) < p(b)$. Invertendo isso, se $p(b) \leq p(a)$, devemos ter $b \leq a$. Aplicando essa observação a (1), temos

(2) $$n + 2j \geq p(n)$$

para qualquer n. Tomando i como no Exemplo 4.6, temos

(3) $$p(m + i) \geq 2m$$

para qualquer m. Mas aplicando (2) com $n = m + i$, temos

(4) $$m + i + 2j \geq p(m + i)$$

para qualquer m. Combinando (3) e (4), temos

(5) $$m + i + 2j \geq 2m$$

para qualquer m. Fixando $k = i + 2j$, temos

(6) $$m + k \geq 2m$$

para qualquer m. Mas isso é absurdo, uma vez que (6) claramente falha para qualquer $m > k$. Demonstramos assim:

4.7 Teorema. A função produtividade p é Turing incomputável.

Problemas

4.1 Há uma máquina de Turing que, iniciada em qualquer lugar da fita, vai finalmente parar se e somente se a fita originalmente *não* estava completamente em branco? Se há, apresente um esboço de como construir tal máquina; se não, explique brevemente por que não.

4.2 Há uma máquina de Turing que, iniciada em qualquer lugar da fita, vai finalmente parar se e somente se a fita originalmente estava completamente em branco? Se há, apresente um esboço de como construir tal máquina; se não, explique brevemente por que não.

4.3 Especifique uma máquina de copiar do tipo descrito no início da prova do teorema 4.2.

4.4 Mostre que, se uma função de dois argumentos g é Turing computável, então também o é a função de um argumento f dada por $f(x) = g(x, x)$. Por exemplo, dado que a função multiplicação $g(x, y) = xy$ é Turing computável, também o é a função quadrado $f(x) = x^2$.

4.5 Uma máquina de Turing *universal* é uma máquina de Turing U tal que, para qualquer outra máquina de Turing M_n e qualquer x, o valor da função de dois argumentos computada por U para os argumentos n e x é o mesmo que o valor da função de um argumento computada por M_n para o argumento x. Mostre que, se a tese de Turing é correta, deve existir uma máquina de Turing universal.

5

Computabilidade por ábacos

Mostrar diretamente que uma função é Turing computável, mediante a apresentação de uma tabela ou fluxograma para uma máquina de Turing que compute a função, é bastante trabalhoso, e nos capítulos precedentes não fomos além de mostrar que a adição e a multiplicação e umas poucas outras funções eram Turing computáveis. Neste capítulo, fornecemos uma maneira menos direta de mostrar que uma função é Turing computável. Na seção 5.1, introduzimos uma espécie aparentemente mais flexível de máquina idealizada, uma máquina de ábaco, *ou simplesmente um* ábaco. *Na seção 5.2, mostramos que, a despeito da aparente maior flexibilidade dessas máquinas, de fato qualquer coisa que possa ser computada por um ábaco pode ser computada por uma máquina de Turing. Na seção 5.3, usamos a flexibilidade dessas máquinas para mostrar que uma grande classe de funções, incluindo não somente adição e multiplicação, mas também exponenciação e muitas outras funções, são computáveis por um ábaco. No próximo capítulo, funções dessa classe serão denominadas* recursivas, *de forma que o que teremos demonstrado ao final deste capítulo é que todas as funções recursivas são Turing computáveis.*

5.1 Ábacos

Mostramos que a adição e a multiplicação são funções Turing computáveis, mas não fomos muito além disso. Na verdade, a situação é ainda um pouco pior. Pareceu apropriado, ao considerar máquinas de Turing, definir computabilidade por máquina de Turing para funções nos inteiros positivos (excluindo o zero), mas, de fato, é costumeiro nos trabalhos sobre outras abordagens da computabilidade considerar funções nos números naturais (incluindo o zero). Se quisermos comparar a abordagem de Turing com outras, temos que adaptar nossa definição de computabilidade por máquina de Turing para aplicar-se a números naturais, o que pode ser efetuado (ao custo de uma ligeira artificialidade) pelo expediente de fazer que o número n seja representado por uma cadeia de $n+1$ traços, de modo que um traço único agora representa zero, dois traços representam um, e assim por diante. Com essa mudança, contudo, o adicionador que apresentamos no último capítulo computa, na realidade, $m + n + 1$ em vez de $m + n$, e precisaria ser modificado de maneira a computar a função adição padrão; analogamente para o multiplicador. As modificações não são excessivamente difíceis de executar, mas ainda nos deixam com poucos exemplos de funções efetivamente computáveis interessantes que mostramos serem Turing computáveis. Neste capítulo, aumentamos em muito o número de exemplos, mas *não* fazemos isso diretamente, apresentando tabelas ou fluxogramas para as máquinas de Turing relevantes. Em vez disso, nós o fazemos de maneira indireta, através de uma outra espécie de máquina idealizada.

Historicamente, a noção de computabilidade por máquina de Turing foi desenvolvida antes da era dos computadores digitais de alta velocidade e, de fato, a teoria da computabilidade por máquina de Turing constituiu uma parte não insignificante do pano de fundo teórico para o desenvolvimento desses computadores. Os tipos de computadores hoje em dia usuais são, em um aspecto, mais flexíveis que máquinas de Turing, visto que eles têm *memória de acesso aleatório*. Uma *máquina de Lambek* ou *máquina de ábaco*, ou simplesmente um *ábaco*, será uma versão idealizada de computador dispondo dessa característica 'usual'. Diferentemente de uma máquina de Turing, que armazena a informação símbolo a símbolo em quadrados de uma fita unidimensional ao longo do qual ela se move um passo de cada vez, uma máquina desse gênero 'usual' aparentemente mais poderoso tem acesso a um número ilimitado de *registradores* $R_0, R_1, R_2, \ldots$, em cada um dos quais podem ser escritos números de tamanho arbitrário. Além disso, esse tipo de máquina pode ir diretamente ao registrador R_n sem ter que ir se arrastando vagarosamente, quadro a quadro, ao longo da fita. Ou seja, cada registrador tem seu próprio *endereço* (para o registrador R_n pode ser simplesmente o número n) que permite à máquina executar instruções tais como

coloque a soma dos números nos registradores R_m e R_n no registrador R_p,

que abreviamos

$$[m] + [n] \rightarrow p.$$

Em geral, $[n]$ é o número que está no registrador R_n, e o número à direita de uma seta identifica o registrador no qual o resultado da operação à esquerda da seta deve ser armazenado. Ao trabalhar com essas máquinas, é natural considerar funções nos números naturais (incluindo o zero), e não apenas os inteiros positivos (excluindo o zero). Assim, o número $[n]$ no registrador R_n em um certo instante bem pode ser zero: o registrador pode estar *vazio*.

Devemos mencionar que nosso gênero 'usual' de máquina de computar é realmente nada usual em um aspecto: embora os computadores digitais reais frequentemente tenham armazenagem de acesso aleatório, há sempre um limite superior finito quanto ao tamanho dos números que podem ser armazenados. Por exemplo, uma máquina real pode ter a capacidade de armazenar qualquer um dos números $0, 1, \ldots, 10\,000\,000$ em cada um de seus registradores, mas nenhum número maior do que dez milhões. Assim, é inteiramente possível que uma função, em princípio computável por uma de nossas máquinas idealizadas, não seja computável, na prática, por nenhuma máquina real, simplesmente porque, para certos argumentos, a computação exigiria registradores com capacidade maior do que possui qualquer máquina real. (De fato, a adição é um exemplo característico: não há um limite finito nos tamanhos dos números que alguém possa pensar em somar, e, portanto, nenhum limite finito no tamanho dos registradores necessários para os argumentos e a soma.) Mas isso está de acordo com nosso objetivo de não considerar as limitações tecnológicas, de modo a alcançar uma noção de computabilidade que não seja restrita demais. Buscamos mostrar que certas funções são incomputáveis em um sentido absoluto: incomputáveis mesmo por nossas máquinas idealizadas, e, portanto, incomputáveis por qualquer máquina real passada, presente ou futura.

A fim de evitar a discussão de detalhes eletrônicos ou mecânicos, podemos imaginar o ábaco de maneira simples, da Idade da Pedra. Cada registrador pode ser considerado como uma caixa numerada espaçosa, capaz de conter qualquer número de pedras: nenhuma ou uma ou duas ou ..., de forma que $[n]$ será o número de pedras na caixa n. Pode-se imaginar que a 'máquina' é operada por um homenzinho capaz de executar dois tipos de operação: acrescentar uma pedra à caixa tendo um número especificado e remover uma pedra de uma caixa tendo um número especificado, se houver alguma pedra a ser removida.

A tabela para uma máquina de Turing é na verdade uma lista de instruções numeradas, em que 'atender a instrução q' é denominado 'estar no estado q'. Todas as instruções têm a seguinte forma:

$$(q)\begin{cases} \text{se você está examinando um branco} & \text{então execute a ação } a \text{ e vá para } r \\ \text{se você está examinando um traço} & \text{então execute a ação } b \text{ e vá para } s. \end{cases}$$

Aqui, cada uma das ações é uma entre as quatro opções seguintes: apagar (coloque um branco no quadrado examinado), escrever (coloque um traço no quadrado examinado), mover-se para a esquerda, mover-se para a direita. É permitido que r ou s ou ambos sejam q; assim, 'vá para r' ou 'vá para s' equivale a 'permaneça em q'.

Máquinas de Turing também podem ser representadas por fluxogramas, nos quais os estados ou instruções não precisam ser numerados. O programa de um ábaco poderia também ser representado por uma tabela de instruções numeradas. Cada uma delas teria uma ou outra das duas formas seguintes:

$$(q) \quad \text{acrescente um à caixa } m \text{ e vá para } r$$

$$(q)\begin{cases} \text{se a caixa } m \text{ não está vazia} & \text{então subtraia um da caixa } m \text{ e vá para } r \\ \text{se a caixa } m \text{ está vazia} & \text{então vá para } s. \end{cases}$$

Na prática, contudo, estaremos trabalhando o tempo todo com uma representação por fluxograma. Nessa representação, as operações elementares serão simbolizadas como na Figura 5.1.

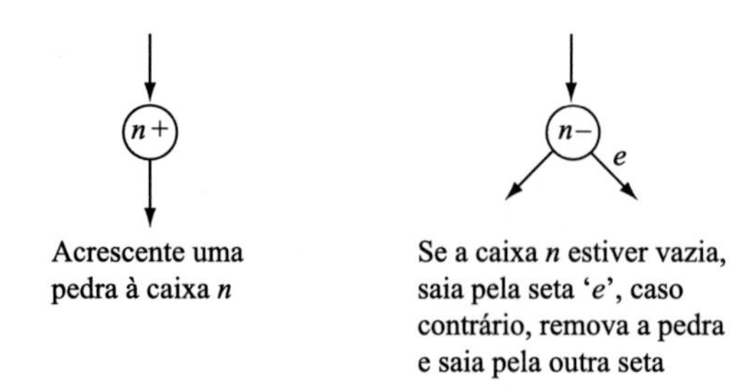

Figura 5.1. Operações elementares em ábacos

Fluxogramas podem ser construídos como nos exemplos seguintes.

5.1 Exemplo. (Esvaziar a caixa n). A ação de esvaziar a caixa de um número n especificado pode ser realizada com uma única instrução, como segue:

(1) $\begin{cases} \text{se a caixa } n \text{ não está vazia} & \text{então subtraia um da caixa } n \text{ e permaneça em 1,} \\ \text{se a caixa } n \text{ está vazia} & \text{então pare.} \end{cases}$

O fluxograma correspondente está indicado na Figura 5.2.

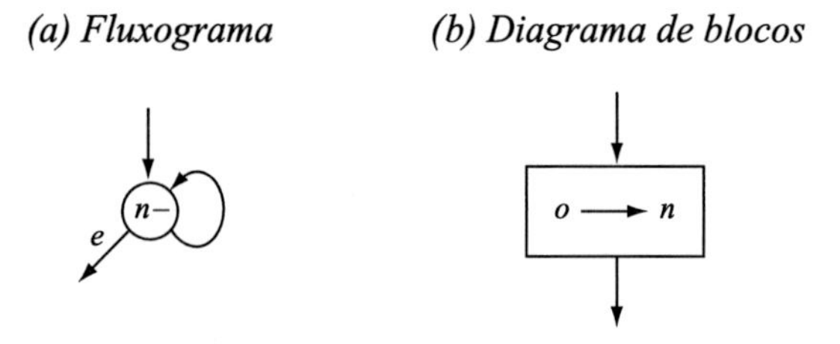

Figura 5.2. Esvaziando uma caixa

Na figura, parar é indicado por uma seta que não leva a lugar algum. O diagrama de blocos também mostrado na Figura 5.2 resume o que o programa mostrado no fluxograma realiza sem indicar *como* é realizado. Tais resumos são úteis para mostrar como programas mais complicados podem ser construídos a partir de programas mais simples.

5.2 Exemplo. (Esvaziar a caixa m na caixa n). O programa é indicado na Figura 5.3.

Pretendemos que a figura corresponda ao caso em que $m \neq n$. (Se $m = n$, o programa para – sai na seta e – ou imediatamente, ou nunca, conforme a caixa originalmente esteja vazia ou não.) Daqui em diante estaremos pressupondo, a menos que a possibilidade contrária seja explicitamente admitida, que quando escrevemos a respeito de caixas m, n, p etc., letras distintas representam caixas distintas.

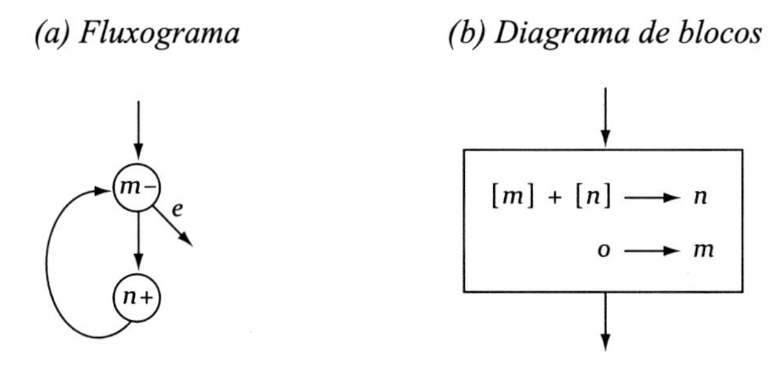

Figura 5.3. Esvaziando uma caixa em outra

Quando, como pretendido, $m \neq n$, o *efeito* do programa é o mesmo que aquele de carregar pedras da caixa m para a caixa n até que a caixa m esteja vazia, mas não há nenhuma maneira de instruir a máquina ou seu operador a fazer exatamente isso. O que o operador *pode* fazer é ($m-$) tirar pedras da caixa m, uma de cada vez, e colocá-las no chão (ou levá-las até onde quer que sejam armazenadas pedras não usadas), e então ($n+$) pegar pedras do chão (ou de onde quer que sejam armazenadas pedras não usadas) e colocá-las, uma de cada vez, na caixa n. Não há nenhuma garantia de que as pedras colocadas na caixa n sejam as mesmas pedras que foram tiradas da caixa m, mas não necessitamos de tal garantia para que estejamos confiantes de obter o *efeito* desejado tal como descrito no diagrama de blocos, a saber,

$[m] + [n] \rightarrow n$: o número de pedras na caixa n depois desse passo é igual à soma dos números em m e n antes desse passo,

e então

$0 \rightarrow m$: o número de pedras na caixa m depois desse movimento é 0.

5.3 Exemplo. (Adicionando a caixa m à caixa n, sem perda de m). Para fazer isso temos de usar um registrador *auxiliar* p, que deve estar de início vazio (e que também estará novamente vazio no final). Então o programa é como indicado na Figura 5.4.

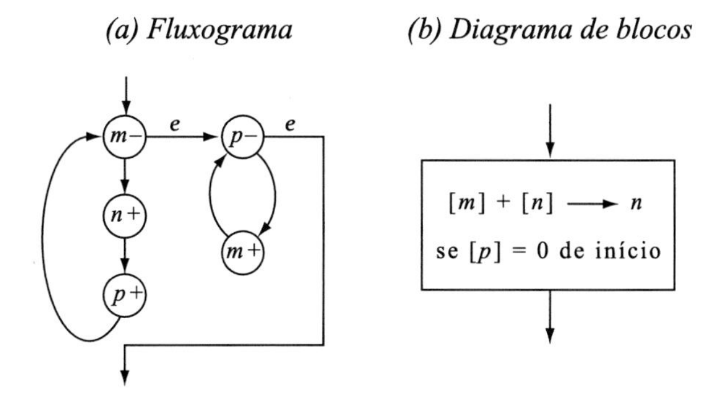

Figura 5.4. Adição

Caso nenhuma suposição seja feita sobre o conteúdo do registrador p no início, a operação realizada por este programa é a seguinte:

$$[m] + [n] \to n$$
$$[m] + [p] \to m$$
$$0 \to p.$$

Aqui, como sempre, a ordem vertical representa uma *sequência de passos*, de cima para baixo. Assim, p é esvaziado *depois* que os outros passos foram efetuados. (A ordem dos primeiros dois passos é arbitrária: o efeito seria o mesmo se sua ordem fosse invertida.)

5.4 Exemplo. (Multiplicação). Os números a ser multiplicados estão em caixas distintas m_1 e m_2: duas outras caixas, n e p, estão de início vazias. O produto aparece na caixa n. O programa é indicado na Figura 5.5.

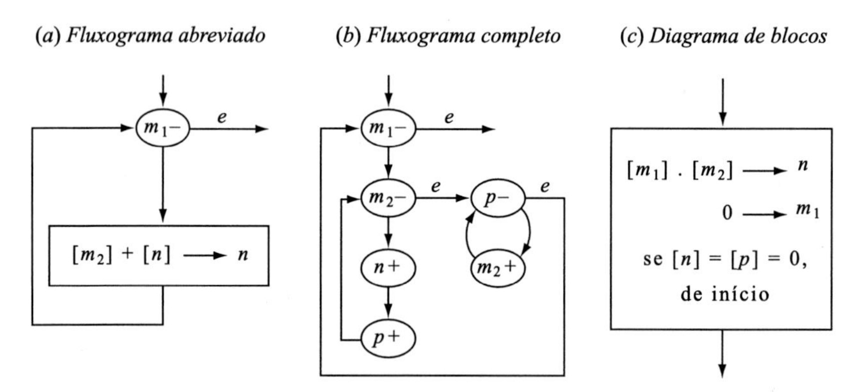

Figura 5.5. Multiplicação

Em vez de construir um fluxograma a partir do nada, usamos o diagrama de blocos do exemplo precedente como uma abreviação para o fluxograma daquele exemplo. É então fácil desenhar o fluxograma inteiro, como na Figura 5.5(b), onde o m do exemplo precedente é mudado para m_2. O procedimento é descarregar $[m_2]$ pedras repetidamente na caixa n, usando a caixa m_1 como um contador: removemos uma pedra da caixa m_1 antes de cada operação de descarregamento, de modo que, quando a caixa m_1 estiver vazia, nós temos

$$[m_2] + [m_2] + \cdots + [m_2] \qquad ([m_1] \text{ parcelas})$$

pedras na caixa n.

5.5 Exemplo. (Exponenciação). Tal como multiplicação é adição repetida, exponenciação é multiplicação repetida. O programa é perfeitamente fácil, assim que adaptarmos o programa de multiplicação do exemplo precedente para ter $[m_2] \cdot [n] \to p$. A maneira como isso deve ser realizado é mostrada na Figura 5.6.

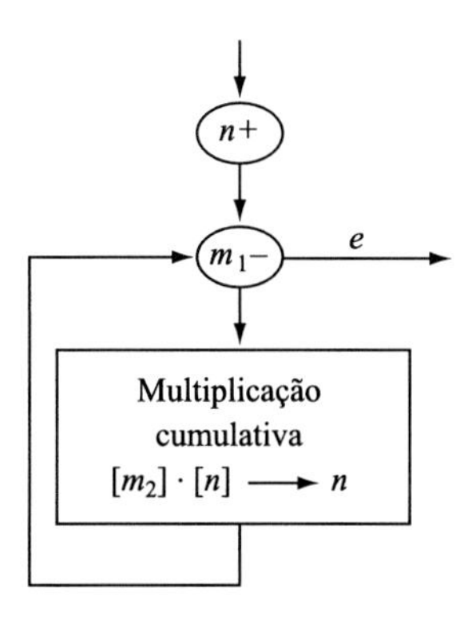

Figura 5.6. Exponenciação

A multiplicação cumulativa indicada nesse fluxograma abreviado é executada em dois passos. Primeiro, usamos um programa como o Exemplo 5.4 com um novo auxiliar:

$$[n] \cdot [m_2] \to q$$
$$0 \to n.$$

Em segundo lugar, usamos um programa como o Exemplo 5.2:

$$[q] + [n] \to n$$
$$0 \to q.$$

O resultado dá $[n] \cdot [m_2] \to n$. Contanto que as caixas n, p e q estejam inicialmente vazias, o programa para a exponenciação tem o resultado

$$[m_2]^{[m_1]} \to n$$
$$0 \to m_1$$

em estrita analogia com o programa para a multiplicação. (Compare os diagramas no exemplo precedente e neste.)

Estruturalmente, a única diferença entre os fluxogramas abreviados para multiplicação e exponenciação é que, para a exponenciação, precisamos colocar uma única pedra na caixa n no início. Se $[m_1] = 0$, nós temos $n = 1$ quando o programa termina (o que ele fará imediatamente, sem efetuar a rotina de multiplicação). Isso corresponde à convenção de que $x^0 = 1$ para qualquer número natural x. Mas se $[m_1]$ é positivo, $[n]$ será finalmente um produto de $[m_1]$ fatores $[m_2]$, correspondendo à aplicação repetida da regra $x^{y+1} = x \cdot x^y$, que é implementada mediante uma multiplicação cumulativa, usando a caixa m_1 como um contador.

Deveria estar claro agora que a restrição inicial a dois tipos elementares de ações, $n+$ e $n-$, não nos impede de computar funções razoavelmente complexas, inclusive todas as funções na série que começa com *soma, produto, potência*, ..., e em que o $n+1$-ésimo elemento é obtido mediante a iteração do n-ésimo elemento. Isso é consideravelmente mais longe do que chegamos com máquinas de Turing nos capítulos precedentes.

5.2 Simulando ábacos por máquinas de Turing

Mostraremos agora que, apesar da aparente maior flexibilidade dos ábacos, todas as funções computáveis por ábaco são Turing computáveis. Antes que possamos descrever um método para transformar fluxogramas de ábaco em fluxogramas equivalentes de máquinas de Turing, precisamos padronizar certos aspectos das computações por ábaco, como fizemos anteriormente para as computações por máquinas de Turing através de nossa definição oficial de computabilidade por máquina de Turing. Temos que saber onde colocar inicialmente os argumentos, e onde procurar, no final, os valores. As seguintes convenções servem tão bem quanto quaisquer outras, para uma função f de r lugares $x_1, \ldots, x_n$:

(a) Inicialmente, os argumentos são os números de pedras nas primeiras r caixas, e todas as outras caixas usadas na computação estão vazias. Assim, $x_1 = [1], \ldots, x_r = [r]$, $0 = [r+1] = [r+2] = \cdots$.

(b) Finalmente, o valor da função é o número de pedras em alguma caixa n previamente especificada (que pode, mas não precisa, ser uma das primeiras r). Assim, $f(x_1, \ldots, x_n) = [n]$ quando a computação para, ou seja, quando chegamos a uma seta no fluxograma que não termina em nenhum nó.

(c) Se a computação nunca para, $f(x_1, \ldots, x_r)$ é indefinida.

As rotinas de computação para adição, multiplicação e exponenciação na seção anterior eram essencialmente dessa forma, com $r = 2$ em cada caso. Elas foram formuladas de uma maneira geral, de modo a deixar aberta a questão de exatamente quais caixas devem conter os argumentos e o valor. Por exemplo, no adicionador nós apenas especificamos que os argumentos devem ser armazenados em caixas distintas numeradas m e n, que a soma será encontrada na caixa x, e que uma terceira caixa, numerada p e inicialmente vazia, será usada como auxiliar no decurso da computação. Mas agora temos que especificar m, n e p, sujeitos à restrição de que m e n devem ser 1 e 2, e p deve ser algum número maior do que 2. Poderíamos então concordar em $n = 1$, $m = 2$, $p = 3$, a fim de obter um programa particular para adição no formato padrão, como na Figura 5.7.

O formato padrão associa uma função definida de números naturais em números naturais a cada ábaco, uma vez que especifiquemos o número r de argumentos e o número n da caixa na qual os valores aparecerão. Analogamente, o formato

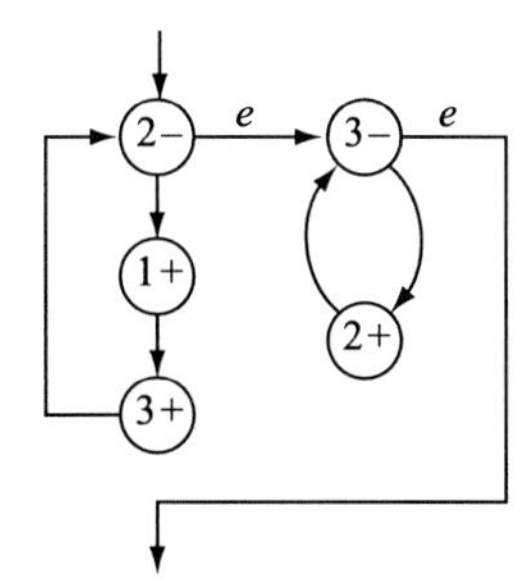

Figura 5.7. Adição em formato padrão

padrão para computações por máquina de Turing associa uma função definida de números naturais em números naturais (originalmente, de inteiros positivos em inteiros positivos, mas modificamos isso anteriormente) a cada máquina de Turing, uma vez que especifiquemos o número r de argumentos. Observe que, uma vez que tenhamos especificado o fluxograma de um ábaco A na forma padrão, então, para cada registrador n que possamos especificar como contendo o resultado da computação, há infinitamente muitas funções A_n^r que especificamos como computadas pelo ábaco: uma função para cada número r de argumentos possível. Assim, se A é determinada pelo mais simples fluxograma para a adição, como no Exemplo 5.2, com $n = 1$ e $m = 2$, temos

$$A_1^2(x, y) = x + y$$

para todos os números naturais x e y, mas também temos a função identidade $A_1^1(x) = x$ de um argumento, e para três ou mais argumentos temos $A_1^r(x_1, \ldots, x_r) = x_1 + x_2$. De fato, para $r = 0$ argumentos, podemos conceber A como computando uma espécie de 'função', a saber, o número $A_1^0 = 0$ de traços na caixa 1 quando a computação para, tendo sido iniciada com todas as caixas ('exceto as r primeiras') vazias. É claro, o caso é inteiramente paralelo para máquinas de Turing, cada uma das quais computa uma função de r argumentos no formato padrão para cada $r = 0, 1, 2, \ldots$, o valor para 0 sendo o que denominamos a produtividade da máquina no capítulo anterior.

Tendo sido acordados os formatos padrão para as duas espécies de computação, podemos passar ao problema de especificar um método para converter o fluxograma de um ábaco A_n, com n designada como a caixa na qual os valores aparecerão, no fluxograma de uma máquina de Turing que computa as mesmas funções: para cada r, a máquina de Turing computará a mesma função A_n^r de r argumentos que o ábaco computa. Nosso método especificará um fluxograma de máquina de Turing que deverá substituir cada nó do tipo $n+$ com sua seta de saída (como no lado esquerdo da Figura 5.1, mas sem a seta de entrada) no fluxograma do ábaco; um fluxograma de máquina de Turing que deve substituir cada nó do tipo $n-$ com suas duas setas de saída (como no lado direito da Figura 5.1, novamente sem a seta de entrada); e um fluxograma de uma máquina de Turing *de limpeza* que, ao final, faz a máquina apagar todos os blocos de traços na fita, exceto o n-ésimo, e para, examinando o traço mais à esquerda dos traços remanescentes.

É importante ter clareza sobre a relação entre caixas do ábaco e partes correspondentes da fita da máquina de Turing. Por exemplo, ao computar $A_n^4(0, 2, 1, 0)$, a fita inicial e as configurações de caixas seriam como mostrado na Figura 5.8. Caixas contendo uma ou duas ou ... pedras são representadas por blocos de dois ou três ou ... traços na fita. Espaços em branco isolados separam porções da fita correspondentes a caixas sucessivas. Caixas vazias são sempre representadas por quadrados individuais, que podem estar em branco (tal como acontece com R_5, R_6, R_7, ... na figura) ou podem conter um único 1 (tal como acontece com R_1 e R_4 na figura). O 1 é obrigatório se houver quaisquer traços mais à direita na fita, e obrigatório inicialmente para caixas de argumentos vazias. O espaço em branco é obrigatório inicialmente para $R_{r+1}, R_{r+2}, \ldots$. Assim, em qualquer estágio da computação, podemos ter certeza, quando encontrarmos dois espaços em branco sucessivos ao nos movermos para a direita ou esquerda, de que não há traços adicionais a encontrar em qualquer lugar à esquerda ou à direita (conforme o caso) na fita. A porção exata da fita que representa uma caixa vai aumentar e diminuir de acordo com o conteúdo dessa caixa, à medida que a execução do programa progride, e vai se deslocar para a direita ou para a esquerda na fita à medida que pedras são acrescentadas ou removidas de caixas com numeração mais baixa.

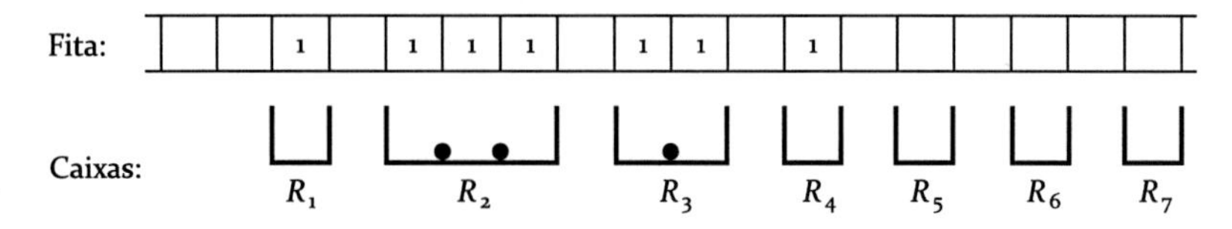

Figura 5.8. Correspondência entre caixas e a fita

O *primeiro passo* em nosso método para converter fluxogramas de ábaco em fluxogramas equivalentes de máquinas de Turing pode ser agora especificado: substitua cada nó $s+$ (consistindo em um nó marcado $s+$ e a seta saindo dele) por uma cópia do fluxograma $s+$ apresentado na Figura 5.9.

Os primeiros $2(s - 1)$ nós do fluxograma $s+$ simplesmente conduzem a máquina de Turing através dos primeiros $s - 1$ blocos de traços. No decurso da busca pelo s-ésimo bloco, a máquina substitui a representação usando 1 pela representação usando B de quaisquer caixas vazias encontradas ao longo do percurso.

(a) *Encontre o branco à direita do* s-*ésimo bloco de* 1s

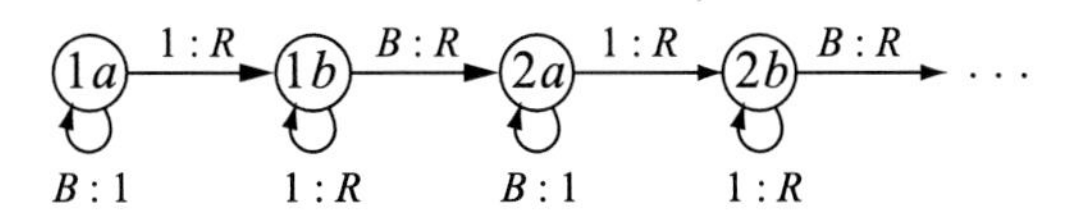

(b) *Escreva* 1 *lá, mova quaisquer blocos adicionais um quadrado para a direita, retorne ao* 1 *mais à esquerda*

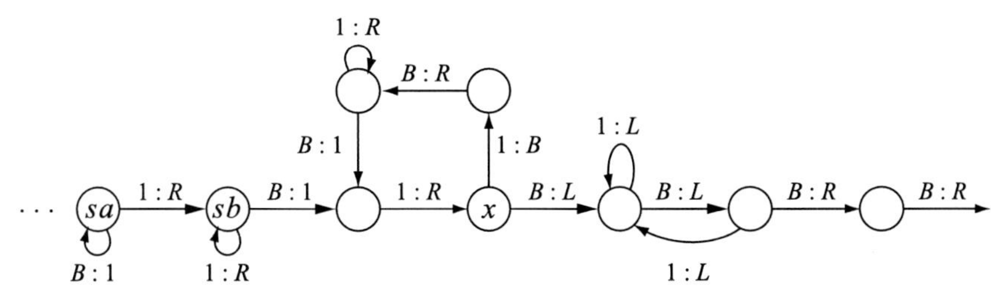

Figura 5.9. O fluxograma $s+$

Quando entra no nó sa, a máquina de Turing chegou ao s-ésimo bloco. Então, novamente, substitui a representação usando 1 pela representação usando B daquela caixa, se aquela caixa estiver vazia. Ao deixar o nó sb, a máquina escreve um traço, move-se 1 quadrado para a direita, e faz alguma coisa (nó x) dependendo de se ela estiver então examinando um branco ou um traço.

Se estiver examinando um branco, não pode haver mais traços à direita, e ela, portanto, retorna à sua posição padrão. Mas se estiver examinando um traço naquele ponto, ela tem mais trabalho a fazer antes de retornar à posição padrão, pois há mais blocos de traços com que lidar, à direita na fita. Esses blocos devem ser deslocados um quadrado para a direita, apagando o primeiro 1 em cada bloco e preenchendo o quadrado em branco à direita do bloco com um traço – continuando essa rotina até que ela encontre um branco à direita do último branco que substituiu por um traço. Nesse ponto, não pode haver nenhum traço adicional à direita, e a máquina retorna à posição padrão.

Note que o nó $1a$ é necessário caso o número r de argumentos seja 0: caso a 'função' que o ábaco computa seja um número A_n^0. Note, também, que os primeiros $s - 1$ pares de nós (com suas setas emergentes) são idênticos, enquanto o último par é diferente porque a seta do nó sb à direita é rotulada $B : 1$ em vez de $B : R$. A aparência do fluxograma geral $s+$ no caso em que $s = 1$ é mostrada na Figura 5.10.

O *segundo passo* em nosso método para converter fluxogramas de ábaco em fluxogramas equivalentes de máquinas de Turing pode ser agora especificado:

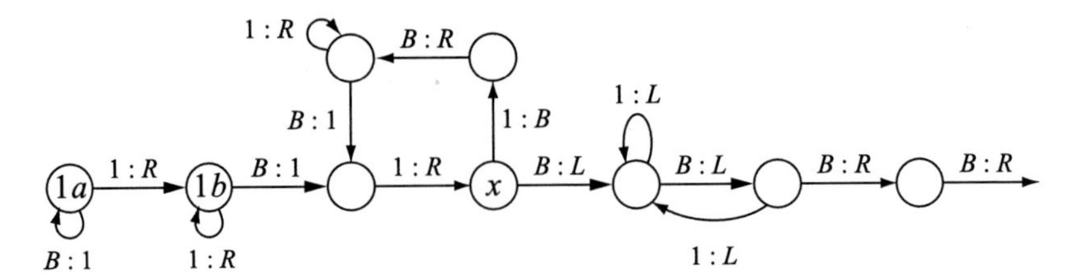

Figura 5.10. O caso especial $s = 1$

substitua cada nó $s-$ (com as duas setas saindo dele) por uma cópia de um fluxograma $s-$ tendo o padrão geral exibido na Figura 5.11.

Os leitores podem desejar tentar preencher os detalhes da construção por si mesmos, como um exercício. (Nossa própria especificação será apresentada posteriormente.) Quando o primeiro e segundo passos do método tiverem sido executados, o fluxograma de ábaco terá sido convertido em algo que não é exatamente o fluxograma de uma máquina de Turing que computa a mesma função computada pelo ábaco. O fluxograma (provavelmente) será deficiente em dois aspectos, um maior e um menor. O aspecto menor é que, se o ábaco alguma vez para, deve haver uma ou mais setas 'soltas' no fluxograma: setas que não terminam em nó algum. A razão para isso é simples, porque parar é representado assim em fluxogramas de ábaco: por uma seta que não leva a lugar algum. Mas nos fluxogramas de máquinas de Turing, parar é representado de uma maneira diferente, por um nó do qual não sai nenhuma seta. O aspecto maior é que, ao computar $A^r_n(x_1, \ldots, x_r)$, a máquina de Turing pararia examinando o 1 mais à esquerda na fita, *mas o valor da função seria representado pelo n-ésimo bloco de* traços *na fita*. Mesmo se $n = 1$, não podemos confiar que não haja nenhum traço na fita depois do primeiro bloco, de modo que nosso método exige mais um passo.

O *terceiro passo*: depois de completar os dois primeiros passos, redesenhe todas as setas soltas de modo que elas terminem no nó de entrada de um *fluxograma de limpeza*, que faz a máquina (que estará examinando o 1 mais à esquerda na fita no início dessa rotina) apagar todos os blocos de traços exceto o primeiro, se $n = 1$, e parar examinando o traço mais à esquerda dos traços remanescentes. Mas se $n \neq 1$, ele apaga tudo na fita exceto o 1 mais à esquerda na fita e o n-ésimo bloco; reposiciona todos os traços exceto o mais à direita no n-ésimo bloco imediatamente à direita do 1 mais à esquerda; apaga o 1 mais à direita, e então para examinando o 1 mais à esquerda. Em ambos os casos, o efeito é colocar o 1 mais à esquerda no bloco representando o valor exatamente onde o 1 mais à esquerda estava inicialmente. Mais uma vez, os leitores podem desejar tentar preencher os detalhes da construção por si mesmos, como exercício. (Nossa própria especificação será apresentada em breve.)

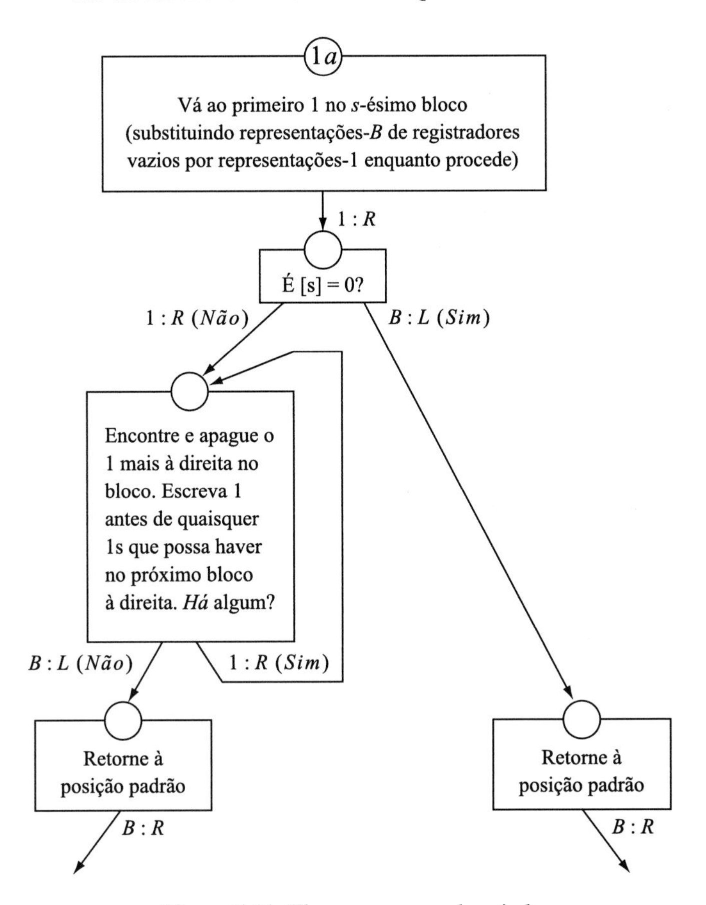

Figura 5.11. Fluxograma $s-$ abreviado

A prova de que todas as funções computáveis por ábaco são Turing computáveis está agora terminada, exceto pelos dois passos que convidamos os leitores a fazer como exercícios. No interesse da completude, apresentamos agora nossas próprias soluções, nossas próprias especificações para o segundo e terceiro estágios da construção que reduz uma computação por ábaco a uma computação por máquina de Turing.

Para o segundo estágio, descrevemos o que acontece nas caixas na Figura 5.11. O bloco superior do diagrama contém um fluxograma idêntico ao material que vai do nó $1a$ a sa (inclusive) do fluxograma $s+$. A seta rotulada $1:R$ a partir da base desse bloco corresponde àquela que vai para a direita no nó sa no fluxograma $s+$.

A caixa 'É $[s] = 0$?' não contém nada exceto as hastes das duas setas emergentes: elas se originam no nó mostrado na parte superior daquele bloco.

O bloco 'retorne à posição padrão' contém réplicas do material à direita do nó

x no fluxograma $s+$: as setas $B:L$ que entram nessas caixas correspondem à seta $B:L$ do nó x.

A única novidade é o bloco restante: 'Ache e apague ...'. Esse bloco contém o fluxograma mostrado na Figura 5.12.

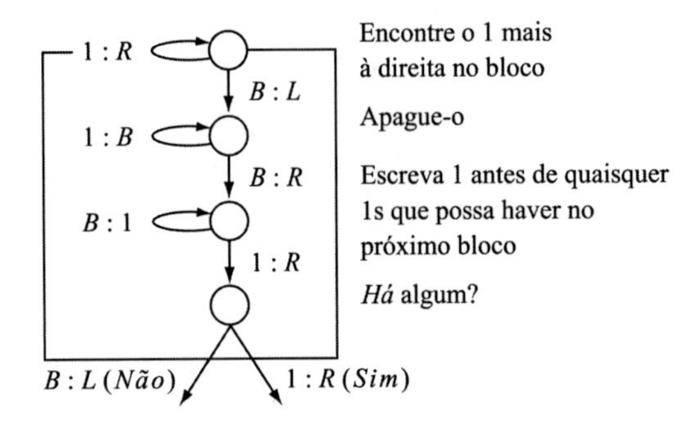

Figura 5.12. Detalhe do fluxograma $s-$

Para o terceiro estágio, o fluxograma de limpeza, para $n \neq 1$, é mostrado na Figura 5.13.

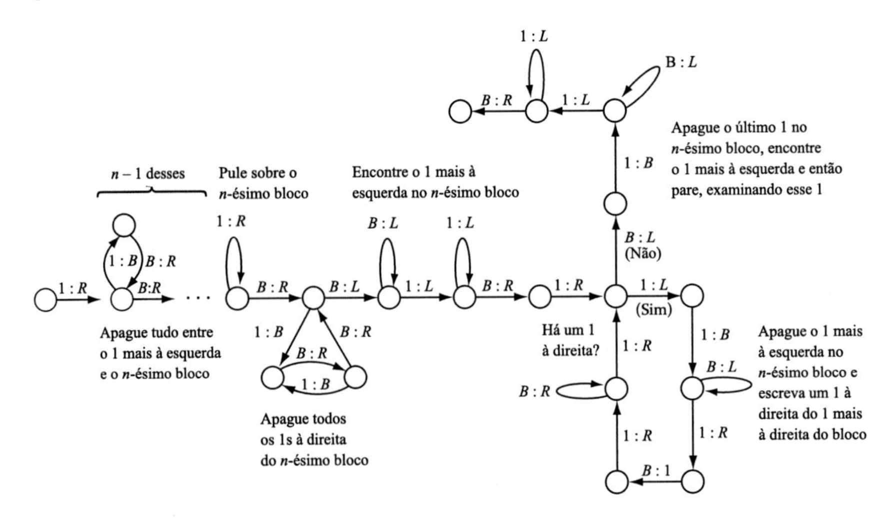

Figura 5.13. Fluxograma de limpeza

Demonstramos, assim:

5.6 Teorema. Toda função computável por ábaco é Turing computável.

Conhecemos, do capítulo anterior, alguns exemplos de funções que *não* são Turing computáveis. Pelo teorema precedente, essas funções também não são computáveis por ábaco. É também possível demonstrar diretamente a existência de funções que não são computáveis por ábaco, por meio de argumentos paralelos àqueles usados no capítulo precedente para a computabilidade por máquina de Turing.

5.3 O escopo da computabilidade por ábaco

Em vez de continuar mostrando que certas funções particulares são computáveis por ábaco, passamos a mostrar que certos processos de definição de funções novas a partir das já existentes, quando aplicados a funções computáveis por ábaco de que já dispomos, produzem novas funções computáveis por ábaco. (Esses processos serão explicados e examinados com mais detalhe no próximo capítulo; os leitores talvez queiram adiar a leitura desta seção para depois dele.)

Ora, indicamos antes que, para computar uma função de r argumentos em um ábaco, temos que especificar r registradores ou caixas em que os argumentos (representados por montes de pedras) devem ser inicialmente armazenados, e temos que especificar um registrador ou caixa em que o valor da função (representado por um monte de pedras) deve aparecer ao final da computação. Para facilitar a comparação com computações por máquinas de Turing na forma padrão, insistimos, então, que a entrada ou argumentos deveriam ser colocados nos primeiros r registradores, mas deixamos em aberto em qual registrador n a saída ou valor iria aparecer: não era necessário ser mais específico, porque a simulação das operações de um ábaco por uma máquina de Turing poderia ser executada onde quer que se estabeleça que deva aparecer o valor. Para os propósitos desta seção, portanto, estamos livres para insistir que o registrador de saída n, que tínhamos deixado até agora não especificado, seja o registrador $r+1$. Queremos também insistir que, no final da computação, os argumentos originais devam estar de volta nos registradores de 1 até r. Nos exemplos considerados anteriormente, essa última condição não era satisfeita, mas esses exemplos podem ser facilmente modificados de modo a satisfazê-la. Apresentamos aqui mais alguns exemplos, triviais, em que todas as nossas especificações são exatamente satisfeitas.

5.7 Exemplo. (Zero, sucessor, identidade). Considere primeiro a função zero z, a função de um lugar que toma o valor 0 para todos os argumentos. Ela é computada pelo programa vazio: a caixa 2 está vazia, de qualquer modo.

Considere a seguir a função sucessor s, a função de um lugar que leva qualquer número natural x ao próximo número natural maior do que ele, $x+1$. Ela é computada modificando-se o programa no Exemplo 5.3, como é mostrado na Figura 5.14.

No início, e no final, $[1] = x$; no início, $[2] = 0$; no final, $[2] = s(x)$. Considere finalmente a função identidade id_n^m, a função de n lugares cujo valor para n argumentos

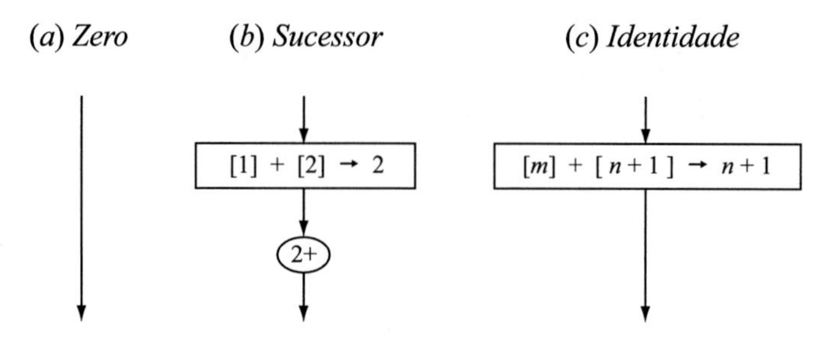

Figura 5.14. Três funções básicas

$x_1, \ldots, x_n$ é o m-ésimo entre eles, x_m. Ela é computada pelo programa do mesmo Exemplo 5.3. No início, e no final, $[1] = x_1, \ldots, [n] = x_n$; inicialmente, $[n + 1] = 0$; no final, $[n + 1] = x_m$.

Três diferentes processos para definir funções novas a partir de anteriores podem ser usados para expandir nossa lista inicial de exemplos. Um primeiro processo é *composição*, também denominado *substituição*. Suponha que temos duas funções de três lugares, g_1 e g_2, e uma função de dois lugares f. A função h delas obtida por composição é a função de três lugares dada por

$$h(x_1, x_2, x_3) = f(g_1(x_1, x_2, x_3), g_2(x_1, x_2, x_3)).$$

Suponha que g_1 e g_2 e f sejam computáveis por ábaco de acordo com nossas especificações, e que nos sejam dados programas para elas.

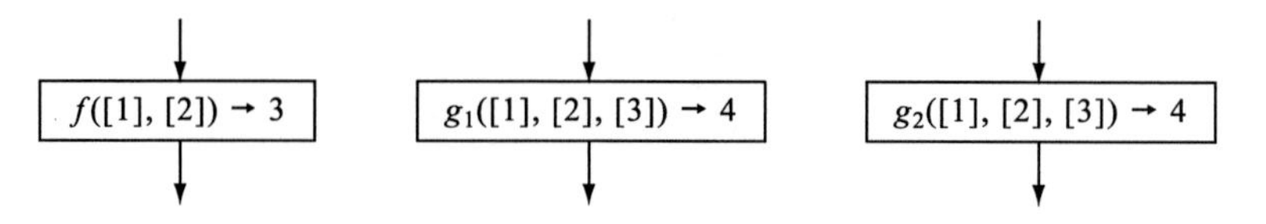

Queremos encontrar um programa para h, para mostrar que ela é computável por ábaco:

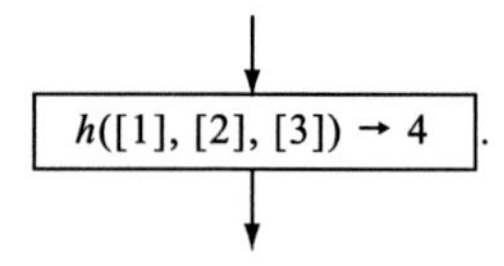

Isso é totalmente simples: é uma questão de mover os resultados das subcomputações para lá e para cá, de modo que estejam nas caixas certas nos momentos certos.

Primeiro, identificamos cinco registradores, nenhum dos quais é utilizado em qualquer um dos programas dados. Vamos chamá-los de p_1, p_2, q_1, q_2 e q_3. Eles serão usados para armazenagem temporária. No programa isolado que queremos construir, os 3 argumentos são armazenados inicialmente nas caixas 1, 2 e 3, e queremos ter o valor $f(g_1([1],[2],[3]), g_2([1],[2],[3]))$ na caixa de número 4. Para arranjar isso, tudo de que precisamos são os três programas dados, além do programa do Exemplo 5.2 para esvaziar uma caixa em outra.

Simplesmente computamos $g_1([1],[2],[3])$ e armazenamos o resultado na caixa p_1 (que, recorde, não aparece em nenhum dos programas dados); depois computamos $g_2([1],[2],[3])$ e armazenamos o resultado na caixa p_2; então armazenamos os argumentos que estão nas caixas 1, 2 e 3 nas caixas q_1, q_2 e q_3, esvaziando as caixas de 1 a 4; a seguir, tiramos os resultados das computações de g_1 e g_2 das caixas p_1 e p_2, onde foram armazenados, esvaziando-as nas caixas 1 e 2; então computamos $f([1],[2]) = f[g_1(\text{argumentos originais}), g_2(\text{argumentos originais})]$, obtendo o resultado na caixa 3; finalmente, colocamos tudo em ordem, movendo o resultado global da computação da caixa 3 para a 4, esvaziando a 3 ao fazer isso, e enchendo novamente as caixas 1 a 3 com os argumentos originais da computação global, que estavam armazenados nas caixas q_1, q_2 e q_3. Agora tudo está como deveria. A estrutura do fluxograma é exibida na Figura 5.15.

Um outro processo, denominado *recursão* (*primitiva*) é aquilo que está envolvido na definição de multiplicação como adição repetida, exponenciação como multiplicação repetida, e assim por diante. Suponha que tenhamos uma função de um lugar f e uma função de três lugares g. A função h obtida a partir delas por recursão (primitiva) é a função de dois lugares h dada por

$$h(x, 0) = f(x)$$
$$h(x, y+1) = g(x, y, h(x, y)).$$

Por exemplo, se $f(x) = x$ e $g(x, y, z) = z + 1$, então

$$\begin{aligned} h(x,0) &= f(x) &&= x &&= x+0 \\ h(x,1) &= g(x,0,x) && &&= x+1 \\ h(x,2) &= g(x,1,x+1) &&= (x+1)+1 &&= x+2 \end{aligned}$$

e, em geral, $h(x, y) = x + y$. Suponhamos que f e g sejam computáveis por ábaco de acordo com nossas especificações, e que nos sejam dados programas para elas:

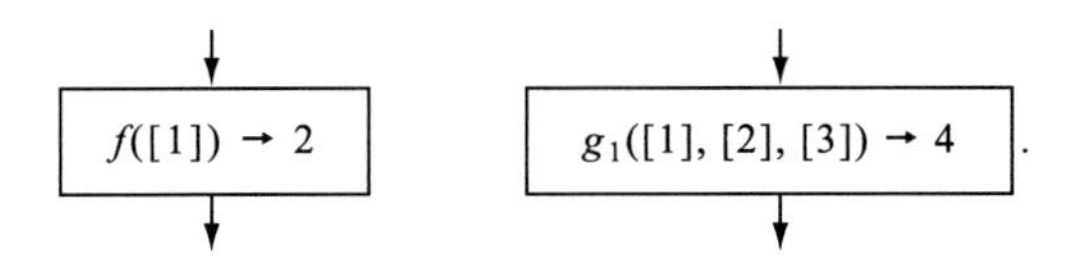

Queremos achar um programa para h, para mostrar que ela é computável por ábaco:

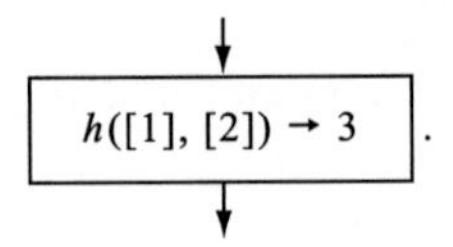

A coisa é facilmente feita, como na Figura 5.16.

Inicialmente, [1] = x, [2] = y, e [3] = [4] = ··· = 0. Utilizamos um registrador de número p que não é usado nos programas f e g como contador. No início, colocamos y nele, e após cada estágio da computação verificamos se $[p] = 0$. Se for, a computação está essencialmente terminada; se não, diminuímos 1 de $[p]$ e passamos por mais um estágio. Nos três primeiros passos, nós calculamos $f(x)$ e verificamos se a entrada y é 0. Se for, vale a primeira do par de equações para h: $h(x, y) = h(x, 0) = f(x)$, e a computação está terminada, com o resultado na caixa 3, como exigido. Se não, vale a segunda do par de equações para h, e computamos sucessivamente $h(x, 1)$, $h(x, 2)$, ... (ver o ciclo na Figura 5.16) até que o contador (caixa p) esteja vazio. Nesse ponto, a computação está acabada, com $h(x, y)$ na caixa 3, como exigido.

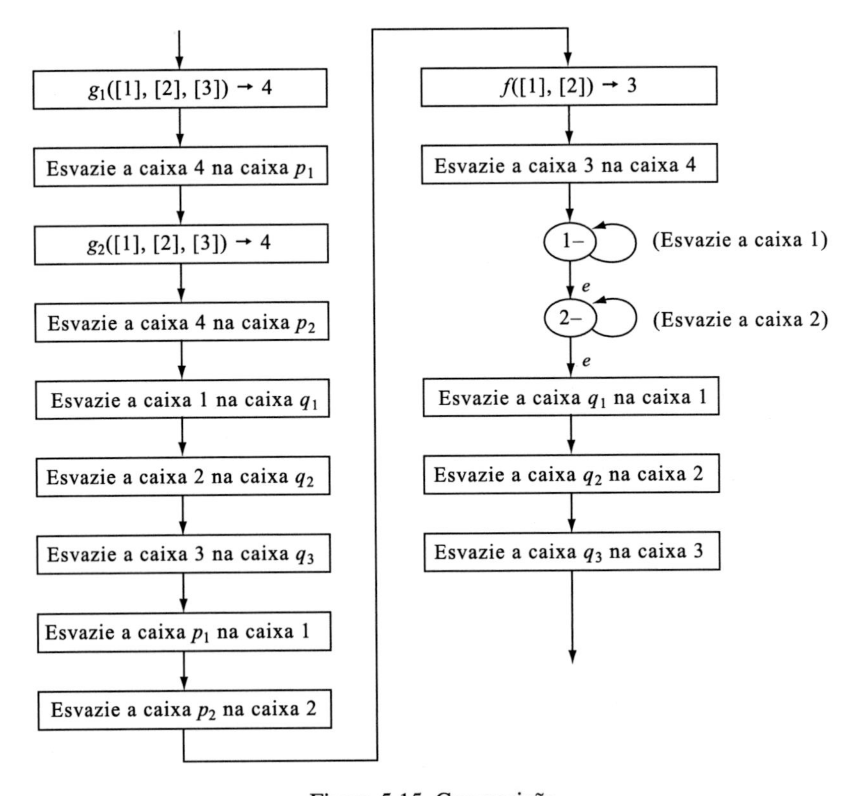

Figura 5.15. Composição

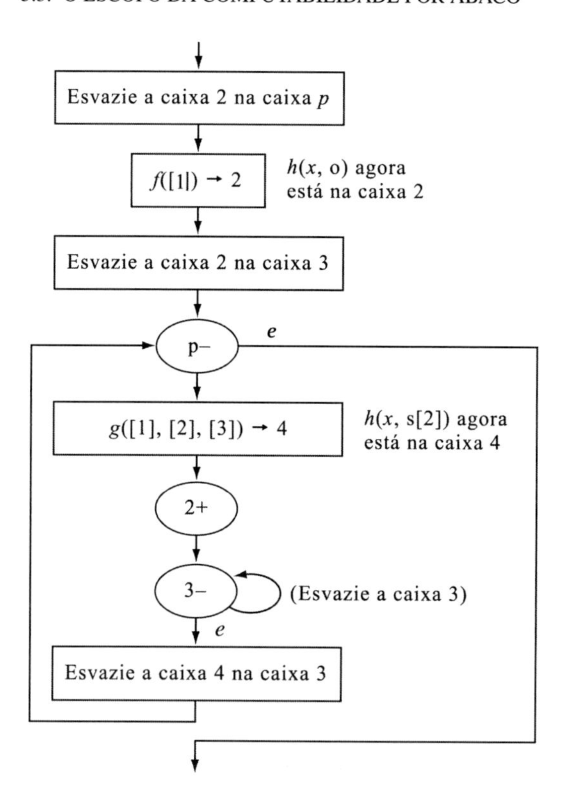

Figura 5.16. Recursão

O último processo é a *minimização*. Suponha que temos uma função de 2 lugares f; então podemos definir uma função de um lugar h como segue. Se $f(x,0),\ldots,f(x,i-1)$ são todas definidas e $\neq 0$, e $f(x,i) = 0$, então $h(x) = i$. Se não há nenhum i com essas propriedades – seja porque, para algum i, os valores $f(x,0),\ldots,f(x,i-1)$ estão todos definidos e $\neq 0$, mas $f(x,i)$ é indefinida, seja porque, para todo i, o valor $f(x,i)$ é definido e $\neq 0$ –, então $h(x)$ é indefinida. A função h é denominada a função obtida de f por minimização. Se f é computável por ábaco, h também é, tendo um fluxograma como na Figura 5.17.

Inicialmente, a caixa 2 está vazia, de forma que, se $f(x,0) = 0$, o programa irá parar com a resposta correta, $h(x) = 0$, na caixa 2. (A caixa 3 estará vazia.) Caso contrário, a 3 será esvaziada e uma única pedra colocada na 2, preparatoriamente à computação de $f(x,1)$. Se esse valor é 0, o programa para, com o valor correto $h(x) = 1$ na caixa 2. Caso contrário, uma outra pedra é colocada na 2, e o procedimento continua até o momento (se houver) em que temos um número y de pedras na caixa 2 que seja suficiente para fazer $f(x,y) = 0$.

A extensa classe de funções que podem ser obtidas das funções triviais consideradas no exemplo no início desta seção pelos tipos de processos mostrados no

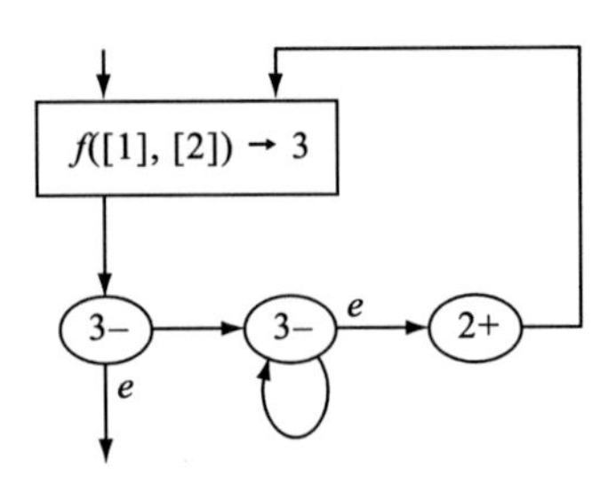

Figura 5.17. Minimização

restante desta seção será estudada no próximo capítulo, no qual elas receberão o nome de funções *recursivas*. Neste momento, sabemos o seguinte:

5.8 Teorema. Todas as funções recursivas são computáveis por ábaco (e, portanto, Turing computáveis).

Assim, à medida que produzimos mais exemplos de tais funções, estaremos produzindo mais evidência a favor da tese de Turing.

Problemas

5.1 Especifique um ábaco para computar a função diferença $\dot{-}$ definida como segue: $x \dot{-} y = x - y$, se $y < x$, e $= 0$ caso contrário.

5.2 A função sinal sn é definida por $\text{sn}(x) = 1$ se $x > 0$, e $= 0$ caso contrário. Apresente uma prova direta de que sn é computável por ábaco, especificando um ábaco que a compute.

5.3 Apresente uma prova indireta de que sn é computável por ábaco, mostrando que sn pode ser obtida por composição de funções sabidamente computáveis por ábaco.

5.4 Mostre (diretamente, especificando um ábaco apropriado, ou indiretamente) que a função f definida por $f(x, y) = 1$ se $x < y$ e $= 0$ caso contrário, é computável por ábaco.

5.5 O *quociente* e o *resto* quando o inteiro positivo x é dividido pelo inteiro positivo y são os únicos números naturais q e r tais que $x = qy + r$ e $0 \leq r < y$. Sejam as funções quo e res definidas como segue: $\text{res}(x, y) =$ o resto da divisão de x por y se $y \neq 0$, e $= x$ se $y = 0$; $\text{quo}(x, y) =$ o quociente da divisão de x por y se $y \neq 0$ e $= 0$ se $y = 0$. Especifique um ábaco para computar a função resto res.

5.6 Escreva o fluxograma para um ábaco que compute a função quociente quo do problema precedente.

5.7 Mostre que, para qualquer k, existe uma máquina de Turing que, quando iniciada no 1 mais à esquerda em uma fita contendo k blocos de 1s separados por quadrados em branco isolados, para no 1 mais à esquerda em uma fita que é exatamente a mesma que a fita inicial, exceto que tudo foi movido um quadrado para a direita, sem que a máquina, no decurso de suas operações, jamais tenha se movido para a esquerda do quadrado no qual ela começou.

5.8 Reexamine as operações de uma máquina de Turing que simula um certo ábaco de acordo com o método deste capítulo. Qual é o ponto mais longe à esquerda do quadrado inicial que uma máquina dessas pode ir no decurso de suas operações?

5.9 Mostre que qualquer função computável por ábaco é computável por uma máquina de Turing que nunca se move para a esquerda do quadrado no qual ela iniciou.

5.10 Descreva uma maneira razoável de codificar ábacos por números naturais.

5.11 Dada uma maneira razoável de codificar ábacos por números naturais, seja $d(x) = 1$ se a função de um lugar computada pelo ábaco de número x é definida e tem valor 0 para o argumento x, e $d(x) = 0$ caso contrário. Mostre que essa função não é computável por ábaco.

6

Funções recursivas

A noção intuitiva de uma função efetivamente computável *é a noção de uma função para a qual há regras definidas e explícitas, seguindo as quais podemos, em princípio, computar seu valor para quaisquer argumentos dados. Este capítulo estuda uma extensa classe de funções efetivamente computáveis, as funções* recursivamente computáveis, *ou simplesmente* recursivas. *De acordo com a* tese de Church, *essas são de fato* todas *as funções efetivamente computáveis. Apresentaremos evidência a favor da tese de Church neste capítulo mediante o acúmulo de exemplos de funções efetivamente computáveis que resultam ser recursivas. A subclasse de funções* recursivas primitivas *é introduzida na seção 6.1, e a classe plena das funções* recursivas, *na seção 6.2. O próximo capítulo contém exemplos adicionais. A discussão da computabilidade recursiva neste capítulo e no próximo é inteiramente independente da discussão da computabilidade por máquinas de Turing e por ábacos dos três capítulos anteriores; porém, mais adiante, mostraremos que as três noções de computabilidade são equivalentes entre si.*

6.1 Funções recursivas primitivas

De forma intuitiva, a noção de uma função *efetivamente computável* f de números naturais em números naturais é aquela de uma função para a qual há uma lista finita de instruções que, em princípio, tornam possível determinar o valor $f(x_1, \ldots, x_n)$ para quaisquer argumentos $x_1, \ldots, x_n$. As instruções têm que ser tão definidas e explícitas que não requeiram nenhuma fonte externa de informação, e nem engenhosidade, para que sejam executadas. Contudo, a determinação do valor, dados os argumentos, precisa apenas ser possível em princípio, desprezando-se considerações práticas de tempo, custos e assim por diante: a noção de computabilidade efetiva é uma noção idealizada.

Para fins de computação, os números naturais que são os argumentos e valores da função têm que ser apresentados em algum sistema de numerais, embora a classe de funções efetivamente computáveis não seja afetada pela escolha do sistema. (Isso é porque a própria conversão de um sistema de numerais para outro é um processo efetivo que pode ser executado de acordo com regras definidas e explícitas.) É claro, na prática é mais fácil trabalhar com certos sistemas de numerais do que com outros, mas isso é irrelevante para a noção idealizada de computabilidade efetiva.

Para os presentes propósitos, adotamos uma variante da primitiva notação monádica (ou de identificação), na qual um inteiro positivo n é representado por n traços. Tal variação é necessária porque queremos considerar não somente inteiros positivos (excluindo o zero), mas os números naturais (incluindo o zero). Adotamos o sistema no qual o número zero é representado pelo algarismo 0, e um número natural $n > 0$ é representado pelo algarismo 0 seguido de uma sequência de n tracinhos sobrescritos, chamados *plicas* ou *linhas*. Assim, o numeral para o número um é $0'$, o numeral para dois é $0''$, e assim por diante.

Duas funções que são extremamente fáceis de computar nessa notação são a função *zero*, cujo valor $z(x)$ é o mesmo, a saber, zero, para qualquer argumento x, e a função *sucessor* $s(x)$, cujo valor para qualquer número x é o próximo número maior que ele. Em nossa notação especial, escrevemos:

$$\begin{array}{llll} z(0) = 0 & z(0') = 0 & z(0'') = 0 & \ldots \\ s(0) = 0' & s(0') = 0'' & s(0'') = 0''' & \ldots. \end{array}$$

Para computar a função zero, dado um argumento qualquer, nós simplesmente ignoramos o argumento e escrevemos o símbolo 0. Para computar a função sucessor em nossa notação especial, dado um número escrito nessa notação, nós simplesmente acrescentamos mais uma plica à direita.

Algumas outras funções fáceis de computar (em *qualquer* notação) são as *funções identidade*. Encontramos anteriormente também a função identidade de um argumento, id ou mais integralmente id_1^1, que atribui a cada número natural como argumento esse mesmo número como valor:

$$\mathrm{id}_1^1(x) = x.$$

Há duas funções identidade de dois argumentos: id_1^2 e id_2^2. Para qualquer par de números naturais como argumentos, elas selecionam o primeiro e o segundo, respectivamente, como valores:

$$\mathrm{id}_1^2(x, y) = x \qquad \mathrm{id}_2^2(x, y) = y.$$

Em geral, para cada inteiro positivo n há n funções identidade de n argumentos, que selecionam o primeiro, o segundo, ..., e o n-ésimo dos argumentos:

$$\mathrm{id}_i^n(x_1, \ldots, x_i, \ldots, x_n) = x_i.$$

Funções identidade são também chamadas *funções de projeção*. [Em termos de geometria analítica, $\mathrm{id}_1^2(x, y)$ e $\mathrm{id}_2^2(x, y)$ são as projeções x e y do ponto (x, y) no eixo-X e no eixo-Y, respectivamente.]

As funções precedentes – zero, sucessor, e as várias funções identidade – constituem, conjuntamente, as chamadas funções *básicas*. Elas podem, por assim dizer, ser computadas em um passo, ao menos conforme uma maneira de contar passos.

O estoque de funções efetivamente computáveis pode ser aumentado aplicando-se certos processos para definir funções novas a partir de anteriores. Um primeiro tipo de operação, composição, é familiar e simples. Se f é uma função de m argumentos e cada um dos $g_1, \ldots, g_m$ é uma função de n argumentos, então a função obtida por *composição* de $f, g_1, \ldots, g_m$ é a função h em que temos

$$\boxed{h(x_1, \ldots, x_n) = f(g_1(x_1, \ldots, x_n), \ldots, g_m(x_1, \ldots, x_n))} \text{ (Cn)}.$$

Podemos indicar isso abreviadamente:

$$h = \mathrm{Cn}[f, g_1, \ldots, g_m].$$

A composição é também denominada *substituição*.

Se as funções g_i são todas efetivamente computáveis e a função f é efetivamente computável, então a função h também o é. O número de passos necessários para computar $h(x_1, \ldots, x_n)$ será a soma do número de passos necessários para computar $y_1 = g_1(x_1, \ldots, x_n)$, o número necessário para computar $y_2 = g_2(x_1, \ldots, x_n)$, e assim por diante, e mais, no final, o número de passos necessários para computar $f(y_1, \ldots, y_n)$.

6.1 Exemplo. (Funções constantes). Para cada número natural n, seja a função *constante* const_n definida por $\mathrm{const}_n(x) = n$ para todo x. Então, para cada n, const_n pode ser obtida das funções básicas por finitamente muitas aplicações de composição. Com efeito, const_0 é simplesmente a função zero z, e $\mathrm{Cn}[s, z]$ é a função h com $h(x) = s(z(x)) = s(0) = 0' = 1 = \mathrm{const}_1(x)$ para todo x, e assim $\mathrm{const}_1 = \mathrm{Cn}[s, z]$. (Na realidade, notações tais como $\mathrm{Cn}[s, z]$ são símbolos funcionais genuínos, pertencendo à mesma categoria gramatical que h, e poderíamos aqui ter escrito simplesmente $\mathrm{Cn}[s, z](x) = s(z(x))$, em vez da formulação mais prolixa 'se $h = \mathrm{Cn}[s, z]$, então $h(x) = z(x)'$'.) Analogamente, $\mathrm{const}_2 = \mathrm{Cn}[s, \mathrm{const}_1]$ e, geralmente, $\mathrm{const}_{n+1} = \mathrm{Cn}[s, \mathrm{const}_n]$.

Os exemplos de funções efetivamente computáveis que tivemos até agora não são muito atrativos. Exemplos mais interessantes podem ser obtidos usando-se um processo diferente para definir funções novas a partir das anteriores, um processo que pode ser usado para definir adição em termos de sucessor, multiplicação em termos de adição, exponenciação em termos de multiplicação, e assim por diante. Como introdução, considere a adição. As regras para computar essa função em nossa notação especial podem ser enunciadas bem concisamente em duas equações, como segue:

$$x + 0 = x \qquad x + y' = (x + y)'.$$

Para ver como essas equações nos permitem computar somas, considere somar $2 = 0''$ e $3 = 0'''$. As equações nos dizem:

$0'' + 0''' = (0'' + 0'')'$	pela 2ª equação	com $x = 0''$ e $y = 0''$
$0'' + 0'' = (0'' + 0')'$	pela 2ª equação	com $x = 0''$ e $y = 0'$
$0'' + 0' = (0'' + 0)'$	pela 2ª equação	com $x = 0''$ e $y = 0$
$0'' + 0 = 0''$	pela 1ª equação	com $x = 0''$.

Combinando, temos o seguinte:

$$\begin{aligned} 0'' + 0''' &= (0'' + 0'')' \\ &= (0'' + 0')'' \\ &= (0'' + 0)''' \\ &= 0'''''. \end{aligned}$$

Logo, a soma é $0''''' = 5$. Usamos, assim, a segunda equação para reduzir o problema de computar $x + y$ àquele de computar $x + z$ para z cada vez menor, até que cheguemos a $z = 0$, quando a primeira equação nos diz diretamente como computar $x + 0$.

Analogamente, para a multiplicação nós temos as regras ou equações

$$x \cdot 0 = 0 \qquad x \cdot y' = x + (x \cdot y)$$

que nos permitem reduzir a computação de um produto à computação de somas, o que sabemos como computar:

$$\begin{aligned} 0'' \cdot 0''' &= 0'' + (0'' \cdot 0'') \\ &= 0'' + (0'' + (0'' \cdot 0')) \\ &= 0'' + (0'' + (0'' + (0'' \cdot 0))) \\ &= 0'' + (0'' + (0'' + 0)) \\ &= 0'' + (0'' + 0'') \end{aligned}$$

após o que executamos a computação da soma na última linha na maneira acima indicada, obtendo $0''''''$.

Ora, adição e multiplicação são apenas as duas primeiras de uma série de operações aritméticas, todas as quais são efetivamente computáveis. O próximo item na série é a exponenciação. Tal como multiplicação é adição repetida, exponenciação é multiplicação repetida. Para computar x^y, isto é, elevar x à potência de y, multiplique conjuntamente y xs, como segue:

$$x \cdot x \cdot x \cdot \cdots \cdot x \qquad \text{(uma fileira de } y\ x\text{s).}$$

Convencionalmente, um produto de *nenhum* fator é tomado como 1, de modo que temos a equação

$$x^0 = 0'.$$

Para potências maiores, temos

$$\begin{aligned} x^1 &= x \\ x^2 &= x \cdot x \\ &\vdots \\ x^y &= x \cdot x \cdot \cdots \cdot x && \text{(uma fileira de } y\ x\text{s)} \\ x^{y+1} &= x \cdot x \cdot \cdots \cdot x \cdot x = x \cdot x^y && \text{(uma fileira de } y+1\ x\text{s).} \end{aligned}$$

E assim temos a equação

$$x^{y'} = x \cdot x^y.$$

Mais uma vez, temos duas equações, e elas nos permitem reduzir a computação de uma potência à computação de produtos, o que sabemos como fazer.

Evidentemente, o próximo item na série, a *superexponenciação*, seria definido como segue:

$$x^{x^{x^{x^{\cdot^{\cdot^{\cdot}}}}}} \quad \text{(uma pilha de } y\ x\text{s).}$$

A notação alternativa $x \uparrow y$ pode ser usada para a exponenciação, de forma a evitar o empilhamento de expoentes. Nessa notação, a definição seria escrita como segue:

$$x \uparrow x \uparrow x \uparrow \ldots \uparrow x \qquad \text{(uma fileira de } y\ x\text{s).}$$

Na verdade, precisamos indicar o agrupamento aqui. Deve ser para a direita, assim:

$$x \uparrow (x \uparrow (x \uparrow \ldots \uparrow x \ldots)),$$

e não para a esquerda, assim:

$$(\ldots((x \uparrow x) \uparrow x) \uparrow \ldots) \uparrow x.$$

Pois isso faz uma diferença: $3 \uparrow (3 \uparrow 3) = 3 \uparrow (27) = 7\,625\,597\,484\,987$; enquanto $(3 \uparrow 3) \uparrow 3 = 27 \uparrow 3 = 19\,683$. Escrevendo $x \Uparrow y$ para o superexponencial, as equações seriam

$$x \Uparrow 0 = 0' \qquad x \Uparrow y' = x \uparrow (x \Uparrow y).$$

O próximo item na série, *superultraexponenciação*, é definido analogamente, e assim por diante.

O processo para definir funções novas a partir das anteriores que está em ação nesses casos é denominado *recursão* (*primitiva*). Como nosso formato oficial para esse processo, tomaremos o seguinte:

$$\boxed{h(x,0) = f(x), \quad h(x,y') = g(x,y,h(x,y))} \text{ (Rp).}$$

Onde valem as equações no interior do retângulo acima – chamadas as *equações de recursão* para a função h –, dizemos que h é definível por recursão (primitiva) a partir das funções f e g. Abreviadamente,

$$h = \text{Rp}[f, g].$$

Funções que podem ser obtidas a partir das funções básicas por composição e recursão são denominadas *recursivas primitivas*.

Todas essas funções são efetivamente computáveis. Pois se f e g são funções efetivamente computáveis, então h é uma função efetivamente computável. O número de passos necessários para computar $h(x, y)$ será a soma do número de passos necessários para computar $z_0 = f(x) = h(x, 0)$, e do número necessário para computar $z_1 = g(x, 0, z_0) = h(x, 1)$, e do número necessário para computar $z_2 = g(x, 1, z_1) = h(x, 2)$, e assim por diante até $z_y = g(x, y - 1, z_{y-1}) = h(x, y)$.

As definições de soma, produto e potência que apresentamos acima estão aproximadamente em nosso formato oficial. [A principal diferença é que o formato oficial permite-nos, ao computar $h(x, y')$, aplicar uma função tomando x, y e $h(x, y)$ como argumentos. Nos exemplos de soma, produto e potência, nunca foi preciso utilizar y como um argumento.] Alterando cuidadosamente as definições que apresentamos, podemos colocá-las exatamente no formato (Rp), mostrando assim que adição e multiplicação são recursivas primitivas.

6.2 Exemplo. (A função adição ou soma). Começamos com a definição dada pelas equações que tínhamos,

$$x + 0 = x \qquad x + y' = (x + y)'.$$

Como um passo a fim de reduzir isso ao formato oficial (Rp) para recursão, substituímos o sinal de adição costumeiro, escrito entre os argumentos, por um sinal escrito antes deles:

$$\text{soma}(x, 0) = x \qquad \text{soma}(x, y') = \text{soma}(x, y)'.$$

Para colocar essas equações no formato oficial (Rp), temos que encontrar funções f e g para as quais temos

$$f(x) = x \qquad g(x, y, —) = s(—)$$

para todos os números naturais x, y e —. Tais funções estão imediatamente disponíveis: $f = \text{id}_1^1$, $g = \text{Cn}[s, \text{id}_3^3]$. No formato oficial, temos

$$\text{soma}(x, 0) = \text{id}_1^1(x) \qquad \text{soma}(x, s(y)) = \text{Cn}[s, \text{id}_3^3](x, y, \text{soma}(x, y))$$

e abreviadamente temos

$$\text{soma} = \text{Rp}[\text{id}_1^1, \text{Cn}[s, \text{id}_3^3]].$$

6.3 Exemplo. (A função multiplicação ou produto). Afirmamos que prod = Rp[z, Cn[soma, id_1^3, id_3^3]]. Para verificar essa afirmação, nós a relacionamos aos formatos oficiais (Cn) e (Rp). Em termos de (Rp), a afirmação é que as equações

$$\mathrm{prod}(x, 0) = z(x) \qquad \mathrm{prod}(x, s(y)) = g(x, y, \mathrm{prod}(x, y))$$

valem para todos os números naturais x e y, onde [estipulando $h = g$, f = soma, $g_1 = \mathrm{id}_1^3$, $g_2 = \mathrm{id}_3^3$ no formato oficial (Cn)] nós temos

$$\begin{aligned} g(x_1, x_2, x_3) &= \mathrm{Cn}[\mathrm{soma}, \mathrm{id}_1^3, \mathrm{id}_3^3](x_1, x_2, x_3) \\ &= \mathrm{soma}(\mathrm{id}_1^3(x_1, x_2, x_3), \mathrm{id}_3^3(x_1, x_2, x_3)) \\ &= x_1 + x_3 \end{aligned}$$

para todos os números naturais x_1, x_2, x_3. No geral, então, a afirmação é que as equações

$$\mathrm{prod}(x, 0) = z(x) \qquad \mathrm{prod}(x, s(y)) = x + \mathrm{prod}(x, y)$$

valem para todos os números naturais x e y, o que é verdadeiro:

$$x \cdot 0 = 0 \qquad x \cdot y' = x + x \cdot y.$$

Nosso formato rígido para a recursão serve para funções de dois argumentos tais como soma e produto, mas algumas vezes desejaremos usar um esquema semelhante para definir funções de um único argumento, e funções de mais de dois argumentos. Onde há três ou mais argumentos $x_1, \ldots, x_n, y$ em vez de apenas os dois, x e y, que aparecem em (Rp), essa modificação é obtida considerando-se cada uma das cinco ocorrências de x no formato oficial como abreviações para $x_1, \ldots, x_n$. Desse modo, com $n = 2$, o formato é

$$\begin{aligned} h(x_1, x_2, 0) &= f(x_1, x_2) \\ h(x_1, x_2, s(y)) &= g(x_1, x_2, y, h(x_1, x_2, y)). \end{aligned}$$

6.4 Exemplo. (A função fatorial). O fatorial $x!$ para um x positivo é o produto $1 \cdot 2 \cdot 3 \cdot \cdots \cdot x$ de todos os inteiros positivos até e inclusive x, e, por convenção, $0! = 1$. Temos, portanto,

$$\begin{aligned} 0! &= 1 \\ y'! &= y! \cdot y'. \end{aligned}$$

Para mostrar que essa função é recursiva poderia parecer que precisamos de uma versão do formato para a recursão em que $n = 0$. Na verdade, porém, podemos simplesmente definir uma função de dois argumentos com um argumento *fictício*, e então livrar-nos posteriormente desse argumento fictício por meio de uma composição com a função identidade. Por exemplo, no caso da função fatorial, podemos definir

$$\begin{aligned} \mathrm{fatfictício}(x, 0) &= \mathrm{const}_1(x) \\ \mathrm{fatfictício}(x, y') &= \mathrm{fatfictício}(x, y) \cdot y', \end{aligned}$$

de modo que fatfictício$(x, y) = y!$ não importa qual seja o valor de x, e então definimos fat(y) = fatfictício(y, y). De um modo mais formal,

$$\text{fat} = \text{Cn}[\text{Rp}[\text{const}_1, \text{Cn}[\text{prod}, \text{id}_3^3, \text{Cn}[s, \text{id}_2^3]]], \text{id}, \text{id}].$$

(Deixamos ao leitor a verificação desse fato, bem como as transformações, nos exemplos subsequentes, das definições no estilo informal em definições no estilo formal.)

O exemplo da função fatorial pode ser generalizado.

6.5 Proposição. Seja f uma função recursiva primitiva. Então as funções

$$g(x, y) = f(x, 0) + f(x, 1) + \cdots + f(x, y) = \sum_{i=0}^{y} f(x, i)$$

$$h(x, y) = f(x, 0) \cdot f(x, 1) \cdot \cdots \cdot f(x, y) = \prod_{i=0}^{y} f(x, i)$$

são recursivas primitivas.

Demonstração: Temos para g as equações de recursão

$$g(x, 0) = f(x, 0)$$
$$g(x, y') = g(x, y) + f(x, y')$$

e analogamente para h.

Os leitores podem desejar, nos exemplos adicionais que seguem, tentar encontrar suas próprias definições antes de ler as nossas; por essa razão, apresentamos primeiro a descrição das funções, e só depois nossa definição delas (em estilo informal).

6.6 Exemplo. A função exponencial ou potência.

6.7 Exemplo. (A função predecessor (modificada)). Defina pred(x) como o predecessor $x - 1$ de x para $x > 0$, e seja pred$(0) = 0$ por convenção. Então, a função pred é recursiva primitiva.

6.8 Exemplo. (A função diferença (modificada)). Defina $x \dot{-} y$ como a diferença $x - y$ se $x \geq y$, e seja, por convenção, $x \dot{-} y = 0$ caso contrário. Então a função $\dot{-}$ é recursiva primitiva.

6.9 Exemplo. (As funções sinal e teste do zero). Defina sn$(0) = 0$, e seja sn$(x) = 1$ se $x > 0$, e defina $\overline{\text{sn}}(0) = 1$ e $\overline{\text{sn}}(x) = 0$ se $x > 0$. Então sn e $\overline{\text{sn}}$ são recursivas primitivas.

Demonstrações

Exemplo 6.6. $x \uparrow 0 = 1$, $x \uparrow s(y) = x \cdot (x \uparrow y)$, ou, de um modo mais formal,

$$\exp = \mathrm{Rp}[\mathrm{Cn}[s, z], \mathrm{Cn}[\mathrm{prod}, \mathrm{id}_1^3, \mathrm{id}_3^3]].$$

Exemplo 6.7. $\mathrm{pred}(0) = 0$, $\mathrm{pred}(y') = y$.

Exemplo 6.8. $x \dot{-} 0 = x$, $x \dot{-} y' = \mathrm{pred}(x \dot{-} y)$.

Exemplo 6.9. $\mathrm{sn}(y) = 1 \dot{-} (1 \dot{-} y)$, $\overline{\mathrm{sn}}(y) = 1 \dot{-} y$.

6.2 Minimização

Introduzimos agora mais um processo para definir funções novas a partir de funções já existentes, o qual pode nos levar além das funções recursivas primitivas, e que, de fato, pode nos levar além das funções totais, até as funções parciais. Intuitivamente, consideramos que uma função *parcial* f é *efetivamente computável* se puder ser dada uma lista de instruções definidas e explícitas, seguindo as quais chegaremos, caso sejam aplicadas a qualquer x no domínio de f, após um número finito de passos ao valor $f(x)$, mas seguindo as quais iremos, caso sejam aplicadas a qualquer x que não esteja no domínio de f, continuar eternamente sem chegar a resultado algum. A noção aplica-se também a funções de dois ou mais lugares.

Ora, o novo processo que queremos considerar é este. Dada uma função f de $n + 1$ argumentos, a operação de *minimização* gera uma função h total ou parcial de n argumentos, como segue:

$$\mathrm{Mn}[f](x_1, \ldots, x_n) = \begin{cases} y & \text{se } f(x_1, \ldots, x_n, y) = 0, \text{ e, para todo } t < y \\ & \quad f(x_1, \ldots, x_n, t) \text{ é definida e } \neq 0 \\ \text{indefinida} & \text{se não há um tal } y. \end{cases}$$

Se $h = \mathrm{Mn}[f]$ e f é uma função total ou parcial efetivamente computável, então h também será uma tal função. Pois escrevendo x em lugar de $x_1, \ldots, x_n$, computamos $h(x)$ ao computar sucessivamente $f(x, 0)$, $f(x, 1)$, $f(x, 2)$, e assim por diante, parando se e quando chegarmos a um y tal que $f(x, y) = 0$. Se x está no domínio de h, haverá um tal y, e o número de passos necessários para computar $h(x)$ será a soma do número de passos necessários para computar $f(x, 0)$ com o número de passos necessários para computar $f(x, 1)$ e assim por diante, até o número de passos necessários para computar $f(x, y) = 0$. Se x não está no domínio de h, isso se deve a uma de duas razões. Por um lado, pode ser que todos os $f(x, 0)$, $f(x, 1)$, $f(x, 2)$, ... estejam definidos, mas são todos diferentes de zero. Por outro lado, pode ser que, para algum i, todos os $f(x, 0)$, $f(x, 1)$, ..., $f(x, i - 1)$ estejam definidos e sejam diferentes de zero, mas $f(x, i)$ é indefinido. Qualquer que seja o caso, a tentativa de computar $h(x)$ vai nos envolver em um processo que continua eternamente sem produzir um resultado.

Caso f seja uma função total, não temos que nos preocupar com o segundo dos dois modos em que $Mn[f]$ pode não ser definida, e a definição anterior resume-se à seguinte forma mais simples:

$$\mathrm{Mn}[f](x_1, \ldots, x_n) = \begin{cases} \text{o menor } y \text{ para o qual} & \\ \quad f(x_1, \ldots, x_n, y) = 0 & \text{se tal } y \text{ existe} \\ \text{indefinida} & \text{caso contrário.} \end{cases}$$

A função total f é denominada *regular* se para todo $x_1, \ldots, x_n$ há um y tal que $f(x_1, \ldots, x_n, y) = 0$. Caso f seja uma função regular, Mn[f] será uma função total. De fato, se f é uma função total, Mn[f] será total se e somente se f for regular.

Por exemplo, a função produto é regular, uma vez que, para todo x, $x \cdot 0 = 0$; e Mn[prod] é simplesmente a função zero. Mas a função soma não é regular, uma vez que $x + y = 0$ somente no caso $x = y = 0$; e Mn[soma] é a função que é definida somente para 0, para a qual ela toma o valor 0, e indefinida para todo $x > 0$.

As funções que podem ser obtidas a partir das funções básicas z, s, id_i^n pelos processos Cn, Rp e Mn são denominadas *funções recursivas* (totais ou parciais). (Na literatura sobre este tópico, 'função recursiva' é frequentemente usada para indicar, mais especificamente, 'função recursiva *total*', e 'função recursiva parcial' é então usada significando 'função recursiva total ou parcial'.) Como observamos em várias ocasiões, todas as funções recursivas são efetivamente computáveis.

A hipótese de que, inversamente, todas as funções totais efetivamente computáveis são recursivas é conhecida como a *tese de Church* (a hipótese de que todas as funções parciais efetivamente computáveis são recursivas é conhecida como a versão *estendida* da tese de Church). O interesse da tese de Church deriva em grande medida do fato, que mostraremos em capítulos posteriores, de que algumas funções particulares de grande interesse na lógica e na matemática não são recursivas. Para inferir, de tais resultados teóricos, a conclusão de que tais funções não são efetivamente computáveis (do que pode ser inferido o conselho prático de que lógicos e matemáticos estariam desperdiçando seu tempo procurando um conjunto de instruções para computar essas funções), precisamos de garantias de que a tese de Church é correta.

No momento, a tese de Church é, para nós, simplesmente uma hipótese. Ela ganhou alguma plausibilidade na medida em que mostramos que um número significativo de funções computáveis são recursivas, mas dificilmente podemos ter garantia da correção da tese somente com base nesses poucos exemplos. Indícios adicionais da correção da tese irão sendo acumulados ao considerarmos mais exemplos nos próximos capítulos.

Antes de passarmos aos exemplos, pode ser conveniente mencionar que a tese de que toda função total efetivamente computável é recursiva *primitiva* simplesmente seria errônea. Exemplos de funções totais que não são recursivas primitivas são descritos no próximo capítulo.

Problemas

6.1 Seja f uma função total recursiva de dois lugares. Mostre que as funções a seguir também são recursivas:

(**a**) $g(x, y) = f(y, x)$

(**b**) $h(x) = f(x, x)$

(**c**) $k_{17}(x) = f(17, x)$ e $k^{17}(x) = f(x, 17)$.

6.2 Seja $J_0(a, b)$ a função que codifica pares de inteiros positivos por inteiros positivos que tinha sido denominada J no Exemplo 1.2. Use, a partir de agora, o nome J para a função correspondente que codifica pares de números naturais por números naturais, de modo que $J(a, b) = J_0(a + 1, b + 1)$. Mostre que J é recursiva primitiva.

6.3 Mostre que as funções seguintes são recursivas primitivas:

(**a**) a *diferença absoluta* $|x - y|$, definida como $x - y$ se $y < x$, e $y - x$ caso contrário.

(**b**) a *ordem característica* $\chi_{\leq}(x, y)$, definida como 1 se $x \leq y$, e 0 caso contrário.

(**c**) o *máximo* $\max(x, y)$, definido como o maior de x e y.

6.4 Mostre que as funções seguintes são recursivas primitivas:

(**a**) $c(x, y, z) = 1$ se $yz = x$, e 0 caso contrário.

(**b**) $d(x, y, z) = 1$ se $J(y, z) = x$, e 0 caso contrário.

6.5 Defina $K(n)$ e $L(n)$ como o primeiro e o segundo elementos do par codificado (sob a codificação J dos problemas precedentes) pelo número n, de modo que $J(K(n), L(n)) = n$. Mostre que as funções K e L são recursivas primitivas.

6.6 Uma codificação alternativa de pares de números por números foi considerada no Exemplo 1.2, baseada no fato de que todo número natural n pode ser escrito de uma única maneira como 1 menos uma potência de 2 vezes um número ímpar, $n = 2^{k(n)}(2l(n) + 1) \dot{-} 1$. Mostre que as funções k e l são recursivas primitivas.

6.7 Descubra alguma maneira razoável de atribuir números de código a funções recursivas.

6.8 Dada uma maneira razoável de codificar funções recursivas por números naturais, seja $d(x) = 1$ se a função recursiva de um lugar com número de código x é definida e tem valor 0 para o argumento x, e $d(x) = 0$ caso contrário. Mostre que essa função não é recursiva.

6.9 Seja $h(x, y) = 1$ se a função recursiva de um lugar com número de código x está definida para o argumento y, e $h(x, y) = 0$ caso contrário. Mostre que essa função não é recursiva.

7

Conjuntos e relações recursivos

No capítulo anterior, introduzimos as classes de funções recursivas primitivas e recursivas. Neste capítulo, introduzimos as noções relacionadas de conjuntos *e* relações recursivos primitivos *e* recursivos, *que contribuem para fornecer muitos exemplos mais de funções recursivas primitivas e recursivas. As noções básicas são desenvolvidas na seção 7.1. A seção 7.2 introduz a noção relacionada de um conjunto ou relação* semirrecursivo. *A seção opcional 7.3 apresenta exemplos de funções recursivas totais que não são recursivas primitivas.*

7.1 Relações recursivas

Um conjunto de, digamos, números naturais é *efetivamente decidível* se há um procedimento efetivo que, aplicado a um número natural, dá, em um tempo finito, a resposta correta à questão de se ele pertence a esse conjunto. Dessa maneira, representando a resposta 'sim' por 1 e a resposta 'não' por 0, um conjunto é efetivamente decidível se e somente se sua *função característica* é efetivamente computável, onde a função característica é a função que ganha o valor 1 para números que estão no conjunto, e o valor 0 para números que não estão no conjunto. Um conjunto é chamado *recursivamente decidível*, ou simplesmente *recursivo*, para abreviar, se sua função característica é recursiva, e é chamado *recursivo primitivo* se sua função característica é recursiva primitiva. Uma vez que funções recursivas são efetivamente computáveis, conjuntos recursivos são efetivamente decidíveis. A tese de Church, de acordo com a qual todas as funções efetivamente computáveis são recursivas, implica que todos os conjuntos efetivamente decidíveis são recursivos.

Essas noções podem ser generalizadas para relações. Oficialmente, uma *relação* R de dois lugares, ou binária, entre números naturais será simplesmente um conjunto de pares ordenados de números naturais, e escrevemos Rxy – ou $R(x, y)$, se a pontuação parecer necessária no interesse da legibilidade – permutavelmente com $(x, y) \in R$ para indicar que a relação R vale de x e y, ou seja, que o par (x, y) pertence a R. Analogamente, uma relação de k lugares, ou k-ária, é um conjunto de k-uplas ordenadas. [Caso $k = 1$, uma relação de um lugar, ou unária, nos números naturais deveria ser um conjunto de 1-uplas (sequências de comprimento 1) de números, mas vamos considerá-la simplesmente com um conjunto de números, não distinguindo, nesse contexto, entre n e (n). Escrevemos, assim, Sx ou $S(x)$ permutavelmente com $x \in S$.] A *função característica* de uma relação k-ária é a função de k argumentos que ganha o valor 1 para uma k-upla se a relação vale daquela k-upla, e o valor 0 se não vale; e uma relação é *efetivamente decidível* se sua função característica é efetivamente computável, e é *recursiva* (*primitiva*) se sua função característica é *recursiva* (*primitiva*).

7.1 Exemplo. (Identidade e ordem). A relação de identidade, que vale se e somente se $x = y$, é recursiva primitiva, pois um pouco de reflexão mostra que sua função característica é $1 - (\text{sn}(x \dot{-} y) + \text{sn}(y \dot{-} x))$. A relação de ordem estrita menor-que, que vale se e somente se $x < y$, é recursiva primitiva, uma vez que sua função característica é $\text{sn}(y \dot{-} x)$.

Estamos agora prontos a indicar um processo importante para obter novas funções recursivas a partir das já disponíveis. O que se segue é na verdade um par de proposições, uma sobre funções recursivas primitivas, e a outra sobre funções recursivas (conforme se lê a proposição com ou sem a palavra 'primitiva' entre parênteses). A mesma prova funciona para ambas as proposições.

7.2 Proposição. (Definição por casos). Suponhamos que f seja a função definida da seguinte forma:

$$f(x, y) = \begin{cases} g_1(x, y) & \text{se } C_1(x, y) \\ \vdots & \vdots \\ g_n(x, y) & \text{se } C_n(x, y), \end{cases}$$

onde $C_1, \ldots, C_n$ são relações recursivas (primitivas) mutuamente exclusivas, o que significa que para nenhum x e nenhum y vale mais de uma delas, e coletivamente completas, o que significa que, para quaisquer x e y, pelo menos uma delas vale, e onde $g_1, \ldots, g_n$ são funções totais recursivas (primitivas). Então f é recursiva (primitiva).

Demonstração: Seja c_i a função característica de C_i. Através de recursão, definamos $h_i(x, y, 0) = 0$, $h_i(x, y, z') = g_i(x, y)$. Seja $k_i(x, y) = h_i(x, y, c_i(x, y))$, de forma que $k_i(x, y) = 0$ a menos que $C_i(x, y)$ vale, caso em que $k_i(x, y) = g_i(x, y)$. Segue-se que $f(x, y) = k_1(x, y) + \cdots + k_n(x, y)$, e f é recursiva (primitiva), uma vez que pode ser obtida por recursão primtiva e composição das g_i e c_i, que são recursivas (primitivas) por hipótese, em conjunto com as funções adição (e identidade).

7.3 Exemplo. (As funções máximo e mínimo). Como exemplo de definição por casos, considere $\max(x, y) =$ o maior dos números x e y. Isso pode ser definido como segue:

$$\max(x, y) = \begin{cases} x & \text{se } x \geq y \\ y & \text{se } x < y \end{cases}$$

ou no formato oficial da proposição acima, com $g_1 = \text{id}_1^2$ e $g_2 = \text{id}_2^2$. Analogamente, a função $\min(x, y) =$ o menor de x e y é também recursiva primitiva

Pode-se mostrar de maneira mais direta (como solicitamos que você fizesse nos problemas no final do capítulo anterior) que essas funções particulares, max e min, também são recursivas primitivas; contudo, em exemplos mais complicados, a definição por casos torna muito mais fácil estabelecer o caráter recursivo (primitivo) de funções importantes. Isso ocorre principalmente porque há uma variedade de processos para definir novas relações a partir de relações anteriores, que, pode-se mostrar, produzem novas relações recursivas (primitivas) quando aplicados a relações recursivas (primitivas). Listemos os mais importantes dentre eles.

Dada uma relação $R(y_1, \ldots, y_m)$ e funções totais $f_1(x_1, \ldots, x_n), \ldots, f_m(x_1, \ldots, x_n)$, a relação definida ao introduzirmos as f_i em R por *substituição* é a relação $R^*(x_1, \ldots, x_n)$ que vale de $x_1, \ldots, x_n$ se e somente se R vale de $f_1(x_1, \ldots, x_n), \ldots, f_m(x_1, \ldots, x_n)$, ou em símbolos,

$$R^*(x_1, \ldots, x_n) \leftrightarrow R(f_1(x_1, \ldots, x_n), \ldots, f_m(x_1, \ldots, x_n)).$$

Se a relação R^* é assim obtida mediante a substituição de argumentos da relação R pelas funções f_i, então a função característica c^* de R^* pode ser obtida por composição das f_i e da função característica c de R:

$$c^*(x_1, \ldots, x_n) = c(f_1(x_1, \ldots, x_n), \ldots, f_m(x_1, \ldots, x_n)).$$

Portanto, *o resultado de substituir por funções totais recursivas os argumentos de uma relação recursiva é também uma relação recursiva.* (Note que é importante aqui que as funções sejam *totais*.)

Um esclarecimento pode tornar mais compreensível essa importante noção de substituição. Para uma dada função f, o *gráfico* de f é a relação definida por

$$G(x_1, \ldots, x_n, y) \leftrightarrow f(x_1, \ldots, x_n) = y.$$

Seja $f^*(x_1, \ldots, x_n, y) = f(x_1, \ldots, x_n)$. Então f^* é recursiva se f é, dado que

$$f^* = \text{Cn}[f, \text{id}_1^{n+1}, \ldots, \text{id}_n^{n+1}].$$

Agora, $f(x_1, \ldots, x_n) = y$ se e somente se

$$f^*(x_1, \ldots, x_n, y) = \text{id}_{n+1}^{n+1}(x_1, \ldots, x_n, y).$$

De fato, essa última condição é essencialmente apenas uma maneira mais rebuscada de formular a condição anterior. Mas isso mostra que, se f é uma função total recursiva, então o gráfico $f(x_1, \ldots, x_n) = y$ pode ser obtido da relação de identidade $u = v$ por substituição pelas funções totais recursivas f^* e id_{n+1}^{n+1}. Assim, *o gráfico de uma função total recursiva é uma relação recursiva.* De maneira mais concisa, ainda que, estritamente, não tão exata, podemos dizer que o gráfico $f(x) = y$ é obtido mediante a substituição pela função total recursiva f na relação de identidade. (Essa maneira concisa e ligeiramente inexata de falar, que será usada no futuro, suprime qualquer menção ao papel das funções identidade no argumento precedente.)

Além da substituição, há várias operações *lógicas* para definir relações novas a partir de anteriores. Para começar com a mais básica dessas operações, dada uma relação R, sua *negação* ou *negativa* é a relação S que vale se e somente se R não vale:

$$S(x_1, \ldots, x_n) \leftrightarrow \sim R(x_1, \ldots, x_n).$$

Dadas duas relações R_1 e R_2, sua *conjunção* é a relação S que vale se e somente se R_1 vale e R_2 vale:

$$S(x_1, \ldots, x_n) \leftrightarrow R_1(x_1, \ldots, x_n) \,\&\, R_2(x_1, \ldots, x_n),$$

enquanto sua *disjunção* é a relação S que vale se e somente se R_1 vale ou R_2 vale (ou ambos):

$$S(x_1, \ldots, x_n) \leftrightarrow R_1(x_1, \ldots, x_n) \lor R_2(x_1, \ldots, x_n).$$

Conjunções e disjunções de mais de duas relações são definidas analogamente. Note que, quando, de acordo com nossa definição oficial, relações são consideradas conjuntos de k-uplas, a negação é simplesmente o complemento; a conjunção, a intersecção; e a disjunção, a união.

Dada uma relação $R(x_1, \ldots, x_n, u)$, pela relação obtida de R por meio de *quantificação universal limitada* nós entendemos a relação S que vale de $x_1, \ldots, x_n, u$ se e somente se para todo $v < u$, a relação R vale de $x_1, \ldots, x_n, v$. Escrevemos

$$S(x_1, \ldots, x_n, u) \leftrightarrow \forall v < u\, R(x_1, \ldots, x_n, v)$$

ou, mais extensamente:

$$S(x_1, \ldots, x_n, u) \leftrightarrow \forall v(v < u \rightarrow R(x_1, \ldots, x_n, v)).$$

Pela relação obtida de R por meio de *quantificação existencial limitada* nós entendemos a relação S que vale de $x_1, \ldots, x_n, u$ se e somente se para algum $v < u$, a relação R vale de $x_1, \ldots, x_n, v$. Escrevemos

$$S(x_1, \ldots, x_n, u) \leftrightarrow \exists v < u\, R(x_1, \ldots, x_n, v)$$

ou, mais extensamente:

$$S(x_1, \ldots, x_n, u) \leftrightarrow \exists v(v < u \,\&\, R(x_1, \ldots, x_n, v)).$$

Os quantificadores limitados $\forall v \leq u$ e $\exists v \leq u$ são definidos analogamente.

O teorema a seguir e seu corolário são enunciados para relações recursivas (e funções totais recursivas), mas valem igualmente para relações recursivas primitivas (e funções recursivas primitivas) por meio das mesmas demonstrações, embora fosse tedioso tanto para os autores quanto para os leitores incluir a expressão entre parênteses '(primitiva)' por toda a parte, no enunciado e na prova do resultado.

7.4 Teorema. (Propriedades de fecho de relações recursivas).

(a) Uma relação obtida pela substituição por funções totais recursivas em uma relação recursiva é recursiva.
(b) O gráfico de qualquer função total recursiva é recursivo.
(c) Se uma relação é recursiva, sua negação também o é.
(d) Se duas relações são recursivas, sua conjunção também o é.
(e) Se duas relações são recursivas, sua disjunção também o é.
(f) Se uma relação é recursiva, a relação obtida dela por quantificação universal limitada também o é.
(g) Se uma relação é recursiva, a relação obtida dela por quantificação existencial limitada também o é.

Demonstração: (a), (b): Esses casos já foram demonstrados.

(c): Nos itens restantes, escrevemos simplesmente x em lugar de $x_1, \ldots, x_n$. A função característica c^* da negação ou complemento de R pode ser obtida da função característica c de R por $c^*(x) = 1 \dot{-} c(x)$.

(d), (e): A função característica c^* da conjunção ou intersecção de R_1 e R_2 pode ser obtida das funções características c_1 e c_2 de R_1 e R_2 por $c^*(x) = \min(c_1(x), c_2(x))$, e a função característica $c^\dagger$ da disjunção ou união é obtida analogamente usando-se max em lugar de min.

(f), (g): Partindo-se da função característica $c(x,y)$ da relação $R(x,y)$, obtém-se as funções características u e e das relações $\forall v \leq y\, R(x_1, \ldots, x_n, v)$ e $\exists v \leq y\, R(x_1, \ldots, x_n, v)$ como segue:

$$u(x,y) = \prod_{i=0}^{y} c(x,i) \qquad e(x,y) = \mathrm{sn}\left(\sum_{i=0}^{y} c(x,i)\right)$$

em que a notação soma ($\sum$) e produto ($\prod$) é como na Proposição 6.5. Com efeito, o produto será 0 se algum fator for 0, e será 1 se e somente se todos os fatores forem 1, ao passo que a soma será positiva se qualquer uma das parcelas for positiva. Para os limites estritos $\forall v < y$ e $\exists v < y$ necessitamos fazer algumas ligeiras alterações.

7.5 Exemplo. (Primalidade). Recorde que um número natural x é primo se $x > 1$ e não existem nenhum u, v, ambos $< x$, tal que $x = u \cdot v$. O conjunto P dos números primos é recursivo primitivo, uma vez que temos

$$P(x) \leftrightarrow 1 < x \,\&\, \forall u < x\, \forall v < x\, (u \cdot v \neq x).$$

Aqui a relação $1 < x$ é o resultado de introduzir por substituição const_1 e id na relação $y < x$, que sabemos serem recursivas primitivas pelo Exemplo 7.1; desta forma, essa relação é recursiva primitiva pela cláusula (a) do teorema. A relação $u \cdot v = x$ é o grafo de uma função recursiva primitiva, a saber, a função produto; logo, essa relação é recursiva primitiva pela cláusula (b) do teorema. Assim, P é obtida, por negação, quantificação universal limitada e conjunção, de relações recursivas primitivas, e é recursiva primitiva pelas cláusulas (c), (d) e (f) do teorema.

7.6 Corolário. (Minimização e maximização limitadas). Dada uma relação recursiva (primitiva) R, seja

$$\text{Min}[R](x_1, \ldots, x_n, w) = \begin{cases} \text{o menor } y \leq w \text{ para o qual} & \\ \quad R(x_1, \ldots, x_n, y) & \text{se tal } y \text{ existe} \\ w + 1 & \text{caso contrário} \end{cases}$$

e

$$\text{Max}[R](x_1, \ldots, x_n, w) = \begin{cases} \text{o maior } y \leq w \text{ para o qual} & \\ \quad R(x_1, \ldots, x_n, y) & \text{se tal } y \text{ existe} \\ 0 & \text{caso contrário.} \end{cases}$$

Então $\text{Min}[R]$ e $\text{Max}[R]$ são funções recursivas (primitivas) totais.

Demonstração: Apresentamos a prova para Min. Escrevemos x em lugar de $x_1, \ldots, x_n$. Considere a relação recursiva (primitiva) $\forall t \leq y \sim R(x, t)$, e seja c sua função característica. Se há um menor $y \leq w$ tal que $R(x, y)$, então, abreviando $c(x, i)$ por $c(i)$, temos

$$c(0) = c(1) = \cdots = c(y - 1) = 1 \qquad c(y) = c(y + 1) = \cdots = c(w) = 0.$$

Assim, c toma o valor 1 para os y números $i < y$, e o valor 0 daí em diante. Se não há um tal y, então

$$c(0) = c(1) = \cdots = c(w) = 1.$$

Assim, c toma o valor 1 para todos os $w + 1$ números $i \leq w$. Em qualquer dos casos

$$\text{Min}[R](x, w) = \sum_{i=0}^{w} c(x, i)$$

e é, portanto, recursiva (primitiva). A prova para Max é similar, e é deixada para o leitor.

7.7 Exemplo. (Quocientes e restos). Dados números naturais x e y em que $y > 0$, há dois números naturais únicos q e r tais que $x = q \cdot y + r$ e $r < y$. Eles são denominados o *quociente* e o *resto* da divisão de x por y. Seja $\text{quo}(x, y)$ o quociente da divisão de x por y, se $y > 0$, e seja, por convenção, $\text{quo}(x, 0) = 0$. Seja $\text{res}(x, y)$ o resto da divisão de x por y se $y > 0$, e seja, por convenção, $\text{res}(x, 0) = x$. Então quo é recursiva primitiva, como uma aplicação de maximização limitada, pois $q \leq x$ e q é o maior número tal que $q \cdot y \leq x$.

$$\text{quo}(x, y) = \begin{cases} \text{o maior } z \leq x \text{ tal que } y \cdot z \leq x & \text{se } y \neq 0 \\ 0 & \text{caso contrário.} \end{cases}$$

Aplicamos o corolário precedente (em sua versão para funções e relações recursivas primitivas). Se $Rxyz$ é a relação $y \cdot z \leq x$ ou $(y = 0 \;\&\; z = x)$, então $\text{quo}(x, y) = \text{Max}[R](x, y, x)$ e, portanto, quo é recursiva primitiva. Também res é recursiva primitiva, uma vez que $\text{res}(x, y) = x \dot{-} (\text{quo}(x, y) \cdot y)$. Uma outra notação para $\text{res}(x, y)$ é $x \bmod y$.

7.8 Corolário. Suponhamos que f seja uma função recursiva primitiva regular e que há uma função recursiva primitiva g tal que o menor y com $f(x_1, \ldots, x_n, y) = 0$ é sempre menor do que $g(x_1, \ldots, x_n)$. Então $\text{Mn}[f]$ é não meramente recursiva, mas recursiva primitiva.

Demonstração: Estipulemos que $R(x_1, \ldots, x_n, y)$ vale se e somente se $f(x_1, \ldots, x_n, y) = 0$. Então

$$\text{Mn}[f](x_1, \ldots, x_n) = \text{Min}[R](x_1, \ldots, x_n, g(x_1, \ldots, x_n)).$$

7.9 Proposição. Seja R uma relação recursiva $(n + 1)$-ária. Definamos uma função total ou parcial r por

$$r(x_1, \ldots, x_n) = \text{o menor } y \text{ tal que } R(x_1, \ldots, x_n, y).$$

Então r é recursiva.

Demonstração: A função r é simplesmente $\text{Mn}[c]$, onde c é a função característica de $\sim R$.

Note que, se r é uma função e R seu gráfico, então $r(x)$ é o *único* y tal que $R(x, y)$ e, portanto, é *a fortiori* o *menor* tal y (bem como o *maior* tal y). Assim, a proposição anterior nos diz que, se o gráfico de uma função é recursivo, a função é recursiva. Não escrevemos isso como um corolário numerado pois vamos obter um resultado mais forte no início da próxima seção.

7.10 Exemplo. (O próximo número primo). Seja $f(x)$ = o menor y tal que $x < y$ e y é primo. A relação

$$x < y \;\&\; y \text{ é primo}$$

é recursiva primitiva, usando o Exemplo 7.5. Logo, a função f é recursiva pela proposição precedente. Há um teorema nos *Elementos* de Euclides que nos diz que, para qualquer número x dado existe um número primo $y > x$, do que sabemos que nossa função f é total. Na verdade, porém, a prova em Euclides mostra que há um primo $y > x$ com $y \leq x! + 1$. Uma vez que a função fatorial é recursiva primitiva, o Corolário 7.8 se aplica para mostrar que f é, na verdade, recursiva *primitiva*.

7.11 Exemplo. (Logaritmos). Subtração, a operação inversa da adição, pode nos levar além dos números naturais até os inteiros negativos, mas vimos que há uma versão modificada razoável $\dot{-}$ que permanece no âmbito dos números naturais, e que é recursiva primitiva. A divisão, a operação inversa da multiplicação, pode nos levar além dos inteiros até os números racionais fracionários; mas novamente vimos que há uma versão modificada razoável quo que é recursiva primitiva. Porém, em virtude da função potência ou exponencial não ser comutativa, ou seja, porque, em geral, $x^y \neq y^x$, há *duas* operações inversas: a y-ésima raiz de x é o z tal que $z^y = x$, enquanto o logaritmo de y na base x é o z tal que $x^z = y$. Ambas podem nos levar além dos números racionais para os números reais irracionais ou até mesmo números imaginários e complexos. Mas, novamente, há uma versão modificada razoável, ou mesmo várias versões modificadas razoáveis. Eis aqui uma para os logaritmos:

$$\mathrm{lo}(x,y) = \begin{cases} \text{o maior } z \leq x \text{ tal que } y^z \text{ divide } x & \text{se } x,y > 1 \\ 0 & \text{caso contrário,} \end{cases}$$

onde 'divide x' significa 'divide x sem resto'. Claramente, se $x, y > 1$ e y^z divide x, z deve ser (bem) menor do que x. Podemos, assim, argumentar como na prova de 7.7 a fim de mostrar que lo é uma função recursiva primitiva. Eis outra função logaritmo modificada que também é razoável:

$$\mathrm{lg}(x,y) = \begin{cases} \text{o maior } z \text{ tal que } y^z \leq x & \text{se } x,y > 1 \\ 0 & \text{caso contrário.} \end{cases}$$

A prova de que lg é recursiva primitiva é deixada ao leitor.

A próxima série de exemplos refere-se à codificação de sequências finitas de números naturais por números naturais individuais. A codificação que adotamos é baseada no fato de que cada inteiro positivo pode ser escrito de uma única maneira como um produto de potências de primos cada vez maiores. Especificamente:

$$(a_0, a_1, \ldots, a_{n-1}) \text{ é codificada por } 2^n 3^{a_0} 5^{a_1} \cdots \pi(n)^{a_{n-1}},$$

em que $\pi(n)$ é o n-ésimo número primo (contando 2 como o 0-ésimo). (Quando primeiro puxamos o assunto de codificar sequências finitas por números individuais na seção 1.2, usamos uma codificação ligeiramente diferente porque estávamos codificando sequências finitas de inteiros positivos, mas queremos agora codificar sequências finitas de números naturais.) Enunciamos os exemplos primeiro e convidamos o leitor a tentá-los antes que apresentemos nossas próprias demonstrações.

7.12 Exemplo. (O n-ésimo primo). Seja $\pi(n)$ o n-ésimo primo, contando 2 como o 0-ésimo, de modo que $\pi(0) = 2$, $\pi(1) = 3$, $\pi(2) = 5$, $\pi(3) = 7$ etc. Essa função é recursiva primitiva.

7.13 Exemplo. (Comprimento). Há uma função recursiva primitiva cmp tal que, se s codifica uma sequência $(a_0, a_1, \ldots, a_{n-1})$, então o valor de cmp($s$) é o *comprimento* dessa sequência.

7.14 Exemplo. (Elementos). Há uma função recursiva primitiva el tal que, se s codifica uma sequência $(a_0, a_1, \ldots, a_{n-1})$, então, para cada $i < n$, o valor de el(s, i) é o i-ésimo *elemento* dessa sequência (contando a_0 como o 0-ésimo).

Demonstrações

Exemplo 7.12. $\pi(0) = 2$, $\pi(x') = f(\pi(x))$, onde f é a função próximo número primo do Exemplo 7.10. A forma da definição é semelhante àquela da função fatorial: ver o Exemplo 6.4 sobre como reduzir definições dessa forma ao formato oficial para recursão.

Exemplo 7.13. $\mathrm{cmp}(s) = \mathrm{lo}(s, 2)$ serve, onde lo é como no Exemplo 7.11. Aplicada a

$$2^n 3^{a_0} 5^{a_1} \cdots \pi(n)^{a_{n-1}},$$

essa função produz n.

Exemplo 7.14. $\mathrm{el}(s, i) = \mathrm{lo}(s, \pi(i + 1))$ serve. Aplicada a

$$2^n 3^{a_0} 5^{a_1} \cdots \pi(n)^{a_{n-1}}$$

e i, essa função produz a_i.

Há alguns exemplos adicionais relativos à codificação, mas eles não serão necessários até um capítulo muito posterior, e mesmo então só em uma seção que constitui leitura opcional, de modo que vamos adiá-los até a seção final opcional deste capítulo. Em vez disso, passamos agora a uma outra noção auxiliar.

7.2 Relações semirrecursivas

Intuitivamente, um conjunto é (*positivamente*) *efetivamente semidecidível* se há um procedimento efetivo que, aplicado a qualquer número, dará a resposta 'sim' em um tempo finito se o número estiver no conjunto, mas que, se o número não estiver no conjunto, nunca dará uma resposta. Por exemplo, o domínio de uma função parcial efetivamente computável f é sempre efetivamente semidecidível: o procedimento para determinar se n está no domínio de f é simplesmente tentar computar o valor de $f(n)$; se, e quando, tivermos êxito, saberemos que n está no domínio; mas se n não está no domínio, jamais teremos êxito.

A noção de semidecidibilidade efetiva estende-se da maneira óbvia a relações. Ao aplicar o procedimento, depois de um número t de passos da computação, podemos dizer se já obtivemos a resposta 'sim', ou se até então não obtivemos nenhuma resposta. Assim, se S é um conjunto semidecidível, temos

$$S(x) \leftrightarrow \exists t\, R(x, t),$$

onde R é a relação *efetivamente decidível* 'com t passos de computação nós obtemos a resposta "sim"'. Inversamente, se R é uma relação efetivamente decidível de qualquer espécie, e S é a relação obtida de R por quantificação existencial (ilimitada), então S é efetivamente semidecidível: podemos tentar determinar se n está em S verificando se $R(n, 0)$ vale e, se não, se $R(n, 1)$ vale e, se não, se $R(n, 2)$ vale, e assim por diante. Se n está em S, devemos cedo ou tarde encontrar um t tal que

$R(n, t)$, e obteremos assim a resposta 'sim'; mas se n não está em S, continuaremos para sempre sem obter uma resposta.

Podemos, assim, caracterizar conjuntos efetivamente semidecidíveis como aqueles obtidos a partir de relações binárias efetivamente decidíveis por quantificação existencial, e mais geralmente, as relações n-árias efetivamente semidecidíveis como aquelas obtidas a partir de relações $(n + 1)$-árias efetivamente decidíveis por quantificação existencial. Definimos uma relação n-ária S nos números naturais como *(positivamente) recursivamente semidecidível*, ou simplesmente *semirrecursiva*, se ela pode ser obtida de uma relação $(n + 1)$-ária recursiva R por quantificação existencial, assim:

$$S(x_1, \ldots, x_n) \leftrightarrow \exists y R(x_1, \ldots, x_n, y).$$

Um y tal que R vale dos x_i e de y pode ser chamado uma 'testemunha' de que a relação S vale dos x_i (desde que entendamos que, quando a testemunha é um número em vez de uma pessoa, a testemunha somente testifica sobre o que é verdadeiro). Relações semirrecursivas são efetivamente semidecidíveis, e a tese de Church implicaria que, inversamente, relações efetivamente semidecidíveis são semirrecursivas.

Essas noções devem se tornar mais claras à medida que formos estabelecendo suas propriedades mais básicas, um exercício que fornece uma oportunidade de revisar as propriedades básicas de relações recursivas. As propriedades de fecho de relações recursivas estabelecidas no Teorema 7.4 podem ser usadas para estabelecer uma lista semelhante, mas não idêntica, de propriedades de relações semirrecursivas.

7.15 Corolário. (Propriedades de fecho de relações semirrecursivas).

(**a**) Qualquer relação recursiva é semirrecursiva.

(**b**) Uma relação obtida pela substituição por funções totais recursivas em uma relação semirrecursiva é semirrecursiva.

(**c**) Se duas relações são semirrecursivas, sua conjunção também o é.

(**d**) Se duas relações são semirrecursivas, sua disjunção também o é.

(**e**) Se uma relação é semirrecursiva, a relação obtida dela por quantificação universal limitada também o é.

(**f**) Se uma relação é semirrecursiva, a relação obtida dela por quantificação existencial limitada também o é.

Demonstração: Escrevemos simplesmente x em lugar de $x_1, \ldots, x_n$.

(a): Se Rx é uma relação recursiva, então a relação S dada por $Sxy \leftrightarrow (Rx \;\&\; y = y)$ é também recursiva, e temos que $R(x) \leftrightarrow \exists y Sxy$.

(b): Se Rx é uma relação semirrecursiva, digamos, $Rx \leftrightarrow \exists y Sxy$, em que S é recursiva, e se $R^*x \leftrightarrow Rf(x)$, em que f é uma função total recursiva, então a relação S^* dada por $S^*xy \leftrightarrow S f(x)y$ é também recursiva, e temos $R^*x \leftrightarrow \exists y S^*xy$ e R^* é semirrecursiva.

(c): Se R_1x e R_2x são relações semirrecursivas, digamos, $R_ix \leftrightarrow \exists yS_ixy$, em que S_1 e S_2 são recursivas, então a relação S dada por $Sxw \leftrightarrow \exists y_1 < w\,\exists y_2 < w\,(S_1xy_1 \,\&\, S_2xy_2)$ é também recursiva, e temos $(R_1x \,\&\, R_2x) \leftrightarrow \exists w\,Sxw$. Estamos usando aqui o fato de que, para dois números quaisquer y_1 e y_2, há um número w maior do que ambos.

(d): Se R_i e S_i são como em (c), então a relação S dada por $Sxy \leftrightarrow (S_1xy \vee S_2xy)$ é também recursiva, e temos $(R_1x \vee R_2x) \leftrightarrow \exists y\,Sxy$.

(e): Se Rx é uma relação semirrecursiva, digamos, $Rx \leftrightarrow \exists y\,Sxy$, em que S é recursiva, e se $R^*x \leftrightarrow \forall u < x\,Ru$, então a relação S^* dada por $S^*xw \leftrightarrow \forall u < x\,\exists y < w\,S\,uy$ também é recursiva, e temos $R^*x \leftrightarrow \exists w\,S^*xw$. Estamos usando aqui o fato de que, para qualquer número finito de números $y_0, y_1, \ldots, y_x$, há um número w maior do que todos eles.

(f): Se Rxy é uma relação semirrecursiva, digamos, $Rxy \leftrightarrow \exists z\,Sxyz$, em que S é recursiva, e se $R^*x \leftrightarrow \exists y\,Rxy$, então a relação S^* dada por $S^*xw \leftrightarrow \exists y < w\,\exists z < w\,Sxyz$ é também recursiva, e temos $R^*x \leftrightarrow \exists w\,S^*xw$.

O potencial que têm as relações semirrecursivas de produzir novas relações e funções recursivas é sugerido pelas proposições a seguir. Intuitivamente, se temos um procedimento que finalmente nos dirá se um número está em um conjunto (mas que não nos dirá nada se não está), e se *também* temos um procedimento que finalmente nos dirá se um número não está em um conjunto (mas que não nos dirá nada se está), então, combinando os dois, podemos obter um procedimento que nos dirá se um número *está ou não* no conjunto: aplique ambos os procedimentos (digamos, executando um passo de um e depois um passo do outro, alternadamente), e finalmente um ou outro deve nos dar uma resposta. No jargão profissional, se um conjunto e seu complemento são ambos efetivamente semidecidíveis, o conjunto é decidível. A próxima proposição é a contraparte formal dessa observação.

7.16 Proposição. (Princípio da complementação, ou teorema de Kleene). Se um conjunto e seu complemento são ambos semirrecursivos, então o conjunto (e, portanto, também seu complemento) é recursivo.

Demonstração: Se Rx e $\sim Rx$ são ambas semirrecursivas, digamos, $Rx \leftrightarrow \exists y\,S^+xy$ e $\sim Rx \leftrightarrow \exists y\,S^-xy$, então a relação S^* dada por $S^*xy \leftrightarrow (S^+xy \vee S^-xy)$ é recursiva, e se f é a função definida estipulando-se que $f(x)$ é o menor y tal que S^*xy, então f é uma função total recursiva. Mas então temos $Rx \leftrightarrow S^+xf(x)$, mostrando que R pode ser obtida introduzindo-se por substituição uma função total recursiva em uma relação recursiva, e é, portanto, recursiva.

7.17 Proposição. (Primeiro princípio de gráficos). Se o gráfico de uma função f parcial ou total é semirrecursivo, então f é uma função total ou parcial recursiva.

Demonstração: Suponhamos que $f(x) = y \leftrightarrow \exists z\,Sxyz$, em que S é recursiva. Introduzimos primeiro duas funções auxiliares:

$$g(x) = \begin{cases} \text{o menor } w \text{ tal que} & \\ \quad \exists y < w\, \exists z < w\, Sxyz & \text{se um tal } w \text{ existe} \\ \text{indefinida} & \text{caso contrário} \end{cases}$$

$$h(x, w) = \begin{cases} \text{o menor } y < w \text{ tal que} & \\ \quad \exists z < w\, Sxyz & \text{se um tal } y \text{ existe} \\ \text{indefinida} & \text{caso contrário.} \end{cases}$$

Aqui as relações envolvidas são *recursivas*, e não somente semirrecursivas, visto que são obtidas de S por quantificação existencial *limitada*, e não ilimitada. Assim, g e h são recursivas. Um pouco de reflexão mostra que $f(x) = h(x, g(x))$, de modo que f é também recursiva.

A conversa da proposição anterior é também verdadeira – o gráfico de uma função parcial recursiva é semirrecursivo, e, consequentemente, uma função total ou parcial é recursiva se e somente se seu gráfico é recursivo ou semirrecursivo –, mas não nos encontramos, neste ponto, em posição de demonstrar tal resultado.

Um recurso *inevitável* à tese de Church é feito sempre que passamos de um teorema sobre o que é ou não é recursivamente computável a uma conclusão sobre o que é ou não é efetivamente computável. Por outro lado, fazemos um recurso *evitável* ou *preguiçoso* à tese de Church sempre que, na demonstração de algum teorema técnico, omitimos a verificação de que certas funções obviamente efetivamente computáveis são recursivamente computáveis. A tese de Church é mencionada com relação a omissões de verificações apenas quando se escreve para leitores comparativamente sem experiência, e não se pode razoavelmente esperar que preencham as lacunas por si mesmos; ao escrever para um leitor mais experiente, dizemos simplesmente "demonstração deixada para o leitor" como em casos similares alhures na matemática. O leitor que estudar a seção opcional a seguir e/ou o capítulo opcional 8 e/ou as seções opcionais do capítulo 15 estará em vias de se tornar "experiente" o suficiente para preencher virtualmente qualquer uma de tais lacunas.

7.3* Exemplos adicionais

A lista de funções recursivas pode ser estendida indefinidamente usando-se os mecanismos desenvolvidos até aqui. Começamos com os exemplos pertinentes à codificação, que mencionamos anteriormente.

7.18 Exemplo. (Primeiro e último). Há funções recursivas primitivas pri e ult tais que, se s codifica uma sequência $(a_0, a_1, \ldots, a_{n-1})$, então $\mathrm{pri}(s)$ e $\mathrm{ult}(s)$ são o primeiro e o último elementos dessa sequência.

7.19 Exemplo. (Extensão). Há uma função recursiva primitiva ext tal que, se s codifica uma sequência $(a_0, a_1, \ldots, a_{n-1})$, então, para qualquer b, $\mathrm{ext}(s, b)$ codifica a sequência *estendida* $(a_0, a_1, \ldots, a_{n-1}, b)$.

7.20 Exemplo. (Concatenação). Há uma função recursiva primitiva conc tal que, se s codifica uma sequência $(a_0, a_1, \ldots, a_{n-1})$ e t codifica uma sequência $(b_0, b_1, \ldots, b_{m-1})$, então $\mathrm{conc}(s, t)$ codifica a *concatenação* $(a_0, a_1, \ldots, a_{n-1}, b_0, b_1, \ldots, b_{m-1})$ das duas sequências.

Demonstrações

Exemplo 7.18. $\mathrm{pri}(s) = \mathrm{el}(s, 0)$ e $\mathrm{ult}(s) = \mathrm{el}(s, \mathrm{cmp}(s) \dot{-} 1)$ servem.

Exemplo 7.19. $\mathrm{ext}(s, b) = 2 \cdot s \cdot \pi(\mathrm{cmp}(s) + 1)^b$ serve. Aplicada a

$$2^n 3^{a_0} 5^{a_1} \cdots \pi(n)^{a_{n-1}},$$

essa função produz

$$2^{n+1} 3^{a_0} 5^{a_1} \cdots \pi(n)^{a_{n-1}} \pi(n + 1)^b.$$

Exemplo 7.20 Uma abordagem frontal não funciona aqui, e temos que proceder de maneira um pouco indireta, introduzindo primeiro uma função auxiliar tal que

$$g(s, t, i) = \text{o código para } (a_0, a_1, \ldots, a_{n-1}, b_0, b_1, \ldots, b_{i-1}).$$

Podemos então obter a função que realmente desejamos como $\mathrm{conc}(s, t) = g(s, t, \mathrm{cmp}(t))$. A função auxiliar g é obtida por recursão como segue:

$$g(s, t, 0) = s$$
$$g(s, t, i') = \mathrm{ext}(g(s, t, i), \mathrm{el}(t, i)).$$

Deixamos mais dois exemplos inteiramente para o leitor.

7.21 Exemplo. (Truncagem). Há uma função recursiva primitiva tr tal que, se s codifica uma sequência $(a_0, a_1, \ldots, a_{n-1})$ e $m \leq n$, então $\mathrm{tr}(s, m)$ codifica a sequência *truncada* $(a_0, a_1, \ldots, a_{m-1})$.

7.22 Exemplo. (Substituição). Há uma função recursiva primitiva sub tal que, se s codifica uma sequência $(a_1, \ldots, a_k)$ e c e d são números naturais quaisquer, então $\mathrm{sub}(s, c, d)$ codifica a sequência que resulta de tomar s e substituir qualquer elemento que seja igual a c pelo número d.

Passamos agora a exemplos, prometidos no capítulo anterior, de funções totais recursivas que não são recursivas primitivas.

7.23 Exemplo. (A função de Ackermann). Seja ≪0≫ a operação de adição, ≪1≫ a operação de multiplicação, ≪2≫ a operação de exponenciação, ≪3≫ a operação de superexponenciação, e assim por diante, e seja $\alpha(x, y, z) = x \ll y \gg z$ e $\gamma(x) = \alpha(x, x, x)$. Assim,

$$\gamma(0) = 0 + 0 = 0$$
$$\gamma(1) = 1 \cdot 1 = 1$$
$$\gamma(2) = 2^2 = 4$$
$$\gamma(3) = 3^{3^3} = 7\,625\,597\,484\,987;$$

depois disso os valores de $\gamma(x)$ começam a crescer muito rapidamente. Uma função relacionada δ é determinada como segue:

$$\beta_0(0) = 2 \qquad \beta_0(y') = (\beta_0(y))'$$
$$\beta_{x'}(0) = 2 \qquad \beta_{x'}(y') = \beta_x(\beta_{x'}(y))$$
$$\beta(x, y) = \beta_x(y)$$
$$\delta(x) = \beta(x, x).$$

Claramente, cada uma de $\beta_0, \beta_1, \beta_2, \ldots$ é recursiva. A prova de que β e portanto δ são também recursivas é esboçada em um dos problemas no final deste capítulo. (A prova para α e γ seria análoga.) A prova de que γ e portanto α não é recursiva primitiva de fato procede mostrando que é preciso aplicar recursão pelo menos uma vez para obter uma função que cresça tão rápido quanto a função adição, pelo menos duas vezes para obter uma que cresça tão rápido quanto a função multiplicação etc.; de modo que nenhum número finito de aplicações de recursão (e composição, começando com as funções zero, sucessor e identidade) pode dar uma função que cresça tão rápido quanto γ. (As provas para β e δ seriam análogas.) Embora apresentar a prova completa aqui fosse nos levar muito longe, examinar os primeiros casos pode dar alguma compreensão sobre a natureza da recursão. Apresentamos a seguir o primeiro caso, e esboçamos o segundo nos problemas no final do capítulo.

7.24 Proposição. É impossível obter a função soma ou adição a partir das funções básicas (zero, sucessor e identidade) por composição, sem usar recursão.

Demonstração: Para demonstrar esse resultado negativo nós afirmamos algo positivo, que se f pertence à classe de funções que podem ser obtidas das funções básicas usando somente composição, então há um inteiro positivo a tal que, para todo $x_1, \ldots, x_n$, temos $f(x_1, \ldots, x_n) < x + a$, onde x é o maior dos $x_1, \ldots, x_n$. Não pode existir nenhum tal a para a função adição, uma vez que $(a + 1) + (a + 1) > (a + 1) + a$, do que se segue que a função adição não está na classe em questão – contanto que consigamos provar nossa afirmação. Ela é certamente verdadeira para a função zero (com $a = 1$), para a função sucessor (com $a = 2$), e para cada função identidade (novamente com $a = 1$). Uma vez que toda função da classe na qual estamos interessados é construída passo a passo a partir dessas funções usando composição, será suficiente mostrar que, se a afirmação vale para certas funções, ela vale para a função delas obtida por composição.

Consideremos, assim, a composição

$$h(x_1, \ldots, x_n) = f(g_1(x_1, \ldots, x_n), \ldots, g_m(x_1, \ldots, x_n)).$$

Suponhamos que sabemos que

$$g_i(x_1, \ldots, x_n) < x + a_j \quad \text{onde } x \text{ é o maior dos } x_j$$

e que sabemos que

$$f(y_1, \ldots, y_m) < y + b \quad \text{onde } y \text{ é o maior dos } y_i.$$

Queremos mostrar que há um c tal que

$$h(x_1, \ldots, x_n) < x + c \quad \text{onde } x \text{ é o maior dos } x_j.$$

Seja a o maior dos $a_1, \ldots, a_m$. Então, onde x é o maior dos x_j, temos

$$g_i(x_1, \ldots, x_n) < x + a,$$

de modo que, se $y_i = g_i(x_1, \ldots, x_n)$, então, onde y é o maior dos y_i, temos $y < x + a$. E assim,

$$h(x_1, \ldots, x_n) = f(y_1, \ldots, y_n) < (x + a) + b = x + (a + b),$$

e podemos tomar $c = a + b$.

Problemas

7.1 Seja R uma relação binária recursiva primitiva, recursiva, ou semirrecursiva. Mostre que as relações seguintes também são, correspondentemente, recursivas primitivas, recursivas, ou semirrecursivas:

(**a**) a *conversa* de R, dada por $S(x, y) \leftrightarrow R(y, x)$;
(**b**) a *diagonal* de R, dada por $D(x) \leftrightarrow R(x, x)$;
(**c**) para qualquer número natural m, as *seções horizontal e vertical* de R em m, dadas por

$$R_m(y) \leftrightarrow R(m, y) \quad \text{e} \quad R^m(x) \leftrightarrow R(x, m).$$

7.2 Prove que a função lg do Exemplo 7.11 é, como afirmado aqui, recursiva primitiva.

7.3 Para números naturais, escreva $u \mid v$ para indicar que u divide v sem deixar resto, ou seja, há um w tal que $u \cdot w = v$. [Assim, $u \mid 0$ vale para todo u, mas $0 \mid v$ vale somente para $v = 0$.] Dizemos que z é o *máximo divisor comum* de x e y, e escrevemos $z = \text{mdc}(x, y)$, se $z \mid x$ e $z \mid y$ e sempre que $w \mid x$ e $w \mid y$, então $w \leq z$ [exceto que, por convenção, tomamos $\text{mdc}(0, 0) = 0$]. Dizemos que z é o *mínimo múltiplo comum* de x e y, e escrevemos $z = \text{mmc}(x, y)$, se $z > 0$ e $x \mid z$ e $y \mid z$ e sempre que $x \mid w$ e $y \mid w$, então $z \leq w$ [exceto que, por convenção, estipulamos $\text{mmc}(x, 0) = \text{mmc}(0, y) = 0$]. Mostre que as funções mdc e mmc são recursivas primitivas.

7.4 Para números naturais, dizemos que x e y são *relativamente primos* se $\text{mdc}(x, y) = 1$, onde mdc é como no problema anterior. A *função-ϕ de Euler* $\phi(n)$ é definida como o número de $m < n$ tais que $\text{mdc}(m, n) = 1$. Mostre que ϕ é recursiva primitiva. De modo mais geral, seja Rxy uma relação recursiva (primitiva), e seja $r(x)$ = o número de $y < x$ tais que Rxy. Mostre que r é recursiva (primitiva).

7.5 Seja A um conjunto infinito recursivo, e para cada n, seja $a(n)$ o n-ésimo elemento de A em ordem crescente (contando o menor elemento como o 0-ésimo). Mostre que a função a é recursiva.

7.6 Seja f uma função total recursiva (primitiva), e seja A o conjunto de todos os n tais que o valor $f(n)$ é 'novo' no sentido de ser diferente de $f(m)$ para todo $m < n$. Mostre que A é recursiva (primitiva).

7.7 Seja f uma função total recursiva cuja imagem é infinita. Mostre que há uma função total recursiva injetora g cuja imagem é a mesma que a de f.

7.8 Definamos um número real ξ como *recursivo primitivo* se a função $f(x)$ = o dígito no $(x+1)$-ésimo lugar na expansão decimal de ξ é recursiva primitiva. [Assim, se $\xi = \sqrt{2} = 1,4142\ldots$, então $f(0) = 4$, $f(1) = 1$, $f(2) = 4$, $f(3) = 2$ etc.] Mostre que $\sqrt{2}$ é um número real recursivo primitivo.

7.9 Seja $f(n)$ o n-ésimo elemento da sequência infinita $1, 1, 2, 3, 5, 8, 13, 21, \ldots$ dos *números de Fibonacci*. Então f é determinada pelas condições $f(0) = f(1) = 1$, e $f(n+2) = f(n) + f(n+1)$. Mostre que f é uma função recursiva primitiva.

7.10 Mostre que a função truncagem do Exemplo 7.21 é recursiva primitiva.

7.11 Mostre que a função substituição do Exemplo 7.22 é recursiva primitiva.

Os problemas restantes dizem respeito ao Exemplo 7.23 na seção opcional 7.3. Se você não se sente à vontade com o método de prova por indução matemática, você provavelmente deveria adiar esses problemas até depois de esse método ter sido discutido em um capítulo posterior.

7.12 Se f e g são funções recursivas primitivas de n e $n+2$ argumentos que podem ser obtidas das funções iniciais (zero, sucessor, identidade) por composição, sem uso de recursão, mostramos na Proposição 7.24 que há números a e b tais que, para todo $x_1, \ldots, x_n$, y e z, temos

$$f(x_1, \ldots, x_n) < x + a, \quad \text{onde } x \text{ é o maior dos } x_1, \ldots, x_n$$
$$g(x_1, \ldots, x_n, y, z) < x + b, \quad \text{onde } x \text{ é o maior dos } x_1, \ldots, x_n, y \text{ e } z.$$

Mostre agora que, se $h = \text{Rp}[f, g]$, então há um número c tal que, para todo $x_1, \ldots, x_n$ e y, nós temos

$$h(x_1, \ldots, x_n, y) < cx + c, \quad \text{onde } x \text{ é o maior dos } x_1, \ldots, x_n \text{ e } y.$$

7.13 Mostre que se f e $g_1, \ldots, g_m$ são funções com a propriedade atribuída à função h no problema anterior, e se $j = \mathrm{Cn}[f, g_1, \ldots, g_m]$, então j também tem essa propriedade.

7.14 Mostre que a função multiplicação ou produto não pode ser obtida das funções iniciais por composição sem usar recursão pelo menos duas vezes.

7.15 Seja β a função considerada no Exemplo 7.23. Considere um número natural s que codifica uma sequência $(s_0, \ldots, s_m)$ cujos elementos s_i são, cada um deles, um código para uma sequência $(b_{i,0}, \ldots, b_{i,ni})$. Chame uma tal s um código β se as condições seguintes forem satisfeitas:

se $i \leq m$, então $b_{i,0} = 2$;
se $j < n_0$, então $b_{0,j+1} = b_{0,j} + 1$;
se $i < m$ e $j < n_{i+1}$, então $c = b_{i+1,j} \leq n_i$ e $b_{i+1,j+1} = b_{i,c}$.

Chame um tal s de um código β que *cobre* (p, q) se $p \leq m$ e $q \leq n_p$.

(**a**) Mostre que se s é um código β que cobre (p, q), então $b_{p,q} = \beta(p, q)$.

(**b**) Mostre que, para todo p, é o caso que, para todo q, existe um código β que cobre (p, q).

7.16 Continuando o problema precedente, mostre que a relação $Rspqx$, que definimos como valendo se e somente se s é um código β que cobre (p, q) e $b_{p,q} = x$, é uma relação recursiva primitiva.

7.17 Continuando o problema precedente, mostre que β é uma função (total) recursiva.

8

Definições equivalentes de computabilidade

Nos capítulos anteriores, introduzimos a noção intuitiva de computabilidade efetiva, e estudamos três noções técnicas, rigorosamente definidas, de computabilidade: computabilidade por máquina de Turing, computabilidade por ábaco, e computabilidade recursiva, observando ao longo do percurso que qualquer função que seja computável em algum desses sentidos técnicos é computável no sentido intuitivo. Também demonstramos que todas as funções recursivas são computáveis por ábaco e que todas as funções computáveis por ábaco são Turing computáveis. Neste capítulo nós fechamos o círculo, mostrando que todas as funções Turing computáveis são recursivas, de forma que todas as três noções de computabilidade são equivalentes. Segue-se imediatamente que a tese de Turing, que afirma que todas as funções efetivamente computáveis são Turing computáveis, é equivalente à tese de Church, que afirma que todas as funções efetivamente computáveis são recursivas. A equivalência dessas duas teses, originalmente aventadas independentemente uma da outra, não equivale a uma prova rigorosa de nenhuma delas, mas certamente constitui evidência importante a favor de ambas. A demonstração da recursividade das funções Turing computáveis ocupa a seção 8.1. Algumas consequências da prova da equivalência das três noções de computabilidade são apontadas na seção 8.2, a mais importante sendo a existência de uma máquina de Turing universal, *uma máquina de Turing capaz de simular o comportamento de qualquer outra máquina de Turing desejada. A seção opcional 8.3 completa a teoria da computabilidade reunindo fatos básicos acerca de conjuntos* recursivamente enumeráveis, *conjuntos de números naturais que podem ser enumerados por meio de uma função recursiva. Talvez o fato mais básico a respeito deles seja que coincidem com os conjuntos semirrecursivos introduzidos no capítulo anterior, e portanto, se a tese de Church (ou, equivalentemente, a de Turing) estiver correta, coincide com os conjuntos efetivamente (positivamente) semidecidíveis.*

8.1 Codificando computações por máquina de Turing

No final do capítulo 5, provamos que todas as funções computáveis por ábaco são Turing computáveis, e que todas as funções recursivas são computáveis por ábaco. (Para sermos inteiramente precisos, as demonstrações apresentadas para o

Teorema 5.8 não consideraram os três processos em sua forma mais geral. Por exemplo, consideramos somente a composição de uma função binária f com funções ternárias g_1 e g_2. Mas os métodos de prova utilizados são perfeitamente gerais e, de fato, são suficientes para mostrar que qualquer função recursiva pode ser computada por alguma máquina de Turing.) Desejamos agora fechar o círculo demonstrando, inversamente, que toda função que pode ser computada por uma máquina de Turing é recursiva.

Vamos nos concentrar no caso de uma função Turing computável de um lugar, ou unária, embora nosso argumento seja facilmente generalizado. Suponhamos, então, que f é uma função unária computada por uma máquina de Turing M. Seja x um número natural arbitrário. No início de sua computação de $f(x)$, a fita de M estará completamente em branco exceto por um bloco de $x + 1$ traços, representando o argumento ou entrada x. No começo, M está examinando o traço mais à esquerda no bloco. Quando ela para, está examinando o traço mais à esquerda em um bloco de $f(x) + 1$ traços em uma fita fora isso em branco, representando o valor ou saída $f(x)$. E do começo ao fim da computação há finitamente muitos traços à esquerda do quadrado examinado, finitamente muitos traços à direita, e no máximo um traço no quadrado examinado. Logo, em qualquer momento durante a computação, se há algum traço à esquerda do quadrado examinado, há aquele traço que é o mais à esquerda, e analogamente para o lado direito. Desejamos usar números para codificar uma descrição do conteúdo da fita. Uma maneira particularmente elegante de fazer isso é através da *codificação de Wang*. Usamos *notação binária* para representar o conteúdo da fita e o quadrado examinado por meio de um *par de números naturais*, da seguinte maneira:

Se imaginarmos os brancos como zeros e os traços como uns, então a porção infinita da fita à esquerda do quadrado examinado pode ser considerada como contendo um numeral binário (por exemplo, 1011, ou 1, ou 0) prefixado por uma sequência infinita de 0s supérfluos. Denominamos esse numeral *o numeral esquerdo*, e o número que ele denota em notação binária *o número esquerdo*. O resto da fita, consistindo no quadrado examinado e a porção à sua direita, pode ser considerado como contendo um numeral binário *escrito de trás para a frente*, ao qual está ligada uma sequência infinita de 0s supérfluos. Denominamos esse numeral, que aparece de trás para a frente na fita, *o numeral direito*, e o número que ele denota, *o número direito*. Assim, o quadrado examinado contém o dígito na posição da unidade do numeral direito. Consideramos o numeral direito como estando escrito de trás para a frente para assegurar que mudanças na fita sempre terão lugar nas vizinhanças da posição da unidade em ambos os numerais. Se a fita está completamente em branco, então o numeral esquerdo = o numeral direito = 0, e o número esquerdo = o número direito = 0.

8.1 Exemplo. (A codificação de Wang). Suponhamos que a fita pareça como na Figura 8.1. Então o numeral esquerdo é 11101, o numeral direito é 10111, o número esquerdo é 29 e o número direito é 23. M move-se agora para a esquerda; então o novo numeral esquerdo é 1110, e o novo número esquerdo é 14, enquanto o novo numeral direito é 101111, e o novo número direito é 47.

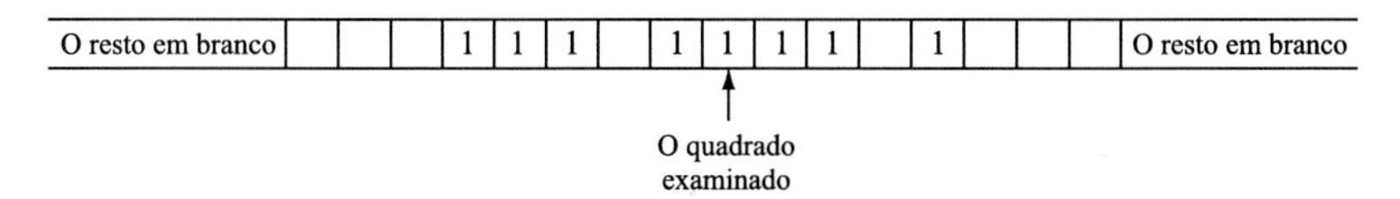

Figura 8.1. Fita a ser codificada de uma máquina de Turing

Quais são os números direito e esquerdo quando M começa a computação? A fita está então completamente em branco à esquerda do quadrado examinado, e assim o numeral esquerdo é 0 e o número esquerdo é 0. O numeral direito é 11 ... 1, um bloco de $x + 1$ dígitos 1. Uma sequência de m traços representa, em notação binária,

$$2^{m-1} + \cdots + 2^2 + 2 + 1 = 2^m - 1.$$

Assim, o número direito no início da computação de $f(x)$ por M será

$$\text{com}(x) = 2^{(x+1)} \dot{-} 1.$$

Note que com é uma função recursiva primitiva.

Como mudam os números esquerdo e direito quando M executa um passo na computação? Isso depende, é claro, de qual símbolo está sendo examinado, bem como de que ação está sendo executada. Como podemos determinar o símbolo examinado? Será um branco, ou 0, se a representação binária do número direito terminar em 0, como é o caso quando o número é par, e um traço, ou 1, se a representação binária do número direito terminar em 1, como é o caso quando o número é ímpar. Assim, em qualquer caso ele será o resto da divisão do número direito por dois, ou, em outras palavras, se o número direito é r, então o símbolo examinado será

$$\text{exam}(r) = \text{res}(r, 2).$$

Note que exam é uma função recursiva primitiva.

Suponha que a ação seja *apagar* o quadrado examinado, ou seja, colocar um 0 nele. Se já havia um 0 presente, isto é, se $\text{exam}(r) = 0$, não haverá nenhuma mudança no número esquerdo ou direito. Se havia um 1 presente, isto é, se $\text{exam}(r) = 1$, o número esquerdo não será alterado, mas o número direito será diminuído de 1. Assim, se os números esquerdo e direito originais eram p e r, respectivamente, então os novos números esquerdo e direito serão dados por

$$\text{novoesq}_0(p, r) = p$$
$$\text{novodir}_0(p, r) = r \mathbin{\dot{-}} \text{exam}(r).$$

Se, em vez disso, a ação for *escrever*, ou colocar um 1, no quadrado examinado, então novamente não haverá mudança no número esquerdo, e também não haverá mudança no número direito se havia um 1 presente. Mas se havia um 0 presente, então o número direito será aumentado de 1. Assim, os novos números esquerdo e direito serão dados por

$$\text{novoesq}_1(p, r) = p$$
$$\text{novodir}_1(p, r) = r + 1 \mathbin{\dot{-}} \text{exam}(r).$$

Note que todas as funções aqui são recursivas primitivas.

O que acontece quando M se move para a esquerda ou direita? Sejam p e r os antigos (antes do movimento) números esquerdo e direito, e sejam p^* e r^* os novos (depois do movimento) números esquerdo e direito. Queremos ver como p^* e r^* dependem de p, r, e da direção do movimento. Consideramos o caso em que a máquina se move para a esquerda.

Se p é ímpar, o numeral antigo termina em um 1. Se $r = 0$, então o novo numeral direito é 1, e $r^* = 1 = 2r + 1$. E se $r > 0$, então o novo numeral direito é obtido do antigo anexando-se um 1 a ele em sua posição da unidade (encompridando, assim, o numeral); novamente, $r^* = 2r + 1$. Quanto a p^*, se $p = 1$, então o antigo numeral esquerdo é apenas 1, o novo numeral esquerdo é 0, e $p^* = 0 = (p \mathbin{\dot{-}} 1)/2 = quo(p, 2)$. E se p é qualquer número ímpar maior do que 1, então o novo numeral esquerdo é obtido do antigo deletando o 1 em sua posição da unidade (encurtando assim o numeral), e novamente $p^* = (p \mathbin{\dot{-}} 1)/2 = \text{quo}(p, 2)$. [No Exemplo 8.1, tínhamos $p = 29$, $p^* = (29 - 1)/2 = 14$, $r = 23$, $r^* = 2 \cdot 23 + 1 = 47$.] Assim, estabelecemos a primeira das duas afirmações seguintes:

Se M se move para a esquerda	e p é ímpar	então $p^* = \text{quo}(p, 2)$	e $r^* = 2r + 1$
Se M se move para a esquerda	e p é par	então $p^* = \text{quo}(p, 2)$	e $r^* = 2r$.

A segunda afirmação é estabelecida exatamente da mesma maneira, e as duas afirmações podem ser subsumidas ao enunciado único de que, quando M se move para a esquerda, os novos números esquerdo e direito são dados por

$$\text{novoesq}_2(p, r) = \text{quo}(p, 2)$$
$$\text{novodir}_2(p, r) = 2r + \text{res}(p, 2).$$

Uma análise similar mostra que, se M se move para a direita, então os novos números esquerdo e direito são dados por

$$\text{novoesq}_3(p, r) = 2p + \text{res}(r, 2)$$
$$\text{novodir}_3(p, r) = \text{quo}(r, 2).$$

Novamente, todas as funções envolvidas são recursivas primitivas. Se denominarmos escrever 0, escrever 1, mover-se para a esquerda e mover-se para a direita as ações de números 0, 1, 2 e 3, então o novo número esquerdo, quando os antigos números esquerdo e direito são p e r e o número de ação é a, será dado por

$$\text{novoesq}(p, r, a) = \begin{cases} p & \text{se } a = 0 \text{ ou } a = 1 \\ \text{quo}(p, 2) & \text{se } a = 2 \\ 2p + \text{res}(r, 2) & \text{se } a = 3. \end{cases}$$

Essa, mais uma vez, é uma função recursiva primitiva, e há uma função recursiva primitiva análoga $\text{novodir}(p, r, a)$ dando o novo número direito em termos dos antigos números esquerdo e direito e do número de ação.

Quais são agora os números esquerdo e direito quando M para? Se M para em uma *posição padrão* (ou configuração padrão), então o número esquerdo tem que ser 0, e o número direito tem que ser $r = 2^{f(x)+1} \dot{-} 1$, que é o número denotado, em notação binária, por uma cadeia de $f(x) + 1$ dígitos 1. Então $f(x)$ será dada por

$$\text{valor}(r) = \text{lg}(r, 2).$$

Aqui lg é a função recursiva primitiva do Exemplo 7.11, de modo que valor também é recursiva primitiva. Se estipularmos que npdr é a função característica da relação

$$p \neq 0 \vee r \neq 2^{\text{lg}(r,2)+1} \dot{-} 1,$$

então a máquina estará na posição padrão se e somente se $\text{npdr}(p, r) = 0$. De novo, visto que a relação indicada é recursiva primitiva, a função npdr também é.

Mas chega, por enquanto, do tópico de codificar o conteúdo de uma fita de Turing. Passemos à codificação de máquinas de Turing e suas operações. Discutimos a codificação de máquinas de Turing na seção 4.1, mas lá estávamos trabalhando com inteiros positivos e aqui estamos trabalhando com números naturais, de modo que serão necessárias algumas mudanças. Uma delas já foi indicada: nós agora numeramos as ações de 0 a 3 (em vez de 1 a 4). A outra é igualmente simples: usaremos agora 0 para o estado parado. Uma máquina de Turing será então codificada por uma sequência finita cujo comprimento é um múltiplo de 4, a saber, $4k$, onde k é o número de estados da máquina (não contando o estado parado), e tal que os elementos de número par (começando com o elemento inicial, que contamos como elemento número 0) são números ≤ 3 para representar ações possíveis, enquanto os elementos de número ímpar são números $< k$, representando estados possíveis. Ou melhor, uma máquina será codificada por um número que codifica uma tal sequência finita.

A instrução sobre qual *ação* executar estando no estado q e examinando o símbolo i será dada pelo elemento de número $4(q \dot{-} 1) + 2i$ da sequência, e as instruções sobre a qual *estado* ir será dada pelo elemento de número $4(q\dot{-}1)+2i+1$. Por exemplo, o 0-ésimo elemento nos diz que ação executar se estivermos no estado inicial 1 e examinando um branco 0, e o primeiro elemento nos diz para qual estado ir depois; ao passo que o segundo elemento nos diz que ação executar estando no estado inicial 1 e examinando um traço 1, e o terceiro elemento, para qual estado ir depois. Se a máquina com número de código m está no estado q e o número direito é r, de modo que o símbolo sendo examinado é, como vimos, dado por exam(r), então a próxima ação a ser executada e o novo estado ao qual ir serão dados por

$$\text{ação}(m, q, r) = \text{el}(m, 4(q \dot{-} 1) + 2 \cdot \text{exam}(r))$$
$$\text{novoest}(m, q, r) = \text{el}(m, (4(q \dot{-} 1) + 2 \cdot \text{exam}(r)) + 1) \cdot \text{sn}(q).$$

Essas funções são recursivas primitivas.

Discutimos a representação do conteúdo da fita em certo estágio da computação pelos dois números p e r. Para representar a *configuração* em certo estágio da computação, precisamos também mencionar o estado q no qual a máquina se encontra. A configuração é então representada por uma tripla (p, q, r), ou por um único número codificando tal tripla. Por exatidão, usemos a codificação

$$\text{trpl}(p, q, r) = 2^p 3^q 5^r.$$

Então, dado um código c para a configuração da máquina, podemos recuperar os números esquerdo, de estado e direito por

$$\text{esq}(c) = \text{lo}(c, 2) \qquad \text{estd}(c) = \text{lo}(c, 3) \qquad \text{dir}(c) = \text{lo}(c, 5),$$

onde lo é a função recursiva primitiva do Exemplo 7.11. Mais uma vez, todas as funções aqui são recursivas primitivas.

Nosso próximo objetivo principal será definir uma função recursiva primitiva conf(m, x, t) que dará o código para a configuração depois de t estágios da computação, quando a máquina com número de código m é iniciada com a entrada x, ou seja, começada em seu estágio inicial 1 no traço mais à esquerda de um bloco de $x + 1$ traços em uma fita de resto em branco. Já deveria estar claro qual será o código para a configuração no início, ou seja, depois de 0 estágios da computação. Esse código será dado por

$$\text{entrd}(m, x) = \text{trpl}(0, 1, \text{com}(x)).$$

O que precisamos analisar é como passar de um código para a configuração no tempo t à configuração no tempo $t' = t + 1$.

Dado o número de código m para uma máquina e o número de código c para a configuração no instante t, para obter o número de código c^* para a configuração no instante $t + 1$ podemos proceder como segue. Primeiro, apliquemos esq, estd e dir a c para obter o número esquerdo, o número de estado e o número direito p, q e r. Então apliquemos ação e novoest a m e r para obter o número a da ação a ser executada, e o número q^* do estado em que entrar depois. Apliquemos então novoesq e novodir a p, r e a para obter os novos números esquerdo e direito p^* e r^*. Finalmente, apliquemos trpl a p^*, q^* e r^* para obter o c^* desejado, que é, assim, dado por

$$c^* = \text{novaconf}(m, c),$$

onde novaconf é uma composição das funções esq, estd, dir, ação, novoest, novoesq, novodir, e trpl, e é, portanto, uma função recursiva primitiva.

A função conf(m, x, t), dando o código para a configuração depois de t estágios de computação, pode ser então definida por recursão primitiva como segue:

$$\begin{aligned} \text{conf}(m, x, 0) &= \text{entrd}(m, x) \\ \text{conf}(m, x, t') &= \text{novaconf}(m, \text{conf}(m, x, t)). \end{aligned}$$

Segue-se que a própria conf é uma função recursiva primitiva.

A máquina estará parada quando estd(conf(m, x, t)) $= 0$, e estará parada na posição padrão se e somente se npdr(conf(m, x, t)) $= 0$. Assim, a máquina estará parada na configuração padrão se e somente se ppdr$(m, x, t) = 0$, onde

$$\text{ppdr}(m, x, t) = \text{estd}(\text{conf}(m, x, t)) + \text{npdr}(\text{esq}(\text{conf}(m, x, t)), \text{dir}(\text{conf}(m, x, t))).$$

Se a máquina para em configuração padrão no instante t, então a saída da máquina será dada por

$$\text{saída}(m, x, t) = \text{valor}(\text{dir}(\text{conf}(m, x, t))).$$

Note que ppdr e saída são ambas funções recursivas primitivas.

O instante (se houver algum) em que a máquina para em configuração padrão será dado por

$$\text{para}(m, x) = \begin{cases} \text{o menor } t \text{ tal que ppdr}(m, x, t) = 0 & \text{se tal } t \text{ existe} \\ \text{indefinida} & \text{caso contrário.} \end{cases}$$

Essa função, sendo obtida por minimização de uma função recursiva primitiva, é uma função parcial ou total recursiva.

Juntando tudo, seja $F(m, x) = \text{saída}(m, x, \text{para}(m, x))$ uma função recursiva. Então $F(m, x)$ será o valor da função computada pela máquina de Turing com número de código m para o argumento x, se essa função é definida para aquele argumento, e será indefinida caso contrário. Se f é uma função Turing computável, então, para algum m – a saber, para o número de código de qualquer máquina de Turing que compute f – temos $f(x) = F(m, x)$ para todo x. Uma vez que F é recursiva, segue-se que f é recursiva. Demostramos:

8.2 Teorema. Uma função é recursiva se e somente se é Turing computável.

O círculo está fechado.

8.2 Máquinas de Turing universais

A conexão que estabelecemos entre computabilidade por máquinas de Turing e recursividade permite-nos demonstrar propriedades de cada noção que teria sido mais difícil de fazer trabalhando com cada uma dessas noções isoladamente. Começamos com um exemplo desse fenômeno dizendo respeito a máquinas de Turing e um referente a funções recursivas.

8.3 Teorema. A mesma classe de funções é Turing computável, quer definamos máquinas de Turing como tendo uma fita infinita em ambas as direções ou infinita em somente uma direção, quer exijamos que máquinas de Turing operem com somente um símbolo além do branco ou permitamos que operem com qualquer número finito de símbolos.

Demonstração: Suponhamos que temos uma máquina de Turing M da espécie com a qual estivemos trabalhando, tendo uma fita infinita em ambas as direções. Neste capítulo, vimos que a função total ou parcial f computada por M é recursiva. Em capítulos anteriores, vimos como uma função recursiva f pode ser computada por um ábaco e, portanto, por uma máquina de Turing que simula aquele ábaco. Mas máquinas de Turing simulando ábacos são um tanto especiais: de acordo com os problemas no final do capítulo 5, qualquer função computável por ábaco pode ser computada por uma máquina de Turing *que jamais se move para a esquerda do quadrado no qual começou*. Assim, mostramos agora que, para qualquer máquina de Turing, há uma outra máquina de Turing que computa a mesma função e usa somente a metade direita de sua fita. Em outras palavras, se tivéssemos começado com uma noção mais restritiva de máquina de Turing, em que a fita é infinita somente em uma direção, teríamos obtido a mesma classe de funções Turing computáveis que com nossa definição oficial, mais liberal.

Inversamente, suponhamos que seja permitido que máquinas de Turing operem não somente com o branco 0 e o traço 1, mas também com um outro símbolo 2. Então, na prova das seções precedentes, teríamos precisado trabalhar com numerais *ternários* em vez de binários, para codificar máquinas de Turing por sequências cujo comprimento é um múltiplo de *seis* em vez de quatro, e fazer pequenas mudanças análogas. Mesmo com tais mudanças, a prova ainda valeria, e mostraria que qualquer função computável por uma máquina de Turing desta espécie liberalizada ainda é recursiva – e, portanto, já era computável por uma máquina de Turing do tipo original. O resultado é generalizável para mais do que dois símbolos de uma maneira óbvia: para n símbolos incluindo o branco, precisamos de numerais n-ários e sequências cujo comprimento seja um múltiplo de $2n$.

Argumentos similares, ainda que um tanto mais complicados, mostram que admitir uma máquina de Turing que trabalhe em uma grade bidimensional em vez de uma fita unidimensional não aumentaria a classe de funções que são computáveis. Igualmente, a classe de funções computáveis não seria alterada se permitíssemos o uso do branco, 0, e 1, e redefiníssemos as computações de modo que entradas e saídas fossem dadas em notação binária em vez da notação de traços. Essa classe é, como se diz, *estável sob perturbações da definição*, um sinal de uma classe *natural* de objetos.

8.4 Teorema. (Teorema da forma normal de Kleene). Toda função recursiva, parcial ou total, pode ser obtida das funções básicas (zero, sucessor, identidade) por composição, recursão primitiva e minimização, *usando este último processo não mais do que uma vez.*

Demonstração: Suponhamos que temos uma função recursiva f. Vimos em capítulos anteriores que f é computável por ábaco e, portanto, por alguma máquina de Turing M. Vimos neste capítulo que, se m é o número de código de M, então $f(x) = F(m, x)$ para todo x, do que se segue que f pode ser obtida por composição da função constante const_m, a função identidade id, e a função F [a saber, $f(x) = F(\text{const}_m(x), \text{id}(x))$ e, portanto, $f = \text{Cn}[F, \text{const}_m, \text{id}]$.] Agora, const_m e id são recursivas primitivas, e assim podem ser obtidas de funções básicas por composição e recursão primitiva, sem o uso de minimização. Quanto a F, revendo sua definição, vemos que minimização foi usada somente uma vez (a saber, na definição de $\text{para}(m, x)$). Assim, *qualquer* função recursiva f pode ser obtida usando minimização somente uma vez.

Uma função recursiva $(n + 1)$-ária F com a propriedade de que para toda função recursiva n-ária f há um m tal que

$$f(x_1, \ldots, x_n) = F(m, x_1, \ldots, x_n)$$

é chamada uma função *universal*. Demonstramos a existência de uma função universal binária, e observamos ao início que nossos argumentos também iriam se aplicar a funções de mais lugares. Uma propriedade significativa de nossa função universal binária, compartilhada pelas funções universais de muitos argumentos análogas, é que seu gráfico é uma relação semirrecursiva. Pois $F(m, x) = y$ se e somente se a máquina com número de código m, dada a entrada x, cedo ou tarde para em posição padrão, dando a saída y, o que significa dizer, se e somente se

$$\exists t(\text{ppdr}(m, x, t) = 0 \;\&\; \text{saída}(m, x, t) = y).$$

Como o que segue aqui o quantificador existencial é uma relação recursiva, o gráfico $F(m, x) = y$ pode ser obtido por quantificação existencial de uma relação recursiva primitiva e, portanto, é semirrecursivo, como afirmado. Temos, assim, o seguinte:

8.5 Teorema. Para todo k existe uma função recursiva universal de k argumentos (cujo gráfico é semirrecursivo).

Esse teorema tem vários corolários substanciais na teoria das funções recursivas, mas como eles não serão essenciais para nosso trabalho posterior, nós os relegamos a uma seção opcional final – na verdade, um apêndice – a este capítulo. Nos parágrafos finais da presente seção, desejamos indicar as implicações do Teorema 8.5 para a teoria das máquinas de Turing. É claro, na definição de função universal e no enunciado do teorema precedente poderíamos ter dito 'função Turing computável' em lugar de 'função recursiva', uma vez que sabemos agora que são a mesma coisa.

Uma máquina de Turing para computar uma função universal é denominada uma *máquina de Turing universal*. Se U é uma tal máquina (para, digamos, $k = 1$), então, para qualquer máquina de Turing M que queiramos, o valor computado por M para um dado argumento x será também computado por U dado um código m para M como um argumento adicional além de x. Historicamente, como já mencionamos, a teoria da computabilidade por máquinas de Turing (inclusive a prova da existência de uma máquina de Turing universal) foi estabelecida antes (de fato, mais de uma década antes) da era dos computadores programáveis de propósito geral, e de fato constituiu uma parte significativa do pano de fundo teórico para o desenvolvimento de tais computadores. Podemos agora dizer, mais especificamente, que o teorema de que existe uma máquina de Turing universal, juntamente com a tese de Turing de que todas as funções efetivamente computáveis são Turing computáveis, anunciou a chegada da era do computador ao dar a primeira garantia teórica de que, em princípio, *um computador de propósito geral pode ser projetado de forma a poder imitar* qualquer *computador de propósito especial desejado, simplesmente dando a ele, como uma entrada adicional, instruções sobre qual máquina imitar, juntamente com os argumentos da função que queremos ter computada.*

8.3* Conjuntos recursivamente enumeráveis

Uma consequência imediata do Teorema 8.5 é a seguinte conversa da Proposição 7.17.

8.6 Corolário. (Segundo princípio de gráficos). O gráfico de uma função recursiva é semirrecursivo.

Demonstração: Se f é uma função (total ou parcial) recursiva, então há um m tal que $f(x) = F(m, x)$, onde F é a função universal da seção precedente. Para o gráfico de f, nós temos

$$f(x) = y \leftrightarrow F(m, x) = y.$$

Logo, o gráfico de f é uma seção, no sentido do Problema 7.1, do gráfico de F, que é semirrecursivo, e é, portanto, ele próprio semirrecursivo.

No início deste livro, definimos um conjunto como enumerável se é a imagem de uma função total ou parcial nos inteiros positivos; e claramente poderíamos ter dito 'números naturais' em lugar de 'inteiros positivos'. Definimos agora um conjunto de números naturais como *recursivamente enumerável* se é a imagem de uma função *recursiva* total ou parcial nos números naturais. Resulta que poderíamos dizer 'domínio' aqui em vez de 'imagem' sem mudar a classe de conjuntos envolvidos, e que essa classe é uma que já encontramos sob outro nome: os conjuntos semirrecursivos. Na literatura especializada, o nome 'recursivamente enumerável' ou 'r.e.' é mais frequentemente usado do que 'semirrecursivo', embora os dois resultem na mesma coisa.

8.7 Corolário. Seja A um conjunto de números naturais. Então as seguintes condições são equivalentes:

(**a**) A é a imagem de alguma função total ou parcial recursiva.
(**b**) A é o domínio de alguma função total ou parcial recursiva.
(**c**) A é semirrecursivo.

Demonstração: Suponhamos primeiro que A é semirrecursivo. Então a relação

$$Rxy \leftrightarrow Ax \;\&\; x = y$$

é semirrecursiva, uma vez que A é semirrecursivo, a relação de identidade é semirrecursiva, e relações semirrecursivas são fechadas sob conjunção. Mas a relação R é o gráfico da restrição da função identidade a A, isto é, da função

$$\mathrm{id}_A(x) = \begin{cases} x & \text{se } Ax \\ \text{indefinida} & \text{caso contrário.} \end{cases}$$

Uma vez que o gráfico é semirrecursivo, a função é recursiva pela Proposição 7.17. E A é tanto a imagem quanto o domínio de id_A. Logo, A é tanto a imagem de uma função parcial recursiva quanto o domínio de tal função.

Suponhamos agora que f é uma função parcial ou total recursiva. Então, pelo Corolário 8.6, o gráfico $f(x) = y$ é semirrecursivo. Uma vez que relações semirrecursivas são fechadas sob quantificação existencial, os conjuntos seguintes também são semirrecursivos:

$$Ry \leftrightarrow \exists x(f(x) = y)$$
$$Dx \leftrightarrow \exists y(f(x) = y).$$

Mas esses conjuntos são precisamente a imagem e o domínio de f. Assim, a imagem e o domínio de qualquer função recursiva são semirrecursivos.

Falamos bastante sobre conjuntos recursivamente enumeráveis (ou, equivalentemente, semirrecursivos) sem dar nenhum exemplo de tais conjuntos. É claro, em certo sentido nós *demos* exemplos, visto que todo conjunto recursivo é recursivamente enumerável. Há, porém, outros exemplos? Estamos afinal em posição de provar que há.

8.8 Corolário. Existe um conjunto recursivamente enumerável que não é recursivo.

Demonstração: Seja F a função universal do Teorema 8.5, e seja A o conjunto dos x tais que $F(x, x) = 0$. Uma vez que o gráfico de F é semirrecursivo, esse conjunto também é semirrecursivo (ou, equivalentemente, recursivamente enumerável). Se fosse recursivo, sua função característica c seria uma função recursiva. Mas então, desde que F é uma função universal, haveria um m tal que $c(x) = F(m, x)$ para todo x e, em particular, $c(m) = F(m, m)$. Visto, porém, que c é a função característica de A, temos $c(m) = 0$ se e somente se m *não* está em A, o que, por definição de A, significa se e somente se $F(m, m)$ *não* é $= 0$ (ou é indefinida, ou é definida e > 0). Isso é uma contradição, mostrando que A não pode ser recursivo.

Quando formos aplicar a teoria da computabilidade à lógica, descobriremos que há muitos exemplos mais naturais do que esse de conjuntos recursivamente enumeráveis que não são recursivos.

Problemas

8.1 Demonstramos o Teorema 8.2 para funções unárias. Para funções binárias (ou de muitos argumentos), a única diferença na prova ocorreria bem no início, na definição da função com. Qual é o número direito no início de uma computação com argumentos x_1 e x_2?

8.2 Suponha que liberalizássemos nossa definição de uma máquina de Turing para permitir que a máquina opere em uma grade bidimensional, como em um papel milimetrado, com ações verticais para cima e para baixo, bem como ações horizontais para a esquerda e para a direita. Descreva alguma maneira razoável de codificar a configuração de uma tal máquina.

Os problemas restantes são relativos à seção opcional 8.3.

8.3 A função *semicaracterística* (*positiva*) de um conjunto A é a função c tal que $c(a) = 1$ se a está em A, e $c(a)$ é indefinida caso contrário. Mostre que um conjunto A é recursivamente enumerável se e somente se sua função semicaracterística é recursiva.

8.4 Uma relação binária S é chamada *recursivamente enumerável* se há duas funções parciais ou totais recursivas f e g com o mesmo domínio tal que para todo x e y nós temos $Sxy \leftrightarrow \exists t(f(t) = x \; \& \; g(t) = y)$. Mostre que S é recursivamente enumerável se e somente se o conjunto de todos os $J(x, y)$ tais que Sxy é recursivamente enumerável, onde J é a usual função recursiva primitiva de pareamento.

8.5 Mostre que qualquer conjunto recursivamente enumerável A pode ser definido na forma $Ay \leftrightarrow \exists w \, Ryw$ para alguma relação R recursiva *primitiva*.

8.6 Mostre que qualquer conjunto recursivamente enumerável não vazio A é a imagem de alguma função recursiva *primitiva*.

8.7 Mostre que qualquer conjunto recursivamente enumerável infinito A é a imagem de alguma função total recursiva *injetora*.

8.8 Uma função total unária f em números naturais é *monótona* se e somente se sempre que $x < y$ temos $f(x) < f(y)$. Mostre que, se A é a imagem de uma função recursiva monótona, então A é recursivo.

8.9 Dois conjuntos recursivamente enumeráveis A e B são denominados *recursivamente inseparáveis* se eles são disjuntos, mas não há nenhum conjunto recursivo C que contenha A e seja disjunto de B. Mostre que existe um par recursivamente inseparável de conjuntos recursivamente enumeráveis.

8.10 Dê um exemplo de uma função parcial recursiva f tal que f não possa ser estendida a uma função total recursiva ou, em outras palavras, tal que não haja uma função total recursiva g tal que $g(x) = f(x)$ para todo x no domínio de f.

8.11 Seja R uma relação recursiva e A o conjunto recursivamente enumerável dado por $Ax \leftrightarrow \exists w \, Rxw$. Mostre que, se A não é recursivo, então para toda função total recursiva f há um x em A tal que a menor 'testemunha' de que x está em A (isto é, o menor w tal que Rxw) é maior do que $f(x)$.

8.12 Mostre que, se f é uma função *total* recursiva, então há uma sequência de funções $f_1, \ldots, f_n$ com último elemento $f_n = f$, tal que cada uma é ou uma função básica (zero, sucessor, identidade) ou pode ser obtida de funções anteriores na sequência por composição, recursão primitiva, ou minimização, *e todas as funções na sequência são totais.*

Metalógica básica

9

Um resumo da lógica de primeira ordem: sintaxe

Este capítulo e o próximo contêm um sumário do material, em sua maioria definições, necessário para capítulos posteriores, tipo de material que pode ser encontrado exposto de modo mais completo, e em um ritmo mais descansado, em livros-texto de lógica de nível introdutório. A seção 9.1 apresenta uma visão geral dos dois grupos de noções da teoria lógica que serão da maior importância: noções relativas a fórmulas *e* sentenças, *e noções relativas a* verdade sob uma interpretação. *O primeiro grupo de noções, denominadas* sintáticas, *será estudado mais detalhadamente na seção 9.2, e o segundo grupo, denominadas noções* semânticas, *no próximo capítulo.*

9.1 Lógica de primeira ordem

A lógica tradicionalmente tem se ocupado de relações entre enunciados, e de propriedades de enunciados, que valem apenas em virtude da 'forma', independentemente do 'conteúdo'. Por exemplo, considere o seguinte argumento:

(**1**) A mãe ou o pai de uma pessoa é um antepassado dessa pessoa.
(**2**) Um antepassado de um antepassado de uma pessoa é um antepassado dessa pessoa.
(**3**) Sara é a mãe de Isaac, e Isaac é o pai de Jacó.
(**4**) Portanto, Sara é um antepassado de Jacó.

A lógica ensina que as premissas (1)–(3) *implicam* (*logicamente*) ou tem como *consequência* (*lógica*) a conclusão (4), porque em qualquer argumento da mesma forma, se as premissas são verdadeiras, então a conclusão é verdadeira. Um exemplo de um outro argumento da mesma forma é o seguinte:

(**5**) O quadrado ou o cubo de um número é uma potência desse número.
(**6**) Uma potência de uma potência de um número é uma potência desse número.
(**7**) Sessenta e quatro é o cubo de quatro, e quatro é o quadrado de dois.
(**8**) Portanto, sessenta e quatro é uma potência de dois.

A lógica moderna representa as formas de enunciados por certas expressões simbólicas de aparência algébrica chamadas *fórmulas*, envolvendo sinais especiais. Os sinais especiais que vamos utilizar são mostrados na Tabela 9.1.

Nesse simbolismo, a forma compartilhada pelos argumentos (1)–(4) e (5)–(8) acima poderia ser representada como segue:

Tabela 9.1. Símbolos lógicos

$\sim$	Negação	'não ...'
&	Conjunção	'... e ...'
$\vee$	Disjunção	'... ou ...'
$\rightarrow$	Condicional	'se ... então ...'
$\leftrightarrow$	Bicondicional	'... se e somente se ...'
$\forall x$, $\forall y$, $\forall z$, ...	Quantificação universal	'para todo x', 'para todo y', 'para todo z', ...
$\exists x$, $\exists y$, $\exists z$, ...	Quantificação existencial	'para algum x', 'para algum y', 'para algum z', ...

(9) $\forall x \forall y((\mathbf{P}yx \vee \mathbf{Q}yx) \rightarrow \mathbf{R}yx)$
(10) $\forall x \forall y(\exists z(\mathbf{R}yz \,\&\, \mathbf{R}zx) \rightarrow \mathbf{R}yx)$
(11) **Pab & Qbc**
(12) **Rac**

O conteúdo é reintroduzido nas formas fornecendo-se uma *interpretação*. Especificar uma interpretação envolve especificar que tipos de coisas supõe-se que os *x*s e *y*s e *z*s representam, quais dessas coisas supõe-se que **a** e **b** e **c** representam, e quais relações entre essas coisas supõe-se que **P** e **Q** e **R** representam. Uma interpretação seria que os *x*s e *y*s e *z*s representam pessoas (humanas), **a** e **b** e **c** representam Sara e Isaac e Jacó, e **P** e **Q** e **R** representam as relações, entre pessoas, de mãe para com filho(a), de pai para com filho(a), e de antepassado para com descendente, respectivamente. Com essa interpretação, (9) e (10) equivaleriam às versões seguintes, mais formais, de (1) e (2):

(13) Para qualquer pessoa *x* e qualquer pessoa *y*, se ou *y* é a mãe de *x* ou *y* é o pai de *x*, então *y* é um antepassado de *x*.
(14) Para qualquer pessoa *x* e qualquer pessoa *y*, se há uma pessoa *z* tal que *y* é um antepassado de *z* e *z* é um antepassado de *x*, então *y* é um antepassado de *x*.

(11) e (12) equivaleriam a (3) e (4).

Uma interpretação diferente seria que os *x*s e *y*s e *z*s representam números (naturais), **a** e **b** e **c** representam os números sessenta e quatro, quatro, e dois, e **P** e **Q** e **R** representam as relações de ser o cubo, ou o quadrado, ou uma potência de um número para com esse número, respectivamente. Com essa interpretação, (9)–(12) equivaleriam a (5)–(8). Dizemos que (9)–(11) implicam (12) porque, em *qualquer* interpretação na qual (9)–(11) resultam verdadeiras, (12) resulta verdadeira.

Nosso objetivo neste capítulo será tornar rigorosas e precisas as noções de fórmula e interpretação. Ao buscar o grau de clareza necessário para nosso trabalho posterior, a primeira noção de que precisamos é uma divisão, em dois tipos, dos símbolos que podem ocorrer em fórmulas: *lógicos* e *não lógicos*. Os símbolos lógicos são os operadores lógicos que listamos acima, os *símbolos de conectivos* (o til $\sim$, o e comercial &, o sinal de disjunção $\vee$, a seta $\rightarrow$, a seta dupla $\leftrightarrow$), os *símbolos de quantificadores* (o A invertido ∀, o E reverso ∃), mais as *variáveis* $x, y, z, \ldots$ que acompanham os quantificadores, mais os parênteses esquerdo e direito e vírgulas para a pontuação.

Os símbolos não lógicos, para começo de conversa, são de dois tipos: *constantes* ou *símbolos individuais*, e *predicados* ou *símbolos de relações*. Cada predicado vem com um número positivo fixo de *lugares*, seu *grau* ou *aridade*. (É possível considerar predicados de zero lugares, ou zero-ários, denominados *letras sentenciais*, mas não temos necessidade deles aqui.) Do modo como os estivemos usando, **a** e **b** e **c** eram constantes, e **P** e **Q** e **R** eram predicados binários (de dois lugares).

Especialmente (embora não exclusivamente) ao lidar com material matemático, algum aparato adicional é com frequência necessário ou útil. Portanto, frequentemente incluímos mais um símbolo lógico, um predicado binário especial, o *símbolo de identidade* ou de igualdade =, para '... é (exatamente a mesma coisa que) ...'. Para repetir, o símbolo de igualdade, embora seja um predicado binário, é contado como um símbolo lógico, mas é a única exceção: todos os outros predicados contam como símbolos não lógicos. Frequentemente incluímos também mais uma categoria de símbolos não lógicos, denominados *símbolos funcionais*. Cada símbolo funcional vem com um número fixo de *lugares*, seu *grau* ou *aridade*. (Ocasionalmente, constantes são vistas como símbolos funcionais de zero lugares, ou zero-ários, embora usualmente não as consideremos assim.)

Utilizaremos a palavra 'linguagem' para significar um conjunto enumerável de símbolos não lógicos. Um caso especial é a *linguagem vazia* $L_\emptyset$, que é simplesmente o conjunto vazio sob outro nome, não contendo nenhum símbolo não lógico. E eis aqui mais um outro caso importante:

9.1 Exemplo. (A linguagem da aritmética). Uma linguagem que será de especial interesse para nós em capítulos posteriores é denominada a *linguagem da aritmética*, L^*. Seus símbolos não lógicos são a constante zero **0**, o predicado binário menor-que <, o símbolo funcional unário sucessor ′, e os símbolos funcionais binários adição + e multiplicação ·.

Intuitivamente, *fórmulas* são apenas sequências de símbolos que correspondem a sentenças gramaticalmente bem formadas do português. Aquelas que, como (9)–(12), correspondem a sentenças do português que constituem um enunciado completo, suscetível de ser verdadeiro ou falso, são chamadas fórmulas *fechadas*. Aquelas que, como (**P**yz ∨ **Q**yx), correspondem a sentenças do português envolvendo xs e ys e zs não identificados, os quais teriam que ser identificados antes que as sentenças pudessem ser pronunciadas verdadeiras ou falsas, são chamadas fórmulas *abertas*.

Os *termos* são sequências de símbolos, tais como **0** ou **0** + **0** ou x ou x'', que correspondem a expressões do português gramaticalmente bem formadas daquela espécie que os gramáticos denominam 'sintagmas nominais singulares'. Os termos *fechados* são aqueles que não envolvem variáveis, e os termos *abertos* são aqueles que envolvem variáveis cujos valores teriam que ser especificados antes que se pudesse dizer do termo, como um todo, que tem uma denotação. Quando nenhum símbolo funcional está presente, os únicos termos fechados são constantes, e os únicos termos abertos são variáveis. Quando símbolos funcionais estão presentes, os termos fechados também incluem expressões tais como $\mathbf{0} + \mathbf{0}$, e os termos abertos, expressões como x''.

As fórmulas e termos de uma dada linguagem são simplesmente aqueles cujos símbolos não lógicos pertencem àquela linguagem. Uma vez que linguagens são enumeráveis, e cada fórmula de uma linguagem é uma cadeia finita de símbolos da linguagem mais variáveis e símbolos lógicos, o conjunto de fórmulas também é enumerável. (Poder-se-ia inicialmente conjecturar que a linguagem vazia não tivesse fórmulas, mas, pelo menos quando a identidade está presente, ela tem de fato infinitamente muitas fórmulas, entre elas $\forall x\, x = x$, $\forall y\, y = y$, $\forall z\, z = z$ etc.)

Uma *interpretação* $\mathcal{M}$ para uma linguagem L consiste em dois componentes. Por um lado, há um conjunto não vazio $|\mathcal{M}|$ chamado o *domínio* ou *universo de discurso* da interpretação, o conjunto das coisas sobre as quais $\mathcal{M}$ interpreta a linguagem como estando falando. Quando dizemos 'para todo x' ou 'para algum x', o que queremos dizer, de acordo com a interpretação $\mathcal{M}$, é 'para todo x em $|\mathcal{M}|$', 'existe algum x em $|\mathcal{M}|$'. Por outro lado, para cada símbolo não lógico há uma *denotação* associada a ele. Para uma constante c, a denotação $c^{\mathcal{M}}$ é algum indivíduo no domínio $|\mathcal{M}|$. Para um predicado não lógico R de n lugares, a denotação $R^{\mathcal{M}}$ é alguma relação n-ária em $|\mathcal{M}|$ (que é oficialmente apenas um conjunto de n-uplas de elementos de $|\mathcal{M}|$, uma relação unária sendo simplesmente um subconjunto de $|\mathcal{M}|$).

Por exemplo, para a linguagem L_G com constantes **a** e **b** e **c** e predicados binários **P** e **Q** e **R**, a interpretação genealógica $\mathcal{G}$ de L_G indicada acima seria agora descrita dizendo que o domínio $|\mathcal{G}|$ é o conjunto de todas as pessoas, $\mathbf{a}^{\mathcal{G}}$ é Sara, $\mathbf{b}^{\mathcal{G}}$ é Isaac, $\mathbf{c}^{\mathcal{G}}$ é Jacó, $\mathbf{P}^{\mathcal{G}}$ é o conjunto de pares ordenados de pessoas em que o primeiro é a mãe do segundo, e analogamente para $\mathbf{Q}^{\mathcal{G}}$ e $\mathbf{R}^{\mathcal{G}}$. Sob essa interpretação, a fórmula aberta $\exists z(\mathbf{P}yz \,\&\, \mathbf{Q}zx)$ equivale a 'y é a avó paterna de x', ao passo que $\exists z(\mathbf{Q}yz \,\&\, \mathbf{P}zx)$ equivale a 'y é o avô materno de x'. A fórmula fechada $\sim\exists x\, \mathbf{P}xx$ equivale a 'ninguém é sua própria mãe', que é verdadeira, enquanto $\exists x\, \mathbf{Q}xx$ equivale a 'alguém é seu próprio pai', que é falsa.

Quando o símbolo de identidade está presente, ele *não* é tratado como os outros predicados não lógicos: nós *não* temos a liberdade de atribuir-lhe como denotação uma relação binária arbitrária no domínio; ao contrário, sua denotação deve ser a genuína relação de identidade naquele domínio, a relação que cada coisa tem consigo mesma e com nada mais. Quando símbolos funcionais estão presentes, para um símbolo funcional de n lugares f, a denotação $f^{\mathcal{M}}$ é uma função n-ária de $|\mathcal{M}|$ em $|\mathcal{M}|$.

9.2 Exemplo. (A interpretação padrão da linguagem da aritmética). Uma interpretação que será de especial interesse para nós em capítulos posteriores é chamada a *interpretação padrão* $\mathcal{N}^*$ da linguagem da aritmética L^*. Seu domínio $|\mathcal{N}^*|$ é o conjunto dos números naturais; a denotação $\mathbf{0}^{\mathcal{N}^*}$ do algarismo $\mathbf{0}$ é o número zero; a denotação $<^{\mathcal{N}^*}$ do sinal de menor-que é a relação de ordem estrita usual menor-que; a denotação $'^{\mathcal{N}^*}$ da plica é a função sucessor, que leva cada número ao próximo maior número; e as denotações $+^{\mathcal{N}^*}$ e $\cdot^{\mathcal{N}^*}$ do sinal de mais e do sinal de vezes são as funções usuais de adição e multiplicação. Assim, um termo aberto tal como $x \cdot y$ representa o produto de x e y, quaisquer que sejam eles; enquanto um termo fechado como $\mathbf{0}''$ representa o sucessor do sucessor de zero, o que significa o sucessor de um, o que quer dizer dois. E uma fórmula fechada tal como

(**15**) $\forall x \forall y(x \cdot y = \mathbf{0}'' \rightarrow (x = \mathbf{0}'' \vee y = \mathbf{0}''))$

representa 'para todo x e todo y, se o produto de x e y é dois, então ou x é dois ou y é dois' ou 'um produto é dois somente se um dos fatores é dois'. Isso de fato é verdade (dado que nosso domínio consiste em números naturais, sem números negativos ou frações). Outras fórmulas fechadas que resultam verdadeiras nessa interpretação incluem as seguintes:

(**16**) $\forall x \exists y(x < y \,\&\, {\sim}\exists z(x < z \,\&\, z < y))$,
(**17**) $\forall x(x < x' \,\&\, {\sim}\exists z(x < z \,\&\, z < x'))$.

Aqui (16) diz que para qualquer número x há um *próximo maior* número, e (17) diz que x' é precisamente esse próximo maior número.

(Para a linguagem vazia $L_\emptyset$, não há símbolos não lógicos aos quais atribuir denotações, mas uma intepretação tem mesmo assim que especificar um domínio, e essa especificação faz uma diferença no que concerne à verdade de fórmulas fechadas envolvendo =. Por exemplo, $\exists x \exists y {\sim}\, x = y$ será verdadeira se o domínio tiver pelo menos dois elementos distintos, mas falsa se tiver somente um.)

Fórmulas fechadas, que também são denominadas *sentenças*, têm *valores de verdade*, verdadeiro ou falso, quando providas de uma interpretação. Mas elas podem ter diferentes valores sob diferentes interpretações. Para nosso exemplo original (9)–(12), na interpretação genealógica que denominamos $\mathcal{G}$ (e igualmente na interpretação aritmética alternativa que deixamos sem nome) todas as quatro sentenças resultam verdadeiras. Mas interpretações alternativas são possíveis. Por exemplo, se mantivermos tudo o mais como está na interpretação genealógica, mas tomarmos **R** como denotando a relação de descendente para antepassado, em vez de vice-versa, (10) e (11) permanecem verdadeiras, mas (9) e (12) tornam-se falsas: descendentes de descendentes são descendentes, mas pais e avós não são descendentes. Várias outras combinações são possíveis. O que *não* encontraremos é alguma interpretação que torne (9)–(11) todas verdadeiras, mas (12) falsa.

Repetindo, é precisamente isso o que se quer dizer ao afirmar que (9)–(11) *implicam* (12).

9.3 Exemplo. (Interpretações alternativas da linguagem da aritmética). Para a linguagem da aritmética, há uma interpretação alternativa $\mathcal{Q}$ na qual o domínio são os números racionais não negativos, mas a denotação de **0** ainda é zero, a denotação de $'$ ainda é a função que adiciona um a um dado número, a denotação de $+$ e $\cdot$ são as operações usuais de adição e multiplicação, e a denotação de $<$ ainda é a relação menor-que entre os números em questão. Nessa interpretação, (16) e (17) são ambas falsas (porque há, em geral, uma grande quantidade de números racionais entre x e qualquer y que seja maior, e, em particular, uma grande quantidade de números racionais entre x e x mais um). Há uma outra interpretação alternativa $\mathcal{P}$ na qual o domínio consiste nos semi-inteiros não negativos $0, \frac{1}{2}, 1, 1\frac{1}{2}, 2, 2\frac{1}{2}, 3$ etc., mas a denotação de **0** ainda é zero, a denotação de $'$ ainda é a função que adiciona um a um número, a denotação de $+$ ainda é a operação usual de adição, e a denotação de $<$ ainda é a relação menor-que entre os números em questão. (A multiplicação não pode ser interpretada da maneira usual, visto que o produto de dois semi-inteiros não é em geral um semi-inteiro; contudo, para os propósitos deste exemplo, não vem ao caso como é interpretada a multiplicação.) Nessa interpretação, (16) seria verdadeira (porque não há semi-inteiros entre x e $y = x$ mais um-meio), mas (17) seria falsa (porque há um semi--inteiro ente x e x mais um, a saber, x mais um-meio). O que *não vamos* encontrar é uma interpretação que torne (17) verdadeira mas (16) falsa. E, novamente, isso é o que significa dizer que (16) é uma consequência lógica de (17).

As explicações dadas até agora suprem parte da precisão e do rigor que serão necessários em nosso trabalho posterior, mas somente parte. Com efeito, elas ainda se baseiam em uma compreensão intuitiva do que é uma sentença de uma linguagem, e do que é uma sentença verdadeira em uma interpretação. Há duas razões pelas quais desejamos evitar essa dependência da intuição. A primeira é que, quando formos aplicar nossos resultados em computabilidade à lógica, vamos querer que a noção de sentença esteja tão precisamente definida que uma *máquina* possa dizer se uma dada cadeia de símbolos é ou não uma sentença. A segunda é que a noção de verdade esteve historicamente sob alguma suspeita por causa da ocorrência de certas contradições, eufemisticamente denominadas 'paradoxos', tais como o antigo paradoxo de *Epimênides* ou do *mentiroso*: se eu digo, 'o que eu estou dizendo agora não é verdadeiro', o que estou dizendo é verdadeiro? Desejaremos apresentar, portanto, para sentenças do gênero de linguagem formal que estamos considerando, uma definição de verdade tão rigorosa quanto a definição de qualquer outra noção em matemática, tornando a noção de verdade, enquanto aplicada à espécie de linguagem formal que estamos considerando, tão respeitável quanto qualquer outra noção matemática.

A próxima seção será dedicada a apresentar definições precisas e rigorosas das noções de fórmula e sentença, e, de modo geral, a apresentar definições de noções relativas à *sintaxe*, isto é, relativas à estrutura interna das fórmulas. O próximo capítulo será dedicado a apresentar a definição de verdade e, de modo geral, definições de noções relativas à *semântica*, isto é, relativas à interpretação externa das fórmulas.

9.2 Sintaxe

Oficialmente, consideramos que estamos trabalhando, para cada $k > 0$, com um estoque enumerável fixo de predicados k-ários:

$$\begin{array}{llll} A_0^1 & A_1^1 & A_2^1 & \ldots \\ A_0^2 & A_1^2 & A_2^2 & \ldots \\ A_0^3 & A_1^3 & A_2^3 & \ldots \\ \vdots & \vdots & \vdots & \end{array}$$

e com um estoque enumerável fixo de constantes:

$$f_0^0 \quad f_1^0 \quad f_2^0 \quad \ldots .$$

Quando símbolos funcionais estiverem sendo usados, também vamos querer, para cada $k > 0$, um estoque enumerável fixo de símbolos funcionais k-ários:

$$\begin{array}{llll} f_0^1 & f_1^1 & f_2^1 & \ldots \\ f_0^2 & f_1^2 & f_2^2 & \ldots \\ f_0^3 & f_1^3 & f_2^3 & \ldots \\ \vdots & \vdots & \vdots & . \end{array}$$

Qualquer linguagem será um subconjunto desse estoque fixo. (Em alguns contextos, em capítulos posteriores, em que estaremos trabalhando com uma certa linguagem L, desejaremos poder assumir que há infinitamente muitas constantes disponíveis que não foram usadas em L. Isso não é nenhuma dificuldade, mesmo se a própria L precisar conter infinitamente muitas constantes, visto que podemos ou adicionar as novas constantes a nosso estoque básico, ou assumir que L usou inicialmente apenas cada segunda constante de nosso estoque original.)

Trabalhamos também com um estoque fixo enumerável de variáveis:

$$v_0 \quad v_1 \quad v_2 \quad \ldots .$$

Assim, os mais ou menos tradicionais $\mathbf{0}$ e $<$ e $'$ e $+$ e $\cdot$ que escrevemos – e, na prática, iremos continuar a escrever – devem, em princípio, ser considerados meros apelidos para f_0^0 e A_0^2 e f_0^1 e f_0^2 e f_1^2; até mesmo ao usar x e y e z em vez de v_i e v_j e v_k estamos adotando apelidos.

A definição oficial da noção de fórmula começa definindo a noção de uma *fórmula atômica*, que será dada, primeiro, para o caso em que a identidade e símbolos funcionais estão ausentes, e depois para o caso em que estão presentes. (Se letras sentenciais fossem admitidas, elas também contariam como fórmulas atômicas; mas, como dissemos, não vamos em geral admiti-las.) Se a identidade e símbolos funcionais estão ausentes, então uma *fórmula atômica* é simplesmente uma cadeia de símbolos $R(t_1, \ldots, t_n)$ consistindo em um predicado, seguido por um parênteses esquerdo, seguido por n constantes ou variáveis, em que n é o número de lugares, ou grau, do predicado, com vírgulas separando os termos sucessivos, tudo seguido de um parênteses direito. Além do mais, se F é uma fórmula, então sua *negação* $\sim F$, consistindo de um til seguido por F, também é. Além disso, se F e G são fórmulas, então sua *conjunção* $(F \ \& \ G)$, consistindo em um parênteses esquerdo, seguido por F, que é chamada o *componente esquerdo* ou *primeiro componente* da conjunção, seguido pelo e comercial, seguido por G, que é chamado o *componente direito* ou *segundo componente* da conjunção, seguido por um parênteses direito, também é. Analogamente para a disjunção. Além disso, se F é uma fórmula e x é uma variável, a *quantificação universal* $\forall xF$ é uma fórmula, consistindo em um A invertido, seguido por x, seguido por F. Analogamente para a quantificação existencial.

E isso é tudo: a definição de *fórmula* (*de primeira ordem*) é completada dizendo-se que qualquer coisa que seja uma fórmula (de primeira ordem) pode ser construída a partir de fórmulas atômicas em uma sequência de finitamente muitos passos – chamada uma *sequência de formação* – aplicando-se negação, junções (isto é, conjunção e disjunção) e quantificação a fórmulas mais simples. (Até um capítulo muito posterior, em que consideramos o que são chamadas fórmulas *de segunda ordem*, a expressão 'de primeira ordem' será geralmente omitida.)

Quando a identidade está presente, as fórmulas atômicas incluirão fórmulas do tipo $= (t_1, t_2)$. Quando símbolos funcionais estiverem presentes, exigimos uma definição preliminar de termos. Variáveis e constantes são termos *atômicos*. Se f é um símbolo funcional n-ário e $t_1, \ldots, t_n$ são termos, então $f(t_1, \ldots, t_n)$ é um termo. E isso é tudo: a definição de *termos* é completada estipulando-se que qualquer coisa que seja um termo pode ser construída a partir de termos atômicos em uma sequência de finitamente muitos passos – chamada uma *sequência de formação* – pela aplicação de símbolos funcionais a termos mais simples. Termos que contêm variáveis são ditos *abertos*, enquanto termos que não as contêm são ditos *fechados*. Uma fórmula atômica é agora algo do tipo $R(t_1, \ldots, t_n)$, em que os t_i podem ser termos quaisquer, não apenas constantes ou variáveis; fora isso a definição de fórmula fica inalterada.

Note que, oficialmente, supõe-se que os predicados sejam escritos na frente dos termos aos quais se aplicam, de modo que escever $x < y$ em vez de $<(x, y)$ é um coloquialismo não oficial. Fazemos uso de vários outros coloquialismos mais abaixo. Assim, às vezes nós omitimos os parênteses ao redor dos termos em uma fórmula atômica, bem como as vírgulas que os separam, e geralmente escrevemos conjunções múltiplas, tais como $(A \,\&\, (B \,\&\, (C \,\&\, D)))$, simplesmente como $(A \,\&\, B \,\&\, C \,\&\, D)$, e analogamente para disjunções; além disso, às vezes omitimos os parênteses externos em conjunções e disjunções $(F \,\&\, G)$ e $(F \vee G)$ quando elas se encontram sozinhas em vez de fazer parte de fórmulas mais complicadas. Tudo isso é gíria, do ponto de vista oficial. Note que $\rightarrow$ e $\leftrightarrow$ ficaram inteiramente de fora da linguagem oficial: $(F \rightarrow G)$ e $(F \leftrightarrow G)$ devem ser considerados abreviações não oficiais para $({\sim}F \vee G)$ e $(({\sim}F \vee G) \,\&\, ({\sim}G \vee F))$. Com relação à linguagem da aritmética, nós nos permitimos duas outras abreviações desse tipo, os quantificadores limitados $\forall y < x$ para $\forall y(y < x \rightarrow \ldots)$ e $\exists y < x$ para $\exists y(y < x \,\&\, \ldots)$.

Quando a identidade está presente, também escrevemos $x = y$ e $x \neq y$ em vez de $=(x, y)$ e ${\sim}{=}(x, y)$. Quando símbolos funcionais estão presentes, supõe-se que também sejam escritos na frente dos termos a que se aplicam. Assim, o fato de escrevermos x' em vez de $'(x)$ e $x + y$ e $x \cdot y$ em vez de $+(x, y)$ e $\cdot\,(x, y)$ representa uma ruptura coloquial com a linguagem oficial. Se adotarmos – como fazemos – as convenções usuais da álgebra que nos permitem omitir certos parênteses, de modo que $x + y \cdot z$ é convencionalmente entendido como significando $x + (y \cdot z)$ em vez de $(x + y) \cdot z$, sem termos que escrever os parênteses explicitamente, isso é outra ruptura desse tipo. E se formos mais longe – como fazemos – e abreviarmos $\mathbf{0}'$, $\mathbf{0}''$, $\mathbf{0}'''$, ..., como $\mathbf{1}$, $\mathbf{2}$, $\mathbf{3}$, ..., teremos ainda outra ruptura.

Alguns termos de L^* em notação oficial e notação não oficial são mostrados na Tabela 9.2. A coluna da esquerda é uma sequência de formação para um termo razoavelmente complexo.

Tabela 9.2. Alguns termos da linguagem da aritmética

v_0	x
f_0^0	$\mathbf{0}$
$f_0^1(f_0^0)$	$\mathbf{1}$
$f_0^1(f_0^1(f_0^0))$	$\mathbf{2}$
$f_1^2(f_0^1(f_0^1(f_0^0)), v_0)$	$\mathbf{2} \cdot x$
$f_0^2(f_1^2(f_0^1(f_0^1(f_0^0)), v_0), f_1^2(f_0^1(f_0^1(f_0^0)), v_0))$	$\mathbf{2} \cdot x + \mathbf{2} \cdot x$

Algumas fórmulas de L^* em notação oficial (ou melhor, semioficial, uma vez que os termos foram escritos coloquialmente) são mostradas na Tabela 9.3. A coluna da esquerda é uma sequência de formação para uma fórmula razoavelmente complexa.

Tabela 9.3. Algumas fórmulas da linguagem da aritmética

$A_0^2(x, \mathbf{0})$	$x < \mathbf{0}$
$A_0^2(x, \mathbf{1})$	$x < \mathbf{1}$
$A_0^2(x, \mathbf{2})$	$x < \mathbf{2}$
$A_0^2(x, \mathbf{3})$	$x < \mathbf{3}$
$\sim A_0^2(x, \mathbf{3})$	$\sim x < \mathbf{3}$
$(= (x, \mathbf{1}) \vee = (x, \mathbf{2}))$	$x = \mathbf{1} \vee x = \mathbf{2}$
$(= (x, \mathbf{0}) \vee (= (x, \mathbf{1}) \vee = (x, \mathbf{2})))$	$x = \mathbf{0} \vee x = \mathbf{1} \vee x = \mathbf{2}$
$(\sim A_0^2(x, \mathbf{3}) \vee (= (x, \mathbf{0}) \vee (= (x, \mathbf{1}) \vee = (x, \mathbf{2}))))$	$x < \mathbf{3} \rightarrow (x = \mathbf{0} \vee x = \mathbf{1} \vee x = \mathbf{2})$
$\forall x(\sim A_0^2(x, \mathbf{3}) \vee (= (x, \mathbf{0}) \vee (= (x, \mathbf{1}) \vee = (x, \mathbf{2}))))$	$\forall x < \mathbf{3}(x = \mathbf{0} \vee x = \mathbf{1} \vee x = \mathbf{2})$

Ninguém que escreva sobre alguma coisa, sejam árvores genealógicas ou números naturais, vai escrever na notação oficial ilustrada acima (assim como ninguém que esteja preenchendo um pedido de bolsa de estudos ou uma declaração de imposto de renda vai fazer os cálculos necessários no formato rígido estabelecido em nossos capítulos sobre computabilidade). O leitor bem pode se perguntar por que, se a notação oficial é tão difícil de manejar, nós simplesmente não tomamos a notação abreviada como oficial. A razão é que, ao demonstrar coisas *sobre* os termos e fórmulas de uma linguagem, fica muito mais fácil se a linguagem tiver um formato muito rígido (assim como, ao demonstrar coisas *sobre* a computabilidade, é muito mais fácil se as computações ocorrerem em um formato muito rígido). Ao escrever exemplos de termos e fórmulas *na* linguagem, pelo contrário, fica muito mais fácil se a linguagem tiver um formato bastante flexível. A estratégia tradicional dos lógicos é fazer a linguagem *oficial* sobre a qual provam-se teoremas uma linguagem muito austera e rígida, e fazer a linguagem *não oficial* na qual se escrevem exemplos muito generosa e flexível. É claro, para que os teoremas provados a respeito do idioma austero sejam aplicáveis ao idioma generoso, tem-se que ter confiança de que todas as abreviações permitidas pelo último, mas não pelo primeiro, *poderiam, em princípio*, ser desfeitas. Mas não há realmente necessidade de desfazê-las na prática.

O método principal de demonstrar teoremas acerca de termos e fórmulas em uma linguagem é denominado *indução em complexidade*. Podemos demonstrar que todas as fórmulas têm uma certa propriedade demonstrando:

Passo base: As fórmulas atômicas têm essa propriedade.

Passo indutivo: Se uma fórmula mais complexa é formada aplicando-se um operador lógico a uma fórmula ou fórmulas mais simples, então, assumindo (como *hipótese de indução*) que a fórmula ou fórmulas mais simples têm a propriedade, a fórmula mais complexa também a tem. O passo indutivo será usualmente dividido em *casos*, conforme o operador seja $\sim$ ou & ou $\vee$ ou $\forall$ ou $\exists$.

Tipicamente a prova será primeiro dada para a situação em que identidade e símbolos funcionais estão ausentes, depois para a situação com identidade presente mas símbolos funcionais ausentes, e então para o caso tanto com identidade quanto com símbolos funcionais presentes. A identidade tipicamente requer muito pouco trabalho extra, se é que requer, mas onde símbolos funcionais estão presentes, geralmente precisamos provar algum resultado preliminar sobre termos, que é também feito por indução em complexidade: podemos provar que todos os termos têm alguma propriedade provando que termos atômicos têm essa propriedade, e que, se um termo mais complexo é formado pela aplicação de um símbolo funcional a termos mais simples, então, assumindo que os termos mais simples têm essa propriedade, o termo mais complexo também a tem.

O método de prova por indução em complexidade é tão importante que queremos ilustrá-lo agora por meio de exemplos bastante simples. O lema a seguir pode dizer-nos mais sobre pontuação do que queremos saber, mas é um bom exercício.

9.4 Lema. (Lema dos parênteses). Quando fórmulas são escritas na notação oficial, vale o seguinte:

(**a**) Toda fórmula termina em um parênteses direito.
(**b**) Toda fórmula tem o mesmo número de parênteses esquerdos e direitos.
(**c**) Se uma fórmula é dividida em uma parte esquerda e uma parte direita, ambas não vazias, então há pelo menos tantos parênteses esquerdos quanto direitos na parte esquerda, e mais se essa parte contém pelo menos um parêntese.

Demonstração: Apresentamos primeiro a prova para (a). *Passo base:* É claro que uma fórmula atômica $R(t_1, \ldots, t_n)$ ou $= (t_1, t_n)$ termina em um parêntese direito. *Passo indutivo, caso da negação:* se F termina em um parêntese direito, $\sim F$ também termina, uma vez que o único símbolo novo está no começo. *Passo indutivo, caso das junções:* uma conjunção $(F \ \& \ G)$, ou uma disjunção $(F \vee G)$, obviamente termina em um parêntese direito. *Passo indutivo, caso da quantificação:* Se F termina em um parêntese direito, então $\forall xF$ ou $\exists xF$ também terminam, pela mesma razão que no caso da negação, a saber, que os únicos símbolos novos estão no início.

Ao apresentar a prova para (b), vamos nos permitir ser um pouco menos rígidos acerca do formato. Consideramos primeiro o caso em que símbolos funcionais estão ausentes. Note, primeiro, que uma fórmula atômica $R(t_1, \ldots, t_n)$ ou $= (t_1, t_2)$ tem o mesmo número de parênteses esquerdos e direitos, a saber, um de cada. Note, então, que se F tem o mesmo número de parênteses esquerdos e direitos, $\sim F$ também tem, uma vez que não há parênteses novos. Note ainda que, se F tem m de cada tipo de parênteses, e G tem n de cada, então $(F \ \& \ G)$ tem $m + n + 1$ de cada, os únicos novos sendo os parênteses externos. A prova para a disjunção é a mesma que para conjunção, e as provas para quantificação essencialmente as mesmas que para a negação.

Se símbolos funcionais estão presentes, precisamos do resultado preliminar de que todo termo tem o mesmo número de parênteses esquerdos e direitos. Isso é estabelecido por indução em complexidade. Um termo atômico tem o mesmo número de parênteses esquerdos e direitos, a saber, zero de cada um. O caso não atômico assemelha-se ao caso da conjunção acima: se s tem m parênteses esquerdos e m direitos, e t tem n de cada um, então $f(s,t)$ tem $m + n + 1$ de cada; analogamente para $f(t_1, \ldots, t_k)$, para valores de k diferentes de dois. Tendo esse resultado preliminar, temos que voltar e reconsiderar o caso atômico na prova de (b). O argumento agora é como segue: se s tem m de cada parênteses, esquerdos e direitos, e t tem n de cada, então $R(s,t)$ tem $m + n + 1$ de cada; analogamente para $R(t_1, \ldots, t_k)$, para valores de k diferentes de dois. Nenhuma mudança é necessária nos casos não atômicos da prova de (b).

Ao apresentar a prova de (c), também consideramos primeiro o caso em que símbolos funcionais estão ausentes. Primeiro suponha que uma fórmula atômica $R(t_1, \ldots, t_n)$ ou $=(t_1, t_2)$ é dividida em uma parte esquerda λ e uma parte direita ρ, ambas não vazias. Se λ é apenas R ou $=$, ela contém zero parênteses de cada espécie. Caso contrário, λ contém o único parêntese esquerdo e não contém o único parêntese direito. Em qualquer caso, (c) vale. Suponhamos a seguir que (c) vale para F, e que $\sim F$ é dividida. Se λ consiste somente em $\sim$, e ρ em toda a F, então λ contém zero parênteses de cada espécie. Caso contrário, λ é da forma $\sim\lambda_0$, em que λ_0 é a parte esquerda de F, e ρ é a parte direita de F. Por hipótese, então λ_0, e consequentemente λ, tem pelo menos tantos parênteses esquerdos quanto direitos, e mais se contiver algum parêntese. Assim, em todos os casos, (c) vale para $\sim F$. Suponhamos a seguir que (c) vale para F e G, e que $(F \,\&\, G)$ é dividida. Os casos possíveis para a parte esquerda λ são:

Caso 1	Caso 2	Caso 3	Caso 4	Caso 5	Caso 6
$($	$(\lambda_0$	$(F$	$(F\&$	$(F \,\&\, \lambda_1$	$(F \,\&\, G$

onde, no caso 2, λ_0 é a parte esquerda de F, e, no caso 5, λ_1 é a parte esquerda de G. Em todos os casos, a parte de λ após o parêntese esquerdo inicial tem pelo menos tantos parênteses esquerdos quanto direitos: isso é óbvio no caso 1; pela hipótese de (c) para F no caso (2); pela parte (b) no caso (3); e assim por diante. Assim, a parte esquerda inteira λ tem pelo menos um parêntese esquerdo mais do que direito, e (c) vale para $(F \,\&\, G)$. A prova para a disjunção é a mesma que para a conjunção, e as provas para quantificações essencialmente as mesmas que para a negação. Deixamos o caso em que símbolos funcionais estão presentes para o leitor.

Concluímos esta seção com as definições oficiais de mais quatro noções sintáticas importantes. Em primeiro lugar, definimos oficialmente uma cadeia de símbolos consecutivos no interior de uma fórmula como uma *subfórmula* da fórmula dada se ela própria é uma fórmula. Onde símbolos funcionais estão presentes, podemos similarmente definir uma noção de um *subtermo*. Fazemos uma parada para mencionar um resultado sobre subfórmulas.

9.5 Lema. (Lema da legibilidade única).

(**a**) A única subfórmula de uma fórmula atômica $R(t_1, \ldots, t_n)$ ou $=(t_1, t_2)$ é ela própria.
(**b**) As únicas subfórmulas de $\sim F$ são ela própria e as subfórmulas de F.
(**c**) As únicas subfórmulas de $(F \,\&\, G)$ ou $(F \vee G)$ são elas próprias e as subfórmulas de F e G.
(**d**) As únicas subfórmulas de $\forall xF$ ou $\exists xF$ são elas próprias e as subfórmulas de F.

Essas asserções podem parecer óbvias, mas elas somente valem porque usamos parênteses suficientes. Se não tivéssemos usado absolutamente nenhum, a disjunção de $F \,\&\, G$ com H, isto é, $F \,\&\, G \vee H$, teria a subfórmula $G \vee H$, que não é nem a conjunção inteira nem uma subfórmula de nenhum de seus dois componentes. De fato, a fórmula inteira seria a mesma que a conjunção de F com $G \vee H$, e teríamos uma ambiguidade séria. Uma demonstração rigorosa do lema da legibilidade única requer o lema dos parênteses.

Demonstração: Para (a), uma subfórmula de $R(t_1, \ldots, t_n)$ ou $=(t_1, t_2)$ deve conter o predicado inicial R ou $=$ e, assim, se não for a fórmula inteira, será uma parte esquerda dela. Sendo uma fórmula, tem que conter (e de fato terminar em) um parênteses por 9.4(a) e, assim, se não for a fórmula inteira, mas apenas uma parte esquerda, deve conter um excesso de parênteses esquerdos com relação aos direitos por 9.4(c), o que é impossível para uma fórmula, por 9.4(b).

Para (b), uma subfórmula de $\sim F$ que não é uma subfórmula de F tem que conter o símbolo inicial de negação $\sim$ e, assim, se não é a fórmula $\sim F$ inteira, será uma parte esquerda dela, e deste ponto em diante o argumento é essencialmente o mesmo que no caso atômico (a).

Para (c), relegamos a prova aos problemas do final de capítulo.

Para (d), o argumento é essencialmente o mesmo que para (b).

Em segundo lugar, resumindo nossa série de definições, usando a noção de subfórmula nós formulamos a definição oficial de quais ocorrências de uma variável x em uma fórmula F são *livres* e quais são *ligadas*: uma ocorrência de uma variável x é ligada se é parte de uma subfórmula começando com $\forall x \ldots$ ou $\exists x \ldots$, caso em que dizemos que o quantificador $\forall$ ou $\exists$ em questão *liga* aquela ocorrência da variável x; caso contrário, a ocorrência da variável x é livre. Como exemplo, em

$$x < y \,\&\, \sim\exists z(x < z \,\&\, z < y)$$

todas as ocorrências de x e y são livres, e todas as ocorrências de z são ligadas; ao passo que em

$$\mathbf{F} \rightarrow \forall x\mathbf{F}x$$

a primeira ocorrência de x é livre, e as outras duas ocorrências de x são ligadas. [A diferença entre o papel de uma variável livre x e o papel de uma variável ligada

u em uma fórmula como $\forall u\, R(x, u)$ ou $\exists u\, R(x, u)$ é semelhante à diferença entre os papéis de x e u em expressões matemáticas como

$$\int_1^x \frac{\mathrm{du}}{u} \qquad \sum_{u=1}^{x} \frac{1}{u}$$

Para alguns leitores, essa analogia pode ser útil, e aqueles leitores que acham que ela não é podem ignorá-la.]

Em geral, quaisquer ocorrências de variáveis em uma fórmula atômica $R(t_1, \ldots, t_n)$ são livres, pois não há quantificadores na fórmula; as ocorrências livres de uma variável em uma negação $\sim F$ são precisamente as ocorrências livres em F, uma vez que qualquer subfórmula de $\sim F$ começando com $\forall x$ ou $\exists x$ é uma subfórmula própria de $\sim F$ e, assim, uma subfórmula de F; analogamente, as ocorrências livres de uma variável em uma junção $(F \& G)$ ou $(F \vee G)$ são precisamente aquelas em F e G; e analogamente, as ocorrências livres de uma variável diferente de x em uma quantificação $\forall x$ ou $\exists x$ são precisamente aquelas em F, ao passo que nenhuma das ocorrências de x em $\forall xF$ ou $\exists xF$ é livre.

Em terceiro lugar, usando a noção de ocorrência livre e ligada de variáveis, enunciamos a definição oficial da noção de uma *instância* de uma fórmula. Antes de apresentar essa definição, porém, mencionemos uma convenção notacional conveniente. Quando escrevemos algo como 'Seja $F(x)$ uma fórmula', devemos ser entendidos como dizendo 'Seja F uma fórmula na qual nenhuma variável exceto x ocorre livre'. Ou seja, indicamos quais variáveis ocorrem livres na fórmula que estamos chamando de F ao exibi-las imediatamente após o nome F que estamos usando para essa fórmula. Analogamente, se escrevermos algo como 'Seja c uma constante, e consideremos $F(c)$', devemos ser entendidos como dizendo 'Seja c uma constante, e consideremos o resultado de substituir por c todas as ocorrências livres de x na fórmula F'. Isto é, indicamos qual substituição deve ser feita na fórmula que estamos chamando de $F(x)$ ao fazer essa substituição na expressão $F(x)$. Assim, se $F(x)$ é $\forall y \sim y < x$, então $F(\mathbf{0})$ é $\forall y \sim y < \mathbf{0}$. Finalmente, a definição oficial de uma instância é só isso: uma *instância* de uma fórmula $F(x)$ é qualquer fórmula da forma $F(t)$, para algum termo fechado t. Noções similares aplicam-se quando há mais de uma variável, e tanto para termos quanto para fórmulas.

Em quarto e último lugar, usando mais uma vez a noção de ocorrência livre e ligada de variáveis, enunciamos a definição oficial de *sentença*: uma fórmula é uma sentença se nenhuma ocorrência de qualquer variável nela é livre. Uma *subsentença* é uma subfórmula que é uma sentença.

Problemas

9.1 Indique a forma do argumento seguinte – tradicionalmente denominado um 'silogismo em Felapton' – usando fórmulas:

(**a**) Nenhum centauro tem permissão de votar.
(**b**) Todos os centauros são seres inteligentes.
(**c**) Portanto, alguns seres inteligentes não têm permissão de votar.

As premissas (a) e (b) no argumento precedente implicam a conclusão (c)?

9.2 Considere (9)–(12) do início do capítulo e apresente uma alternativa à interpretação genealógica que torne (9) verdadeira, (10) falsa, (11) verdadeira e (12) falsa.

9.3 Considere uma linguagem com um predicado binário **P** e um predicado unário **F**, e uma interpretação na qual o domínio é o conjunto das pessoas, a denotação de **P** é a relação de pai ou mãe para filho(a), e a denotação de **F** é o conjunto de todas as pessoas do sexo feminino. Sob essa interpretação, a que equivalem, em termos coloquiais, as fórmulas a seguir?

(**a**) $\exists z \exists u \exists v(u \neq v \;\&\; \mathbf{P}uy \;\&\; \mathbf{P}vy \;\&\; \mathbf{P}uz \;\&\; \mathbf{P}vz \;\&\; \mathbf{P}zx \;\&\; {\sim}\mathbf{F}y)$
(**b**) $\exists z \exists u \exists v(u \neq v \;\&\; \mathbf{P}ux \;\&\; \mathbf{P}vx \;\&\; \mathbf{P}uz \;\&\; \mathbf{P}vz \;\&\; \mathbf{P}zy \;\&\; \mathbf{F}y \;\&\; y \neq z)$.

9.4 Oficialmente, uma *sequência de formação* é uma sequência de fórmulas em que cada uma delas é atômica, ou é obtida de alguma(s) fórmula(s) anterior(es) na sequência por negação, conjunção, disjunção, ou quantificação universal ou existencial. Uma sequência de formação *para uma fórmula* F é apenas uma sequência de formação cuja última fórmula é F. Prove que, em uma sequência de formação para uma fórmula F, toda subfórmula de F deve aparecer.

9.5 Prove que toda fórmula F tem uma sequência de formação na qual as *únicas* fórmulas que aparecem são as subfórmulas de F, e o número de fórmulas que aparece não é maior do que o número de símbolos em F.

9.6 Eis aqui um esboço de uma demonstração de que as únicas subfórmulas de $(F \;\&\; G)$ são ela própria e as subfórmulas de F e de G. Suponha que H seja algum outro tipo de subfórmula. Se H não contém o e comercial exibido, então H deve ser de uma das duas formas:

(**a**) $(\lambda$, em que λ é uma parte esquerda de F, ou
(**b**) $\rho)$, em que ρ é uma parte direita de G.

Se H contém o e comercial exibido, então alguma subfórmula de H (possivelmente a própria H) é uma conjunção $(A \;\&\; B)$, em que A e B são fórmulas e ou

(**c**) $A = F$ e B é uma parte esquerda λ de G,

(**d**) A é uma parte direita ρ de F e $B = G$, ou
(**e**) A é uma parte direita ρ de F e B é uma parte esquerda λ de G.

Mostre que (a) e (b) são impossíveis.

9.7 Continuando o problema precedente, mostre que (c)–(e) são todas impossíveis.

9.8 Nossa definição permite que a mesma variável ocorra tanto ligada quanto livre em uma fórmula, como em $P(x)$ & $\forall x Q(x)$. Como poderíamos alterar a definição de fórmula para impedir isso?

10

Um resumo da lógica de primeira ordem: semântica

Este capítulo continua o resumo dos conhecimentos de lógica necessários para capítulos posteriores. A seção 10.1 estuda as noções de verdade *e* satisfação, *e a seção 10.2, as chamadas noções* metalógicas *de validade, implicação ou consequência, e (in)satisfatibilidade.*

10.1 Semântica

Passemos agora das definições oficiais de noções sintáticas, no capítulo precedente, às definições oficiais de noções semânticas. Nossa tarefa é introduzir o mesmo nível de precisão e rigor na definição de verdade de uma sentença em ou sobre ou sob uma interpretação que introduzimos na própria noção de sentença. A definição que apresentamos é uma versão ou variante da *definição de Tarski* do que é uma sentença F verdadeira em uma interpretação $\mathcal{M}$, o que escrevemos $\mathcal{M} \models F$. (O sinal $\models$ por ser pronunciado 'torna verdadeira'.)

O primeiro passo é definir verdade para sentenças atômicas. A definição oficial será dada primeiro para o caso em que identidade e símbolos funcionais estão ausentes, e depois para o caso em que estão presentes. (Se letras sentenciais fossem admitidas, elas seriam sentenças atômicas, e especificar quais delas são verdadeiras e quais não seria parte de especificar uma interpretação; mas, como dissemos, em geral não iremos admiti-las.) Onde identidade e símbolos funcionais estão ausentes, de modo que toda sentença atômica tem a forma $R(t_1, \ldots, t_n)$ para algum predicado não lógico R e constantes t_i, a definição é simples:

(1a) $\qquad \mathcal{M} \models R(t_1, \ldots, t_n) \qquad$ se e somente se $\qquad R^{\mathcal{M}}(t_1^{\mathcal{M}}, \ldots, t_n^{\mathcal{M}})$.

A sentença atômica é verdadeira na interpretação caso os indivíduos que as constantes denotam nessa interpretação encontram-se na relação denotada, nessa interpretação, pelo predicado.

Quando a identidade está presente, há um outro tipo de sentença atômica para o qual uma definição de verdade deve ser dada:

(1b) $\qquad \mathcal{M} \models =(t_1, t_2) \qquad$ se e somente se $\qquad t_1^{\mathcal{M}} = t_2^{\mathcal{M}}$.

A sentença atômica é verdadeira na interpretação caso os indivíduos denotados pelas constantes nessa interpretação sejam o mesmo.

Quando símbolos funcionais estão presentes, precisamos de uma definição preliminar da denotação $t^{\mathcal{M}}$ de um termo fechado t de uma linguagem L em uma interpretação $\mathcal{M}$. As cláusulas (1a) e (1b) aplicam-se então, sendo que os t_i podem ser quaisquer termos fechados, e não somente constantes. Para um termo atômico fechado, isto é, para uma constante c, especificar a denotação $c^{\mathcal{M}}$ de c é parte do que se entende por especificar uma interpretação. Para termos mais complexos, procedemos como segue. Se f é um símbolo funcional n-ário, especificar a denotação $f^{\mathcal{M}}$ é, mais uma vez, parte do que se entende por especificar uma interpretação. Suponhamos que as denotações $t_1^{\mathcal{M}}, \ldots, t_n^{\mathcal{M}}$ dos termos $t_1, \ldots, t_n$ tenham sido definidas. Definimos, então, a denotação do termo complexo $f(t_1, \ldots, t_n)$ como o valor da função $f^{\mathcal{M}}$ que é a denotação de f aplicada aos indivíduos $t_1^{\mathcal{M}}, \ldots, t_n^{\mathcal{M}}$, que são as denotações de $t_1, \ldots, t_n$, como argumentos:

(1c) $$(f(t_1, \ldots, t_n))^{\mathcal{M}} = f^{\mathcal{M}}(t_1^{\mathcal{M}}, \ldots, t_n^{\mathcal{M}}).$$

Uma vez que todo termo é construído a partir de constantes pela aplicação de símbolos funcionais um número finito de vezes, essas especificações determinam a denotação de todo termo.

Assim, por exemplo, na interpretação padrão da linguagem da aritmética, dado que $\mathbf{0}$ denota o número zero e $'$ denota a função sucessor, de acordo com (1c) $\mathbf{0}'$ denota o valor obtido pela aplicação da função sucessor a zero como argumento, ou seja, o número um, um fato que antecipamos ao abreviar $\mathbf{0}'$ como $\mathbf{1}$. Igualmente, a denotação de $\mathbf{0}''$ é o valor obtido pela aplicação da função sucessor à denotação de $\mathbf{0}'$, a saber, um, como argumento, e esse valor é, claro, o número dois, novamente um fato que antecipamos ao abreviar $\mathbf{0}''$ por $\mathbf{2}$. Similarmente, a denotação de $\mathbf{0}'''$ é três, tal como é, por exemplo, a denotação de $\mathbf{0}' + \mathbf{0}''$. Nenhuma surpresa aqui.

De acordo com (1b), continuando o exemplo, uma vez que as denotações de $\mathbf{0}'''$ ou $\mathbf{3}$ e de $\mathbf{0}'+\mathbf{0}''$ ou $\mathbf{1+2}$ são as mesmas, $\mathbf{0}''' = \mathbf{0}'+\mathbf{0}''$ ou $\mathbf{3} = \mathbf{1+2}$ é verdadeira, ao passo que, ao contrário, $\mathbf{0}'' = \mathbf{0}'+\mathbf{0}''$ ou $\mathbf{2} = \mathbf{1+2}$ é falsa. Novamente, nenhuma surpresa. De acordo com (1a), continuando um pouco mais o exemplo, uma vez que a denotação de $\mathbf{<}$ é a relação menor-que estrita, e as denotações de $\mathbf{0}'''$ ou $\mathbf{3}$ e de $\mathbf{0}'+\mathbf{0}''$ ou $\mathbf{1+2}$ são ambas três, a sentença atômica $\mathbf{0}''' < \mathbf{0}'+\mathbf{0}''$ ou $\mathbf{3 < 1+2}$ é falsa, enquanto, ao contrário, $\mathbf{0}'' < \mathbf{0}' + \mathbf{0}''$ é verdadeira. Mais uma vez, nenhuma surpresa.

Há somente um candidato para o que deveria ser a definição, em cada um dos casos, da negação e das duas junções:

(2a) $\mathcal{M} \models \sim F$ se e somente se não $\mathcal{M} \models F$,

(2b) $\mathcal{M} \models (F \,\&\, G)$ se e somente se $\mathcal{M} \models F$ e $\mathcal{M} \models G$,

(2c) $\mathcal{M} \models (F \vee G)$ se e somente se $\mathcal{M} \models F$ ou $\mathcal{M} \models G$.

Assim, por exemplo, na interpretação padrão da linguagem da aritmética, dado que $\mathbf{0} = \mathbf{0}$ e $\mathbf{0} < \mathbf{0}'$ são verdadeiras enquanto $\mathbf{0} < \mathbf{0}$ é falsa, temos que $(\mathbf{0} = \mathbf{0} \vee \mathbf{0} < \mathbf{0}')$ é verdadeira, $(\mathbf{0} < \mathbf{0} \,\&\, \mathbf{0} = \mathbf{0})$ é falsa, $(\mathbf{0} < \mathbf{0} \,\&\, (\mathbf{0} = \mathbf{0} \vee \mathbf{0} < \mathbf{0}'))$ é falsa e $((\mathbf{0} < \mathbf{0} \,\&\, \mathbf{0} = \mathbf{0}) \vee \mathbf{0} < \mathbf{0}')$ é verdadeira. Ainda nenhuma surpresa.

Uma consequência de (2a)–(2c) que vale a pena mencionar é que $(F \,\&\, G)$ é verdadeira se e somente se $\sim(\sim F \vee \sim G)$ é verdadeira, e $(F \vee G)$ é verdadeira se e somente se $\sim(\sim F \,\&\, \sim G)$ é verdadeira. Poderíamos, portanto, se desejássemos, eliminar um do par &, $\vee$ da linguagem oficial e tratá-lo como uma abreviação não oficial (de uma expressão envolvendo $\sim$ e o outro do par), do mesmo modo com que $\rightarrow$ e $\leftrightarrow$.

A única sutileza nessa história surge no nível da quantificação. Eis aqui uma abordagem simples, tentadora e *errada* da definição de verdade para o caso da quantificação, denominada abordagem *substitucional*.

$\mathcal{M} \models \forall x F(x)$ se e somente se para todo termo fechado t, $\mathcal{M} \models F(t)$,

$\mathcal{M} \models \exists x F(x)$ se e somente se para algum termo fechado t, $\mathcal{M} \models F(t)$.

Em outras palavras, por essa definição, uma quantificação universal é verdadeira se e somente se toda instância substitutiva for verdadeira, e uma quantificação existencial é verdadeira se e somente se alguma instância substitutiva for verdadeira. Essa definição em geral produz resultados que não estão de acordo com a intuição, a menos que aconteça que todo indivíduo no domínio da interpretação seja denotado por algum termo da linguagem. Se o domínio da interpretação é enumerável, poderíamos sempre *expandir* a linguagem adicionando mais constantes e estendendo a interpretação de modo que cada indivíduo no domínio seja a denotação de uma delas. Mas não podemos fazer isso quando o domínio é não enumerável. (Ao menos, não podemos fazer isso enquanto continuarmos a insistir que uma linguagem, supostamente, envolve somente um conjunto finito ou enumerável de símbolos. É claro, admitir uma 'linguagem' com um conjunto não enumerável de símbolos envolveria uma considerável extensão do conceito. Consideraremos brevemente esse conceito estendido de 'linguagem' em um capítulo posterior, mas, por enquanto, vamos deixá-lo de lado.)

10.1 Exemplo. Considere a linguagem L^* da aritmética e três interpretações diferentes dela: primeiro, a interpretação padrão $\mathcal{N}^*$; segundo, a interpretação alternativa $\mathcal{Q}$, considerada anteriormente, tendo como domínio os números racionais não negativos; terceiro, a interpretação alternativa similar $\mathcal{R}$, tendo como domínio os números reais não negativos. Ora, de fato, a abordagem substitucional dá os resultados intuitivamente corretos para $\mathcal{N}^*$

em todos os casos. Isso não acontece, contudo, com as duas outras interpretações. Com efeito, todos os termos fechados da linguagem têm a mesma denotação em todas as três interpretações, e disso se segue que todos os termos fechados denotam números naturais. E disso se segue que $t + t = \mathbf{1}$ é falsa para todos os termos fechados t, uma vez que não há nenhum número natural que, acrescentado a si mesmo, resulte em um. Assim, na abordagem substitucional, $\exists x(x + x = \mathbf{1})$ resultaria falsa nas três interpretações. Intuitivamente, porém, 'há algo (no domínio) que, somado a si mesmo, dá como resultado um' é falsa somente na interpretação padrão $\mathcal{N}^*$, e verdadeira nas interpretações racional e real $\mathcal{Q}$ e $\mathcal{R}$.

Poderíamos tentar consertar isso acrescentando mais constantes à linguagem, de modo que haja uma constante denotando cada número racional não negativo. Assim, nas interpretações racional e real, $\mathbf{1/2} + \mathbf{1/2} = \mathbf{1}$ resultaria verdadeira e, portanto, $\exists x(x + x = \mathbf{1})$ resultaria verdadeira usando-se a abordagem substitucional, e esse exemplo particular de um problema com a abordagem substitucional estaria resolvido. De fato, a abordagem substitucional daria então os resultados intuitivamente corretos para $\mathcal{Q}$ em todos os casos. Não, contudo, para $\mathcal{R}$. Com efeito, todos os termos na linguagem denotariam números racionais, e disso seguir-se-ia que $t \cdot t = \mathbf{2}$ é falsa para todos os termos t, uma vez que não há nenhum número racional que, multiplicado por si mesmo, dê como resultado dois. Assim, na abordagem substitucional, $\exists x(x \cdot x = 2)$ resultaria falsa. Mas intuitivamente, embora 'há algo (no domínio) que, multiplicado por si mesmo, dá como resultado dois' seja falsa na interpretação racional, é verdadeira na interpretação real. Poderíamos tentar consertar isso acrescentado mais termos à linguagem, mas pelo teorema de Cantor há demasiados números reais para que se possa acrescentar um termo para cada um deles ao mesmo tempo que se mantém a linguagem enumerável.

A definição *correta* para o caso da quantificação tem que ser um pouco mais indireta. Ao definir quando $\mathcal{M} \models \forall x F(x)$, não tentamos estender a linguagem L dada de modo a fornecer de uma vez só constantes para todos os indivíduos no domínio da interpretação. Em geral, isso não pode ser feito sem tornar a linguagem não enumerável. Contudo, se considerarmos qualquer indivíduo particular no domínio, *poderíamos* estender a linguagem e a interpretação para dar *só a ele* um nome, e o que fazemos, ao definir quando $\mathcal{M} \models \forall x F(x)$, é considerar *todas as* extensões *possíveis* da linguagem e da interpretação pelo acréscimo de somente uma nova constante e pela atribuição a ela de uma denotação.

Digamos que, na interpretação $\mathcal{M}$, o indivíduo m *satisfaz* $F(x)$, e escrevemos $\mathcal{M} \models F[m]$ para significar 'se considerássemos a linguagem estendida $L \cup \{c\}$ obtida pela adição de uma nova constante c à nossa linguagem L, e se entre todas as extensões de nossa interpretação dada $\mathcal{M}$ a uma interpretação dessa linguagem estendida nós considerarmos aquela interpretação $\mathcal{M}^c_m$ que atribui a c a denotação m, então $F(c)$ seria verdadeira':

$$(3^*) \qquad \mathcal{M} \models F[m] \quad \text{se e somente se} \quad \mathcal{M}^c_m \models F(c).$$

(Por precisão, vamos dizer que a constante a ser adicionada seja a primeira constante que não está em L de nossa enumeração fixa do estoque de constantes.)

Por exemplo, se $F(x)$ é $x \cdot x = \mathbf{2}$, então, na interpretação real da linguagem da aritmética, $\sqrt{2}$ satisfaz $F(x)$, porque se estendermos a linguagem pela adição de uma constante c e estendermos a interpretação tomando c como denotando $\sqrt{2}$, então $c \cdot c = \mathbf{2}$ resultaria verdadeira, porque o número real denotado por c seria aquele que, multiplicado por si mesmo, dá como resultado dois. Essa definição de satisfação pode ser então estendida a fórmulas com mais de uma variável livre. Por exemplo, se $F(x, y, z)$ é $x \cdot y = z$, então $\sqrt{2}$, $\sqrt{3}$, $\sqrt{6}$ satisfazem $F(x, y, z)$, porque, se acrescentarmos c, d, e e denotando esses números, $c \cdot d = e$ seria verdadeira.

Eis aqui, então, a definição *correta*, denominada abordagem *objetual*:

(3a) $\mathcal{M} \models \forall x F(x)$ se e somente se para todo m no domínio, $\mathcal{M} \models F[m]$,

(3b) $\mathcal{M} \models \exists x F(x)$ se e somente se para algum m no domínio, $\mathcal{M} \models F[m]$.

Assim, $\mathcal{R} \models \exists x F(x)$ pela definição acima, em concordância com nossa intuição, porque $\mathcal{R} \models F[\sqrt{2}]$, mesmo que não haja um termo t na linguagem real tal que $\mathcal{R} \models F(t)$.

Uma aplicação imediata das definições acima que vale a pena mencionar é que $\forall x F$ resulta verdadeira se e somente se $\sim\exists x\sim F$ é verdadeira, e $\exists x F$ resulta verdadeira se e somente se $\sim\forall x\sim F$ é verdadeira, de modo que seria possível descartar da linguagem oficial um elemento do par $\forall$, $\exists$, e tratá-lo como uma abreviação não oficial.

O método de prova por indução em complexidade pode ser usado para provar resultados tanto semânticos quanto sintáticos. O resultado a seguir pode servir como aquecimento para provas mais substanciais posteriormente, além de proporcionar uma ocasião para revisar a definição de verdade cláusula por cláusula.

10.2 Proposição. (Lema da extensionalidade).

(**a**) Se uma sentença A é verdadeira ou não depende somente do domínio e das denotações dos símbolos não lógicos de A.

(**b**) Se uma fórmula $F(x)$ é satisfeita ou não por um elemento m do domínio depende somente do domínio, das denotações dos símbolos não lógicos de F, e do elemento m.

(**c**) Se uma sentença $F(t)$ é verdadeira ou não depende somente do domínio, das denotações dos símbolos não lógicos de $F(x)$, e da denotação do termo fechado t.

Aqui (a), por exemplo, significa que o valor de verdade de A não depende de quais sejam os símbolos não lógicos de A *eles mesmos*, mas somente do que suas *denotações* são, e não depende das denotações de símbolos não lógicos que *não estão* em A. (Assim, um enunciado mais formal seria: se começarmos com uma sentença A e uma interpretação $\mathcal{I}$, e transformarmos A em B trocando zero ou mais símbolos não lógicos por outros da mesma espécie, e mudarmos de $\mathcal{I}$ para $\mathcal{J}$, então o valor de verdade de B em $\mathcal{J}$ será o mesmo que o valor de verdade de

A em $\mathcal{I}$, desde que $\mathcal{J}$ tenha o mesmo domínio que $\mathcal{I}$, $\mathcal{J}$ atribua cada símbolo não lógico não trocado a mesma denotação que $\mathcal{I}$ atribuía, e sempre que um símbolo não lógico S é trocado por T, então $\mathcal{J}$ atribui a T a mesma denotação que $\mathcal{I}$ atribuía a S. A prova, como veremos, é pouca coisa mais longa do que esse enunciado formal!)

Demonstração: Ao demonstrar (a), consideramos primeiro o caso em que símbolos funcionais estão ausentes, de modo que os únicos termos fechados são constantes, e procedemos por indução em complexidade. Pela cláusula atômica da definição de verdade, o valor de verdade de uma sentença atômica depende somente da denotação de seu predicado (a qual, no caso do predicado de identidade, não pode ser alterada) e das denotações de suas constantes. Para uma negação $\sim B$, assumindo como hipótese de indução que (a) vale para B, então (a) vale para $\sim B$ também, dado que, pela cláusula da negação da definição de verdade, o valor de verdade de $\sim B$ depende somente do valor de verdade de B. Os casos da disjunção e conjunção são similares.

Para uma quantificação universal $\forall x B(x)$, assumindo como hipótese de indução que (a) vale para sentenças da forma $B(c)$, então (b) vale para $B(x)$, pela seguinte razão. Pela definição de satisfação, se m satisfaz $B(x)$ ou não depende do valor de verdade de $B(c)$, em que c é uma constante que não ocorre em $B(x)$ e à qual é atribuída a denotação m. [Por precisão, especificamos qual constante deve ser usada, mas a suposição de (a) para sentenças da forma $B(c)$ implica que não importa que constante seja usada, desde que a ela seja atribuída a denotação m.] Pela hipótese de indução, o valor de verdade de $B(c)$ depende somente do domínio e da denotação dos símbolos não lógicos em $B(c)$, isto é, das denotações dos símbolos não lógicos em $B(x)$ e do elemento m que é a denotação do símbolo não lógico c, tal como afirmado por (b) para $B(x)$. Feita essa observação preliminar, (a) para $\forall x Bx$ segue-se imediatamente, uma vez que, pela cláusula da quantificação universal da definição de verdade, o valor de verdade de $\forall x B(x)$ depende somente do domínio e de quais dos seus elementos satisfazem $B(x)$. O caso da quantificação existencial é o mesmo.

Se símbolos funcionais estão presentes, temos, como preliminar, que estabelecer por indução na complexidade dos termos que a denotação de um termo depende somente das denotações dos símbolos não lógicos que nele ocorrem. Isso é trivial no caso de uma constante. Se é verdadeiro para os termos $t_1, \ldots, t_n$, então é verdadeiro para o termo $f(t_1, \ldots, t_n)$, uma vez que a definição de denotação de um termo menciona somente a denotação do símbolo não lógico f e as denotações dos termos $t_1, \ldots, t_n$. Feita essa observação preliminar, (a) para sentenças atômicas se segue, uma vez que, pela cláusula atômica da definição de verdade, o valor de verdade de uma sentença atômica depende somente da denotação de seu predicado e das denotações de seus termos. Os casos não atômicos na prova não exigem mudanças.

Demonstramos (b) no decorrer da demonstração de (a). Tendo (b), a prova de (c) reduz-se a mostrar que, se uma sentença $F(t)$ é verdadeira ou não depende somente de se o elemento m denotado por t satisfaz $F(x)$, ou seja, pela definição de satisfação, se $F(c)$ é verdadeira, onde c é uma constante tendo a mesma denotação m que t. A prova de que $F(c)$ e $F(t)$ têm o mesmo valor de verdade se c e t têm a mesma denotação fica relegada aos problemas no final do capítulo.

É também a extensionalidade e, especificamente, a parte (c) da Proposição 10.2, que justifica nossos breves comentários anteriores no sentido de que a abordagem substitucional para definir quantificação funciona *quando todo elemento do domínio é a denotação de algum termo fechado*. Se, para algum termo fechado t, a sentença $B(t)$ é verdadeira, então, estipulando que m é a denotação de t, segue-se por extensionalidade que m satisfaz $B(x)$ e, portanto, $\exists x B(x)$ é verdadeira; inversamente, se $\exists x B(x)$ é verdadeira, então algum m satisfaz $B(x)$, e *assumindo que todo elemento do domínio é a denotação de algum termo fechado*, então algum termo t denota m, e por extensionalidade, $B(t)$ é verdadeira. Analogamente, $\forall x B(x)$ é verdadeira se e somente se para todo termo t, $B(t)$ é verdadeira.

De modo semelhante, se todo elemento do domínio é a denotação de um termo fechado *de algum tipo especial*, então $\exists x B(x)$ é verdadeira se e somente se $B(t)$ é verdadeira para algum termo fechado t *daquele tipo especial*. Em particular, para a interpretação padrão $\mathcal{N}^*$ da linguagem da aritmética L^*, em que todo elemento do domínio é a denotação de um dos termos $\mathbf{0}, \mathbf{1}, \mathbf{2}, \ldots$, temos

$$\mathcal{N}^* \models \forall x F(x) \quad \text{se e somente se} \quad \text{para todo número natural } m,\ \mathcal{N}^* \models F(\mathbf{m}),$$

$$\mathcal{N}^* \models \exists x F(x) \quad \text{se e somente se} \quad \text{para algum } m \text{ no domínio, } \mathcal{N}^* \models F(\mathbf{m}),$$

onde $\mathbf{m}$ é o numeral para o número m (isto é, o termo consistindo no algarismo $\mathbf{0}$ seguido por m cópias do sinal $'$).

10.2 Noções metalógicas

Agora, com as definições rigorosas de fórmula e sentença, e de satisfação e verdade, podemos prosseguir para as definições das noções principais da teoria lógica. Um conjunto Γ de sentenças *implica* ou tem como *consequência* a sentença D se não há nenhuma interpretação que torna toda sentença em Γ verdadeira, mas que torna D falsa. Ou seja, toda interpretação que torna toda sentença em Γ verdadeira torna D verdadeira. (Na verdade, se D contém um símbolo não lógico que não está em Γ, uma interpretação poderia tornar Γ verdadeiro mas não atribuir nenhuma denotação a esse símbolo e, portanto, nenhum valor de verdade a D. Mas em tal caso, seja como for que a interpretação é estendida de modo a atribuir uma denotação a quaisquer símbolos desses e, com isso, um valor de verdade a D, Γ ainda será verdadeiro pelo lema da extensionalidade, de modo que D não pode ser falsa e tem que ser verdadeira. Para evitar um excesso de pormenores sobre tais pontos, no futuro entenderemos tacitamente 'toda interpretação' como significando 'toda interpretação que atribui denotações a todos os símbolos não lógicos em quaisquer sentenças que estejamos considerando'.) Usamos 'torna toda sentença em Γ verdadeira' e 'torna Γ verdadeiro' intercambiavelmente, e, da mesma forma, 'as sentenças no conjunto Γ implicam *D*' e 'Γ implica *D*'. Quando Γ contém somente uma única sentença *C* (em símbolos, quando Γ = {*C*}), usamos 'Γ implica *D*' e '*C* implica *D*' intercambiavelmente. Vejamos alguns exemplos. Há muitos mais nos problemas no final do capítulo (e muitos, muitos, muitos mais em livros introdutórios).

10.3 Exemplo. Alguns princípios da implicação.

(a) $\sim\sim B$ implica B.
(b) B implica $(B \vee C)$ e C implica $(B \vee C)$.
(c) $\sim(B \vee C)$ implica $\sim B$ e $\sim C$.
(d) $B(t)$ implica $\exists x B(x)$.
(e) $\sim\exists x B(x)$ implica $\sim B(t)$.
(f) $s = t$ e $B(s)$ implica $B(t)$.

Demonstrações: Para (a), pela cláusula da negação da definição de verdade, em qualquer interpretação, se $\sim\sim B$ é verdadeira, então $\sim B$ deve ser falsa, e B deve ser verdadeira. Para (b), pela cláusula da disjunção da definição de verdade, em qualquer interpretação, se B é verdadeira, então $(B \vee C)$ é verdadeira; analogamente para C. Para (c), pelo que acabamos de mostrar, qualquer interpretação que *não* torna $(B \vee C)$ verdadeira *não* pode tornar B verdadeira; logo, qualquer interpretação que torna $\sim(B \vee C)$ verdadeira torna $\sim B$ verdadeira; e analogamente para $\sim C$. Para (d), em qualquer interpretação, pelo lema da extensionalidade $B(t)$ é verdadeira se e somente se o elemento m do domínio que é denotado por t satisfaz $B(x)$, em cujo caso $\exists x B(x)$ é verdadeira No que toca a (e), segue-se do que acabamos de mostrar do mesmo modo como (c) segue-se de (b). Para (f), pela cláusula de identidade da definição de verdade, em qualquer interpretação, se $s = t$ é verdadeira, então s e t denotam o mesmo elemento do domínio. Então, pelo lema da extensionalidade, $B(s)$ é verdadeira se e somente se $B(t)$ é verdadeira.

Há mais duas noções importantes ao lado de implicação ou consequência. Uma sentença *D* é *válida* se nenhuma interpretação torna *D* falsa. Nesse caso, *a fortiori*, nenhuma interpretação torna Γ verdadeira e *D* falsa; Γ implica *D* para *qualquer* Γ. Inversamente, se todo Γ implica *D*, então, uma vez que para toda interpretação há um conjunto de sentenças Γ que ela torna verdadeiras, nenhuma interpretação pode tornar *D* falsa, e *D* é válida. Um conjunto de sentenças é *insatisfatível* se nenhuma interpretação torna Γ verdadeiro (e é *satisfatível* se alguma interpretação o faz). Nesse caso, *a fortiori*, nenhuma interpretação torna Γ verdadeiro e *D* falsa, logo Γ implica *D* para qualquer *D*. Inversamente, se Γ implica toda *D*, então, uma vez que para toda interpretação há uma sentença que ela torna falsa, não pode haver nenhuma interpretação tornando Γ verdadeiro, e Γ é insatisfatível.

Noções tais como consequência, insatisfatibilidade e validade são frequentemente chamadas 'metalógicas' em contraste com as noções de negação, conjunção, disjunção, e quantificação universal e existencial, que são simplesmente chamadas 'lógicas'. Terminologia à parte, a diferença é que há símbolos $\sim$, &, $\vee$, $\forall$, $\exists$ em nossa linguagem formal (a 'linguagem objeto') para negação e o resto, enquanto palavras como 'consequência' somente aparecem na prosa não formalizada, o português matemático no qual falamos *sobre* a linguagem formal (a 'metalinguagem').

Tal como para a implicação ou consequência, também para a validade, insatisfatibilidade e satisfatibilidade há inúmeros pequenos princípios que se seguem diretamente das definições. Por exemplo: se um conjunto é satisfatível, então todo subconjunto seu também é (uma vez que uma interpretação que torna verdadeira toda sentença no conjunto tornará verdadeira toda sentença no subconjunto); nenhum conjunto contendo tanto uma sentença quanto sua negação é satisfatível (uma vez que nenhuma interpretação torna ambas verdadeiras); e assim por diante. As asserções simples do Exemplo 10.3 podem, cada uma delas, ser mais elaboradas em versões mais rebuscadas referentes a validade e (in)satisfatibilidade, como ilustramos a seguir no caso de 10.3(a).

10.4 Exemplo. Variações sobre um tema.

(a) $\sim\sim B$ implica B.

(b) Se Γ implica $\sim\sim B$, então Γ implica B.

(c) Se B implica D, então $\sim\sim B$ implica D.

(d) Se $\Gamma \cup \{B\}$ implica D, então $\Gamma \cup \{\sim\sim B\}$ implica D.

(e) Se $\sim\sim B$ é válida, então B é válida.

(f) Se $\Gamma \cup \{B\}$ é insatisfatível, então $\Gamma \cup \{\sim\sim B\}$ é insatisfatível.

(g) Se $\Gamma \cup \{\sim\sim B\}$ é satisfatível, então $\Gamma \cup \{B\}$ é satisfatível.

Demonstração: (a) é uma reiteração de 10.3(a). Para (b), temos que toda interpretação que torna Γ verdadeiro torna $\sim\sim B$ verdadeira, e queremos mostrar que qualquer interpretação que torna Γ verdadeiro torna B verdadeira. Mas isso é imediato de (a), que diz que qualquer interpretação que torna $\sim\sim B$ verdadeira torna B verdadeira. Para (c), o que temos é que qualquer interpretação que torna B verdadeira torna D verdadeira, e queremos mostrar que qualquer interpretação que torna $\sim\sim B$ verdadeira torna B verdadeira. Novamente, porém, isso é imediato do fato de que qualquer interpretação que torna $\sim\sim B$ verdadeira torna B verdadeira. Em (d), $\Gamma \cup \{B\}$ denota o resultado de adicionar B a Γ. A prova nesse caso é uma combinação das provas de (b) e (c). Para (e), temos que toda interpretação torna $\sim\sim B$ verdadeira, e queremos mostar que toda interpretação torna B verdadeira, ao passo que, para (f), temos que nenhuma interpretação torna Γ e B verdadeiros, e queremos mostrar que nenhuma interpretação torna Γ e $\sim\sim B$ verdadeiros. Mas, novamente, ambas são imediatas de (a), isto é, a partir do fato de que toda interpretação que torna $\sim\sim B$ verdadeira torna B verdadeira. Finalmente, (g) é imediata a partir de (f).

Poderíamos fazer a mesma coisa com qualquer uma de 10.3(b)–10.3(f). Alguns resultados existem somente na versão rebuscada, por assim dizer.

10.5 Exemplo. Alguns princípios de satisfatibilidade.

(a) Se $\Gamma \cup \{(A \vee B)\}$ é satisfatível, então ou $\Gamma \cup \{A\}$ é satisfatível, ou $\Gamma \cup \{B\}$ é satisfatível.

(b) Se $\Gamma \cup \{\exists x B(x)\}$ é satisfatível, então, para qualquer constante c que não ocorre em Γ ou em $\exists x B(x)$, $\Gamma \cup \{B(c)\}$ é satisfatível.

(c) Se Γ é satisfatível, então $\Gamma \cup \{t = t\}$ é satisfatível.

Demonstração: Para (a), temos que alguma interpretação torna Γ e $A \vee B$ verdadeiros, e queremos mostrar que alguma interpretação torna Γ e A verdadeiros, ou alguma torna Γ e B verdadeiros. De fato, a *mesma* interpretação que torna Γ e $A \vee B$ verdadeiros ou torna A verdadeira ou torna B verdadeira, pela cláusula da disjunção na definição de verdade. Para (b), temos que alguma interpretação torna Γ e $\exists x B(x)$ verdadeiros, e queremos mostrar que alguma interpretação torna Γ e $B(c)$ verdadeiros assumindo que c não ocorre em Γ ou em $\exists x B(x)$. Bem, uma vez que $\exists x B(x)$ é verdadeira, algum elemento m do domínio satisfaz $B(x)$. E uma vez que c não ocorre em Γ ou em $\exists x B(x)$, podemos mudar a interpretação de modo a tornar m a denotação de c sem mudar as denotações de quaisquer símbolos não lógicos em Γ ou em $\exists x B(x)$, e assim, pela extensionalidade, não alterando seus valores de verdade. Mas então Γ ainda é verdadeiro, e uma vez que m satisfaz $B(x)$, $B(c)$ também é verdadeira. Para (c), temos que alguma interpretação torna Γ verdadeiro e queremos mostrar que alguma interpretação torna Γ e $t = t$ verdadeiros. Mas *qualquer* interpretação torna $t = t$ verdadeira, desde que atribua uma denotação a cada símbolo não lógico em t, e se nossa interpretação não faz isso, ela pelo menos atribui uma denotação a cada símbolo não lógico em t que ocorre em Γ, e se a estendermos de forma a atribuir denotações a quaisquer símbolos não lógicos em t, pela extensionalidade Γ ainda será verdadeiro, e aí $t = t$ também será verdadeira.

Há mais uma importante noção metalógica: duas sentenças são *equivalentes em uma interpretação* $\mathcal{M}$ se elas têm o mesmo valor de verdade. Duas fórmulas $F(x)$ e $G(x)$ são equivalentes em $\mathcal{M}$ se, tomando-se uma constante c que não ocorre em nenhuma delas, as sentenças $F(c)$ e $G(c)$ são equivalentes em toda interpretação $\mathcal{M}^c_m$ obtida estendendo-se $\mathcal{M}$ de modo a atribuir a c alguma denotação m. Duas sentenças são (*logicamente*) *equivalentes* se elas são equivalentes em todas as interpretações. As definições podem ser estendidas a fórmulas com mais do que uma variável livre. Deixamos o desenvolvimento das propriedades básicas da equivalência inteiramente para os problemas.

Antes de encerrar este capítulo e começar com esses problemas, seria oportuna uma observação. O método de indução em complexidade que usamos neste capítulo e no precedente para demonstrar resultados nada empolgantes como os lemas dos parênteses e da extensionalidade serão, cedo ou tarde, usados para provar alguns resultados menos óbvios e mais interessantes. Muito do interesse de tais resultados sobre linguagens formais depende de eles serem aplicáveis à linguagem ordinária. Estivemos nos ocupando aqui principalmente de como ler sentenças de nossa linguagem formal em linguagem ordinária, e muito menos de como escrever sentenças da linguagem ordinária em nossa linguagem formal, de modo que precisamos dizer algumas palavras sobre este último tópico.

Em capítulos posteriores deste livro, haverá muitos exemplos de como escrever asserções da *teoria dos números*, o ramo da matemática que se ocupa dos números naturais, como sentenças de primeira ordem na linguagem da aritmética. Mas o potencial pleno do que pode ser feito com linguagens de primeira ordem não ficará aparente só a partir desses exemplos, ou deste livro. Obras sobre teoria de conjunto dão exemplos de como escrever asserções de outros ramos da matemática como sentenças de primeira ordem em uma *linguagem da teoria de conjuntos*, e tornam plausível que, em virtualmente *todos* os ramos da matemática, o que queremos dizer pode ser dito em uma linguagem de primeira ordem. Obras de lógica de nível introdutório contêm uma profusão de exemplos de como dizer o que queremos dizer em uma linguagem de primeira ordem coisas fora do âmbito da matemática (como em nossos exemplos genealógicos).

Mas isso não pode *sempre* ser feito fora da matemática, e alguns de nossos resultados *não* se aplicam irrestritamente à linguagem ordinária. Um exemplo característico é a legibilidade única. Na linguagem ordinária, sentenças ambíguas do tipo 'A e B ou C' são perfeitamente possíveis. É claro, embora *possíveis*, elas não são *desejáveis*: a sentença deveria ser reescrita de modo a indicar se se quer dizer 'A, e ou B ou C', ou 'Ou A e B, ou C'. Um exemplo característico mais sério é a extensionalidade. Na linguagem ordinária, *não* é sempre o caso que uma expressão pode ser trocada por outra denotando a mesma coisa sem alterar valores de verdade. Para dar o exemplo clássico, Sir Walter Scott foi o autor do romance histórico *Waverley*, mas houve um tempo em que esse fato era desconhecido, uma vez que a obra tinha sido publicada anonimamente. Naquela época, 'É sabido que Scott é Scott' era, como sempre, verdadeira, mas 'É sabido que o autor de *Waverley* é Scott' era falsa, ainda que 'Scott' e 'o autor de *Waverley*' tivessem a mesma denotação.

Para formular a questão de outra maneira, escrevendo s para 'Scott' e t para 'o autor de *Waverley*', e escrevendo $A(x)$ para 'x é Scott' e $\Box$ para 'é sabido que', o que acabamos de dizer é que $s = t$ e $\Box A(s)$ podem ser verdadeiras sem que $\Box A(t)$ seja verdadeira, ao contrário de um de nossos exemplos acima, segundo o qual, em nossas linguagens formais, $s = t$ e $B(s)$ sempre implicam $B(t)$. Não há contradição com nosso exemplo, é claro, uma vez que nossas linguagens formais não contêm nenhum operador como $\Box$; contudo, precisamente por essa razão, *nem* tudo que pode ser expresso na linguagem ordinária pode ser expresso em nossas linguagens formais. Há um ramo independente da lógica, chamado *lógica modal*, dedicado a operadores como $\Box$, e eventualmente chegaremos a dar uma espiada nesse ramo da lógica, embora somente no último capítulo do livro.

Problemas

10.1 Complete a prova do lema da extensionalidade (Proposição 10.2) mostrando que, se c é uma constante e t um termo fechado que tem a mesma denotação, então substituir c por t em uma sentença não altera o valor de verdade dessa sentença.

10.2 Mostre que $\exists y \forall x R(x, y)$ implica $\forall x \exists y R(x, y)$.

10.3 Mostre que $\forall x \exists y F(x, y)$ não implica $\exists y \forall x F(x, y)$.

10.4 Mostre que:

(**a**) Se a sentença E é implicada pelo conjunto de sentenças Δ e toda sentença D em Δ é implicada pelo conjunto de sentenças Γ, então E é implicada por Γ.

(**b**) Se a sentença E é implicada pelo conjunto de sentenças $\Gamma \cup \Delta$ e toda sentença D em Δ é implicada pelo conjunto de sentenças Γ, então E é implicada por Γ.

10.5 Seja $\emptyset$ o conjunto vazio de sentenças, e seja $\bot$ qualquer sentença que não é verdadeira em nenhuma interpretação. Mostre que:

(**a**) Uma sentença D é válida se e somente se D é uma consequência de $\emptyset$.

(**b**) Um conjunto de sentenças Γ é insatisfatível se e somente se $\bot$ é uma consequência de Γ.

10.6 Mostre que:

(**a**) $\{C_1, \ldots, C_m\}$ é insatisfatível se e somente se $\sim C_1 \vee \ldots \vee \sim C_m$ é válida.

(**b**) D é uma consequência de $\{C_1, \ldots, C_m\}$ se e somente se $\sim C_1 \vee \ldots \vee \sim C_m \vee D$ é válida.

(**c**) D é uma consequência de $\{C_1, \ldots, C_m\}$ se e somente se $\{C_1, \ldots, C_m, \sim D\}$ é insatisfatível.

(**d**) D é válida se e somente se $\sim D$ é insatisfatível.

10.7 Mostre que $B(t)$ e $\exists x(x = t \,\&\, B(x))$ são logicamente equivalentes.

10.8 Mostre que:

(**a**) $(B \,\&\, C)$ implica B e implica C.

(**b**) $\sim B$ implica $\sim(B \,\&\, C)$ e $\sim C$ implica $\sim(B \,\&\, C)$.

(**c**) $\forall x B(x)$ implica $B(t)$.

(**d**) $\sim B(t)$ implica $\sim \forall x B(x)$.

10.9 Mostre que:

(**a**) Se $\Gamma \cup \{\sim(B \,\&\, C)\}$ é satisfatível, então ou $\Gamma \cup \{\sim B\}$ é satisfatível ou $\Gamma \cup \{\sim C\}$ é satisfatível.

(**b**) Se $\Gamma \cup \{\sim \forall x B(x)\}$ é satisfatível, então, para qualquer constante c que não ocorra em Γ nem em $\forall x B(x)$, $\Gamma \cup \{\sim B(c)\}$ é satisfatível.

10.10 Mostre que o seguinte vale para equivalência em qualquer interpretação (e, portanto, para equivalência lógica), para quaisquer sentenças (e, portanto, para quaisquer fórmulas):

(**a**) F é equivalente a F.

(**b**) Se F é equivalente a G, então G é equivalente a F.

(**c**) Se F é equivalente a G, e G é equivalente a H, então F é equivalente a H.

(**d**) Se F e G são equivalentes, então $\sim F$ e $\sim G$ são equivalentes.

(**e**) Se F_1 e G_1 são equivalentes, e F_2 e G_2 são equivalentes, então $F_1 \& F_2$ e $G_1 \& G_2$ são equivalentes, e analogamente para $\vee$.

(**f**) Se c não ocorre em $F(x)$ ou $G(x)$, e $F(c)$ e $G(c)$ são equivalentes, então $\forall x F(x)$ e $\forall x G(x)$ são equivalentes, e analogamente para $\exists$.

10.11 (*Substituição de equivalentes.*) Mostre que o seguinte vale para equivalência em qualquer interpretação (e, portanto, para equivalência lógica):

(**a**) Se uma sentença G resulta de uma sentença F pela substituição de uma sentença atômica A por uma sentença equivalente B, então F e G são equivalentes.

(**b**) Mostre que o mesmo vale para uma fórmula atômica A e uma fórmula equivalente B (desde que, para evitar complicações, nenhuma variável que ocorra em A ocorra ligada em B ou F).

(**c**) Mostre que o mesmo vale mesmo se A não for atômica.

10.12 Mostre que $F(x)$ é (logicamente) equivalente a $G(x)$ se e somente se $\forall x(F(x) \leftrightarrow G(x))$ é válida.

10.13 (*Renomeação de variáveis ligadas.*) Mostre que:

(**a**) Se F é uma fórmula e y uma variável que não ocorre livre em F, então F é (logicamente) equivalente a uma fórmula na qual y absolutamente não ocorre. O mesmo se aplica a qualquer número de variáveis $y_1, \ldots, y_n$.

(**b**) Toda fórmula é logicamente equivalente a uma fórmula que não tem nenhuma subfórmula na qual a mesma variável ocorre tanto livre quanto ligada.

10.14 Mostre que os pares de fórmulas a seguir são equivalentes:

(**a**) $\forall x F(x) \& \forall y G(y)$ e $\forall u(F(u) \& G(u))$.

(**b**) $\forall x F(x) \vee \forall y G(y)$ e $\forall u \forall v(F(u) \vee G(v))$.

(**c**) $\exists x F(x) \& \exists y G(y)$ e $\exists u \exists v(F(u) \& G(v))$.

(**d**) $\exists x F(x) \vee \exists y G(y)$ e $\exists u(F(u) \vee G(u))$.

[Em (a), deve-se entender que u pode ser uma variável que não ocorre livre em $\forall x F(x)$ ou $\forall y G(y)$; em particular, se x e y são a mesma variável, u

pode ser a mesma variável. Em (b) deve-se entender que u e v podem ser quaisquer variáveis distintas que não ocorrem livres em $\forall xF(x) \vee \forall yG(y)$; em particular, se x não ocorre livre em $\forall yG(y)$ e y não ocorre livre em $\forall xF(x)$, então u pode ser x e y pode ser v. Analogamente para (d) e (c).]

11

A indecidibilidade da lógica de primeira ordem

Este capítulo faz a ligação entre nossos estudos sobre computabilidade com questões de lógica. A seção 11.1 pressupõe familiaridade com as noções de lógica dos capítulos 9 e 10, e de computabilidade por máquina de Turing dos capítulos 3–4, incluindo o fato de que o problema da parada não é solúvel por nenhuma máquina de Turing; além disso, essa seção descreve um procedimento efetivo para produzir, dada qualquer máquina de Turing M e entrada n, um conjunto de sentenças Γ *e uma sentença D tais que M, dada a entrada n, finalmente para se e somente se* Γ *implica D. Segue-se que, se houvesse um procedimento efetivo para decidir se um conjunto finito de sentenças implica uma outra sentença, então o problema da parada seria solúvel; no entanto, pela tese de Turing, este último problema* não *é solúvel, uma vez que não pode ser solucionado por uma máquina de Turing. O resultado é que obtemos um argumento, baseado na tese de Turing, para o teorema de Church (mais especificamente, para a* prova de Turing–Büchi *desse teorema), de que o problema de decisão para a implicação não é efetivamente solúvel. A seção 11.2 apresenta um argumento similar – a* prova no estilo de Gödel *do teorema de Church – desta vez usando não máquinas de Turing e a tese de Turing, mas funções recursivas e recursivas primitivas e a tese de Church, como nos capítulos 6–7. As construções dessas duas seções, as quais são independentes uma da outra, são ambas instrutivas; contudo, uma prova inteiramente diferente, não fazendo nenhum uso evitável das teses de Chruch ou de Turing, será apresentada em um capítulo posterior, e, nesse sentido, o presente capítulo é opcional. (Depois deste, retornaremos à lógica pura ao longo vários capítulos, recomeçando a aplicação da teoria da computabilidade à lógica com o capítulo 15.)*

11.1 Lógica e máquinas de Turing

Vamos mostrar como, dada a tabela de máquina ou fluxograma ou outra apresentação adequada de uma máquina de Turing, e um n qualquer, podemos efetivamente escrever um conjunto *finito* de sentenças Γ e uma sentença D tal que Γ implica D se e somente se a máquina em questão finalmente para quando iniciada com a entrada n, isto é, quando começada em seu estado inicial examinando o traço mais à esquerda de um bloco de n traços em uma fita com o resto em branco. Segue-se que, se o *problema da decisão* para a implicação lógica pudesse ser resolvido, ou seja, se pudesse ser especificado um método efetivo que, aplicado a qualquer conjunto finito de sentenças Γ e sentença D, iria, em um tempo finito, dizer-nos se Γ implica D ou não, então o *problema da parada* para máquinas de Turing poderia ser resolvido, ou, em outras palavras, existiria um método efetivo que, aplicado a qualquer máquina de Turing adequadamente apresentada, e número n, iria, em um tempo finito, dizer-nos se aquela máquina para ou não quando iniciada com a entrada n. Dado que vimos, no capítulo 4, que assumindo a tese de Turing o problema da parada *não* é solúvel, segue-se, novamente assumindo a tese de Turing, que o problema da decisão é insolúvel, ou, como se costuma dizer, que a lógica é indecidível.

Em princípio, esta seção requer somente o material dos capítulos 3–4 e 9–10. Na prática, será exigida alguma habilidade em reconhecer implicações lógicas simples: iremos fazer livremente recurso a vários fatos a respeito de uma sentença implicar outra, deixando a verificação desses fatos em grande parte ao leitor.

Começamos introduzindo simultaneamente a linguagem na qual as sentenças em Γ e a sentença D serão escritas, e sua *interpretação padrão* $\mathcal{M}$. A interpretação da linguagem dependerá de que máquina e que entrada n estivermos considerando. O domínio de $\mathcal{M}$ será em todos os casos os números inteiros, positivos e zero e negativos. Os inteiros não negativos serão usados para numerar os *instantes* quando a máquina está operando: a máquina inicia no instante 0. Os inteiros serão também usados para numerar os quadrados na fita: a máquina inicia no quadrado 0, e os quadrados à esquerda e à direita são numerados como na Figura 11.1.

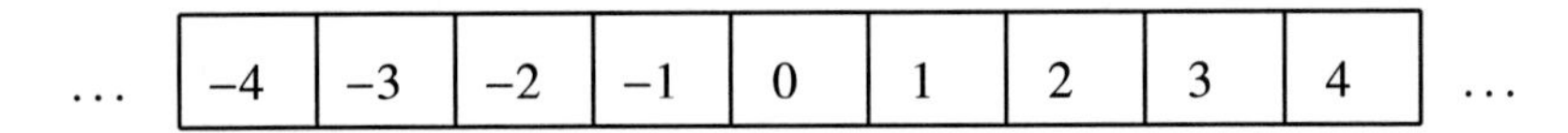

Figura 11.1. Numerando os quadrados de uma fita de Turing

Haverá uma constante **0**, cuja denotação na interpretação padrão será o zero, e predicados binários **S** e **<**, cujas denotações serão a relação de sucessor (a relação que um inteiro n possui com $n+1$ e nada mais) e a relação de ordem usual, respectivamente. Para economizar espaço, escreveremos **S**uv em vez de **S**(u, v), e analogamente para outros predicados. No que concerne tais outros predicados, haverá adicionalmente, para cada um dos estados (não parados) da máquina, numerados, digamos, de 1 (o estado inicial) até k, um predicado unário. Na interpretação padrão, $\mathbf{Q}_i$ denotará o conjunto dos $t \geq 0$ tais que no instante de número t a máquina está no estado numerado i. Além disso, necessitaremos mais dois predicados binários @ e **M**. A denotação do primeiro será o conjunto de pares de inteiros $t \geq 0$ e x tais que no instante de número t a máquina está no quadrado numerado x. A denotação do último será o conjunto dos $t \geq 0$ e x tais que, no instante t, o quadrado

x está 'marcado', isto é, contém um traço em vez de um branco. (Usamos t como a variável quando se pretende fazer referência a um instante, e x e y quando referenciamos quadrados, como um lembrete da interpretação padrão. Formalmente, a função de uma variável é sinalizada por sua posição no primeiro ou segundo lugar do predicado @ ou **M**.) Seria fácil adaptar nossa construção ao caso em que mais símbolos são permitidos, e não apenas o traço e o branco, mas para os presentes propósitos não há razão para fazer isso.

Temos a seguir que descrever as sentenças que irão em Γ, e a sentença D. As sentenças em Γ serão divididas em três grupos. O primeiro contém alguma 'informação geral' sobre **S** e **<** que seria a mesma para qualquer máquina e qualquer entrada. O segundo consiste em uma única sentença específica à entrada n que estamos considerando. O terceiro consiste em uma sentença para cada instrução 'normal' da máquina específica que estivermos considerando, isto é, para cada instrução exceto aquela que nos diz para parar.

A 'informação geral' é fornecida pelas fórmulas seguintes:

(1) $\forall u \forall v \forall w(((\mathbf{S}uv \,\&\, \mathbf{S}uw) \rightarrow v = w) \,\&\, ((\mathbf{S}vu \,\&\, \mathbf{S}wu) \rightarrow v = w))$

(2) $\forall u \forall v(\mathbf{S}uv \rightarrow u < v) \,\&\, \forall u \forall v \forall w((u < v \,\&\, v < w) \rightarrow u < w)$

(3) $\forall u \forall v(u < v \rightarrow u \neq v)$.

Elas dizem que um número tem somente um sucessor e somente um predecessor, que um número é menor que seu predecessor, e assim por diante, e são todas igualmente verdadeiras na interpretação padrão.

Será conveniente introduzir abreviações para a relação de m-ésimo sucessor, escrevendo

$\mathbf{S}_0uv$	para $u = v$
$\mathbf{S}_1uv$	para $\mathbf{S}uv$
$\mathbf{S}_2uv$	para $\exists y(\mathbf{S}uy \,\&\, \mathbf{S}yv)$
$\mathbf{S}_3uv$	para $\exists y_1 \exists y_2(\mathbf{S}uy_1 \,\&\, \mathbf{S}y_1y_2 \,\&\, \mathbf{S}y_2v)$

etc. (Em $\mathbf{S}_2$, y pode ser qualquer variável adequada distinta de u e v; por precisão, vamos usar a primeira em nossa lista oficial de variáveis. Analogamente para $\mathbf{S}_3$.) As sentenças seguintes são então verdadeiras na interpretação padrão.

(4) $\forall u \forall v \forall w(((\mathbf{S}_muv \,\&\, \mathbf{S}_muw) \rightarrow v = w) \,\&\, ((\mathbf{S}_mvu \,\&\, \mathbf{S}_mwu) \rightarrow v = w))$

(5) $\forall u \forall v(\mathbf{S}_muv \rightarrow u < v)$ se $m > 0$

(6) $\forall u \forall v(\mathbf{S}_muv \rightarrow u \neq v)$ se $m \neq 0$

(7) $\forall u \forall v \forall w((\mathbf{S}_mwu \,\&\, \mathbf{S}uv) \rightarrow \mathbf{S}_kwv)$ se $k = m + 1$

(8) $\forall u \forall v \forall w((\mathbf{S}_kwv \,\&\, \mathbf{S}uv) \rightarrow \mathbf{S}_mwu)$ se $m = k - 1$.

De fato, elas são consequências lógicas de (1)–(3) e, logo, de Γ, verdadeiras em *qualquer* interpretação em que Γ é verdadeiro: (4) segue-se por repetidas aplicações de (1); (5) segue-se por repetidas aplicações de (2); (6) segue-se de (3) e de (5); (7) é imediata a partir das definições; e (8) segue-se de (7) e de (1). Se também escrevermos $\mathbf{S}_{-m}uv$ para $\mathbf{S}_m vu$, (4)–(8) continuam valendo.

Precisamos de mais algumas convenções notacionais antes de escrever as sentenças restantes de Γ. Embora oficialmente nossa linguagem contenha somente o numeral **0** e não os numerais **1**, **2** ou **3**, ou **−1**, **−2**, **−3**, será sugestivo escrever $y = \mathbf{1}$, $y = \mathbf{2}$, $y = -\mathbf{1}$ e analogamente para $\mathbf{S}_1(\mathbf{0}, y)$, $\mathbf{S}_2(\mathbf{0}, y)$, $\mathbf{S}_{-1}(\mathbf{0}, y)$ etc., e entender a aplicação de um predicado a um numeral da maneira natural, de modo que, por exemplo, $\mathbf{Q}_i\mathbf{2}$ e $\mathbf{S2}u$ abreviam $\exists y(y = \mathbf{2} \,\&\, \mathbf{Q}_i y)$ e $\exists y(y = \mathbf{2} \,\&\, \mathbf{S}yu)$. Um pouco de reflexão mostra que, com essas convenções, (6)–(8) acima (aplicadas com **0** em lugar de *w*) nos dão o seguinte, em que **p**, **q** etc. são os numerais para os números *p*, *q* etc.:

$$(9) \qquad \mathbf{p} \neq \mathbf{q} \quad \text{se } p \neq q$$

$$(10) \qquad \forall v(\mathbf{Sm}v \rightarrow v = \mathbf{k}) \quad \text{onde} \quad k = m + 1$$

$$(11) \qquad \forall u(\mathbf{S}u\mathbf{k} \rightarrow u = \mathbf{m}) \quad \text{onde} \quad m = k - 1.$$

Essas convenções abreviatórias nos permitem escrever as sentenças restantes de Γ de maneira comparativamente compacta.

Aquele elemento de Γ relativo à entrada *n* é uma descrição do (da configuração no) instante 0, como segue:

$$(12) \qquad \mathbf{Q}_1\mathbf{0} \,\&\, @\mathbf{00} \,\&\, \mathbf{M00} \,\&\, \mathbf{M01} \,\&\, \ldots \,\&\, \mathbf{M0n} \,\&$$
$$\forall x((x \neq \mathbf{0} \,\&\, x \neq \mathbf{1} \,\&\, \ldots \,\&\, x \neq \mathbf{n} - \mathbf{1}) \rightarrow {\sim}\mathbf{M0}x).$$

Isso é verdade na interpretação padrão, uma vez que, no instante 0, a máquina está no estado 1 no quadrado 0, com os quadrados de 0 até *n* marcados para representar a entrada *n*, e todos os outros quadrados em branco.

Para completar a especificação de Γ, haverá uma sentença para cada instrução que não seja a da parada, isto é, para cada instrução da seguinte forma, em que *j* não é o estado parado:

(*) Se você está no estado *i* e está examinado o símbolo *e*,
então —— e vá para o estado *j*.

Ao escrever a correspondente sentença de Γ, usamos uma convenção notacional adicional, às vezes escrevendo **M** como $\mathbf{M}_1$ e $\sim M$ como $\mathbf{M}_0$. Assim, $\mathbf{M}_e tx$ diz, na interpretação padrão, que no instante *t*, o quadrado *x* contém o símbolo *e* (em que

$e = 0$ significa o branco, e $e = 1$ significa o traço). Então a sentença correspondente a (*) terá a forma:

(13)

$$\forall t \forall x((\mathbf{Q}_i t \ \& \ @tx \ \& \ \mathbf{M}_e tx) \rightarrow$$
$$\exists u(\mathbf{S}tu \ \& \ \text{——} \ \& \ \mathbf{Q}_j u \ \&$$
$$\forall y((y \neq x \ \& \ \mathbf{M}_1 ty) \rightarrow \mathbf{M}_1 uy) \ \& \ \forall y((y \neq x \ \& \ \mathbf{M}_0 ty) \rightarrow \mathbf{M}_0 uy))).$$

As duas últimas cláusulas dizem somente que a marcação de quadrados outros que x permanece inalterada de um instante t ao próximo instante u.

O que vai no espaço '——' em (13) depende do que vai no espaço correspondente em (*). Se a instrução é para (permanecer no mesmo quadrado x mas) escrever o símbolo d, o elemento da conjunção que falta em (13) será

$$@ux \ \& \ \mathbf{M}_d ux.$$

Se a instrução é para mover-se um quadrado para a direita ou para a esquerda (deixando a marcação do quadrado x como estava), será, em vez disso,

$$\exists y(\mathbf{S}_{\pm 1} xy \ \& \ @uy \ \& \ (\mathbf{M}ux \leftrightarrow \mathbf{M}tx))$$

(com o sinal de menos para a esquerda e o sinal de mais para a direita). Um pouco de reflexão mostra que, quando preenchido dessa maneira, (13) corresponde exatamente à instrução (*), e será verdadeira na interpretação padrão.

Isso completa a especificação do conjunto Γ. A próxima tarefa é descrever a sentença D. Para obter D, consideremos uma instrução de parada, ou seja, uma instrução do tipo

(†) Se você está no estado i e está examinando o símbolo e, então pare.

Para cada instrução desse tipo, escrevamos a sentença

(14) $$\exists t \exists x(\mathbf{Q}_i t \ \& \ @tx \ \& \ \mathbf{M}_e tx).$$

Isso será verdadeiro na interpretação padrão se e somente se, no decurso de suas operações, a máquina finalmente chega a uma configuração em que a instrução aplicável é (†), e para por essa razão. Seja D a disjunção de todas as sentenças da forma (14) para todas as instruções de parada (†). Uma vez que a máquina finalmente para se e somente se ela finalmente chega a uma configuração em que a instrução aplicável é alguma instrução de parada, a máquina finalmente para se e somente se D é verdadeira na interpretação padrão.

Queremos mostrar que Γ implica *D* se e somente se a máquina dada, iniciada com a entrada dada, finalmente para. A direção 'somente se' é fácil. Todas as sentenças em Γ são verdadeiras na interpretação padrão, ao passo que *D* é verdadeira somente se a máquina dada, iniciada com a entrada dada, finalmente para. Se a máquina não para, temos uma interpretação em que todas as sentenças em Γ são verdadeiras e *D* não é, logo, Γ não implica *D*.

Para a direção 'se', precisamos de uma noção adicional. Se $a \geq 0$ é um instante no qual a máquina (ainda) não parou, entendemos pela *descrição do instante a* a sentença que faz para *a* o que (12) faz para 0, dizendo-nos em que estado a máquina está, onde ela está, e que quadrados estão marcados no instante *a*. Em outras palavras, se no instante *a* a máquina está no estado *i*, no quadrado *p*, e os quadrados marcados são $q_1, q_2, \ldots, q_m$, então a descrição do instante *a* é a seguinte sentença:

(15) $$\mathbf{Q}_i\mathbf{a} \,\&\, @\mathbf{ap} \,\&\, \mathbf{Maq}_1 \,\&\, \mathbf{Maq}_2 \,\&\ldots\&\, \mathbf{Maq}_m \,\&$$
$$\forall x((x \neq \mathbf{q}_1 \,\&\, x \neq \mathbf{q}_2 \,\&\ldots\&\, x \neq \mathbf{q}_m) \rightarrow {\sim}\mathbf{Ma}x).$$

É importante notar que (15) fornece, direta ou indiretamente, a informação de se a máquina está examinando um branco ou um traço no instante *a*. Se a máquina está examinando um traço, então *p* é um dos q_r, para $1 \leq r \leq m$, e $\mathbf{M}_1\mathbf{ap}$, ou seja, **Map**, é na realidade um dos componentes da conjunção em (15). Se a máquina está examinando um branco, então *p* é diferente de cada um dos vários números *q*. Nesse caso, $\mathbf{M}_0\mathbf{ap}$, ou seja, ~**Map**, é implicada por (15) e Γ. Resumidamente, a razão é que (9) dá $\mathbf{p} \neq \mathbf{q}_r$, para cada q_r, e então o último componente da conjunção em (15) nos dá ~**Map**.

[De maneira menos breve e mais precisa, o que o último componente da conjunção em (15) *abrevia* equivale a

$$\forall x(({\sim}\mathbf{S}_{q_1}\mathbf{0}x \,\&\ldots\&\, {\sim}\mathbf{S}_{q_m}\mathbf{0}x) \rightarrow {\sim}\exists t(\mathbf{S}_a\mathbf{0}t \,\&\, \mathbf{M}tx)).$$

O que (9) aplicado a *p* e q_r *abrevia* é

$${\sim}\exists x(\mathbf{S}_p\mathbf{0}x \,\&\, \mathbf{S}_{q_r}\mathbf{0}x).$$

Juntas, elas implicam

$${\sim}\exists t\exists x(\mathbf{S}_a\mathbf{0}t \,\&\, \mathbf{S}_p\mathbf{0}x \,\&\, \mathbf{M}tx)$$

que equivale ao que ~**Map** *abrevia*.]

Se a máquina para no instante $b = a + 1$, isso significa que, no instante *a*, nós tínhamos uma configuração para a qual a instrução aplicável sobre o que fazer a seguir era uma instrução de parada da forma (†). Nesse caso, $\mathbf{Q}_i\mathbf{a}$ e **@ap** serão componentes da conjunção na descrição do instante *a*, e $\mathbf{M}_e\mathbf{ap}$ será ou também um componente da conjunção na descrição (se $e = 1$), ou uma implicação lógica da descrição e de Γ (se $e = 0$). Logo, (14) e, portanto, D será uma implicação lógica de Γ junto com a descrição do instante a. Mas e se a máquina *não* para no instante $b = a + 1$?

11.1 Lema. Se $a \geq 0$, e $b = a + 1$ é um instante no qual a máquina (ainda) não parou, então Γ juntamente com a descrição do instante a implica a descrição do instante b.

Demonstração: A prova é ligeiramente diferente para cada um dos quatro tipos de instrução (escreva um branco, escreva um traço, mova-se para a esquerda, mova-se para a direita). Faremos o caso de escrever um traço, deixando os demais casos para o leitor. Na verdade, esse caso subdivide-se no caso incomum em que já há um traço no quadrado examinado, de modo que a instrução é simplesmente mudar de estado, e o caso mais usual, em que o quadrado examinado é um branco. Consideramos somente este último subcaso.

Assim, a descrição do instante a parece-se com o seguinte:

$$(16) \qquad \begin{aligned} &\mathbf{Q}_i\mathbf{a} \mathbin{\&} @\mathbf{ap} \mathbin{\&} \mathbf{Maq}_1 \mathbin{\&} \mathbf{Maq}_2 \mathbin{\&} \ldots \mathbin{\&} \mathbf{Maq}_m \mathbin{\&} \\ &\quad \forall x((x \neq \mathbf{q}_1 \mathbin{\&} x \neq \mathbf{q}_2 \mathbin{\&} \ldots \mathbin{\&} x \neq \mathbf{q}_m) \rightarrow {\sim}\mathbf{Ma}x), \end{aligned}$$

em que $p \neq q_r$, para qualquer r, de modo que Γ implica $\mathbf{p} \neq \mathbf{q}_r$ por (9) e, pelo argumento dado anteriormente, Γ e (16) juntos implicam ${\sim}\mathbf{Map}$. A sentença em Γ correspondente à instrução aplicável parece-se com o seguinte:

$$(17) \qquad \begin{aligned} &\forall t \forall x((\mathbf{Q}_i t \mathbin{\&} @tx \mathbin{\&} {\sim}\mathbf{M}tx) \rightarrow \\ &\quad \exists u(\mathbf{S}tu \mathbin{\&} @ux \mathbin{\&} \mathbf{M}ux \mathbin{\&} \mathbf{Q}_j u \mathbin{\&} \forall y((y \neq x \mathbin{\&} \mathbf{M}ty) \rightarrow \mathbf{M}uy) \\ &\qquad \mathbin{\&} \forall y((y \neq x \mathbin{\&} {\sim}\mathbf{M}ty) \rightarrow {\sim}\mathbf{M}uy))). \end{aligned}$$

A descrição do instante b parece-se com:

$$(18) \qquad \begin{aligned} &Q_j\mathbf{b} \mathbin{\&} @\mathbf{bp} \mathbin{\&} \mathbf{Mbp} \mathbin{\&} \mathbf{Mbq}_1 \mathbin{\&} \mathbf{Mbq}_2 \mathbin{\&} \ldots \mathbin{\&} \mathbf{Mbq}_m \mathbin{\&} \\ &\quad \forall x((x \neq \mathbf{p} \mathbin{\&} x \neq \mathbf{q}_1 \mathbin{\&} x \neq \mathbf{q}_2 \mathbin{\&} \ldots \mathbin{\&} x \neq \mathbf{q}_m) \rightarrow {\sim}\mathbf{Mb}x). \end{aligned}$$

E afirmamos que (18) é uma consequência de (16), (17) e Γ.

[Resumidamente, a razão é esta. Colocando **a** no lugar de t e **p** no lugar de x em (17), obtemos

$$\begin{aligned} &(\mathbf{Q}_i\mathbf{a} \mathbin{\&} @\mathbf{ap} \mathbin{\&} {\sim}\mathbf{Map}) \rightarrow \\ &\quad \exists u(\mathbf{Sa}u \mathbin{\&} @u\mathbf{p} \mathbin{\&} \mathbf{M}u\mathbf{p} \mathbin{\&} \mathbf{Q}_j u \mathbin{\&} \\ &\forall y((y \neq \mathbf{p} \mathbin{\&} \mathbf{Ma}y) \rightarrow \mathbf{M}uy) \mathbin{\&} \forall y((y \neq \mathbf{p} \mathbin{\&} {\sim}\mathbf{Ma}y) \rightarrow {\sim}\mathbf{M}uy)). \end{aligned}$$

Uma vez que (16) e Γ implicam $\mathbf{Q}_i\mathbf{a} \mathbin{\&} @\mathbf{ap} \mathbin{\&} {\sim}\mathbf{Map}$, obtemos

$$\begin{aligned} &\exists u(\mathbf{Sa}u \mathbin{\&} @u\mathbf{p} \mathbin{\&} \mathbf{M}u\mathbf{p} \mathbin{\&} \mathbf{Q}_j u \mathbin{\&} \\ &\quad \forall y((y \neq \mathbf{p} \mathbin{\&} \mathbf{Ma}y) \rightarrow \mathbf{M}uy) \mathbin{\&} \forall y((y \neq \mathbf{p} \mathbin{\&} {\sim}\mathbf{Ma}y) \rightarrow {\sim}\mathbf{M}uy)). \end{aligned}$$

Por (10), $\mathbf{Sa}u$ nos dá $u = \mathbf{b}$, onde $b = a + 1$, e obtemos

$$@\mathbf{bp} \,\&\, \mathbf{Mbp} \,\&\, \mathbf{Q}_j\mathbf{b} \,\&$$
$$\forall y((y \neq \mathbf{p} \,\&\, \mathbf{Ma}y) \rightarrow \mathbf{Mb}y) \,\&\, \forall y((y \neq \mathbf{p} \,\&\, {\sim}\mathbf{M}ay) \rightarrow {\sim}\mathbf{Mb}y).$$

Os três primeiros componentes da conjunção nessa última fórmula são os mesmos, exceto pela ordem, que os três primeiros componentes da conjunção em (18). O quarto componente, junto com $\mathbf{p} \neq \mathbf{q}_k$ de (9) e o componente $\mathbf{Maq}_k$ de (16), nos dá o componente $\mathbf{Mbq}_k$ em (18). Finalmente, o quinto componente junto com o último componente da conjunção em (16) nos dá o último componente de (18). O leitor está vendo agora de que estávamos falando quando dissemos, no início, que 'alguma habilidade em reconhecer implicações lógicas simples será requerida'.]

Ora, a descrição do instante 0 é uma das sentenças em Γ. Pelo lema precedente, se a máquina não para no instante 1, a descrição do instante 1 será uma consequência de Γ, e se a máquina então não para no instante 2, a descrição do instante 2 será uma consequência de Γ junto com a descrição do instante 1 (ou, como podemos dizer de modo mais simples, uma vez que a descrição do instante 1 é uma consequência de Γ, a descrição do instante 2 será uma consequência de Γ), e assim por diante até o último instante a antes de a máquina parar, se é que ela para. Se ela para no instante $a + 1$, vimos que a descrição do instante a, que agora sabemos ser uma consequência de Γ, implica D. Logo, se a máquina alguma vez para, Γ implica D.

Consequentemente, estabelecemos que se o problema de decisão para a implicação lógica fosse solúvel, o problema da parada seria solúvel, o que (assumindo a tese de Turing) nós sabemos que não é. Portanto, estabelecemos o seguinte resultado, pressupondo a tese de Turing.

11.2 Teorema. (Teorema de Church). O problema da decisão para a implicação lógica é insolúvel.

11.2 Lógica e funções recursivas primitivas

Pelo *problema do zero* para uma função binária recursiva primitiva f referimo-nos ao problema de especificar um procedimento efetivo que, dado um m qualquer, iria, em um tempo finito, dizer-nos se há um n tal que $f(m, n) = 0$. Vamos mostrar como, dada f, escrever um certo conjunto finito de sentenças Γ e uma certa fórmula $D(x)$ em uma linguagem que contém a constante $\mathbf{0}$ e o símbolo de sucessor $'$ da linguagem da aritmética, e que, por conseguinte, contém os numerais $\mathbf{0}', \mathbf{0}'', \mathbf{0}''', \ldots$ ou $\mathbf{1}, \mathbf{2}, \mathbf{3}, \ldots$ como usualmente os escrevemos. E vamos então mostrar que, para qualquer m, Γ implica $D(\mathbf{m})$ se e somente se há um f tal que

$f(m, n) = 0$. Segue-se que, se o problema da decisão para a implicação lógica pudesse ser resolvido, e um método efetivo projetado para dizer se um dado conjunto finito Γ de sentenças implica ou não uma sentença D, então o problema do zero para qualquer f poderia ser resolvido. Desde que é sabido que, assumindo a tese de Church, há um f para o qual o problema do zero *não* é solúvel, segue-se, novamente assumindo a tese de Church, que o problema da decisão para a implicação lógica é insolúvel, ou, como se diz, que a lógica é indecidível. A prova do fato que acabamos de citar sobre a insolubilidade do problema do zero requer o aparato do capítulo 8, mas para o leitor que está disposto a aceitar esse fato em confiança, esta seção, nesse caso, pressupõe somente o material dos capítulos 6–7 e 9–10.

Para começar a construção, a função f, sendo recursiva primitiva, é construída a partir das funções básicas (sucessor, zero, as funções de identidade) pelos dois processos de composição e recursão primitiva. Podemos, portanto, fazer uma lista finita de funções recursivas primitivas $f_0, f_1, f_2, \ldots, f_r$, tais que, para cada i de 0 a r, f_i é ou a função zero ou a função sucessor ou uma das funções de identidade, ou é obtida de funções anteriores na lista por composição ou recursão primitiva, com a última função f_r sendo a função f. Introduzimos uma linguagem com o símbolo $\mathbf{0}$, o símbolo de sucessor $'$ e um símbolo funcional $\mathbf{f}_i$ com o número de argumentos apropriado para cada uma das funções f_i. Na *interpretação padrão* da linguagem, o domínio consistirá nos números naturais, $\mathbf{0}$ denotará zero, $'$ denotará a função sucessor e cada $\mathbf{f}_i$ denotará f_i, de modo que, em particular, $\mathbf{f}_r$ denotará f.

O conjunto de sentenças Γ consistirá em uma ou duas sentenças para cada f_i, para $i \geq 0$. Caso f_i seja a função zero, a sentença será

$$\text{(1)} \qquad \forall x\, \mathbf{f}_i(x) = \mathbf{0}.$$

Caso f_i seja a função sucessor, a sentença será

$$\text{(2)} \qquad \forall x\, \mathbf{f}_i(x) = x'.$$

(Nesse caso, $\mathbf{f}_i$ será *um outro* símbolo, além de $'$ para a função sucessor; mas não importa se tivermos dois símbolos para a mesma função.) Caso f_i seja a função identidade id^n_k, a sentença será

$$\text{(3)} \qquad \forall x_1 \ldots \forall x_n\, \mathbf{f}_i(x_1, \ldots, x_n) = x_k.$$

Caso f_i seja obtida de f_k e $f_{j_1}, \ldots, f_{j_p}$, onde $j_1, \ldots, j_p$ e k são todos $< i$, por composição, a sentença será

$$\text{(4)} \qquad \forall x\, \mathbf{f}_i(x) = \mathbf{f}_k(\mathbf{f}_{j_1}(x), \ldots, \mathbf{f}_{j_p}(x)).$$

Caso f_i seja obtida de f_j e f_k, onde j e k são $< i$, por recursão primitiva, haverá duas sentenças, como segue.

(5a) $$\forall x\, \mathbf{f}_i(x, \mathbf{0}) = \mathbf{f}_j(x)$$

(5b) $$\forall x \forall y\, \mathbf{f}_i(x, y') = \mathbf{f}_k(x, y, \mathbf{f}_i(x, y)).$$

[Em (4) e (5) escrevemos x e $\forall x$ para $x_1, \ldots, x_n$ e $\forall x_1 \ldots \forall x_n$.] Claramente, todas essas sentenças são verdadeiras na interpretação pretendida. A fórmula $D(x)$ será, simplesmente, $\exists y \mathbf{f}_r(x, y) = \mathbf{0}$. Para um dado m, a sentença $D(\mathbf{m})$ será verdadeira na interpretação padrão se e somente se há um n com $f(m, n) = 0$.

Queremos mostrar que, para qualquer m, $D(\mathbf{m})$ será implicada por Γ se e somente se há um n com $f(m, n) = 0$. A parte 'somente se' é fácil. Todas as sentenças em Γ são verdadeiras na interpretação padrão, ao passo que $D(\mathbf{m})$ é verdadeira somente se há um n com $f(m, n) = 0$. Se não há um tal n, temos uma intepretação em que todas as sentenças em Γ são verdadeiras e $D(\mathbf{m})$ não é, de modo que Γ não implica $D(\mathbf{m})$.

Para a parte 'se', precisamos de mais uma noção. Digamos que Γ é *adequado* para a função f_i se, sempre que $f_i(a) = b$, então $\mathbf{f}_i(\mathbf{a}) = \mathbf{b}$ é implicada por Γ. (Escrevemos a para $a_1, \ldots, a_n$ e $\mathbf{a}$ para $\mathbf{a}_1, \ldots, \mathbf{a}_n$.) A presença de (1)–(3) em Γ garante que ele seja adequado para qualquer f_i que seja uma função básica (zero, sucessor, ou uma função de identidade). Mas o que acontece com funções mais complicadas?

11.3 Lema.

(a) Se f_i é obtida por composição de funções f_k e $f_{j_1}, \ldots, f_{j_p}$ para as quais Γ é adequado, então Γ é adequado também para f_i.

(b) Se f_i é obtida por recursão primitiva de funções f_j e f_k para as quais Γ é adequado, então Γ é adequado também para f_i.

Demonstração: Deixamos (a) para o leitor e vamos fazer (b). Dados a, b e c com $f_i(a, b) = c$, para cada $p \leq b$ seja $c_p = f_i(a, p)$, de modo que $c_b = c$. Note que, já que f_i é obtida por recursão primitiva de f_j e f_k, temos

$$c_0 = f_i(a, 0) = f_j(a)$$

e para todo $p < b$, nós temos

$$c_{p'} = f_i(a, p') = f_k(a, p, f_i(a, p)) = f_k(a, p, c_p).$$

Dado que Γ é adequado para f_j e f_k,

(6a) $$\mathbf{f}_j(\mathbf{a}) = \mathbf{c}_0$$

(6b) $$\mathbf{f}_k(\mathbf{a}, \mathbf{p}, \mathbf{c}_p) = \mathbf{c}_{p'}$$

são consequências de Γ. Mas (6a) e (5a) implicam

(7a) $$\mathbf{f}_i(\mathbf{a}, \mathbf{0}) = \mathbf{c}_0,$$

ao passo que (6b) e (5b) implicam

(7b) $$\mathbf{f}_i(\mathbf{a}, \mathbf{p}) = \mathbf{c}_p \rightarrow \mathbf{f}_i(\mathbf{a}, \mathbf{p}') = \mathbf{c}_{p'}.$$

Mas (7a) e (7b) para $p = 0$ implicam $\mathbf{f}_i(\mathbf{a}, \mathbf{1}) = \mathbf{c}_1$, que, com (7b) para $p = 1$ implica $\mathbf{f}_i(\mathbf{a}, \mathbf{2}) = \mathbf{c}_2$, que, com (7b) para $p = 2$, implica $\mathbf{f}_i(\mathbf{a}, \mathbf{3}) = \mathbf{c}_3$, e assim por diante até $\mathbf{f}_i(\mathbf{a}, \mathbf{b}) = \mathbf{c}_b = \mathbf{c}$, que é o que precisava ser provado para mostrar que Γ é adequado para f_i.

Uma vez que cada f_i é ou uma função básica ou obtida de funções anteriores em nossa lista pelos processos cobertos pelo Lema 11.3, o lema implica que Γ é adequado para todas as funções em nossa lista, incluindo $f_r = f$. Em particular, se $f(m, n) = 0$, então $\mathbf{f}_r(\mathbf{m}, \mathbf{n}) = \mathbf{0}$ é implicada por Γ, e, portanto, também o é $\exists y\, \mathbf{f}_r(\mathbf{m}, y) = \mathbf{0}$, que é $D(\mathbf{m})$.

Assim, reduzimos o problema de determinar se, para algum n, nós temos $f(m, n) = 0$, ao problema de determinar se Γ implica $D(\mathbf{m})$. Ou seja, estabelecemos que, se o problema da decisão para a implicação lógica fosse solúvel, o problema do zero para f seria solúvel, o que é sabido, como já dissemos, que não é, assumindo a tese de Church. Logo, estabelecemos o resultado seguinte, assumindo a tese de Church.

11.4 Teorema. (Teorema de Church). O problema da decisão para a implicação lógica é insolúvel.

Problemas

11.1 O *problema da decisão para a validade* é o problema de especificar um procedimento efetivo que, aplicado a qualquer sentença, iria em um tempo finito permitir que se determine se ela é ou não válida. Mostre que a insolubilidade do problema da decisão para a implicação (Teorema 11.2 ou, equivalentemente, Teorema 11.4) implica a insolubilidade do problema da decisão para a validade.

11.2 O *problema da decisão para a satisfatibilidade* é o problema de especificar um procedimento efetivo que, aplicado a qualquer conjunto finito de sentenças, iria em um tempo finito permitir que se determine se ele é ou não satisfatível. Mostre que a insolubilidade do problema da decisão para a implicação (Teorema 11.2 ou, equivalentemente, Teorema 11.4) implica a insolubilidade do problema da decisão para a satisfatibilidade.

11.3 Mostre que

$$\forall w \forall v(Twv \leftrightarrow \exists y(Rwy \,\&\, Syv))$$

e

$$\forall u \forall v \forall y((Suv \,\&\, Syv) \rightarrow u = y)$$

juntas implicam

$$\forall u \forall v \forall w((Twv \,\&\, Suv) \rightarrow Rwu).$$

11.4 Mostre que

$$\forall x(\sim Ax \rightarrow \sim\exists t(Bt \,\&\, Rtx))$$

e

$$\sim\exists x(Cx \,\&\, Ax)$$

juntas implicam

$$\sim\exists t \exists x(Bt \,\&\, Cx \,\&\, Rtx).$$

11.5 Os dois problemas anteriores enunciam (em versão ligeiramente simplificada no caso do segundo) dois fatos sobre a implicação que foram usados na prova do Teorema 11.2. Onde?

11.6 O *intervalo de operação* para a computação de uma máquina de Turing começando com entrada n consiste nos números 0 a n juntamente com o número de qualquer instante no qual a máquina (ainda) não parou, e de qualquer quadrado que a máquina visita no decurso da computação. Mostre que, se a máquina finalmente para, então o intervalo de operação é o conjunto dos números entre algum $a \leq 0$ e algum $b \geq 0$, e que se a máquina nunca para, então o intervalo de operação consiste ou em todos os inteiros, ou em todos os inteiros $\geq a$ para algum $a \leq 0$.

11.7 Um conjunto de sentenças Γ implica *finitamente* uma sentença D se D é verdadeira em toda interpretação *com um domínio finito* no qual toda sentença em Γ é verdadeira. O *teorema de Trakhtenbrot* diz que o problema da decisão para implicação lógica *finita* é insolúvel. Demonstre esse teorema, assumindo a tese de Turing.

Os problemas restantes são relativos especificamente à seção 11.2.

11.8 Acrescente à teoria Γ na prova do Teorema 11.4 a sentença

$$\forall x \mathbf{0} \neq x' \,\&\, \forall x \forall y(x' = y' \rightarrow x = y).$$

Mostre que $\mathbf{m} \neq \mathbf{n}$ é então implicada por Γ para todos os números naturais $m \neq n$, onde $\mathbf{m}$ é o numeral para m.

11.9 Acrescente à linguagem da teoria Γ da prova do Teorema 11.4 o símbolo **<**, e adicione ao próprio Γ a sentença indicada no problema precedente, bem como a sentença

$$\forall x \sim \mathbf{0} < x \;\&\; \forall x \forall y (y < x' \leftrightarrow (y < x \vee y = x)).$$

Mostre que $\mathbf{m} < \mathbf{n}$ é implicada por Γ sempre que $m < n$ e $\sim \mathbf{m} < \mathbf{n}$ é implicada por Γ sempre que $m \geq n$, e que

$$\forall y (y < \mathbf{n} \rightarrow y = \mathbf{0} \vee y = \mathbf{1} \vee \ldots \vee y = \mathbf{m})$$

é implicada por Γ sempre que $n = m'$.

11.10 Seja f uma função total recursiva, e $f_1, \ldots, f_r$ uma sequência de funções com o último elemento $f_n = f$, tais que cada uma é ou uma função básica ou pode ser obtida de funções anteriores na sequência por composição, recursão primitiva, ou minimização, *e todas as funções na sequência são totais*. (De acordo com o problema 8.12, uma tal sequência existe para qualquer função total recursiva f.) Construa Γ e D como na prova do Teorema 11.4, com as modificações seguintes. Inclua o símbolo **<** na linguagem e as sentenças indicadas nos dois problemas precedentes, e, além disso, sempre que f_i é obtida de f_j por minimização, inclua a sentença

$$\forall x \forall y ((\mathbf{f}_j(x, y) = \mathbf{0} \;\&\; \forall z (z < y \rightarrow \mathbf{f}_j(x, z) \neq \mathbf{0})) \rightarrow \mathbf{f}_i(x) = y).$$

Mostre que o Γ modificado é adequado para $f_r = f$.

11.11 (Requer o material do capítulo 8.) Mostre que há uma função binária recursiva primitiva f tal que o problema do zero para f é recursivamente insolúvel, ou, em outras palavras, que o conjunto dos x tais que $\exists y (f(x, y) = \mathbf{0})$ não é recursivo.

Uma distinção entre recursos inevitáveis e preguiçosos à tese de Church foi feita ao final da seção 7.2; embora formulado lá para computabilidade recursiva, ela também se aplica à computabilidade por máquina de Turing.

11.12 Distinga os recursos inevitáveis à tese de Turing dos preguiçosos na seção 11.1.

11.13 Distinga os recursos inevitáveis à tese de Church dos preguiçosos na seção 11.2.

12

Modelos

Um modelo *de um conjunto de sentenças é qualquer interpretação na qual todas as sentenças do conjunto são verdadeiras. A seção 12.1 discute os tamanhos dos modelos que um conjunto de sentenças pode ter (pelo* tamanho *de um modelo, entendemos o tamanho de seu domínio) e o número de modelos de certo tamanho que um conjunto de sentenças pode ter, introduzindo com relação a este último tópico a importante noção de* isomorfismo. *A seção 12.2 é dedicada a exemplos ilustrando a teoria, com a maioria deles sendo relativa à importante noção de uma* relação de equivalência. *A seção 12.3 inclui o enunciado de dois grandes teoremas sobre modelos, o* teorema (de transferência) de Löwenheim–Skolem, *e o* teorema da compacidade (de Tarski–Maltsev), *e começa a ilustrar algumas de suas implicações. A prova do teorema da compacidade será adiada para o próximo capítulo. O teorema de Löwenheim–Skolem é um corolário da compacidade (embora também possua uma demonstração independente, a ser apresentada em um capítulo posterior, juntamente com algumas observações sobre certas consequências do teorema, as quais, por vezes, têm sido consideradas 'paradoxais').*

12.1 Tamanho e número de modelos

Por um *modelo* de uma sentença, ou de um conjunto de sentenças, entendemos uma interpretação na qual a sentença, ou toda sentença do conjunto, resulta verdadeira. Assim, Γ implica D se todo modelo de Γ é modelo de D; D é válida se *toda* interpretação é modelo de D; e Γ é insatisfatível se *nenhuma* interpretação é modelo de Γ.

Pelo *tamanho* de um modelo entendemos o tamanho de seu domínio. Assim, um modelo é denominado *finito*, *denumerável*, ou o que seja, se seu domínio for finito, denumerável, ou seja o que for. Dizemos que um conjunto de sentenças tem *modelos finitos arbitrariamente grandes* se, para todo inteiro positivo m, há um inteiro positivo $n \geq m$ tal que esse conjunto tem um modelo de tamanho n. Mesmo na linguagem vazia, com identidade mas sem símbolos não lógicos, onde uma interpretação é apenas um domínio, podemos escrever sentenças que têm modelos somente de algum tamanho finito fixo.

12.1 Exemplo. (Uma sentença com modelos somente de um tamanho finito especificado). Para cada inteiro positivo n há uma sentença I_n envolvendo identidade, mas nenhum símbolo não lógico, tal que I_n será verdadeira em uma interpretação se e somente se há pelo menos n indivíduos distintos no domínio da interpretação. Então $J_n = \sim I_{n+1}$ será verdadeira se e somente se há no máximo n indivíduos, e $K_n = I_n \,\&\, J_n$ será verdadeira se e somente se há exatamente n indivíduos.

De fato, há várias sentenças diferentes que poderiam ser usadas para I_n. Uma sentença comparativamente curta é a seguinte:

$$\forall x_1 \forall x_2 \cdots \forall x_{n-1} \exists x_n (x_n \neq x_1 \,\&\, x_n \neq x_2 \,\&\, \ldots \,\&\, x_n \neq x_{n-1}).$$

Assim, por exemplo, I_3 pode ser escrita $\forall x \forall y \exists z (z \neq x \,\&\, z \neq y)$. Para que isso seja verdade em uma interpretação $\mathcal{M}$, tem que ser o caso que, para todo p no domínio, se acrescentarmos uma constante c denotando p então $\forall y \exists z (z \neq c \,\&\, z \neq y)$ será verdadeira. Para que isso seja verdade, tem que ser o caso que, para todo q no domínio, se acrescentarmos uma constante d denotando q, então $\exists z (z \neq c \,\&\, z \neq d)$ será verdadeira. Para que isso seja verdade, tem que ser o caso que, para algum r no domínio, se acrescentarmos uma constante e denotando r, então $e \neq c \,\&\, e \neq d$ será verdadeira. Para tanto, $e \neq c$ e $e \neq d$ terão que ser ambas verdadeiras, e para tanto, $e = c$ e $e = d$ terão ambas que não ser verdadeiras. Para isso, a denotação r de e tem que ser diferente das denotações p e q de c e d. Assim, para todo p e q no domínio, há um r no domínio que é diferente de ambos. Começando com qualquer m_1 no domínio, e aplicando essa última conclusão com $p = q = m_1$, tem que haver um r, que chamamos m_2, diferente de m_1. Aplicando a conclusão mais uma vez, com $p = m_1$ e $q = m_2$, tem que haver um r, que chamamos m_3, diferente de m_1 e m_2. Assim, há pelo menos três indivíduos distintos m_1, m_2 e m_3 no domínio.

O conjunto Γ de *todas* as sentenças I_n tem somente modelos infinitos, uma vez que o número de elementos em qualquer modelo tem que ser $\geq n$ para cada n finito. Por outro lado, qualquer subconjunto finito Γ_0 de Γ tem um modelo finito; na verdade, um modelo de tamanho n, onde n é o maior número para o qual I_n está em Γ. Será que podemos encontrar um exemplo de um conjunto *finito* de sentenças que só tenha modelos infinitos? Nesse caso, podemos encontrar uma *única* sentença que tem somente modelos infinitos, a saber, a conjunção de todas as sentenças desse conjunto finito. De fato, são conhecidos exemplos de sentenças únicas que têm somente modelos infinitos.

12.2 Exemplo. (Uma sentença tendo somente modelos infinitos). Seja R um predicado binário. Então a sentença A seguinte tem um modelo denumerável, mas não tem modelos finitos:

$$\forall x \exists y Rxy \,\&\, \forall x \forall y \sim (Rxy \,\&\, Ryx) \,\&\, \forall x \forall y \forall z ((Rxy \,\&\, Ryz) \rightarrow Rxz).$$

A tem um modelo denumerável no qual o domínio são os números naturais e a interpretação do predicado R é a relação de ordem estrita usual menor-que nos números naturais. Para cada número, há outro do qual ele é menor; não há dois números que sejam ambos um menor que o outro; e se um número é menor que um segundo e o segundo menor que um terceiro, então o primeiro é menor que o terceiro. Assim, todos os três componentes da conjunção de A são verdadeiros nessa interpretação.

Suponhamos agora que houvesse um modelo finito $\mathcal{M}$ de A. Façamos uma lista dos elementos de $|\mathcal{M}|$ como $m_0, m_1, \ldots, m_{k-1}$, em que k é o número de elementos em $|\mathcal{M}|$. Seja $n_0 = m_0$. Pelo primeiro componente da conjunção de A (isto é, pelo fato de que esse componente é verdadeiro na interpretação) deve haver algum n em $|\mathcal{M}|$ tal que $R^{\mathcal{M}}(n_0, n)$. Seja n_1 o primeiro elemento na lista para o qual isso é o caso. Temos então $R^{\mathcal{M}}(n_0, n_1)$. Mas pelo segundo componente da conjunção de A não temos ambas as coisas, $R^{\mathcal{M}}(n_0, n_1)$ e $R^{\mathcal{M}}(n_1, n_0)$, e assim não temos $R^{\mathcal{M}}(n_1, n_0)$. Segue-se que $n_1 \neq n_0$. Novamente pelo primeiro componente de A, deve haver algum n em $|\mathcal{M}|$ tal que $R^{\mathcal{M}}(n_1, n)$. Seja n_2 o primeiro elemento na lista para o qual isso é o caso, de modo que temos $R^{\mathcal{M}}(n_1, n_2)$. Pelo terceiro componente de A ou $R^{\mathcal{M}}(n_0, n_1)$ falha ou $R^{\mathcal{M}}(n_1, n_2)$ falha ou $R^{\mathcal{M}}(n_0, n_2)$ vale, e uma vez que não temos nenhum dos dois primeiros componentes da disjunção, devemos ter $R^{\mathcal{M}}(n_0, n_2)$. Mas pelo segundo componente da conjunção de A, $R^{\mathcal{M}}(n_0, n_2)$ e $R^{\mathcal{M}}(n_2, n_0)$ não valem *ambos*, nem valem ambos $R^{\mathcal{M}}(n_1, n_2)$ e $R^{\mathcal{M}}(n_2, n_1)$, de modo que não temos nem $R^{\mathcal{M}}(n_2, n_0)$ nem $R^{\mathcal{M}}(n_2, n_1)$. Segue-se que $n_2 \neq n_0$ e $n_2 \neq n_1$. Continuando dessa maneira, obtemos n_3 diferente de todos os n_0, n_1, n_2, e então n_4 diferente de todos os n_0, n_1, n_2, n_3 etc. Contudo, ao chegarmos em n_k, teremos excedido o número de elementos de $|\mathcal{M}|$. Isso mostra que nossa suposição de que $|\mathcal{M}|$ é finito leva a uma contradição. Assim, A tem modelos denumeráveis, mas não modelos finitos.

Quando nos perguntamos *quantos* modelos diferentes de um certo tamanho uma sentença ou conjunto de sentenças pode ter, a resposta é desapontadora: há sempre um número ilimitado (uma infinidade não enumerável) de modelos, caso haja algum. Para dar um exemplo completamente trivial, considere a linguagem vazia, com identidade mas sem nenhum predicado não lógico, para a qual uma interpretação é apenas um conjunto não vazio que serve como domínio. E considere a sentença $\exists x \forall y(y = x)$, que diz que há somente uma coisa no domínio. Para qualquer objeto a que você queira, a interpretação cujo domínio é $\{a\}$, o conjunto cujo único elemento é a, é um modelo dessa sentença. Assim, para cada número real, ou cada ponto da reta, nós obtemos um modelo.

É claro, todos esses modelos 'se parecem': cada um deles consiste em apenas uma coisa, sentada lá sem fazer nada, por assim dizer. A noção de um *isomorfismo*, que estamos a ponto de definir, é uma maneira tecnicamente mais precisa de dizer o que se quer dizer por 'se parecem' no caso de linguagens *não* triviais. Duas interpretações $\mathcal{P}$ e $\mathcal{Q}$ da mesma linguagem L são *isomorfas* se e somente se há uma *correspondência* j entre indivíduos p no domínio $|\mathcal{P}|$ e indivíduos q no domínio $|\mathcal{Q}|$ sujeita a certas condições. (A definição de correspondência, ou função total, injetora e sobrejetora, foi apresentada nos problemas no final do capítulo 1.) As condições adicionais são que, para todo predicado n-ário R e todo $p_1, \ldots, p_n$ em $|\mathcal{P}|$, nós tenhamos

(I1) $\quad R^{\mathcal{P}}(p_1, \ldots, p_n)$ se e somente se $R^{\mathcal{Q}}(j(p_1), \ldots, j(p_n))$

e para toda constante c nós tenhamos

$$\text{(I2)} \qquad j(c^{\mathcal{P}}) = c^{\mathcal{Q}}.$$

Se símbolos funcionais estiverem presentes, exigimos adicionalmente que, para todo símbolo funcional n-ário f e todo $p_1, \ldots, p_n$ em $|\mathcal{P}|$, nós tenhamos

$$\text{(I3)} \qquad j(f^{\mathcal{P}}(p_1, \ldots, p_n)) = f^{\mathcal{Q}}(j(p_1), \ldots, j(p_n)).$$

12.3 Exemplo. (Ordem inversa e aritmética espelhada). Considere uma linguagem com um único predicado binário $<$, a interpretação cujo domínio são os números naturais $\{0, 1, 2, 3, \ldots\}$ e com $<$ denotando a relação de ordem estrita usual menor-que e, por contraste, a interpretação cujo domínio são os inteiros não positivos $\{0, -1, -2, -3, \ldots\}$ e com $<$ denotando a relação de ordem estrita usual maior-que. A correspondência associando n com $-n$ é um isomorfismo, uma vez que m é menor que n se e somente se $-m$ é maior que $-n$, como exigido por (I1).

Se também estipularmos que **0** denota zero; $'$, a função predecessor, que leva x em $x - 1$; $+$, a função adição; e $\cdot$ a função que leva x e y no negativo de seu produto, $-xy$, então obtemos uma interpretação isomorfa à interpretação padrão da linguagem da aritmética. Pois as equações seguintes mostram que (I3) é satisfeita:

$$\begin{aligned} -x - 1 &= -(x + 1) \\ (-x) + (-y) &= -(x + y) \\ -(-x)(-y) &= -xy. \end{aligned}$$

Generalizando nosso exemplo completamente trivial, no caso da linguagem vazia, em que uma interpretação é apenas um domínio, duas interpretações são isomorfas se e somente se há uma correspondência entre seus domínios (isto é, se e somente se eles são equipotentes, como definido nos problemas no final do capítulo 1). A propriedade análoga para linguagens não vazias é enunciada no próximo resultado.

12.4 Proposição. Sejam X e Y conjuntos, e suponhamos que há uma correspondência j de X em Y. Então, se $\mathcal{Y}$ é uma interpretação com domínio Y, há uma interpretação $\mathcal{X}$ com domínio X tal que $\mathcal{X}$ é isomorfa a $\mathcal{Y}$. Em particular, para qualquer interpretação com um domínio finito tendo n elementos, há uma interpretação isomorfa tendo como domínio o conjunto $\{0, 1, 2, \ldots, n - 1\}$, ao passo que, para qualquer interpretação com um domínio denumerável, há uma interpretação isomorfa tendo como domínio o conjunto $\{0, 1, 2, \ldots\}$ dos números naturais.

Demonstração: Para cada símbolo de relação R, seja $R^{\mathcal{X}}$ a relação que vale para $p_1, \ldots, p_n$ em X se e somente se $R^{\mathcal{Y}}$ vale para $j(p_1), \ldots, j(p_n)$. Isso faz que (I1) valha automaticamente. Para cada constante c, seja $c^{\mathcal{X}}$ o único p em X tal que $j(p) = c^{\mathcal{Y}}$. (Haverá um tal p porque j é sobrejetora, e será único porque j é injetora.) Isso faz que (I2) valha automaticamente. Se símbolos funcionais estão presentes, para cada símbolo funcional f, seja f^X a função em X cujo valor para $p_1, \ldots, p_n$ em X é o único p tal que $j(p) = f^{\mathcal{Y}}(j(p_1), \ldots, j(p_n))$. Isso faz que (I3) valha automaticamente.

O próximo resultado dá um pouco mais de trabalho. Junto com o precedente, ele implica aquilo a que já aludimos antes, que uma sentença ou conjunto de sentenças tem um número ilimitado de modelos se tiver algum modelo: dado um modelo, pela proposição precedente haverá um número ilimitado de interpretações isomorfas a ele, uma para cada conjunto equipotente com seu domínio. Pelo resultado a seguir, essas interpretações isomorfas serão todas modelos da sentença ou conjunto de sentenças dados.

12.5 Proposição. (Lema do isomorfismo). Se há um isomorfismo entre duas interpretações $\mathcal{P}$ e $\mathcal{Q}$ da mesma linguagem L, então, para cada sentença A de L nós temos

(1) $$\mathcal{P} \models A \quad \text{se e somente se} \quad \mathcal{Q} \models A.$$

Demonstração: Consideramos primeiro o caso em que identidade e símbolos funcionais estão ausentes, e procedemos por indução em complexidade. Primeiro, para uma sentença atômica envolvendo um predicado não lógico R e constantes $t_1, \ldots, t_n$, a cláusula atômica na definição de verdade nos dá

$$\mathcal{P} \models R(t_1, \ldots, t_n) \quad \text{se e somente se} \quad R^{\mathcal{P}}\left(t_1^{\mathcal{P}}, \ldots, t_n^{\mathcal{P}}\right)$$
$$\mathcal{Q} \models R(t_1, \ldots, t_n) \quad \text{se e somente se} \quad R^{\mathcal{Q}}(t_1^{\mathcal{Q}}, \ldots, t_n^{\mathcal{Q}}),$$

ao passo que a cláusula (I1) na definição de isomorfismo nos dá

$$R^{\mathcal{P}}(t_1^{\mathcal{P}}, \ldots, t_n^{\mathcal{P}}) \quad \text{se e somente se} \quad R^{\mathcal{Q}}(j(t_1^{\mathcal{P}}), \ldots, j(t_n^{\mathcal{P}}))$$

e a cláusula (I2) na definição de isomorfismos nos dá

$$R^{\mathcal{Q}}(j(t_1^{\mathcal{P}}), \ldots, j(t_n^{\mathcal{P}})) \quad \text{se e somente se} \quad R^{\mathcal{Q}}(t_1^{\mathcal{Q}}, \ldots, t_n^{\mathcal{Q}}).$$

Juntas, as quatro equivalências exibidas nos dão (1) para $R(t_1, \ldots, t_n)$.

Em segundo lugar, suponhamos que (1) vale para sentenças menos complexas do que $\sim F$, inclusive a sentença F. Então (1) para $\sim F$ segue-se imediatamente dessa suposição junto com a cláusula da negação na definição de verdade, pela qual temos

$$\mathcal{P} \models \sim F \quad \text{se e somente se} \quad \text{não é o caso que } \mathcal{P} \models F$$
$$\mathcal{Q} \models \sim F \quad \text{se e somente se} \quad \text{não é o caso que } \mathcal{Q} \models F.$$

O caso das junções é análogo.

Em terceiro lugar, suponhamos que (1) vale para sentenças menos complexas do que $\forall x F(x)$, inclusive sentenças da forma $F(c)$. Para qualquer elemento p de $|\mathcal{P}|$, se estendermos a linguagem acrescentando uma nova constante c e estendermos a interpretação $\mathcal{P}$ de forma que c denote p, então há uma e somente uma maneira de estender a interpretação $\mathcal{Q}$

de forma que j continue sendo um isomorfismo entre as interpretações estendidas; a saber, estendemos a interpretação $\mathcal{Q}$ de forma que c denote $j(p)$ e, portanto, a cláusula (I2) na definição de isomorfismo ainda vale para a linguagem estendida. Pela nossa suposição de que (1) vale para $F(c)$, segue-se, por um lado, que

$$(2) \qquad \mathcal{P} \models F[p] \quad \text{se e somente se} \quad \mathcal{Q} \models F[j(p)].$$

Pela cláusula do quantificador universal na definição de verdade,

$$\mathcal{P} \models \forall x F(x) \quad \text{se e somente se} \quad \mathcal{P} \models F[p] \text{ para todo } p \text{ em } |\mathcal{P}|.$$

Logo

$$\mathcal{P} \models \forall x F(x) \quad \text{se e somente se} \quad \mathcal{Q} \models F[j(p)] \text{ para todo } p \text{ em } |\mathcal{P}|.$$

Por outro lado, novamente pela cláusula do quantificador universal na definição de verdade, nós temos

$$\mathcal{Q} \models \forall x F(x) \quad \text{se e somente se} \quad \mathcal{Q} \models F[q] \text{ para todo } q \text{ em } |\mathcal{Q}|.$$

Porém, uma vez que j é uma correspondência, e portanto é sobrejetora, *todo* q em $|\mathcal{Q}|$ é da forma $j(p)$, e (1) segue-se para $\forall x F(x)$. O caso do quantificador existencial é análogo.

Se a identidade estiver presente, temos que provar (1) também para sentenças atômicas envolvendo =. Ou seja, temos que provar que

$$p_1 = p_2 \quad \text{se e somente se} \quad j(p_1) = j(p_2).$$

Mas isso é simplesmente a condição de que j é injetora, o que é parte da definição de correspondência, o que, por sua vez, é parte da definição de isomorfismo.

Se símbolos funcionais estão presentes, temos primeiro que provar, como preliminar, que, para qualquer termo fechado t, nós temos

$$(3) \qquad j(t^{\mathcal{P}}) = t^{\mathcal{Q}}.$$

Isso é demonstrado por indução na complexidade de termos. Para constantes, temos (3) pela cláusula (I2) da definição de isomorfismo. Supondo agora que (3) vale para $t_1, \ldots, t_n$, então vale para $f(t_1, \ldots, t_n)$, uma vez que, pela cláusula (I3) na definição de isomorfismo, temos

$$\begin{aligned} j((f(t_1, \ldots, t_n))^{\mathcal{P}}) &= j(f^{\mathcal{P}}(t_1^{\mathcal{P}}, \ldots, t_n^{\mathcal{P}})) \\ &= f^{\mathcal{Q}}(j(t_1^{\mathcal{P}}), \ldots, j(t_n^{\mathcal{P}})) = f^{\mathcal{Q}}(t_1^{\mathcal{Q}}, \ldots, t_n^{\mathcal{Q}}) = (f(t_1, \ldots, t_n))^{\mathcal{Q}}. \end{aligned}$$

A prova dada para o caso atômico de (1) agora vale mesmo quando os t_i são termos fechados complexos em vez de constantes, e não são necessárias outras alterações na prova.

12.6 Corolário. (Lema dos domínios canônicos).

(**a**) Qualquer conjunto de sentenças que tenha um modelo finito tem um modelo cujo domínio é o conjunto $\{0, 1, 2, \ldots, n\}$ para algum número natural n.

(b) Qualquer conjunto de sentenças que tenha um modelo infinito enumerável tem um modelo cujo domínio é o conjunto $\{0, 1, 2, \ldots\}$ dos números naturais.

Demonstração: Imediata a partir das Proposições 12.4 e 12.5.

De dois modelos que são isomorfos, dizemos que são da mesma *classe de isomorfismo*. A maneira inteligente de contar os modelos de determinado tamanho que uma sentença tem não é contar literalmente o número de modelos (que é sempre uma infinidade não enumerável, caso seja diferente de zero), mas o número de classes de isomorfismo de modelos. O significado dos resultados bastante abstratos desta seção deve se tornar mais claro à medida que forem ilustrados concretamente na próxima seção.

12.2 Relações de equivalência

Nesta seção, trabalharemos com uma linguagem cujo único símbolo não lógico é um predicado binário $\equiv$. Escreveremos $x \equiv y$ para o que oficialmente deveria ser $\equiv(x, y)$. Nosso interesse estará nos modelos – e especialmente nos modelos infinitos enumeráveis – da seguinte sentença Eq dessa linguagem:

$$\begin{aligned}
&\forall x x \equiv x \,\&\\
&\forall x \forall y (x \equiv y \rightarrow y \equiv x) \,\&\\
&\forall x \forall y \forall z ((x \equiv y \,\&\, y \equiv z) \rightarrow x \equiv z).
\end{aligned}$$

Um tal modelo $\mathcal{X}$ consistirá em um conjunto não vazio X e uma relação binária $\equiv^{\mathcal{X}}$ ou E em X. De modo a tornar verdadeiras as três cláusulas de Eq, E terá que ter três propriedades. Ou seja, para todo a, b, c em X, temos que ter o seguinte:

(E1) *Reflexividade: a E a.*
(E2) *Simetria:* Se $a\ E\ b$, então $b\ E\ a$.
(E3) *Transitividade:* Se $a\ E\ b$ e $b\ E\ c$, então $a\ E\ c$.

Uma relação com essas propriedades é denominada uma *relação de equivalência* em X.

Uma maneira de obter uma relação de equivalência em X é começar com o que se denomina uma *partição* de X, isto é, um conjunto Π de subconjuntos não vazios de X tais que vale o seguinte:

(P1) *Caráter disjunto:* Se A e B estão em Π, então ou $A = B$ ou A e B não têm elementos em comum.
(P2) *Caráter exaustivo:* Todo a em X pertence a algum A em Π.

Os conjuntos em Π são denominados *partes* da partição.

Dada uma partição, definimos que $a\ E\ b$ vale se a e b estão na mesma parte da partição, isto é, se, para algum A em Π, a e b estão ambos em A. Ora, por (P2), a está em *algum* A em Π. Dizer que a e a estão 'ambos' em A é simplesmente dizer que a está em A duas vezes e, visto que era verdadeiro da primeira vez, será verdadeiro da segunda vez também, mostrando que aEa, e que (E1) vale. Se aEb, então a e b estão ambos em algum A em Π, e dizer que b e a estão ambos em A é dizer a mesma coisa em uma ordem diferente, o que é igualmente verdadeiro, mostrando que $b\ E\ a$ e que (E2) vale. Finalmente, se $a\ E\ b$ e $b\ E\ c$, então a e b estão ambos em algum A em Π e b e c estão ambos em algum b em Π. Mas por (P1), uma vez que A e B têm o elemento comum b, eles são de fato o mesmo, de modo que a e c estão ambos em $A = B$, e $a\ E\ c$, mostrando que (E3) vale. Assim, E é uma relação de equivalência, denominada a relação de equivalência *induzida* pela partição.

Na realidade, essa é, em certo sentido, a *única* maneira de obter uma relação de equivalência: toda relação de equivalência é induzida por uma partição. Suponhamos que E seja uma tal relação; para qualquer a em X, seja $[a]$ a *classe de equivalência* de a, o conjunto de todos os b em X tais que $a\ E\ b$; e seja Π o conjunto de todas essas classes de equivalência. Afirmamos que Π é uma partição. Certamente qualquer elemento a de X está em algum A em Π, a saber, a está em $[a]$, por (E1). Assim, (P2) vale. No que toca a (P1), se $[a]$ e $[b]$ têm um elemento comum c, temos $a\ E\ c$ e $b\ E\ c$, e tendo $b\ E\ c$, por (E2) temos também $c\ E\ b$, e então, tendo $a\ E\ c$ e $c\ E\ b$, por (E3) nós temos também $a\ E\ b$ e, novamente por (E2), nós também temos $b\ E\ a$. Mas então, se d é qualquer elemento de $[a]$, tendo $a\ E\ d$ e $b\ E\ a$, novamente por (3) nós temos $b\ E\ d$, e d está em $[b]$. Exatamente da mesma maneira, qualquer elemento de $[b]$ está em $[a]$, e $[a] = [b]$. Assim, Π é uma partição, como afirmado. Afirmamos também que a E original é precisamente a relação de equivalência induzida pela partição Π. Com efeito, ao longo de nossa argumentação mostramos que, se $a\ E\ b$, então a e b pertencem à mesma parte $[a] = [b]$ da partição, ao passo que, é claro, se b pertence à mesma parte $[a]$ da partição que a pertence, então temos $a\ E\ b$, de modo que E é a relação de equivalência induzida por essa partição.

Podemos desenhar uma imagem de um modelo infinito enumerável de *Eq* com pontos para representar elementos de X e retângulos ao redor daqueles que estão na mesma classe de equivalência. Podemos também descrever um tal modelo com sua *assinatura*, a sequência infinita de números cujo 0-ésimo elemento é o número (que pode ser $0, 1, 2, \ldots$, ou infinito) de classes de equivalência contendo infinitamente muitos elementos e cujo n-ésimo elemento, para $n > 0$, é o número de classes de equivalência com exatamente n elementos. Os exemplos que seguem são ilustrados por imagens, na Figura 12.1, para relações de equivalência de uma variedade de assinaturas diferentes.

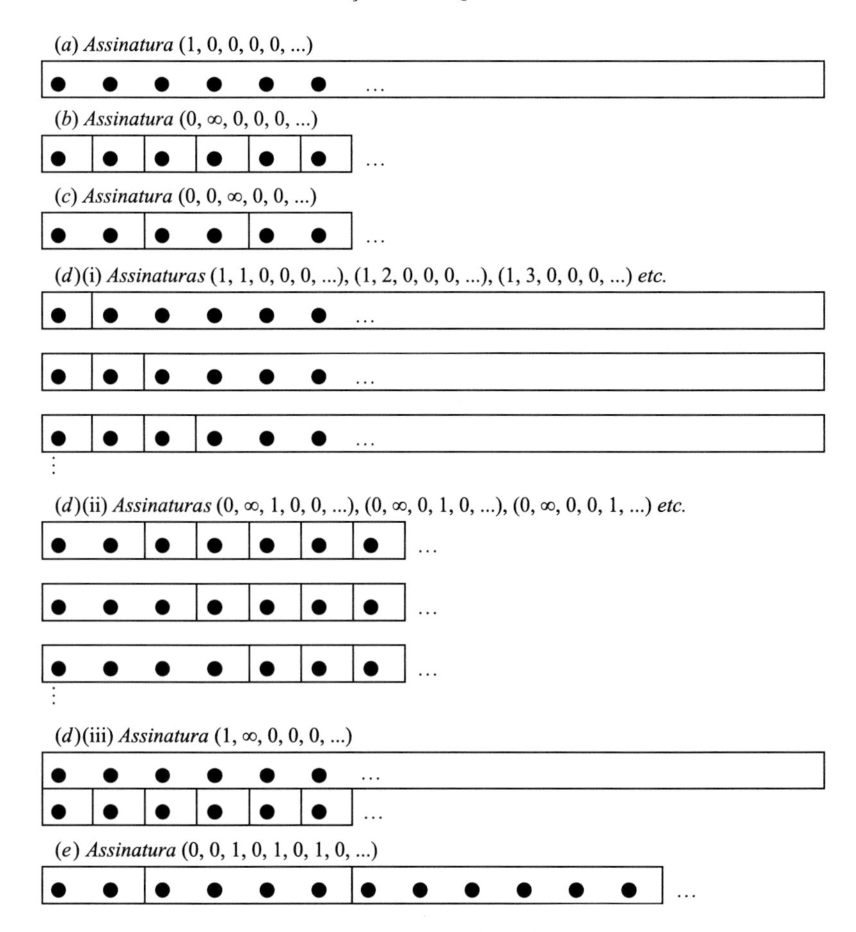

Figura 12.1. Relações de equivalência

12.7 Exemplo. (Um modelo promíscuo). Seja Γ_a o conjunto contendo *Eq* e a seguinte sentença E_a:

$$\forall x \forall y \, x \equiv y.$$

Um modelo denumerável de Γ_a consiste em um conjunto denumerável X com uma relação de equivalência E em que *todos* os elementos estão na mesma classe de equivalência, como na Figura 12.1(a). Afirmamos que todos esses modelos são isomorfos. De fato, se

$$X = \{a_1, a_2, a_3, \ldots\} \quad \text{e} \quad Y = \{b_1, b_2, b_3, \ldots\}$$

são dois conjuntos denumeráveis, se $\mathcal{X}$ é o modelo com domínio X e $\equiv^{\mathcal{X}}$ a relação que vale entre *todos* os pares a_i, a_j de elementos de X, e se $\mathcal{Y}$ é o modelo com domínio Y e $\equiv^{\mathcal{Y}}$ a relação que vale entre *todos* os pares b_i, b_j de elementos de Y, então a função que leva a_i em b_j é um isomorfismo entre $\mathcal{X}$ e $\mathcal{Y}$. A condição (I1) na definição de isomorfismo – a única condição aplicável – diz que temos, em todos os casos, que ter $a_i \equiv^{\mathcal{X}} a_j$ se e somente se $f(a_i) \equiv^{\mathcal{Y}} f(a_j)$; e é claro que temos, uma vez que sempre temos ambos, $a_i \equiv^{X} a_j$ e $b_i \equiv^{\mathcal{Y}} b_j$. Assim, Γ_a tem somente *uma* classe de isomorfismo de modelo infinito enumerável.

12.8 Exemplo. (Um modelo eremita). Seja Γ_b o conjunto contendo *Eq* e a seguinte sentença *Eb*:

$$\forall x \forall y (x \equiv y \leftrightarrow x = y).$$

Um modelo denumerável de Γ_b consiste em um conjunto denumerável *X* com uma relação de equivalência *E* na qual cada elemento é equivalente somente a si mesmo, de modo que cada classe de equivalência consiste em não mais que um único elemento, como na Figura 12.1(b). Mais uma vez, quaisquer dois modelos desse tipo são isomorfos. Com a notação do exemplo precedente, desta vez nós temos $a_i \equiv^{X} a_j$ se e somente se $f(a_i) \equiv^{\mathcal{Y}} f(a_j)$, porque nós só temos $a_i \equiv^{X} a_j$ quando $i = j$, o que ocorre precisamente quando temos $b_i \equiv^{\mathcal{Y}} b_j$.

12.9 Exemplo. (Duas classes de isomorfismo). Seja Γ_{ab} o conjunto contendo *Eq* e a disjunção $E_a \vee E_b$. Qualquer modelo de Γ_{ab} deve ser um modelo ou de Γ_a ou de Γ_b, e todos os modelos de um ou outro são modelos de Γ_{ab}. Ora, todos os modelos denumeráveis de Γ_a são isomorfos entre si, e todos os modelos denumeráveis de Γ_b são isomorfos entre si. Mas um modelo de Γ_a não pode ser isomorfo a um modelo de Γ_b pelo lema do isomorfismo, uma vez que E_a é verdadeira no primeiro modelo e falsa no último, e inversamente para E_b. Assim, Γ_{ab} tem exatamente *duas* classes de isomorfismo de modelo denumerável.

12.10 Exemplo. (Um modelo monogâmico). Seja Γ_c o conjunto contendo *Eq* e a seguinte sentença E_c:

$$\forall x \exists y (x \neq y \,\&\, x \equiv y \,\&\, \forall z (z \equiv x \rightarrow (z = x \vee z = y))).$$

Um modelo denumerável de Γ_c consiste em um conjunto denumerável *X* com uma relação de equivalência *E* na qual cada elemento é equivalente a só um outro elemento diferente de si mesmo, de modo que cada classe de equivalência consiste em exatamente dois elementos, como na Figura 12.1(c). Mais uma vez, há somente uma classe de isomorfismo de modelo denumerável. Se renumerarmos os elementos de *X* de modo que a_2 é o equivalente de a_1 ,a_4 de a_3, e assim por diante, e se, de maneira análoga, renumerarmos os elementos de *Y*, novamente a função $f(a_i) = b_i$ será um isomorfismo.

12.11 Exemplo. (Três classes de isomorfismo). Seja Γ_{abc} o conjunto contendo *Eq* e a disjunção $E_a \vee E_b \vee E_c$. Então Γ_{abc} tem três classes de isomorfismo de modelos denumeráveis. O leitor verá o padrão que está emergindo: podemos obter um exemplo com *n* classes de isomorfismo de modelos denumeráveis para qualquer inteiro positivo *n*.

12.12 Exemplo. (Denumeravelmente muitas classes de isomorfismo). Seja Γ_d o conjunto contendo *Eq* e a seguinte sentença E_d:

$$\forall x \forall y ((\exists u (u \neq x \,\&\, u \equiv x) \,\&\, \exists v (v \neq y \,\&\, v \equiv y)) \rightarrow x \equiv y).$$

Um modelo denumerável de Γ_d consiste em um conjunto denumerável *X* com uma relação de equivalência na qual quaisquer dois elementos *a* e *b* que não estejam *isolados* (isto é, cada um é equivalente a algo diferente de si mesmo) são equivalentes entre si. Aqui há várias situações possíveis. Poderia ser que todos os elementos são equivalentes, ou que todos os elementos estão isolados, como na Figura 12.1(a) ou (b). Poderia também ser o caso que há um elemento isolado e todos os outros elementos sejam equivalentes. Ou poderia haver dois elementos isolados com todos os outros elementos sendo equivalentes. Ou três etc., como na Figura 12.1(d)(i).

Há ainda outras possibilidades. Com efeito, supondo que há *infinitamente muitos* elementos isolados, a classe de equivalência restante, consistindo em todos os elementos não isolados, pode conter dois ou três ou ... elementos, como na Figura 12.1(d)(ii) – ou poderia não conter nenhum, mas isso é, então, a Figura 12.1(b) outra vez. Finalmente, há a possibilidade (cuja imagem precisa de duas linhas para ser desenhada) de infinitamente muitos elementos isolados mais uma classe infinita de outros elementos, todos equivalentes entre si, como na Figura 12.1(d)(iii).

Quaisquer dois modelos correspondentes à mesma imagem (ou, o que resulta no mesmo, à mesma assinatura) são isomorfos. Se há somente n elementos isolados, renumere-os de modo que sejam a_1 até a_n. Se há somente n elementos não isolados, renumere-os de modo que, em vez disso, estes sejam a_1 até a_n. E se há infinitamente muitos de cada, renumere-os de modo que $a_1, a_3, a_5, \ldots$ sejam os isolados, e $a_2, a_4, a_6, \ldots$ os não isolados. Renumere os b_i analogamente e então, como sempre, pode-se verificar que a função $f(a_i) = b_i$ é um isomorfismo. Não há dois modelos correspondendo a figuras diferentes que sejam isomorfos, pois, se a não é isolado, a satisfaz a fórmula

$$\exists y(y \neq x \;\&\; y \equiv x).$$

Assim, pelo lema do isomorfismo, se f é um isomorfismo, $f(a)$ também tem que satisfazer essa fórmula e, por conseguinte, a tem que ser não isolado. Pela mesma razão, aplicada à negação dessa fórmula, se a é isolado, $f(a)$ tem que ser não isolado. Assim, um isomorfismo deve levar elementos não isolados a não isolados, e elementos isolados a isolados, e os números de elementos não isolados e de elementos isolados deve ser o mesmo em ambos os modelos. Aqui, então, temos um exemplo em que há denumeravelmente muitas classes de isomorfismo de modelos denumeráveis.

12.13 Exemplo. (Não enumeravelmente muitas classes de isomorfismo). Por si só, a sentença *Eq* tem não enumeravelmente muitas classes de isomorfismo de modelos denumeráveis. Para qualquer conjunto infinito S de inteiros positivos há um modelo em que há exatamente uma classe de equivalência com exatamente n elementos para cada n em S, e nenhuma classe de equivalência com exatamente n elementos para qualquer n que não esteja em S. Por exemplo, se S é o conjunto dos números pares, o modelo parecerá como na Figura 12.1(e). Deixamos ao leitor mostrar como o lema do isomorfismo pode ser usado para demonstrar que quaisquer dois modelos que correspondam a diferentes conjuntos S não são isomorfos. Uma vez que existem não enumeravelmente muitos conjuntos dessa espécie, existem não enumeravelmente muitas classes de isomorfismo de modelos.

12.3 Os teoremas de Löwenheim–Skolem e da compacidade

Vimos que há sentenças que têm somente modelos infinitos. Poderíamos perguntar-nos se há sentenças que tenham somente modelos *não enumeráveis*. Também vimos que há conjuntos enumeráveis de sentenças que têm somente modelos infinitos, embora todo subconjunto finito tenha um modelo finito. Poderíamos perguntar-nos se há conjuntos de sentenças que *não tenham absolutamente nenhum modelo*, embora todo subconjunto finito tenha um modelo. A resposta a essas duas questões é negativa, segundo os dois teoremas a seguir. Eles são resultados básicos da teoria de modelos, com muitas implicações sobre a existência, tamanho e número de modelos.

12.14 Teorema. (Teorema de Löwenheim–Skolem). Se um conjunto de sentenças tem modelo, então tem um modelo enumerável.

12.15 Teorema. (Teorema da Compacidade). Se todo subconjunto finito de um conjunto de sentenças tem modelo, então o conjunto inteiro tem modelo.

Exploramos algumas implicações desses teoremas nos problemas ao final deste capítulo. Fazemos aqui uma pausa apenas para mencionar três aplicações imediatas.

12.16 Corolário. (Princípio do transbordamento (*overspill*)). Se um conjunto de sentenças tem modelos finitos arbitrariamente grandes, então tem um modelo denumerável.

Demonstração: Seja Γ um conjunto de sentenças tendo modelos finitos arbitrariamente grandes, e para cada m, seja I_m a sentença com identidade mas sem símbolos não lógicos considerada no Exemplo 12.1, que é verdadeira em um modelo se e somente se o modelo tem tamanho $\geq m$. Seja

$$\Gamma^* = \Gamma \cup \{I_1, I_2, I_3, \ldots\}$$

o resultado de acrescentar todas as I_m a Γ. Qualquer subconjunto finito de Γ^* é um subconjunto de $\Gamma \cup \{I_1, I_2, \ldots, I_m\}$ para algum m, e uma vez que Γ tem um modelo de tamanho $\geq m$, aquele conjunto tem um modelo. Pelo teorema da compacidade, portanto, Γ^* tem modelo. Um tal modelo, é claro, é um modelo de Γ, e sendo também um modelo de cada I_m, tem tamanho $\geq m$ para todos os m finitos e, assim, é infinito. Pelo teorema de Löwenheim–Skolem, podemos considerá-lo enumerável.

Um conjunto Γ de sentenças é (*implicacionalmente*) *completo* se para toda sentença A em sua linguagem, ou A ou $\sim A$ é consequência de Γ, e *denumeravelmente categórico* se quaisquer dois modelos denumeráveis de Γ são isomorfos.

12.17 Corolário. (Teste de Vaught). Se Γ é um conjunto de sentenças denumeravelmente categórico que não tem modelos finitos, então Γ é completo.

Demonstração: Suponhamos que Γ não seja completo, e seja A alguma sentença em sua linguagem tal que nem A nem $\sim A$ sejam consequências de Γ. Então tanto $\Gamma \cup \{A\}$ quanto $\Gamma \cup \{\sim A\}$ são satisfatíveis e, pelo teorema de Löwenheim–Skolem, têm modelos enumeráveis $\mathcal{P}^-$ e $\mathcal{P}^+$. Uma vez que Γ não tem modelos finitos, $\mathcal{P}^-$ e $\mathcal{P}^+$ devem ser denumeráveis. Uma vez que Γ é denumeravelmente categórico, eles devem ser isomorfos. Mas pelo lema do isomorfismo, uma vez que A não é verdadeira em um deles e verdadeira no outro, eles *não* podem ser isomorfos. Logo, a hipótese de que Γ não é completo leva a uma contradição, e Γ tem que ser completo afinal de contas.

Assim, se Γ é qualquer um dos exemplos da seção precedente em que descobrimos que havia somente uma classe de isomorfismo de modelo denumerável, acrescentar as sentenças $I_1, I_2, I_3, \ldots$ a Γ (de modo a eliminar a possibilidade de modelos finitos) produz um exemplo que é completo.

O teorema de Löwenheim–Skolem também permite um refinamento do enunciado do lema dos domínios canônicos (Corolário 12.6).

12.18 Corolário. (Teorema dos domínios canônicos).

(**a**) Qualquer conjunto de sentenças que tenha um modelo tem um modelo cujo domínio é ou o conjunto dos números naturais $< n$, para algum n positivo, ou o conjunto de todos os números naturais.

(**b**) Qualquer conjunto de sentenças que não envolva símbolos funcionais ou identidade e que tenha um modelo tem um modelo cujo domínio é o conjunto de todos os números naturais.

Demonstração: (a) segue-se imediatamente do teorema de Löwenheim–Skolem e do Corolário 12.6. Para (b), dado um conjunto de sentenças Γ não envolvendo símbolos funcionais ou identidade, se Γ tem um modelo, aplique a parte (a) para obter, na pior hipótese, um modelo $\mathcal{Y}$ cujo domínio é o conjunto finito $\{0, 1, \ldots, n-1\}$ para algum n. Seja f a função do conjunto de todos os números naturais nesse conjunto dada por $f(m) = \min(m, n-1)$. Defina uma interpretação $\mathcal{X}$ cujo domínio é o conjunto de todos os números naturais pela atribuição a cada símbolo de relação k-ária R como denotação a relação $R^{\mathcal{X}}$ que vale para $p_1, \ldots, p_k$ se e somente se $R^{\mathcal{Y}}$ vale para $f(p_1), \ldots, f(p_k)$. Então, f tem todas as propriedades de um isomorfismo exceto por não ser injetora. Examinando a prova do lema do isomorfismo (Proposição 12.5), que nos diz que as mesmas sentenças são verdadeiras em interpretações isomorfas, vemos que a propriedade de ser injetora foi usada *somente* em relação a sentenças envolvendo identidade. Uma vez que as sentenças em Γ não envolvem identidade, elas serão verdadeiras em $\mathcal{X}$ porque são verdadeiras em $\mathcal{Y}$.

O restante desta seção é dedicado a uma descrição antecipada do que será feito nos próximos dois capítulos, os quais contêm provas do teorema de Löwenheim–Skolem, do teorema da compacidade e de um resultado relacionado. Esta nossa apresentação prévia tem a intenção de permitir aos leitores que tenham familiaridade com o conteúdo de um livro-texto introdutório decidir quanto desse material precisam ou querem ler. O capítulo 13 é dedicado a uma prova do teorema da compacidade. Na verdade, a prova mostra que, se todo subconjunto finito de um conjunto Γ tem modelo, então Γ tem um modelo *enumerável*. Essa versão do teorema da compacidade implica o teorema de Löwenheim–Skolem, uma vez que, se um conjunto tem um modelo, então todo subconjunto também tem e, em particular, todo subconjunto finito. Uma seção opcional final, 13.5, considera o que acontece se admitirmos linguagens *não enumeráveis*. (Resulta que o teorema da compacidade ainda vale, mas o teorema de Löwenheim–Skolem 'descendente' falha, e obtemos em vez disso um teorema 'ascendente' no sentido de que qualquer conjunto de sentenças que tenha um modelo infinito tem um modelo não enumerável.)

Todo livro-texto introdutório inclui alguma noção de *dedução* de uma sentença *D* a partir de um conjunto finito de sentenças Γ. A sentença *D* é definida como *dedutível* de um conjunto finito de sentenças Γ se e somente se há uma dedução dessa sentença a partir do conjunto. Uma dedução a partir de um subconjunto de um conjunto sempre conta como uma dedução daquele próprio conjunto, e uma sentença *D* é definida como *dedutível* de um conjunto infinito Γ se e somente se é dedutível de algum subconjunto finito dele. Uma sentença *D* é definida como *demonstrável* se é dedutível do conjunto vazio de sentenças ∅, e um conjunto de sentenças Γ é definido como *inconsistente* se a sentença constante falsa ⊥ é dedutível dele. Os melhores livros-texto introdutórios incluem demonstrações do teorema da *correção*, segundo o qual se *D* é dedutível de Γ, então *D* é consequência de Γ (do que se segue que, se *D* é demonstrável, então *D* é válida, e se Γ é inconsistente, então Γ é insatisfatível), e do *teorema de completude de Gödel*, segundo o qual, inversamente, se *D* é consequência de Γ, então *D* é dedutível de Γ (do que se segue que, se *D* é válida, então *D* é demonstrável, e que se Γ é insatisfatível, então Γ é inconsistente). Uma vez que, por definição, um conjunto é consistente se e somente se todo subconjunto finito o for, segue-se que um conjunto é satisfatível se e somente se todo subconjunto finito o for: o teorema da compacidade segue-se dos teoremas de correção e completude. Na verdade, a prova da completude mostra que, se Γ é consistente, então Γ tem um modelo *enumerável*, de modo que a formulação do teorema da compacidade que implica o teorema de Löwenheim–Skolem decorre disso.

No capítulo 14, introduzimos uma noção de dedução do gênero usado em obras avançadas, em vez de introdutórias, sobre lógica, e demonstramos correção e completude para ela. Contudo, em vez de derivar o teorema da compacidade (e, portanto, o teorema de Löwenheim–Skolem) da correção e completude, obtemos a completude, no capítulo 14, a partir do lema principal usado para obter a compacidade no capítulo 13. Assim, nossa prova do teorema da compacidade (e, analogamente, do teorema de Löwenheim–Skolem) não menciona a noção de dedução, nem o faz o próprio enunciado do teorema. Para o leitor que tem familiaridade com alguma demonstração dos teoremas de correção e completude, contudo, o capítulo 14 é opcional, do mesmo modo que o capítulo 13 (contendo o lema principal), uma vez que o teorema da compacidade (e, daí, o teorema de Löwenheim–Skolem) de fato se segue. Não importa se a noção de dedução com a qual tal leitor tem familiaridade é diferente da nossa, já que *nenhuma referência a detalhes de nenhum procedimento particular de dedução é feita fora do capítulo 14* (exceto em uma seção opcional no final do capítulo depois daquele, o capítulo 15). Tudo o que importa para nossos estudos posteriores é que haja algum procedimento de dedução correto e completo, e – para futuros propósitos de aplicação à lógica de nossos estudos sobre computabilidade – tal que possamos efetivamente decidir se um dado objeto finito é ou não é uma dedução de uma dada sentença D a partir de um dado conjunto finito Γ de sentenças. E essa última característica é compartilhada por todos os procedimentos de dedução em todos os livros de lógica, introdutórios ou avançados, inclusive o nosso.

Problemas

12.1 Pelo *espectro* de uma sentença C (ou conjunto de sentenças Γ) entendemos o conjunto de todos os inteiros positivos n tais que C (ou Γ) tem um modelo finito com um domínio que tem exatamente n elementos. Considere uma linguagem com apenas dois símbolos não lógicos, um predicado unário P e um símbolo funcional unário f. Seja A a seguinte sentença:

$$\forall x_1 \forall x_2 (f(x_1) = f(x_2) \rightarrow x_1 = x_2) \ \&$$
$$\forall y \exists x (f(x) = y) \ \&$$
$$\forall x \forall y (f(x) = y \rightarrow (Px \leftrightarrow \sim Py)).$$

Mostre que o espectro de A é o conjunto de todos os inteiros positivos pares.

12.2 Dê um exemplo de uma sentença cujo espectro seja o conjunto de todos os inteiros positivos ímpares.

12.3 Dê um exemplo de uma sentença cujo espectro seja o conjunto de todos os inteiros positivos que sejam quadrados perfeitos.

12.4 Dê um exemplo de uma sentença cujo espectro seja o conjunto de todos os inteiros positivos divisíveis por três.

12.5 Considere uma linguagem com apenas um símbolo não lógico, um predicado binário Q. Seja $\mathcal{U}$ a interpretação cujo domínio consiste nos quatro lados de um quadrado, e a denotação de Q é a relação, entre lados, de serem paralelos. Seja $\mathcal{V}$ a interpretação na qual o domínio consiste nos quatro vértices de um quadrado, e a denotação de Q é a relação, entre vértices, de serem diagonalmente opostos. Mostre que $\mathcal{U}$ e $\mathcal{V}$ são isomorfas.

12.6 Considere uma linguagem com somente um símbolo não lógico, um predicado binário $<$. Seja $\mathcal{Q}$ a interpretação cujo domínio é o conjunto dos números reais *estritamente maiores que zero e estritamente menores que um* e a denotação de $<$ é a relação de ordem usual. Seja $\mathcal{R}$ a interpretação cujo domínio é o conjunto de *todos* os números reais, e a denotação de $<$ é a relação de ordem usual. Mostre que $\mathcal{Q}$ e $\mathcal{R}$ são isomorfas.

12.7 Seja L uma linguagem cujos únicos símbolos não lógicos são um símbolo funcional binário § e um predicado binário $<$. Seja $\mathcal{P}$ a interpretação dessa linguagem cujo domínio é o conjunto dos números reais *positivos*, a denotação de § é a operação usual de *multiplicação*, e a denotação de $<$ é a relação de ordem usual. Seja $\mathcal{Q}$ a interpretação dessa linguagem cujo domínio é o conjunto de *todos* os números reais, a denotação de § é a operação usual de *adição*, e a denotação de $<$ é a relação de ordem usual. Mostre que $\mathcal{P}$ e $\mathcal{Q}$ são isomorfas.

12.8 Escreva $\mathcal{A} \cong \mathcal{B}$ para indicar que $\mathcal{A}$ é isomorfa a $\mathcal{B}$. Mostre que, para todas as intrepretações $\mathcal{A}$, $\mathcal{B}$, $\mathcal{C}$ da mesma linguagem, vale o seguinte:

(**a**) $\mathcal{A} \cong \mathcal{A}$

(**b**) se $\mathcal{A} \cong \mathcal{B}$ então $\mathcal{B} \cong \mathcal{A}$

(**c**) se $\mathcal{A} \cong \mathcal{B}$ e $\mathcal{B} \cong \mathcal{C}$, então $\mathcal{A} \cong \mathcal{C}$.

12.9 Por *aritmética verdadeira* entendemos o conjunto Γ de todas as sentenças da linguagem da aritmética que são verdadeiras na interpretação padrão. Por um *modelo não standard da aritmética* entendemos um modelo de Γ que (diferentemente do modelo no Exemplo 12.3) não é isomorfo à interpretação padrão. Seja Δ o conjunto de sentenças obtidas pelo acréscimo de uma constante c à linguagem e pelo acréscimo das sentenças $c \neq \mathbf{0}$, $c \neq \mathbf{1}$, $c \neq \mathbf{2}$ etc. a Γ. Mostre que qualquer modelo de Γ nos dá um modelo não *standard* da aritmética.

12.10 Considere a linguagem com somente um símbolo não lógico, $\equiv$, e a sentença Eq cujos modelos são precisamente os conjuntos com relações de equivalência, como nos exemplos da seção 12.2.

(**a**) Para cada n, indique como escrever uma sentença B tal que os modelos de Eq & B_n serão conjuntos com relações de equivalência *tendo ao menos n classes de equivalência.*

(**b**) Para cada n, indique como escrever uma fórmula $F_n(x)$ tal que, em um modelo de Eq, um elemento a do domínio satisfaz $F_n(x)$ se e somente se há pelo menos n elementos na classe de equivalência de a.

(**c**) Para cada n, indique como escrever uma fórmula C_n que seja verdadeira em um modelo de Eq se e somente se há exatamente n classes de equivalência.

(**d**) Para cada n, indique como escrever uma fórmula $G_n(x)$ que seja satisfeita por um elemento do domínio se e somente se sua classe de equivalência tiver exatamente n elementos.

12.11 Para cada m e n, indique como escrever uma sentença D_{mn} que seja verdadeira em um modelo de Eq se e somente se há pelo menos m classes de equivalência com exatamente n elementos.

12.12 Mostre que, se dois modelos de Eq são isomorfos, então as relações de equivalência desses modelos têm a mesma assinatura.

12.13 Suponha que E_1 e E_2 sejam relações de equivalência em conjuntos denumeráveis X_1 e X_2, ambos tendo a assinatura $\sigma(n) = 0$ para $n \geq 1$ e $\sigma(0) = \infty$, isto é, ambos tendo infinitamente muitas classes de equivalência, todas infinitas. Mostre que os modelos envolvidos são isomorfos.

12.14 Mostre que dois modelos denumeráveis de Eq são isomorfos se e somente se eles têm a mesma assinatura.

Nos problemas restantes, você pode, quando for relevante, usar o teorema de Löwenheim–Skolem e o teorema da compacidade, ainda que as demonstrações tenham sido adiadas para o próximo capítulo.

12.15 Mostre que:

(**a**) Γ é insatisfatível se e somente se $\sim C_1 \vee \ldots \vee \sim C_m$ é válida para algumas $C_1, \ldots, C_m$ em Γ.

(**b**) D é consequência de Γ se e somente se D é consequência de algum subconjunto finito de Γ.

(**c**) D é consequência de Γ se e somente se $\sim C_1 \vee \ldots \vee \sim C_m \vee D$ é válida para algumas $C_1, \ldots, C_m$ em Γ.

12.16 Para qualquer número primo $p = 2, 3, 5, \ldots$, seja $D_p(x)$ a fórmula $\exists y\, \mathbf{p} \cdot y = x$ da linguagem da aritmética, de modo que, para qualquer número natural n, $D_p(\mathbf{n})$ é verdadeira se e somente se p divide n sem resto. Seja S qualquer conjunto de números primos. Digamos que um modelo não *standard* $\mathcal{M}$ da aritmética *criptografa* S se há um indivíduo m no domínio $|\mathcal{M}|$ tal que $\mathcal{M} \models D_p[m]$ para todo p pertencente a S, e $\mathcal{M} \models \sim D_p[m]$ para todo p não pertencente a S. Mostre que, para qualquer conjunto S de números primos, há um modelo não *standard* denumerável da aritmética que criptografa S.

12.17 Mostre que há não enumeravelmente muitas classes de isomorfismo de modelos não *standard* denumeráveis da aritmética.

12.18 Mostre que se duas sentenças têm os mesmos modelos enumeráveis, então elas são logicamente equivalentes.

12.19 Trabalhe com uma linguagem cujo único símbolo não lógico é um predicado binário $<$. Considere o conjunto de sentenças dessa linguagem que são verdadeiras na interpretação em que o domínio é o conjunto dos números reais e a denotação do predicado é a ordem usual dos números reais. Segundo o teorema de Löwenheim–Skolem, deve haver um modelo *enumerável* desse conjunto de sentenças. Você pode adivinhar qual é?

Os próximos problemas fornecem um exemplo significativo de um conjunto de sentenças denumeravelmente categórico.

12.20 Trabalhe com uma linguagem cujo único símbolo não lógico é um predicado binário $<$. Os modelos da seguinte sentença *LO* dessa linguagem são chamados *ordens lineares*:

$$\forall x \sim x < x \;\&$$
$$\forall x \forall y \forall z((x < y \;\&\; y < z) \rightarrow x < z) \;\&$$
$$\forall x \forall y(x < y \vee x = y \vee y < x).$$

Um tal modelo $\mathcal{A}$ consiste em um conjunto não vazio $|\mathcal{A}|$, ou A, e uma relação binária $<^{\mathcal{A}}$, ou $<_A$, nesse conjunto. Mostre que a sentença acima implica

$$\forall x \forall y \sim(x < y \;\&\; y < x).$$

12.21 Continuando o problema precedente, um *isomorfismo parcial finito* entre ordens lineares $(A, <_A)$ e $(B, <_B)$ é uma função sobrejetora j de um subconjunto finito de A em um subconjunto finito de B tal que para todo a_1 e a_2 no domínio de j, $a_1 <_A a_2$ se e somente se $j(a_1) <_B j(a_2)$. Mostre que, se j é um isomorfismo parcial finito de uma ordem linear $(A, <_A)$ nos números racionais com sua ordem usual, e a é um elemento de A que não está no domínio de j, então j pode ser estendida a um isomorfismo parcial finito cujo domínio é o domínio de j juntamente com a. (Aqui *estendido* significa que o novo isomorfismo atribui os mesmos números racionais aos elementos originais de A que já estavam no domínio do anterior.)

12.22 Continuando o problema precedente, mostre que, se $j_0, j_1, j_2, \ldots$ são isomorfismos parciais finitos de uma ordem linear enumerável nos números racionais com sua ordem usual, e se cada j_{i+1} é uma extensão do j_i precedente, e se todo elemento de A está no domínio de um dos j_i (e, portanto, de todo j_k, para $k \geq i$), então $(A, <_A)$ é isomorfa a alguma *subordem* dos números racionais com sua ordem usual. (Aqui *subordem* significa uma ordem linear $(B, <_B)$ em que B é algum subconjunto dos números racionais, e $<_B$ é a ordem usual dos números racionais tal como se aplica aos elementos desse subconjunto.)

12.23 Continuando o problema precedente, mostre que toda ordem linear enumerável $(A, <_A)$ é isomorfa a uma subordem dos números racionais em sua ordem usual.

12.24 Continuando o problema precedente, dizemos que uma ordem linear é *densa* se é um modelo de

$$\forall x \forall y(x < y \rightarrow \exists z(x < z \,\&\, z < y)).$$

Dizemos que ela *não tem pontos finais* se é um modelo de

$$\sim\exists x \forall y(x < y \vee x = y) \,\&\, \sim\exists x \forall y(x = y \vee y < x).$$

Quais dos conjuntos seguintes são densos: os números naturais, os inteiros, os números racionais, os números reais, em cada caso com sua ordem usual? Quais deles não têm pontos finais?

12.25 Continuando o problema precedente, mostre que o conjunto de sentenças cujos modelos são ordens lineares densas sem pontos finais é denumeravelmente categórico.

12.26 Dizemos que uma ordem linear tem pontos finais se é um modelo de

$$\exists x \forall y(x < y \vee x = y) \,\&\, \exists x \forall y(x = y \vee y < x).$$

Mostre que o conjunto de sentenças cujos modelos são as ordens lineares densas com pontos finais é denumeravelmente categórico.

12.27 Quantas classes de isomorfismo de ordens lineares densas denumeráveis há?

13

A existência de modelos

Este capítulo é inteiramente dedicado à prova do teorema da compacidade. A seção 13.1 apresenta um esboço da prova, que se resume em estabelecer dois lemas principais. Esses são retomados nas seções 13.2 a 13.4 a fim de completar a prova, da qual o teorema de Löwenheim–Skolem também emerge como um corolário. A seção opcional 13.5 discute o que acontece se linguagens não enumeráveis forem admitidas: a compacidade ainda vale, mas o teorema de Löwenheim–Skolem em sua forma usual 'descendente' falha, ao passo que vale um teorema alternativo, 'ascendente'.

13.1 Esboço da prova

Nosso objetivo é provar o teorema da compacidade, o qual já foi enunciado no capítulo precedente (na seção 12.3). Por conveniência, trabalharemos com uma versão da lógica de primeira ordem na qual os únicos operadores lógicos são $\sim$, $\vee$ e $\exists$, isto é, na qual & e $\forall$ são tratados como abreviações não oficiais. A hipótese do teorema, recordemos, é que todo subconjunto finito de um dado conjunto de sentenças é satisfatível, e a conclusão que queremos demonstrar é que o próprio conjunto é satisfatível, ou, formulando isso de uma maneira mais elaborada, pertence ao conjunto S de todos os conjuntos de sentenças que são satisfatíveis. Com um primeiro passo para essa prova, registramos algumas propriedades que esse conjunto alvo S possui. A razão para não incluir & e $\forall$ oficialmente na linguagem é que, nesse lema, e em lemas subsequentes, nós precisaríamos de quatro cláusulas a mais, duas para & e duas para $\forall$. Elas não seriam difíceis de demonstrar, mas seriam tediosas.

13.1 Lema. (Lema das propriedades da satisfatibilidade). Seja S o conjunto de todos os conjuntos Γ de sentenças de uma dada linguagem tal que Γ seja satisfatível. Então S tem as seguintes propriedades:

(S0) Se Γ está em S e Γ_0 é um subconjunto de Γ, então Γ_0 está em S.
(S1) Se Γ está em S, então, para nenhuma sentença A, A e $\sim A$ estão em S.
(S2) Se Γ está em S e $\sim\sim B$ está em Γ, então $\Gamma \cup \{B\}$ está em S.
(S3) Se Γ está em S e $(B \vee C)$ está em Γ, então ou $\Gamma \cup \{B\}$ está em S ou $\Gamma \cup \{C\}$ está em S.
(S4) Se Γ está em S e $\sim(B \vee C)$ está em Γ, então $\Gamma \cup \{\sim B\}$ está em S e $\Gamma \cup \{\sim C\}$ está em S.

(S5) Se Γ está em S e $\exists x B(x)$ está em Γ, e a constante c não ocorre em Γ, então $\Gamma \cup \{B(c)\}$ está em S.

(S6) Se Γ está em S e $\sim\exists x B(x)$ está em Γ, então, para todo termo fechado t, $\Gamma \cup \{\sim B(t)\}$ está em S.

(S7) Se Γ está em S, então $\Gamma \cup \{t = t\}$ está em S para qualquer termo fechado t da linguagem de Γ.

(S8) Se Γ está em S e $B(s)$ e $s = t$ está em a Γ, então $\Gamma \cup \{B(t)\}$ está em S.

Demonstração: Essas propriedades foram estabelecidas no capítulo 10. (S0) e (S1) foram mencionadas imediatamente antes do Exemplo 10.4. (S2) aparece como o Exemplo 10.4(g), onde foi derivada do Exemplo 10.3(a). (S4), (S6) e (S8) podem ser derivados exatamente da mesma maneira do Exemplo 10.3(c), 10.3(e) e 10.3(f), como observado depois da prova do Exemplo 10.4. (S3), (S5) e (S7) foram estabelecidas no Exemplo 10.5.

Denominamos (S0)–(S8) as *propriedades da satisfatibilidade*. Evidentemente, de início nós não sabemos que o conjunto em que estamos interessados pertence a S. Em vez disso, o que nos é dado é que ele pertence ao conjunto S^* de todos os conjuntos de sentenças cujos subconjuntos finitos todos pertencem a S. (Evidentemente, uma vez que tenhamos tido êxito em demonstrar o teorema da compacidade, resultará que S e S^* são o *mesmo* conjunto.) É útil mencionar que S^* compartilha as propriedades de S acima.

13.2 Lema. (Lema do caráter finito). Se S é um conjunto de conjuntos de sentenças tendo as propriedades da satisfatibilidade, então o conjunto S^* de todos os conjuntos de sentenças cujos subconjuntos finitos todos pertencem a S também tem as propriedades (S0)–(S8).

Demonstração: Para provar (S0) para S^*, note que, se todo subconjunto finito de Γ está em S, e Γ_0 é um subconjunto de Γ, então todo subconjunto finito de Γ_0 está em S, uma vez que qualquer subconjunto finito de Γ_0 é um subconjunto finito de Γ. Para provar (S1) para S^*, note que, se todo subconjunto finito de Γ está em S, então Γ não pode conter A e $\sim A$, caso contrário $\{A, \sim A\}$ seria um subconjunto finito de Γ, embora $\{A, \sim A\}$ não esteja em S pela propriedade (S1) de S. Para provar (S2) para S^*, note que, se todo subconjunto finito de $\Gamma \cup \{\sim\sim B\}$ está em S, então qualquer subconjunto finito de $\Gamma \cup \{B\}$ é ou um subconjunto finito de Γ e assim de $\Gamma \cup \{\sim\sim B\}$ e portanto está em S, ou então é da forma $\Gamma_0 \cup \{B\}$ em que Γ_0 é um subconjunto finito de Γ. Neste último caso, $\Gamma_0 \cup \{\sim\sim B\}$ é um subconjunto finito de $\Gamma \cup \{\sim\sim B\}$ e está, portanto, em S, de modo que $\Gamma_0 \cup \{B\}$ está em S pela propriedade (S2) de S. Assim, o subconjunto finito $\Gamma \cup \{B\}$ está em S^*. (S4)–(S8) para S^* seguem-se de (S4)–(S8) para S *exatamente* como no caso de (S2). Resta apenas demonstrar (S3) para S^*.

Suponhamos, então, que todo subconjunto finito de $\Gamma \cup \{(B \vee C)\}$ está em S, mas que não é o caso que todo subconjunto finito de $\Gamma \cup \{B\}$ está em S, ou, em outras palavras, que há algum subconjunto finito de $\Gamma \cup \{B\}$ que não está em S. Este não pode simplesmente ser um subconjunto de Γ, uma vez que seria então um subconjunto finito de $\Gamma \cup \{(B \vee C)\}$ e estaria em S. Assim, deve ser da forma $\Gamma_0 \cup \{B\}$ para algum subconjunto finito Γ_0 de Γ. Afirmamos agora que todo subconjunto finito de $\Gamma \cup \{C\}$ está em S. Pois qualquer conjunto desse tipo é ou um subconjunto finito de Γ e portanto está em S, ou é da forma $\Gamma_1 \cup \{C\}$ para algum subconjunto finito Γ_1 de Γ. Neste último caso, $\Gamma_0 \cup \Gamma_1 \cup \{(B \vee C)\}$ é um subconjunto finito de $\Gamma \cup \{(B \vee C)\}$ e assim está em S. Segue-se que ou $\Gamma_0 \cup \Gamma_1 \cup \{B\}$ ou $\Gamma_0 \cup \Gamma_1 \cup \{C\}$ está em S pela propriedade (S3) de S. Mas se $\Gamma_0 \cup \Gamma_1 \cup \{B\}$ estivesse em S, então pela propriedade (S1) de S, $\Gamma_0 \cup \{B\}$ estaria em S, mas não está. Então $\Gamma_0 \cup \Gamma_1 \cup \{C\}$ deve estar em S e portanto $\Gamma_1 \cup \{C\}$ pela propriedade (S0) de S.

Por essas manobras preliminares, reduzimos demonstrar o teorema da compacidade a provar o lema a seguir, que é uma espécie de inverso do Lema 13.1. Ao enunciá-lo, supomos que temos disponível um conjunto infinito de constantes que não ocorrem no conjunto de sentenças em que estamos interessados.

13.3 Lema. (Lema da existência de modelos). Seja L uma linguagem, e L^+ uma linguagem obtida pela adição de infinitamente muitas constantes novas a L. Se S^* é um conjunto de conjuntos de sentenças de L^+ tendo as propriedades da satisfatibilidade, então todo conjunto de sentenças de L em S^* tem um modelo no qual cada elemento do domínio é a denotação de algum termo fechado de L^+.

Note que a condição de que todo elemento do domínio seja a denotação de algum termo fechado garante, uma vez que estamos operando em uma linguagem enumerável, que o domínio será enumerável, o que significa que obtemos não somente o teorema da compacidade, mas também o teorema de Löwenheim–Skolem, como observado no capítulo precedente (em seguida ao enunciado desses dois teoremas na seção 12.3).

Assim, 'só' resta demonstrar o Lema 13.3. A conclusão do Lema 13.3 afirma a existência de uma interpretação na qual todo elemento do domínio é a denotação de algum termo fechado da linguagem relevante, e começamos listando algumas propriedades que o conjunto de todas as sentenças verdadeiras em tal interpretação teria que ter.

13.4 Proposição. (Lema das propriedades de fecho). Seja L^+ uma linguagem e $\mathcal{M}$ uma interpretação dela na qual todo elemento do domínio é a denotação de algum termo fechado. Então o conjunto Γ^* de sentenças verdadeiras em $\mathcal{M}$ tem as seguintes propriedades:

(C1) Para nenhuma sentença A, A e $\sim A$ estão ambas em Γ^*.
(C2) Se $\sim\sim B$ está em Γ^*, então B está em Γ^*.
(C3) Se $B \vee C$ está em Γ^*, então ou B está em Γ^* ou C está em Γ^*.
(C4) Se $\sim(B \vee C)$ está em Γ^*, então tanto $\sim B$ quanto $\sim C$ estão em Γ^*.
(C5) Se $\exists x B(x)$ está em Γ^*, então, para algum termo fechado t de L^+, $B(t)$ está em Γ^*.
(C6) Se $\sim\exists x B(x)$ está em Γ^*, então, para todo termo fechado t de L^+, $\sim B(t)$ está em Γ^*.
(C7) Para todo termo fechado t de L^+, $t = t$ está em Γ^*.
(C8) Se $B(s)$ e $s = t$ estão em Γ^*, então $B(t)$ está em Γ^*.

Demonstração: Para (C1), não temos para nenhuma A que A e $\sim A$ são verdadeiras na mesma interpretação. Para (C2), qualquer coisa implicada por qualquer coisa verdadeira em uma dada interpretação é ela própria verdadeira naquela interpretação, e B é implicada por $\sim\sim B$. Analogamente para (C4) e (C6)–(C8).

Para (C3), qualquer interpretação que torne uma disjunção verdadeira deve tornar verdadeiro ao menos um de seus componentes.

Para (C5), se $\exists x B(x)$ é verdadeira em uma dada interpretação, então $B(x)$ é satisfeita por algum elemento m do domínio, e se esse elemento m é a denotação de algum termo fechado t, então $B(t)$ é verdadeira.

Denominamos as propriedades (C1)–(C8) as *propriedades de fecho*. Na verdade, não é a própria Proposição 13.4 que nos será útil aqui, mas sua inversa a seguir.

13.5 Lema. (Lema dos modelos de termos). Seja Γ^* um conjunto de sentenças com as propriedades de fecho. Então há uma interpretação $\mathcal{M}$ na qual todo elemento do domínio é a denotação de algum termo fechado, tal que toda sentença em Γ^* é verdadeira em $\mathcal{M}$.

Para provar o Lema 13.3, seria suficiente provar o lema precedente e mais o lema a seguir.

13.6 Lema. (Lema do fecho). Seja L uma linguagem, e L^+ uma linguagem obtida pelo acréscimo de infinitamente muitas constantes novas a L. Se S^* é um conjunto de conjuntos de sentenças de L^+ tendo as propriedades da satisfatibilidade, então todo conjunto Γ de sentenças de L em S^* pode ser estendido a um conjunto Γ^* de sentenças de L^+ tendo as propriedades de fecho.

As seções 13.2 e 13.3 serão dedicadas à prova do lema dos modelos de termos, o Lema 13.5. Como em tantas outras demonstrações, consideramos primeiro, na seção 13.2, o caso em que identidade e símbolos funcionais estão ausentes, de modo que (C7) e (C8) podem ser ignoradas, e os únicos termos fechados são constantes; depois, na seção 13.3, consideramos as complicações adicionais que surgem quando a identidade está presente, bem como aquelas criadas pela presença de símbolos funcionais. A prova do lema do fecho, o Lema 13.6, será dada na seção 13.4, e uma prova alternativa, evitando qualquer dependência da suposição de que a linguagem é enumerável, será esboçada na seção opcional 13.5.

13.2 O primeiro estágio da prova

Nesta seção vamos demonstrar o lema dos modelos de termos, o Lema 13.5, no caso em que identidade e símbolos funcionais estão ausentes. Seja então dado um conjunto Γ^* com as propriedades de fecho (C1)–(C6), como na hipótese do lema a ser provado. Queremos mostrar que, como na conclusão do lema, há uma interpretação na qual todo elemento do domínio é a denotação de alguma constante da linguagem de Γ^*, e na qual toda sentença em Γ^* será verdadeira.

Para especificar uma interpretação $\mathcal{M}$ neste caso, precisamos fazer várias coisas. Inicialmente, temos que especificar o domínio $|\mathcal{M}|$. Também temos que especificar, para cada constante c da linguagem, qual elemento $c^{\mathcal{M}}$ do domínio deverá servir como sua denotação. Além do mais, temos que fazer isso de modo que *todo* elemento do domínio seja a denotação de *alguma* constante. Isso tudo é facilmente realizado: simplesmente escolhemos, para a constante c, algum objeto $c^{\mathcal{M}}$, um objeto distinto para cada constante distinta, e estipulamos que o domínio consiste nesses objetos.

Para completar a especificação da interpretação, temos que especificar, para cada predicado R da linguagem, qual relação $R^{\mathcal{M}}$ nos elementos do domínio deverá servir como sua denotação. Além disso, devemos fazer isso de maneira tal que, para toda sentença B na linguagem, tenhamos

(1) $$\text{se} \quad B \text{ está em } \Gamma^* \quad \text{então} \quad \mathcal{M} \models B.$$

O que fazemos é especificar $R^{\mathcal{M}}$ de maneira tal que (1) *automaticamente* fica verdadeira para uma B atômica. Definimos $R^{\mathcal{M}}$ por meio da seguinte condição:

$$R^{\mathcal{M}}(c_1^{\mathcal{M}}, \ldots, c_n^{\mathcal{M}}) \quad \text{se e somente se} \quad R(c_1, \ldots, c_n) \text{ está em } \Gamma^*.$$

Agora a definição de verdade para fórmulas atômicas é como segue:

$$\mathcal{M} \models R(c_1, \ldots, c_n) \quad \text{se e somente se} \quad R^{\mathcal{M}}(c_1^{\mathcal{M}}, \ldots, c_n^{\mathcal{M}}).$$

Temos, portanto, o seguinte:

(2) $$\mathcal{M} \models R(c_1, \ldots, c_n) \quad \text{se e somente se} \quad R(c_1, \ldots, c_n) \text{ está em } \Gamma^*$$

e isso implica (1) para uma B atômica.

Temos também (1) para as sentenças atômicas negadas. Com efeito, se $\sim R(c_1, \ldots, c_n)$ está em Γ^*, então pela propriedade (C1) de Γ^*, $R(c_1, \ldots, c_n)$ *não* está em Γ^* e portanto, por (2), $R(c_1, \ldots, c_n)$ *não* é verdadeira em $\mathcal{M}$, e assim $\sim R(c_1, \ldots, c_n)$ *é* verdadeira em $\mathcal{M}$, como exigido.

Para provar (1) para outras fórmulas, procedemos por indução em complexidade. Há três casos, de acordo com se A é uma negação, uma disjunção ou uma quantificação existencial. Contudo, dividimos o caso da negação em subcasos. À parte o subcaso de negação de uma sentença atômica, de que já tratamos, há três subcasos: a negação de uma negação, a negação de uma disjunção, e a negação de uma quantificação existencial. Assim, temos cinco casos:

provar (1) para $\sim\sim B$	assumindo (1) para B
provar (1) para $B_1 \vee B_2$	assumindo (1) para cada B_i
provar (1) para $\sim(B_1 \vee B_2)$	assumindo (1) para cada $\sim B_i$
provar (1) para $\exists x B(x)$	assumindo (1) para cada $B(c)$
provar (1) para $\sim\exists x B(x)$	assumindo (1) para cada $\sim B(c)$.

Esses casos correspondem às cinco propriedades (C2)–(C6), justamente o que é necessário para prová-los.

Se $\sim\sim B$ está em Γ^*, então B está em Γ^* pela propriedade (C2). Assumindo que (1) vale para B, segue-se que B é verdadeira em $\mathcal{M}$. Mas então $\sim B$ não é verdadeira, e $\sim\sim B$ é verdadeira como requerido. Se $B_1 \vee B_2$ está em Γ^*, então B_i está em Γ^* para pelo menos um de $i = 1$ ou 2 pela propriedade (C3) de Γ^*. Assumindo que (1) vale para esse B_i, segue-se que B_i é verdadeira em $\mathcal{M}$. Mas então $B_1 \vee B_2$ é verdadeira como requerido. Se $\sim(B_1 \vee B_2)$ está em Γ^*, então cada $\sim B_i$ está em Γ^* para $i = 1$ ou 2 pela propriedade (C4) de Γ^*. Assumindo que (1) vale para os $\sim B_i$, segue-se que cada $\sim B_i$ é verdadeira em $\mathcal{M}$. Mas então cada B_i não é verdadeira, de modo que $B_1 \vee B_2$ não é verdadeira, e assim $\sim(B_1 \vee B_2)$ é verdadeira, como requerido.

Com relação à quantificação existencial, note que, uma vez que todo indivíduo no domínio é a denotação de alguma constante, $\exists x B(x)$ será verdadeira se e somente se $B(c)$ for verdadeira para alguma constante c. Se $\exists x B(x)$ está em Γ^*, então $B(c)$ está em Γ^* para alguma constante c pela propriedade (C5) de Γ^*. Assumindo que (1) vale para essa $B(c)$, segue-se que $B(c)$ é verdadeira em $\mathcal{M}$. Mas então $\exists x B(x)$ é veradadeira como requerido. Se $\sim\exists x B(x)$ está em Γ^*, então $\sim B(c)$ está em Γ^* para cada constante c pela propriedade (C6) de Γ^*. Assumindo que (1) vale para cada $\sim B(c)$, segue-se que $\sim B(c)$ é verdadeira em $\mathcal{M}$. Mas então $B(c)$ não é verdadeira para cada c e, assim, $\exists x B(x)$ é não verdadeira, e $\sim\exists x B(x)$ é verdadeira como requerido. Deste modo, terminamos o caso sem identidade ou símbolos funcionais.

13.3 O segundo estágio da prova

Nesta seção, queremos estender o resultado da seção anterior ao caso em que a identidade está presente, e depois ao caso em que símbolos funcionais também estão presentes. Antes de descrever as modificações da construção da seção anterior que serão necessárias para realizar isso, faremos uma pausa para um lema.

13.7 Lema. Seja Γ^* um conjunto de sentenças com as propriedades (C1)–(C8). Para termos fechados t e s, escrevemos $t \equiv s$ para significar que a sentença $t = s$ está em Γ^*. Vale o seguinte:

(E1) $t \equiv t$.

(E2) Se $s \equiv t$, então $t \equiv s$.

(E3) Se $t \equiv s$ e $s \equiv r$, então $t \equiv r$.

(E4) Se $t_1 \equiv s_1, \ldots, t_n \equiv s_n$, então, para qualquer predicado R, $R(t_1, \ldots, t_n)$ está em Γ^* se e somente se $R(s_1, \ldots, s_n)$ está em Γ^*.

(E5) Se $t_1 \equiv s_1, \ldots, t_n \equiv s_n$, então, para qualquer símbolo funcional f, $f(t_1, \ldots, t_n) = f(s_1, \ldots, s_n)$ está em Γ^*.

Demonstração: (E1) é uma simples reiteração de (C7). Para (E2), seja $B(x)$ a fórmula $x = s$. Sabemos que a sentença $B(s)$, isto é, a sentença $s = s$, está em Γ^*, de modo que, se $s = t$ está em Γ^*, segue-se por (C8) que a sentença $B(t)$, ou seja, a sentença $t = s$, está em Γ^*. Para (E3), seja $B(x)$ a fórmula $x = r$. Se $t = s$ está em Γ^*, então sabemos que $s = t$ está em Γ^*, e se $B(s)$, que é $s = r$, está em Γ^*, segue-se por (C8) que $B(t)$, que é $t = r$, está em Γ^*. Para (E4), se todos os $t_i = s_i$ estão em Γ^* e $R(s_1, \ldots, s_n)$ está em Γ^*, então a aplicação repetida de (C8) nos diz que $R(t_1, s_2, s_3, \ldots, s_n)$ está em Γ^*, que $R(t_1, t_2, s_3, \ldots, s_n)$ está em Γ^*, e assim por diante, e, finalmente, que $R(t_1, \ldots, t_n)$ está em Γ^*. Isso nos dá a direção 'somente se' de (E4). Para a direção 'se', se todos os $t_i = s_i$ estão em Γ^*, então todos os $s_i = t_i$ também estão; assim, se $R(t_1, \ldots, t_n)$ está em Γ^*, então pela direção que já demonstramos $R(s_1, \ldots, s_n)$ está em Γ^*. Para (E5), a prova que acabamos de dar para (E4) aplica-se não somente a fórmulas atômicas $R(x_1, \ldots, x_n)$, mas a fórmulas arbitrárias $F(x_1, \ldots, x_n)$. Aplicar esse fato onde F é a fórmula $f(t_1, \ldots, t_n) = f(x_1, \ldots, x_n)$ nos dá (E5).

Note que (E1)–(E3) dizem que $\equiv$ é uma relação de equivalência. Se escrevermos $[t]$ para indicar a classe de equivalência de t, então (E4) e (E5) podem ser reescritas assim:

(E4′) Se $[t_1] = [s_1], \ldots, [t_n] = [s_n]$, então, para qualquer predicado R, $R(t_1, \ldots, t_n)$ está em Γ^* se e somente se $R(s_1, \ldots, s_n)$ está em Γ^*.

(E5′) Se $[t_1] = [s_1], \ldots, [t_n] = [s_n]$, então, para qualquer símbolo funcional f, $[f(t_1, \ldots, t_n)] = [f(s_1, \ldots, s_n)]$.

Retornamos agora à demonstração do lema dos modelos de termos, tomando o caso em que a identidade está presente mas símbolos funcionais estão ausentes, de modo que os únicos termos fechados são constantes. Para especificar o domínio para nossa interpretação, em vez de tomar um objeto diferente para cada constante diferente, escolhemos um objeto diferente C^* para cada diferente *classe de equivalência* C de constantes. Estipulamos que o domínio da interpretação consiste nesses objetos e, para as denotações das constantes, especificamos o seguinte:

$$c^{\mathcal{M}} = [c]^*. \tag{3}$$

Uma vez que $[c] = [d]$ se e somente se $c = d$ está em Γ^*, temos então:

$$c^{\mathcal{M}} = d^{\mathcal{M}} \quad \text{se e somente se} \quad c = d \text{ está em } \Gamma^*.$$

Isso é (o análogo de) (2) da seção precedente para sentenças atômicas envolvendo o predicado lógico =, e nos dá (1) da seção precedente para tais sentenças e suas negações.

O que resta a fazer é definir a denotação $R^{\mathcal{M}}$ para um predicado não lógico R, de modo que (2) da seção precedente valerá para sentenças atômicas envolvendo predicados não lógicos. *A partir daquele ponto, o resto da prova será exatamente o mesmo* de quando a identidade não estava presente. Para formular a definição de $R^{\mathcal{M}}$, note que (E4′) permite-nos apresentar a seguinte definição:

$R^{\mathcal{M}}(C_1^*, \ldots, C_n^*)$ se e somente se $R(c_1, \ldots, c_n)$ está em Γ^* para *alguma* ou equivalentemente *qualquer* c_i com $C_i = [c_i]$.

Assim

$$R^{\mathcal{M}}([c_1], \ldots, [c_n]) \quad \text{se e somente se} \quad R(c_1, \ldots, c_n) \text{ está em } \Gamma^*.$$

Juntamente com (3), isso nos dá (2) da seção precedente. Uma vez que, como foi indicado, a prova é a mesma a partir deste ponto, já terminamos o caso com identidade mas sem símbolos funcionais.

Para o caso com símbolos funcionais, escolhemos um objeto distinto T^* para cada classe de equivalência de *termos fechados*, e estipulamos que o domínio da interpretação consiste nesses objetos. Note que (3) ainda vale para constantes. Temos agora que especificar, para cada símbolo funcional f, qual função $f^{\mathcal{M}}$ nesse domínio deverá servir como sua denotação, e de tal maneira que (3) valha para todos os termos fechados. A partir de tal ponto, o resto da prova será exatamente igual ao caso precedente em que não havia símbolos funcionais.

(E5′) nos permite dar a seguinte definição:

$f^{\mathcal{M}}(T_1^*, \ldots, T_n^*) = T^*$ onde $T = [f(t_1, \ldots, t_n)]$ para *algum* ou equivalentemente *qualquer* t_i com $T_i = [t_i]$.

Assim,

$$(4) \qquad f^{\mathcal{M}}([t_1]^*, \ldots, [t_n]^*) = [f(t_1, \ldots, t_n)]^*.$$

Podemos agora provar por indução em complexidade que (3), que vale por definição para constantes, de fato vale para qualquer termo fechado t. Suponhamos que (3) vale para $t_1, \ldots, t_n$ e consideremos $f(t_1, \ldots, t_n)$. Pela definição geral da denotação de um termo, temos

$$(f(t_1, \ldots, t_n))^{\mathcal{M}} = f^{\mathcal{M}}(t_1^{\mathcal{M}}, \ldots, t_n^{\mathcal{M}}).$$

Por nossa hipótese de indução sobre os t_i, obtemos

$$t_i^{\mathcal{M}} = [t_i]^*.$$

Ao juntá-los, temos:

$$(f(t_1, \ldots, t_n))^{\mathcal{M}} = f^{\mathcal{M}}([t_1]^*, \ldots, [t_n]^*).$$

E isso juntamente com a definição (4) nos dá

$$(f(t_1, \ldots, t_n))^{\mathcal{M}} = [f(t_1, \ldots, t_n)]^*,$$

que é precisamente (3) para o termo fechado $f(t_1, \ldots, t_n)$. Uma vez que, como já indicamos, a prova é a mesma a partir deste ponto, terminamos.

13.4 O terceiro estágio da prova

O que resta a ser demonstrado é o lema do fecho, o Lema 13.6. Sejam dados, então, uma linguagem L, uma linguagem L^+ obtida pelo acréscimo de infinitamente muitas constantes novas a L, um conjunto S^* de conjuntos de sentenças de L^+ tendo as propriedades da satisfatibilidade (S0)–(S8), e um conjunto Γ de sentenças de L em S^*, como nas hipóteses do lema a ser provado. Queremos mostrar que, como na conclusão do lema, Γ pode ser estendido a um conjunto Γ^* de sentenças de L^+ com as propriedades de fecho (C1)–(C8).

A ideia da prova será obter Γ^* como a união de uma sequência de conjuntos $\Gamma_0, \Gamma_1, \Gamma_2, \ldots$, onde cada Γ_n pertence a S^* e cada um deles contém todos os conjuntos Γ_m anteriores, para $m < n$, e onde Γ_0 é simplesmente Γ. (C1) segue-se facilmente, porque se A e $\sim A$ estivessem ambas em Γ^*, A estaria em algum Γ_m e $\sim A$ estaria em algum Γ_n e, então, ambos estariam em Γ_k, onde k é o maior de m e n. Porém, uma vez que Γ_k está em S^*, isso é impossível, já que (S1) diz precisamente que nenhum elemento de S^* contém tanto A quanto $\sim A$, para qualquer A.

Temos que nos preocupar é com (C2)–(C8). Dissemos que cada Γ_{k+1} será um conjunto em S^* contendo Γ_k. De fato, cada Γ_{k+1} pode ser obtido acrescentando-se a Γ_k uma única sentença B_k, de modo que $\Gamma_{k+1} = \Gamma_k \cup \{B_k\}$. (Segue-se que cada Γ_n será obtido pelo acréscimo de somente finitamente muitas sentenças a Γ e, portanto, envolverá somente finitamente muitas das constantes de L^+ que não estão na linguagem L de Γ, deixando ainda não usadas, a cada estágio, infinitamente muitas constantes.) A cada estágio, tendo Γ_k em S^*, estamos livres para escolher como B_k qualquer sentença tal que $\Gamma_k \cup \{B_k\}$ ainda esteja em S^*. Mas temos que fazer as escolhas de modo tal que, no final, (C2)–(C8) valham.

Ora, como podemos fazer para que Γ^* satisfaça a condição (C2), por exemplo? Bem, se $\sim\sim B$ está em Γ^*, então está em algum Γ_m. *Se* pudermos arranjar as coisas de forma que, sempre que m e B são tais que $\sim\sim B$ está em Γ_m, então B está em Γ_{k+1} para algum $k \geq m$, *então* vai se seguir que B está em Γ^*, como requerido por

(C2). Para obter isso, será mais que suficiente se pudermos arrumar as coisas de modo que o seguinte vale:

Se $\sim\sim B$ está em Γ_m, então, para algum $k \geq m$, $\Gamma_{k+1} = \Gamma_k \cup \{B\}$.

Mas será que *podemos* organizar as coisas de modo que isso fique valendo? Bem, o que nos diz (S2)? Se $\sim\sim B$ está em Γ_m, então $\sim\sim B$ ainda estará em Γ_k para qualquer $k \geq m$, uma vez que os conjuntos vão ficando maiores. Desde que cada Γ_k deve estar em S^*, (S2) promete que $\Gamma_k \cup \{B\}$ estará em S^*. Ou seja:

Se $\sim\sim B$ está em Γ_m, então, para algum $k \geq m$, $\Gamma_k \cup \{B\}$ está em S^*.

Assim, *poderíamos* estipular que $\Gamma_{k+1} = \Gamma_k \cup \{B\}$ se escolhermos fazer isso.

Para entender melhor o que está acontecendo aqui, vamos introduzir alguma terminologia sugestiva. Se $\sim\sim B$ está em Γ_m, digamos que *a demanda para a admissão de B é suscitada* no estágio m; e se $\Gamma_{k+1} = \Gamma_k \cup \{B\}$, digamos que *a demanda é concedida* no estágio k. O que é exigido por (C2) é que *qualquer* demanda que seja suscitada em *qualquer* estágio m seja concedida em algum estágio posterior k. E o que é prometido por (S2) é que em qualquer estágio k qualquer *uma* demanda suscitada em qualquer *um* estágio anterior m pode ser concedida. Há uma lacuna aqui entre o que é requerido e o que é prometido, uma vez que pode ser que haja infinitamente muitas demandas suscitadas no estágio m, isto é, infinitamente muitas sentenças da forma $\sim\sim B$ em Γ_m, e seja como for, há infinitamente muitos estágios m nos quais novas demandas podem surgir – e tudo isso somente considerando demandas do tipo associado com a condição (C2), ao passo que há várias outras condições, também suscitando demandas, que podemos desejar satisfazer.

Vamos examiná-las. A relação entre (C3)–(C8) e (S3)–(S8) é exatamente a mesma que entre (C2) e (S2). Cada uma de (C2)–(C8) corresponde a uma demanda de um certo tipo:

(C2) Se $\sim\sim B$ está em Γ_m, então, para algum $k \geq m$, $\Gamma_{k+1} = \Gamma_k \cup \{B\}$.

(C3) Se $B \vee C$ está em Γ_m, então, para algum $k \geq m$, $\Gamma_{k+1} = \Gamma_k \cup \{B\}$ ou $\Gamma_k \cup \{C\}$.

(C4) Se $\sim(B \vee C)$ ou $\sim(C \vee B)$ está em Γ_m, então, para algum $k \geq m$, $\Gamma_{k+1} = \Gamma_k \cup \{\sim B\}$.

(C5) Se $\exists x B(x)$ está em Γ_m, então, para algum $k \geq m$, para alguma constante c, $\Gamma_{k+1} = \Gamma_k \cup \{B(c)\}$.

(C6) Se $\sim\exists x B(x)$ está em Γ_m, e t é um termo fechado na linguagem de Γ_m, então, para algum $k \geq m$, $\Gamma_{k+1} = \Gamma_k \cup \{\sim B(t)\}$.

(C7) Se t é um termo fechado na linguagem de Γ_m, então, para algum $k \geq m$, $\Gamma_{k+1} = \Gamma_k \cup \{t = t\}$.

(C8) Se $B(s)$ e $s = t$ estão em Γ_m, onde s e t são termos fechados e $B(x)$ uma fórmula, então, para algum $k \geq m$, $\Gamma_{k+1} = \Gamma_k \cup \{B(t)\}$.

Cada uma de (S2)–(S8) promete que qualquer demanda do tipo relevante pode ser concedida:

(S2) Se $\sim\sim B$ está em Γ_m, então, para qualquer $k \geq m$, $\Gamma_k \cup \{B\}$ está em S^*.
(S3) Se $B \vee C$ está em Γ_m, então, para qualquer $k \geq m$, $\Gamma_k \cup \{B\}$ ou $\Gamma_k \cup \{C\}$ está em S^*.
(S4) Se $\sim(B \vee C)$ ou $\sim(C \vee B)$ está em Γ_m, então, para qualquer $k \geq m$, $\Gamma_k \cup \{\sim B\}$ está em S^*.
(S5) Se $\exists x B(x)$ está em Γ_m, então, para qualquer $k \geq m$, para qualquer constante c ainda não usada, $\Gamma_k \cup \{B(c)\}$ está em S^*.
(S6) Se $\sim\exists x B(x)$ está em Γ_m, e t é um termo fechado na linguagem de Γ_m, então, para qualquer $k \geq m$, $\Gamma_k \cup \{\sim B(t)\}$ está em S^*.
(S7) Se t é um termo fechado na linguagem de Γ_m, então, para qualquer $k \geq m$, $\Gamma_k \cup \{t = t\}$ está em S^*.
(S8) Se $B(s)$ e $s = t$ estão em Γ_m, onde s e t são termos fechados e $B(x)$ uma fórmula, então, para qualquer $k \geq m$, $\Gamma_k \cup \{B(t)\}$ está em S^*.

Em qualquer estágio k da construção, podemos conceder *qualquer demanda que escolhamos* entre aquelas que foram suscitadas em estágios anteriores; contudo, para que a construção tenha êxito, temos que fazer nossas escolhas sucessivas de modo que, no final, *qualquer demanda que tenha sido alguma vez suscitada em algum estágio* seja concedida em algum estágio posterior. Nossa dificuldade é que, a cada estágio, muitas demandas diferentes podem ser suscitadas. A situação é parecida com a de Héracles na luta contra a hidra: toda vez que cortamos alguma cabeça (concedemos uma demanda), múltiplas novas cabeças aparecem (múltiplas novas demandas são suscitadas). Pelo menos em um aspecto, contudo, fizemos progresso: tivemos êxito em redescrever nosso problema em termos abstratos, eliminando todos os detalhes sobre quais fórmulas particulares são de interesse.

De fato, com essa redescrição do problema, não estamos agora muito longe de uma solução. Precisamos apenas relembrar dois fatos. Primeiro, nossas linguagens são *enumeráveis*, de modo que, a cada estágio, ainda que uma infinidade de demandas possa ser suscitada, é ainda uma infinidade *enumerável*. Cada demanda pode ser formulada como 'admita tal e tal sentença' (ou 'admita uma ou a outra de duas tais e tais sentenças'), e uma enumeração das sentenças de nossa linguagem, portanto, dá origem a uma enumeração de todas as demandas suscitadas a cada estágio dado. Assim, cada demanda que alguma vez seja suscitada pode ser descrita como a i-ésima demanda suscitada no estágio m, para alguns números i e m, e podem ser assim descritas por um par de números (i, m). Segundo, vimos, no capítulo 1, que há uma maneira – na verdade, há muitas maneiras – de codificar qualquer par de números por um único número $j(i, m)$, e se examinarmos de perto essa codificação, vemos facilmente que $j(i, m)$ é maior que m (e maior que i). Podemos resolver nosso problema, então, procedendo como segue. No estágio k, vemos qual par (i, m) é codificado por k, e concedemos a i-ésima demanda suscitada no estágio $m < k$. Dessa maneira, embora concedamos somente uma demanda de cada vez, todas as demandas que alguma vez forem suscitadas serão cedo ou tarde concedidas.

A prova do teorema da compacidade está agora completa.

13.5* Linguagens não enumeráveis

No capítulo 12, mencionamos, de passagem, a possibilidade de admitir linguagens não enumeráveis. O teorema de Löwenheim–Skolem falharia então.

13.8 Exemplo. (A falha do teorema de Löwenheim–Skolem descendente para uma linguagem não enumerável). Tomemos uma constante c_ξ para cada número real ξ, e seja Γ o conjunto de todas as sentenças $c_\xi \neq c_\eta$ para $\xi \neq \eta$. Claramente, Γ tem um modelo cujo domínio são os números reais, em que cada c_ξ denota ξ. De maneira igualmente clara, qualquer modelo de Γ será não enumerável.

Contudo, pode-se mostrar que o teorema da compacidade ainda vale. A prova que apresentamos não funciona para uma linguagem não enumerável: nenhum uso essencial da enumerabilidade da linguagem foi feito na prova do lema dos modelos de termos, mas a prova dada na seção precedente para o lema do fecho fez extenso uso, no final, dessa suposição de enumerabilidade. Nesta seção, esboçamos uma prova diferente do lema do fecho, que pode ser generalizada de modo a incluir linguagens não enumeráveis, e mencionamos uma consequência da versão generalizada do teorema da compacidade. Muitas verificações são relegadas aos problemas.

Não é difícil mostrar que, se Γ é um conjunto de sentenças satisfatível, $\exists x F(x)$ é uma sentença da linguagem de Γ, e c uma constante que *não* está na linguagem de Γ, então $\Gamma \cup \{\exists x F(x) \rightarrow F(c)\}$ é satisfatível [imitando a prova do Exemplo 10.5(b), que nos deu (S5) no Lema 13.1]. Seja agora L uma linguagem. Seja $L_0 = L$ e, dada L_n, seja L_{n+1} o resultado de acrescentar a L_n uma nova constante c_F para cada sentença $\exists x F(x)$ de L_n. Seja L^+ a união de todas as L_n. O conjunto de *axiomas de Henkin* é o conjunto H de todas as sentenças $\exists x F(x) \rightarrow F(c_F)$ de L^+. Não é difícil mostrar que, se Γ é um conjunto de sentenças de L, e todo subconjunto finito de Γ tem modelo, então todo subconjunto finito de $\Gamma \cup H$ tem modelo (usando a observação com que começamos este parágrafo). Seja S^* o conjunto de todos os conjuntos de sentenças Γ de L^+ tal que todo subconjunto finito de $\Gamma \cup H$ tem modelo. O que acabamos de observar é que, se Γ é um conjunto de sentenças de L e todo subconjunto finito de Γ tem um modelo, então Γ está em S^*. Não é difícil mostrar que S^* tem as propriedades da satisfatibilidade (S1)–(S4) e (S6)–(S8) (imitando a prova do Lema 13.2).

Vamos agora introduzir alguma terminologia conjuntista. Seja I um conjunto não vazio. Dizemos que uma família P de subconjuntos de I é de *caráter finito* desde que, para cada subconjunto Γ de I, Γ esteja em P se e somente se cada subconjunto finito de Γ está em P. Dizemos que um subconjunto Γ^* de I é *maximal* com respeito a P se Γ^* está em P, mas nenhum subconjunto Δ de I que inclui propriamente Γ^* está em P.

Para aplicar esta terminologia à situação que estamos considerando, não é difícil mostrar que S^* é de caráter finito (essencialmente, por definição). Nem é difícil mostrar que qualquer elemento maximal Γ^* de S^* irá conter H (mostrando que acrescentar um axioma de Henkin a um dado conjunto em S^* produz um conjunto ainda em S^*, de modo que, se o conjunto dado era maximal, o axioma de Henkin já tinha que ter pertencido a ele). Também não é difícil mostrar que qualquer elemento maximal Γ^* de S^* tem as propriedades do fecho (C1)–(C4) e (C6)–(C8) [uma vez que, por exemplo, se $\sim\sim B$ está em Γ^*, então acrescentar B a Γ^* produz um conjunto ainda em S^* por (S2)]. Nem, quanto a isso, é difícil mostrar que um tal Γ^* também terá a propriedade de fecho (C5) [usando o fato de que, esteja ou não $\exists xF(x)$ em Γ^*, Γ^* contém os axiomas de Henkin $\sim\exists xF(x) \vee F(c_F)$, e aplicando (C1) e (C3)]. Assim, pelo Lema 13.5, cuja prova não faz nenhum uso essencial da enumerabilidade, Γ^* tem um modelo.

De acordo com os vários parágrafos precedentes, se Γ é um conjunto de sentenças de L tal que todo subconjunto finito de Γ tem modelo, então o próprio Γ tem modelo, *desde que* possamos provar que, para todo conjunto Γ em S^*, existe um elemento maximal Γ^* em S^* que contém Γ.

E isso se segue usando um fato geral da teoria de conjuntos, o *princípio da maximalidade*, segundo o qual para qualquer conjunto não vazio I e qualquer conjunto P de subconjuntos de I que tem caráter finito, e qualquer Γ em P, há um elemento maximal Γ^* de P que contém Γ. Não é difícil demonstrar esse princípio no caso em que I é enumerável (enumerando seus elementos $i_0, i_1, i_2, \ldots$, e construindo Γ^* como a união dos conjuntos Γ_n em P, onde $\Gamma_0 = \Gamma$, e $\Gamma_{n+1} = \Gamma_n \cup \{i_n\}$ se $\Gamma_n \cup \{i_n\}$ está em P, e $= \Gamma_n$ caso contrário). De fato, sabemos que o princípio da maximalidade vale mesmo para um I não enumerável, embora a prova, nesse caso, requeira um axioma outrora controverso da teoria de conjuntos, o *axioma da escolha* – de fato, dados os outros axiomas, menos controversos, da teoria de conjuntos, o princípio maximal é *equivalente* ao axioma da escolha, um fato cuja prova é apresentada em qualquer livro-texto de teoria de conjuntos, mas que não será dada aqui.

Revendo nosso trabalho, vemos que usando o princípio maximal para um conjunto não enumerável, obtemos uma prova do teorema da compacidade para linguagens não enumeráveis. A versão geral do teorema da compacidade tem uma consequência notável.

13.9 Teorema. (O teorema de Löwenheim–Skolem ascendente). Qualquer conjunto de sentenças que tenha um modelo infinito tem um modelo não enumerável.

A prova não é difícil (combinando as ideias do Corolário 12.16 e Exemplo 13.8). Porém, como as provas de várias de nossas asserções acima, relegamos esta aos problemas.

Problemas

Os primeiros problemas são relativos à seção opcional 13.5.

13.1 Demonstre o princípio da maximalidade para o caso em que I é enumerável.

13.2 Mostre que se Γ é um conjunto satisfatível de sentenças, $\exists x F(x)$ é uma sentença da linguagem de Γ, e c uma constante que *não* está na linguagem de Γ, então $\Gamma \cup \{\exists x F(x) \rightarrow F(c)\}$ é satisfatível.

13.3 Seja L uma linguagem, e construa a linguagem L^+ e o conjunto H de axiomas de Henkin como na seção 13.5. Seja S^* o conjunto de todos os conjuntos de sentenças Γ de L^+ tal que todo subconjunto finito de $\Gamma \cup H$ tem um modelo. Mostre que:

(**a**) Qualquer conjunto Γ de sentenças de L cujos subconjuntos finitos todos são satisfatíveis está em S^*.

(**b**) S^* tem as propriedades da satisfatibilidade (S1)–(S4) e (S6)–(S8).

13.4 Continuando a notação do problema precedente, mostre que:

(**a**) S^* é de caráter finito.

(**b**) Qualquer conjunto maximal Γ^* em S^* contém H.

13.5 Continuando a notação do problema precedente, seja Γ^* um conjunto maximal em S^*. Mostre que Γ^* tem as propriedades de fecho (C1)–(C4) e (C6)–(C8).

13.6 Continuando a notação do problema precedente, seja Γ^* um conjunto de sentenças de L^+ contendo H e tendo propriedades de fecho (C1)–(C4) e (C6)–(C8). Mostre que Γ^* também tem a propriedade (C5).

13.7 Use o teorema da compacidade para linguagens não enumeráveis para demonstrar o teorema de Löwenheim–Skolem ascendente, o Teorema 13.9.

Nos problemas restantes, assuma, para simplificar, que símbolos funcionais estão ausentes, embora os resultados indicados estendam-se ao caso em que eles estão presentes.

13.8 Uma *imersão* de uma interpretação $\mathcal{P}$ em outra interpretação $\mathcal{Q}$ é uma função j satisfazendo todas as condições da definição de isomorfismo na seção 12.1, exceto que j não necessita ser sobrejetora. Dada uma interpretação $\mathcal{P}$, seja $L^{\mathcal{P}}$ o resultado de acrescentar à linguagem a constante c_p para cada elemento p do domínio $|\mathcal{P}|$, e seja $\mathcal{P}^*$ a extensão de $\mathcal{P}$ a uma interpretação de $L^{\mathcal{P}}$ na qual cada c_p denota o p correspondente. O conjunto $\Delta(\mathcal{P})$ de todas as sentenças atômicas e negações de sentenças atômicas de $L^{\mathcal{P}}$, quer envolvendo um predicado não lógico R, quer o predicado lógico $=$, que são verdadeiras em $\mathcal{P}^*$, é chamado o *diagrama* de $\mathcal{P}$. Mostre que se $\mathcal{Q}$ é qualquer interpretação da linguagem de $\mathcal{P}$ que possa ser estendida a um modelo $\mathcal{Q}^*$ de $\Delta(\mathcal{P})$, então há uma imersão de $\mathcal{P}$ em $\mathcal{Q}$.

13.9 Uma sentença é chamada *existencial* se e somente se é da forma $\exists x_1 \ldots \exists x_n F$, onde F não contém outros quantificadores (universais ou existenciais). Dizemos que uma sentença é *preservada ascendentemente* se e somente se, sempre que é verdadeira em uma interpretação $\mathcal{P}$, e há uma imersão de $\mathcal{P}$ em uma outra interpretação $\mathcal{Q}$, então ela é verdadeira em $\mathcal{Q}$. Mostre que toda sentença existencial é preservada ascendentemente.

13.10 Seja A uma sentença que é preservada ascendentemente, $\mathcal{P}$ um modelo de A, e $\Delta(P)$ o diagrama de $\mathcal{P}$. Mostre que $\Delta \cup \{\sim A\}$ é insatisfatível, e que algum subconjunto finito de $\Delta \cup \{\sim A\}$ é insatisfatível.

13.11 Seja A uma sentença de uma linguagem L que é preservada ascendentemente. Mostre que:

(**a**) $\mathcal{P}$ é um modelo de A se e somente se há uma sentença B sem quantificadores da linguagem $L^{\mathcal{P}}$ tal que B implica A e $\mathcal{P}^*$ é um modelo de B.

(**b**) $\mathcal{P}$ é um modelo de A se e somente se há uma sentença existencial B da linguagem L tal que B implica A e $\mathcal{P}$ é um modelo de B.

13.12 Seja A uma sentença que é preservada ascendentemente e Γ o conjunto de sentenças existenciais da linguagem de A que implicam A. Escrevendo $\sim\Gamma$ para o conjunto de negações dos elementos de Γ, mostre que:

(**a**) $\{A\} \cup \sim\Gamma$ é insatisfatível.

(**b**) $\{A\} \cup \sim\Gamma_0$ é insatisfatível para algum subconjunto finito Γ_0 de Γ.

(**c**) $\{A\} \cup \{\sim B\}$ é insatisfatível para algum elemento isolado de Γ.

13.13 Seja A uma sentença que é preservada ascendentemente. Mostre que A é logicamente equivalente a uma sentença existencial (na mesma linguagem).

13.14 Uma sentença é chamada *universal* se e somente se é da forma $\forall x_1 \ldots \forall x_n F$, onde F não contém outros quantificadores (universais ou existenciais). Dizemos que uma sentença é *preservada descendentemente* se e somente se, sempre que é verdadeira em uma interpretação $\mathcal{Q}$, e há uma imersão em $\mathcal{Q}$ de uma outra interpretação $\mathcal{P}$, então ela é verdadeira em $\mathcal{P}$. Mostre que toda sentença é preservada descendentemente se e somente se for logicamente equivalente a uma sentença universal (na mesma linguagem).

13.15 A prova nos vários problemas precedentes envolve (no passo do Problema 13.10) aplicar o teorema da compacidade a uma linguagem que pode ser não enumerável. Como poderia essa característica ser evitada?

14

Provas e completude

Livros-textos introdutórios de lógica dedicam muito espaço ao desenvolvimento de alguma espécie de procedimento de prova, *habilitando-nos a reconhecer que uma sentença D é implicada por um conjunto de sentenças Γ, com diferentes livros-textos favorecendo diferentes procedimentos. Neste capítulo, introduzimos aquele tipo de procedimento de prova, denominado um* sistema de Gentzen *ou* cálculo de sequentes, *que é empregado em trabalhos mais avançados, onde, diferentemente de textos introdutórios, a ênfase está em resultados teóricos gerais acerca da existência de provas, e não na tarefa prática de construir provas específicas. Os detalhes de qualquer procedimento particular, inclusive o nosso, são menos importantes do que algumas características compartilhadas por todos eles, notadamente, as de que sempre que há uma prova de D a partir de Γ, D é uma consequência de Γ, e inversamente, sempre que D é uma consequência de Γ, há uma prova de D a partir de Γ. Essas características são chamadas, respectivamente, de* correção *e* completude. *(Uma outra característica é que regras definidas e explícitas podem ser dadas para determinar, em qualquer caso dado, se uma suposta prova ou dedução realmente o é, ou não; mas adiamos a consideração dessa característica para o próximo capítulo.) A seção 14.1 introduz nossa versão, ou variante, do cálculo de sequentes. A seção 14.2 apresenta provas de correção e completude. A primeira é fácil; a última não é tão fácil, mas todo o trabalho pesado para ela já foi feito no capítulo anterior. A seção 14.3, que é opcional, comenta brevemente a relação entre nossa noção formal e outras noções formais desse tipo, tal como se pode encontrar em livros-textos introdutórios ou alhures, bem como a relação entre qualquer noção formal e a noção não formalizada de uma dedução de uma conclusão a partir de um conjunto de premissas, ou prova de um teorema a partir de um conjunto de axiomas.*

14.1 Cálculo de sequentes

A ideia de estabelecer um *procedimento de prova* é que, mesmo quando não é óbvio que Γ implica *D*, podemos esperar dividir o percurso de Γ a *D* em uma série de pequenos passos que *sejam* óbvios e, assim, tornar reconhecível a relação de implicação. Todo livro-texto introdutório desenvolve algum tipo de noção formal de prova ou dedução. Embora eles tomem formatos diferentes em diferentes livros, em todos os casos uma dedução formal é uma espécie de série finita de símbolos, e há regras definidas e explícitas para determinar se uma dada série finita de símbolos é ou não uma dedução formal. A noção de dedução é 'sintática' no sentido em que essas regras mencionam a estrutura interna das fórmulas, mas não mencionam interpretações. No final, contudo, a condição de que existe uma dedução de D a partir de Γ resulta ser *equivalente* à condição de que toda interpretação que torna todas as sentenças em Γ verdadeiras torna a sentença D verdadeira, que era a definição 'semântica' original de consequência. Essa equivalência tem duas direções. O resultado de que sempre que D é dedutível de Γ, D é consequência de Γ é o *teorema de correção*. O resultado de que sempre que D é consequência de Γ, então D é dedutível de Γ, é o *teorema de completude de Gödel*.

Nosso objetivo, neste capítulo, será o de apresentar um sistema particular de dedução para o qual correção e completude podem ser estabelecidos. A prova da completude usa o lema principal do capítulo anterior. Nosso sistema, que é do tipo geral empregado em estudos teóricos mais avançados, será diferente daquele usado em praticamente qualquer livro-texto introdutório – ou, para formular isso de uma maneira mais positiva, praticamente nenhum leitor terá a vantagem, sobre qualquer outro leitor, de ter conhecimento prévio do tipo particular de sistema que utilizamos. Em grande parte para o benefício de leitores que têm estado ou estarão examinando outros livros, na seção final do capítulo nós indicamos brevemente as espécies de variações que são possíveis e que realmente podem ser encontradas na literatura especializada. Na verdade, porém, não são os detalhes de qualquer sistema particular que realmente importam, mas, ao contrário, as características comuns compartilhadas por todos os sistemas desse tipo; e, exceto por uma breve menção ao final do próximo capítulo (em uma seção que é, ela própria, leitura opcional), quando este capítulo terminar não teremos mais ocasião de mencionar os detalhes de nosso sistema particular, ou de qualquer outro. O resultado que vai importar é a existência de *algum* procedimento de prova com as propriedades de correção e completude.

[Indicamos aqui uma consequência da existência de um tal procedimento que será examinada mais atentamente no próximo capítulo. É sabido que a relação de consequência não é *efetivamente decidível*: que não pode haver um procedimento, governado por regras definidas e explícitas, cuja aplicação vá, em todos os casos, em princípio permitir-nos determinar em um tempo finito se um dado conjunto finito Γ de sentenças *implica ou não* uma dada sentença D. Duas provas desse fato aparecem nas seções 11.1 e 11.2, e mais uma virá no capítulo 17. Mas a existência de um procedimento de prova correto e completo mostra que a relação de consequência é ao menos (*positivamente*) *efetivamente semidecidível*. Há um procedimento cuja aplicação vai, caso Γ implique mesmo D, em princípio permitir-nos determinar, em um tempo finito, *que implica mesmo*. O procedimento é simplesmente o de pesquisar sistematicamente todos os objetos finitos do tipo apropriado, determinando, para cada um deles, se constitui ou não uma dedução de D a partir de Γ. Pois é parte da noção de um *procedimento* de prova que existem regras definidas e explícitas para determinar se um dado objeto finito do tipo apropriado constitui ou não uma tal dedução. Se Γ de fato implica D, então, ao ir examinando uma a uma todas as deduções possíveis, iremos, por completude, cedo ou tarde encontrar uma dedução de D a partir de Γ, mostrando assim, por correção, que Γ de fato implica D. Mas se Γ *não* implica D, o processo de examinar todas as deduções possíveis continuaria para sempre, sem resultado. Como dissemos, essas questões serão ainda mais discutidas no próximo capítulo.]

Ao mesmo tempo que procuramos uma noção sintática de dedução que capture e torne reconhecível a noção semântica de consequência, gostaríamos de ter também uma noção sintática de *refutação* que capturasse a noção semântica de insatisfatibilidade, e uma noção sintática de *demonstração* que capturasse a noção semântica de *validade*. Ao custo de uma leve artificialidade, as três noções de consequência, insatisfatibilidade e validade podem ser agrupadas como casos especiais de uma noção única, mais geral. Dizemos que um conjunto de sentenças Γ *assegura* um outro conjunto de sentenças Δ se toda interpretação que torna todas as sentenças em Γ verdadeiras torna alguma sentença em Δ verdadeira. (Note que, quando os conjuntos são finitos, $\Gamma = \{C_1, \ldots, C_m\}$ e $\Delta = \{D_1, \ldots, D_n\}$, isso equivale a dizer que toda interpretação que torna C_1 & ... & C_m verdadeira torna $D_1 \lor \ldots \lor D_n$ verdadeira: os elementos de Γ estão sendo tomados *conjuntamente* como premissas, mas os elementos de Δ estão sendo tomados *alternativamente* como conclusões, por assim dizer.) Quando um conjunto contém apenas uma única sentença fica claro que tornar *alguma* sentença no conjunto verdadeira e tornar *toda* sentença no conjunto verdadeira resultam na mesma coisa, a saber, tornar *a* sentença no conjunto verdadeira; nesse caso, nós naturalmente falamos da sentença como assegurando ou sendo assegurada. Quando o conjunto é vazio, então, é claro, a condição de que *alguma* sentença nele seja tornada verdadeira não é satisfeita, uma vez que não há um sentença nele a ser tornada verdadeira; e contamos a condição de que *toda* sentença no conjunto é tornada verdadeira como 'vacuamente' satisfeita. (Afinal de contas, não há nenhuma sentença no conjunto que *não* é tornada verdadeira.) Com esse entendimento, consequência, insatisfatibilidade e validade podem ser vistas como casos especiais dessa noção de asseguração, como mostra a Tabela 14.1.

Tabela 14.1. Noções metalógicas

D é consequência de Γ	se e somente se	Γ assegura $\{D\}$
Γ é insatisfatível	se e somente se	Γ assegura $\emptyset$
D é válida	se e somente se	$\emptyset$ assegura $\{D\}$

Correspondentemente, nossa abordagem das deduções vai subsumi-las, juntamente com refutações e demonstrações, a uma noção mais geral de *derivação*. Assim, para nós, os teoremas de correção e completude serão teoremas relacionando uma noção sintática de derivabilidade a uma noção semântica de asseguração, do que várias outras relações entre noções semânticas e sintáticas irão se seguir como casos especiais. Os objetos com que estaremos trabalhando neste capítulo – os objetos de que serão compostas as derivações – são chamados *sequentes*. Um sequente $\Gamma \Rightarrow \Delta$ consiste em um conjunto finito de sentenças Γ à esquerda, o símbolo $\Rightarrow$ ao centro e um conjunto finito de sentenças Δ à direita. Denominamos esse sequente *seguro* se seu lado esquerdo Γ assegura seu lado direito Δ. O objetivo será definir uma noção de derivação de modo que haverá uma derivação de um sequente se e somente se ele é seguro.

Adiando deliberadamente os detalhes da definição, diremos, por enquanto, que uma derivação será uma espécie de sequência finita de sequentes, denominados os *passos* (ou *linhas*) da derivação, sujeita a certas condições ou regras sintáticas que restam ser enunciadas. Uma derivação é uma derivação *de* um sequente $\Gamma \Rightarrow \Delta$ se e somente se o sequente é seu último passo (ou linha inferior). Um sequente é *derivável* se e somente se há alguma derivação dele. É em termos dessa noção de derivação que definiremos outras noções sintáticas de interesse, como na Tabela 14.2.

Tabela 14.2. Noções metalógicas

Uma *dedução* de D a partir de Γ	é uma	derivação de $\Gamma \Rightarrow \{D\}$
Uma *refutação* de Γ	é uma	derivação de $\Gamma \Rightarrow \emptyset$
Uma *demonstração* de D	é uma	derivação de $\emptyset \Rightarrow \{D\}$

Dizemos naturalmente que D é *dedutível* de Γ se há uma dedução de D a partir de Γ, que Γ é refutável se há uma refutação de Γ, e que D é *demonstrável* se há uma demonstração de D, onde dedução, refutação e demonstração são definidas em termos de derivação como na Tabela 14.2. Um conjunto de sentenças irrefutável é também denominado *consistente*, e um que é refutável, *inconsistente*. Nosso objetivo principal será definir a noção de derivação de tal forma que possamos provar os dois teoremas seguintes.

14.1 Teorema. (Teorema da correção). Todo sequente derivável é seguro.

14.2 Teorema. (Teorema da completude de Gödel). Todo sequente seguro é derivável.

Segue-se, então, imediatamente (comparando as Tabelas 14.1 e 14.2) que há uma coincidência exata entre dois conjuntos paralelos de noções metalógicas, o semântico e o sintático, como mostrado na Tabela 14.3.

Tabela 14.3. Correspondências entre noções metalógicas

D é dedutível de Γ	se e somente se	D é consequência de Γ
Γ é inconsistente	se e somente se	Γ é insatisfatível
D é demonstrável	se e somente se	D é válida.

Para generalizar isso tudo para o caso de conjuntos infinitos de sentenças, nós simplesmente *definimos* Δ como derivável de Γ se e somente se algum subconjunto finito Δ_0 de Δ é derivável de algum subconjunto finito Γ_0 de Γ, e definimos dedutibilidade e inconsistência no caso infinito de maneira similar. Como um corolário fácil do teorema da compacidade, Γ assegura Δ se e somente se algum subconjunto finito Γ_0 de Γ assegura algum subconjunto finito Δ_0 de Δ. Assim, os Teoremas 14.1 e 14.2 estendem-se ao caso infinito: Δ é derivável de Γ se e somente se Δ é assegurado por Γ, mesmo quando Γ e Δ são infinitos.

Isso basta como preâmbulo. Resta, então, especificar que condições uma sequência de sequentes deve satisfazer de modo a contar como uma derivação. Para que uma sequência de passos constitua uma derivação, cada passo deve ser ou da forma $\{A\} \Rightarrow \{A\}$, ou deve seguir-se de passos anteriores, de acordo com uma ou outra de várias *regras de inferência* que permitem a passagem de um ou mais sequentes tomados como *premissas* a algum outro sequente tomado como *conclusão*. A maneira usual de exibir regras é escrever a premissa ou premissas da regra, uma linha abaixo delas, e a conclusão da regra. A estipulação de que um passo possa ser da forma $\{A\} \Rightarrow \{A\}$ pode, ela própria, ser considerada com um caso especial de uma regra de inferência com *zero* premissas; de fato, ao listar as regras de inferência listamos essa primeiro. Em geral, no caso de qualquer regra, dizemos que qualquer sentença que apareça em uma premissa, mas não na conclusão de regra, está *saindo*, ou que é *de saída*; que qualquer uma que apareça na conclusão mas não nas premissas está *entrando*, ou que é *de entrada*; e que qualquer uma que apareça tanto em alguma premissa e na conclusão está *se mantendo*. No caso especial da regra de zero premissas e passos da forma $\{A\} \Rightarrow \{A\}$, a sentença A conta como entrando. Será conveniente, neste capítulo, trabalhar como no capítulo precedente com uma versão da lógica de primeira ordem em que os únicos símbolos lógicos são $\sim$, $\vee$, $\exists$, e $=$, isto é, em que & e $\forall$ são tratados como abreviações não oficiais. (Se admitirmos & e $\forall$, haveria a necessidade de quatro regras mais, duas para cada um deles. Nada ficaria mais difícil, mas tudo seria mais tedioso.) Com esse entendimento, as regras são aquelas dadas na Tabela 14.4.

Essas regras correspondem aproximadamente a padrões de inferência usados no raciocínio dedutivo não formalizado, e especialmente nas demonstrações matemáticas. (R2*a*) ou *introdução de negação à direita* corresponde à 'prova por con-

Tabela 14.4. Regras do cálculo de sequentes

(R0)	$\dfrac{}{\{A\} \Rightarrow \{A\}}$	
(R1)	$\dfrac{\Gamma \Rightarrow \Delta}{\Gamma' \Rightarrow \Delta'}$	Γ subconjunto de Γ', Δ subconjunto de Δ'
(R2*a*)	$\dfrac{\Gamma \cup \{A\} \Rightarrow \Delta}{\Gamma \Rightarrow \{\sim A\} \cup \Delta}$	
(R2*b*)	$\dfrac{\Gamma \Rightarrow \{A\} \cup \Delta}{\Gamma \cup \{\sim A\} \Rightarrow \Delta}$	
(R3)	$\dfrac{\Gamma \Rightarrow \{A, B\} \cup \Delta}{\Gamma \Rightarrow \{(A \vee B)\} \cup \Delta}$	
(R4)	$\dfrac{\Gamma \cup \{A\} \Rightarrow \Delta \quad \Gamma \cup \{B\} \Rightarrow \Delta}{\Gamma \cup \{A \vee B\} \Rightarrow \Delta}$	
(R5)	$\dfrac{\Gamma \Rightarrow \{A(s)\} \cup \Delta}{\Gamma \Rightarrow \{\exists x A(x)\} \cup \Delta}$	
(R6)	$\dfrac{\Gamma \cup \{A(c)\} \Rightarrow \Delta}{\Gamma \cup \{\exists x A(x)\} \Rightarrow \Delta}$	c não em Γ ou Δ ou $A(x)$
(R7)	$\dfrac{\Gamma \cup \{s = s\} \Rightarrow \Delta}{\Gamma \Rightarrow \Delta}$	
(R8*a*)	$\dfrac{\Gamma \Rightarrow \{A(t)\} \cup \Delta}{\Gamma \cup \{s = t\} \Rightarrow \{A(s)\} \cup \Delta}$	
(R8*b*)	$\dfrac{\Gamma \cup \{A(t)\} \Rightarrow \Delta}{\Gamma \cup \{s = t, A(s)\} \Rightarrow \Delta}$	
(R9*a*)	$\dfrac{\Gamma \cup \{\sim A\} \Rightarrow \Delta}{\Gamma \Rightarrow \{A\} \cup \Delta}$	
(R9*b*)	$\dfrac{\Gamma \Rightarrow \{\sim A\} \cup \Delta}{\Gamma \cup \{A\} \Rightarrow \Delta}$	

tradição', onde se mostra que uma hipótese A é inconsistente com hipóteses Γ anteriormente aceitas, e conclui-se que essas hipóteses implicam a negação de A. (R2*b*) ou *introdução de negação à esquerda* corresponde à forma de inferência inversa. (R3) ou *introdução de disjunção à direita*, junto com (R1), permite-nos passar de $\Gamma \Rightarrow \{A\} \cup \Delta$ ou $\Gamma \Rightarrow \{B\} \cup \Delta$, via $\Gamma \Rightarrow \{A, B\} \cup \Delta$, a $\Gamma \Rightarrow \{(A \vee B)\} \cup \Delta$, o que corresponde a inferir uma disjunção a partir de um de seus componentes. (R4) ou *introdução de disjunção à esquerda* corresponde à 'prova por casos', onde concluímos que algo se segue de uma disjunção, se mostrarmos que se segue de cada componente dessa disjunção. (R5) ou *introdução de quantificador existencial à direita* corresponde a inferir uma generalização existencial a partir de uma instância particular. (R6) ou *introdução de quantificador existencial à esquerda* é algo mais sutil: corresponde a um procedimento comum em provas matemáticas, onde, assumindo que há algo para o qual a condição A vale, nós 'damos-lhe um nome' e dizemos 'seja c algo para o qual a condição A vale', em que c é algum nome previamente não usado, e procedemos daí em diante, contando quaisquer enunciados que não mencionem c, os quais podemos mostrar que se seguem da hipótese de que a condição A vale para c, como seguindo-se da hipótese original de que há *algo* para o qual a condição A vale. (R8a,b) correspondem a duas formas de 'substituir idênticos por idênticos'.

Alguns exemplos triviais servirão para mostrar como as derivações são escritas.

14.3 Exemplo. A dedução de uma disjunção a partir de um componente seu.

(1)	$A \Rightarrow A$	(R0)
(2)	$A \Rightarrow A, B$	(R1), (1)
(3)	$A \Rightarrow A \vee B$	(R3), (2)

A primeira coisa a notar aqui é que, embora oficialmente o que ocorre nos lados direito e esquerdo da seta dupla em um sequente sejam conjuntos, e conjuntos não tenham uma ordem intrínseca entre seus elementos, ao *escrever* um sequente nós temos que escrever esses elementos em alguma ordem. $\{A, B\}$ e $\{B, A\}$, bem como $\{A, A, B\}$, são o mesmo *conjunto*, e, portanto, $A \Rightarrow \{A, B\}$ e $A \Rightarrow \{B, A\}$, bem como $A \Rightarrow \{A, A, B\}$ são o mesmo *sequente*, mas escolhemos *escrever* o sequente da primeira maneira. Na verdade, deixamos completamente de escrever as chaves, e nem vamos escrevê-las no futuro quando colocarmos derivações por escrito. [A propósito disso, também escrevemos $A \vee B$ para $(A \vee B)$, e vamos usar Fx para $F(x)$ abaixo.] Uma abordagem alternativa seria ter *sequências* em vez de *conjuntos* de fórmulas em ambos os lados de um sequente, e introduzir regras 'estruturais' adicionais permitindo-nos reordenar as sentenças em uma sequência, bem como introduzir ou eliminar repetições.

A segunda coisa a notar aqui é que a numeração das linhas à esquerda, e as anotações à direita, não fazem oficialmente parte da derivação. Na prática, sua presença torna mais fácil verificar se uma suposta derivação realmente é uma; mas, em princípio, podemos verificar se uma dada cadeia de símbolos constitui uma derivação mesmo sem tais anotações. Pois há, afinal de contas, a cada passo, apenas finitamente muitas regras que poderiam ter sido aplicadas para obter aquele passo de passos anteriores, e somente finitamente muitos passos anteriores aos quais qualquer regra poderia ter sido aplicada; assim, em princípio, necessitamos somente verificar essas finitamente muitas possibilidades para descobrir se há uma justificação para o passo dado.

14.4 Exemplo. A dedução de um componente de uma conjunção a partir dela.

(1)	$A \Rightarrow A$	(R0)
(2)	$A, B \Rightarrow A$	(R1), (1)
(3)	$B \Rightarrow A, \sim A$	(R2*a*), (2)
(4)	$\Rightarrow A, \sim A, \sim B$	(R2*a*), (3)
(5)	$\Rightarrow A, \sim A \vee \sim B$	(R3), (4)
(6)	$\sim(\sim A \vee \sim B) \Rightarrow A$	(R2*b*), (5)
(7)	$A \,\&\, B \Rightarrow A$	abreviação, (6)

Aqui, o último passo, recordando-nos que $\sim(\sim A \vee \sim B)$ é o que $A \,\&\, B$ abrevia, é não oficial, por assim dizer. Omitiremos a palavra 'abreviação' em tais casos no futuro. É *porque* & não está na notação oficial, e não temos diretamente regras para ele, que a derivação neste exemplo precisou de mais passos do que no exemplo precedente.

Uma vez que dois exemplos até agora foram de derivações constituindo deduções, vejamos dois exemplos igualmente breves de derivações constituindo refutações e demonstrações.

14.5 Exemplo. Demonstração de uma tautologia

(1)	$A \Rightarrow A$	(R0)
(2)	$\Rightarrow A, \sim A$	(R2*a*), (1)
(3)	$\Rightarrow A \vee \sim A$	(R3), (2)

14.6 Exemplo. Refutação de uma contradição

(1)	$\sim A \Rightarrow \sim A$	(R0)
(2)	$\Rightarrow \sim A, \sim\sim A$	(R2*a*), (1)
(3)	$\Rightarrow \sim A \vee \sim\sim A$	(R3), (2)
(4)	$\sim(\sim A \vee \sim\sim A) \Rightarrow$	(R2*b*), (3)
(5)	$A \,\&\, \sim A \Rightarrow$	(4)

As observações acima sobre a imaterialidade da *ordem* na qual as sentenças são escritas são especialmente pertinentes ao próximo exemplo.

14.7 Exemplo. Comutatividade da disjunção

(1)	$A \Rightarrow A$	(R0)
(2)	$A \Rightarrow B, A$	(R1), (1)
(3)	$A \Rightarrow B \vee A$	(R3), (2)
(4)	$B \Rightarrow B$	(R0)
(5)	$B \Rightarrow B, A$	(R1), (4)

(6)	$B \Rightarrow B \vee A$	(R3), (5)
(7)	$A \vee B \Rightarrow B \vee A$	(R4), (3), (6)

A comutatividade da conjunção pode ser obtida analogamente, embora existam mais passos, pela mesma razão que há mais passos nos Exemplos 14.4 e 14.6 do que nos Exemplos 14.3 e 14.5. A seguir, apresentamos alguns exemplos mais substanciais, ilustrando como as regras de quantificadores devem ser usadas, e alguns contraexemplos, para mostrar como elas *não* devem ser usadas.

14.8 Exemplo. Uso da primeira regra de quantificador

(1)	$Fc \Rightarrow Fc$	(R0)
(2)	$\Rightarrow Fc, {\sim}Fc$	(R2*a*), (1)
(3)	$\Rightarrow \exists xFx, {\sim}Fc$	(R5), (2)
(4)	$\Rightarrow \exists xFx, \exists x{\sim}Fx$	(R5), (3)
(5)	${\sim}\exists x{\sim}Fx \Rightarrow \exists xFx$	(R2*b*), (4)
(6)	$\forall xFx \Rightarrow \exists xFx$	(5)

14.9 Exemplo. Uso apropriado das duas regras de quantificador

(1)	$Fc \Rightarrow Fc$	(R0)
(2)	$Fc \Rightarrow Fc, Gc$	(R1), (1)
(3)	$Gc \Rightarrow Gc$	(R0)
(4)	$Gc \Rightarrow Fc, Gc$	(R1), (3)
(5)	$Fc \vee Gc \Rightarrow Fc, Gc$	(R4), (2), (4)
(6)	$Fc \vee Gc \Rightarrow \exists xFx, Gc$	(R5), (5)
(7)	$Fc \vee Gc \Rightarrow \exists xFx, \exists xGx$	(R5), (6)
(8)	$Fc \vee Gc \Rightarrow \exists xFx \vee \exists xGx$	(R3), (7)
(9)	$\exists x(Fx \vee Gx) \Rightarrow \exists xFx, \exists xGx$	(R6), (8)

14.10 Exemplo. Uso inapropriado da segunda regra do quantificador

(1)	$Fc \Rightarrow Fc$	(R0)
(2)	$Fc, {\sim}Fc \Rightarrow$	(R2*b*), (1)
(3)	$\exists xFx, {\sim}Fc \Rightarrow$	(R6), (2)
(4)	$\exists xFx, \exists x{\sim}Fx \Rightarrow$	(R6), (3)
(5)	$\exists xFx \Rightarrow {\sim}\exists x{\sim}Fx$	(R2*a*), (4)
(6)	$\exists xFx \Rightarrow \forall xFx$	(5)

Uma vez que $\exists xFx$ *não* implica $\forall xFx$, deve haver algo errado nesse último exemplo, ou com as nossas regras, ou com o modo em que elas foram empregadas. De fato, o emprego de (R6) na linha (3) é ilegítimo. Especificamente, a condição lateral 'c não está em Γ' no enunciado oficial da regra não é satisfeita, uma vez que o Γ relevante nesse caso seria $\{\sim Fc\}$, que contém c. Compare isso com uma aplicação legítima de (R6) como na última linha do exemplo anterior. Ignorar a condição lateral 'c não está em Δ' pode igualmente levar a problemas, como no próximo exemplo. (Problemas podem surgir igualmente de ignorar a condição lateral 'c não está em $A(x)$', mas deixamos ao leitor a tarefa de fornecer um exemplo.)

14.11 Exemplo. Uso inapropriado da segunda regra do quantificador

(1)	$Fc \Rightarrow Fc$	(R0)
(2)	$\exists xFx \Rightarrow Fc$	(R6), (1)
(3)	$\exists xFx, \sim Fc \Rightarrow$	(R2*b*), (2)
(4)	$\exists xFx, \exists x\sim Fx \Rightarrow$	(R6), (3)
(5)	$\exists xFx \Rightarrow \sim\exists x\sim Fx$	(R2*a*), (4)
(6)	$\exists xFx \Rightarrow \forall xFx$	(5)

Finalmente, ilustremos o uso das regras de identidade.

14.12 Exemplo. Reflexividade da identidade

(1)	$c = c \Rightarrow c = c$	(R0)
(2)	$\Rightarrow c = c$	(R7), (1)
(3)	$\sim c = c \Rightarrow$	(R2*b*), (2)
(4)	$\exists x \sim x = x \Rightarrow$	(R6), (3)
(5)	$\Rightarrow \sim\exists x\sim x = x$	(R2*a*), (4)
(6)	$\Rightarrow \forall x\, x = x$	(5)

14.13 Exemplo. Simetria da identidade

(1)	$d = d \Rightarrow d = d$	(R0)
(2)	$d = d, c = d \Rightarrow d = c$	(R8*a*), (1)
(3)	$c = d \Rightarrow d = c$	(R7), (2)
(4)	$\Rightarrow \sim c = d, d = c$	(R2*a*), (3)
(5)	$\Rightarrow \sim c = d \vee d = c$	(R3), (4)
(6)	$\Rightarrow c = d \rightarrow d = c$	(5)
(7)	$\sim(c = d \rightarrow d = c) \Rightarrow$	(R2*b*), (6)
(8)	$\exists y\sim(c = y \rightarrow y = c) \Rightarrow$	(R6), (7)
(9)	$\Rightarrow \sim\exists y\sim(c = y \rightarrow y = c)$	(R2*a*), (8)
(10)	$\Rightarrow \forall y(c = y \rightarrow y = c)$	(9)

(11)	$\sim\forall y(c = y \to y = c) \Rightarrow$	(R2*b*), (10)
(12)	$\exists x{\sim}\forall y(x = y \to y = x) \Rightarrow$	(R6), (11)
(13)	$\Rightarrow \sim\exists x{\sim}\forall y(x = y \to y = x)$	(R2*a*), (12)
(14)	$\Rightarrow \forall x\forall y(x = y \to y = x)$	(13)

A fórmula $A(x)$ à qual (R8*a*) foi aplicada na linha (2) é $d = x$.

14.2 Correção e completude

Comecemos agora a prova de correção, o Teorema 14.1, de acordo com o qual todo sequente derivável é seguro. Começamos com a observação de que todo sequente (R0) $\{A\} \Rightarrow \{A\}$ é claramente seguro. Será, então, suficiente mostrar que cada regra (R1)–(R9) é *correta* no sentido de que, quando aplicada a premissas asseguradas, gera conclusões asseguradas.

Consideremos, por exemplo, uma aplicação de (R1). Suponhamos que $\Gamma \Rightarrow \Delta$ seja seguro, em que Γ é um subconjunto de Γ' e Δ é um subconjunto de Δ', e consideremos qualquer interpretação que torna todas as sentenças em Γ' verdadeiras. O que (R1) requer é que ela deveria tornar alguma sentença em Δ' verdadeira, e mostramos que de fato o faz como segue. Uma vez que Γ é um subconjunto de Γ', ela torna verdadeiras todas as sentenças de Γ, e assim, como $\Gamma \Rightarrow \Delta$ é seguro, torna alguma sentença em Δ verdadeira e, uma vez que Δ é um subconjunto de Δ', torna assim verdadeira alguma sentença de Δ'.

Cada uma das regras (R2)–(R9) tem agora que ser verificada de maneira análoga. Uma vez que esta prova é talvez a mais tediosa de todo o assunto de que estamos tratando, pode valer a pena observar de antemão que ela tem uma característica interessante. A característica é essa: à medida que argumentamos para mostrar a correção das regras formais, vamos descobrir que estamos usando algo como as contrapartes não formalizadas dessas próprias regras em nossa argumentação. Isso significa que um matemático herético que rejeitasse algum dos padrões usuais de argumentação tal como empregados em provas não formalizadas na matemática ortodoxa – e tem havido almas obtusas que rejeitaram o análogo informal de (R9), por exemplo – não aceitaria nossa prova do teorema da correção. O ponto da prova não é convencer tais dissidentes, mas meramente verificar que, ao colocar tudo em símbolos, não cometemos nenhum deslize nem permitimos alguma inferência que, enunciada em termos não formalizados, nós próprios reconhecêssemos como falaciosa. (Essa é uma espécie de erro que não é difícil cometer, especialmente no que se refere às condições laterais da regra do quantificador, e é um erro que tem sido cometido no passado em alguns manuais.) Feita essa observação, retornemos à prova.

Consideremos (R2*a*). Supomos que $\Gamma \cup \{A\} \Rightarrow \Delta$ seja seguro, e consideramos uma intepretação qualquer que torna todas as sentenças em Γ verdadeiras. O que (R2*a*) requer é que ela deveria tornar alguma sentença em $\{\sim A\} \cup \Delta$ verdadeira, e mostramos que o faz. Por um lado, se a interpretação dada também torna A verdadeira, então torna todas as sentenças em $\Gamma \cup \{A\}$ verdadeiras e, dado que $\Gamma \cup \{A\} \Rightarrow \Delta$ é seguro, torna alguma sentença em Δ verdadeira e, portanto, torna alguma sentença em $\{\sim A\} \cup \Delta$ verdadeira. Por outro lado, se a interpretação não torna A verdadeira, então ela torna $\sim A$ verdadeira e, portanto, novamente, torna alguma sentença em $\{\sim A\} \cup \Delta$ verdadeira.

Consideremos (R2*b*). Supomos que $\Gamma \Rightarrow \{A\} \cup \Delta$ seja seguro, e consideramos uma intepretação qualquer que torna todas as sentenças em $\Gamma \cup \{\sim A\}$ verdadeiras. O que (R2*b*) requer é que ela deveria tornar alguma sentença em Δ verdadeira, e mostramos que o faz. A interpretação dada torna todas as sentenças em Γ verdadeiras e, portanto, como $\Gamma \Rightarrow \{A\} \cup \Delta$ é seguro, torna alguma sentença em $\{A\} \cup \Delta$ verdadeira e, portanto torna alguma sentença em $\{A\} \cup \Delta$ verdadeira. Uma vez que a interpretação torna $\sim A$ verdadeira, então ela não torna A verdadeira e, portanto, tem que ser o caso que ela torna alguma sentença em Δ verdadeira.

Para (R3), supomos que $\Gamma \Rightarrow \{A, B\} \cup \Delta$ seja seguro e consideramos uma interpretação qualquer que torna todas as sentenças em $\Gamma \cup \{\sim A\}$ verdadeiras. Como $\Gamma \Rightarrow \{A, B\} \cup \Delta$ é seguro, a interpretação torna alguma sentença em $\{A, B\} \cup \Delta$ verdadeira. Essa sentença deve ser ou A ou B ou alguma sentença em Δ. Se a sentença é A ou B, então a interpretação torna $(A \vee B)$ verdadeira, e assim torna uma sentença em $\{A, B\} \cup \Delta$ verdadeira. Se a sentença é uma daquelas em Δ, então claramente a interpretação torna uma sentença em $\{A, B\} \cup \Delta$ verdadeira. Assim, em qualquer caso, alguma sentença em $\{A, B\} \cup \Delta$ é tornada verdadeira, que é o que (R3) requer.

Para (R4), supomos que $\Gamma \cup \{A\} \Rightarrow \Delta$ e $\Gamma \cup \{B\} \Rightarrow \Delta$ sejam seguros, e consideramos alguma interpretação que torna todas as sentenças em $\Gamma \cup \{(A \vee B)\}$ verdadeiras. A interpretação, em particular, torna $(A \vee B)$ verdadeira, e assim deve ou tornar A verdadeira ou tornar B verdadeira. No primeiro caso, ela torna todas as sentenças em $\Gamma \cup \{A\}$ verdadeiras, e dado que $\Gamma \cup \{A\} \Rightarrow \Delta$ é seguro, torna alguma sentença em Δ verdadeira, analogamente no segundo caso. Assim, em qualquer caso, a interpretação torna alguma sentença em Δ verdadeira, que é o que (R4) requer.

Para (R5), supomos que $\Gamma \Rightarrow \{A(s)\} \cup \Delta$ seja seguro e consideramos qualquer interpretação que torna todas as sentenças em Γ verdadeiras. Dado que $\Gamma \Rightarrow \{A(s)\} \cup \Delta$ é seguro, ela torna alguma sentença em $\{A(s)\} \cup \Delta$ verdadeira. Se a sentença é alguma em Δ, então claramente a sentença torna alguma sentença em $\{\exists x A(x)\} \cup \Delta$ verdadeira. Se a sentença é $A(s)$, então a interpretação torna $\exists x A(x)$ verdadeira e, novamente, a interpretação torna alguma sentença em $\{\exists x A(x)\} \cup \Delta$

verdadeira. Isso é suficiente para mostrar que $\Gamma \Rightarrow \{\exists x A(x)\} \cup \Delta$ é seguro, que é o que (R5) requer.

Para (R6), supomos que $\Gamma \cup \{A(c)\} \Rightarrow \Delta$ seja seguro e consideramos qualquer interpretação que torna todas as sentenças em $\Gamma \cup \{\exists x A(x)\}$ verdadeiras. Uma vez que a interpretação torna $\exists x A(x)$ verdadeira, há algum elemento i no domínio da interpretação que satisfaz $A(x)$. Se c não ocorre em Γ ou Δ ou $A(x)$, então, deixando inalteradas as denotações de todos os símbolos que ocorrem em Γ e Δ e $A(x)$, podemos alterar a interpretação de modo que a denotação de c torna-se i. Pela extensionalidade, na nova interpretação toda sentença em Γ ainda será verdadeira, i satisfaz $A(x)$ na nova interpretação, e toda sentença em Δ terá o mesmo valor de verdade que na interpretação antiga. Mas uma vez que i é agora a denotação de c, e i satisfaz $A(x)$, segue-se que $A(c)$ será verdadeira na nova interpretação. E visto que as sentenças em Γ ainda são verdadeiras e $A(c)$ é agora verdadeira, como $\Gamma \cup \{A(c)\} \Rightarrow \Delta$ é seguro, alguma sentença em Δ verdadeira será verdadeira na nova interpretação e, logo, terá sido verdadeira na interpretação anterior. Isso é suficiente para mostrar que $\Gamma \cup \{\exists x A(x)\} \Rightarrow \Delta$ é seguro.

Para (R7), supomos que $\Gamma \cup \{s = s\} \Rightarrow \Delta$ seja seguro e consideramos qualquer interpretação de uma linguagem contendo todos os símbolos em Γ e Δ que torna todas as sentenças em Γ verdadeiras. Se houver algum símbolo em s que não ocorra em Γ ou Δ para o qual essa interpretação falha em atribuir uma denotação, nós a alteramos para que o faça. A nova interpretação ainda torna toda sentença em Γ verdadeira por extensionalidade, e torna $s = s$ verdadeira. Dado que $\Gamma \cup \{s = s\} \Rightarrow \Delta$ é seguro, a nova interpretação torna alguma sentença em Δ verdadeira, e a extensionalidade implica que a interpretação original já torna essa mesma sentença em Δ verdadeira. Isso é suficiente para mostrar que $\Gamma \Rightarrow \Delta$ é seguro.

Para (R8*a*), supomos que $\Gamma \Rightarrow \{A(t)\} \cup \Delta$ seja seguro e consideramos qualquer interpretação que torna todas as sentenças em $\Gamma \cup \{s = t\}$ verdadeiras. Uma vez que ela torna toda sentença em Γ verdadeira, visto que $\Gamma \Rightarrow \{A(t)\} \cup \Delta$ é seguro ela deve tornar alguma sentença em $\{A(t)\} \cup \Delta$ verdadeira. Se essa sentença é uma daquelas em Δ, então claramente a interpretação torna uma sentença em $\{A(s)\} \cup \Delta$ verdadeira. Se a sentença é $A(t)$, note então que, visto que a interpretação torna $s = t$ verdadeira, deve atribuir a mesma denotação a s e t; portanto, por extensionalidade deve também tornar $A(s)$ verdadeira. Mais uma vez, então, ela torna alguma sentença em $\{A(s)\} \cup \Delta$ verdadeira. Isso é suficiente para mostrar que $\Gamma \cup \{s = t\} \Rightarrow \{A(s)\} \cup \Delta$ é seguro. (R8*b*) é inteiramente similar.

(R9) é como (R2), para terminar a prova de correção.

Agora a completude, o Teorema 14.2, segundo o qual todo sequente seguro é derivável. Começamos com uma rápida redução do problema. Vamos escrever $\sim\Delta$ para o conjunto de negações das sentenças em Δ.

14.14 Lema. $\Gamma \Rightarrow \Delta$ é derivável se e somente se $\Gamma \cup \sim\Delta$ é inconsistente.

Demonstração: Se

$$\{C_1, \ldots, C_m\} \Rightarrow \{D_1, \ldots, D_n\}$$

é derivável, então

$$\{C_1, \ldots, C_m, \sim D_1\} \Rightarrow \{D_2, \ldots, D_n\}$$
$$\{C_1, \ldots, C_m, \sim D_1, \sim D_2\} \Rightarrow \{D_3, \ldots, D_n\}$$
$$\vdots$$
$$\{C_1, \ldots, C_m, \sim D_1, \ldots, \sim D_n\} \Rightarrow \emptyset$$

são deriváveis por aplicações repetidas de (R2*b*). Se o último dos sequentes acima é derivável, então

$$\{C_1, \ldots, C_m, \sim D_2, \ldots, \sim D_n\} \Rightarrow \{D_1\}$$
$$\{C_1, \ldots, C_m, \sim D_3, \ldots, \sim D_n\} \Rightarrow \{D_1, D_2\}$$
$$\vdots$$
$$\{C_1, \ldots, C_m\} \Rightarrow \{D_1, \ldots, D_n\}$$

são deriváveis por aplicações repetidas de (R9*a*).

Uma vez que se vê facilmente que Γ assegura Δ se e somente se $\Gamma \cup \sim\Delta$ é insastisfatível, provar que, se Γ assegura Δ, então $\Gamma \Rightarrow \Delta$ é derivável, que é o que queremos fazer, reduz-se a mostrar que qualquer conjunto consistente é satisfatível. (Pois se Γ assegura Δ, então $\Gamma \cup \sim\Delta$ é insatisfatível e supondo que tivemos êxito em mostrar que seria satisfatível se fosse consistente, segue-se que $\Gamma \cup \sim\Delta$ é inconsistente e assim, pelo lema precedente, $\Gamma \Rightarrow \Delta$ é derivável.) Pelo lema principal do capítulo anterior, para mostrar que todo conjunto consistente é satisfatível, será suficiente mostrar que o conjunto S de todos os conjuntos consistentes tem as propriedades da satisfatibilidade (S0)–(S8). (Pois qualquer conjunto consistente Γ, por definição, pertence a S, e o que o Lema 13.3 nos diz é que se S tem as propriedades da satisfatibilidade, então qualquer elemento de S é satisfatível.) Passamos agora a verificar isso, relembrando os enunciados das propriedades (S0)–(S8) um a um, à medida que demonstramos que S tem essas propriedades.

Consideremos (S0). Isso diz que se Γ está em S e Γ_0 é um subconjunto de Γ, então Γ_0 está em S. Assim, o que precisamos provar é que, se $\Gamma \Rightarrow \emptyset$ não é derivável, e Γ_0 é um subconjunto de Γ, então $\Gamma_0 \Rightarrow \emptyset$ não é derivável. Fazendo a contraposição, isso é equivalente a demonstrar que:

(S0) Se $\Gamma_0 \Rightarrow \emptyset$ é derivável, e Γ_0 é um subconjunto de Γ, então $\Gamma \Rightarrow \emptyset$ é derivável.

Mostramos isso indicando como estender qualquer derivação dada de $\Gamma_0 \Rightarrow \emptyset$ a uma derivação de $\Gamma \Rightarrow \emptyset$. Na verdade, somente mais um passo necessita ser acrescentado, como segue:

$$\vdots$$

$$\Gamma_0 \Rightarrow \emptyset \qquad \text{Dado}$$

$$\Gamma \Rightarrow \emptyset. \qquad \text{(R1)}$$

(Aqui as reticências representam os passos anteriores da derivação hipotética de $\Gamma_0 \Rightarrow \emptyset$.)

Para cada uma de (S1)–(S8), apresentaremos uma reformulação, em forma contrapositiva, daquilo que deve ser provado, e mostraremos então como prová-lo estendendo uma derivação dada a uma derivação do sequente exigido. Primeiro (S1):

(S1) Se A e $\sim A$ estão ambas em Γ, então $\Gamma \Rightarrow \emptyset$ é derivável.

A hipótese pode ser reformulada como dizendo que $\{A, \sim A\}$ é um subconjunto de Γ. Temos então

$$\{A\} \Rightarrow \{A\} \qquad \text{(R0)}$$

$$\{A, \sim A\} \Rightarrow \emptyset \qquad \text{(R2}a\text{)}$$

$$\Gamma \Rightarrow \emptyset. \qquad \text{(R1)}$$

Quanto a (S2), literalmente, isso diz que

(S2) Se $\Gamma \Rightarrow \emptyset$ não é derivável e $\sim\sim B$ está em Γ, então $\Gamma \cup \{B\} \Rightarrow \emptyset$ não é derivável.

Fazendo a contraposição, isso diz que se $\Gamma \cup \{B\} \Rightarrow \emptyset$ é derivável e $\sim\sim B$ está em Γ, então $\Gamma \Rightarrow \emptyset$ é derivável. O que nós realmente mostramos é que, se $\Gamma \cup \{B\} \Rightarrow \emptyset$ é derivável, então, esteja $\sim\sim B$ em Γ ou não, $\Gamma \cup \{\sim\sim B\} \Rightarrow \emptyset$ é derivável. Caso $\sim\sim B$ esteja em Γ, temos que $\Gamma \cup \{\sim\sim B\} = \Gamma$; assim, o que nós realmente mostramos é algo um pouco mais geral do que aquilo de que precisamos:

$$\vdots$$

$$\Gamma \cup \{B\} \Rightarrow \emptyset \qquad \text{Dado}$$

$$\Gamma \Rightarrow \{\sim B\} \qquad \text{(R2}a\text{)}$$

$$\Gamma \cup \{\sim\sim B\} \Rightarrow \emptyset \qquad \text{(R2}b\text{)}$$

Observações análogas aplicam-se a (S3)–(S8) abaixo.

(S3) Se $\Gamma \cup \{B\} \Rightarrow \emptyset$ e $\Gamma \cup \{C\} \Rightarrow \emptyset$ são ambos deriváveis, então $\Gamma \cup \{B \vee C\} \Rightarrow \emptyset$ é derivável.

Aqui nós concatenamos as duas derivações dadas, escrevendo uma depois da outra:

$$\vdots$$

$$\Gamma \cup \{B\} \Rightarrow \emptyset \qquad \text{Dado}$$

$$\vdots$$

$$\Gamma \cup \{C\} \Rightarrow \emptyset \qquad \text{Dado}$$

$$\Gamma \cup \{B \vee C\} \Rightarrow \emptyset \qquad \text{(R4)}$$

(S4) Se $\Gamma \cup \{\sim B\} \Rightarrow \emptyset$ ou $\Gamma \cup \{\sim C\} \Rightarrow \emptyset$ é derivável, então $\Gamma \cup \{\sim(B \vee C)\} \Rightarrow \emptyset$ é derivável.

Os dois casos são *exatamente* iguais, e fazemos apenas o primeiro:

$$\vdots$$

$$\Gamma \cup \{\sim B\} \Rightarrow \emptyset \qquad \text{Dado}$$

$$\Gamma \Rightarrow \{B\} \qquad \text{(R9}a\text{)}$$

$$\Gamma \Rightarrow \{B, C\} \qquad \text{(R1)}$$

$$\Gamma \Rightarrow \{B \vee C\} \qquad \text{(R3)}$$

$$\Gamma \cup \{\sim(B \vee C)\} \Rightarrow \emptyset \qquad \text{(R2}b\text{)}$$

(S5) Se $\Gamma \cup \{B(c)\} \Rightarrow \emptyset$ é derivável, onde c não ocorre em $\Gamma \cup \{\exists x B(x)\}$, então $\Gamma \cup \{\exists x B(x)\} \Rightarrow \emptyset$ é derivável.

$$\vdots$$

$$\Gamma \cup \{B(c)\} \Rightarrow \emptyset \qquad \text{Dado}$$

$$\Gamma \cup \{\exists x B(x)\} \Rightarrow \emptyset. \qquad \text{(R6)}$$

Note que a hipótese de que c não ocorre em Γ ou $\exists x B(x)$ (nem, é claro, em $\emptyset$) significa que as condições laterais para a aplicação apropriada de (R6) são satisfeitas.

(S6) Se $\Gamma \cup \{\sim B(t)\} \Rightarrow \emptyset$ é derivável para algum termo fechado t, então $\Gamma \cup \{\sim\exists x B(x)\} \Rightarrow \emptyset$ é derivável:

$$\vdots$$

$\Gamma \cup \{\sim B(t)\} \Rightarrow \emptyset$	Dado
$\Gamma \Rightarrow \{B(t)\}$	(R9*a*)
$\Gamma \Rightarrow \{\exists x B(x)\}$	(R5)
$\Gamma \cup \{\sim \exists x B(x)\} \Rightarrow \emptyset.$	(R2*b*)

(S7) Se $\Gamma \cup \{t = t\} \Rightarrow \emptyset$ é derivável para algum termo fechado t, então $\Gamma \Rightarrow \emptyset$ é derivável:

$$\vdots$$

$\Gamma \cup \{t = t\} \Rightarrow \emptyset$	Dado
$\Gamma \Rightarrow \emptyset.$	(R7)

(S8) Se $\Gamma \cup \{B(t)\} \Rightarrow \emptyset$ é derivável, então $\Gamma \cup \{B(s), s = t\} \Rightarrow \emptyset$ é derivável:

$$\vdots$$

$\Gamma \cup \{B(t)\} \Rightarrow \emptyset$	Dado
$\Gamma \Rightarrow \{\sim B(t)\}$	(R2*a*)
$\Gamma \cup \{s = t\} \Rightarrow \{\sim B(s)\}$	(R8*a*)
$\Gamma \cup \{s = t, B(s)\} \Rightarrow \emptyset.$	(R9*b*)

Essa verifição conclui a prova da completude.

14.3* Outros procedimentos de prova e a tese de Hilbert

Vários outros procedimentos de prova corretos e completos são conhecidos. Começamos considerando modificações de nosso próprio procedimento que envolvem somente acrescentar ou suprimir algumas regras e, antes de tudo, considerando o resultado de suprimir (R9). O lema a seguir diz que não sentiremos falta dela. A prova desse lema oferece apenas uma amostra dos métodos da *teoria da prova*, um ramo dos estudos lógicos que, fora isso, não será muito explorado neste livro.

14.15 Lema. (Lema da inversão). Usando (R0)–(R8):

(a) Se há uma derivação de $\Gamma \cup \{\sim A\} \Rightarrow \Delta$, então há uma derivação de $\Gamma \Rightarrow \{A\} \cup \Delta$.

(b) Se há uma derivação de $\Gamma \Rightarrow \{\sim A\} \cup \Delta$, então há uma derivação de $\Gamma \cup \{A\} \Rightarrow \Delta$.

Demonstração: As duas partes são provadas analogamente, e faremos somente (a). Um contraexemplo para o lema seria a derivação de um sequente $\Gamma \cup \{\sim A\} \Rightarrow \Delta$ para o qual nenhuma derivação de $\Gamma \Rightarrow \{A\} \cup \Delta$ seja possível. Queremos mostrar que não pode haver nenhum contraexemplo, demonstrando que uma contradição se segue da suposição de que haja um. Agora, se há quaisquer contraexemplos, deve haver entre eles algum que seja tão curto quanto for possível, de modo que nenhuma derivação estritamente mais curta constituiria um contraexemplo. Suponhamos, assim, que $\Gamma \cup \{\sim A\} \Rightarrow \Delta$ seja o sequente derivado nesse contraexemplo mais curto possível. E perguntamos por qual regra o último passo $\Gamma \cup \{\sim A\} \Rightarrow \Delta$ poderia ter sido justificado.

Poderia ter sido (R0)? Se fosse, o contraexemplo seria simplesmente a derivação, em um passo, de $\{\sim A\} \Rightarrow \{\sim A\}$, e teríamos $\Gamma = \emptyset$, $\Delta = \{\sim A\}$. O sequente $\Gamma \Rightarrow \{A\} \cup \Delta$, para o qual supostamente não existe nenhuma derivação, seria então apenas $\Rightarrow \{A, \sim A\}$. Mas *há* uma derivação desse sequente, em dois passos, iniciando com $\{A\} \Rightarrow \{A\}$ por (R0) e prosseguindo para $\Rightarrow \{A, \sim A\}$ por (R2*a*). Assim, (R0) é excluída, e $\Gamma \cup \{\sim A\} \Rightarrow \Delta$ deve ter sido inferido de algum passo ou passos anteriores por alguma das outras regras.

Poderia ter sido (R3)? Se fosse, o contraexemplo seria uma derivação de

$$\Gamma \cup \{\sim A\} \Rightarrow \{(B \vee C)\} \cup \Delta',$$

em que o último passo foi obtido de

$$\Gamma \cup \{\sim A\} \Rightarrow \{B, C\} \cup \Delta'.$$

Mas então, uma vez que a derivação até esse sequente exibido por último é curta demais para ser um contraexemplo, haverá uma derivação de

$$\Gamma \Rightarrow \{A\} \cup \{B, C\} \cup \Delta',$$

e aplicando (R3) podemos então obter

$$\Gamma \Rightarrow \{A\} \cup \{(B \vee C)\} \cup \Delta',$$

que é precisamente o que nós, por suposição, *não* somos capazes de obter no caso de um contraexemplo ao lema. Portanto, (R3) está excluída. Além do mais, todo caso em que $\sim A$ não é uma sentença de entrada fica excluído por razões inteiramente similares.

Restam a ser considerados três casos em que $\sim A$ é uma sentença de entrada. Um caso em que $\sim A$ entra surge quando $\Gamma \cup \{\sim A\} \Rightarrow \Delta$ é obtido por (R1) de $\Gamma' \Rightarrow \Delta'$, onde Γ' é um subconjunto de Γ não contendo $\sim A$ e Δ' é um subconjunto de Δ. Mas nesse caso $\Gamma \Rightarrow \{A\} \cup \Delta$ segue-se igualmente por (R1) de $\Gamma' \Rightarrow \Delta'$, e não temos um contraexemplo.

Se $\sim A$ entra quando $\Gamma \cup \{\sim A\} \Rightarrow \Delta$ é obtido por (R2*b*), a premissa deve ser ou o próprio $\Gamma \Rightarrow \{A\} \cup \Delta$ ou $\Gamma \cup \{\sim A\} \Rightarrow \{A\} \cup \Delta$ e, nesse último caso, uma vez que a derivação da premissa é curta demais para ser um contraexemplo, deve haver uma derivação de $\Gamma \Rightarrow \{A\} \cup \{A\} \cup \Delta$ ou $\Gamma \Rightarrow \{A\} \cup \Delta$, de modo que não temos um contraexemplo.

O outro caso em que $\sim A$ entra surge quando $\sim A$ é da forma $\sim B(s)$ e as últimas linhas da derivação são

$$\Gamma \cup \{\sim B(t)\} \Rightarrow \Delta$$

$$\Gamma \cup \{s = t, \sim B(s)\} \Rightarrow \Delta$$

usando (R8*b*), a que pode ser acrescentado o passo

$$\Gamma \cup \{s = t\} \Rightarrow \{B(s)\} \cup \Delta$$

que segue por (R8*a*), e novamente não temos um contraexemplo.

14.16 Corolário. Qualquer sequente derivável por meio de (R0)–(R9) é, na verdade, derivável usando-se somente (R0)–(R8).

Demonstração: Suponhamos que houvesse um contraexemplo, isto é, uma derivação usando (R0)–(R9) cujo último passo $\Gamma \Rightarrow \Delta$ *não* fosse derivável usando somente (R0)–(R8). Entre todas essas derivações, considere uma derivação Σ que seja tão curta quanto é possível ser para constituir um contraexemplo. $\Gamma \Rightarrow \Delta$ não é da forma $\{A\} \Rightarrow \{A\}$, já que qualquer sequente dessa forma pode ser derivado em um passo por (R0). Assim, em Σ, o sequente $\Gamma \Rightarrow \Delta$ é inferido por (R0)–(R9) de uma ou mais premissas que aparecem como passos anteriores. Uma vez que a derivação até qualquer passo anterior é curta demais para ser um contraexemplo, para cada premissa há uma derivação dela usando somente (R0)–(R8). Se houver somente uma premissa, seja Σ_0 a derivação dela. Se houver mais de uma premissa, seja Σ_0 o resultado de *concatenar* tal derivação para cada premissa, escrevendo uma depois da outra. Em qualquer caso, Σ_0 é uma derivação usando somente (R0)–(R8) que inclui toda e qualquer premissa entre seus passos. Seja Σ' a derivação que resulta do acréscimo de $\Gamma \Rightarrow \Delta$ como um último passo, inferido pela mesma regra que em Σ. Se essa regra for uma de (R0)–(R8), temos uma derivação de $\Gamma \Rightarrow \Delta$ usando somente (R0)–(R8). Se a regra foi (R9*a*), então Δ é da forma $\{A\} \cup \Delta'$, onde temos uma derivação de $\Gamma \cup \{\sim A\} \Rightarrow \Delta'$ usando somente (R0)–(R8). Nesse caso, o lema da inversão nos diz que temos uma derivação de $\Gamma \Rightarrow \Delta$, isto é, de $\Gamma \Rightarrow \{A\} \cup \Delta'$, usando somente (R0)–(R8). Igualmente se a regra for (R9*b*). Assim, em qualquer caso, temos uma derivação de $\Gamma \Rightarrow \Delta$ usando somente (R0)–(R8), e nossa suposição original de que tínhamos um contraexemplo levou a uma contradição, o que completa a prova.

14.17 Corolário. O procedimento de prova consistindo nas regras (R0)–(R8) é correto e completo.

Demonstração: A correção é imediata a partir do teorema de correção para (R0)–(R9), já que suprimir regras não pode tornar incorreto um sistema correto. A completude se segue da completude para (R0)–(R9), juntamente com o corolário anterior.

Em vez de suprimir (R9), poderíamos considerar acrescentar o seguinte:

(R10)
$$\frac{\Gamma \Rightarrow \{(A \rightarrow B)\} \cup \Delta \qquad \Gamma \Rightarrow \{A\} \cup \Delta}{\Gamma \Rightarrow \{B\} \cup \Delta}$$

14.18 Lema. (Teorema da eliminação do corte). Usando (R0)–(R9), se há derivações de $\Gamma \Rightarrow \{(A \rightarrow B)\} \cup \Delta$ e de $\Gamma \Rightarrow \{A\} \cup \Delta$, então há uma derivação de $\Gamma \Rightarrow \{B\} \cup \Delta$.

14.19 Corolário. Qualquer sequente derivável usando-se (R0)–(R10) é, de fato, derivável usando-se somente (R0)–(R9).

14.20 Corolário. O procedimento de prova consistindo nas regras (R0)–(R10) é correto e completo.

Demonstrações: Começamos com o Corolário 14.20. Vê-se facilmente que a regra (R10) é correta, de modo que a correção para (R0)–(R10) se segue do teorema de correção para (R0)–(R9). A completude para (R0)–(R10) segue-se do teorema de completude para (R0)–(R9), uma vez que acrescentar regras não pode tornar incompleto um sistema completo.

Agora o Corolário 14.19 se segue, uma vez que os mesmos sequentes são deriváveis em quaisquer dois procedimentos de prova corretos e completos: pelo Corolário 14.17 um sequente é derivável usando (R0)–(R10) se e somente se for seguro, e pelos Teoremas 14.1 e 14.2 é seguro se e somente se for derivável usando (R0)–(R9).

E agora o Lema 14.18 também se segue, uma vez que, se há derivações de $\Gamma \Rightarrow \{(A \rightarrow B)\} \cup \Delta$ e $\Gamma \Rightarrow \{A\} \cup \Delta$ usando (R0)–(R9), então certamente há uma derivação de $\Gamma \Rightarrow \{B\} \cup \Delta$ usando (R0)–(R10) [a saber, aquela consistindo simplesmente da concatenação das duas derivações dadas e acrescentando-se uma última linha inferindo $\Gamma \Rightarrow \{B\} \cup \Delta$ por (R10)], e pelo Corolário 14.19, isso implica que deve haver uma derivação de $\Gamma \Rightarrow \{B\} \cup \Delta$ usando somente (R0)–(R9).

Note o contraste entre a prova imediatamente acima do lema de eliminação do corte, o Lema 14.18, e a prova anterior do lema da inversão, o Lema 14.15. A prova da inversão é *construtiva*: ela de fato contém instruções implícitas para converter uma derivação de $\Gamma \cup \{\sim A\} \Rightarrow \Delta$ em uma derivação de $\Gamma \Rightarrow \{A\} \cup \Delta$. A prova da eliminação do corte que nós apresentamos é *não construtiva*: ela não dá nenhuma pista sobre como *encontrar* uma derivação de $\Gamma \Rightarrow \{B\} \cup \Delta$ dadas derivações de $\Gamma \Rightarrow \{A\} \cup \Delta$ e de $\Gamma \Rightarrow \{(A \rightarrow B)\} \cup \Delta$, embora prometa que uma tal derivação *existe*.

Uma prova construtiva do corolário, a *prova de Gentzen*, é conhecida, porém, é muito mais complicada que a prova do lema da inversão, e o resultado é: enquanto a derivação de $\Gamma \Rightarrow \{A\} \cup \Delta$ obtida da prova do lema da inversão é aproximadamente do mesmo comprimento que a derivação dada de $\Gamma \cup \{\sim A\} \Rightarrow \Delta$, a derivação de $\Gamma \Rightarrow \{B\} \cup \Delta$ obtida da prova construtiva do corolário precedente pode ser astronomicamente mais longa do que as derivações dadas de $\Gamma \Rightarrow \{(A \rightarrow B)\} \cup \Delta$ e de $\Gamma \Rightarrow \{A\} \cup \Delta$ combinadas.

Sobre suprimir (R9) ou acrescentar (R10), era isso. Poderíamos ainda acrescentar e suprimir muito mais regras. Se um número suficiente de novas regras for acrescentado, algumas de nossas regras originais (R0)–(R8) poderiam então ser suprimidas, uma vez que seu efeito poderia ser obtido usando-se as novas regras. Se admitíssemos oficialmente & e $\forall$, iríamos querer regras para eles, e o acréscimo dessas regras poderia tornar possível suprimir algumas das regras para $\vee$ e $\exists$, se é que não escolheríamos então suprimir $\vee$ e $\exists$ inteiramente de nossa linguagem oficial, tratando-os como abreviações. Analogamente para $\rightarrow$ e $\leftrightarrow$.

Em todas as variações possíveis mencionadas no parágrafo precedente, estivemos assumindo que os objetos básicos seriam ainda sequentes $\Gamma \Rightarrow \Delta$. Mas a variação é possível também a esse respeito. É possível, com a seleção adequada de regras, dar conta de tudo operando *somente* com sequentes da forma $\Gamma \Rightarrow \{D\}$ (caso em que iríamos escrever simplesmente $\Gamma \Rightarrow D$), fazendo da *dedução* a noção central. É até mesmo possível dar-se um jeito operando somente com sequentes da forma $\Gamma \Rightarrow \emptyset$ (caso em que escreveríamos simplesmente Γ), fazendo da *refutação* a noção central. Na verdade, é até mesmo possível dar conta de tudo operando somente com sequentes da forma $\emptyset \Rightarrow \{D\}$ (caso em que escreveríamos simplesmente D), fazendo da *demonstração* a noção central.

Apenas como ilustração, as regras para uma abordagem diferente na qual $\sim$ e $\rightarrow$ e $\forall$ e $=$ são os operadores lógicos oficiais, e na qual operamos somente com sequentes da forma $\Gamma \Rightarrow D$, são listadas na Tabela 14.5.

Tabela 14.5. Regras de uma variante do cálculo de sequentes

Regra	Premissas / Conclusão	Condição
(Q0)	$\dfrac{}{\Gamma \Rightarrow A}$	A em Γ
(Q1)	$\dfrac{\Gamma \Rightarrow A \rightarrow B \quad \Gamma \Rightarrow A}{\Gamma \Rightarrow B}$	
(Q2)	$\dfrac{\Gamma, A \Rightarrow B}{\Gamma \Rightarrow A \rightarrow B}$	
(Q3)	$\dfrac{\Gamma \Rightarrow {\sim}{\sim}A}{\Gamma \Rightarrow A}$	
(Q4)	$\dfrac{\Gamma, A \Rightarrow B \quad \Gamma, A \Rightarrow {\sim}B}{\Gamma \Rightarrow {\sim}A}$	
(Q5)	$\dfrac{\Gamma \Rightarrow \forall x A(x)}{\Gamma \Rightarrow A(t)}$	
(Q6)	$\dfrac{\Gamma \Rightarrow A(c)}{\Gamma \Rightarrow \forall x A(x)}$	c não em Γ ou $A(x)$
(Q7)	$\dfrac{\Gamma \Rightarrow s = t \quad \Gamma \Rightarrow A(s)}{\Gamma \Rightarrow A(t)}$	
(Q8)	$\dfrac{}{\Gamma \Rightarrow t = t}$	

Pode-se provar que essa variante é correta e completa no sentido de que um sequente $\Gamma \Rightarrow D$ pode ser obtido por essas regras se e somente se D for uma consequência de Γ. Apresentamos uma amostra de uma dedução para dar uma ideia de como essas regras funcionam.

14.21 Exemplo. Uma dedução.

(1)	$\sim A \to \sim B, B, \sim A \Rightarrow \sim A \to \sim B$	(Q0), (i)
(2)	$\sim A \to \sim B, B, \sim A \Rightarrow \sim A$	(Q0), (iii)
(3)	$\sim A \to \sim B, B, \sim A \Rightarrow \sim B$	(Q1), (1), (2)
(4)	$\sim A \to \sim B, B, \sim A \Rightarrow B$	(Q0), (ii)
(5)	$\sim A \to \sim B, B \Rightarrow \sim\sim A$	(Q4), (3), (4)
(6)	$\sim A \to \sim B, B \Rightarrow A$	(Q3), (5)
(7)	$\sim A \to \sim B \Rightarrow B \to A$	(Q2), (6)

Os numerais romanos minúsculos (i)–(iii) associados com (Q0) indicam se é a primeira, segunda ou terceira sentença em $\Gamma = \{\sim A \to \sim B, B, \sim A\}$ que está desempenhando o papel de A na regra (Q0).

Além de variantes substantivas tais como as que estivemos discutindo, ainda são possíveis consideráveis variações no *estilo*, e em particular no *layout* tipográfico. Por exemplo, se abrirmos um livro introdutório, pode ser que encontremos algo parecido com o que está na Figura 14.1.

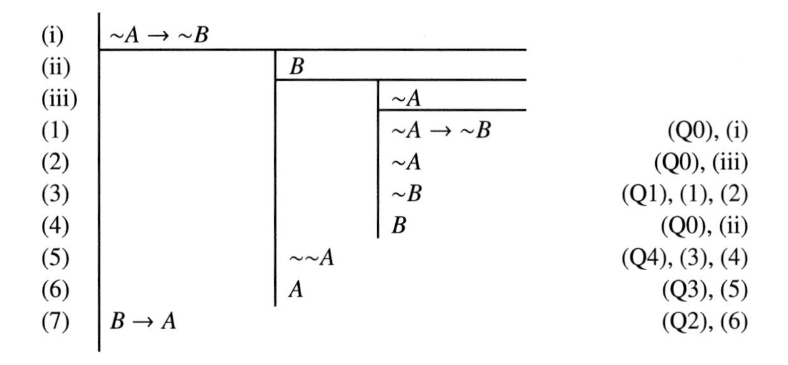

Figura 14.1. Uma 'dedução natural'

O que aparece na Figura 14.1 é realmente o mesmo que aparece no Exemplo 14.21, exibido de maneira diferente. A forma de exibição adotada neste livro, tal como ilustrada no Exemplo 14.21, é pensada tendo em vista a comodidade quando estamos envolvidos no escrever teórico *sobre* deduções. Mas quando estamos envolvidos no escrever prático *de* deduções, como em textos introdutórios, a forma de exibição da Figura 14.1 é mais cômoda, porque envolve uma diminuição no reescrever a mesma fórmula repetidamente. Nas linhas (1)–(7) na Figura 14-1, escrevemos somente a sentença D à direita do sequente $\Gamma \Rightarrow D$ que ocorre na linha correspondente no Exemplo 14.21. Qual das sentenças (i), (ii), ou (iii) ocorre no conjunto Γ à esquerda naquele sequente é indicado pela *posição espacial* em que D é escrita: se é escrita na terceira coluna, todas elas, (i)–(iii), aparecem; se na segunda, somente (i) e (ii) aparecem; se na primeira, somente (i). Coloquialmente, fala-se, às vezes, de deduzir uma conclusão D 'sob' certas hipóteses Γ, mas na forma de exibição ilustrada na Figura 14.1 essa metáfora espacial é tomada bem literalmente.

Entrar numa descrição detalhada das convenções dessa forma de exibição iria nos levar longe demais. Em qualquer caso, pode-se encontrar isso explicado em muitos textos introdutórios. Os exemplos dados devem ser suficientes para estabelecer o que realmente queremos dizer aqui: que aquilo que é substancialmente o mesmo tipo de procedimento pode ser apresentado em muitos estilos diferentes e, de fato, é apropriado que seja assim, dados os diferentes propósitos de textos introdutórios e de livros mais teóricos como este. Apesar da diversidade de abordagens possíveis, o objetivo de qualquer abordagem é estabelecer um sistema de regras com as propriedades de que, se D é dedutível de Γ, então D é uma consequência de Γ (*correção*), e de que, se D é uma consequência de Γ, então D é formalmente dedutível de Γ (*completude*). Claramente, *todos os sistemas de regras que atingem esses objetivos serão equivalentes entre si* no sentido de que D é dedutível de Γ em um sistema se e somente se D é dedutível de Γ no outro sistema. Exceto por uma seção opcional no final do próximo capítulo, não haverá, no restante deste livro, qualquer menção adicional dos detalhes de nosso particular procedimento de prova.

Poderíamos dizer agora algumas palavras sobre a relação entre *qualquer* noção formal – a nossa ou alguma variante – de dedução de uma sentença a partir de um conjunto de sentenças, e a noção, na matemática não formalizada, de prova de um teorema a partir de um conjunto de axiomas. Com efeito, em capítulos posteriores vamos estabelecer resultados sobre o alcance e os limites da dedutibilidade formal cujo interesse depende grandemente de terem algo a ver com uma prova no sentido mais ordinário do termo (exatamente como o interesse dos resultados sobre o alcance e limites da computabilidade em um ou outro sentido formal, discutidos em outros capítulos, depende de terem eles algo a ver com computação em um sentido mais ordinário).

Já mencionamos, ao final do capítulo 10, que teoremas e axiomas na matemática ordinária podem quase sempre ser expressos como sentenças de uma linguagem formal de primeira ordem. Suponhamos que sejam assim expressos. Então, se há uma dedução, no sentido formal do lógico, do teorema a partir dos axiomas, haverá uma prova no sentido ordinário do matemático, porque, como indicado anteriormente, cada regra formal de inferência na definição de dedução corresponde a algum modo ordinário de argumentação tal como usado na matemática e em outros lugares. É a asserção inversa de que, se há uma prova no sentido ordinário, então haverá uma dedução em nosso formato muito restritivo, que bem pode parecer mais problemática. A asserção inversa é algumas vezes chamada a *tese de Hilbert*.

Assim como a noção de 'prova no sentido ordinário' é uma noção intuitiva, e não uma que esteja rigorosamente definida, não pode haver uma prova rigorosa da tese de Hilbert. Antes que fosse descoberto o teorema da completude, uma grande quantidade de evidência de duas espécies já tinha sido obtida em favor dessa tese. Por um lado, os lógicos produziram vastos compêndios de formalizações de provas ordinárias. Por outro lado, tinha sido demonstrado que vários sistemas de dedutibilidade formal independentemente propostos, cada um com a intenção de capturar formalmente a noção ordinária de demonstrabilidade, eram equivalentes entre si, mostrando-se diretamente como converter deduções formais de um formato em deduções formais de outro formato; tal equivalência de propostas originalmente aventadas de maneira independente uma da outra, ainda que não seja o mesmo que uma prova rigorosa de que cada um tenha tido êxito em capturar a noção ordinária de demonstrabilidade, é certamente evidência importante a favor de ambos.

O teorema da completude, contudo, torna possível um argumento muito mais decisivo a favor da tese de Hilbert. O argumento é o seguinte. Suponhamos que haja uma prova, no sentido matemático ordinário, de algum teorema a partir de alguns axiomas. Sendo nós mesmos parte do tempo matemáticos ortodoxos, presumimos que os métodos matemáticos ordinários de prova são corretos e, se isso é assim, então a existência de uma prova matemática ordinária significa que o teorema realmente é uma consequência dos axiomas. Mas se o teorema realmente é uma consequência dos axiomas, então o teorema da completude nos diz que, em concordância com a tese de Hilbert, haverá uma dedução formal do teorema a partir dos axiomas. E quando, em capítulos posteriores, mostrarmos que *não* pode haver nenhuma dedução formal em certas circunstâncias, seguir-se-á que também não pode haver uma prova ordinária.

Problemas

14.1 Mostre que:

(**a**) Γ assegura Δ se e somente se $\Gamma \cup \sim\Delta$ é insatisfatível.

(**b**) Γ assegura Δ se e somente se algum subconjunto finito de Γ assegura algum subconjunto finito de Δ.

14.2 Explique por que os problemas que vêm depois deste tornam-se mais ou menos triviais se nos for permitido recorrer aos teoremas de correção e completude.

A menos que o contrário esteja explicitamente especificado, 'derivável' significa 'derivável usando (R0)–(R8)'. Todas as provas devem ser construtivas, não recorrendo aos teoremas de correção e completude.

14.3 Mostre que, se $\Gamma, A, B \Rightarrow \Delta$ é derivável, então $\Gamma, A \,\&\, B \Rightarrow \Delta$ é derivável.

14.4 Mostre que, se $\Gamma \Rightarrow A, \Delta$ e $\Gamma \Rightarrow B, \Delta$ são deriváveis, então $\Gamma \Rightarrow A \,\&\, B, \Delta$ é derivável.

14.5 Mostre que, se $\Gamma \Rightarrow A(c), \Delta$ é derivável, então $\Gamma \Rightarrow \forall x A(x), \Delta$ é derivável, desde que c não ocorra em Γ, Δ, ou $A(x)$.

14.6 Mostre que, se $\Gamma, A(t) \Rightarrow \Delta$ é derivável, então $\Gamma, \forall x A(x) \Rightarrow \Delta$ é derivável.

14.7 Mostre que $\forall x Fx \,\&\, \forall x Gx$ é dedutível de $\forall x(Fx \,\&\, Gx)$.

14.8 Mostre que $\forall x(Fx \,\&\, Gx)$ é dedutível de $\forall x Fx \,\&\, \forall x Gx$.

14.9 Mostre que a *transitividade da identidade*, $\forall x \forall y \forall z(x = y \,\&\, y = z \to x = z)$, é demonstrável.

14.10 Mostre que, se $\Gamma, A(s) \Rightarrow \Delta$ é derivável, então $\Gamma, s = t, A(t) \Rightarrow \Delta$ é derivável.

14.11 Prove o seguinte *lema para a inversão da disjunção* (*à esquerda*): se há uma derivação de $\Gamma \Rightarrow \{(A \vee B)\} \cup \Delta$ usando as regras (R0)–(R8), então há uma tal derivação de $\Gamma \Rightarrow \{A, B\} \cup \Delta$.

14.12 Prove o seguinte *lema para a inversão da disjunção* (*à direita*): se há uma derivação de $\Gamma \cup \{(A \vee B)\} \Rightarrow \Delta$, então há uma derivação de $\Gamma \cup \{A\} \Rightarrow \Delta$ e há uma derivação de $\Gamma \cup \{B\} \Rightarrow \Delta$.

14.13 Considere acrescentar uma ou outra das regras seguintes a (R0)–(R8):

(R11)
$$\frac{\Gamma \cup \{A\} \Rightarrow \Delta \qquad \Gamma \Rightarrow \{A\} \cup \Delta}{\Gamma \Rightarrow \Delta}$$

(R12)
$$\frac{\Gamma \cup \{(A \vee {\sim}A)\} \Rightarrow \Delta}{\Gamma \Rightarrow \Delta}$$

Mostre que um sequente é derivável com o acréscimo de (R11) se e somente se ele é derivável com o acréscimo de (R12).

15

Aritmetização

Neste capítulo, começamos a reunir nossos estudos de lógica dos últimos capítulos com nossos estudos sobre computabilidade de capítulos anteriores (especificamente, o que vimos sobre funções recursivas nos capítulos 6 e 7). Na seção 15.1, mostramos como podemos 'falar sobre' noções sintáticas, como as de sentença e dedução, em termos de funções recursivas, e chegamos, entre outras, à conclusão de que, uma vez que números de código sejam atribuídos a sentenças de um modo razoável, o conjunto de sentenças válidas é semirrecursivo. Algumas demonstrações ficam adiadas para as seções 15.2 e 15.3. As provas consistem inteiramente em mostrar que certas funções efetivamente computáveis são recursivas. Assim, o que está sendo feito nas duas seções mencionadas é apresentar ainda mais evidência, além daquela acumulada em capítulos anteriores, a favor da tese de Church de que todas *as funções efetivamente computáveis são recursivas. Os leitores que já estiverem satisfeitos com a evidência para a tese de Church podem considerar essas seções como opcionais.*

15.1 Aritmetização da sintaxe

Codificar expressões por meio de números é uma preliminar necessária à aplicação de nossos estudos sobre computabilidade, que diziam respeito a funções sobre números naturais, à lógica, cujos objetos de estudo são expressões de uma linguagem formal. Tal codificação de expressões é denominada uma *numeração de Gödel*. Podemos, então, prosseguir codificando sequências finitas de expressões, bem como objetos ainda mais complicados.

Um conjunto de símbolos, ou expressões, ou objetos mais complicados, pode ser denominado recursivo, em um sentido secundário ou derivado, se e somente se o conjunto de números de código dos elementos do conjunto em questão for recursivo, e analogamente para funções. Oficialmente, uma linguagem é somente um conjunto de símbolos não lógicos, de modo que uma linguagem pode ser denominada recursiva se e somente se o conjunto dos números de código dos símbolos da linguagem for recursivo. No que segue, assumimos tacitamente o tempo todo que as linguagens com que estamos lidando são recursivas: na prática, vamos nos ocupar quase exclusivamente com linguagens *finitas*, as quais são trivialmente recursivas.

Há muitas maneiras razoáveis de codificar sequências finitas, e realmente não importa qual delas escolhemos. Quase tudo o que importa é que, para qualquer escolha razoável, a seguinte função de *concatenação* é recursiva: $s * t$ = o número de código para a sequência consistindo na sequência com número de código s seguida pela sequência com número de código t. Isso é tudo o que é necessário para a prova da próxima proposição, na qual, como em outros locais nesta seção, 'recursiva' poderia, na verdade, ser reforçado para 'recursiva primitiva'.

Para que o leitor tenha algo definido em mente, apresentamos um exemplo de esquema de codificação. Começamos atribuindo números de código a símbolos como na Tabela 15.1.

Tabela 15.1. Números de Gödel de símbolos (primeiro esquema)

Símbolo	(	~	∃	=	v_0	A_0^0	A_0^1	A_0^2	...	f_0^0	f_0^1	f_0^2 ...
	)	∨			v_1	A_1^0	A_1^1	A_1^2	...	f_1^0	f_1^1	f_1^2 ...
	,				v_2	A_2^0	A_2^1	A_2^2	...	f_2^0	f_2^1	f_2^2 ...
					⋮	⋮	⋮	⋮		⋮	⋮	⋮
Código	1	2	3	4	5	6	68	688	...	7	78	788 ...
	19	29			59	69	689	6889	...	79	789	7889 ...
	199				599	699	6899	68899	...	799	7899	78899 ...
					⋮	⋮	⋮	⋮		⋮	⋮	⋮

Assim, para a linguagem da aritmética, **<** ou A_0^2 tem número de código 688, **0** ou f_0^0 tem número de código 7, **′** ou f_0^1 tem número de código 78, **+** ou f_0^2 tem número de código 788, e **·** ou f_1^2 tem número de código 7889. Estendemos então a numeração em código a todas as sequências finitas de símbolos. O princípio é que se a expressão E tem o número de código e e a expressão D tem o número de código d, então a expressão ED obtida pela concatenação delas deve ter o número de código cujo numeral decimal é obtido concatenando-se o numeral decimal para e e o numeral decimal para d. Assim, $(\mathbf{0} = \mathbf{0} \vee \sim\mathbf{0} = \mathbf{0})$, a sequência de símbolos com os números de código

$$1, 7, 4, 7, 29, 2, 7, 4, 7, 19$$

tem numero de código 174 729 274 719.

Em geral, o número de código para a concatenação das expressões com números de código e e d pode ser obtido de e e d como $e * d = e \cdot 10^{\lg(d,10)+1} + d$, onde lg é a função logaritmo do Exemplo 7.11. Pois $\lg(d, 10) + 1$ será a menor potência z tal que $d < 10^z$, ou, em outras palavras, o número de dígitos no numeral decimal para d, e assim o numeral decimal para $e \cdot 10^{\lg(d,10)+1}$ será aquele para e seguido de tantos 0s quanto há dígitos nele para d, e o numeral decimal para $e \cdot 10^{\lg(d,10)+1} + d$ será aquele para e seguido daquele para d.

15.1 Proposição. As operações lógicas de negação, disjunção, quantificação existencial, substituição de ocorrências livres de uma variável por um termo, e assim por diante, são recursivas.

Demonstração: Seja n o número de código para o til, e seja neg a função recursiva definida por $\text{neg}(x) = n * x$. Então, se x é o número de código para uma fórmula, $\text{neg}(x)$ será o número de código para sua negação. (Não nos importamos com o que a função faz com números que *não* são números de código de fórmulas.) Isso é o que se pretende dizer dizendo que a operação de negação é recursiva. Analogamente, se l e d e r são os números de código para o parêntese esquerdo, o sinal de disjunção e o parêntese direito, $\text{disj}(x, y) = l * x * d * y * r$ será o número de código para a disjunção das fórmulas codificadas por x e y. Se e é o número de código para o E espelhado, então $\text{quantex}(v, x) = e * v * x$ será o número de código para a quantificação existencial com respeito à variável com número de código v da fórmula com número de código x. E analogamente para tantas operações lógicas quantas se queira considerar. Por exemplo, se oficialmente a conjunção $(X \& Y)$ é uma abreviação para $\sim(\sim X \vee \sim Y)$, a função conjunção é então a composição $\text{conj}(x, y) = \text{neg}(\text{disj}(\text{neg}(x), \text{neg}(y)))$. O caso da substituição é mais complicado, mas, como não temos necessidade imediata desta operação, adiamos a prova.

Entre os conjuntos de expressões, os mais importantes para nós serão simplesmente os conjuntos de fórmulas e sentenças. Entre os objetos mais complicados, os únicos importantes para nós serão as deduções, em qualquer procedimento de prova razoável que se prefira, seja o nosso do capítulo precedente, seja algum outro de um livro-texto introdutório. Agora, intuitivamente, pode-se decidir efetivamente se uma dada sequência de símbolos é ou não uma fórmula e, caso seja, se é uma sentença. Igualmente, como mencionamos ao introduzir nosso próprio procedimento de prova, pode-se decidir efetivamente se um dado objeto D é uma dedução de uma dada sentença a partir de um dado conjunto finito de sentenças Γ_0. Se Γ é um conjunto *infinito* de sentenças, então uma dedução de D a partir de Γ é simplesmente uma dedução de D a partir de algum subconjunto finito de Γ e, *contanto que se possa decidir efetivamente se uma dada sentença C pertence a* Γ e, logo, que se possa efetivamente decidir se um dado conjunto finito Γ_0 é um subconjunto de Γ, pode-se também efetivamente decidir se um dado objeto é uma dedução de D a partir de Γ. A tese de Church implica, então, o seguinte:

15.2 Proposição. Os conjuntos de fórmulas e de sentenças são recursivos.

15.3 Proposição. Se Γ é um conjunto recursivo de sentenças, então a relação 'Σ é uma dedução da sentença D a partir de Γ' é recursiva.

Coletivamente, as Proposições 15.1–15.3 (e os vários lemas e corolários que as acompanham) são referidos pelo título imponente no topo desta seção. Antes de nos ocuparmos com as provas dessas proposições, mencionemos algumas de suas consequências.

15.4 Corolário. O conjunto de sentenças dedutível de um dado conjunto recursivo de sentenças é semirrecursivo.

Demonstração: O que se quer dizer com isso é que o conjunto de *números de código* de sentenças dedutíveis de um dado conjunto recursivo é semirrecursivo. Para provar isso, aplicamos a Proposição 15.3. O que se quer dizer pelo enunciado daquela proposição é que, se Γ é recursivo, então a relação

$$Rsd \quad \leftrightarrow \quad d \text{ é o número de código de uma sentença e } s \text{ é o número de código de uma dedução dela a partir de } \Gamma$$

é recursiva. E então o conjunto S de números de código de sentenças dedutíveis de Γ, sendo dado por $Sd \leftrightarrow \exists s\, Rsd$, será semirrecursivo.

15.5 Corolário. (Teorema de completude de Gödel, forma abstrata). O conjunto de sentenças válidas é semirrecursivo.

Demonstração: Pelo teorema de (correção e) completude de Gödel, o conjunto de sentenças válidas é o mesmo que o conjunto de sentenças demonstráveis, isto é, o conjunto de sentenças dedutíveis de $\Gamma = \emptyset$. Uma vez que o conjunto vazio $\emptyset$ é certamente recursivo, segue-se do corolário anterior que o conjunto de sentenças válidas é semirrecursivo.

O corolário precedente enuncia tanto do conteúdo do teorema de completude de Gödel quanto é possível enunciar sem mencionar qualquer procedimento de prova em particular. O próximo corolário é mais técnico, mas será útil em breve.

15.6 Corolário. Seja Γ um conjunto recursivo de sentenças na linguagem da aritmética, e $D(x)$ uma fórmula dessa linguagem. então

(**a**) O conjunto dos números naturais n tais que $D(\mathbf{n})$ é dedutível de Γ é semirrecursivo.
(**b**) O conjunto dos números naturais n tais que $\sim D(\mathbf{n})$ é dedutível de Γ é semirrecursivo.
(**c**) Se, para todo n, ou $D(\mathbf{n})$ ou $\sim D(\mathbf{n})$ é dedutível de Γ, então o conjunto dos n tais que $D(\mathbf{n})$ é dedutível de Γ é recursivo.

Demonstração: Para (a), nós realmente mostramos que o conjunto R de pares (d, n) tais que d é o número de código para uma fórmula $D(x)$ e $D(\mathbf{n})$ é dedutível de Γ é semirrecursivo. Segue-se imediatamente, para qualquer $D(x)$ fixado, com número de código d, que o conjunto dos n tais que $D(\mathbf{n})$ é dedutível de Γ é semirrecursivo, uma vez que é simplesmente o conjuntos dos n tais que Rdn. Para evitar a necessidade de considerar a subsituição das ocorrências livres de uma variável por um termo (a única operação mencionada na Proposição 15.1 a prova de cuja recursividade nós adiamos), note primeiro que, para qualquer n, $D(\mathbf{n})$ e $\exists x(x = \mathbf{n} \,\&\, D(x))$ são logicamente equivalentes, e uma é consequência ou, equivalentemente, é dedutível de Γ se e somente se a outra o for. Note agora que a função que leva um número n no número de código num(n) para o numeral $\mathbf{n}$ é recursiva (primitiva), pois, recordando que, oficialmente, s' é $'(s)$, nós temos

$$\mathrm{num}(0) = z \qquad \mathrm{num}(n') = a * b * \mathrm{num}(n) * c,$$

onde z é o número de código para o algarismo $\mathbf{0}$ e a, b e c são os números de código para a plica e os parênteses esquerdo e direito. A função f que leva o número de código d para uma fórmula $D(x)$ e um número n no número de código para $\exists x(x = \mathbf{n} \,\&\, D(x))$ é recursiva em consequência da Proposição 15.1, já que temos

$$f(d, n) = \mathrm{quantex}(v, \mathrm{conj}(i * b * v * k * \mathrm{num}(n) * c), d),$$

em que v é o número de código para a variável, i para o sinal de igualdade e k para a vírgula. O conjunto S de números de código de sentenças que são dedutíveis de Γ é semirrecursivo pelo Corolário 15.3. O conjunto R de pares é dado então por

$$R(d, n) \leftrightarrow S(f(d, n)).$$

Em outras palavras, R é obtida do conjunto semirrecursivo S empregando-se substituição pela função recursiva f, o que implica que o próprio R é semirrecursivo.

Quanto a (b), nós realmente mostramos que o conjunto Q de pares (d, n) tais que d é o número de código para uma fórmula $D(x)$ e $\sim D(\mathbf{n})$ é dedutível de Γ é semirrecursivo. Na verdade, com R como na parte (a), temos

$$Q(d, n) \leftrightarrow R(\mathrm{neg}(d), n).$$

Assim, Q é obtido do conjunto semirrecursivo R usando-se substituição pela função recursiva total neg, o que implica que o próprio Q é semirrecursivo.

Obviamente, não há nada de especial aqui sobre a negação em oposição a outras construções lógicas. Por exemplo, na linguagem da aritmética, poderíamos considerar a operação que leva $D(x)$ não em $\sim D(x)$, mas em, digamos,

$$D(x) \,\&\, \sim\exists y < x\, D(y),$$

e uma vez que a função relevante sobre números de código ainda seria, como neg, recursiva em consequência da Proposição 15.1, assim o conjunto de pares (d, n) tais que

$$D(\mathbf{n}) \,\&\, \sim\exists y < \mathbf{n}\, D(y)$$

é dedutível de Γ também é semirrecursivo. Não vamos nos deter, contudo, para tentar encontrar a formulação mais geral desse corolário.

Quanto a (c), se, para qualquer n, tanto $D(\mathbf{n})$ e $\sim D(\mathbf{n})$ são dedutíveis de Γ, então *toda* fórmula é dedutível de Γ, e o conjunto dos n tais que $D(\mathbf{n})$ é dedutível de Γ é simplesmente o conjunto de *todos* os números naturais, o qual certamente é recursivo. Caso contrário, na suposição de que, para todo n, ou $D(\mathbf{n})$ ou $\sim D(\mathbf{n})$ é dedutível de Γ, o conjunto de n para os quais $D(\mathbf{n})$ é dedutível e o conjunto dos n para os quais $\sim D(\mathbf{n})$ é dedutível são complementares. Então (c) segue-se de (a) e (b) pelo teorema de Kleene (Proposição 7.16).

Há mais um corolário que vale a pena registrar; contudo, antes de enunciá-lo, introduziremos alguma terminologia tradicional. Usamos 'Γ *prova* D', escrito $\Gamma \vdash D$ ou $\vdash_D \Gamma$, intercambiavelmente com 'D é dedutível de Γ'. Denominamos as sentenças provadas por Γ *teoremas* de Γ. Empregamos a palavra *teoria* para significar um conjunto de sentenças *que contém todas as sentenças de sua linguagem que são demonstráveis a partir dele*. Assim, os teoremas de uma teoria T são precisamente as sentenças em T, e $\vdash_T B$ e $B \in T$ são duas maneiras de escrever a mesma coisa.

Note que não exigimos que qualquer subconjunto de uma teoria T seja selecionado entre outros como 'axiomas'. Se *há* um conjunto recursivo Γ de sentenças tais que T consiste em todas e somente aquelas sentenças demonstráveis a partir de Γ, dizemos que T é *axiomatizável*. Se o conjunto Γ é finito, dizemos que T é finitamente axiomatizável. Já definimos um conjunto Γ de sentenças como *completo* se, para toda sentença B de sua linguagem, ou B ou $\sim B$ é uma consequência do conjunto Γ, ou, equivalentemente, é demonstrável a partir de Γ. Note que para uma *teoria* T, T é completa se e somente se, para toda sentença B de sua linguagem, ou B ou $\sim B$ está em T. Analogamente, um conjunto Γ é *consistente* se nem toda sentença é uma consequência de Γ, de modo que uma *teoria* T é consistente se nem toda sentença de sua linguagem está em T. Um conjunto Γ de sentenças é *decidível* se o conjunto de sentenças de sua linguagem que são consequências de Γ, ou, equivalentemente, são provadas por Γ, é recursivo. Note que para uma *teoria* T, T é decidível se e somente se T é recursiva. Essa terminologia já é utilizada na formulação nosso próximo resultado.

15.7 Corolário. Seja T uma teoria axiomatizável. Se T é completa, então T é decidível.

Demonstração: Durante esta prova, 'sentença' significa 'sentença da linguagem de T'. A hipótese de que T é uma teoria axiomatizável significa que T é o conjunto de sentenças demonstráveis de algum conjunto recursivo de sentenças Γ. Escrevemos T^* para o conjunto dos *números de código de* teoremas de T. Pelo Corolário 15.4, T^* é semirrecursivo. Para mostrar que T é decidível, precisamos mostrar que T^* é, de fato, recursivo. Pela Proposição 15.2, T^* será recursivo se for simplesmente o conjunto de *todos* os números de código de sentenças; assim, consideremos o caso em que isso não é assim, isto é, quando nem toda sentença é um teorema de T. Uma vez que todas as sentenças *seriam* teoremas de T se, para uma sentença D qualquer, ocorresse que tanto D quanto $\sim D$ são teoremas de T, tal coisa não pode acontecer para nenhuma sentença D. Por outro lado, a hipótese de que T é completa significa que, para toda sentença D, pelo menos uma de D e $\sim D$ é um teorema de T. Logo, o complemento de T^* é a união do conjunto X daqueles números n que não são números de código de sentenças e do conjunto Y de números de código de sentenças cujas negações são teoremas de T, ou, em outras palavras, o conjunto dos n tais que neg(n) está em T^*. X é recursivo pela Proposição 15.2. Y é semirrecursivo, já que pode ser obtido usando-se substituição pela função recursiva total neg no conjunto semirrecursivo T^*. Assim, o complemento de T^* é semirrecursivo, como era o próprio T^*. Que T^* é recursivo segue-se pelo teorema de Kleene (Proposição 7.16).

Resta 'apenas' demonstrar as Proposições 15.2 e 15.3. Ao demonstrá-las, estaremos mais uma vez apresentando evidências para a tese de Church: estaremos, mais uma vez, mostrando que certos conjuntos e funções que devem ser recursivos se a tese de Church estiver correta são, de fato, recursivos. Muitos leitores poderão sentir que, a este ponto, já viram evidência que chega, e tais leitores podem estar dispostos a simplesmente confiar daqui em diante na tese de Church. Há muito a ser dito em favor de uma tal atitude, especialmente desde que dar as provas dessas proposições requer entrar em detalhes sobre a numeração de Gödel, o esquema de codificação de sequências etc., que até agora evitamos em grande parte; e é muito fácil atolar-se em tais detalhes e perder de visão os temas mais abrangentes. (Há um potencial sério para problemas de tipo árvores-floresta, por assim dizer.) Leitores que compartilham a atitude descrita são, portanto, convidados a adiar *sine die* a leitura das demonstrações que perfazem o resto deste capítulo. A seção 15.2 ocupa-se da Proposição 15.2 (bem como da cláusula adiada da Proposição 15.1), ao passo que a seção 15.3 refere-se à Proposição 15.3.

15.2* Números de Gödel

Queremos, a seguir, indicar a prova da Proposição 15.2 (indicando também, mas não tão completamente, a prova daquela cláusula da Proposição 15.1 que fora adiada, sobre a operação de substituir as ocorrências livres de uma variável em uma fórmula por um termo). A numeração de Gödel que apresentamos, como um exemplo, logo no início deste capítulo não é, de fato, uma com a qual seja especialmente conveniente trabalhar aqui, principalmente porque não é tão fácil mostrar que certas funções, como a que dá o comprimento (isto é, o número de símbolos) da expressão que tem um dado número de código, são recursivas primitivas. Um modo alternativo de atribuir números de código a expressões começa atribuindo números de código aos símbolos, como na Tabela 15.2.

Assim, para a linguagem da aritmética, $<$ ou A_0^2 tem o número de código $2^2 \cdot 3^2 \cdot 5^0 = 4 \cdot 9 = 36$, $\mathbf{0}$ ou f_0^0 tem o número de código $2^3 \cdot 3^0 \cdot 5^0 = 8$, $'$ ou f_0^1 tem o número de código $2^3 \cdot 3^1 \cdot 5^0 = 8 \cdot 3 = 24$, $+$ ou f_0^2 tem o número de

Tabela 15.2. Números de Gödel de símbolos (segundo esquema)

Símbolo	(	)	,	$\sim$	$\vee$	$\exists$	$=$	v_i	A_i^n	f_i^n
Código	1	3	5	7	9	11	13	$2 \cdot 5^i$	$2^2 \cdot 3^n \cdot 5^i$	$2^3 \cdot 3^n \cdot 5^i$

código $2^3 \cdot 3^2 \cdot 5^0 = 8 \cdot 9 = 72$, e, analogamente, $\cdot$ tem o número de código 360. Estendemos, então, a numeração de código a todas as sequências finitas de símbolos, atribuindo a uma expressão E consistindo em uma sequência de símbolos $S_1 S_2 \cdots S_n$ o número de código $\#(E)$ para a sequência $(|S_1|, |S_2|, \ldots, |S_n|)$ de acordo com o esquema para codificar sequências finitas de números por números isolados, com base na decomposição em números primos. [Ao contrário do esquema anterior, precisamos distinguir, no caso de expressões que consistem em um único símbolo S, o número de código $\#(S)$ de S *qua* expressão do número de código $|S|$ de S *qua* símbolo. Em geral, o número de código para uma sequência (n) de um só termo é $2 \cdot 3^n$, de modo que obtemos $\#(S) = 2 \cdot 3^{|S|}$.] Assim, o número de código para a sentença $\mathbf{0} = \mathbf{0}$ que escrevemos, a qual oficialmente é $=(\mathbf{0}, \mathbf{0})$, é o número para $(13, 1, 8, 5, 8, 3)$, que é $2^6 \cdot 3^{13} \cdot 5 \cdot 7^8 \cdot 11^5 \cdot 13^8 \cdot 17^3$. Esse é um número com mais de 50 dígitos. Felizmente, nossa preocupação será apenas com que espécies de cálculos poderiam, em princípio, ser efetuados com números grandes como esses, e não com efetuar tais cálculos na prática.

O cálculo do comprimento cmp(e) da expressão com número de código e é particularmente simples nesse esquema, uma vez que cmp(e) = lo(e, 2), em que lo é a função logaritmo do Exemplo 7.11, ou, em outras palavras, o expoente no número primo 2 na decomposição prima de e. O que não é tão simples de expressar como funções recursivas primitivas, nesse esquema de codificação, são certas funções como aquela que dá o número de código para a concatenação de expressões com dois números de código dados. Contudo, embora possa não ser tão fácil demonstrar que tais funções são recursivas primitivas, *foi* demonstrado no capítulo 7 que elas são. Sabemos, em virtude de nossos estudos nesse capítulo, que, além da função concatenação $*$, várias outras funções *criptográficas* ou relacionadas a códigos são recursivas primitivas. Escrevendo $\#(\sigma)$ para o número de código de uma sequência σ, e §(s) para a sequência com número de código s, listamos essas funções na Tabela 15.3.

Objetos mais complicados, tais como sequências finitas ou conjuntos finitos de expressões, podem também receber números de código. Um número de código para uma sequência finita de expressões é simplesmente um número de código para uma sequência finita de números naturais, cujos elementos são eles próprios, por sua vez, números de código para expressões. Como um número de código para um *conjunto* finito de expressões, podemos tomar o número de có-

Tabela 15.3. Funções criptográficas

cmp(s)	= o comprimento de §(s)
el(s, i)	= o i-ésimo elemento de §(s)
ult(s)	= o último elemento de §(s)
ext(s, a)	= #(§(s) com a acrecentado no final)
pre(a, s)	= #(§(s) com a acrecentado no início)
sub(s, c, d)	= #(§(s) com c substituído em toda a parte por d)

digo para a sequência finita de expressões que listam os elementos do conjunto (sem repetições) *em ordem de número de código crescente*. Isso significa que um número de código de um conjunto finito de expressões será um número de código para uma sequência finita de expressões *cujos elementos estão aumentando*, em que os elementos posteriores são maiores que os anteriores. Uma virtude dessa codificação é que relações como 'a expressão com o número de código i pertence ao conjunto com número de código s' serão todas definíveis de modo simples em termos das funções criptográficas e, portanto, são recursivas. (A primeira equivale a 'i é um elemento da sequência codificada por s', e a segunda equivale a 'todo elemento da sequência codificada por t é um elemento da sequência codificada por s'.) Analogamente, a codificação pode ser estendida para sequências finitas ou conjuntos finitos de sequências finitas ou de conjuntos finitos, e assim por diante.

No que concerne a demonstrar a Proposição 15.2, a primeira coisa a observar é que relações unárias e binárias como as dadas por 'a é o número de código de um predicado' e 'a é o número de código de um predicado n-ário' são recursivas primitivas. Com efeito, a primeira é equivalente à existência de n e i tais que $a = 2^2 \cdot 3^n \cdot 5^i$, e a última é equivalente à existência de i tal que $a = 2^2 \cdot 3^n \cdot 5^i$. A função f dada por $f(n, i) = 2^2 \cdot 3^n \cdot 5^i$ é recursiva primitiva, sendo uma composição de exponenciação, multiplicação e a função constante com valores 2^2, 3, e 5. Assim, a relação '$a = 2^2 \cdot 3^n \cdot 5^i$' é recursiva primitiva, sendo o gráfico '$a = f(n, i)$'. As duas relações de interesse são obtidas da relação '$a = 2^2 \cdot 3^n \cdot 5^i$' por quantificação existencial e, em cada caso, podemos considerar que os quantificadores são *limitados*, já que, se $a = 2^2 \cdot 3^n \cdot 5^i$, então certamente n e i são menores que a. Assim, a primeira condição equivale a $\exists n < a\, \exists i < a\, (a = 2^2 \cdot 3^n \cdot 5^i)$, e a segunda a $\exists i < a\, (a = 2^2 \cdot 3^n \cdot 5^i)$.

Observações similares aplicam-se a 'a codifica uma variável', 'a codifica um símbolo funcional', e 'a codifica uma constante (isto é, um símbolo funcional zero-ário)', 'a codifica um símbolo funcional n-ário', e 'a codifica um termo atômico (isto é, uma variável ou uma constante)'. Todas essas nos dão relações recursivas primitivas. Se estamos interessados somente em fórmulas e sentenças de alguma linguagem L menor que a linguagem completa contendo todos os símbolos não lógicos, temos que acrescentar cláusulas 'e a está em L' a nossas várias definições dos itens que acabamos de listar. Contanto que L ainda seja recursiva primitiva, e em particular se L for finita, as relações que acabamos de listar ainda serão recursivas primitivas. (Se L é apenas recursiva e não recursiva primitiva, temos que mudar 'recursiva primitiva' para 'recursiva' tanto aqui como mais adiante.)

Considerando somente o caso sem identidade e símbolos funcionais, a relação dada por 's codifica uma fórmula atômica' é também recursiva primitiva, podendo ser obtida por operações simples (a saber, substituição, conjunção e quantificações universais limitadas) das relações mencionadas no parágrafo anterior e dos gráficos das funções recursivas primitivas de algumas das funções criptográficas listadas anteriormente. Especificamente, s codifica uma fórmula atômica se e somente se há um n menor que $\text{cmp}(s)$ tal que vale o seguinte:

> $\text{cmp}(s) = 2n + 2$, e
>
> $\text{el}(s, 0)$ é o número de código para um predicado n-ário, e
>
> $\text{el}(s, 1) = 1$ (o número de código para um parêntese esquerdo), e
>
> para todo i com $1 < i < \text{cmp}(s) - 1$:
>
> > se i é ímpar então $\text{el}(s, i) = 5$ (o número de código para uma vírgula), e
> >
> > se i é par então $\text{el}(s, i)$ é o número de código para um termo atômico, e
>
> $\text{ult}(s) = 3$ (o número de código para um parêntese direito).

Agora, s é o número de código de uma fórmula S se e somente se há algum r que é o número de código para uma sequência de formação para S. Em geral, a relação dada por 'r é o número de código de uma sequência de formação para uma fórmula com número de código s' é recursiva primitiva, uma vez que essa relação vale se e somente se vale o seguinte:

> Para todo $j < \text{cmp}(r)$ ou:
>
> > $\text{el}(r, j)$ é o número de código para uma sentença atômica, ou
> >
> > para algum $k < j$,
> >
> > > $\text{el}(r, j) = \text{neg}(\text{el}(r, k))$, ou
> >
> > para algum $k_1 < j$ e algum $k_2 < j$,
> >
> > > $\text{el}(r, j) = \text{disj}(\text{el}(r, k_1), \text{el}(r, k_2))$, ou
> >
> > para algum $k < j$ e algum $i < \text{el}(r, j)$,
> >
> > $\text{el}(r, j) = \text{quantex}(2 \cdot 5^i, \text{el}(r, k))$
>
> e $\text{ult}(r) = s$.

Aqui neg, disj e quantex são como na prova da Proposição 15.1.

Podemos dar um limite superior aproximado para o número de código de uma sequência de formação, já que sabemos (dos problemas no final do capítulo 9) que se S é uma fórmula – isto é, se S tem alguma sequência de formação – então S tem uma sequência de formação em que toda linha é uma subcadeia de S, e o número de linhas é menor do que o comprimento de S. Assim, se há alguma sequência de formação para s, tal que $n = \text{cmp}(s)$, haverá uma sequência de formação para s cujo comprimento não é maior do que n na qual cada elemento é de tamanho não maior do que s. O número de código para uma tal sequência de formação será, portanto, menor que o número de código para uma sequência de comprimento n cujos elementos todos são s, que seria $2^n \cdot 3^s \cdot \cdots \cdot \pi(n)^s$, onde $\pi(n)$ é o n-ésimo primo, e isso é menor que $\pi(n)^{s(n+1)}$. Assim, há uma função recursiva primitiva g, a saber, aquela dada por $g(x) = \pi(\text{cmp}(x))^{x[\text{cmp}(x)+1]}$, tal que se s é o número de código para alguma fórmula, então há um $r < g(s)$ tal que r é um número de código para uma sequência de formação para aquela fórmula. Em outras palavras, a relação dada por 's é o número de código para uma fórmula' pode ser obtida por quantificação limitada a partir de uma relação que mostramos, no parágrafo precedente, que é recursiva primitiva: $\exists r < g(s)$(r codifica uma sequência de formação para s). Assim, a relação 's é o número de código de uma fórmula' é, ela própria, recursiva primitiva.

Para definir a propriedade de ser uma sentença, precisamos ser capazes de verificar quais ocorrências de variáveis em uma fórmula são ligadas e quais são livres. Isso é também o que é preciso para definir aquela única operação na Proposição 15.1 cuja prova nós adiamos, substituição das ocorrências *livres* de uma variável em uma fórmula por um termo. Não é a própria substituição que é o problema aqui, mas reconhecer quais ocorrências da variável devem ser substituídas e quais não. A relação 's codifica uma fórmula e o e-ésimo símbolo nela é uma ocorrência livre da d-ésima variável' vale se e somente se

> s codifica uma fórmula e $\text{el}(s, e) = 2 \cdot 5^d$ e
>
> para nenhum $t, u, v, w < s$ é o caso que
>
> > $s = t * v * w$ e $\text{cmp}(t) < e$ e $e < \text{cmp}(t) + \text{cmp}(v)$ e
> >
> > u codifica uma fórmula e $v = \text{quantex}(2 \cdot 5^d, u)$.

Com efeito, a primeira cláusula diz que s codifica uma fórmula e o e-ésimo símbolo nela é a d-ésima variável, enquanto a segunda cláusula diz que o e-ésimo símbolo não ocorre dentro de nenhuma subsequência v da fórmula que seja, ela própria, uma fórmula começando com uma quantificação da d-ésima variável. Essa relação é recursiva primitiva. Uma vez que a relação 's codifica uma sentença' é, então, simplesmente

> s codifica uma fórmula e
>
> para nenhum $d, e < s$ o e-ésimo símbolo nela é uma ocorrência livre da d-ésima variável,

ela também é recursiva primitiva, como afirmado.

Isso tudo no que se refere à prova no caso em que identidade e símbolos funcionais estão ausentes. Se a identidade está presente, mas não símbolos funcionais, a definição de fórmula atômica será a disjunção da cláusula acima, tratando de fórmulas atômicas envolvendo um predicado não lógico, com uma segunda cláusula, análoga, mas mais simples, tratando de fórmulas atômicas envolvendo o predicado lógico de identidade. Se símbolos funcionais estiverem presentes, será necessário dar definições preliminares de *sequência de formação de termo* e *termo*. A definição para sequência de formação de termo terá quase a mesma forma geral que a definição acima de sequência de formação; a definição de termo será obtida dela por quantificação existencial limitada. Omitimos os detalhes.

15.3* Mais números de Gödel

Apresentamos a demonstração da Proposição 15.3 para o procedimento de prova utilizado no capítulo anterior somente em linhas gerais. Algo semelhante pode ser feito para qualquer procedimento de prova razoável, embora os detalhes sejam diferentes.

Já indicamos como conjuntos de sentenças devem ser codificados: s é um código de um conjunto de sentenças se e somente se s é um código de uma sequência e, para todo $i < \text{cmp}(s)$, $\text{el}(s, i)$ é o código de uma sentença e, além disso, para todo $j < i$, $\text{el}(s, j) < \text{el}(s, i)$. Segue-se que o conjunto desses códigos é recursivo primitivo. Uma derivação, na abordagem que utilizamos no último capítulo, é uma sequência de sequentes $\Gamma_1 \Rightarrow \Delta_1, \Gamma_2 \Rightarrow \Delta_2$ etc., sujeita a certas condições. Deixando por enquanto de lado as condições, uma sequência de sequentes pode ser codificada de maneira mais conveniente por um código para $(c_1, d_1, c_2, d_2, \ldots)$, em que c_i codifica Γ_i e d_i codifica Δ_i. O conjunto de tais códigos é, mais uma vez, recursivo primitivo. A sequência de sequentes codificada pelo código para $(c_1, d_1, \ldots, c_n, d_n)$ será uma dedução da sentença D a partir do conjunto Γ se e somente se: primeiro, a sequência de sequentes codificada é uma derivação; e segundo, c_n codifica uma sequência cujos elementos são todos códigos de sentenças em Γ, e d_n codifica a sequência de comprimento 1 cujo único elemento é o código para D. Assumindo que Γ é recursivo, a segunda condição aqui define uma relação recursiva.

A primeira condição define um conjunto recursivo primitivo, e a questão toda resume-se a provar isso. Ora, a sequência de sequentes codificada por um código para $(c_1, d_1, \ldots, c_n, d_n)$ será uma derivação se, para cada $i \leq n$, a presença de c_i e d_i é justificada pela presença de zero, um ou mais pares anteriores, tais que o sequente $\Gamma_i \Rightarrow \Delta_i$, codificado por c_i e d_i, segue-se dos sequentes $\Gamma_j \Rightarrow \Delta_j$, codificados por esses c_j e d_j que são anteriores, de acordo com algum regra. Em geral, a definição de codificar uma derivação parecer-se-á com a definição de codificar uma sequência de formação, onde a presença de algum código para uma expressão deve ser justificada pela presença de zero, um ou mais códigos anteriores para expressões das quais a expressão dada 'se segue' por uma ou outra 'regra' de formação. As regras de formação são apenas as regras: a regra de zero 'premissas', permitindo que fórmulas atômicas apareçam; a regra de uma 'premissa', permitindo que uma negação seja 'inferida' da expressão que ela nega; a regra de duas 'premissas', permitindo que uma disjunção seja 'inferida' das duas expressões da qual é uma disjunção – e assim por diante. Relações recursivas primitivas são definidas dessa forma geral, desde que as regras individuais nelas o façam.

Assim, retornando às derivações, examinemos uma regra típica de uma premissa. (A regra de zero premissas seria um pouco mais simples; uma regra de duas premissas, um pouco mais complicada.) Tomemos

$$\text{(R2}a\text{)} \qquad \frac{\Gamma \cup \{A\} \Rightarrow \Delta}{\Gamma \Rightarrow \{\sim A\} \cup \Delta}.$$

A relação que precisamos mostrar ser recursiva primitiva é a relação 'e e f codificam um sequente que se segue de um sequente codificado por c e d de acordo com (R2a)'. Mas isso pode ser definido como segue:

c, d, e, f codificam conjuntos de fórmulas, e $\exists a < \text{cmp}(c)\, \exists b < \text{cmp}(f)$

$\text{el}(f, b) = \text{neg}(\text{el}(c, a))$, e

$\forall i < \text{cmp}(c)\ (i = a$ ou $\exists j < \text{cmp}(e)\, \text{el}(c, i) = \text{el}(e, j))$, e

$\forall i < \text{cmp}(e)\ \exists j < \text{cmp}(c)\ \text{el}(e, i) = \text{el}(c, j)$, e

$\forall i < \text{cmp}(d)\ \exists j < \text{cmp}(f)\ \text{el}(d, i) = \text{el}(f, j)$, e

$\forall i < \text{cmp}(f)\ (i = b$ ou $\exists j < \text{cmp}(d)\, \text{el}(f, i) = \text{el}(d, j))$.

Aqui as quatro últimas cláusulas apenas dizem que a única diferença entre os conjuntos codificados por c e e é a presença da sentença A codificada por $\text{el}(c, a)$ na primeira, e a única diferença entre os conjuntos codificados por d e f é a presença da sentença B codificada por $\text{el}(f, b)$ na última. A segunda cláusula diz-nos que $B = \sim A$. Isso é uma relação recursiva primitiva, dado que sabemos que neg é uma função recursiva primitiva.

Para fornecer uma prova completa, cada uma das regras teria que ser analisada dessa maneira. Em geral, as análises seriam muito semelhantes, com a diferença principal nas segundas cláusulas, enunciando como são relacionadas as sentenças 'de entrada' e 'de saída'. No caso que acabamos de examinar, a relação é muito simples: uma sentença é a negação da outra. No caso de algumas outras regras, precisaríamos saber que a função que leva a fórmula $B(x)$ e um termo fechado t no resultado $B(t)$ de substituir todas as ocorrências livres de x por t é recursiva, ou melhor, que a função correspondente nos códigos o é. Omitimos os detalhes.

Problemas

15.1 No primeiro esquema de codificação considerado neste capítulo, mostre que o *comprimento* da, ou número de símbolos na, expressão com número de código e pode ser obtida por uma função recursiva primitiva de e.

15.2 Seja Γ um conjunto de sentenças, e T o conjunto de sentenças na linguagem de Γ que são dedutíveis de Γ. Mostre que T é uma teoria.

15.3 Suponha que uma teoria axiomatizável T tenha somente modelos infinitos. Se T tiver somente uma classe de isomorfismo de modelos denumeráveis, sabemos que ela é completa pelo Corolário 12.17, e decidível pelo Corolário 15.7. Mas suponha que T *não* é completa, embora tenha somente *duas* classes de isomorfismo de modelos denumeráveis. Mostre que T ainda é decidível.

15.4 Dê exemplos de teorias que sejam decidíveis, embora não completas.

15.5 Suponha que $A_1, A_2, A_3, \ldots$ sejam sentenças tais que nenhum A_n é demonstrável a partir da conjunção dos A_m para $m < n$. Seja T a teoria consistindo em todas as sentenças demonstráveis a partir dos A_i. Mostre que T não é finitamente axiomatizável, ou, em outras palavras, que não há algumas outras, finitamente muitas, sentenças $B_1, B_2, \ldots, B_m$ tais que T é o conjunto de consequências dos B_j.

15.6 Para uma linguagem com, digamos, apenas dois símbolos não lógicos, ambos símbolos de relações binárias, considere interpretações em que o domínio consiste nos inteiros positivos de 1 até n. Quantas interpretações desse tipo há?

15.7 Uma sentença D é *finitamente* válida se toda interpretação finita é modelo de D. Esboce um argumento, *assumindo a tese de Church*, para a conclusão de que o conjunto de sentenças que *não* são finitamente válidas é semirrecursivo. (Segue-se do teorema de Trakhtenbrot, como nos problemas no final do capítulo 11, que o conjunto de tais sentenças *não* é recursivo.)

15.8 Mostre que a função levando um par consistindo em um número de código a de uma sentença A e um número natural n no número de código da conjunção $A \mathbin{\&} A \mathbin{\&} \cdots \mathbin{\&} A$ de n cópias de A é recursiva.

15.9 O *lema da reaxiomatização de Craig* diz que qualquer teoria T cujo conjunto de teoremas é semirrecursivo é axiomatizável. Prove esse resultado.

15.10 Seja T uma teoria axiomatizável na linguagem da aritmética. Seja f uma função unária total ou parcial de números naturais, e suponha que há uma fórmula $\phi(x, y)$ tal que para qualquer a e b, $\phi(\mathbf{a}, \mathbf{b})$ é um teorema de T se e somente se $f(a) = b$. Mostre que f é uma função total ou parcial recursiva.

16

Representabilidade de funções recursivas

No capítulo anterior, fizemos uma ligação entre nossos estudos sobre recursão e aqueles sobre fórmulas e provas de uma maneira, mostrando que várias funções associadas a fórmulas e provas são recursivas. Neste capítulo, conectamos os dois tópicos da maneira oposta, mostrando como podemos 'falar sobre' funções recursivas usando fórmulas, e provamos coisas sobre elas em teorias formuladas na linguagem da aritmética. Na seção 16.1, mostramos que, para qualquer função recursiva f, podemos encontrar uma fórmula ϕ_f tal que, para quaisquer números naturais a e b, se $f(a) = b$ então $\forall y(\phi_f(\mathbf{a}, y) \leftrightarrow y = \mathbf{b})$ será verdadeira na interpretação padrão da linguagem da aritmética. Na seção 16.2, nós fortalecemos esse resultado, introduzindo uma teoria **Q** *da* aritmética minimal, *e mostramos que para qualquer função recursiva f nós podemos encontrar uma fórmula ψ_f tal que, para quaisquer números naturais a e b, se $f(a) = b$, então $\forall y(\psi_f(\mathbf{a}, y) \leftrightarrow y = \mathbf{b})$ será não apenas verdadeira, mas demonstrável em* **Q**. *Na seção 16.3, introduzimos brevemente uma teoria mais forte* **P** *da* aritmética de Peano, *que inclui axiomas de* indução matemática, *e explica como esses axiomas nos permitem demonstrar resultados que não podem ser obtidos em* **Q**. *A breve seção opcional 16.4 é um apêndice para os leitores interessados em comparar o tratamento que fazemos aqui desses tópicos com outros tratamentos na literatura especializada.*

16.1 Definibilidade aritmética

No capítulo 9, introduzimos a linguagem L^* da aritmética e sua interpretação padrão $\mathcal{N}^*$. Abreviamos agora 'verdadeiro na interpretação padrão' por *correto*. Nosso objetivo neste capítulo é mostrar que podemos 'falar sobre' funções recursivas na linguagem da aritmética, e começamos por tornar preciso esse falar sobre 'falar sobre'. Dizemos que uma fórmula $F(x)$ da linguagem da aritmética *define aritmeticamente* um conjunto S de números naturais se e somente se, para todos os números naturais a, nós temos Sa se e somente se $F(\mathbf{a})$ é correta. Dizemos que o conjunto S é *aritmeticamente definível*, ou, abreviando, *aritmético*, se alguma fórmula o define aritmeticamente. Essas noções estendem-se naturalmente a relações binárias ou de maior grau. Uma fórmula $F(x, y)$ define aritmeticamente uma relação R nos números naturais se e somente se para todos os números naturais

a e b nós temos Rab se e somente se $F(\mathbf{a}, \mathbf{b})$ é correta. Essas noções também se estendem naturalmente a funções, uma função contando como aritmética se e somente se seu gráfico é aritmético. Assim, uma função unária f é aritmética se e somente se há uma fórmula $F(x, y)$ da linguagem da aritmética tal que, para todo a e b, temos que $f(a) = b$ se e somente se $F(\mathbf{a}, \mathbf{b})$ é correta.

16.1 Exemplos. (Funções básicas). Para dar o exemplo mais trivial, a função identidade $\mathrm{id} = \mathrm{id}_1^1$ é aritmeticamente definida pela fórmula $y = x$ e, mais geralmente, id_i^n é aritmeticamente definida pela fórmula $y = x_i$, ou, se quisermos que os outros x_j sejam mencionados, pela fórmula

$$x_1 = x_1 \;\&\; \ldots \;\&\; x_n = x_n \;\&\; y = x_i.$$

A função zero $\mathrm{const}_0(x) = 0$ é também aritmeticamente definível, ou pela fórmula $y = \mathbf{0}$, ou, se quisermos que x seja mencionado, pela fórmula $x = x \,\&\, y = \mathbf{0}$. As funções sucessor, adição e multiplicação são aritmeticamente definíveis pelas fórmulas $y = x'$, $y = x_1 + x_2$ e $y = x_1 \cdot x_2$.

16.2 Exemplos. (Outras funções aritméticas). É claro, não é surpresa alguma que as funções que estivemos há pouco considerando sejam aritmeticamente definíveis, já que são 'embutidas': incluímos na linguagem símbolos especiais expressamente para elas. Mas suas inversas, para as quais não temos símbolos embutidos, são também aritméticas. A função predecessor é aritmeticamente definível pela fórmula $F_{\mathrm{pred}}(x_1, y)$ a seguir:

$$(x_1 = \mathbf{0} \;\&\; y = \mathbf{0}) \vee x_1 = y'.$$

A função diferença $x_1 \dot{-} x_2$ é aritmeticamente definida pela fórmula $F_{\mathrm{dif}}(x_1, x_2, y)$ a seguir:

$$(x_1 < x_2 \;\&\; y = \mathbf{0}) \vee (x_1 = x_2 + y)$$

e as funções quociente e resto $\mathrm{quo}(x_1, x_2)$ e $\mathrm{res}(x_1, x_2)$ são aritmeticamente definidas pelas fórmulas $F_{\mathrm{quo}}(x_1, x_2, y)$ e $F_{\mathrm{rst}}(x_1, x_2, y)$ a seguir:

$$(x_2 = \mathbf{0} \;\&\; y = \mathbf{0}) \vee \exists u < x_2\, x_1 = y \cdot x_2 + u$$
$$(x_2 = \mathbf{0} \;\&\; y = x_1) \vee (y < x_2 \;\&\; \exists u \leq x_1\, x_1 = u \cdot x_2 + y).$$

Por outro lado, não é óbvio como definir a exponenciação, e, como expediente temporário, expandiremos agora a linguagem da aritmética acrescentando um símbolo $\uparrow$, obtendo assim a linguagem da *aritmética exponencial*. Sua interpretação padrão é análoga àquela da linguagem original da aritmética, com a denotação de $\uparrow$ sendo a função exponenciação usual. Em termos dessa expansão, definimos *definibilidade* $\uparrow$*-aritmética* da maneira óbvia. (A expressão '$\uparrow$-aritmética' pode ser pronunciada 'exponencial-aritmética' ou, abreviando, 'exp-aritmética'.)

16.3 Exemplos. (Funções $\uparrow$-aritméticas). Exemplos de funções $\uparrow$-aritméticas incluem a própria função exponencial, suas inversas, as funções logaritmo (lo e lg do Exemplo 7.11), e, o que será mais importante para os nossos propósitos presentes, qualquer número de funções relativas à codificação de sequências finitas de números por números isolados ou pares de números. Por exemplo, na seção 1.2 nós encontramos uma maneira útil, ainda que não especialmente elegante, de codificar sequências por pares, para a qual o i-ésimo elemento da sequência codificado pelo par (s, t) poderia ser recuperado usando a função

$$\mathrm{el}(i, s, t) = \mathrm{res}(\mathrm{quo}(s, t^i), t).$$

Essa função é $\uparrow$-aritmeticamente definível pela fórmula $F_{\mathrm{el}}(x_1, x_2, x_3, y)$ a seguir:

$$\exists z \leq x_2 \uparrow x_1 (F_{\mathrm{quo}}(x_2, x_3 \uparrow x_1, z) \,\&\, F_{\mathrm{res}}(z, x_3, y)).$$

Isso diz simplesmente que existe algo que é o quociente da divisão de x_2 por $x_3^{x_1}$, e cujo resto da divisão por x_3 é y, acrescentando que será menor ou igual a x_2 (como qualquer quociente da divisão de x_2 por qualquer coisa deve ser).

Mesmo depois de nos servirmos da exponenciação, ainda não fica óbvio como definir *super*exponenciação; contudo, embora não seja óbvio, é possível – de fato, *qualquer* função recursiva pode agora ser definida, como mostramos a seguir.

16.4 Lema. Toda função recursiva f é $\uparrow$-aritmética.

Demonstração: Uma vez que já mostramos como as funções básicas são definíveis, precisamos somente mostrar que, se qualquer um dos três processos de composição, recursão primitiva, ou minimização for aplicado a funções $\uparrow$-aritméticas, o resultado é uma função $\uparrow$-aritmética. Começamos pela composição, para a qual a ideia já tinha sido encontrada no último exemplo. Suponhamos que f e g sejam funções unárias e que h seja obtida a partir delas por composição. Então, claramente, $c = h(a)$ se e somente se

$$c = g(f(a)),$$

que pode ser mais extensamente formulada como

há alguma coisa tal que ela é $f(a)$ e g(ela) é c.

Segue-se que, se f e g são $\uparrow$-aritmeticamente definidas por ϕ_f e ϕ_g, então h é $\uparrow$-aritmeticamente definida pela fórmula $\phi_h(x, z)$ a seguir:

$$\exists y(\phi_f(x, y) \,\&\, \phi_g(y, z)).$$

[Para sermos um pouco mais formais acerca disso, dado qualquer a, sejam $b = f(a)$ e $c = h(a) = g(f(a)) = g(b)$. Uma vez que ϕ_f e ϕ_g definem f e g, $\phi_f(\mathbf{a}, \mathbf{b})$ e $\phi_g(\mathbf{b}, \mathbf{c})$ são corretas, de modo que $\phi_f(\mathbf{a}, \mathbf{b}) \,\&\, \phi_g(\mathbf{b}, \mathbf{c})$ é correta, de modo que $\exists y(\phi_f(\mathbf{a}, y) \,\&\, \phi_g(y, \mathbf{c}))$ é correta, o que significa dizer que $\phi_h(\mathbf{a}, \mathbf{c})$ é correta. Inversamente, se $\phi_h(\mathbf{a}, \mathbf{c})$ é correta, $\phi_f(\mathbf{a}, \mathbf{b}) \,\&\, \phi_g(\mathbf{b}, \mathbf{c})$ e portanto $\phi_f(\mathbf{a}, \mathbf{b})$ e $\phi_g(\mathbf{b}, \mathbf{c})$ devem ser corretas para algum b, e uma vez que ϕ_f define f, esse b só pode ser $f(a)$, ao passo que, como ϕ_g define g, c só pode ser $g(b) = g(f(a)) = h(a)$.]

Para a composição de uma função binária f com uma função unária g, a fórmula seria

$$\exists y(\phi_f(x_1, x_2, y) \,\&\, \phi_g(y, z)).$$

Para a composição de duas funções unárias f_1 e f_2 com uma função binária g, a fórmula seria

$$\exists y_1 \exists y_2(\phi_{f_1}(x, y_1) \mathbin{\&} \phi_{f_2}(x, y_2) \mathbin{\&} \phi_g(y_1, y_2, z))$$

e assim por diante. A construção é análoga para funções de mais argumentos.

A recursão é apenas um pouco mais complicada. Suponhamos que f e g sejam funções de um e três argumentos, respectivamente, e que a função binária h seja obtida a partir delas por recursão primitiva. Escrevendo i' para o sucessor de i, claramente $c = h(a, b)$ se e somente se existe uma sequência σ com as três propriedades seguintes:

o elemento 0 de σ é $h(a, 0)$
para todo $i < b$, se o elemento i de σ é $h(a, i)$, então o elemento i' de σ é $h(a, i')$
o elemento b de σ é c.

Essas condições podem ser reformuladas de maneira equivalente assim:

o elemento 0 de σ é $f(a)$
para todo $i < b$, o elemento i' de σ é $g(a, i,$ o elemento i de $\sigma)$
o elemento b de σ é c.

Essas condições pode ser reformuladas mais extensamente assim:

há algo que é o elemento 0 de σ e é $f(a)$
para todo $i < b$, há algo que é o elemento i de σ, e
  há algo que é o elemento i' de σ, e
  esse último é $g(a, i,$ o primeiro)
o elemento b de σ é c.

Além do mais, em vez de dizer 'há uma sequência' nós podemos dizer 'há dois números codificando uma sequência'. Segue-se que se f e g são $\uparrow$-aritmeticamente definidas por ϕ_f e ϕ_g, então h é $\uparrow$-aritmeticamente definida pela fórmula $\phi_h(x, y, z) = \exists s \exists t \phi$, onde ϕ é a conjunção das três fórmulas seguintes:

$$\exists u(F_{\text{el}}(\mathbf{0}, s, t, u) \mathbin{\&} \phi_f(x, u))$$
$$\forall w < y \exists u \exists v(F_{\text{el}}(w, s, t, u) \mathbin{\&} F_{\text{el}}(w', s, t, v) \mathbin{\&} \phi_g(x, w, u, v))$$
$$F_{\text{el}}(y, s, t, z).$$

A construção é exatamente a mesma para funções de mais argumentos.

A minimização é um pouco mais simples. Suponhamos que f seja uma função binária, e que a função unária g seja dela obtida por minimização. Claramente, $g(a) = b$ se e somente se

$f(a, b) = 0$ e
para todo $c < b$, $f(a, c)$ é definida e não é 0.

Essas condições podem ser reformuladas mais extensamente assim:

$f(a, b) = 0$ e
para todo $c < b$, há algo que é $f(a, c)$ e não é 0.

Segue-se que se f é $\uparrow$-aritmeticamente definida por ϕ_f, então g é $\uparrow$-aritmeticamente definida pela fórmula $\phi_g(x, y)$ a seguir:

$$\phi_f(x, y, \mathbf{0}) \;\&\; \forall z < y\, \exists u(\phi_f(x, z, u) \;\&\; u \neq \mathbf{0}).$$

A construção é exatamente a mesma para funções de mais argumentos.

Ao inspecionar a construção acima, vê-se que a presença do símbolo exponencial $\Uparrow$ na linguagem foi necessária somente para a fórmula F_{el}. Se pudermos encontrar alguma *outra* maneira de codificar sequências por pares para os quais a função de entrada possa ser definida *sem* exponenciação, então poderemos esquecer $\Uparrow$. De fato, é possível uma codificação para a qual

$$\mathrm{el}(i, s, t) = \mathrm{res}(s, t(i+1)+1),$$

de modo que para F_{el} podemos tomar

$$F_{\mathrm{res}}(x_2, x_3 \cdot (x_1 + \mathbf{1}) + \mathbf{1}, y).$$

O conteúdo do lema a seguir mostra que tal codificação é possível.

16.5 Lema. (Lema da função β). Para todo k e todo $a_0, a_1, \ldots, a_k$ existem s e t tais que para todo i com $0 \leq i \leq k$ nós temos $a_i = \mathrm{res}(s, t(i+1)+1)$.

Demonstração: Esse resultado segue-se diretamente das provas de dois antigos e famosos teoremas da teoria de números, que são encontrados em lugar de destaque em qualquer livro-texto sobre o assunto. Uma vez que este não é um livro-texto sobre a teoria de números, não vamos desenvolver o assunto inteiro desde os fundamentos, apenas indicaremos a prova. O primeiro ingrediente é o *teorema chinês dos restos*, assim chamado em função da aparição (ao menos de casos especiais) desse teorema no antigo *Clássico matemático*, de Sun Zi, e do medieval *Tratado matemático em nove seções*, de Qin Jiushao. Esse teorema afirma que, dados quaisquer números $t_0, t_1, \ldots, t_n$ tais que quaisquer dois deles não tenham um fator primo em comum, e dados quaisquer números $a_i < t_i$, há um número s tal que $\mathrm{res}(s, t_i) = a_i$ para todos os i de 0 até n. A prova é suficientemente ilustrada pelo caso de dois números t e u sem fatores primos em comum, e dois números $a < t$ e $b < u$. Cada um dos números tu i com $0 \leq i < tu$ produz um dos pares tu (a, b) com $a < t$ e $b < u$, tomando os restos $\mathrm{res}(s, t)$ e $\mathrm{res}(s, u)$. Para mostrar que, como afirmado pelo teorema, todo par (a, b) é produzido por algum número s, é suficiente mostrar que não há dois números distintos $0 \leq s < r < tu$ que produzem o mesmo par. Se s e r produzem o mesmo par, então eles deixam o mesmo resto quando divididos por t, e deixam o mesmo resto quando divididos por u. Nesse caso, sua diferença $q = r - s$ deixa resto zero quando dividida por t ou por u. Em outras palavras, t e u ambos dividem q. Mas quando números sem nenhum fator primo em comum dividem ambos um número, seu produto também o faz. Portanto, tu divide q. Mas isso é impossível, uma vez que $0 < q < tu$.

O segundo ingrediente vem da prova, nos *Elementos de geometria*, de Euclides, de que existem infinitamente muitos números primos. Dado qualquer número n, queremos descobrir um primo $p > n$. Bem, seja $N = n!$, de modo que, em particular, N é divisível por todo primo $\leq n$. Então $N + 1$, como qualquer número > 1, tem um fator primo p. (Possivelmente o próprio $N + 1$ é primo, caso em que temos $p = N + 1$.) Mas não podemos ter $p \leq n$, já que, quando N é dividido por qualquer número $\leq n$, há um resto de 1. Uma ligeira extensão do argumento mostra que quaisquer números distintos $N \cdot i + 1$ e $N \cdot j + 1$ com $0 < i < j \leq n$ não têm fatores primos em comum. Com efeito, se um primo p divide os dois números, ele divide sua diferença $N(j - i)$. Esse é um produto de fatores $\leq n$, e quando um primo divide um produto de vários fatores, deve dividir um dos fatores; assim o próprio p deve ser um número $\leq n$. Mas então p *não* pode dividir $N \cdot i + 1$ ou $N \cdot j + 1$. Agora, dados k e todo $a_0, a_1, \ldots, a_k$, tomando n maior que todos eles, e sendo t um número divisível por todo primo $\leq n$, nenhum dos dois números $t_i = t(i + 1) + 1$ terá um fator primo em comum, e teremos, claro, $a_i < t_i$, de modo que haverá um s tal que $\text{res}(s, t_i) = a_i$, para todo i com $0 \leq i \leq k$.

Demonstramos, assim, a parte (a) do seguinte lema.

16.6 Lema.

(a) Toda função recursiva f é aritmética.
(b) Todo conjunto ou relação recursivo ou semirrecursivo é aritmético.

Demonstração: Como observado pouco antes do enunciado do lema, já temos (a). Para (b), se R é uma relação recursiva n-ária e f é sua função característica, então apliquemos (a) para obter uma fórmula $\phi(x_1, \ldots, x_n, y)$ que aritmeticamente define f. Então a fórmula $\phi(x_1, \ldots, x_n, \mathbf{1})$ aritmeticamente define R. O caso semirrecursivo requer acrescentar um quantificador $\exists$.

Refinamentos adicionais do resultado dependem de distinguir diferentes espécies de fórmulas. Por uma *fórmula rudimentar* da linguagem da aritmética entendemos uma fórmula construída a partir de fórmulas atômicas usando somente negação, conjunção, disjunção e quantificações limitadas $\forall x < t$ e $\exists x < t$, onde t pode ser qualquer termo da linguagem (que não envolva x). (Condicionais e bicondicionais também são permitidos, já que eles, oficialmente, são apenas abreviações para certas construções envolvendo negação, conjunção e disjunção. Também o são os quantificadores limitados $\forall x \leq t$ e $\exists x \leq t$, uma vez que são equivalentes a $\forall x < t'$ e $\exists x < t'$.) Por uma *fórmula $\exists$-rudimentar* entendemos uma fórmula da forma $\exists x F$, em que F é rudimentar, e analogamente para uma *fórmula $\forall$-rudimentar*. (A negação de uma fórmula $\exists$-rudimentar é equivalente a uma fórmula $\forall$-rudimentar, e inversamente.) Muitos dos principais teoremas da teoria de números são exprimíveis naturalmente por fórmulas $\forall$-rudimentares.

16.7 Exemplos. (Teoremas da teoria de números). O *teorema de Lagrange* de que todo número natural é a soma de quatro quadrados é naturalmente exprimível por uma sentença $\forall$-rudimentar como segue:

$$\forall x \exists y_1 \leq x \exists y_2 \leq x \exists y_3 \leq x \exists y_4 \leq x\, x = y_1 \cdot y_1 + y_2 \cdot y_2 + y_3 \cdot y_3 + y_4 \cdot y_4.$$

O *postulado de Bertrand*, ou *teorema de Chebyshev*, de que há um número primo entre qualquer número maior que um e seu dobro, é naturalmente exprimível por uma sentença $\forall$-rudimentar como segue:

$$\forall x(\mathbf{1} < x \rightarrow \exists y < \mathbf{2} \cdot x(x < y \,\&\, {\sim}\exists u < y \exists v < y\, y = u \cdot v)).$$

Nosso interesse presente, contudo, será com fórmulas $\exists$-rudimentares e com fórmulas $\exists$-rudimentares *generalizadas*, que incluem todas as fórmulas que podem ser obtidas de fórmulas rudimentares por conjunção, disjunção, quantificação universal limitada, quantificação existencial limitada e quantificação existencial ilimitada. Repassando a prova do Lema 16.6, vê-se que as fórmulas que definem as funções básicas e a fórmula F_{el} são rudimentares, e que a fórmula que define uma composição de funções é obtida por conjunção, quantificação limitada e quantificação existencial de fórmulas rudimentares e das fórmulas que definem as funções originais, e analogamente para recursão e minimização. Assim, demonstramos:

16.8 Lema. Toda função recursiva é aritmeticamente definível por uma fórmula $\exists$-rudimentar generalizada. Igualmente para qualquer relação semirrecursiva.

O próximo refinamento será livrar-se aqui da palavra 'generalizada'. Duas fórmulas com, digamos, duas variáveis livres, $\phi(x, y)$ e $\psi(x, y)$, são chamadas *aritmeticamente equivalentes* se, para todos os números a e b, $\phi(\mathbf{a}, \mathbf{b})$ é correta se e somente se $\psi(\mathbf{a}, \mathbf{b})$ é correta. Claramente, fórmulas aritmeticamente equivalentes definem a mesma relação ou função. A condição de que ϕ e ψ são aritmeticamente equivalentes é equivalente à condição de que o bicondicional

$$\forall x \forall y(\phi(x, y) \leftrightarrow \psi(x, y))$$

é correto. Em particular, se ϕ e ψ são logicamente equivalentes – caso em que o bicondicional é verdadeiro não apenas na interpretação padrão, mas em *qualquer* interpretação – então elas são aritmeticamente equivalentes. O lema a seguir tem mais do que uma semelhança superficial com o Corolário 7.15.

16.9 Lema. (Propriedades de fecho de fórmulas $\exists$-rudimentares).

(a) Qualquer fórmula rudimentar é aritmeticamente equivalente a uma fórmula $\exists$-rudimentar.

(b) A conjunção de duas fórmulas $\exists$-rudimentares é aritmeticamente equivalente a uma fórmula $\exists$-rudimentar.

(c) A disjunção de duas fórmulas $\exists$-rudimentares é aritmeticamente equivalente a uma fórmula $\exists$-rudimentar.

(d) O resultado de aplicar quantificação universal limitada a uma fórmula $\exists$-rudimentar é aritmeticamente equivalente a uma fórmula $\exists$-rudimentar.
(e) O resultado de aplicar quantificação existencial limitada a uma fórmula $\exists$-rudimentar é aritmeticamente equivalente a uma fórmula $\exists$-rudimentar.
(f) O resultado de aplicar quantificação existencial (ilimitada) a uma fórmula $\exists$-rudimentar é aritmeticamente equivalente a uma fórmula $\exists$-rudimentar.

Demonstração: Para (a), ϕ é logicamente equivalente a $\exists w(w = w \,\&\, \phi)$ (e se ϕ é rudimentar, $w = w \,\&\, \phi$ também é).

Para (b), $\exists u\phi(u) \,\&\, \exists v\psi(v)$ é aritmeticamente equivalente a

$$\exists w\, \exists u < w\, \exists v < w\, (\phi(u) \,\&\, \psi(v)).$$

[e se $\phi(u)$ e $\psi(v)$ são rudimentares, $\exists u < w\, \exists v < w\, (\phi(u) \,\&\, \psi(v))$ também é.] A implicação em uma direção é lógica, e na outra direção usamos o fato de que para quaisquer dois números naturais u e v sempre há um número natural w maior que ambos.

Para (c), $\exists u\phi(u) \vee \exists v\psi(v)$ é logicamente equivalente a $\exists w(\phi(w) \vee \psi(w))$.

Para (d), $\forall z < y\, \exists u\, \phi(u, z)$ é aritmeticamente equivalente a

$$\exists w\, \forall z < y\, \exists u < w\, \phi(u, z).$$

A implicação em uma direção é lógica, e na outra direção usamos o fato de que para quaisquer finitamente muitos números naturais $u_0, u_1, \ldots, u_{y-1}$ há um número w que é maior que todos os u_z.

Para (e), $\exists z < y\, \exists u\, \phi(u, z)$ é logicamente equivalente a $\exists u\, \exists z < y\, \phi(u, z)$.

Para (f), $\exists u\, \exists v\, \phi(u, v)$ é aritmeticamente equivalente a $\exists w\, \exists u < w\, \exists v < w\, \phi(u, v)$, tal como na parte (b).

Aplicações repetidas do Lema 16.9, seguidas por uma combinação com o Lema 16.8, dão-nos a seguinte:

16.10 Proposição. Toda fórmula $\exists$-rudimentar generalizada é aritmeticamente equivalente a uma fórmula $\exists$-rudimentar.

16.11 Lema. Toda função recursiva é aritmeticamente definível por uma fórmula $\exists$-rudimentar. Igualmente para qualquer relação semirrecursiva.

Denominemos uma função que é aritmeticamente definível por uma fórmula rudimentar uma *função rudimentar*. Será que podemos ir mais além e mostrar que toda função recursiva é rudimentar? Não exatamente. O próximo lema nos diz quão longe *podemos* ir. Ele tem mais do que uma semelhança superficial com a Proposição 7.17.

16.12 Lema. Toda função recursiva pode ser obtida por composição a partir de funções rudimentares.

Demonstração: Seja f uma função recursiva, digamos, unária. (A prova para funções de vários argumentos é exatamente a mesma.) Sabemos que f é aritmeticamente definível por uma fórmula $\exists$-rudimentar $\exists z\phi(x, y, z)$. Seja S a relação aritmeticamente definida por ϕ, de modo que temos

$$Sabc \leftrightarrow \phi(\mathbf{a}, \mathbf{b}, \mathbf{c}) \text{ é correta.}$$

Temos

$$f(a) = b \leftrightarrow \exists c\, Sabc.$$

Introduzimos agora duas funções auxiliares:

$$g(a) = \begin{cases} \text{o menor } d \text{ tal que} & \\ \quad \exists b < d\, \exists c < d\, Sabc & \text{se tal } d \text{ existe} \\ \text{indefinida} & \text{caso contrário} \end{cases}$$

$$h(a, d) = \begin{cases} \text{o menor } b < d \text{ tal que} & \\ \quad \exists c < d\, Sabc & \text{se tal } b \text{ existe} \\ 0 & \text{caso contrário} \end{cases}$$

(Note que se f é total, então g é total, ao passo que h é sempre total.) Essas funções são rudimentares, sendo aritmeticamente definíveis pelas fórmulas $\phi_g(x, w)$ e $\phi_h(x, w, y)$ a seguir:

$$\exists y < w\, \exists z < w\, \phi(x, y, z)\ \&\ \forall v < w\, \forall y < v\, \forall z < v \sim\phi(x, y, z)$$

$$\exists z < w\, \phi(x, y, z)\ \&\ \forall u < y\, \forall z < w \sim\phi(x, u, z)$$

e um pouco de reflexão nos mostra que $f(x) = h(x, g(x)) = h(\mathrm{id}(x), g(x))$, de modo que $f = \mathrm{Cn}[h, \mathrm{id}, g]$ é uma composição de funções rudimentares.

Se T é uma teoria consistente na linguagem da aritmética, dizemos que um conjunto S é *definido* em T por $D(x)$ se para todo n, se n está em S, então $D(\mathbf{n})$ é um teorema de T, e se n não está em S, então $\sim D(\mathbf{n})$ é um teorema de T. S é *definível* em T se S é definível por alguma fórmula. Definibilidade aritmética é simplesmente o caso especial em que T é a *aritmética verdadeira*, o conjunto de todas as sentenças corretas. A noção geral de definibilidade em uma teoria estende-se a relações, mas definibilidade de uma função resulta ser menos útil que uma noção relacionada. No restante deste capítulo, a menos que o contrário seja observado, 'função' significará 'função total'. Seja f uma função unária. (A definição que estamos prestes a dar estende-se facilmente a funções de muitos argumentos.) Dizemos que f é *representável* em T se há uma fórmula $F(x, y)$ tal que, sempre que $f(a) = f(b)$, o seguinte é um teorema de T:

$$\forall y(F(\mathbf{a}, y) \leftrightarrow y = \mathbf{b}).$$

Isso é logicamente equivalente à conjunção da asserção positiva

$$F(\mathbf{a}, \mathbf{b})$$

e da asserção geral negativa

$$\forall y(y \neq \mathbf{b} \rightarrow \sim F(\mathbf{a}, y)).$$

Para contrastar, a definibilidade exigiria somente que tenhamos a asserção positiva e, para cada $c \neq b$ particular, a instância particular relevante da asserção geral negativa, a saber, $\sim F(\mathbf{a}, \mathbf{c})$.

Agora, no caso especial em que T é a aritmética verdadeira, é claro, se cada instância numérica particular é correta, então a generalização universal também é correta, de modo que representabilidade e definibilidade acabam sendo a mesma coisa. Para outras teorias, contudo, cada instância numérica particular pode ser um teorema sem que a generalização universal seja um teorema, e representabilidade é, em geral, uma exigência mais forte do que definibilidade. Note que se T é uma teoria *mais fraca* do que T^* (isto é, se o conjunto de teoremas de T é um subconjunto do conjunto de teoremas de T^*), então a exigência de que uma função seja representável em T é uma exigência *mais forte* do que ser representável em T^* (isto é, representabilidade em T implica representabilidade em T^*). Até agora, demonstramos que todas as funções recursivas são representáveis na aritmética verdadeira. Se quisermos reforçar nossos resultados, teremos que considerar teorias mais fracas do que essa.

16.2 Aritmética minimal e representabilidade

Introduzimos agora um conjunto finito de *axiomas da aritmética minimal* **Q**, que, embora não sejam fortes o suficiente para provar importantes teoremas da teoria de números, ao menos são corretos e suficientemente fortes para demonstrar todas as sentenças $\exists$-rudimentares corretas. Por si próprios, os axiomas de **Q** não seriam adequados para a teoria de números, mas qualquer conjunto de axiomas adequados teria que incluí-los, ou pelo menos demonstrá-los (caso em que o conjunto bem poderia incluí-los). Nossos teoremas principais (Teorema 16.13 e Lema 16.15) aplicam-se a qualquer teoria T que contenha **Q** e, uma vez que **Q** é fraca, os teoremas são correspondentemente fortes.

Ao exibir a lista de axiomas fazemos uso de uma convenção tradicional, segundo a qual ao exibir sentenças da linguagem da aritmética que começam com uma cadeia de um ou mais quantificadores universais, podemos nos omitir de escrever os quantificadores, escrevendo somente as fórmulas abertas que vêm depois deles.

(Q1) $\quad \mathbf{0} \neq x'$

(Q2) $\quad x' = y' \rightarrow x = y$

(Q3) $x + \mathbf{0} = x$

(Q4) $x + y' = (x + y)'$

(Q5) $x \cdot \mathbf{0} = \mathbf{0}$

(Q6) $x \cdot y' = (x \cdot y) + x$

(Q7) $\sim x < \mathbf{0}$

(Q8) $x < y' \leftrightarrow (x < y \vee x = y)$

(Q9) $\mathbf{0} < y \leftrightarrow y \neq \mathbf{0}$

(Q10) $x' < y \leftrightarrow (x < y \,\&\, y \neq x')$

Assim, o axioma (Q1) é realmente $\forall x \mathbf{0} \neq x'$, o axioma (Q2) é realmente $\forall x \forall y(x' = y' \rightarrow x = y)$, e assim por diante. Como foi dito, os verdadeiros axiomas são os *fechos universais* das fórmulas arroladas. A teoria **Q** da *aritmética minimal* é o conjunto de todas as sentenças da linguagem da aritmética que são demonstráveis a partir (ou, equivalentemente, são verdadeiras em todos os modelos) desses axiomas. A importância dos vários axiomas ficará clara à medida que formos progredindo através dos passos da prova do principal teorema desta seção.

16.13 Teorema. Uma sentença ∃-rudimentar é correta se e somente se é um teorema de **Q**.

Demonstração: Uma vez que todo axioma de **Q** é correto, todo teorema de **Q** também é e, portanto, qualquer sentença ∃-rudimentar demonstrável a partir dos axiomas de **Q** é correta. A parte trabalhosa consiste em provar o inverso. Para começar com zero e sucessor, para qualquer número natural m, é claro que $\mathbf{m} = \mathbf{m}$ (onde $\mathbf{m}$ é, como sempre, o numeral para m, isto é, o termo $\mathbf{0}'^{\cdots\prime}$ com m plicas $'$) é demonstrável mesmo sem quaisquer axiomas, meramente por lógica.

Todas as sentenças $\mathbf{0} \neq \mathbf{1}$, $\mathbf{0} \neq \mathbf{2}$, $\mathbf{0} \neq \mathbf{3}$, ..., são demonstráveis por (Q1) (uma vez que os numerais $\mathbf{1}, \mathbf{2}, \mathbf{3}, \ldots$ todos terminam em acentos). Então $\mathbf{1} = \mathbf{2} \rightarrow \mathbf{0} = \mathbf{1}$, $\mathbf{1} = \mathbf{3} \rightarrow \mathbf{0} = \mathbf{2}, \ldots$, são demonstráveis usando (Q2), e uma vez que $\mathbf{0} \neq \mathbf{1}$, $\mathbf{0} \neq \mathbf{2}, \ldots$ são demonstráveis, segue-se puramente por lógica que $\mathbf{1} \neq \mathbf{2}$, $\mathbf{1} \neq \mathbf{3}, \ldots$ são demonstráveis. Então $\mathbf{2} = \mathbf{3} \rightarrow \mathbf{1} = \mathbf{2}$, $\mathbf{2} = \mathbf{4} \rightarrow \mathbf{1} = \mathbf{3}, \ldots$ são demonstráveis, mais uma vez usando (Q2), e uma vez que $\mathbf{1} \neq \mathbf{2}$, $\mathbf{1} \neq \mathbf{3}, \ldots$ são demonstráveis, segue-se meramente por lógica que $\mathbf{2} \neq \mathbf{3}$, $\mathbf{2} \neq \mathbf{4}, \ldots$ são demonstráveis. Continuando da mesma maneira, se $m < n$, então $\mathbf{m} \neq \mathbf{n}$ é demonstrável.

Segue-se puramente por lógica (a simetria da identidade) que, se $m < n$, então $\mathbf{n} \neq \mathbf{m}$ é também demonstrável. Uma vez que, em geral, se $m \neq n$ nós temos ou $m < n$ ou $n < m$, segue-se que, se $m \neq n$, então tanto $\mathbf{m} \neq \mathbf{n}$ quanto $\mathbf{n} \neq \mathbf{m}$ são demonstráveis.

Passando agora para a ordem, note que, usando (Q8), $x < \mathbf{1} \leftrightarrow (x < \mathbf{0} \vee x = \mathbf{0})$ é demonstrável, e (Q7) é $\sim x < \mathbf{0}$. Meramente por lógica, $x < \mathbf{1} \leftrightarrow x = \mathbf{0}$ é demonstrável a partir dessas, de modo que $\mathbf{0} < \mathbf{1}$ é demonstrável, e visto que já sabemos que $\mathbf{1} \neq \mathbf{0}$, $\mathbf{2} \neq \mathbf{0}, \ldots$ são demonstráveis, segue-se que $\sim\mathbf{1} < \mathbf{1}$, $\sim\mathbf{2} < \mathbf{1}, \ldots$ são demonstráveis. Então, usando (Q8) mais uma vez, $x < \mathbf{2} \leftrightarrow (x < \mathbf{1} \vee x = \mathbf{1})$ é demonstrável, do que, dado o que já sabemos que é demonstrável, segue-se que $x < \mathbf{2} \leftrightarrow (x = \mathbf{0} \vee x = \mathbf{1})$ é demonstrável, do que se segue que $\mathbf{0} < \mathbf{2}$, $\mathbf{1} < \mathbf{2}$ e também $\sim\mathbf{2} < \mathbf{2}$, $\sim\mathbf{3} < \mathbf{2}, \ldots$ são todas demonstráveis. Continuando da mesma maneira, para qualquer m, o seguinte é demonstrável:

$$(1) \qquad x < \mathbf{m} \leftrightarrow (x = \mathbf{0} \vee x = \mathbf{1} \vee \ldots \vee x = \mathbf{m} - \mathbf{1}).$$

Além do mais, sempre que $n < m$, $\mathbf{n} < \mathbf{m}$ é demonstrável, e sempre que $m \geq n$, $\sim\mathbf{m} < \mathbf{n}$ é demonstrável.

Passando agora para a adição e multiplicação, mostremos como (Q3) e (Q4), que são, é claro, apenas as versões formais das equações de recursão para adição, podem ser usados para demonstrar, por exemplo, $\mathbf{2} + \mathbf{3} = \mathbf{5}$, ou $\mathbf{0}'' + \mathbf{0}''' = \mathbf{0}'''''$. Usando (Q4), as seguintes sentenças são todas demonstráveis:

$$\mathbf{0}'' + \mathbf{0}''' = (\mathbf{0}'' + \mathbf{0}'')'$$
$$\mathbf{0}'' + \mathbf{0}'' = (\mathbf{0}'' + \mathbf{0}')'$$
$$\mathbf{0}'' + \mathbf{0}' = (\mathbf{0}'' + \mathbf{0})'.$$

Usando (Q3), $\mathbf{0}'' + \mathbf{0} = \mathbf{0}''$ é demonstrável. Trabalhando de trás para a frente, puramente por lógica, tudo o que segue é demonstrável a partir do que já temos até agora:

$$\mathbf{0}'' + \mathbf{0}' = \mathbf{0}'''$$
$$\mathbf{0}'' + \mathbf{0}'' = \mathbf{0}''''$$
$$\mathbf{0}'' + \mathbf{0}''' = \mathbf{0}'''''$$

Isso, de fato, é apenas o cálculo formal exibido na seção 6.1. Obviamente esse método é perfeitamente geral, e sempre que $a + b = c$ podemos demonstrar $\mathbf{a} + \mathbf{b} = \mathbf{c}$. Então, de novo como na seção 6.1, também as equações de recursão (Q5) e (Q6) para a multiplicação podem ser usadas para demonstrar $\mathbf{2} \cdot \mathbf{3} = \mathbf{6}$ e mais geralmente, sempre que $a \cdot b = c$, para provar $\mathbf{a} \cdot \mathbf{b} = \mathbf{c}$.

Se considerarmos a seguir termos mais complexos envolvendo $'$ e $+$ e $\cdot$, seus valores corretos são também demonstráveis. Por exemplo, consideremos $(\mathbf{1} + \mathbf{2}) \cdot (\mathbf{3} + \mathbf{4})$. Pelo que já dissemos, $\mathbf{1} + \mathbf{2} = \mathbf{3}$ e $\mathbf{3} + \mathbf{4} = \mathbf{7}$, bem como $\mathbf{3} \cdot \mathbf{7} = \mathbf{21}$, são demonstráveis. A partir desses, é demonstrável, meramente por lógica, que $(\mathbf{1} + \mathbf{2}) \cdot (\mathbf{3} + \mathbf{4}) = \mathbf{21}$, e analogamente para outros termos complexos. Assim, para qualquer termo fechado T construído a partir de $\mathbf{0}$ usando $'$, $+$, $\cdot$, é demonstrável qual é o valor correto do termo. Suponhamos então que temos dois termos s e t que têm o mesmo valor m. Visto que, pelo que acabamos de dizer, $s = \mathbf{m}$ e $t = \mathbf{m}$ são demonstráveis, meramente por lógica $s = t$ é também demonstrável. Suponhamos, em vez disso, que dois termos tenham valores diferentes m e n. Então, uma vez que $s = \mathbf{m}$ e $t = \mathbf{n}$ e $\mathbf{m} \neq \mathbf{n}$ são demonstráveis, mais uma vez, puramente por lógica, $s \neq t$ é também demonstrável. Um argumento semelhante aplica-se à ordem, de modo que todas as fórmulas corretas dos tipos $s = t$, $s \neq t$, $s < t$, $\sim s < t$ são demonstráveis.

Continuemos agora além das sentenças atômicas e negações de sentenças atômicas. Primeiro, puramente por lógica a dupla negação de uma sentença é demonstrável se e somente se a própria sentença é, e uma conjunção é demonstrável se ambos os seus componentes são, uma disjunção é demonstrável se qualquer um de seus componentes é, uma conjunção negada é demonstrável se a negação de um de seus componentes é, e uma disjunção negada é demonstrável se as negações de ambos os seus componentes são. Uma vez que todas as sentenças fechadas atômicas e negações de atômicas são demonstráveis, também o são todas as sentenças corretas dos tipos $\sim S$, $\sim\sim S$, $S_1 \,\&\, S_2$, $\sim(S_1 \,\&\, S_2)$, $S_1 \vee S_2$, $\sim(S_1 \vee S_2)$, onde S, S_1, S_2 são sentenças atômicas ou sentenças atômicas negadas. Continuando deste maneira, todas as fórmulas fechadas corretas construídas a partir de fórmulas atômicas por negação, conjunção e disjunção são demonstráveis: todas as fórmulas fechadas corretas sem quantificadores são demonstráveis.

No que concerne a quantificadores limitados, usando (1), para qualquer fórmula $A(x)$ e qualquer m, as fórmulas seguintes são demonstráveis:

$$\forall x < \mathbf{m}\, A(x) \leftrightarrow (A(\mathbf{0}) \,\&\, A(\mathbf{1}) \,\&\, \ldots \,\&\, A(\mathbf{m} - \mathbf{1}))$$
$$\exists x < \mathbf{m}\, A(x) \leftrightarrow (A(\mathbf{0}) \vee A(\mathbf{1}) \vee \ldots \vee A(\mathbf{m} - \mathbf{1})).$$

De modo mais geral, se t é um termo fechado cujo valor correto é m, uma vez que $t = \mathbf{m}$ é demonstrável, também o são as seguintes:

$$\forall x < t\, A(x) \leftrightarrow (A(\mathbf{0}) \,\&\, A(\mathbf{1}) \,\&\, \ldots \,\&\, A(\mathbf{m} - \mathbf{1}))$$
$$\exists x < t\, A(x) \leftrightarrow (A(\mathbf{0}) \vee A(\mathbf{1}) \vee \ldots \vee A(\mathbf{m} - \mathbf{1})).$$

Assim, podemos demonstrar que qualquer quantificação limitada, universal ou existencial, de fórmulas sem quantificadores é equivalente a uma conjunção ou disjunção de sentenças sem quantificadores, que é, claro, ela própria então uma sentença sem quantificadores, de modo que já sabemos que pode ser demonstrada caso seja correta. Assim, qualquer sentença correta obtida pela aplicação de quantificação universal ou existencial limitada a fórmula sem quantificadores é demonstrável, e repetindo o argumento, também o é qualquer sentença correta construída a partir de fórmulas atômicas usando negação, conjunção, disjunção, e quantificação universal limitada e existencial limitada: qualquer sentença rudimentar correta é demonstrável.

Finalmente, consideremos agora uma sentença $\exists$-rudimentar correta $\exists x A(x)$. Uma vez que ela é correta, há algum a tal que $A(\mathbf{a})$ é correta. Sendo correta e rudimentar, $A(\mathbf{a})$ é demonstrável, e portanto $\exists x A(x)$ também o é, completando a prova.

Note que, para uma sentença $\forall$-rudimentar correta $\forall x A(x)$, podemos concluir que cada instância numérica $A(\mathbf{0}), A(\mathbf{1}), A(\mathbf{2}), \ldots$ é demonstrável a partir dos axiomas de **Q**, mas isso não significa que a própria $\forall x A(x)$ é demonstrável dos axiomas de **Q** e, em geral, não é. Há interpretações não padrão da linguagem da aritmética nas quais todos os axiomas de **Q** resultam ser verdadeiros, mas algumas sentenças $\forall$-universais muito simples, que são corretas ou verdadeiras na interpretação padrão, resultam falsas. Obras sobre teoria de conjuntos apresentam um modelo não *standard* de **Q** extremamente natural, denominado o sistema de *números ordinais*, no qual falham, entre outras, leis tão simples como $\mathbf{1} + x = x + \mathbf{1}$. Parar para desenvolver aqui esse modelo nos tomaria muito tempo, mas algumas de suas características são sugeridas pelas interpretações não padrão de **Q** indicadas nos problemas no final deste capítulo. Como já dissemos, o fato de **Q** ser uma teoria fraca faz do teorema a seguir (que automaticamente se aplica a qualquer teoria T contendo **Q**) um teorema forte.

16.14 Lema. Toda função rudimentar é representável em **Q** (e por uma fórmula rudimentar).

Demonstração: Uma inspeção da prova do lema precedente mostra que ela, na verdade, não exigiu nenhum uso de (Q9) e (Q10), mas a prova do presente lema o faz. Um argumento exatamente como aquele usado na prova anterior para derivar

(1) $$x < \mathbf{m} \leftrightarrow (x = \mathbf{0} \vee x = \mathbf{1} \vee \ldots \vee x = \mathbf{m{-}1})$$

de (Q7) e (Q8) pode ser usado para derivar

(2) $$\mathbf{m} < y \leftrightarrow (y \neq \mathbf{0}\ \&\ y \neq \mathbf{1}\ \&\ \ldots\ \&\ y \neq \mathbf{m})$$

de (Q9) e (Q10). Uma consequência imediata de (1) e (2) juntos é a seguinte:

(3) $$z < \mathbf{m} \vee z = \mathbf{m} \vee \mathbf{m} < z.$$

Seja agora f uma função rudimentar unária. (A prova para funções de muitos argumentos é exatamente a mesma.) Seja $\phi(x, y)$ uma fórmula rudimentar que aritmeticamente define f. Nós *não* afirmamos que ϕ representa f em **Q**; o que afirmamos é que ϕ pode ser usada para construir *uma outra* fórmula rudimentar ψ que *de fato* representa f em **Q**. A fórmula $\psi(x, y)$ é simplesmente

$$\phi(x, y)\ \&\ \forall z < y \sim\phi(x, z).$$

Para mostrar que essa fórmula representa f precisamos fazer duas coisas. Primeiro, temos que mostrar que, se $f(a) = b$, então $\psi(\mathbf{a}, \mathbf{b})$ é um teorema de **Q**. Mas de fato, uma vez que ϕ aritmeticamente define f, se $f(a) = b$ então $\phi(\mathbf{a}, \mathbf{b})$ é correta, e $\sim\phi(\mathbf{a}, \mathbf{c})$ é correta para todo $c \neq b$, e em particular para todo $c < b$. Portanto, $\forall z < \mathbf{b} \sim\phi(\mathbf{a}, z)$ é correta e $\psi(\mathbf{a}, \mathbf{b})$ é correta e, sendo rudimentar, é um teorema de **Q** pelo Teorema 16.13.

Segundo, temos que mostrar que o seguinte é um teorema de **Q**:

$$y \neq \mathbf{b} \rightarrow \sim\psi(\mathbf{a}, y),$$

o que significa dizer que

$$y \neq \mathbf{b} \rightarrow \sim(\phi(\mathbf{a}, y)\ \&\ \forall z < y \sim\phi(\mathbf{a}, z))$$

ou, o que é logicamente equivalente,

(4) $$\phi(\mathbf{a}, y) \rightarrow (y = \mathbf{b} \vee \exists z < y\, \phi(\mathbf{a}, z)).$$

Será suficiente mostrar que o seguinte é um teorema de **Q**, uma vez que, juntamente com $\phi(\mathbf{a}, \mathbf{b})$, que já sabemos ser teorema de **Q**, implica logicamente (4):

(5) $$\phi(\mathbf{a}, y) \rightarrow (y = \mathbf{b} \vee \mathbf{b} < y).$$

Mas (3), junto com $\forall y < \mathbf{b} \sim\phi(\mathbf{a}, y)$, que sabemos ser um teorema de **Q**, logicamente implica (5), para completar a prova.

16.15 Lema. Qualquer composição de funções rudimentares é representável em **Q** (e por uma fórmula $\exists$-rudimentar).

Demonstração: Consideramos a composição de duas funções unárias; a prova para funções de muitos argumentos é análoga. Suponhamos que f e g sejam funções rudimentares, representadas em **Q** pelas fórmulas rudimentares ϕ_f e ϕ_g, respectivamente. Seja $h(x) = g(f(x))$, e consideremos a fórmula ($\exists$-rudimentar) ϕ_h que obtemos da prova do Lema 16.4:

$$\exists y(\phi_f(x, y) \ \& \ \phi_g(y, z)).$$

Afirmamos que ϕ_h representa h em **Q**. Pois seja a um número qualquer, $b = f(a)$ e $c = h(a) = g(f(a)) = g(b)$. Uma vez que ϕ_f representa f e $f(a) = b$, a fórmula seguinte é um teorema de **Q**:

$$(1) \qquad \forall y(\phi_f(\mathbf{a}, y) \leftrightarrow y = \mathbf{b}).$$

Uma vez que ϕ_g representa g e $g(b) = c$, o seguinte é um teorema de **Q**:

$$(2) \qquad \forall z(\phi_g(\mathbf{b}, z) \leftrightarrow z = \mathbf{c}).$$

O que precisamos mostrar para estabelecer que ϕ_h representa h em **Q** é que a fórmula seguinte é teorema de **Q**:

$$(3) \qquad \forall z(\exists y(\phi_f(\mathbf{a}, y) \ \& \ \phi_g(y, z)) \leftrightarrow z = \mathbf{c}).$$

Mas (3) é logicamente implicada por (1) e (2)!

16.16 Teorema.

(**a**) Toda função recursiva é representável em **Q** (e por uma fórmula $\exists$-rudimentar).
(**b**) Toda relação recursiva é definível em **Q** (e por uma fórmula $\exists$-rudimentar).

Demonstração: (a) é imediata dos Lemas 16.12, 16.14 e 16.15. Para (b), consideramos o caso de uma relação unária, ou um conjunto; o caso de relações de muitos argumentos é análogo. Seja P um conjunto não recursivo, f sua função característica e $\exists w\phi(x, y, w)$ uma fórmula $\exists$-rudimentar representando f em **Q**. Se n está em P, então $f(n) = 1$, e **Q** demonstra $\exists w\phi(\mathbf{n}, \mathbf{1}, w)$. Se n não está em P, então $f(n) = 0$, e **Q** demonstra $\forall y(y \neq \mathbf{0} \rightarrow {\sim}\exists w(\mathbf{n}, y, w))$ e, em particular, ${\sim}\exists w\phi(\mathbf{n}, \mathbf{1}, w)$. Assim, a fórmula $\exists w\phi(x, \mathbf{1}, w)$ define P em **Q**.

Um exame cuidadoso da prova do Teorema 16.16(a) mostra que ele, na verdade, se aplica a qualquer função recursiva f total ou *parcial*, e nos dá uma fórmula que *tanto aritmeticamente define quanto* representa f em **Q**. Esse refinamento não será necessário, contudo, para nossos estudos no próximo capítulo.

Temos agora todos os mecanismos que precisamos para a prova do *primeiro teorema de incompletude de Gödel*, e os leitores impacientes para ver esse famoso resultado podem pular adiante para o próximo capítulo. Tais leitores devem então retornar à próxima, e breve, seção deste capítulo antes de continuar para o *segundo teorema de incompletude de Gödel*, no capítulo depois do próximo.

16.3 Indução matemática

A razão mais imediata para a inadequação dos axiomas da aritmética minimal em demonstrar muitas sentenças ∀-universais corretas é que eles não tomam nenhuma providência para provas por indução matemática, um método extensamente utilizado na teoria dos números e na matemática em geral, segundo o qual podemos demonstrar que todo número tem alguma propriedade demostrando que zero a tem (o passo *zero* ou *base*), e demonstrando, supondo-se que um número x a tenha (uma suposição denominada *hipótese indutiva*), que o sucessor de x também a tem (o passo *do sucessor* ou *indutivo*).

16.17 Exemplo. (Dicotomia). Como o exemplo mais trivial, podemos demonstrar, por indução matemática, que todo x é ou 0 ou o sucessor de algum número. *Base.* 0 é 0. *Indução.* x' é o sucessor de x.

Um outro exemplo é a prova da lei

$$0 + 1 + 2 + \cdots + x = x(x + 1)/2.$$

Base. $0 = 0 \cdot 1/2$. *Indução.* Assumindo o resultado para x, temos

$$\begin{aligned} 0 + 1 + 2 + \cdots + x + (x + 1) &= x(x + 1)/2 + (x + 1) \\ &= [x(x + 1) + 2(x + 1)]/2 \\ &= (x + 1)(x + 2)/2. \end{aligned}$$

A manipulação algébrica nessa prova depende de leis básicas da aritmética (associativa, comutativa, distributiva) que podem ser provadas usando indução matemática.

16.18 Exemplo. (Identidade aditiva). Por indução matemática podemos demonstrar $0+x = x + 0$ (a partir das equações recursivas que definem a adição). Passo *zero* ou *base*: para $x = 0$ temos $0 + 0 = 0 + 0$ puramente por lógica. Passo *sucessor* ou *indutivo*: supondo que $0 + x = x + 0$, temos

$$\begin{aligned} 0 + x' &= (0 + x)' && \text{pela segunda equação recursiva da adição} \\ (0 + x)' &= (x + 0)' && \text{pela nossa suposição} \\ (x + 0)' &= x' = x' + 0 && \text{pela primeira equação recursiva da adição.} \end{aligned}$$

16.19 Exemplo. (Primeiro caso da comutatividade da adição). Analogamente, podemos demonstrar $1 + x = x + 1$, ou $0' + x = x + 0'$. *Base*: $0' + 0 = 0 + 0'$ pelo exemplo precedente. *Indução*: supondo que $0' + x = x + 0'$, temos

$0' + x' = (0' + x)'$	pela segunda equação recursiva da adição
$(0' + x)' = (x + 0')'$	por suposição
$(x + 0')' = (x + 0)''$	pela segunda equação recursiva da adição
$(x + 0)'' = x''$	pela primeira equação recursiva da adição
$x'' = (x' + 0)'$	pela primeira equação recursiva da adição
$(x' + 0)' = x' + 0'$	pela segunda equação recursiva da adição

Relegamos exemplos adicionais dessa espécie aos problemas no final do capítulo.

Uma vez que tenhamos as leis básicas da aritmética, podemos prosseguir demonstrando vários lemas elementares da teoria de números, tais como os fatos de que um divisor de um divisor de um número é um divisor desse número, que todo número tem um fator primo, que se um número primo divide um produto ele divide um de seus fatores, e que se dois números que não têm fatores primos em comum ambos dividem um número, então seu produto também divide. (O leitor talvez reconheça esses resultados como os que assumimos como dados na prova do Lema 16.5.) Uma vez que tenhamos suficientes lemas elementares, podemos prosseguir demonstrando teoremas mais substanciais da teoria de números, como o teorema de Lagrange do Exemplo 16.7.

Estreitamente relacionado ao princípio de indução matemática, tal como formulado acima, está o princípio de *indução completa*, segundo o qual podemos demonstrar que todo número tem alguma propriedade P demonstrando que zero tem P, e demonstrando que, assumindo que todo número $\leq x$ tem P, então o sucessor de x também tem P. Na verdade, a indução completa para uma propriedade P segue-se da aplicação de indução matemática à propriedade relacionada 'todo número $\leq x$ tem P' usando os fatos (Q7) de que zero é o único número ≤ 0, e (Q8) de que os únicos números $\leq x'$ são os números $\leq x$ e o próprio x'.

Um outro princípio relacionado é o *princípio da boa ordenação* (para os naturais), segundo o qual, se há algum número que tem alguma propriedade, então há um *menor* número que tem essa propriedade, um número tal que nenhum número menor que ele a tem. O princípio se segue do princípio da indução matemática da seguinte maneira. Considere alguma propriedade P tal que não há *nenhum* menor número com a propriedade P. Então, podemos usar indução para mostrar que, de fato, nenhum número tem a propriedade P. Fazemos isso de maneira um tanto indireta, mostrando primeiro, por indução, que para qualquer número x não há nenhum número menor do que x com a propriedade P. *Base*: não há nenhum número menor que zero com a propriedade P, porque, por (Q7), não há absolutamente nenhum número menor que zero. *Indução*: supondo que não há um número menor que x com a propriedade P, não pode haver nenhum número menor que o sucessor de x com a propriedade P, uma vez que, por (Q8), os únicos números menores que o sucessor de x são os números menores que x, os quais, por hipótese, não têm a propriedade, e o próprio x, o qual, se tivesse a propriedade, seria o *menor* número a tê-la. Agora que sabemos que, para qualquer número x, não há nenhum número y menor do que x com a propriedade, segue-se que não há nenhum número y com a propriedade, já que, tomando x como o sucessor de y, y é menor do que x e, portanto, não pode ter a propriedade.

(Inversamente, o princípio do menor número, juntamente com a dicotomia do Exemplo 16.17, gera o princípio de indução matemática. Pois se zero tem uma propriedade e o sucessor de qualquer número que tenha a propriedade também a tem, então nem zero nem qualquer sucessor pode ser o *menor* número que falha em ter a propriedade.)

Toda a nossa argumentação nesta seção, até agora, foi informal. Um conjunto mais adequado de axiomas formais para a teoria de números é fornecido pelo conjunto dos *axiomas da aritmética de Peano* – um conjunto infinito (mas recursivo primitivo) de axiomas consistindo nos axiomas de **Q** acrescidos de todas as sentenças da seguinte forma:

$$(A(\mathbf{0}) \,\&\, \forall x(A(x) \to A(x'))) \to \forall x A(x).$$

[Aqui, $A(x)$ pode conter outras variáveis livres $y_1, \ldots, y_n$, e o que realmente queremos dizer é

$$\forall y_1 \ldots \forall y_n((A(\mathbf{0}, y_1, \ldots, y_n) \,\&\, \forall x(A(x, y_1, \ldots, y_n) \to A(x', y_1, \ldots, y_n))) \to \forall x A(x, y_1, \ldots, y_n))$$

de acordo com a convenção tradicional de omitir os quantificadores universais iniciais nas fórmulas apresentadas.]

A teoria **P** da *aritmética de Peano* é o conjunto de todas as sentenças da linguagem da aritmética que são demonstráveis a partir desses axiomas (ou, equivalentemente, que são consequências deles). Uma regra no sentido de que todas as sentenças de certo tipo devem ser tomadas como axiomas é denominada um *esquema de axioma*. Com essa terminologia, diríamos que os axiomas da aritmética de Peano **P** consistem em finitamente muitos axiomas individuais (aqueles da aritmética minimal **Q**) acrescidos de um único esquema de axioma (o *esquema de indução* como acima). Na prática, os conjuntos de axiomas de maior interesse para os lógicos tendem a consistir em, no máximo, cerca de uma dúzia de axiomas individuais e, no máximo, muito poucos esquemas de axiomas, e assim, em particular, tais conjuntos de axiomas são recursivos primitivos.

Entre os axiomas de **P** estão, por exemplo, os seguintes:

$$(\mathbf{0} + \mathbf{0} = \mathbf{0} + \mathbf{0}\ \&$$
$$\forall x\,(\mathbf{0} + x = x + \mathbf{0} \to \mathbf{0} + x' = x' + \mathbf{0})) \to$$
$$\forall x\,\mathbf{0} + x = x + \mathbf{0}$$

e

$$(\mathbf{0}' + \mathbf{0} = \mathbf{0} + \mathbf{0}'\ \&$$
$$\forall x\,(\mathbf{0}' + x = x + \mathbf{0}' \to \mathbf{0}' + x' = x' + \mathbf{0}')) \to$$
$$\forall x\,\mathbf{0}' + x = x + \mathbf{0}'.$$

Usando esses axiomas em acréscimo aos axiomas de **Q**, as leis $\mathbf{0} + x = x + \mathbf{0}$ e $\mathbf{1} + x = x + \mathbf{1}$ são demonstráveis a partir dos axiomas de **P** por meio da 'formalização' da prova dessas leis apresentada acima como Exemplos 16.18 e 16.19. Além disso, para qualquer fórmula $F(x)$, o princípio do menor número para F, a saber,

$$\exists x F(x) \to \exists x(F(x)\ \&\ \forall y < x{\sim}F(y)),$$

é demonstrável a partir dos axiomas de **P**, mais uma vez 'formalizando-se' a prova dada anteriormente; e analogamente para a indução completa. Finalmente, as provas usuais de, digamos, o teorema de Lagrange em manuais de teoria dos números podem ser 'formalizadas' para fornecer provas a partir dos axiomas de **P**.

O método de prova por indução matemática é, de fato, um ingrediente das provas de essencialmente todos os principais teoremas em matemática, mas é talvez particularmente comum na *metamatemática*, o ramo da matemática que se ocupa em apresentar provas *sobre* o que se pode provar na matemática – o ramo ao qual pertence o presente livro. Estivemos usando esse método de prova o tempo todo, frequentemente de maneira disfarçada. Considere, por exemplo, a prova por indução em complexidade de fórmulas, da qual fizemos considerável uso. O que se faz com esse método é, falando sem rodeios, provar (como passo base) que qualquer fórmula atômica, isto é, qualquer fórmula contendo 0 ocorrências dos símbolos lógicos (negação, junções, quantificadores), tem uma certa propriedade, e então provar (como passo indutivo) que se todas as fórmulas não contendo mais do que n ocorrências dos símbolos lógicos têm a propriedade, então também a tem qualquer fórmula contendo n' tais ocorrências. A prova dessa última asserção é dividida em casos de acordo com qual seja o símbolo extra, uma negação, uma junção, ou um quantificador. Esse método de prova realmente é uma forma especial de prova por indução matemática.

Em nossa prova do Teorema 16.13, por exemplo, na seção precedente, todo passo envolvia alguma espécie de indução, embora a tenhamos expressado de modo muito casual, usando frases como 'continuando da mesma maneira'. Um modo menos casual de formular o segundo parágrafo da prova, por exemplo, seria o seguinte:

Pode ser provado por indução matemática que, se $m < n$, então $\mathbf{m} \neq \mathbf{n}$ é demonstrável a partir dos axiomas de **Q**. *Base*: se $0 < n$, então $\mathbf{0} \neq \mathbf{n}$ é demonstrável por (Q0) (uma vez que o numeral **n** termina em uma plica $'$). *Indução*: assumindo que $\mathbf{m} \neq \mathbf{n}$ é demonstrável sempre que $m < n$, se $m' < n'$, então mostramos que $\mathbf{m}' \neq \mathbf{n}$ é demonstrável como segue. Seja $n = k'$. Então $m < k$ e, por hipótese, $\mathbf{m} \neq \mathbf{k}$ é demonstrável. Mas $\mathbf{m}' = \mathbf{k}' \rightarrow \mathbf{m} = \mathbf{k}$, isto é, $\mathbf{m}' = \mathbf{n} \rightarrow \mathbf{m} = \mathbf{k}$, é demonstrável por (Q1). Segue-se puramente por lógica que $\mathbf{m}' \neq \mathbf{n}$ é demonstrável.

Neste exemplo, estamos usando indução ('na metalinguagem') para provar algo sobre uma teoria que não tem indução como um axioma ('na linguagem-objeto'): nós demonstramos que algo é um teorema de **Q**, para todo m, provando que é um teorema para 0, e que se é um teorema para m, então é um teorema para m'. Mais uma vez, esse tipo de prova pode ser 'formalizado' em **P**.

16.4* Aritmética de Robinson

Esta seção opcional é dirigida aos leitores que desejam comparar nosso tratamento dos assuntos com que nos ocupamos neste capítulo com outros tratamentos na literatura. Na literatura, o rótulo **Q** é frequentemente usado para fazer referência não à nossa aritmética minimal, mas a um outro sistema, denominado *aritmética de Robinson*, para o qual usaremos o rótulo **R**. Para obter os axiomas de **R** a partir daqueles de **Q**, acrescente

(Q0) $$x = \mathbf{0} \vee \exists y x = y'$$

e substitua (Q7)–(Q10) por

(Q11) $$x < y \leftrightarrow \exists z(z' + x = y).$$

Já mencionamos um modelo não *standard* para **Q** que é extremamente natural, chamado o sistema dos números ordinais, no qual (Q0) falha. Há também um modelo não *standard* extremamente natural para **R**, chamado o sistema dos *números cardinais*, no qual (Q10) falha; embora fosse nos tomar muito tempo desenvolver esse modelo aqui, uma versão simplificada é suficiente para mostrar que alguns teoremas de **Q** não são teoremas de **R**. Assim **Q** é sob alguns aspectos mais fraca e sob alguns aspectos mais forte do que **R**, e vice-versa.

Pelo Teorema 16.16 toda função recursiva é representável em **Q**. Uma releitura cuidadosa da prova revela que todos os fatos que ela requer sobre ordem são esses, que os seguintes sejam teoremas:

(1) $\mathbf{a} < \mathbf{b}$, sempre que $a < b$

(2) $\sim x < \mathbf{0}$

(3) $\mathbf{0} < y \leftrightarrow y \neq \mathbf{0}$

e para qualquer b, o seguinte:

(4) $x < \mathbf{b}' \rightarrow x < \mathbf{b} \vee x = \mathbf{b}$

(5) $\mathbf{b} < y \,\&\, y \neq \mathbf{b}' \rightarrow \mathbf{b}' < y.$

Claramente, (1) é um teorema de **R**, uma vez que, se $a < b$, então, para algum c, $c' + a = b$, e então $\mathbf{c}' + \mathbf{a} = \mathbf{b}$ é uma consequência de (Q1)–(Q4). Também (2), que é o axioma (Q7), é um teorema de **R**. Com efeito, primeiro, $z' + \mathbf{0} = z' \neq \mathbf{0}$ por (Q3) e (Q1), que nos dá $\sim\mathbf{0} < \mathbf{0}$, e então, segundo, $z' + y' = (z' + y')' \neq \mathbf{0}$ por (Q4) e (Q1), que nos dá $\sim y' < \mathbf{0}$. Mas esses dois, juntamente com (Q0), dão-nos (2). Também (3), que é o axioma (Q9), é um teorema de **R**. Pois $\mathbf{0} < y \rightarrow y \neq \mathbf{0}$ segue-se de $\sim\mathbf{0} < \mathbf{0}$ e, para a direção oposta, (Q0) nos dá $y \neq \mathbf{0} \rightarrow \exists z(y = z')$, ao passo que (Q3) nos dá $y = z' \rightarrow z' + \mathbf{0} = y$, e (Q11) nos dá $\exists z(z' + \mathbf{0} = y) \rightarrow \mathbf{0} < y$, e (3) é uma consequência lógica desses três.

Resulta que (4) e (5) também são teoremas de **R** e, portanto, que toda função recursiva é representável em **R**. As provas foram deixadas para os problemas no final do capítulo porque não necessitamos quaisquer resultados acerca de **R** para nossas investigações posteriores. Tudo que precisamos para os propósitos de demonstrar, no próximo capítulo, os célebres teoremas de incompletude de Gödel, bem como os lemas e corolários que os acompanham, é que haja *alguma* teoria correta e finitamente axiomatizável na linguagem da aritmética na qual todas as funções recursivas sejam representáveis. Escolhemos a aritmética minimal porque a representabilidade é mais fácil de demonstrar para ela; exceto a esse respeito, a aritmética de Robinson realmente não teria sido nem pior nem melhor.

Problemas

16.1 Mostre que a classe de relações aritméticas é fechada sob substituição de funções totais recursivas. Em outras palavras, se P é um conjunto aritmético e f é uma função total recursiva, e se $Q(x) \leftrightarrow P(f(x))$, então Q é um conjunto aritmético, e analogamente para relações e funções n-árias.

16.2 Mostre que a classe de relações aritméticas é fechada sob negação, conjunção, disjunção, e quantificação universal e existencial, e, em particular, que toda relação semirrecursiva é aritmética.

16.3 Uma teoria T é inconsistente se para alguma sentença A, tanto A quanto $\sim A$ são teoremas de T. Uma teoria T na linguagem de aritmética é denominada *ω-inconsistente* se, para alguma fórmula $F(x)$, $\exists x F(x)$ é um teorema de T, mas também o é $\sim F(\mathbf{n})$ para cada número natural n. Seja T uma teoria na linguagem da aritmética que estende **Q**. Mostre que:

(**a**) Se T demonstra qualquer sentença $\forall$-rudimentar incorreta, então T é inconsistente.

(**b**) Se T demonstra qualquer sentença $\exists$-rudimentar incorreta, então T é ω-inconsistente.

16.4 Estenda o Teorema 16.13 para sentenças $\exists$-rudimentares generalizadas.

16.5 Seja R o conjunto de triplas (m, a, b) tais que m codifica uma fórmula $\phi(x, y)$ e **Q** prova

$$\forall y(\phi(\mathbf{a}, y) \leftrightarrow y = \mathbf{b}).$$

Mostre que R é semirrecursivo.

16.6 Para R como no problema precedente, mostre que R é o gráfico de uma função parcial binária.

16.7 Uma *função universal* é uma função binária parcial recursiva F tal que, para qualquer função unária recursiva f, total ou parcial, há um m tal que $f(a) = F(m, a)$ para todo a. Mostre que existe uma função universal.

O resultado do problema precedente já foi demonstrado de maneira completamente diferente (usando a teoria das máquinas de Turing) no capítulo 8 *como Teorema* 8.5. *Depois de completar o problema precedente, leitores que pularam a seção* 8.3 *podem retornar a ela, e aos problemas relacionados no final do capítulo* 8.

16.8 Um conjunto P é (*positivamente*) *semidefinível* em uma teoria T por uma fórmula $\phi(x)$ se para todo n, $\phi(\mathbf{n})$ é um teorema de T se e somente se n está em P. Mostre que todo conjunto semirrecursivo é (positivamente) semidefinível em **Q** e em qualquer extensão ω-consistente de **Q**.

16.9 Seja T uma teoria consistente e axiomatizável contendo **Q**. Mostre que:

(**a**) Todo conjunto (positivamente) semidefinível em T é semirrecursivo.

(**b**) Todo conjunto definível em T é recursivo.

(**c**) Toda função total representável em T é semirrecursiva.

16.10 Usando as equações recursivas para a adição, prove:

(**a**) $x + (y + 0) = (x + y) + 0$

(**b**) $x + (y + z) = (x + y) + z \rightarrow x + (y + z') = (x + y) + z'$.

A *lei associativa* para a adição,

$$x + (y + z) = (x + y) + z$$

segue-se então por indução matemática ('em z'). (Você pode argumentar informalmente, como no início da seção 16.3. As provas podem ser 'formalizadas' em **P**, mas não estamos pedindo a você para fazer isso.)

16.11 Continuando o problema anterior, prove:

(**c**) $x' + y = (x + y)'$
(**d**) $x + y = y + x$.

Esta última é a *lei comutativa* para a adição.

16.12 Continuando os problemas anteriores, demonstre as *leis associativas* e *distributivas* e *comutativas* para a multiplicação:

(**e**) $x \cdot (y + z) = x \cdot y + x \cdot z$
(**f**) $x \cdot (y \cdot z) = (x \cdot y) \cdot z$
(**g**) $x \cdot y = y \cdot x$.

16.13 (**a**) Considere a seguinte relação de ordem não *standard* nos números naturais: $m <_1 n$ se e somente se m é ímpar e n é par, ou m e n têm a mesma paridade (são ambos pares ou ambos ímpares) e $m < n$. Mostre que, se há um número natural que tem a propriedade P, então há um $<_1$-menor número que a tem.

(**b**) Considere a seguinte ordem sobre pares de números naturais: $(a, b) <_2 (c, d)$ se e somente se $a < c$ ou tanto $a = c$ quanto $b < d$. Mosre que, se há um par de números naturais tendo a propriedade P, então há um $<_2$-menor tal par.

(**c**) Considere a seguinte ordem sobre sequências finitas de números naturais: $(a_0, \ldots, a_m) <_3 (b_0, \ldots, b_n)$ se e somente se ou $m < n$ ou tanto $m = n$ quanto a seguinte condição vale: que ou $a_m < b_m$ ou então, para algum $i < m$, $a_i < b_i$ enquanto para $j > i$ nós temos $a_j = b_j$. Mostre que, se há uma sequência de números naturais tendo a propriedade P, então há uma $<_3$-menor tal sequência.

16.14 Considere uma interpretação não padrão da linguagem $\{\mathbf{0}, ', \mathbf{<}\}$ na qual o domínio é o conjunto dos números naturais, mas a denotação de $\mathbf{<}$ é a relação $<_1$ do Problema 16.13(a). Mostre que, dando denotações adequadas a $\mathbf{0}$ e $'$, pode-se tornar os axiomas (Q1)–(Q2) e (Q7)–(Q10) de **Q** verdadeiros, ao passo que a sentença $\forall x(x = \mathbf{0} \vee \exists y\, x = y')$ resulta falsa.

16.15 Considere uma interpretação não padrão da linguagem $\{\mathbf{0}, ', \mathbf{<}, \mathbf{+}\}$ na qual o domínio é o conjunto dos pares de números naturais, e a denotação de $\mathbf{<}$ é a relação $<_2$ do Problema 16.13(b). Mostre que, dando denotações adequadas a $\mathbf{0}$ e $'$ e $+$, pode-se tornar os axiomas (Q1)–(Q4) e (Q7)–(Q10) de **Q** verdadeiros, ao passo que tanto a sentença do problema precedente quanto a sentença $\forall y(\mathbf{1} + y = y + \mathbf{1})$ resultam falsas.

16.16 Considere uma interpretação não padrão da linguagem $\{\mathbf{0}, ', +, \cdot, <\}$ na qual o domínio é o conjunto dos números naturais acrescido de um objeto adicional ∞, em que as relações e operações nos números naturais são as usuais, $\infty' = \infty$, $x + \infty = \infty + x = \infty$ para qualquer x, $0 \cdot \infty = \infty \cdot 0 = 0$ mas $x \cdot \infty = \infty \cdot x = \infty$ para qualquer $x \neq 0$, e $x < \infty$ para todo x, mas não $\infty < y$ para qualquer $y \neq \infty$. Mostre que os axiomas (Q0)–(Q9) e (Q11) são verdadeiros nessa interpretação, mas não o axioma (Q10).

16.17 Mostre que, como afirmado na prova do Lema 16.14, para cada m o seguinte é um teorema de **Q**:

$$\mathbf{m} < y \leftrightarrow (y \neq \mathbf{0} \ \& \ y \neq \mathbf{1} \ \& \ldots \& \ y \neq \mathbf{m}).$$

16.18 Mostre que se os axiomas da indução forem acrescentados a (Q1)–(Q8), então (Q9) e (Q10) tornam-se teoremas.

Os problemas a seguir dizem respeito à seção opcional 16.4.

16.19 Mostre que são teoremas de **R**, para qualquer b:

(a) $x' + \mathbf{b} = x + \mathbf{b}'$
(b) $\mathbf{b} < x \rightarrow \mathbf{b}' < x'$
(c) $x' < y' \rightarrow x < y$.

16.20 Mostre que são teoremas de **R**, para qualquer b:

(a) $x < \mathbf{b}' \rightarrow x < \mathbf{b} \vee x = \mathbf{b}$
(b) $\mathbf{b} < y \ \& \ y \neq \mathbf{b}' \rightarrow \mathbf{b}' < y$.

16.21 Mostre que acrescentar a indução a **R** produz a mesma teoria (a aritmética de Peano **P**) que acrescentar a indução a **Q**.

17

Indefinibilidade, indecidibilidade, incompletude

Estamos agora em posição de apresentar um tratamento unificado de alguns dos resultados negativos centrais da lógica: o teorema de Tarski *sobre a indefinibilidade da verdade, o* teorema de Church *sobre a indecidibilidade da lógica, e o* primeiro teorema de incompletude de Gödel, *segundo o qual, falando de modo aproximado, qualquer sistema formal da aritmética suficientemente forte é incompleto (se for consistente). Esses teoremas podem todos ser vistos como consequências mais ou menos diretas de um único lema extraordinariamente engenhoso, o* lema diagonal de Gödel. *Esse lema, e os vários resultados negativos sobre os limites da lógica que deles se seguem, serão apresentados na seção 17.1. Essa apresentação será seguida por uma discussão, na seção 17.2, de alguns exemplos particulares clássicos de sentenças que não podem ser nem demonstradas nem refutadas em teorias da aritmética tais como* **Q** *ou* **P**. *Mais exemplos desse tipo serão apresentados na seção opcional 17.3. De acordo com o* segundo teorema de incompletude de Gödel, *o tópico do próximo capítulo, tais exemplos incluem também a sentença que afirma que* **P** *é consistente.*

17.1 O lema diagonal de Gödel e os teoremas limitativos

Pelos resultados do capítulo precedente sobre a representabilidade de funções recursivas, podemos 'falar sobre' tais funções no interior de um sistema formal de aritmética. Pelos resultados do capítulo anterior a esse, sobre a aritmetização da sintaxe, podemos 'falar sobre' sentenças e provas em um sistema formal de aritmética em termos de funções recursivas. Colocando as duas coisas juntas, podemos 'falar sobre' sentenças e provas em um sistema formal de aritmética *dentro do próprio sistema formal de aritmética.* Essa é a chave para o lema principal desta seção, o lema diagonal.

Até novo aviso, todas as fórmulas, sentenças, teorias etc. serão fórmulas, sentenças, teorias, ou o que seja, da linguagem da aritmética. Dada qualquer expressão A da linguagem da aritmética, introduzimos no capítulo 15 um número de código para A, denominado o número de Gödel de A. Se a é esse número, então o numeral **a** para a, consistindo em **0** seguido por a plicas $'$, é naturalmente chamado o *numeral de Gödel* para A. Escrevemos $\ulcorner A \urcorner$ para esse numeral de código para A. No que segue, veremos que $\ulcorner A \urcorner$ funciona, de certa forma, como um nome para A.

Definimos como a *diagonalização* de A a expressão $\exists x(x = \ulcorner A \urcorner \,\&\, A)$. Ao passo que essa noção faz sentido para expressões arbitrárias, ela é do maior interesse no caso de uma fórmula $A(x)$ que tem livre somente a variável x. Uma vez que, em geral, $F(t)$ é equivalente a $\exists x(x = t \,\&\, F(x))$, no caso em que A é uma tal fórmula, a diagonalização de A é uma sentença equivalente a $A(\ulcorner A \urcorner)$, o resultado de substituir a variável livre em A pelo numeral de código para a própria A. Nesse caso, a diagonalização 'diz que' A é satisfeita por seu próprio número de Gödel, ou mais precisamente, a diagonalização será verdadeira na interpretação padrão se e somente se A é satisfeita por seu próprio número de Gödel na interpretação padrão.

17.1 Lema. (Lema diagonal). Seja T uma teoria contendo **Q**. Então, para qualquer fórmula $B(y)$, há uma sentença G tal que $\vdash_T G \leftrightarrow B(\ulcorner G \urcorner)$.

Demonstração: Há uma função recursiva (primitiva), diag, tal que se a é o número de Gödel de uma expressão A, então diag(a) é o número de Gödel da diagonalização de A. Na verdade, já vimos antes quase exatamente a função que queremos, na prova do Corolário 15.6. Recordando que, oficialmente, $x = y$ deve ser escrita $=(x, y)$, pode-se ver que ela é

$$\text{diag}(y) = \text{quantex}(v, \text{conj}(i * l * v * c * \text{num}(y) * r, y)),$$

em que v é o número de código para a variável, i, l, r e c para o sinal de igualdade, parênteses esquerdo e direito, e vírgula, e quantex, conj e num são como na Proposição 15.1 e Corolário 15.6.

Se T é uma teoria estendendo **Q**, então diag é representável em T pelo Teorema 16.16. Seja $\text{Diag}(x, y)$ a fórmula representando diag, de modo que, para quaisquer m e n, se $\text{diag}(m) = n$, então $\vdash_T \forall y(\text{Diag}(\mathbf{m}, y) \leftrightarrow y = \mathbf{n})$.

Seja $A(x)$ a fórmula $\exists y(\text{Diag}(x, y) \,\&\, B(y))$. Seja a o número de Gödel de $A(x)$, e **a** seu numeral de Gödel. Seja G a sentença $\exists x(x = \mathbf{a} \,\&\, \exists y(\text{Diag}(x, y) \,\&\, B(y)))$.

Assim, G é $\exists x(x = \mathbf{a} \,\&\, A(x))$, e é logicamente equivalente a $A(\mathbf{a})$ ou $\exists y(\text{Diag}(\mathbf{a}, y) \,\&\, B(y))$. O bicondicional $G \leftrightarrow \exists y(\text{Diag}(\mathbf{a}, y) \,\&\, B(y))$ é, portanto, válido e, como tal, demonstrável em qualquer teoria, de modo que temos

$$\vdash_T G \leftrightarrow \exists y(\text{Diag}(\mathbf{a}, y) \,\&\, B(y)).$$

Seja g o número de Gödel de G, e **g** seu numeral de Gödel. Uma vez que G é a diagonalização de $A(x)$, $\text{diag}(a) = g$ e assim temos

$$\vdash_T \forall y(\text{Diag}(\mathbf{a}, y) \leftrightarrow y = \mathbf{g}).$$

Segue-se que

$$\vdash_T G \leftrightarrow \exists y(y = \mathbf{g} \,\&\, B(y)).$$

Uma vez que $\exists y(y = \mathbf{g}\ \&\ B(y))$ é logicamente equivalente a $B(\mathbf{g})$, temos

$$\vdash_T \exists y(y = \mathbf{g}\ \&\ B(y)) \leftrightarrow B(\mathbf{g}).$$

Segue-se que

$$\vdash_T G \leftrightarrow B(\mathbf{g}),$$

ou, em outras palavras, $\vdash_T G \leftrightarrow B(\ulcorner G \urcorner)$, como exigido.

17.2 Lema. Seja T uma teoria consistente estendendo **Q**. Então o conjunto de números de Gödel de teoremas de T não é definível em T.

Demonstração: Seja T uma extensão de **Q**. Suponhamos que $\theta(y)$ define o conjunto Θ de números de Gödel de sentenças em T. Pelo lema diagonal, há uma sentença G tal que

$$\vdash_T G \leftrightarrow \sim\theta(\ulcorner G \urcorner).$$

Em outras palavras, estipulando que g é o número de Gödel de G, e $\mathbf{g}$ seu numeral de Gödel, temos

$$\vdash_T G \leftrightarrow \sim\theta(\mathbf{g}).$$

Então G é um teorema de T. Pois se assumirmos que G não é um teorema de T, então g não está em Θ, e uma vez que $\theta(y)$ define Θ, temos $\vdash_T \sim\theta(\mathbf{g})$; mas então, visto que $\vdash_T G \leftrightarrow \sim\theta(\mathbf{g})$, temos $\vdash_T G$ e G é um teorema de T afinal de contas. Mas uma vez que G é um teorema de T, g está em Θ, e então temos $\vdash_T \theta(\mathbf{g})$; mas então, como $\vdash_T G \leftrightarrow \sim\theta(\mathbf{g})$, temos $\vdash_T \sim G$, e T é inconsistente.

Agora os 'teoremas limitativos' começam a sair em rápida sucessão.

17.3 Teorema. (Teorema de Tarski). O conjunto de números de Gödel de sentenças da linguagem da aritmética que são corretas, ou verdadeiras na interpretação padrão, não é aritmeticamente definível.

Demonstração: O conjunto T em questão é a teoria que estivemos chamando de aritmética verdadeira. Ela é uma extensão consistente de **Q**, e definibilidade aritmética é simplesmente definibilidade nessa teoria, de modo que o teorema segue-se imediatamente do Lema 17.2.

17.4 Teorema. (Indecidibilidade da aritmética). O conjunto de números de Gödel de sentenças da linguagem da aritmética que são corretas, ou verdadeiras na interpretação padrão, não é recursivo.

Demonstração: Isso se segue do Teorema 17.3 e do fato de que todos os conjuntos recursivos são definíveis na aritmética.

Assumindo a tese de Church, isso significa que o conjunto em questão não é efetivamente decidível: não há regras – de um tipo cuja execução exija somente diligência e persistência, e não engenhosidade e perspicácia – que tenham a propriedade de que, aplicadas a qualquer sentença da linguagem da aritmética, dirão, cedo ou tarde, se a sentença é ou não correta.

17.5 Teorema. (Teorema da indecidibilidade essencial). Nenhuma extensão consistente de **Q** é decidível (e, em particular, a própria **Q** é indecidível).

Demonstração: Suponhamos que T seja uma extensão consistente de **Q** (em particular, T poderia simplesmente ser a própria **Q**). Então, pelo Lema 17.2, o conjunto Θ de números de Gödel de teoremas de T não é definível em T. Agora, novamente como na prova do Teorema 17.4, invocamos o fato de que todo conjunto recursivo é definível em T. Assim, o conjunto Θ não é recursivo, o que significa que T não é decidível.

17.6 Teorema. (Teorema de Church). O conjunto de sentenças válidas não é decidível.

Demonstração: Seja C a conjunção de todos os axiomas de **Q**. Então uma sentença A é um teorema de **Q** se e somente se A é uma consequência de C, logo, se e somente se $({\sim}C \vee A)$ é válida. A função f que leva o número de Gödel de A naquele de $({\sim}C \vee A)$ é recursiva [ela é simplesmente $f(y) = \text{disj}(\text{neg}(c), y)$, na notação da prova da Proposição 15.1]. Se o conjunto Λ de sentenças logicamente válidas fosse recursivo, o conjunto K de números de Gödel de teoremas de **Q** poderia ser obtido dele pela substituição da função recursiva f, uma vez que a está em K se e somente se $f(a)$ está em Λ, e assim seria recursivo, o que não é pelo Teorema 17.5.

Os conjuntos de sentenças válidas, e de teoremas de qualquer teoria axiomatizável, são semirrecursivos pelos Corolários 15.4 e 15.5, e intuitivamente, é claro, ambos são *positivamente* efetivamente semidecidíveis: em princípio, se não na prática, apenas procurando por entre todas as demonstrações (ou todas as provas a partir de axiomas da teoria), *se* uma sentença é válida (ou um teorema da teoria), cedo ou tarde isso vai ser descoberto. Mas os Teoremas 17.5 e 17.6 nos dizem que esses conjuntos não são recursivos, e assim, pela tese de Church, não são efetivamente decidíveis.

17.7 Teorema. (Primeiro teorema de incompletude de Gödel). Não há nenhuma extensão axiomatizável, consistente e completa de **Q**.

Demonstração: Qualquer teoria axiomatizável completa é decidível pelo Corolário 15.7, mas nenhuma extensão consistente de **Q** é decidível pelo Teorema 17.5.

O significado do primeiro teorema de incompletude de Gödel é por vezes expresso nas palavras 'qualquer sistema formal da aritmética (ou da matemática) que seja suficientemente forte é incompleto, a menos que seja inconsistente'. Entende-se aqui por 'sistema formal' uma teoria cujos teoremas sejam deriváveis pelas regras de derivação lógica a partir de um conjunto de axiomas que é efetivamente decidível e, portanto, (assumindo a tese de Church) recursivo. Assim, 'sistema formal' equivale a 'teoria axiomatizável', e 'sistema formal da aritmética' equivale a 'teoria axiomatizável na linguagem da aritmética'. O primeiro teorema de incompletude de Gödel, na versão por nós apresentada, indica uma condição suficiente para ser 'suficientemente forte', a saber, ser uma extensão de **Q**. Uma vez que **Q** é uma teoria comparativamente fraca, essa versão do primeiro teorema de incompletude de Gödel é um resultado correspondentemente forte.

Ora, pode bem ser que o domínio das interpretações pretendidas de um sistema formal da matemática seja um conjunto mais inclusivo do que o conjunto dos números naturais, e pode bem ser que esse sistema não tenha símbolos especificamente para 'menor que' e os outros itens para os quais há símbolos na linguagem da aritmética. Assim, o princípio de que quaisquer dois números naturais são comparáveis no que concerne à ordenação poderia não ser expresso pela sentença

$$\forall x \forall y(x < y \lor x = y \lor y < x).$$

Ainda assim, é razoável entender 'suficientemente forte' como implicando que esse princípio possa *de alguma maneira* ser expresso na linguagem da teoria, talvez por uma sentença

$$\forall x(N(x) \to \forall y(N(y) \to (L(x,y) \lor x = y \lor L(y,x))))$$

em que $N(x)$ apropriadamente exprime 'x é um número natural' e $L(x,y)$ apropriadamente exprime 'x é menor que y'. Além do mais, a sentença que assim 'traduz' esse ou qualquer outro axioma de **Q** deveria ser um teorema da teoria. Isso ocorre, por exemplo, com os sistemas formais considerados em obras sobre teoria dos conjuntos, como aquele conhecido como **ZFC**, que são adequados para formalizar essencialmente todas as provas matemáticas aceitas. Quando a noção de 'tradução' é tornada precisa, pode-se mostrar que qualquer sistema formal da matemática 'suficientemente forte' no sentido em que estivemos indicando ainda é sujeito aos teoremas limitativos deste capítulo. Em particular, se consistente, será incompleto.

Talvez a consequência mais importante do teorema da incompletude é o que ele diz sobre as noções de *verdade* (na interpretação padrão) e *demonstrabilidade* (em um sistema formal): *que não são, em nenhum sentido, a mesma.*

17.2 Sentenças indecidíveis

Dizemos que uma sentença na linguagem de uma teoria T é *refutável* se sua negação é *demonstrável* em T, e que é *indecidível em* ou *por* ou *para* T se não é nem demonstrável nem refutável em T. (Não confunda a noção de uma sentença indecidível com aquela de uma teoria indecidível. A aritmética verdadeira, por exemplo, é uma teoria indecidível que não tem nenhuma sentença indecidível: as sentenças de sua linguagem que são verdadeiras na interpretação padrão são todas demonstráveis, e aquelas que são falsas são todas refutáveis.) Se T é uma teoria na linguagem da aritmética que é consistente, axiomatizável e uma extensão de **Q**, então T é uma teoria indecidível pelo Teorema 17.5, e existem sentenças indecidíveis para T pelo Teorema 17.7. Nossa prova desse último teorema, contudo, não exibe nenhum exemplo de uma sentença que é indecidível para T. Uma questão imediata é: podemos encontrar algum exemplo específico disso?

Para fazê-lo, usamos o fato de que o conjunto de sentenças que são demonstráveis e o conjunto de sentenças que são refutáveis a partir de qualquer conjunto recursivo de axiomas é semirrecursivo, e que todos os conjuntos semirrecursivos são definíveis por fórmulas $\exists$-rudimentares. Segue-se que há fórmulas $\mathrm{Dem}_T(x)$ e $\mathrm{Reftvl}_T(x)$ das formas $\exists y\,\mathrm{Demst}_T(x, y)$ e $\exists y\,\mathrm{Ref}_T(x, y)$, respectivamente, com Demst e Ref rudimentares, tais que $\vdash_T A$ se e somente se a sentença $\mathrm{Dem}_T(\ulcorner A \urcorner)$ é correta ou verdadeira na interpretação padrão e, portanto, se e somente se, para algum b, a sentença $\mathrm{Demst}_T(\ulcorner A \urcorner, \mathbf{b})$ é correta ou – o que é equivalente para sentenças rudimentares – demonstrável em **Q** e em T; e analogamente para refutabilidade. $\mathrm{Demst}_T(x, y)$ poderia ser lida como 'y é uma testemunha da demonstrabilidade de x em T'.

Pelo lema da diagonalização, há uma sentença G_T tal que

$$\vdash_T G_T \leftrightarrow \sim\exists y\,\mathrm{Demst}_T(\ulcorner G_T \urcorner, y)$$

e uma sentença R_T tal que

$$\vdash_T R_T \leftrightarrow \forall y(\mathrm{Demst}_T(\ulcorner R_T \urcorner, y) \rightarrow \exists z < y\,\mathrm{Ref}_T(\ulcorner R_T \urcorner, z)).$$

Uma sentença G_T dessa forma é denominada uma *sentença de Gödel* para T, e uma sentença R_T, uma *sentença de Rosser* para T. Assim, uma sentença de Gödel 'diz de si mesma que' ela é indemonstrável, e uma sentença de Rosser 'diz de si mesma que', se houver uma testemunha de sua demonstrabilidade, então há uma testemunha anterior de sua refutabilidade.

17.8 Teorema. Seja T uma extensão consistente, axiomatizável de **Q**. Então uma sentença de Rosser para T é indecidível em T.

Demonstração: Suponhamos que a sentença de Rosser R_T seja demonstrável em T. Então há algum n que testemunha a demonstrabilidade de R_T. Uma vez que T é consistente, $\sim R_T$ não é também demonstrável e, assim, nenhum m testemunha a refutabilidade de R_T e, em particular, nenhum $m < n$ o faz. Segue-se que a sentença rudimentar

$$\mathrm{Demst}_T(\ulcorner R_T \urcorner, \mathbf{n})\ \&\ \sim\exists z < \mathbf{n}\,\mathrm{Ref}_T(\ulcorner R_T \urcorner, z)$$

é correta e, como tal, é demonstrável a partir dos axiomas de **Q** e, portanto, de T. Em outras palavras, temos

$$\vdash_T \text{Demst}_T(\ulcorner R_T \urcorner, \mathbf{n}) \mathbin{\&} {\sim}\exists z < \mathbf{n}\, \text{Ref}_T(\ulcorner R_T \urcorner, z),$$

ao passo que, uma vez que R_T é uma sentença de Rosser, nós também temos

$$\vdash_T R_T \leftrightarrow \forall y(\text{Demst}_T(\ulcorner R_T \urcorner, y) \rightarrow \exists z < y\, \text{Ref}(\ulcorner R_T \urcorner, z)).$$

Puramente por lógica, segue-se que

$$\vdash_T {\sim}R_T.$$

Mas então T é inconsistente, se tanto R_T quanto ${\sim}R_T$ são demonstráveis, contrariamente à hipótese. Essa contradição mostra que R_T não pode ser demonstrável.

Suponhamos que a sentença de Rosser R_T seja refutável em T. Então há algum m que testemunha a refutabilidade de R_T. Uma vez que T é consistente, R_T não é também demonstrável e, assim, nenhum n testemunha a demonstrabilidade de R_T; em particular, nenhum $n \leq m$ o faz. Segue-se que as fórmulas rudimentares

$$\text{Ref}_T(\ulcorner R_T \urcorner, \mathbf{m})$$
$$\forall x((x < \mathbf{m} \vee x = \mathbf{m}) \rightarrow {\sim}\text{Demst}_T(\ulcorner R_T \urcorner, x))$$

são corretas e, portanto, demonstráveis em T. Em outras palavras, temos

$$\vdash_T \text{Ref}_T(\ulcorner R_T \urcorner, \mathbf{m})$$
$$\vdash_T \forall y((y < \mathbf{m} \vee y = \mathbf{m}) \rightarrow {\sim}\text{Demst}_T(\ulcorner R_T \urcorner, y)).$$

Puramente por lógica, segue-se da primeira dessas que

$$\vdash_T \forall y(\mathbf{m} < y \rightarrow \exists z < y\, \text{Ref}_T(\ulcorner R_T \urcorner, z)).$$

Como teorema de **Q**, temos também

$$\vdash_T \forall y(y < \mathbf{m} \vee y = \mathbf{m} \vee \mathbf{m} < y).$$

Segue-se meramente por lógica que

$$\vdash_T \forall y(\text{Demst}_T(\ulcorner R_T \urcorner, y) \rightarrow \exists z < y\, \text{Ref}(\ulcorner R_T \urcorner, z))$$

e portanto $\vdash_T R_T$, e T é inconsistente, uma contradição que mostra que R_T não pode ser refutável em T.

Uma teoria T é denominada ω-inconsistente se e somente se para alguma fórmula $F(x)$, $\vdash_T \exists x F(x)$ mas $\vdash_T {\sim}F(\mathbf{n})$ para todo número natural n, e denominada ω-consistente se e somente se não é ω-inconsistente. Assim, uma teoria ω-inconsistente 'afirma' que há algum número com a propriedade expressa por F, mas então 'nega' que zero é esse número, que um é esse número, que dois é esse número, e assim por diante. Uma vez que $\exists x F(x)$ e ${\sim}F(\mathbf{0})$, ${\sim}F(\mathbf{1})$, ${\sim}F(\mathbf{2})$, ... não podem todas ser corretas, qualquer teoria ω-inconsistente deve ter alguns teoremas incorretos. Mas uma teoria ω-inconsistente não precisa ser inconsistente. (Um exemplo de uma teoria consistente, mas ω-inconsistente, será dado brevemente.)

17.9 Teorema. Seja T uma extensão consistente e axiomatizável de $\mathbf{Q}$. Então uma sentença de Gödel para T é indemonstrável em T e, se T é ω-consistente, também é irrefutável em T.

Demonstração: Suponhamos que a sentença de Gödel G_T seja demonstrável em T. Então a sentença $\exists$-rudimentar $\exists y\,\mathrm{Demst}_T(\ulcorner G_T \urcorner, y)$ é correta, e assim demonstrável em T. Mas uma vez que G_T é uma sentença de Gödel, $G_T \leftrightarrow {\sim}\exists y\,\mathrm{Demst}_T(\ulcorner G_T \urcorner, y)$ é também demonstrável em T. Segue-se, meramente por lógica, que ${\sim}G_T$ é demonstrável em T, e T é inconsistente, uma contradição, o que mostra que G_T não é demonstrável em T.

Suponhamos que a sentença G_T seja refutável em T. Então, ${\sim}{\sim}\exists y\,\mathrm{Demst}_T(\ulcorner G_T \urcorner, y)$ e, portanto, $\exists y\,\mathrm{Demst}_T(\ulcorner G_T \urcorner, y)$ é demonstrável em T. Contudo, pela consistência, G_T não é demonstrável em T, e assim, para qualquer n, n não é uma testemunha da demonstrabilidade de G_T, e assim a sentença rudimentar ${\sim}\mathrm{Demst}_T(\ulcorner G_T \urcorner, \mathbf{n})$ é correta e portanto demonstrável em $\mathbf{Q}$ e, portanto, em T. Mas isso significa que T é ω-consistente, uma contradição, o que mostra que G_T não é refutável em T.

Para um exemplo de uma teoria consistente, mas ω-inconsistente, considere a teoria $T = \mathbf{Q} + {\sim}G_Q$ consistindo em todas as consequências dos axiomas de $\mathbf{Q}$ junto com ${\sim}G_Q$ ou ${\sim}{\sim}\exists y\,\mathrm{Demst}_Q(\ulcorner G_Q \urcorner, y)$. Uma vez que G_Q não é um teorema de $\mathbf{Q}$, essa teoria T é consistente. É claro que $\exists y\,\mathrm{Demst}_Q(\ulcorner G_Q \urcorner, y)$ é um teorema de T. Mas para qualquer n particular, a sentença rudimentar ${\sim}\mathrm{Demst}_Q(\ulcorner G_Q \urcorner, \mathbf{n})$ é correta, e portanto demonstrável em qualquer extensão de $\mathbf{Q}$, incluindo T.

Historicamente, o Teorema 17.9 veio primeiro, e o Teorema 17.8 foi um refinamento posterior. Correspondentemente, a sentença de Rosser é às vezes denominada a *sentença de Gödel–Rosser*. Subsequentemente, muitos outros exemplos de sentenças indecidíveis foram apresentados. Vários exemplos interessantes serão discutidos na seção opcional a seguir e, o exemplo mais importante, no próximo capítulo.

17.3* Sentenças indecidíveis sem o lema da diagonal

O lema da diagonal, que foi usado para construir as sentenças de Gödel e de Rosser, é em certo sentido a ideia mais brilhante na prova do primeiro teorema de incompletude, e é fortemente enfatizado em textos de popularização. Contudo, a possibilidade de implementar a ideia desse lema, de construir uma sentença que diz de si mesma que é indemonstrável, depende do aparato da aritmetização da sintaxe e da representabilidade de funções recursivas. Uma vez que esse aparato esteja funcionando, uma versão do teorema da incompletude, mostrando a existência de uma sentença verdadeira mas indemonstrável, pode ser estabelecida *sem* o lema da diagonal. Uma maneira de fazer isso é indicada no primeiro problema no final deste capítulo. (Essa maneira usa o fato de que existem conjuntos semirrecursivos que não são recursivos, e embora não use o *lema* da diagonal, envolve, na verdade, um *argumento* diagonal, escondido na prova do fato que acabamos de citar.) Alguma outras maneiras serão indicadas na presente seção.

A fim de descrever uma dessas maneiras, recordemos o *paradoxo do mentiroso* ou *Epimênides*, envolvendo a sentença 'Esta sentença não é verdadeira'. Uma contradição surge quando perguntamos se essa sentença é verdadeira: parece que ela é se e somente se não é. A sentença de Gödel, com efeito, resulta dessa sentença paradoxal substituindo-se 'verdadeira' por 'demonstrável' (uma substituição que é crucial para estabelecer que podemos realmente construir uma sentença de Gödel na linguagem da aritmética.) Ora, há outros *paradoxos semânticos*, paradoxos na mesma família que o paradoxo do mentiroso, envolvendo outras noções semânticas relacionadas à verdade. Um paradoxo famoso é o paradoxo de *Grelling* ou *heterológico*. Chamemos um adjetivo de *autológico* se ele é verdadeiro de si mesmo, como 'curto' é curto, 'polissilábico' é polissilábico, e 'português' é português, e chamemos um adjetivo de *heterológico* se não for verdadeiro de si mesmo, como 'longo' não é longo, 'monossilábico' não é monossilábico, e 'francês' não é francês. Uma contradição surge quando perguntamos se 'heterológico' é heterológico: parece que é se e somente se não é.

Modifiquemos a definição de heterologicalidade substituindo 'verdadeiro' por 'demonstrável'. Obtemos então a noção de *autoaplicabilidade*: um número m é autoaplicável em $\mathbf{Q}$ se é o número de Gödel de uma fórmula $\mu(x)$ tal que $\mu(\mathbf{m})$ é demonstrável em $\mathbf{Q}$. Ora, o mesmo aparato que nos permitiu construir a sentença de Gödel nos permite construir o que poderia ser chamado a *fórmula de Gödel–Grelling* $\mathrm{GG}(x)$ expressando 'x não é autoaplicável'. Seja m seu número de Gödel. Se m fosse autoaplicável, então $\mathrm{GG}(\mathbf{m})$ seria demonstrável, e portanto verdadeira, e já que o que ela exprime é que m *não* é autoaplicável, isso é impossível. Logo, m não é autoaplicável, e portanto $\mathrm{GG}(\mathbf{m})$ é verdadeira mas indemonstrável.

Um outro paradoxo semântico, o *paradoxo de Berry*, concerne o menor inteiro não nomeável em menos de vinte e quatro sílabas. O paradoxo, é claro, é que o inteiro em questão parece ter sido nomeado justamente agora em vinte e três sílabas. Também esse paradoxo pode ser adaptado para fornecer um exemplo de uma sentença indecidível em $\mathbf{Q}$. Digamos que um número n é *denominável* em $\mathbf{Q}$ por uma fórmula $\phi(x)$ se $\forall x(\phi(x) \leftrightarrow x = \mathbf{n})$ é (não apenas verdadeira mas) demonstrável em $\mathbf{Q}$.

Todo número n é denominável em $\mathbf{Q}$, uma vez que, se o pior acontecer, ele sempre pode ser denominado pela fórmula $x = \mathbf{n}$, uma fórmula com $n + 3$ símbolos. Alguns números n são denomináveis em $\mathbf{Q}$ por fórmulas com muito menos do que n símbolos. Por exemplo, o número $10 \Uparrow 10$ é denominável pela fórmula $\phi(\mathbf{10}, \mathbf{10}, x)$, em que ϕ é uma fórmula representando a função superexponencial $\Uparrow$. Nós de fato não escrevemos essa fórmula, mas instruções para fazê-lo estão implícitas na prova de que todas as funções recursivas são representáveis, e um reexame daquela prova revela que escrever por extenso a fórmula não tomaria mais tempo ou mais papel do que um dever de casa ordinário. Contrariamente, $10 \Uparrow 10$ é maior do que o número de partículas no universo visível. Mas ao passo que números grandes podem ser assim denominados por fórmulas comparativamente curtas, para qualquer k fixo somente finitamente muitos números podem ser denominados por fórmulas com menos do que k símbolos. Pois fórmulas logicamente equivalentes denominam o mesmo número (caso denominem algum número), e toda fórmula com menos do que k símbolos é logicamente equivalente, pela renomeação de variáveis ligadas, a uma fórmula contendo somente as primeiras k variáveis de nossa lista oficial de variáveis, e há somente finitamente muitas dessas.

Assim, haverá números não denomináveis usando menos do que $10 \Uparrow 10$ símbolos. O aparato usual permite-nos construir uma *fórmula de Gödel–Berry* $\mathrm{GB}(x, y)$, expressando 'x é o menor número não denominável por uma fórmula com menos do que $y \Uparrow y$ símbolos'. Escrever essa fórmula por extenso envolveria escrever não somente a fórmula representando a função superexponencial $\Uparrow$, mas também as fórmulas relativas à demonstrabilidade em **Q**. Mais uma vez, não escrevemos de fato essas fórmulas, somente apresentamos um esboço do como fazê-lo em nossas demonstrações da aritmetizabilidade da sintaxe e da representabilidade de funções recursivas em **Q**. Um reexame dessas provas revela que escrever por extenso a fórmula $\mathrm{GB}(x, y)$ ou $\mathrm{GB}(x, \mathbf{10})$, embora fosse requerer mais tempo e papel do que qualquer dever de casa razoável, não exigiria mais símbolos do que contém uma enciclopédia comum, o que é muito menos do que o número astronômico $10 \Uparrow 10$. Ora, há algum número não denominável por uma fórmula com menos símbolos do que aquele número astronômico, e entre tais números há um e só um que é o menor, vamos chamá-lo de n. Então $\mathrm{GB}(\mathbf{n}, \mathbf{10})$ e $\forall x(\mathrm{GB}(x, \mathbf{10}) \leftrightarrow x = \mathbf{n})$ são verdadeiras. Mas se a última fosse demonstrável, a fórmula $\mathrm{GB}(\mathbf{n}, \mathbf{10})$ denominaria n, ao passo que n não é denominável exceto por fórmulas muito mais longas do que essa. Logo, temos um outro exemplo de uma verdade indemonstrável.

Vale a pena explorar este exemplo um pouco mais. O comprimento da fórmula mais curta denominando um número pode ser tomado como medida da *complexidade* desse número. Exatamente como podíamos construir a fórmula de Gödel–Berry, podemos construir uma fórmula $C(x, y, z)$ expressando 'a complexidade de x é y e y é maior do que $z \Uparrow z$' e, usando-a, podemos construir a fórmula de *Gödel–Chaitin* $\mathrm{GC}(x)$ ou $\exists y C(x, y, \mathbf{10})$, expressando que x tem complexidade maior do que $10 \Uparrow 10$. Agora, para todos exceto finitamente muitos n, $\mathrm{GC}(\mathbf{n})$ é verdadeira. O *teorema de Chaitin* nos diz que nenhuma sentença da forma $\mathrm{GC}(\mathbf{n})$ é demonstrável.

A razão pode ser esboçada como segue. Assim como 'y é uma testemunha da demonstrabilidade de x em **Q**' pode ser expressa na linguagem da aritmética por uma fórmula $\text{Demst}_{\mathbf{Q}}(x, y)$, também '$y$ é uma testemunha da demonstrabilidade do resultado de substituir a variável em GC pelo numeral para x' pode ser expressa por uma fórmula $\text{DemstGC}_{\mathbf{Q}}(x, y)$. Ora, se qualquer sentença da forma GC(**n**) pode ser demonstrada, há um menor m tal que m testemunha a demonstrabilidade de GC(**n**) para algum n. Abreviando, denominemos m a 'testemunha principal'. E é claro, uma vez que qualquer número individual testemunha a demonstrabilidade de no máximo uma sentença, haverá um menor n – de fato, haverá um e somente um n – tal que a testemunha principal é uma testemunha da demonstrabilidade de GC(**n**). Abreviando, chamemos n de o número 'identificado pela testemunha principal'.

Se formos cuidadosos, podemos arranjar as coisas de modo que as sentenças $K(\mathbf{m})$ e $L(\mathbf{n})$ expressando 'm é a testemunha principal' e 'n é o número identificado pela testemunha principal' sejam ∃-rudimentares, de modo que, sendo verdadeiras, $K(\mathbf{m})$ e $L(\mathbf{n})$ serão demonstráveis. Além do mais, uma vez que pode ser demonstrado em **Q** que há no máximo *um* número satisfazendo a condição expressa por qualquer fórmula, $\forall x(x \neq \mathbf{m} \rightarrow {\sim}K(x))$ e $\forall x(x \neq \mathbf{n} \rightarrow {\sim}L(x))$ serão também demonstráveis. Mas isso significa que n é denominado pela fórmula $L(x)$, e, logo, tem complexidade menor do que o número de símbolos naquela fórmula. E embora possa ser preciso o equivalente em papel e tinta a uma enciclopédia para escrever a fórmula por extenso, o número de símbolos em qualquer enciclopédia ainda é muito menor do que $10 \Uparrow 10$. Assim, se n é denominado pela fórmula $L(x)$, sua complexidade é menor do que $10 \Uparrow 10$. Uma vez que isso é impossível, segue--se que nenhuma sentença da forma GC(**n**) pode ser demonstrada: para nenhum número específico n pode-se demonstrar que ele tem complexidade maior do que $10 \Uparrow 10$. Esse raciocínio pode ser adaptado a qualquer outra medida razoável de complexidade.

(Por exemplo, suponhamos que consideremos a complexidade de um número como o menor número de estados necessários para uma máquina de Turing que produz esse número como saída, dado zero como entrada. Para estabelecer que 'a complexidade de x é y', e fórmulas relacionadas, podem ser expressas na linguagem da aritmética, precisamos agora do fato de que máquinas de Turing podem ser codificadas por funções recursivas, além do fato de que funções recursivas são representáveis. E para mostrar que, se há qualquer prova de que algum número tem complexidade maior do que $10 \Uparrow 10$, então o número n identificado pela testemunha principal pode ser gerado como saída para a entrada zero por alguma máquina de Turing, precisamos além da aritmetizabilidade da sintaxe, também do fato da computabilidade por máquinas de Turing de funções recursivas. Quase todo este livro, até este momento, está envolvido justamente com *esboçar* como poderíamos escrever as fórmulas relevantes e especificar a máquina de Turing relevante. Mas ao passo que preencher os detalhes deste esboço possa preencher uma enciclopédia, ainda assim não exigiria nada sequer perto de 10 $\Uparrow$ 10 símbolos, e isso é tudo que é essencial para o argumento. Na literatura especializada, o nome *teorema de Chaitin* refere-se particularmente a essa versão com máquinas de Turing, mas como já dissemos, um raciocínio análogo aplica-se a qualquer noção razoável de complexidade.)

Assim, em qualquer medida razoável de complexidade, há um limite superior b – usamos 10 $\Uparrow$ 10, embora uma análise mais detalhada fosse mostrar que um número muito menor também serviria, seu valor exato dependendo da particular medida de complexidade sendo usada – tal que para *nenhum* número específico n pode-se demonstrar em **Q** que ele tem complexidade maior do que b. Além do mais, isso se aplica não somente a **Q**, mas a qualquer teoria verdadeira mais forte, como **P** ou as teorias desenvolvidas em obras sobre teoria de conjuntos, teorias que são adequadas para formalizar essencialmente todas as provas matemáticas ordinárias. Assim, o teorema de Chaitin, cuja prova esboçamos, nos diz que *há um limite superior tal que não se pode demonstrar por meios matemáticos ordinários para nenhum número que ele tem complexidade maior do que esse limite.*

Problemas

17.1 Mostre que a existência de um conjunto semirrecursivo que não é recursivo implica que qualquer extensão consistente e axiomatizável de **Q** falha em demonstrar alguma sentença $\forall$-rudimentar correta.

17.2 Seja T uma teoria consistente e axiomatizável estendendo **Q**. Considere o conjunto P^{sim} de (número de códigos de) fórmulas demonstráveis em T, e o conjunto $P^{\text{não}}$ de (número de códigos de) fórmulas refutáveis em T. Mostre que não há nenhum conjunto recursivo R tal que P^{sim} seja um subconjunto de R enquanto nenhum elemento de R é um elemento de $P^{\text{não}}$.

17.3 Sejam $B_1(y)$ e $B_2(y)$ duas fórmulas da linguagem da aritmética. Generalizando o lema da diagonal, mostre que há sentenças G_1 e G_2 tais que

$$\vdash_{\mathbf{Q}} G_1 \leftrightarrow B_2(\ulcorner G_2 \urcorner)$$
$$\vdash_{\mathbf{Q}} G_2 \leftrightarrow B_1(\ulcorner G_1 \urcorner).$$

Por exemplo, há um par de sentenças tais que o primeiro diz que o segundo é demonstrável, enquanto o segundo diz que o primeiro é indemonstrável.

O conjunto de (número de códigos de) sentenças na linguagem da aritmética $\{<, \mathbf{0}, ', +, \cdot\}$ *que são* corretas, *ou verdadeiras na interpretação padrão, não é recursivo. Na realidade, pode-se mostrar que o conjunto de (número de códigos de) sentenças da linguagem* $\{+, \cdot\}$ *que são verdadeiras na interpretação padrão não é recursivo. Os primeiros dos próximos problemas são peças dessa prova.*

17.4 Explique por que, para estabelecer o resultado mais forte que acabamos de mencionar, seria suficiente associar de maneira recursiva a toda sentença A da linguagem $\{<, \mathbf{0}, ', +, \cdot\}$ uma sentença $A^\dagger$ da linguagem $\{+, \cdot\}$ tal que A é correta se e somente se $A^\dagger$ é correta.

17.5 Continuando o problema precedente, mostre que há uma fórmula $D_0(x)$ da linguagem $\{+, \cdot\}$ tal que a sentença seguinte é correta: $\forall x(x = \mathbf{0} \leftrightarrow D_0(x))$. Depois, explique como associar de maneira efetiva (e, portanto, assumindo a tese de Church, de maneira recursiva) a cada sentença A da linguagem $\{<, \mathbf{0}, ', +, \cdot\}$ uma sentença $A^\dagger$ da linguagem $\{<, ', +, \cdot\}$ tal que A é correta se e somente se $A^\dagger$ é correta.

17.6 Continuando a série de problemas precedentes, exiba uma fórmula $D_s(x, y)$ da linguagem $\{+, \cdot\}$ tal que

$$\forall x \forall y(x' = y \leftrightarrow D_s(x, y))$$

é correta, e uma fórmula $D_<(x, y)$ da linguagem $\{+, \cdot\}$ tal que

$$\forall x \forall y(x < y \leftrightarrow D_<(x, y))$$

é correta. Mostre então como, digamos, os enunciados do Exemplo 16.7 podem ser naturalmente expressos na linguagem $\{+, \cdot\}$.

17.7 Seja $T = \mathbf{Q}$, seja R a sentença de Rosser de T, seja $T_0 = T + \{R\}$, o conjunto de consequências de $T \cup \{R\}$, e seja $T_1 = T + \{\sim R\}$; então $\{T_0, T_1\}$ é um conjunto de duas extensões consistentes e axiomatizáveis de $\mathbf{Q}$ que são inconsistentes entre si no sentido de que sua união é inconsistente. Mostre que, para todo n, existe um conjunto de 2^n extensões consistentes e axiomatizáveis de $\mathbf{Q}$ que são *duas a duas inconsistentes*, no sentido de que quaisquer duas delas são inconsistentes entre si.

17.8 Mostre que há um conjunto não enumerável de extensões consistentes de $\mathbf{Q}$ que são duas a duas inconsistentes.

17.9 Sejam L_1 e L_2 linguagens finitas ou recursivas, e T uma teoria em L_2. Uma *tradução* de L_1 em T é uma atribuição a cada sentença S de L_1 de uma sentença $S^\dagger$ de L_2 tal que:

(T0) $(\sim A)^\dagger$ é logicamente equivalente a $\sim(A)^\dagger$.

(T1) A função levando o número de código de uma sentença de L_1 no número de código de sua tradução é recursiva.

(T2) Sempre que $A_1, \ldots, A_k, B$ são sentenças de L_1 e B é uma consequência de $A_1, \ldots, A_k$, então $B^\dagger$ é uma consequência de $T \cup \{A_1^\dagger, \ldots, A_k^\dagger\}$.

Mostre que se T é uma teoria consistente e axiomatizável em uma linguagem L, e se há uma tradução da linguagem da aritmética em T tal que a tradução de todo axioma de **Q** é um teorema de T, então o conjunto de sentenças da linguagem da aritmética cujas traduções são teoremas de T é uma extensão consistente e axiomatizável de **Q**.

17.10 Mostre que, sob a hipótese do problema precedente, T é incompleta e indecidível.

17.11 Seja L uma linguagem, $N(u)$ uma fórmula de L. Para qualquer sentença F de L, seja a *relativização* F^N o resultado de substituir cada quantificador universal $\forall x$ em F por $\forall x(N(x) \rightarrow \ldots)$ e cada quantificador existencial $\exists x$ por $\exists x(N(x) \mathbin{\&} \ldots)$. Seja T uma teoria em L tal que, para todo nome c, $N(c)$ é um teorema de T e, para todo símbolo funcional f, o seguinte é um teorema de T:

$$\forall x_1 \ldots \forall x_k((N(x_1) \mathbin{\&} \ldots \mathbin{\&} N(x_k)) \rightarrow N(f(x_1, \ldots, x_k))).$$

Mostre que, para qualquer modelo $\mathcal{M}$ de T, o conjunto dos a em $|\mathcal{M}|$ que satisfaz $N(x)$ é o domínio de uma interpretação $\mathcal{N}$ tal que qualquer sentença S de L é verdadeira em $\mathcal{N}$ se e somente se sua relativização S^N é verdadeira em $\mathcal{M}$.

17.12 Continuando a série precedente de problemas, mostre que a função atribuindo a cada sentença S de L sua relativização S^N é uma tradução. (Você pode recorrer à tese de Church.)

17.13 Considere a interpretação $\mathcal{Z}$ da linguagem $\{<, \mathbf{0}, ', +, \cdot\}$ na qual o domínio é o conjunto de todos os inteiros (incluindo os negativos), e a denotação de $\mathbf{0}$ é zero, a de $'$ é a função que adiciona um a um número, as de $+$ e $\cdot$ são as funções usuais de adição e multiplicação, e a de $<$ é a relação de ordem usual. Mostre que o conjunto de todas as sentenças verdadeiras em $\mathcal{Z}$ é indecidível, e que isso continua assim se $<$ for suprimido.

18

A indemonstrabilidade da consistência

De acordo com o segundo teorema de incompletude de Gödel, *a sentença que expressa que uma teoria como* **P** *é consistente é indecidível por* **P**, *supondo-se que* **P** *seja consistente. A prova completa desse resultado fica além do escopo de um livro no nível deste, mas a estrutura global da prova e os ingredientes principais que nela entram serão indicados neste breve capítulo. Em lugar de problemas, há algumas notas de caráter histórico ao final.*

Oficialmente, definimos T como inconsistente se toda sentença é demonstrável a partir de T, embora saibamos que isso é equivalente a várias outras condições, notadamente que, para alguma sentença S, tanto S quando $\sim S$ são demonstráveis a partir de T. Se T é uma extensão de **Q**, então, uma vez que $\mathbf{0} \neq \mathbf{1}$ é a instância mais simples do primeiro axioma de **Q**, $\mathbf{0} \neq \mathbf{1}$ é demonstrável a partir de T, e se $\mathbf{0} = \mathbf{1}$ também é demonstrável a partir de T, então T é inconsistente; ao passo que, se T é inconsistente, então $\mathbf{0} = \mathbf{1}$ é demonstrável a partir de T, uma vez que toda sentença é. Assim, T é consistente se e somente se $\mathbf{0} = \mathbf{1}$ *não* é demonstrável a partir de T. Denominamos $\sim\mathrm{Dem}_T(\ulcorner\mathbf{0} = \mathbf{1}\urcorner)$, isto é, $\sim\exists y\,\mathrm{Demst}_T(\ulcorner\mathbf{0} = \mathbf{1}\urcorner, y)$, a *sentença de consistência* para T. Historicamente, o artigo original de Gödel, que contém sua versão original do primeiro teorema de incompletude (correspondente ao nosso Teorema 17.9), incluía quase no final o enunciado de uma versão do lema a seguir.

18.1 Teorema*. (Segundo teorema de incompletude de Gödel, forma concreta). Seja T uma extensão consistente e axiomatizável de **P**. Então a sentença de consistência para T não é demonstrável em T.

Marcamos este teorema com um asterisco porque não vamos apresentar uma demonstração completa dele. Em linhas bem gerais, a ideia de Gödel para a prova desse teorema era como segue. A prova do Teorema 17.9 mostra que, se o absurdo $\mathbf{0} = \mathbf{1}$ não é demonstrável em T, então a sentença de Gödel G_T também não é demonstrável em T, de modo que o seguinte é verdadeiro: $\sim\mathrm{Dem}_T(\ulcorner\mathbf{0} = \mathbf{1}\urcorner) \rightarrow \sim\mathrm{Dem}_T(\ulcorner G_T\urcorner)$. Ora, resulta que a teoria **P** da aritmética indutiva e, portanto, qualquer extensão T dela, é forte o suficiente para 'formalizar' a prova do

Teorema 17.9, de modo que temos

$$\vdash_T \sim\mathrm{Dem}_T(\ulcorner \mathbf{0} = \mathbf{1} \urcorner) \rightarrow \sim\mathrm{Dem}_T(\ulcorner G_T \urcorner).$$

Mas G_T era uma sentença de Gödel, de modo que também temos

$$\vdash_T G_T \leftrightarrow \sim\mathrm{Dem}_T(\ulcorner G_T \urcorner).$$

E assim temos

$$\vdash_T \sim\mathrm{Dem}_T(\ulcorner \mathbf{0} = \mathbf{1} \urcorner) \rightarrow G_T.$$

Portanto, se tivéssemos $\vdash_T \sim\mathrm{Dem}_T(\ulcorner \mathbf{0} = \mathbf{1} \urcorner)$, então teríamos $\vdash_T G_T$, o que, pelo Teorema 17.9, não temos.

É claro, o passo essencial aqui, para o qual não demos e nem vamos dar a demonstração, é a alegação de que uma teoria como **P** é forte o suficiente para 'formalizar' a prova de um resultado como o Teorema 17.9. Os sucessores de Gödel, começando com Paul Bernays, analisaram exatamente quais propriedades de Dem_T são, de fato, essenciais para obter o segundo teorema de incompletude, descobrindo que não se precisa realmente 'formalizar' a prova inteira do Teorema 17.9, mas somente certos fatos essenciais que servem como lemas na prova. Resumimos os resultados dessa análise nas duas próximas proposições.

18.2 Lema*. Seja T uma extensão consistente e axiomatizável de **P**, e seja $B(x)$ a fórmula $\mathrm{Dem}_T(x)$. Então, o seguinte vale para todas as sentenças:

(P1) Se $\vdash_T A$, então $\vdash_T B(\ulcorner A \urcorner)$

(P2) $\vdash_T B(\ulcorner A_1 \rightarrow A_2 \urcorner) \rightarrow (B(\ulcorner A_1 \urcorner) \rightarrow B(\ulcorner A_2 \urcorner))$

(P3) $\vdash_T B(\ulcorner A \urcorner) \rightarrow (B(\ulcorner B(\ulcorner A \urcorner) \urcorner)$.

Mais uma vez, marcamos o lema com asterisco porque não vamos apresentar uma prova completa. Mencionamos primeiro uma propriedade que não está na lista acima:

(P0) Se $\vdash_T A_1 \rightarrow A_2$ e $\vdash_T A_1$, então $\vdash_T A_2$.

Isso é uma consequência do teorema de *completude* de Gödel, segundo o qual os teoremas de T são precisamente as sentenças implicadas por T, uma vez que, se um condicional $A_1 \rightarrow A_2$ e seu antecedente A_1 são ambos implicados por um conjunto de sentenças, então seu consequente A_2 também é. Qualquer que seja a noção de prova com a qual comecemos, contanto que seja correta e completa, (P0) valerá. Poderíamos, portanto, embuti-lo em nossa noção de prova, acrescentando alguma versão apropriada dele às regras de nosso procedimento de prova. Uma vez que seja embutido, a prova de (P0) não mais requer o teorema de completude, mas torna-se comparativamente fácil. [Para o particular procedimento de prova que usamos no capítulo 14, discutimos a possibilidade de fazer isso na seção 14.3, onde a versão de (P0) apropriada a nosso procedimento particular de prova foi denominada regra (R10).]

(P1) vale para qualquer extensão de **Q**, uma vez que se $\vdash_T A$, então $\mathrm{Dem}_T(\ulcorner A \urcorner)$ é correta e, sendo uma sentença ∃-rudimentar, ela é, portanto, demonstrável em **Q**. (P2) é essencialmente a asserção de que a prova de (P0) (que acabamos de dizer que pode ser tornada comparativamente fácil) pode ser 'formalizada' em **P**. (P3) é essencialmente a asserção de que a (de modo algum tão fácil) prova de (P1) pode também ser 'formalizada' em **P**. As provas das asserções (P2) e (P3) de 'formalizabilidade' são omitidas em virtualmente todos os livros no nível deste, não porque envolvam quaisquer ideias novas terrivelmente difíceis, mas porque as inumeráveis verificações de rotina que elas – e especialmente a última delas – requerem tomariam demasiado tempo e paciência. O que podemos e vamos incluir é a prova *de que o lema marcado com asterisco implica o teorema marcado com asterisco*. De modo mais geral, temos o seguinte:

18.3 Teorema. (Segundo teorema de incompletude de Gödel, forma abstrata). Seja T uma extensão consistente e axiomatizável de **P**, e seja $B(x)$ uma fórmula tendo as propriedades (P1)–(P3). Então não é o caso que $\vdash_T \sim B(\ulcorner \mathbf{0} = \mathbf{1} \urcorner)$.

A prova ocupará o restante deste capítulo. Por todo o capítulo, seja T uma extensão (não necessariamente consistente) de **Q**. Uma fórmula $B(x)$ com as propriedades (P1)–(P3) do Lema 18.2 será denominada um *predicado de demonstrabilidade* para T. Iniciamos com alguns comentários sobre essa noção. Denominamos a fórmula $\mathrm{Dem}_T(x)$ considerada até agora o predicado *tradicional* de demonstrabilidade para T, embora, como já indicamos, não vamos apresentar a prova do Lema 18.2 e, assim, não vamos apresentar a prova de que o 'predicado tradicional de demonstrabilidade' *é* um 'predicado de demonstrabilidade' no sentido de nossa definição oficial desse último termo.

Se T é ω-consistente, tomando o tradicional $\mathrm{Dem}_T(x)$ para $B(x)$, temos também a seguinte propriedade, a inversa de (P1):

$$\text{(P4)} \qquad \text{Se } \vdash_T B(\ulcorner A \urcorner) \text{ então } \vdash_T A.$$

[Pois se tivéssemos $\vdash_T \mathrm{Dem}_T(\ulcorner A \urcorner)$, ou, em outras palavras, $\vdash_T \exists y \mathrm{Demst}_T(\ulcorner A \urcorner, y)$, mas não tivéssemos $\vdash_T A$, então, para cada b, $\sim\mathrm{Demst}_T(\ulcorner A \urcorner, \mathbf{b})$ seria correta e, assim, demonstrável em **Q** e, portanto, em T, e teríamos uma ω-inconsistência em T.] Entretanto, não incluímos a ω-consistência em nossas hipóteses sobre T, ou (P4) em nossa definição do termo técnico 'predicado de demonstrabilidade'. Sem a hipótese (P4), que não é parte de nossa definição oficial, um 'predicado de demonstrabilidade' não precisa ter muito a ver com demonstrabilidade. De fato, pode-se facilmente ver que a fórmula $x = x$ é um 'predicado de demonstrabilidade' no sentido de nossa definição.

Por outro lado, uma fórmula pode definir aritmeticamente o conjunto dos números de Gödel de teoremas de T sem ser um predicado de demonstrabilidade para T. Se T é consistente e $\mathrm{Dem}_T(x)$ é o predicado tradicional de demonstrabilidade para T, então não apenas $\mathrm{Dem}_T(x)$ define aritmeticamente o conjunto dos números de Gödel de teoremas de T, mas também o faz a fórmula $\mathrm{Dem}^*_T(x)$, a qual é a conjunção de $\mathrm{Dem}_T(x)$ com $\sim\mathrm{Dem}_T(\ulcorner \mathbf{0} = \mathbf{1} \urcorner)$, já que o segundo componente dessa conjunção é verdadeiro. Mas note que, ao contrário do Teorema 18.1, $\sim\mathrm{Dem}^*_T(\ulcorner \mathbf{0} = \mathbf{1} \urcorner)$ *é* demonstrável em T, pois ela é simplesmente

$$\sim(\mathrm{Dem}_T(\ulcorner \mathbf{0} = \mathbf{1} \urcorner) \; \& \sim\mathrm{Dem}_T(\ulcorner \mathbf{0} = \mathbf{1} \urcorner)),$$

que é uma sentença *válida* e, portanto, teorema de qualquer teoria. A fórmula $\mathrm{Dem}^*_T(x)$, contudo, não tem a propriedade (P1) na definição do predicado de demonstrabilidade. Isto é, *não* é o caso que, se $\vdash_T A$, então $\vdash_T \mathrm{Dem}^*_T(\ulcorner A \urcorner)$. De fato, não é *jamais* o caso que $\vdash_T \mathrm{Dem}^*_T(\ulcorner A \urcorner)$, uma vez que não é o caso que $\vdash_T \sim\mathrm{Dem}_T(\ulcorner \mathbf{0} = \mathbf{1} \urcorner)$, pelo Teorema 18.3. O predicado tradicional de demonstrabilidade $\mathrm{Dem}_T(x)$ tem, além de (P0)–(P4), a importante propriedade adicional, ainda que não matemática, de que, intuitivamente falando, é plausível considerar $\mathrm{Dem}_T(x)$ como *significando* ou *dizendo* (na interpretação padrão) que x é o número de Gödel de uma sentença que é demonstrável em T. Isso visivelmente não é o caso para $\mathrm{Dem}^*_T(x)$, que significa ou diz que x é o número de Gödel de uma sentença que é demonstrável em T *e T é consistente*.

A ideia de que qualquer coisa que seja demonstrável deveria ser verdadeira pode tornar surpreendente que uma condição adicional não tenha sido incluída na definição do predicado de demonstrabilidade, a saber, que, para toda sentença A, nós tenhamos

(P5) $$\vdash_T B(\ulcorner A \urcorner) \to A.$$

Mas de fato, como também mostraremos, nenhum predicado de demonstrabilidade satisfaz a condição (P5), a menos que T seja inconsistente.

Nosso próximo teorema dará respostas a essas três questões. Primeiro, tal como o lema da diagonal fornece uma sentença, a sentença de Gödel, que 'diz de si mesma' que é indemonstrável, ele também fornece uma sentença, a *sentença de Henkin*, que 'diz de si mesma' que é demonstrável. Em outras palavras, dado um predicado de demonstrabilidade $B(x)$, há uma sentença H_T tal que $\vdash_T H_T \leftrightarrow B(\ulcorner H_T \urcorner)$. O teorema de Gödel era que, se T é consistente, então a sentença de Gödel é, de fato, indemonstrável. A *pergunta de Henkin* era se a sentença de Henkin é de fato demonstrável. Essa é a primeira questão que nosso próximo teorema vai responder. Segundo, chamemos uma fórmula Verd(x) de um *predicado de verdade* para T se e somente se, para toda sentença A da linguagem de T, nós temos $\vdash_T A \leftrightarrow \text{Verd}(\ulcorner A \urcorner)$. Uma outra questão é se, caso T seja consistente, pode existir um predicado de verdade para T. (A resposta a essa questão vai ser negativa. De fato, a resposta negativa pode até mesmo ser obtida diretamente do lema da diagonal do capítulo precedente.) Terceiro, se $B(x)$ é um predicado de demonstrabilidade, chamemos $\sim B(\ulcorner \mathbf{0} = \mathbf{1} \urcorner)$ a *sentença de consistência* para T [relativa a $B(x)$]. Ainda uma outra questão é se, caso T seja consistente, a sentença de consistência para T pode ser demonstrável em T. (Já indicamos no Teorema 18.3 que a resposta a essa última questão vai ser negativa.)

A prova do próximo teorema, embora elementar, é um tanto intrincada e, como uma espécie de aquecimento, convidamos o leitor a refletir sobre o seguinte argumento paradoxal, pelo qual parece que somos capazes de demonstrar, puramente por lógica e sem nenhuma hipótese adicional, a existência do Papai Noel. (O argumento funcionaria igualmente bem para Zeus.) Considere a sentença 'se esta sentença é verdadeira, então o Papai Noel existe'; ou, para formular a questão de outra maneira, seja S a sentença 'se S é verdadeira, então o Papai Noel existe'.

Assumindo que

(1) S é verdadeira,

pela lógica da identidade segue-se que

(2) 'Se S é verdadeira, então o Papai Noel existe' é verdadeira.

De (2) obtemos

(3) Se S é verdadeira, então o Papai Noel existe.

De (1) e (3) obtemos

(4) O Papai Noel existe.

Tendo derivado (4) da hipótese (1), inferimos, *sem* a hipótese (1) (na verdade, sem qualquer suposição especial), que nós pelo menos temos a conclusão condicional de que se (1), então (4), ou, em outras palavras,

(5) Se S é verdadeira, então o Papai Noel existe.

De (5), obtemos

(6) 'Se S é verdadeira, então o Papai Noel existe' é verdadeira.

E mais uma vez pela lógica da identidade, segue-se que

(7) S é verdadeira.

E de (5) e (7) inferimos, sem quaisquer suposições especiais, a conclusão de que

(8) O Papai Noel existe.

18.4 Teorema. (Teorema de Löb). Se $B(x)$ é um predicado de demonstrabilidade para T, então, para qualquer sentença A, se $\vdash_T B(\ulcorner A \urcorner) \rightarrow A$, então $\vdash_T A$.

Demonstração: Suponhamos que B seja um predicado de demonstrabilidade para T e que

(1) $$\vdash_T B(\ulcorner A \urcorner) \rightarrow A.$$

Seja $D(y)$ a fórmula $(B(y) \rightarrow A)$, e apliquemos o lema da diagonal para obter uma sentença C tal que

(2) $$\vdash_T C \leftrightarrow (B(\ulcorner C \urcorner) \rightarrow A).$$

Assim

(3) $$\vdash_T C \rightarrow (B(\ulcorner C \urcorner) \rightarrow A).$$

Em virtude da propriedade (P1) de um predicado de demonstrabilidade,

(4) $$\vdash_T B(\ulcorner C \rightarrow (B(\ulcorner C \urcorner) \rightarrow A)\urcorner).$$

Em virtude de (P2),

(5) $$\vdash_T B(\ulcorner C \rightarrow (B(\ulcorner C \urcorner) \rightarrow A)\urcorner) \rightarrow (B(\ulcorner C \urcorner) \rightarrow B(\ulcorner B(\ulcorner C \urcorner) \rightarrow A \urcorner)).$$

De (4) e (5), segue-se que

(6) $$\vdash_T B(\ulcorner C \urcorner) \rightarrow B(\ulcorner B(\ulcorner C \urcorner) \rightarrow A \urcorner).$$

Em virtude de (P2) de novo,

(7) $$\vdash_T B(\ulcorner B(\ulcorner C \urcorner) \rightarrow A \urcorner) \rightarrow (B(\ulcorner B(\ulcorner C \urcorner)\urcorner) \rightarrow B(\ulcorner A \urcorner)).$$

De (6) e (7), segue-se que

(8) $$\vdash_T B(\ulcorner C \urcorner) \rightarrow (B(\ulcorner B(\ulcorner C \urcorner)\urcorner) \rightarrow B(\ulcorner A \urcorner)).$$

Em virtude de (P3),

(9) $$\vdash_T B(\ulcorner C \urcorner) \rightarrow B(\ulcorner B(\ulcorner C \urcorner)\urcorner).$$

De (8) e (9) segue-se que

(10) $$\vdash_T B(\ulcorner C \urcorner) \rightarrow B(\ulcorner A \urcorner).$$

De (1) e (10) segue-se que

(11) $$\vdash_T B(\ulcorner C \urcorner) \rightarrow A.$$

De (2) e (11) segue-se que

(12) $$\vdash_T C.$$

Em virtude de (P1) de novo,

(13) $$\vdash_T B(\ulcorner C \urcorner).$$

E assim, finalmente, de (11) e (13), nós temos

(14) $$\vdash_T A.$$

Uma vez que a conversa do teorema de Löb é trivial (se $\vdash_T A$, então $\vdash_T F \rightarrow A$ para qualquer sentença A), uma condição necessária e suficiente para que A seja um teorema de T é que $B(\ulcorner A \urcorner) \rightarrow A$ seja um teorema de T. E agora, a derivação prometida dos três resultados anteriormente mencionados.

18.5 Corolário. Suponhamos que $B(x)$ é um predicado de demonstrabilidade para T. Então, se $\vdash_T H \leftrightarrow B(\ulcorner H \urcorner)$, então $\vdash_T H$.

Demonstração: Segue-se imediatamente do teorema de Löb.

18.6 Corolário. Se T é consistente, então T não tem um predicado de verdade.

Demonstração: Suponhamos que Verd(x) seja um predicado de verdade para T. Então um pouco de reflexão mostra que Verd(x) também é um predicado de demonstrabilidade para T. Além do mais, uma vez que Verd(x) é um predicado de verdade, para toda A nós temos $\vdash_T \text{Verd}(\ulcorner A \urcorner) \rightarrow A$. Mas então, pelo teorema de Löb, para toda A temos $\vdash_T A$, e T é inconsistente.

E finalmente, eis aqui a prova do Teorema 18.3.

Demonstração: Suponhamos que $\vdash_T \sim B(\ulcorner \mathbf{0} = \mathbf{1} \urcorner)$. Então $\vdash_T B(\ulcorner \mathbf{0} = \mathbf{1} \urcorner) \rightarrow F$ para qualquer sentença F e, em particular, $\vdash_T B(\ulcorner \mathbf{0} = \mathbf{1} \urcorner) \rightarrow \mathbf{0} = \mathbf{1}$; portanto $\vdash_T \mathbf{0} = \mathbf{1}$ e, dado que T é uma extensão de $\mathbf{Q}$, T é inconsistente.

É característico de teoremas importantes suscitar novas questões mesmo quando respondem questões antigas. Os teoremas de Gödel (bem como alguns dos grandes resultados em teoria da recursão e teoria de modelos pelos quais passamos a caminho dos teoremas de Gödel) são um exemplo característico. Várias das novas direções de pesquisa que eles abriram serão exploradas nos capítulos restantes deste livro. Uma dessas questões é a de quão longe conseguimos ir trabalhando somente com as propriedades abstratas (P1)–(P3), sem nos envolvermos com os detalhes complicados a respeito de um predicado $\mathrm{Dem}_T(x)$ específico. Essa questão será explorada no último capítulo deste livro.

Observações históricas

Em um capítulo anterior, fizemos uma alusão passageira à existência de matemáticos heterodoxos que rejeitam certos princípios da lógica. Mais especificamente no final do século XIX e início do século XX, havia vários matemáticos que rejeitavam provas 'não construtivas' de existência, em oposição a 'construtivas', e que foram levados por essa aversão a rejeitar o método de prova por contradição, o qual tem sido extensamente utilizado na matemática ortodoxa desde Euclides (e que foi repetidamente usado neste livro). Os críticos mais extremados, os 'finitistas', rejeitavam a totalidade da matemática 'infinitista' estabelecida, declarando não somente que as provas de seus teoremas eram falaciosas, mas que os próprios enunciados desses teoremas eram sem sentido. Qualquer asserção matemática que fosse além de generalizações cujas instâncias todas pudessem ser verificadas por computação direta (essencialmente, tudo além de sentenças $\forall$-rudimentares) era rejeitada.

Na década de 1920, David Hilbert, o principal matemático desse período, arquitetou um programa que, esperava ele, forneceria uma resposta decisiva a essas críticas. No nível dos princípios filosóficos, Hilbert na verdade admitiu que as sentenças indo além das sentenças $\forall$-rudimentares eram acréscimos 'ideais' à matemática 'significativa'. Ele comparou esse acréscimo ao acréscimo dos números 'imaginários' ao sistema dos números reais, os quais também tinham suscitado dúvidas e objeções quando primeiramente introduzidos. No nível da prática matemática, insistia Hilbert, um desvio pelo 'ideal' é frequentemente o caminho mais curto para um resultado 'significativo'. (Por exemplo, o teorema de Chebyshev de que há um número primo entre qualquer número e seu dobro foi demonstrado não de alguma maneira 'finitista', 'construtiva', diretamente computacional, mas por um argumento envolvendo a aplicação do cálculo a funções cujos argumentos e valores são números imaginários.) Evidentemente, esse resultado não iria satisfazer um crítico que duvidasse da *correção* dos resultados 'significativos' alcançados por tal desvio. Mas o programa de Hilbert consistia precisamente em *provar* que qualquer resultado 'significativo' demonstrável pela matemática ortodoxa, infinitista, é, de fato, correto. Desnecessário dizer, tal prova não satisfaria um crítico se a *própria* prova usasse os métodos cuja legitimidade estava em discussão. Mais precisamente, porém, o programa de Hilbert era provar por *meios 'finitistas'* que toda sentença ∀-rudimentar demonstrada por meios 'infinitistas' é correta.

Uma redução importante do problema foi assim alcançada. Suponhamos que uma teoria matemática T demonstre alguma sentença ∀-rudimentar incorreta $\forall x F(x)$. Se essa sentença é incorreta, então alguma *instância numérica* específica $F(\mathbf{n})$, para algum número específico n, deve ser incorreta. É claro, se a teoria demonstra $\forall x F(x)$, ela também demonstra cada instância $F(\mathbf{n})$, uma vez que as instâncias se seguem da generalização puramente por lógica. Mas se $F(\mathbf{n})$ é incorreta, então $\sim F(\mathbf{n})$ é uma sentença rudimentar correta, e como tal será demonstrável em T, para qualquer T 'suficientemente forte'. Portanto, se uma tal T demonstra uma sentença ∀-rudimentar $\forall x F(x)$, ela demonstrará uma contradição inequívoca, demonstrando tanto $F(\mathbf{n})$ quanto $\sim F(\mathbf{n})$. Assim, o problema de demonstrar que T gera somente teoremas ∀-rudimentares corretos reduz-se ao problema de mostrar que T é *consistente*. O programa de Hilbert era, então, *demonstrar finitisticamente a consistência da matemática infinitista.*

Pode-se agora apreciar como os teoremas de Gödel descarrilharam esse programa em sua forma original que acabamos de descrever. Ao passo que jamais tinha sido tornado completamente explícito o que a matemática 'finitista' permite e não permite, suas hipóteses equivaliam a *menos do que* as hipóteses da aritmética indutiva ou de Peano **P**. Por outro lado, as hipóteses da matemática 'infinitista' equivaliam a *mais do que* as hipóteses de **P**. Assim, o que Hilbert estava tentando demonstrar era, usando uma teoria *mais fraca do que* **P**, a consistência de uma teoria *mais forte do que* **P**, ao passo que o que Gödel demonstrou foi que, mesmo usando toda a força de **P**, não se pode demonstrar a consistência da própria **P**, quanto mais de algo mais forte.

No decurso de seu trabalho, cuja motivação era essencialmente filosófica, Gödel introduziu a noção de uma função recursiva primitiva, e estabeleceu a aritmetização da sintaxe por funções recursivas primitivas e a representabilidade na aritmética formal de funções recursivas primitivas. Mas embora funções recursivas primitivas tenham sido, assim, originalmente introduzidas meramente como ferramentas para a prova dos teoremas de incompletude, não passou muito tempo antes que os lógicos, inclusive o próprio Gödel, começassem a se perguntar quão além da classe de funções recursivas primitivas nós teríamos que ir antes de chegar a uma classe de funções da qual se pudesse plausivelmente supor que *inclui todas as funções efetivamente computáveis*. Alonzo Church foi o primeiro a publicar uma proposta definida. A proposta de A. M. Turing, envolvendo suas máquinas idealizadas, seguiu-se pouco depois e, com ela, a prova da existência de uma máquina universal, um outro marco intelectual do último século quase ao nível dos próprios teoremas de incompletude.

Gödel e outros prosseguiram mostrando que vários outros enunciados matematicamente interessantes, além do enunciado de consistência, são indecidíveis por **P**, supondo-se que seja consistente, e mesmo por teorias mais fortes, como aquelas que são introduzidas em obras sobre teoria de conjuntos. Em particular, Gödel e Paul Cohen mostraram que a teoria de conjuntos formal aceita de sua e de nossa época não podia decidir uma velha conjectura de Georg Cantor, o criador da teoria dos conjuntos enumeráveis e não enumeráveis, algo que Hilbert, em 1900, tinha colocado em primeiro lugar numa lista de problemas para o século que se iniciava. Essa conjectura, denominada a *hipótese do contínuo*, é a de que qualquer conjunto não enumerável de números reais é equipotente com o conjunto *inteiro* de números reais. Os matemáticos estariam, de acordo com os resultados de Gödel e Cohen, desperdiçando seu tempo tentando decidir essa conjectura com base nos axiomas conjuntistas correntemente aceitos, da mesma maneira que pessoas que tentassem fazer a trissecção de um ângulo ou a quadratura do círculo estão desperdiçando seu tempo. Eles têm que *ou* encontrar alguma maneira de justificar a adoção de novos axiomas da teoria de conjuntos, *ou então* desistir do problema. (O que eles deveriam fazer é uma questão filosófica, e tal como outras questões filosóficas, tem sido respondida de maneira muito diferente por diferentes pensadores. Gödel e Cohen, em particular, colocaram-se em lados opostos da questão: Gödel favorecia a busca de novos axiomas, enquanto Cohen era a favor de desistir disso.)

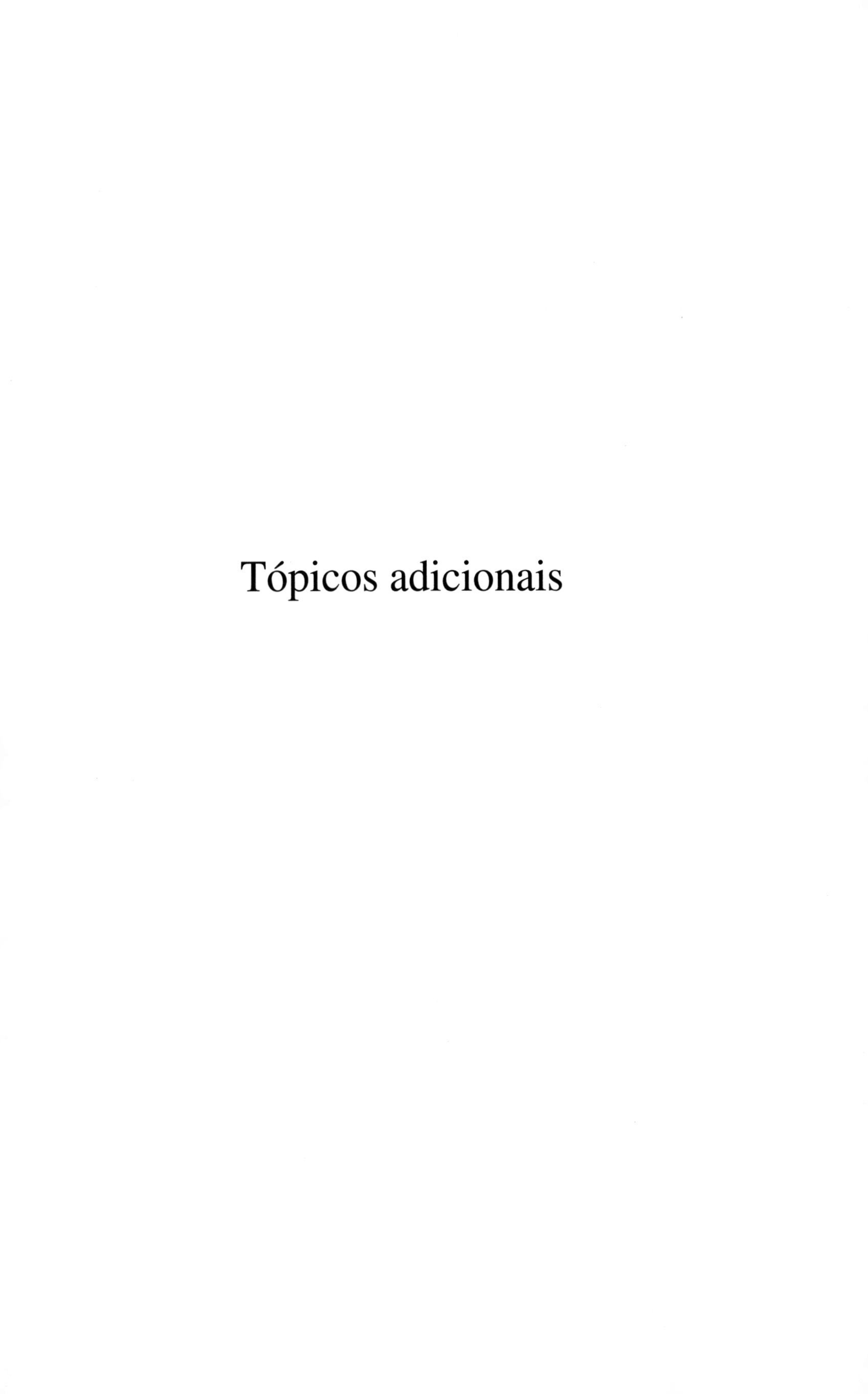

Tópicos adicionais

19

Formas normais

Um teorema de forma normal *do tipo mais básico diz-nos que, para toda fórmula A, há uma fórmula A* de alguma forma sintática especial tal que A e A* são logicamente equivalentes. Um* teorema de forma normal por satisfatibilidade *nos diz que, para todo conjunto* Γ *de sentenças, há um conjunto* Γ^* *de sentenças e alguma forma sintática especial tal que* Γ *e* Γ^* *são* equivalentes por satisfatibilidade, *significando que um será satisfatível se e somente se o outro é. Na seção 19.1, estabelecemos o teorema da forma normal* prenex, *segundo o qual toda fórmula é logicamente equivalente a uma fórmula em que todos os quantificadores estão no início, juntamente com alguns resultados relacionados. Na seção 19.2, estabelecemos o teorema da forma normal de* Skolem, *segundo o qual todo conjunto de sentenças é equivalente por satisfatibilidade a um conjunto de sentenças tendo todos os quantificadores no início e sendo todos eles universais. Usamos então esse resultado para dar uma prova alternativa do teorema de Löwenheim–Skolem, o que seguimos com algumas observações sobre as implicações desse teorema que, por vezes, foram consideradas 'paradoxais'. Na seção opcional 19.3, continuamos esboçando provas alternativas do teorema da compacidade e dos teoremas de completude de Gödel, empregando o teorema da forma normal e um resultado auxiliar conhecido como o* teorema de Herbrand. *Na seção 19.4, estabelecemos que todo conjunto de sentenças é equivalente por satisfatibilidade a um conjunto de sentenças que não contêm identidade, constantes, ou símbolos funcionais. A seção 19.1 pressupõe somente os capítulos 9 e 10, ao passo que o resto do capítulo também pressupõe o capítulo 12. A seção 19.2 (com seu apêndice 19.3), por um lado, e a seção 19.4, por outro, são independentes uma da outra. Os resultados da seção 19.4 serão utilizados nos próximos dois capítulos.*

19.1 Formas normais disjuntiva e prenex

Este capítulo continua de onde pararam os problemas no final do capítulo 10. Lá, havíamos pedido ao leitor para mostrar que toda fórmula é logicamente equivalente a uma fórmula que não tem subfórmulas em que uma mesma variável ocorra tanto livre quanto ligada. Esse resultado é um exemplo simples de um teorema de *forma normal*, um resultado que afirma que toda sentença é logicamente equivalente a uma sentença que satisfaz algum requisito sintático especial. Nosso primeiro resultado aqui é um exemplo quase igualmente simples. Dizemos que uma fórmula é *normal negativa* se é construída a partir de formulas atômicas e fórmulas atômicas negadas usando somente $\vee$, &, $\exists$ e $\forall$, sem qualquer emprego adicional de $\sim$.

19.1 Proposição. (Forma normal negativa). Toda fórmula é logicamente equivalente a uma fórmula que é normal negativa.

Demonstração: A prova é por indução em complexidade. O passo base é trivial, uma vez que uma fórmula atômica já é normal negativa. A maioria dos casos do passo indutivo também são triviais. Por exemplo, se A e B são equivalentes, respectivamente, às fórmulas normais negativas A^* e B^*, então $A \,\&\, B$ e $A \vee B$ são equivalentes, respectivamente, a $A^* \,\&\, B^*$ e $A^* \vee B^*$, que também são normais negativas. O caso não trivial é provar que, se A é equivalente à fórmula normal negativa A^*, então $\sim A$ é equivalente a alguma $A^\dagger$ normal negativa. Esse caso se divide em seis subcasos, dependendo da forma de A^*. O caso em que A^* é atômica é trivial, uma vez que podemos simplesmente estipular $A^\dagger$ como $\sim A^*$. Caso A^* seja da forma $\sim B$, de modo que $\sim A^*$ é $\sim\sim B$, podemos estipular que $A^\dagger$ é B. Caso A^* seja da forma $(B \vee C)$, de modo que A^* é $\sim(B \vee C)$, que é logicamente equivalente a $(\sim B \,\&\, \sim C)$, pela hipótese de indução as fórmulas mais simples $\sim B$ e $\sim C$ são equivalentes a fórmulas $B^\dagger$ e $C^\dagger$ da forma requerida, e assim podemos estipular $A^\dagger$ como $(B^\dagger \,\&\, C^\dagger)$. O caso da conjunção é similar. Caso A^* seja da forma $\exists xB$, de modo que $\sim A^*$ é $\sim\exists xB$, que é logicamente equivalente a $\forall x\sim B$, pela hipótese de indução a fórmula mais simples $\sim B$ é equivalente a uma fórmula $B^\dagger$ da forma requerida, e, assim, $A^\dagger$ é $\forall xB^\dagger$. O caso da quantificação universal é análogo.

Na prova precedente, utilizamos equivalências como a de $\sim(B \vee C)$ a $\sim B \,\&\, \sim C$ para mostrar, 'de baixo para cima', que, para toda fórmula, existe uma fórmula normal negativa equivalente. O que mostramos no passo indutivo é que, se existem equivalentes normais negativos para as fórmulas mais simples $\sim B$ e $\sim C$, então existe um equivalente normal negativo para a fórmula mais complexa $\sim(B \vee C)$. Se, de fato, quisermos *encontrar* um equivalente normal negativo para uma fórmula dada, usamos as mesmas equivalências, mas procedemos 'de cima para baixo'. Nós *reduzimos* o problema de encontrar uma fórmula normal negativa equivalente para uma fórmula mais complexa àquele de encontrar equivalentes desse tipo para fórmulas mais simples. Assim, por exemplo, se P, Q e R são atômicas, então

$$\sim(P \vee (\sim Q \,\&\, R))$$

pode ser sucessivamente convertida em

$$\sim P \,\&\, \sim(\sim Q \,\&\, R)$$

$$\sim P \,\&\, (\sim\sim Q \vee \sim R)$$

$$\sim P \,\&\, (Q \vee \sim R)$$

a última das quais é normal negativa. Nesse processo, usamos equivalências como a de $\sim(B \vee C)$ a $\sim B\ \&\ \sim C$ para 'trazer as junções para fora' ou 'empurrar as negações para dentro' até que obtenhamos uma fórmula equivalente à original na qual a negação se aplica somente a subfórmulas atômicas.

O resultado acima sobre formas normais negativas pode ser elaborado em duas direções diferentes. Sejam $A_1, A_2, \ldots, A_n$ fórmulas quaisquer. Uma fórmula construída a partir delas usando somente $\sim$, $\vee$ e &, sem quantificadores, é denominada um *composto verofuncional* das fórmulas dadas. Dizemos que um composto verofuncional está em *forma normal disjuntiva* se é uma disjunção de uma conjunção de fórmulas dentre os A_i e suas negações. (A noção de *forma normal conjuntiva* pode ser definida de maneira exatamente análoga.)

19.2 Proposição. (Forma normal disjuntiva). Toda fórmula construída a partir de fórmulas dadas por meio de $\sim$, & e $\vee$ é logicamente equivalente a uma fórmula que está em forma normal disjuntiva.

Demonstração: Dada uma fórmula qualquer, primeiro mova as negações para dentro das junções como na prova da Proposição 19.1. Então, usando as *leis distributivas*, isto é, a equivalência de $(B\ \&\ (C \vee D))$ a $((B\ \&\ C) \vee (B\ \&\ D))$, e de $(B \vee (C\ \&\ D))$ a $((B \vee D)\ \&\ (C \vee D))$, 'empurre a conjunção para dentro' e 'puxe a disjunção para fora' até que seja obtida uma fórmula disjuntiva normal equivalente. (Seria uma tarefa tediosa, mas rotineira, reescrever essa descrição 'de cima para baixo' do processo de encontrar uma fórmula normal disjuntiva equivalente como uma prova 'de baixo para cima' da existência de um tal equivalente.)

Se, numa fórmula que está em forma normal disjuntiva, cada componente da disjunção contém cada A_i exatamente uma vez, negado ou não negado, então dizemos que o composto está em forma normal disjuntiva *completa*. (Uma noção de forma normal conjuntiva *completa* pode ser definida de maneira exatamente análoga.) Em relação a tais formas, é frequentemente útil introduzir, além dos conectivos binários $\vee$ e & e o conectivo unário $\sim$, os *conectivos zero-ários* ou *constantes verdadeiro* $\top$ e *falso* $\bot$, tomados, respectivamente, como verdadeiro em toda interpretação e falso em toda interpretação. A disjunção que tem zero componentes pode, por convenção, ser entendida como $\bot$, e a conjunção que tem zero componentes, como $\top$ (tal como, na matemática, entende-se que a soma de zero parcelas é 0, e o produto de zero fatores, 1).

Ao procurar um equivalente normal disjuntivo completo de uma dada fórmula disjuntiva normal, note, primeiro, que conjunções (e analogamente, disjunções) podem ser reordenadas e reagrupadas à vontade usando as leis *comutativas* e *associativas*, isto é, a equivalência de $(B\ \&\ C)$ a $(C\ \&\ B)$, e de $(B\ \&\ C\ \&\ D)$ (a qual, oficialmente, é considerada uma abreviação de $(B\ \&\ (C\ \&\ D)))$, com agrupamento à direita, a $((B\ \&\ C)\ \&\ D)$, com agrupamento à esquerda. Assim, por exemplo,

$(P \,\&\, (Q \,\&\, P))$ é equivalente a $(P \,\&\, (P \,\&\, Q))$ e a $((P \,\&\, P) \,\&\, Q)$. Usando a lei da *idempotência*, isto é, a equivalência de $B \,\&\, B$ a B, esta última é equivalente a $P \,\&\, Q$. Isso ilustra como *repetições* de um mesmo A_i (ou $\sim A_i$) dentro de uma conjunção podem ser eliminadas. Para eliminar a ocorrência do mesmo A_i duas vezes, uma negada e outra não negada, podemos usar a equivalência de $B \,\&\, \sim B$ a $\bot$, de $\bot \,\&\, C$ a $\bot$, e de $\bot \vee D$ a D, de modo que, por exemplo, $(B \,\&\, \sim B \,\&\, C) \vee D$ é equivalente simplesmente a D: *componentes contraditórios de uma disjunção podem ser descartados*. Essas reduções converterão uma fórmula dada em uma fórmula que, como em nosso exemplo anterior $(\sim P \,\&\, Q) \vee (\sim P \,\&\, R)$, é uma disjunção de conjunções em que cada fórmula básica ocorre *no máximo* uma vez, afirmada ou negada, em cada componente dessas conjunções.

Para assegurar que cada fórmula básica ocorra *pelo menos* uma vez em cada conjunção, usamos a equivalência de B a $(B\&C) \vee (B\&\sim C)$. Assim, nosso exemplo é equivalente a

$$(\sim P \,\&\, Q \,\&\, R) \vee (\sim P \,\&\, Q \,\&\, \sim R) \vee (\sim P \,\&\, \sim R)$$

e a

$$(\sim P \,\&\, Q \,\&\, R) \vee (\sim P \,\&\, Q \,\&\, \sim R) \vee (\sim P \,\&\, Q \,\&\, \sim R) \vee (\sim P \,\&\, \sim Q \,\&\, \sim R)$$

e, eliminando repetições, a

$$(\sim P \,\&\, Q \,\&\, R) \vee (\sim P \,\&\, Q \,\&\, \sim R) \vee (\sim P \,\&\, \sim Q \,\&\, \sim R)$$

que está em forma normal disjuntiva completa. A descrição informal precedente pode ser convertida em uma prova formal do seguinte resultado.

19.3 Teorema. (Forma normal disjuntiva completa). Todo composto verofuncional de fórmulas dadas é logicamente equivalente a uma fórmula em forma normal disjuntiva completa.

O teorema sobre formas normais negativas pode ser elaborado em outra direção. Dizemos que uma fórmula A está em forma *prenex* se ela é da forma

$$\mathsf{Q}_1 x_1 \mathsf{Q}_2 x_2 \ldots \mathsf{Q}_n x_n B,$$

em que cada Q_i é ou $\exists$ ou $\forall$ e B não contém nenhum quantificador. A sequência de quantificadores e variáveis no início é chamada o *prefixo*, e a fórmula sem quantificadores que segue, a *matriz*.

19.4 Exemplo. (Encontrar um equivalente prenex para uma fórmula dada). Considere $(\forall x Fx \leftrightarrow Ga)$, em que F e G são predicados unários. Isso é, oficialmente, uma abreviação para

$$(\sim \forall x Fx \vee Ga) \,\&\, (\sim Ga \vee \forall x Fx).$$

Coloquemos primeiro isso em forma normal negativa

$$(\exists x{\sim}Fx \vee Ga) \mathbin{\&} ({\sim}Ga \vee \forall xFx).$$

O problema agora é 'empurrar as junções para dentro'. Isso pode ser feito notando que a forma normal negativa exibida é sucessivamente equivalente a

$$\exists x({\sim}Fx \vee Ga) \mathbin{\&} ({\sim}Ga \vee \forall xFx)$$
$$\exists x({\sim}Fx \vee Ga) \mathbin{\&} \forall x({\sim}Ga \vee Fx)$$
$$\exists y({\sim}Fy \vee Ga) \mathbin{\&} \forall x({\sim}Ga \vee Fx)$$
$$\forall x(\exists y({\sim}Fy \vee Ga) \mathbin{\&} ({\sim}Ga \vee Fx))$$
$$\forall x\exists y(({\sim}Fy \vee Ga) \mathbin{\&} ({\sim}Ga \vee Fx)).$$

Se tivéssemos 'puxado os quantificadores para fora' em uma ordem diferente, um equivalente prenex diferente teria sido obtido.

19.5 Teorema. (Forma normal prenex). Toda fórmula é logicamente equivalente a uma fórmula em forma normal prenex.

Demonstração: Por indução em complexidade. Fórmulas atômicas são trivialmente prenex. O resultado da aplicação de um quantificador a uma fórmula prenex é prenex (e, portanto, o resultado de aplicar um quantificador a uma fórmula equivalente a uma fórmula prenex é equivalente a uma fórmula prenex). A equivalência da negação de uma fórmula prenex (ou uma fórmula equivalente a uma) a uma fórmula prenex segue-se por aplicações repetidas das equivalências de ${\sim}\forall x$ e ${\sim}\exists x$ a $\exists x{\sim}$ e $\forall x{\sim}$, respectivamente. A equivalência de uma conjunção (ou disjunção) de fórmulas prenex a uma fórmula prenex segue-se, primeiro, da renomeação das variáveis ligadas, como no Problema 10.13, de modo que nenhuma variável que apareça ligada em um componente da conjunção (ou disjunção) apareça no outro, e, depois, da aplicação repetidamente da equivalência de $\mathsf{Q}xA(x)\ \S\ B$, onde x não ocorre em B, a $\mathsf{Q}x(A(x)\ \S\ B)$, onde Q pode ser $\forall$ ou $\exists$ e § pode ser & ou $\vee$.

No restante deste capítulo, nossa preocupação é menos com encontrar um equivalente lógico de algum tipo especial para uma sentença ou fórmula dada, e mais com encontrar equivalentes por satisfatibilidade de um tipo especial para uma dada sentença ou conjunto de sentenças. Dois conjuntos de sentenças Γ e Γ^* são *equivalentes por satisfatibilidade* se e somente se ou ambos são satisfatíveis ou ambos insatisfatíveis, embora geralmente, quando provamos a existência de tais equivalentes, nossa prova na verdade forneça alguma informação adicional indicando uma relação mais forte entre esses dois conjuntos. Dois resultados diferentes sobre a existência de equivalentes por satisfatibilidade serão estabelecidos nas seções 19.2 e 19.4. Em cada caso, mostraremos que Γ tem um equivalente por satisfatibilidade Γ^* cujas sentenças serão de um tipo sintaticamente mais simples, mas que não envolverão nenhum novo símbolo não lógico.

Com relação a isso, alguma terminologia será útil. Seja L uma linguagem qualquer, e L^+ qualquer linguagem que a contenha. Seja $\mathcal{M}$ uma interpretação de L, e $\mathcal{M}^+$ uma interpretação de L^+. Se as interpretações têm o mesmo domínio e atribuem as mesmas denotações aos símbolos não lógicos de L (de modo que a única diferença é que uma atribui denotações a símbolos de L^+ que não estão em L, enquanto a outra não), então dizemos que $\mathcal{M}$ é uma *expansão* de $\mathcal{M}$ a L^+, e $\mathcal{M}$ é a *redução* de $\mathcal{M}^+$ a L. Note que as noções de expansão e redução dizem respeito a mudar a linguagem ao mesmo tempo que se mantém fixo o domínio.

19.2 Formas normais de Skolem

Uma fórmula em forma prenex em que todos os quantificadores são universais (respectivamente, existenciais) pode ser denominada uma fórmula *universal* ou $\forall$--fórmula (respectivamente, uma fórmula *existencial* ou $\exists$-fórmula). Consideremos uma linguagem L e uma sentença dessa linguagem em forma prenex, digamos

(1) $$\forall x_1 \exists y_1 \forall x_2 \exists y_2 R(x_1, y_1, x_2, y_2).$$

Agora, para cada quantificador existencial, vamos introduzir um novo símbolo funcional de tantos argumentos quanto haja quantificadores universais à esquerda desse quantificador, obtendo uma linguagem expandida L^+. Assim, em nosso exemplo, haveria dois novos símbolos funcionais, digamos, f_1 e f_2, correspondendo a $\exists y_1$ e $\exists y_2$, o primeiro tendo um argumento correspondente a $\forall x_1$, e o segundo tendo dois argumentos, correspondentes a $\forall x_1$ e $\forall x_2$. Façamos agora a substituição de cada variável existencialmente quantificada pelo termo que resulta da aplicação do símbolo funcional correspondente à variável ou variáveis universalmente quantificadas à sua esquerda. A $\forall$-fórmula resultante, que em nosso exemplo seria

(2) $$\forall x_1 \forall x_2 R(x_1, f_1(x_1), x_2, f_2(x_1, x_2)),$$

é denominada a *forma normal de Skolem* da sentença original, e os novos símbolos funcionais que nela ocorrem, *símbolos funcionais de Skolem*.

Um pouco de reflexão mostra que (2) implica logicamente (1). Em qualquer interpretação da linguagem expandida L^+ com os novos símbolos funcionais, é o caso que, para todo elemento a_1 do domínio há um elemento b_1, tal que para todo elemento a_2 há um elemento b_2, tal que a_1, b_1, a_2, b_2 satisfazem $R(x_1, y_1, x_2, y_2)$: a saber, tomemos para b_1 o resultado de aplicar a a_1 a função denotada por f_1, e para b_2 o resultado de aplicar a a_1 e a_2 a função denotada por f_2.

É claro que não podemos dizer que, inversamente, (1) implica (2). O que é verdadeiro é que (2) é implicada por (1) juntamente com o seguinte:

$$\text{(3.1)} \qquad \forall x_1(\exists y_1 \forall x_2 \exists y_2 R(x_1, y_1, x_2, y_2) \to \forall x_2 \exists y_2 R(x_1, f_1(x_1), x_2, y_2))$$

$$\text{(3.2)} \qquad \forall x_1 \forall x_2(\exists y_2 R(x_1, f_1(x_1), x_2, y_2) \to R(x_1, f_1(x_1), x_2, f_2(x_1, x_2))).$$

Pois (1) e (3.1) implicam

$$\forall x_1 \forall x_2 \exists y_2 R(x_1, f_1(x_1), x_2, y_2),$$

que, com (3.2), implica (2). As sentenças (3) são denominadas *axiomas de Skolem.*

Para uma espécie diferente de fórmula prenex, com diferentes números de quantificadores universais e existenciais, tanto o número quanto o número de argumentos das funções de Skolem exigidas seriam diferentes e, correspondentemente, também o seriam os axiomas de Skolem. Por exemplo, para

$$\text{(1')} \qquad \exists y_0 \forall x_1 \forall x_2 \exists y_1 \exists y_2 \forall x_3 Q(y_0, x_1, x_2, y_1, y_2, x_3)$$

precisaríamos de um símbolo funcional zero-ário (ou seja, uma constante) f_0 e dois símbolos funcionais binários f_1 e f_2. A forma normal de Skolem seria

$$\text{(2')} \qquad \forall x_1 \forall x_2 \forall x_3 Q(f_0, x_1, x_2, f_1(x_1, x_2), f_2(x_1, x_2), x_3)$$

e os axiomas de Skolem seriam

$$\text{(3.0')} \qquad \exists y_0 \forall x_1 \forall x_2 \exists y_1 \exists y_2 \forall x_3 Q(y_0, x_1, x_2, y_1, y_2, x_3) \to \\ \forall x_1 \forall x_2 \exists y_1 \exists y_2 \forall x_3 Q(f_0, x_1, x_2, y_1, y_2, x_3)$$

$$\text{(3.1')} \qquad \forall x_1 \forall x_2(\exists y_1 \exists y_2 \forall x_3 Q(f_0, x_1, x_2, y_1, y_2, x_3) \to \\ \exists y_2 \forall x_3 Q(f_0, x_1, x_2, f_1(x_1, x_2), y_2, x_3))$$

$$\text{(3.2')} \qquad \forall x_1 \forall x_2(\exists y_2 \forall x_3 Q(f_0, x_1, x_2, f_1(x_1, x_2), y_2, x_3) \to \\ \forall x_3 Q(f_0, x_1, x_2, f_1(x_1, x_2), f_2(x_1, x_2), x_3)).$$

No entanto, exatamente da mesma maneira em qualquer exemplo, a forma normal de Skolem implicará a fórmula original, e a fórmula original, em conjunção com os axiomas de Skolem, implicará a forma normal de Skolem.

Se L é uma linguagem e L^+ é o resultado de adicionar funções de Skolem para algumas ou todas as suas sentenças, então uma expansão $\mathcal{M}^+$ de uma interpretação $\mathcal{M}$ de L a uma interpretação de L^+ é denominada uma expansão *de Skolem* se é um modelo dos axiomas de Skolem.

19.6 Lema. (Skolemização). Toda interpretação de L tem uma expansão de Skolem.

Demonstração: A ideia essencial da prova é suficientemente ilustrada pelo caso de nosso exemplo original (1) acima. A prova usa um princípio da teoria de conjuntos conhecido como o *axioma da escolha*. Segundo esse princípio, dada uma família de conjuntos não vazios, há uma função ε cujo domínio é essa família de conjuntos, e cujo valor $\varepsilon(X)$, para qualquer conjunto Y nessa família, é um elemento de Y. Assim, ε 'escolhe' um elemento de cada Y na família. Aplicamos essa suposição à família de subconjuntos não vazios de $|\mathcal{M}|$ e usamos ε para definir uma expansão de Skolem $\mathcal{N} = \mathcal{M}^+$ de $\mathcal{M}$.

Queremos primeiro atribuir uma denotação $f_1^{\mathcal{N}}$ que faça que o axioma de Skolem (3.1) resulte verdadeiro. Para esse fim, para qualquer elemento a_1 em $|\mathcal{M}|$, consideremos o conjunto B_1 de todos os b_1 em $|\mathcal{M}|$ tais que a_1 e b_1 satisfazem $\forall x_2 \exists y_2 R(x_1, y_1, x_2, y_2)$ em $\mathcal{M}$. Se B_1 é vazio, então não importa o que consideremos que $f_1^{\mathcal{N}}(a_1)$ seja, a_1 satisfaz o condicional

$$\exists y_1 \forall x_2 \exists y_2 R(x_1, y_1, x_2, y_2) \to \forall x_2 \exists y_2 R(x_1, f_1(x_1), x_2, y_2),$$

uma vez que não satisfaz o antecedente. Contudo, por precisão, diremos que, se B_1 é vazio, então tomamos $f_1^{\mathcal{N}}(a_1)$ como $\varepsilon(|\mathcal{M}|)$. Se B_1 não é vazio, então tomamos $f_1^{\mathcal{N}}(a_1)$ como $\varepsilon(B_1)$: usamos ε para escolher um elemento particular b_1 tal que a_1 e b_1 satisfazem $\forall x_2 \exists y_2 R(x_1, y_1, x_2, y_2)$. Então, uma vez que a_1 e $f_1^{\mathcal{N}}(a_1)$ satisfazem $\forall x_2 \exists y_2 R(x_1, y_1, x_2, y_2)$, segue-se que a_1 satisfaz o condicional anterior, e uma vez que isso é o caso para qualquer a_1, segue-se que (3.1) é verdadeiro.

Queremos a seguir atribuir uma denotação $f_2^{\mathcal{N}}$ que faça que o axioma de Skolem (3.2) resulte verdadeiro. Procedemos exatamente da mesma maneira. Para quaisquer a_1 e b_1, consideremos o conjunto B_2 de todos os b_2 tais que a_1, a_2 e b_2 satisfazem $R(x_1, f_1(x_1), x_2, y_2)$. Se B_1 é vazio, tomamos $f_2^{\mathcal{N}}(a_1, a_2)$ como $\varepsilon(|\mathcal{M}|)$; caso contrário, como $\varepsilon(B_2)$. O procedimento seria o mesmo não importa a quantos símbolos funcionais de Skolem precisemos atribuir denotações, e quantos axiomas de Skolem precisemos tornar verdadeiros.

Seja Γ um conjunto qualquer de sentenças de alguma linguagem L. Para cada sentença A em Γ, primeiro associemos a ela uma sentença prenex A^* logicamente equivalente como na seção anterior, e então associemos a A^* sua forma de Skolem $A^\#$ como acima, e seja $\Gamma^\#$ o conjunto de todas essas sentenças $A^\#$ para A em Γ. Então $\Gamma^\#$ é um conjunto de $\forall$-sentenças equivalentes por satisfatibilidade ao conjunto original Γ. Com efeito, se $\Gamma^\#$ é satisfatível, então há uma interpretação $\mathcal{N}$ na qual cada $A^\#$ em $\Gamma^\#$ resulta verdadeira e, uma vez que $A^\#$ implica A^* e A^* é equivalente a A, temos assim uma interpretação na qual cada A em Γ resulta verdadeira, de modo que Γ é satisfatível. Inversamente, se Γ é satisfatível, então há uma interpretação $\mathcal{M}$ da linguagem original na qual cada A em Γ, e portanto cada A^*, resulta verdadeira. Pelo lema precedente, $\mathcal{M}$ tem uma expansão $\mathcal{N}$ a uma interpretação na qual cada A^* permence verdadeira e todos os axiomas de Skolem são verdadeiros. Uma vez que A^*, juntamente com os axiomas de Skolem, implica $A^\#$, cada $A^\#$ em $\Gamma^\#$ é verdadeira em $\mathcal{N}$, e $\Gamma^\#$ é satisfatível. Mostramos, assim, como podemos associar a um conjunto qualquer de sentenças um conjunto de $\forall$-sentenças equivalente a ele por satisfatibilidade. Esse fato, contudo, não esgota o conteúdo do lema da skolemização, pois ele pode ser também usado para dar uma prova do teorema de Löwenheim–Skolem, e em uma versão mais forte do que aquela enunciada no capítulo 12 (e demonstrada no capítulo 13).

Para enunciar esse teorema de Löwenheim–Skolem mais forte, precisamos da noção de uma interpretação $\mathcal{B}$ ser uma *subinterpretação* de uma outra interpretação $\mathcal{A}$. Se símbolos funcionais estão ausentes, a definição é simplesmente que: (1) o domínio $|\mathcal{B}|$ deve ser um subconjunto do domínio $|\mathcal{A}|$; (2) para quaisquer $b_1, \ldots, b_n$ em $|\mathcal{B}|$ e qualquer predicado R, temos

(S1) $$R^{\mathcal{B}}(b_1, \ldots, b_n) \quad \text{se e somente se} \quad R^{\mathcal{A}}(b_1, \ldots, b_n);$$

e (3), para toda constante c, temos

(S2) $$c^{\mathcal{B}} = c^{\mathcal{A}}.$$

Assim, $\mathcal{B}$ é como $\mathcal{A}$, exceto que 'descartamos' os elementos de $|\mathcal{A}|$ que não estão em $|\mathcal{B}|$.

Se símbolos funcionais estão presentes, temos também que exigir que, para quaisquer $b_1, \ldots, b_n$ em $|\mathcal{B}|$ e qualquer símbolo funcional f, que valha o seguinte:

(S3) $$f^{\mathcal{B}}(b_1, \ldots, b_n) = f^{\mathcal{A}}(b_1, \ldots, b_n).$$

Note que (S3) implica que $f^{\mathcal{A}}(b_1, \ldots, b_n)$ tem que estar em $|\mathcal{B}|$: se símbolos funcionais estão ausentes, *qualquer* subconjunto não vazio B de $|\mathcal{A}|$ pode ser o domínio de uma subinterpretação de $\mathcal{A}$; contudo, se símbolos funcionais estão presentes, somente podem ser os domínios de subinterpretações aqueles subconjuntos não vazios $\mathcal{B}$ que são *fechados* sob as funções $f^{\mathcal{A}}$ que são as denotações de símbolos funcionais da linguagem, ou em outras palavras, que contêm o valor de quaisquer uma dessas funções, para dados argumentos, se contêm os próprios argumentos.

Se $\mathcal{B}$ é uma subinterpretação de $\mathcal{A}$, dizemos que $\mathcal{A}$ é uma *extensão* de $\mathcal{B}$. Note que as noções de extensão e subinterpretação dizem respeito a aumentar ou contrair o domínio, enquanto a linguagem permanece fixa.

Note que segue-se de (S1) e (S3), por indução em complexidade de termos, que todo termo tem em $\mathcal{B}$ a mesma denotação que tem em $\mathcal{A}$. Segue-se então, por (S1) e (S2), que qualquer sentença atômica tem em $\mathcal{B}$ o mesmo valor de verdade que tem em $\mathcal{A}$. Segue-se então, por indução em complexidade, que toda sentença sem quantificadores tem em $\mathcal{B}$ o mesmo valor de verdade que tem em $\mathcal{A}$. Essencialmente o mesmo argumento mostra que, de modo mais geral, quaisquer elementos dados de $\mathcal{B}$ satisfazem em $\mathcal{B}$ as mesmas fórmulas sem quantificadores que em $\mathcal{A}$. Se uma $\exists$-sentença $\exists x_1 \ldots \exists x_n R(x_1, \ldots, x_n)$ é verdadeira em $\mathcal{B}$, então há elementos $b_1, \dots, b_n$ de $|\mathcal{B}|$ que satisfazem a fórmula sem quantificadores $R(x_1, \dots, x_n)$ em $\mathcal{B}$, e portanto, pelo que acaba de ser dito, em $\mathcal{A}$ também, de modo que a $\exists$-sentença $\exists x_1 \dots \exists x_n R(x_1, \dots, x_n)$ é também verdadeira em $\mathcal{A}$. Usando a equivalência lógica da negação de uma $\forall$-sentença a uma $\exists$-sentença, temos o resultado seguinte.

19.7 Proposição. Seja $\mathcal{A}$ uma interpretação qualquer e $\mathcal{B}$ uma subinterpretação dela. Então qualquer $\forall$-sentença verdadeira em $\mathcal{A}$ é verdadeira em $\mathcal{B}$.

19.8 Exemplo. (Subinterpretações). A Proposição 19.7 é, em geral, o máximo a que se pode ir. Com efeito, consideremos a linguagem que tem somente o predicado binário $<$. Sejam $\mathcal{P}$, $\mathcal{Q}$ e $\mathcal{R}$ tais que seus domínios são os inteiros, os números racionais e os números reais, respectivamente, e seja a denotação de $<$ em cada caso a relação de ordem usual $<$ entre os números em questão. Uma vez que a ordem dos inteiros *qua* inteiros é a mesma que sua ordem *qua* números racionais, e a ordem dos números racionais *qua* números racionais é a mesma que sua ordem *qua* números reais, $\mathcal{P}$ é uma subinterpretação de $\mathcal{Q}$ e $\mathcal{R}$, e $\mathcal{Q}$ é uma subinterpretação de $\mathcal{R}$. Considere, contudo, a sentença

$$\forall x \forall y (x < y \to \exists z (x < z \,\&\, z < y))$$

ou sua equivalente prenex

$$\forall x \forall y \exists z (x < y \to (x < z \,\&\, z < y)).$$

$\mathcal{R}$ e $\mathcal{Q}$ são modelos dessa sentença, uma vez que entre dois números reais a e b quaisquer com $a < b$ sempre há algum outro número real c com $a < c$ e $c < b$, tal como $(a + b)/2$, e analogamente para os números racionais. Mas $\mathcal{P}$ não é um modelo desa sentença, uma vez que entre os inteiros 0 e 1 não há nenhum outro inteiro. (É claro, a sentença acima não é uma $\forall$-sentença, mas está, por assim dizer, só a um passo de distância, sendo uma $\forall\exists$-sentença.)

Assim, uma subinterpretação de um modelo de uma sentença C (ou um conjunto de sentenças Γ) pode, mas em geral não tem que, ser também um modelo de C (ou de Γ): se for, é denominada um sub*modelo*. Sem mais delongas, eis aqui a versão forte do teorema de Löwenheim–Skolem. (A expressão 'enumerável' é redundante, dado que estamos restringindo nossa atenção a linguagens enumeráveis, mas nós a incluímos para enfatizar que estamos fazendo essa restrição.)

19.9 Teorema. (Teorema forte de Löwenheim–Skolem). Seja $\mathcal{A}$ um modelo não enumerável de um conjunto enumerável de sentenças Γ. Então $\mathcal{A}$ tem uma subinterpretação enumerável que também é modelo de Γ.

Demonstração: É suficiente demonstrar o teorema para o caso especial de conjuntos de $\forall$-sentenças. Pois suponhamos que tenhamos provado o teorema nesse caso especial, e consideremos o caso geral em que $\mathcal{A}$ é modelo de algum conjunto arbitrário de sentenças Γ. Então, como em nossa discussão anterior, $\mathcal{A}$ tem uma expansão $\mathcal{A}^{\#}$ a um modelo de

$\Gamma^{\#}$, o conjunto das formas de Skolem das sentenças em Γ. Uma vez que formas de Skolem são $\forall$-sentenças, pelo caso especial do teorema há uma subinterpretação enumerável $\mathcal{B}^{\#}$ que é também um modelo de $\Gamma^{\#}$. Então, uma vez que a forma de Skolem de uma sentença implica a sentença original, $\mathcal{B}^{\#}$ também é modelo de Γ, e também o é sua redução $\mathcal{B}$ à linguagem original. Mas esse $\mathcal{B}$ é uma subinterpretação enumerável de $\mathcal{A}$.

Para demonstrar o teorema no caso especial em que todas as sentenças em Γ são $\forall$--sentenças, consideremos o conjunto B de todas as denotações em $\mathcal{A}$ de termos fechados da linguagem de Γ. (Podemos supor que há termos fechados, uma vez que se não há, sempre podemos acrescentar uma constante c à linguagem e a sentença logicamente válida $c = c$ a Γ.) Uma vez que a linguagem é enumerável, também o é o conjunto de termos fechados, e também o é B. Uma vez que B é fechado sob as funções que são denotações dos símbolos funcionais da linguagem, é o domínio de uma subinterpretação enumerável $\mathcal{B}$ de $\mathcal{A}$. E pela Proposição 19.7, toda $\forall$-sentença verdadeira em $\mathcal{A}$ é verdadeira em $\mathcal{B}$, e, assim, $\mathcal{B}$ é um modelo de Γ.

Duas interpretações $\mathcal{A}$ e $\mathcal{B}$ para a mesma linguagem são denominadas *elementarmente equivalentes* se toda sentença verdadeira em uma é verdadeira na outra. Tomando como Γ na versão acima do teorema de Löwenheim–Skolem o conjunto de *todas* as sentenças verdadeiras em $\mathcal{A}$, o teorema nos diz que qualquer intepretação tem uma subinterpreteção enumerável que é elementarmente equivalente a ela. Uma subinterpretação $\mathcal{B}$ de uma interpretação $\mathcal{A}$ é denominada uma *subinterpretação elementar* se, para qualquer fórmula $F(x_1, \ldots, x_n)$ e quaisquer elementos $b_1, \ldots, b_n$ de $|\mathcal{B}|$, os elementos satisfazem a fórmula em $\mathcal{A}$ se e somente se eles a satisfazem em $\mathcal{B}$. Isso implica equivalência elementar, mas é, em geral, uma condição mais forte. Estendendo a noção de forma normal de Skolem a fórmulas com variáveis livres, a versão forte acima do teorema de Löwenheim–Skolem pode ser modificada para uma ainda mais forte, dizendo-nos que qualquer interpretação tem uma subinterpretação elementar enumerável.

Aplicações da forma normal de Skolem serão dadas na próxima seção. Uma vez que não precisaremos, para essas aplicações, do resultado ainda mais forte enunciado no parágrafo precedente, não entraremos nos detalhes (tediosos, mas rotineiros) de sua prova. Em vez disso, antes de passar às aplicações, queremos discutir uma outra questão, mais filosófica. Em certa época, o teorema de Löwenheim–Skolem (especialmente na forma forte na qual o demonstramos nessa seção) era considerado filosoficamente desconcertante, porque algumas de suas consequências eram percebidas como anômalas. A anomalia aparente, por vezes chamada de ‘paradoxo de Skolem’, é de que existem certas interpretações nas quais uma certa sentença, a qual parece dizer que existem não enumeravelmente muitos conjuntos de números naturais, é verdadeira, mesmo embora os domínios dessas interpretações contenham somente enumeravelmente muitos conjuntos de números naturais, e o predicado nessa sentença, que estaríamos inclinados a traduzir como ‘conjunto (de números naturais)’, é verdadeiro precisamente dos conjuntos (de números naturais) nesses domínios.

19.10 Exemplo. (O ‘paradoxo de Skolem’). Não há como negar que esse estado de coisas considerado paradoxal existe. Para ver como ele surge, precisamos primeiro de uma explicação alternativa do que significa, para um conjunto E de conjuntos de números naturais, ser enumerável, e para isso precisamos usar a codificação de um par ordenado (m, n) de números naturais por um único número $J(m, n)$ como descrito na seção 1.2. Denominamos um conjunto w de números naturais um *enumerador* de um conjunto E de conjuntos de números naturais se

$$\forall z(z \text{ é um conjunto de números naturais } \& \ z \text{ está em } E \rightarrow$$
$$\exists x(x \text{ é um número natural } \&$$
$$\forall y(y \text{ é um número natural } \rightarrow (y \text{ está em } z \leftrightarrow J(x, y) \text{ está em } w)))).$$

O fato sobre enumeradores e enumerabilidade de que precisamos é que *um conjunto E de conjuntos de números naturais é enumerável se e somente se E tem um enumerador.*

[A razão: suponhamos que E é enumerável. Seja $e_0, e_1, e_2, \ldots$ uma enumeração de conjuntos de números naturais que contém todos os elementos de E, e talvez também outros conjuntos de números naturais. Então o conjunto de números $J(x, y)$ tais que y está em e_x é um enumerador de E. Inversamente, se w é um enumerador de E, então tomando e_x como o conjunto daqueles números y tais que $J(x, y)$ está em w, obtemos uma enumeração $e_0, e_1, e_2, \ldots$ que contém todos os elementos de E, e E é enumerável.]

Queremos agora examinar uma linguagem e algumas de suas interpretações. A linguagem contém somente o seguinte: constantes **0**, **1**, **2**, ..., dois predicados unários **N** e **S**, um predicado binário $\in$ e um símbolo funcional binário **J**. Uma interpretação $\mathcal{I}$ do tipo em que estamos interessados terá como elementos de seu domínio todos os números naturais, alguns ou todos os conjuntos de números naturais, e nada mais. As denotações de **0**, **1**, **2** etc. serão os números 0, 1, 2 etc. A denotação de **N** será o conjunto de todos os números naturais, e a de S, o conjunto de todos os conjuntos de números naturais no domínio; ao passo que a denotação de $\in$ será a relação de pertinência entre números e conjuntos de números. Finalmente, a denotação de **J** será a função J, estendida de modo a dar algum valor arbitrário – 17, digamos – a argumentos que não são ambos números (isto é, um deles, ou ambos, é um conjunto). Entre tais interpretações, a interpretação *padrão* $\mathcal{J}$ será aquela na qual o domínio contém *todos* os conjuntos de números naturais.

Consideremos a sentença $\sim\exists w F(w)$, em que $F(w)$ é a fórmula

$$\mathbf{S}w \ \& \ \forall z(\mathbf{S}z \rightarrow \exists x(\mathbf{N}x \ \& \ \forall y(\mathbf{N}y \rightarrow (y \in z \leftrightarrow \mathbf{J}(x, y) \in w)))).$$

Em cada uma das interpretações $\mathcal{I}$ que nos interessam, $\sim\exists x F(w)$ tem um valor de verdade. Ela é *verdadeira* em $\mathcal{I}$ se e somente se não há nenhum conjunto *no domínio de* $\mathcal{I}$ que seja um enumerador do conjunto de todos os conjuntos de números que estão *no domínio de* $\mathcal{I}$, como podemos ver comparando a fórmula $F(w)$ com a definição de enumerador acima. *Não* podemos dizer, de modo mais simples, que a sentença é verdadeira na interpretação se e somente se há um enumerador do conjunto de todos os conjuntos de números no domínio, porque o quantificador $\exists w$ somente 'varia sobre' ou 'refere-se a' conjuntos *que estão no domínio.*

Ao que sabemos, não há *nenhum* enumerador do conjunto de *todos* os conjuntos de números, de modo que a sentença $\sim\exists wF(w)$ é verdadeira na interpretação padrão $\mathcal{J}$, e podemos dizer que ela significa 'existem não enumeravelmente muitos conjuntos de números' quando interpretada 'em' $\mathcal{J}$, uma vez que ela então nega que há um enumerador do conjunto de todos os conjuntos de números. Pelo teorema de Löwenheim–Skolem, há uma subinterpretação enumerável $\mathcal{K}$ de $\mathcal{J}$ na qual a sentença também é verdadeira. (Note que todos os números estarão em seu domínio, uma vez que cada um é a denotação de alguma constante.) Assim, há uma interpretação $\mathcal{K}$ cujo domínio contém somente enumeravelmente muitos conjuntos de números, e na qual **S** é verdadeira precisamente dos conjuntos de números em seu domínio. Esse é o 'paradoxo de Skolem'.

Como deve ser resolvido o paradoxo? Bem, embora o conjunto de todos os conjuntos de números no domínio de $\mathcal{K}$ de fato tenha um enumerador, uma vez que o domínio é enumerável, nenhum de seus enumeradores pode estar *no* domínio de $\mathcal{K}$. [Caso contrário, ele satisfaria $F(x)$, e $\exists wF(w)$ seria verdadeira em $\mathcal{K}$, mas não é.] Assim, parte da explicação de como a sentença $\sim\exists wF(w)$ pode ser verdadeira em $\mathcal{K}$ é que aqueles conjuntos que 'testemunham' que o conjunto de conjuntos de números no domínio de $\mathcal{K}$ é enumerável não são, eles próprios, elementos do domínio de $\mathcal{K}$.

Uma parte adicional da explicação é que aquilo que uma sentença deveria ser compreendida como dizendo ou significando ou negando é pelo menos tanto uma função do domínio no qual a sentença é interpretada (e mesmo do modo em que essa interpretação é descrita ou referida a) quanto dos símbolos que constituem a sentença. $\sim\exists wF(w)$ pode ser entendida como dizendo 'existem não enumeravelmente muitos conjuntos de números' quando seus quantificadores são entendidos como variando sobre uma coleção contendo todos os números e todos os conjuntos de números, como é o caso com a interpretação padrão $\mathcal{J}$, mas não podemos entendê-la assim quando seus quantificadores variam sobre outros domínios, e, em particular, não quando eles variam sobre os elementos de domínios enumeráveis. A sentença $\sim\exists wF(w)$ – essa sequência de símbolos – 'diz' algo somente quando provida de uma interpretação. Pode ser surpreendente, e até mesmo divertido, que ela seja verdadeira em todos os tipos de interpretação, incluindo talvez algumas subinterpretações $\mathcal{K}$ de $\mathcal{J}$ que têm domínios enumeráveis, mas não deveria parecer impossível *a priori*, para ela, ser verdadeira nelas. Interpretada em uma tal $\mathcal{K}$, ela somente dirá 'o domínio de $\mathcal{K}$ não contém nenhum enumerador do conjunto de todos os conjuntos de números em $\mathcal{K}$'. E isso, é claro, é verdade.

19.3 O teorema de Herbrand

As aplicações da forma normal de Skolem com as quais vamos nos ocupar nesta seção requerem alguns instrumentos preliminares, com o que começaremos. Trabalharemos do início ao fim na lógica *sem identidade*. (Extensões dos resultados desta seção à lógica *com identidade* são possíveis usando-se o aparato que será desenvolvido na próxima seção, mas não entraremos nesse assunto.)

Sejam $A_1, \ldots, A_n$ sentenças atômicas. Uma *valoração* (*verofuncional*) dessas sentenças é simplesmente uma função ω atribuindo a cada uma delas um dos valores de verdade, verdadeiro ou falso (representados, digamos, por 1 e 0). A valoração pode ser estendida a compostos verofuncionais dos A_i (isto é, sentenças sem quantificadores construídas a partir dos A_i usando-se $\sim$ e & e $\vee$) da mesma maneira que a noção de verdade em uma interpretação é estendida de sentenças atômicas para sentenças sem quantificadores:

$$\begin{aligned} \omega({\sim}B) = 1 &\quad \text{se e somente se} \quad \omega(B) = 0 \\ \omega(B \,\&\, C) = 1 &\quad \text{se e somente se} \quad \omega(B) = 1 \text{ e } \omega(C) = 1 \\ \omega(B \vee C) = 1 &\quad \text{se e somente se} \quad \omega(B) = 1 \text{ ou } \omega(C) = 1. \end{aligned}$$

Dizemos que um conjunto Γ de sentenças sem quantificadores construídas a partir dos A_i é *verofuncionalmente satisfatível* se há alguma valoração ω que dá a toda sentença S em Γ o valor 1.

Ora, se Γ é satisfatível no sentido ordinário, isto é, se há uma interpretação $\mathcal{A}$ na qual toda sentença em Γ resulta verdadeira, então certamente Γ é verofuncionalmente satisfatível. Simplesmente tomamos para ω a função que dá a uma sentença o valor 1 se e somente se ela é verdadeira em $\mathcal{A}$.

A inversa também é verdadeira. Em outras palavras, se há uma valoração ω que dá a toda sentença em Γ o valor 1, então há uma interpretação $\mathcal{A}$ na qual toda sentença em Γ resulta verdadeira. Para demonstrar isso, é suficiente mostrar que, para qualquer valoração ω, há uma interpretação $\mathcal{A}$ tal que cada A_i é verdadeiro em $\mathcal{A}$ precisamente caso ω atribua a ele o valor 1. Isso é de fato o caso mesmo se começarmos com um conjunto *infinito* de fórmulas atômicas A_i. Para especificar $\mathcal{A}$, temos que especificar um domínio e atribuir uma denotação a cada constante, símbolo funcional e predicado ocorrendo nessas A_i. Bem, tomemos simplesmente, para cada termo fechado t na linguagem, algum objeto t^*, com termos distintos correspondendo a objetos distintos. Tomemos como domínio de nossa interpretação o conjunto desses objetos t^*. Tomamos a denotação de uma constante c como c^*, e tomemos a denotação de um símbolo funcional f como a função que, dados os objetos $t_1^*, \ldots, t_n^*$ associados aos termos $t_1, \ldots, t_n$ como argumentos, produz como valor o objeto $f(t_1, \ldots, t_n)^*$ associado ao termo $f(t_1, \ldots, t_n)$. Segue-se por indução em complexidade que a denotação de um termo arbitrário t é o objeto t^* associado a ele. Finalmente, tomamos como a denotação de um predicado P a relação que vale dos objetos $t_1^*, \ldots, t_n^*$ associados com os termos $t_1, \ldots, t_n$ se e somente se a sentença $P(t_1, \ldots, t_n)$ é uma das A_i e ω atribui a ela o valor 1. Assim, satisfatibilidade verofuncional e satisfatibilidade no sentido ordinário acabam sendo a mesma coisa para sentenças sem quantificadores.

Seja agora Γ um conjunto de $\forall$-fórmulas de alguma linguagem L, e consideremos o conjunto Δ de todas as instâncias $P(t_1, \ldots, t_n)$ obtidas pela substituição, em sentenças $\forall x_1 \ldots \forall x_n P(x_1, \ldots, x_n)$ de Γ, das variáveis por termos $t_1, \ldots, t_n$ de L. Se todo subconjunto finito de Δ é verofuncionalmente satisfatível, então todo subconjunto finito de Δ é satisfatível, e, logo, Δ também é, pelo teorema da compacidade.

Além do mais, pela Proposição 19.7, se $\mathcal{A}$ é uma interpretação na qual toda sentença em Δ resulta verdadeira, e $\mathcal{B}$ é a subinterpretação de $\mathcal{A}$ cujo domínio é o conjunto de todos as denotações de termos fechados, então toda sentença em Δ também resulta verdadeira em $\mathcal{B}$. Uma vez que, em $\mathcal{B}$, todo elemento do domínio é a denotação de algum termo, segue-se do fato de que toda instância $P(t_1, \ldots, t_n)$ resulta verdadeira que a $\forall$-fórmula $\forall x_1 \ldots \forall x_n P(x_1, \ldots, x_n)$ resulta verdadeira e, assim, $\mathcal{B}$ é um modelo de Γ. Logo, Γ é satisfatível.

Inversamente, se Γ é satisfatível, então, uma vez que uma sentença implica todas as suas instâncias substitutivas, todo conjunto finito ou infinito de instâncias substitutivas de sentenças de Γ será satisfatível e, por conseguinte, verofuncionalmente satisfatível. Assim, acabamos de demonstrar o seguinte.

19.11 Teorema. (Teorema de Herbrand). Seja Γ um conjunto de $\forall$-sentenças. Então Γ é satisfatível se e somente se todo conjunto finito de instâncias substitutivas de sentenças em Γ é verofuncionalmente satisfatível.

É possível evitar essa dependência do teorema da compacidade na prova precedente demonstrando-se uma espécie de teorema da compacidade para valorações verofuncionais, o que é consideravelmente mais fácil do que demonstrar o teorema da compacidade ordinário. (Assim, começando com a suposição de que todo subconjunto finito de Δ é verofuncionalmente satisfatível, em vez de argumentar que todo subconjunto finito é, portanto, satisfatível e, por conseguinte, que Δ é satisfatível por compacidade, em vez disso aplicaríamos compacidade para a satisfatibilidade verofuncional para concluir que Δ é verofuncionalmente satisfatível, do que se segue que Δ é satisfatível.) O teorema de Herbrand, então, na verdade *implica* o teorema da compacidade: dado um conjunto Γ de sentenças, seja $\Gamma^{\#}$ o conjunto de formas de Skolem de sentenças em Γ. Sabemos, da seção precedente, que se todo subconjunto finito de Γ é satisfatível, então todo subconjunto finito de $\Gamma^{\#}$ é satisfatível e, portanto, verofuncionalmente satisfatível, e assim, pelo teorema de Herbrand, $\Gamma^{\#}$ é satisfatível, razão pela qual o Γ original é satisfatível.

O teorema de Herbrand também implica o teorema da correção e o teorema de completude de Gödel para um tipo apropriado de procedimento de prova (diferente daquele usado anteriormente neste livro e daqueles usados em livros introdutórios), o qual descrevemos a seguir. Suponhamos que nos seja dado um conjunto finito de sentenças Γ e que desejamos saber se Γ é insatisfatível. Primeiro, substituímos as sentenças de Γ por formas de Skolem: as provas dos teoremas de forma normal dadas nas duas seções precedentes fornecem implicitamente um método efetivo de fazer isso. Agora, tendo o conjunto finito $S_1, \ldots, S_n$ de $\forall$-sentenças que são as formas de Skolem de nossas sentenças originais, e qualquer enumeração efetiva $t_1, t_2, t_3, \ldots$ de termos da linguagem, passamos a gerar efetivamente todas as instâncias substitutivas possíveis. (Poderíamos fazer isso substituindo primeiro, em cada fórmula, por cada uma de suas variáveis o termo t_1, então substituindo por cada variável em cada fórmula ou t_1 ou t_2, então substituindo por cada variável em cada fórmula ou t_1 ou t_2 ou t_3, e assim por diante. Em cada estágio, obtemos somente finitamente muitas instâncias substitutivas, a saber, no estágio m somente k^m, em que k é o número total de variáveis; mas no final nós obtemos todas.)

Cada vez que geramos uma nova instância substitutiva, verificamos se as finitamente muitas instâncias que geramos até esse ponto são verofuncionalmente satisfatíveis. Isso pode ser feito de maneira efetiva, uma vez que, por um lado, em cada estágio dado teremos gerado, até esse ponto, somente finitamente muitas instâncias substitutivas, e assim há somente finitamente muitas valorações a serem consideradas (se as instâncias substitutivas geradas até tal ponto envolvem m sentenças atômicas distintas, o número de valorações possíveis será 2^m); ao passo que, por outro lado, dada uma valoração ω e um composto verofuncional B de sentenças atômicas A_i dadas, podemos efetivamente achar o valor $\omega(B)$ exigido (o método de *tabelas de verdade* exposto em livros introdutórios é uma maneira de fazer isso).

Se qualquer conjunto finito de instâncias de Skolem (isto é, de instâncias substitutivas de formas de Skolem) resulta ser verofuncionalmente insatisfatível, então o conjunto original Γ é insatisfatível: produzir um tal conjunto de instâncias de Skolem é uma espécie de refutação de Γ. Inversamente, se Γ é insatisfatível, o procedimento acima descrito cedo ou tarde produzirá uma tal refutação. Isso é porque sabemos, da seção precedente, que Γ é insatisfatível se e somente se $\Gamma^\#$ é, e assim, pelo teorema de Herbrand, Γ é insatisfatível se e somente se algum conjunto finito de instâncias substitutivas de formas de Skolem é verofuncionalmente insatisfatível. O procedimento de refutação que acabamos de descrever é, assim, correto e completo (logo, também o seria o procedimento de prova que demonstra que Γ implica D ao refutar $\Gamma \cup \{\sim D\}$).

19.4 Eliminando símbolos funcionais e identidade

Ao passo que a presença de identidade e símbolos funcionais é com frequência conveniente, também sua ausência pode, com frequência, ser conveniente; nesta seção, mostramos como eles podem, em um sentido ainda a ser precisado, ser 'eliminados'. (Constantes serão tratadas como um tipo especial de símbolo funcional, a saber, símbolos funcionais 0-ários. O que quer que digamos sobre símbolos funcionais nesta seção vale também para constantes, e não daremos consideração separada a elas.)

Comecemos com a eliminação de símbolos funcionais. O primeiro fato de que precisamos é que qualquer sentença é logicamente *equivalente* a uma sentença na qual todos os símbolos funcionais ocorrem imediatamente à direita do símbolo de identidade. Isso significa que nenhum símbolo funcional ocorre nos espaços à direita de predicados que não sejam o predicado de identidade, ou nos espaços à direita de um símbolo funcional, ou no espaço à esquerda do símbolo de identidade, de modo que as únicas ocorrências de um símbolo funcional n-ário f são em subfórmulas atômicas do tipo $v = f(u_1, \ldots, u_n)$, onde v e os u_i são variáveis (não necessariamente todas distintas).

A prova é bastante simples: suponhamos que S seja uma sentença com pelo menos uma ocorrência de um símbolo funcional f em alguma posição que não seja imediatamente à direita do símbolo de identidade. Em qualquer ocorrência desse tipo, f ocorre como o primeiro símbolo em algum termo t que ocorre (possivelmente como um subtermo de um termo mais complexo) em alguma subfórmula atômica $A(t)$. Seja v alguma variável que não ocorra em S, e seja S^- o resultado de substituir $A(t)$ pela fórmula logicamente equivalente $\exists v(v = t \,\&\, A(v))$. Então S é logicamente equivalente a S^- e S^- contém uma ocorrência a menos de símbolos funcionais em posições que não sejam imediatamente à direita do símbolo de identidade. Reduzindo dessa maneira o número de ocorrências desse tipo uma de cada vez, S é finalmente equivalente a uma sentença que não tem tais ocorrências. Assim, no restante deste capítulo, consideramos somente sentenças sem tais ocorrências.

Mostramos como eliminar, um de cada vez, os símbolos funcionais de tais sentenças. (O processo pode ser repetido até que todos os símbolos funcionais, incluindo constantes, tenham sido eliminados.) Se S é uma tal sentença e f um símbolo funcional n-ário que nela ocorre, seja R um novo predicado $(n + 1)$-ário. Substituamos cada subfórmula do tipo $v = f(u_1, \ldots, u_n)$ no qual f ocorre – recorde, essas são o *único* tipo de ocorrências de f em S – por $R(u_1, \ldots, u_n, v)$, e denominemos o resultado $S^\pm$. Seja C a sentença seguinte, que denominamos o *axioma de funcionalidade*:

$$\forall x_1 \ldots \forall x_n \exists y \forall z(R(x_1, \ldots, x_n, z) \leftrightarrow z = y).$$

Seja D a sentença seguinte, que denominamos o *axioma auxiliar*:

$$\forall x_1 \ldots \forall x_n \forall z(R(x_1, \ldots, x_n, z) \leftrightarrow z = f(x_1, \ldots, x_n)).$$

O sentido preciso em que o símbolo f é 'dispensável' é indicado pela seguinte proposição (e sua prova).

19.12 Proposição. S é satisfatível se e somente se $S^{\pm}$ & C é satisfatível.

Demonstração: Comecemos pondo em ordem as relações entre as várias sentenças que introduzimos. Se chamarmos a linguagem à qual a sentença original S pertence de L, a linguagem obtida pelo acréscimo do novo predicado R a essa linguagem de L^+, e a linguagem obtida pela remoção do antigo símbolo funcional f dessa última linguagem $L^{\pm}$, então S pertence a L, D a L^+, e $S^{\pm}$ e C a $L^{\pm}$. Note que D implica C, e D implica $S \leftrightarrow S^{\pm}$.

Note agora que toda interpretação $\mathcal{M}$ de L tem uma única expansão a uma interpretação $\mathcal{N}$ de L^+ que é modelo de D. A única maneira de obter uma tal $\mathcal{N}$ é tomar como a denotação $R^{\mathcal{N}}$ do novo predicado a relação que vale de $a_1, \ldots, a_n, b$ se e somente se $b = f^{\mathcal{M}}(a_1, \ldots, a_n)$. Além disso, toda interpretação $\mathcal{P}$ de $L^{\pm}$ que é modelo de C tem uma única expansão a uma interpretação $\mathcal{N}$ de L^+ que é modelo de D. A única maneira de obter uma tal $\mathcal{N}$ é tomar como a denotação $f^{\mathcal{N}}$ do novo símbolo funcional a função que, dados $a_1, \ldots, a_n$ como argumentos, produz como valor o único b tal que $R^{\mathcal{P}}(a_1, \ldots, a_n, b)$ vale. (A verdade de C em $\mathcal{P}$ é necessária para garantir que existe um tal b e que ele é único.)

Se S tem um modelo $\mathcal{M}$, por nossas observações no parágrafo precedente esse modelo tem uma expansão a um modelo $\mathcal{N}$ de S & D. Então, uma vez que D implica $S \leftrightarrow S^{\pm}$ e C, $\mathcal{N}$ é um modelo de $S^{\pm}$ & C. Inversamente, se $S^{\pm}$ & C tem um modelo $\mathcal{P}$, então, por nossas observações no parágrafo precedente, esse modelo tem uma expansão a um modelo $\mathcal{N}$ de $S^{\pm}$ & D. Assim, visto que D implica $S \leftrightarrow S^{\pm}$, $\mathcal{N}$ é um modelo de S.

Passamos agora à questão de eliminar o símbolo de identidade, supondo que símbolos funcionais já tenham sido eliminados. Desta forma, começamos com uma linguagem L cujos únicos símbolos não lógicos são predicados. Acrescentamos a ela um novo símbolo de relação binária $\equiv$ e consideramos a seguinte sentença E, que já encontramos no capítulo 12, a qual denominaremos o *axioma de equivalência*:

$$\begin{aligned}
&\forall x\, x \equiv x \;\&\\
&\forall x \forall y (x \equiv y \to y \equiv x) \;\&\\
&\forall x \forall y \forall z ((x \equiv y \;\&\; y \equiv z) \to x \equiv z).
\end{aligned}$$

Além disso, para cada predicado P de L nós consideramos a seguinte sentença C_P, que denominaremos o axioma de *congruência* para P:

$$\begin{aligned}
&\forall x_1 \ldots \forall x_n \forall y_1 \ldots \forall y_n ((x_1 \equiv y_1 \;\&\; \ldots \;\&\; x_n \equiv y_n) \to\\
&\qquad\qquad (P(x_1, \ldots, x_n) \leftrightarrow P(y_1, \ldots, y_n))).
\end{aligned}$$

Note que o resultado de substituir o novo sinal $\equiv$ pelo sinal de identidade $=$ em E ou em qualquer C_P é uma sentença logicamente válida. Para qualquer sentença S, seja S^* o resultado de substituir o sinal de identidade = inteiramente por esse novo sinal $\equiv$, e seja C_S a conjunção das C_P para todos os predicados P ocorrendo em S. O sentido preciso em que o símbolo = é 'dispensável' é indicado pela seguinte proposição (e sua prova).

19.13 Proposição. S é satisfatível se e somente se S^* & E & C_S é satisfatível.

Demonstração: Uma direção é fácil. Dado um modelo de S, obtemos um modelo de S^* & E & C_S tomando a relação de identidade como a denotação do novo sinal.

Para a outra direção, suponhamos que temos um modelo $\mathcal{A}$ de $S^*\&E\&C_S$. Desejamos mostrar que há um modelo $\mathcal{B}$ de S. Uma vez que E é verdadeira em $\mathcal{A}$, a denotação $\equiv^{\mathcal{A}}$ do novo sinal em $\mathcal{A}$ é uma relação de equivalência no domínio $|\mathcal{A}|$. Especificamos agora uma interpretação $\mathcal{B}$ cujo domínio $|\mathcal{B}|$ é o conjunto de todas as classes de equivalência de elementos de $|\mathcal{A}|$. Precisamos especificar qual deve ser a denotação $P^{\mathcal{B}}$ de cada predicado P da linguagem original. Para quaisquer classes de equivalência $b_1, \ldots, b_n$ em $|\mathcal{B}|$, estipulemos que $P^{\mathcal{B}}$ vale para elas se e somente se $P^{\mathcal{A}}$ vale para $a_1, \ldots, a_n$, para a_1 em b_1, ..., e a_n em b_n. Precisamos também especificar qual deve ser a denotação $\equiv^{\mathcal{B}}$ do novo sinal. Consideramos que seja a genuína relação de identidade.

Seja agora j a função de $|\mathcal{A}|$ em $|\mathcal{B}|$ cujo valor, para um argumento a, é a classe de equivalência de a. Se $P^{\mathcal{A}}(a_1, \ldots, a_n)$ vale, então por definição de $P^{\mathcal{B}}$, $P^{\mathcal{B}}(j(a_1), \ldots, j(a_n))$ vale; ao passo que, se $P^{\mathcal{B}}(j(a_1), \ldots, j(a_n))$ vale, então, mais uma vez pela definição de $P^{\mathcal{B}}$, $P^{\mathcal{A}}(a'_1, \ldots, a'_n)$ vale para alguns a'_i, onde cada a'_i pertence à mesma classe de equivalência $j(a'_i) = j(a_i)$ que a_i. A verdade de C_P em $\mathcal{A}$ garante que, nesse caso, $P^{\mathcal{A}}(a_1, \ldots, a_n)$ vale. Trivialmente, $a_1 \equiv^{\mathcal{A}} a_2$ vale se e somente se $j(a_1) = j(a_2)$, isto é, se e somente se $j(a_1) \equiv^{\mathcal{B}} j(a_2)$ vale. Assim, a função j tem todas as propriedades de um isomorfismo, exceto por não ser injetora. Se examinarmos a prova do lema do isomorfismo, segundo o qual exatamente as mesmas sentenças são verdadeiras em interpretações isomorfas, vemos que a propriedade de ser injetora foi usada *somente* em relação à identidade. Consequentemente, no que diz respeito somente a sentenças *não* envolvendo identidade, pela mesma prova que aquela do lema do isomorfismo, as mesmas sentenças são verdadeiras em $\mathcal{B}$ e em $\mathcal{A}$. (Ver a Proposição 12.5 e sua prova.) Em particular, S^* é verdadeira em $\mathcal{B}$. Mas uma vez que $\equiv^{\mathcal{B}}$ é a relação genuína de identidade, segue-se que o resultado de substituir $\equiv$ por = em S^* será também verdadeira em $\mathcal{B}$ – e o resultado dessa substituição é precisamente a S original. Assim, temos um modelo $\mathcal{B}$ de S, como requerido.

As Proposições 19.12 e 19.13 podem ambas ser enunciadas de maneira mais geral. Se Γ é qualquer conjunto de sentenças e $\Gamma^{\pm}$ o conjunto de todas as $S^{\pm}$ para S em Γ, junto com todos os axiomas de funcionalidade, então Γ é satisfatível se e somente se $\Gamma^{\pm}$ é. Se Γ é qualquer conjunto de sentenças não envolvendo símbolos funcionais, e Γ^* é o conjunto de todas as S^* para S em Γ juntamente com o axioma de equivalência e todos os axiomas de congruência, então Γ é satisfatível se e somente se Γ^* é satisfatível. Aplicações das formas normais sem funções e sem identidade da presente seção serão indicadas nos próximos dois capítulos.

Problemas

19.1 Encontre equivalentes

(**a**) em forma normal negativa
(**b**) em forma normal disjuntiva
(**c**) em forma normal disjuntiva completa
para $\sim((\sim A \,\&\, B) \vee (\sim B \,\&\, C)) \vee \sim(\sim A \vee C)$.

19.2 Encontre equivalentes em forma prenex para

(**a**) $\exists x(P(x) \rightarrow \forall x P(x))$
(**b**) $\exists x(\exists x\, P(x) \rightarrow P(x))$.

19.3 Encontre um equivalente em forma prenex para a fórmula seguinte, e escreva por extenso sua forma de Skolem:

$$\forall x(Qx \rightarrow \exists y(Py \,\&\, Ryx)) \leftrightarrow \exists x(Px \,\&\, \forall y(Qy \rightarrow Rxy).$$

19.4 Seja T um conjunto de sequências finitas de 0s e 1s tais que qualquer segmento inicial $(e_0, \ldots, e_{m-1})$, $m < n$, de qualquer elemento $(e_0, \ldots, e_{n-1})$ em T está em T. Seja T^* o subconjunto de T consistindo em todas as sequências finitas s tais que há infinitamente muitas sequências finitas t em T tais que s é um segmento inicial de t. Mostre que, se T é infinito, então há uma sequência infinita $e_1, e_2, \ldots$ de 0s e 1s tal que todo segmento inicial $(e_0, \ldots, e_{m-1})$ está em T^*.

19.5 Enuncie e demonstre um teorema de compacidade para valorações verofuncionais.

20

O teorema da interpolação de Craig

Suponhamos que uma sentença A implica uma sentença C. O teorema da interpolação de Craig *nos diz que, nesse caso, há uma sentença B tal que A implica B e B implica C, e B não envolve nenhum símbolo não lógico além daqueles que ocorrem tanto em A quanto em B. Esse é um dos resultados básicos da teoria de modelos, quase no mesmo nível que, digamos, o teorema da compacidade. A prova é apresentada na seção 20.1. A prova para o caso especial em que identidade e símbolos funcionais estão ausentes é mais uma aplicação fácil dos mesmos lemas que utilizamos para demonstrar o teorema da compacidade no capítulo 13, e poderia ter sido apresentada lá. A prova mais fácil para o caso geral, contudo, é por redução a esse caso especial, usando os mecanismos para a eliminação de símbolos funcionais e identidade desenvolvidos na seção 19.4. As seções 20.2 e 20.3, que são independentes uma da outra, dedicam-se a dois corolários importantes do teorema de interpolação, o* teorema da consistência conjunta de Robinson *e o* teorema da definibilidade de Beth.

20.1 O teorema de Craig e sua prova

Começamos com uma observação simples.

20.1 Proposição. Se uma sentença A implica uma sentença C, então há uma sentença B que A implica, que implica C, e que contém somente constantes que ocorrem tanto em A quanto em C.

Demonstração: A razão é clara: se não há nenhuma constante em A que não esteja em C, podemos tomar A para a nossa B; caso contrário, sejam $a_1, \ldots, a_n$ todas as constantes em A que não estão em C, e seja A^* o resultado de substituir cada a_i por alguma variável nova v_i. Então, uma vez que $A \to C$ é válida, $\forall v_1 \ldots \forall v_n(A^* \to C)$ também é; consequentemente, $\exists v_1 \ldots \exists v_n A^* \to C$ também é. Nesse caso, $\exists v_1 \ldots \exists v_n A^*$ é uma B adequada, pois é implicada por A, implica C, e todas as suas constantes estão tanto em A quanto em C.

Alguém poderia perguntar se o fato que acaba de ser demonstrado sobre constantes pode ser subsumido a um outro fato sobre constantes, símbolos funcionais e predicados; isto é, perguntar se, se A implica C, sempre há uma sentença B que A implica, que implica C e que contém somente constantes, símbolos funcionais e predicados que estão tanto em A quanto em C. A resposta a essa questão, tal como formulada, é *não*.

20.2 Exemplo. (Uma falha de interpolação). Seja A a fórmula $\exists xFx$ & $\exists x{\sim}Fx$, e seja C a fórmula $\exists x\exists yx \neq y$. Então A implica C, mas não há absolutamente nenhuma sentença que contenha somente constantes, símbolos funcionais e predicados que estejam tanto em A quanto em C, e, portanto, não há nenhuma tal sentença que A implica e que implica C.

Suponhamos que não consideremos o predicado *lógico* de identidade, e perguntemos: se A implica C, sempre há uma sentença B que A implica, que implica C e que não contém nenhum símbolo não lógico (isto é, nenhuma constante, nenhum símbolo funcional, e nenhum predicado *não lógico*) exceto aqueles que estão tanto em A quanto em C. O teorema da interpolação de Craig é a asserção de que a resposta a nossa questão, assim reformulada, é *sim*.

20.3 Teorema. (Teorema da interpolação de Craig). Se A implica C, então há uma sentença B que A implica, que implica C e que não contém nenhum símbolo não lógico exceto aqueles que estão tanto em A quanto em C.

Uma tal sentença B é denominada um *interpolante* entre A e C. Antes de iniciar a prova, façamos uma observação esclarecedora.

20.4 Exemplo. (Casos degenerados). Pode acontecer que precisemos permitir que o símbolo de identidade apareça no interpolante mesmo que não apareça nem em A nem em C. Uma tal situação pode surgir se A é insatisfatível. Por exemplo, se A é $\exists x(Fx$ & ${\sim}Fx)$ e C é $\exists xGx$, então $\exists x\, x \neq x$ servirá como B, mas não há absolutamente nenhuma sentença que contenha somente predicados que ocorrem tanto em A quanto em B, uma vez que não há tais predicados. Uma situação semelhante pode surgir se C for válida. Por exemplo, se A é $\exists xFx$ e C é $\exists x(Gx \vee {\sim}Gx)$ então $\exists x\, x = x$ servirá como B, mas, mais uma vez, não há nenhum predicado que ocorra tanto em A quanto em C. Note que $\exists x\, x \neq x$ servirá como interpolante em *qualquer* caso em que A seja insatisfatível, e $\exists x\, x = x$, em *qualquer* caso em que C seja válida. (Podemos evitar esse recurso à identidade se admitirmos as constantes lógicas $\top$ e $\bot$ da seção 19.1.)

Demonstração, Parte I: Feita essa observação, podemos restringir nossa atenção aos casos em que A é satisfatível e C não é válida. A prova de que, sob essa suposição, um interpolante B existe será, como muitas outras provas, dividida em duas partes. Primeiro, consideramos o caso em que identidade e símbolos funcionais estão ausentes, e depois reduzimos o caso geral em que estão presentes a esse caso especial. (A prova, diferentemente daquela da Proposição 20.1, será não construtiva. Ela demonstrará a *existência* de um interpolante, sem mostrar como *encontrar* um. Provas mais construtivas são conhecidas, mas são substancialmente mais longas e mais difíceis.)

Comecemos imediatamente com a prova do caso especial. Considerando somente sentenças e fórmulas sem identidade ou símbolos funcionais, seja A uma sentença que é satisfatível e C uma sentença que não é válida (o que equivale a dizer que ${\sim}C$ é satisfatível), tal que A implica C (o que equivale a dizer que $\{A, \sim C\}$ é insatisfatível). Queremos mostrar que há uma sentença B contendo somente predicados comuns a A e C, tais que A implica B e B implica C (o que equivale a dizer que $\sim C$ implica $\sim B$).

O que nós vamos fazer é mostrar que, se não há um tal interpolante B, então $\{A, \sim C\}$ é, afinal de contas, satisfatível. Para mostrar isso, aplicamos o teorema da existência de modelos (Lema 13.3). Este nos diz que se L é uma linguagem contendo todos os símbolos não lógicos de A e de C, e se L^* é uma linguagem obtida pelo acréscimo de infinitamente muitas constantes novas a L, então $\{A, \sim C\}$ será satisfatível contanto que pertença a algum conjunto S de conjuntos de sentenças de L^* tendo certas propriedades. Para a presente situação, em que identidade e símbolos funcionais estão ausentes, essas propriedades são as seguintes:

(S0) Se Γ está em S e Γ_0 é um subconjunto de Γ, então Γ_0 está em S.

(S1) Se Γ está em S, então, para nenhuma sentença D, D e $\sim D$ estão em Γ.

(S2) Se Γ está em S e $\sim\sim D$ está em Γ, então $\Gamma \cup \{D\}$ está em S.

(S3) Se Γ está em S e $(D_1 \vee D_2)$ está em Γ, então $\Gamma \cup \{D_i\}$ está em S, para $i = 1$ ou para $i = 2$.

(S4) Se Γ está em S e $\sim(D_1 \vee D_2)$ está em Γ, então $\Gamma \cup \{\sim D_i\}$ está em S, para ambos, $i = 1$ e $i = 2$.

(S5) Se Γ está em S e $\exists x F(x)$ está em Γ, então $\Gamma \cup \{F(b)\}$ está em S para qualquer constante b que não está em Γ.

(S6) Se Γ está em S e $\sim\exists x F(x)$ está em Γ, então $\Gamma \cup \{\sim F(b)\}$ está em S para qualquer constante b.

O que precisamos fazer é definir um conjunto S, usar a hipótese de que não há nenhum interpolante B para mostrar que $\{A, \sim C\}$ está em S e estabelecer as propriedades (S0)–(S6) para S. A fim de definir S, chamemos uma sentença D de L^* uma fórmula *esquerda* (respectivamente, uma fórmula *direita*) se todo predicado em D ocorre em A (respectivamente, ocorre em C). Se Γ_L é um conjunto satisfatível de sentenças esquerdas e Γ_R um conjunto satisfatível de sentenças direitas, digamos que B *bloqueia* o par Γ_L, Γ_R se B for tanto uma sentença esquerda quanto direita, e Γ_L implica B ao passo que Γ_R implica $\sim B$. Nossa suposição de que não há nenhum interpolante, reformulada nessa terminologia, é a suposição de que nenhuma sentença B de L bloqueia $\{A\}, \{\sim C\}$. Segue-se – por uma prova bastante similar àquela da Proposição 20.1 – que nenhuma sentença B de L^* bloqueia $\{A\}, \{\sim C\}$. Seja S o conjunto de todos os Γ que admitem uma *divisão não bloqueada* no sentido de que podemos escrever Γ como uma união $\Gamma_L \cup \Gamma_R$ de dois conjuntos de sentenças em que Γ_L consiste em sentenças esquerdas e Γ_R em sentenças direitas, cada um de Γ_L e Γ_R é satisfatível, e nenhuma sentença bloqueia o par Γ_L, Γ_R. Então o que dissemos até agora é que $\{A, \sim C\}$ está em S. O que resta a ser feito é estabelecer as propriedades (S0)–(S6) para S.

(S0) é fácil e é deixada ao leitor. Para (S1), se $\Gamma = \Gamma_L \cup \Gamma_R$ é uma divisão não bloqueada, então a suposição de que Γ_L é satisfatível implica que não há nenhuma sentença D com tanto D quanto $\sim D$ em Γ_L. Analogamente para Γ_R. Nem pode haver uma D com D em Γ_L e $\sim D$ em Γ_R, pois nesse caso D seria tanto uma sentença esquerda (já que pertence a Γ_L) quanto uma sentença direita (já que pertence a Γ_R) e portanto seria uma sentença que é implicada por Γ_L e cuja negação é implicada por Γ_R, e assim bloquearia Γ_L, Γ_R.

Analogamente, o caso inverso com $\sim D$ em Γ_L e D em Γ_R é impossível, uma vez que $\sim D$ bloquearia o par Γ_L, Γ_R.

Para (S2), suponhamos que $\Gamma = \Gamma_L \cup \Gamma_R$ é uma divisão não bloqueada e $\sim\sim D$ está em Γ. Há dois casos, conforme $\sim\sim D$ está em Γ_L ou em Γ_R, mas os dois são inteiramente análogos, e consideramos somente o primeiro. Então, uma vez que $\sim\sim D$ é uma fórmula esquerda, D também é, e uma vez que D é implicada por Γ_L, acrescentar D a Γ_L não pode torná-lo instatisfatível se era satisfatível antes, nem pode fazer que qualquer sentença B seja uma consequência se já não era uma consequência antes. Assim, $\Gamma \cup \{D\} = (\Gamma_L \cup \{D\}) \cup \Gamma_R$ é uma divisão não bloqueada, e $\Gamma \cup \{D\}$ está em S. (S4)–(S6) são muito semelhantes.

(S3) é apenas ligeiramente diferente. Suponhamos que $\Gamma = \Gamma_L \cup \Gamma_R$ é uma divisão não bloqueada e $(D_1 \vee D_2)$ está em Γ. Mais uma vez, há dois casos, e consideramos somente aquele em que $(D_1 \vee D_2)$ está em Γ_L. Cada uma das D_i é, é claro, uma sentença esquerda, uma vez que sua disjunção o é. Afirmamos que $\Gamma \cup \{D_i\} = (\Gamma_L \cup \{D_i\}) \cup \Gamma_R$ é uma divisão não bloqueada para pelo menos um i. A fim de mostrar isso, note que, se $\Gamma_L \cup \{D_1\}$ é insatisfatível, então Γ_L implica tanto $(D_1 \vee D_2)$ quanto $\sim D_1$ e, portanto, implica D_2. Nesse caso, a prova de que $(\Gamma_L \cup \{D_2\}) \cup \Gamma_R$ é uma divisão não bloqueada é exatamente como a prova no parágrafo precedente. Analogamente, se $\Gamma_L \cup \{D_2\}$ é insatisfatível, então $(\Gamma_L \cup \{D_1\}) \cup \Gamma_R$ nos dá uma divisão não bloqueada. Assim, resta-nos tratar o caso em que $\Gamma_L \cup \{D_i\}$ é satisfatível para ambos os i. Nesse caso, $(\Gamma_L \cup \{D_i\}) \cup \Gamma_R$ pode não ser uma divisão não bloqueada somente porque há uma sentença B_i que bloqueia o par $\Gamma_L \cup \{D_i\}, \Gamma_R$. O que nós afirmamos é que não pode existir uma tal B_i para ambos, $i = 1$ e $i = 2$. Pois suponhamos que houvesse. Então, como B_i é implicada por $\Gamma_L \cup \{D_i\}$ para cada i, e Γ_L contém $(D_1 \vee D_2)$, segue-se que $B = (B_1 \vee B_2)$ é implicada por Γ_L. Além disso, uma vez que cada $\sim B_i$ é implicada por Γ_R, $\sim B$ também é. Finalmente, uma vez que cada B_i é tanto uma sentença esquerda quanto direita, o mesmo é verdadeiro de B. Assim, há uma sentença B que bloqueia Γ_L, Γ_R, contrariamente à hipótese. Essa contradição completa a prova para o caso em que identidade e símbolos funcionais estão ausentes.

Demonstração, Parte II: Consideramos a seguir o caso em que a identidade está presente, mas símbolos funcionais ainda estão ausentes. Suponhamos que A implica C. Como na seção 18.4, introduzimos o novo predicado binário $\equiv$. Escrevemos E_L para a conjunção dos axiomas de equivalência e os axiomas de congruência para os predicados em A, e E_R para a sentença correspondente no que concerne C. Escrevemos $*$ para indicar a substituição de $=$ por $\equiv$. Uma vez que A implica C, A & $\sim C$ é insatisfatível. O que a prova da Proposição 19.13 nos diz é que, em consequência, E_L & E_R & A^* & $\sim C^*$ é insatisfatível. Segue-se que E_L & A^* implica $E_R \rightarrow C^*$. Pelo teorema da interpolação para sentenças sem identidade, há uma sentença B^* envolvendo somente $\equiv$ e predicados não lógicos comuns a A e C, tal que E_L & A^* implica B^* e B^* implica $E_R \rightarrow C^*$. Segue-se que E_L & A^* & $\sim B^*$ e E_R & B^* & C^* são insatisfatíveis. Sustentamos então que B, o resultado de substituir $\equiv$ por $=$ em B^*, é o interpolante requerido entre A e C. Certamente seus predicados não lógicos são comuns a A e C. Além do mais, o que a prova da Proposição 19.13 nos diz é que A & $\sim B$ e B & $\sim C$ são insatisfatíveis, e, portanto, A implica B e B implica C. O tratamento de símbolos funcionais é bem semelhante, mas utilizando os mecanismos da Proposição 19.12 em vez daqueles da Proposição 19.13. Os detalhes são deixados ao leitor.

Nas seções restantes deste capítulo, aplicamos o teorema da interpolação para demonstrar dois resultados sobre teorias: um sobre as condições sob as quais a união de duas teorias é satisfatível, o outro sobre as condições sob as quais definições são consequências de teorias. (Em tudo o que segue, 'teoria' está sendo usada, como em outros lugares neste livro, em um sentido muito amplo: uma *teoria* em uma linguagem é apenas um conjunto de sentenças dessa linguagem que contém toda sentença dessa linguagem que seja consequência lógica do conjunto. Um *teorema* de uma teoria é apenas uma sentença dessa teoria.)

20.2 O teorema da consistência conjunta de Robinson

Começamos com um resultado preliminar.

20.5 Lema. A união $T_1 \cup T_2$ de duas teorias T_1 e T_2 é satisfatível se e somente se não há nenhuma sentença em T_1 cuja negação esteja em T_2.

Demonstração: A direção 'somente se' é óbvia: se houvesse uma sentença em T_1 cuja negação estivesse em T_2, não seria possível que a união fosse sastisfatível, pois não haveria nenhuma interpretação em que tanto essa sentença quanto sua negação fossem verdadeiras.

A parte 'se' segue-se rapidamente do teorema da compacidade e do teorema de Craig. Suponhamos que a união de T_1 e T_2 seja insatisfatível. Então, pelo teorema da compacidade, há um subconjunto finito S_0 dessa união que é insatisfatível. Se não há nenhum elemento de S_0 que pertença a T_1, então T_2 é insatisfatível, e assim $\forall x\, x = x$ é uma sentença em T_1 cuja negação está em T_2; se nenhum elemento de S_0 pertence a T_2, então T_1 é insatisfatível, e assim $\sim\forall x\, x = x$ é uma sentença em T_1 cuja negação está em T_2. Podemos, então, supor que S_0 contém alguns elementos tanto de T_1 quanto de T_2. Sejam $F_1, \ldots, F_m$ os elementos de S_0 que estão em T_1; sejam $G_1, \ldots, G_n$ os elementos de S_0 que estão em T_2.

Sejam A a fórmula $(F_1 \& \ldots \& F_m)$ e C, $\sim(G_1 \& \ldots \& G_n)$. A implica C. Pelo teorema de Craig, há uma sentença B implicada por A, que implica C e que contém somente símbolos não lógicos contidos tanto em A quanto em C. B é, portanto, uma sentença na linguagem de ambas, T_1 e T_2. Uma vez que A está em T_1 e implica B, B está em T_1. Uma vez que $(G_1 \& \ldots \& G_n)$ está em T_2, $\sim B$ também está, já que $(G_1 \& \ldots \& G_n)$ implica $\sim B$. Assim, B é uma sentença em T_1 cuja negação está em T_2.

Uma *extensão* T' de uma teoria T é simplesmente uma outra teoria que contém T. A extensão é chamada *conservativa* se toda sentença da linguagem de T que é um teorema de T' é um teorema de T. Demonstramos a seguir um teorema sobre extensões conservativas.

20.6 Teorema. Sejam L_0, L_1, L_2 linguagens, com $L_0 = L_1 \cap L_2$. Seja T_i uma teoria em L_i para $i = 0, 1, 2$. Seja T_3 o conjunto de sentenças de $L_1 \cup L_2$ que são consequências de $T_1 \cup T_2$. Assim, se T_1 e T_2 são ambas extensões conservativas de T_0, então T_3 é também uma extensão conservativa de T_0.

Demonstração: Suponhamos que B seja uma sentença de L_0 que é teorema de T_3. Temos que mostrar que B é um teorema de T_0. Seja U_2 o conjunto de sentenças de L_2 que são consequências de $T_2 \cup \{\sim B\}$. Uma vez que B é um teorema de T_3, $T_1 \cup T_2 \cup \{\sim B\}$ é insatisfatível, e portanto $T_1 \cup U_2$ é insatisfatível. Portanto, há uma sentença D em T_1 cuja negação $\sim D$ está em U_2. D é uma sentença de L_1, e $\sim D$ de L_2. Assim, D e $\sim D$ estão ambas em L_0, e, consequentemente, $(\sim B \rightarrow \sim D)$ também está. Uma vez que D está em T_1, que é uma extensão conservativa de T_0, D está em T_0. E uma vez que $\sim D$ está em U_2, $(\sim B \rightarrow \sim D)$ está em T_2, que é uma extensão conservativa de T_0. Assim, $(\sim B \rightarrow \sim D)$ está também em T_0, e portanto também está B, que se segue de D e $(\sim B \rightarrow \sim D)$.

Uma consequência imediata é

20.7 Corolário. (Teorema da consistência conjunta de Robinson). Sejam L_0, L_1, L_2 linguagens, com $L_0 = L_1 \cap L_2$. Seja T_i uma teoria em L_i para $i = 0, 1, 2$. Se T_0 é completa, e T_1 e T_2 são extensões satisfatíveis de T_0, então $T_1 \cup T_2$ é satisfatível.

Demonstração: Uma extensão satisfatível de uma teoria completa é conservativa, e uma extensão conservativa de uma teoria satisfatível é satisfatível. Assim, se as T_i satisfazem as hipóteses do Corolário 20.7, então T_3, como definida no Teorema 20.6, é uma extensão satisfatível de T_0, e, portanto, $T_1 \cup T_2$ é satisfatível.

20.8 Exemplo. (Falhas de consistência conjunta). Sejam $L_0 = L_1 = L_2 = \{P, Q\}$, em que P e Q são predicados unários. Seja T_1 (respectivamente, T_2) o conjunto das consequências em L_1 (respectivamente, L_2) de $\{\forall xPx, \forall xQx\}$ (respectivamente, $\{\forall xPx, \forall x{\sim}Qx\}$). Seja T_0 o conjunto de consequências em L_0 de $\forall xPx$. Então $T_1 \cup T_2$ não é satisfatível, embora cada uma de T_1 e T_2 seja uma extensão satisfatível de T_0. Isso não é um contraexemplo ao teorema de Robinson, porque T_0 não é completa. Se, em vez isso, estipularmos $L_0 = \{P\}$, então, mais uma vez, não obtemos um contraexemplo, porque então L_0 não é a intersecção de L_1 e L_2. Isso mostra que as hipóteses no Corolário 20.7 são necessárias.

Demonstramos o teorema de Robinson usando o teorema de Craig. O teorema de Robinson também pode ser demonstrado de maneira diferente, sem utilizar o teorema de Craig, e depois ser usado para provar o teorema de Craig. Vamos indicar como um argumento de 'dupla compacidade' produz o teorema de Craig a partir do de Robinson.

Suponhamos que A implica C. Seja L_1 (L_2) a linguagem consistindo nos símbolos não lógicos que ocorrem em A (C). Seja $L_0 = L_1 \cap L_2$. Queremos mostrar que há uma sentença B de L_0 implicada por A e implicando C. Seja Δ o conjunto de sentenças de L_0 que são implicadas por A. Mostramos primeiro que $\Delta \cup \{\sim C\}$ é insatisfatível. Suponhamos que não seja, e que $\mathcal{M}$ é um modelo de $\Delta \cup \{\sim C\}$. Seja T_0 o conjunto de sentenças de L_0 que são verdadeiras em $\mathcal{M}$. T_0 é uma teoria completa cuja linguagem é L_0. Seja T_1 (T_2) o conjunto de sentenças de L_1 (L_2) que são consequências de $T_0 \cup \{A\}$ ($T_0 \cup \{\sim C\}$). T_2 é uma extensão satisfatível de T_0: $\mathcal{M}$ é modelo de $T_0 \cup \{\sim C\}$ e, portanto, de T_2. Mas $T_1 \cup T_2$ não é satisfatível:

qualquer modelo de $T_1 \cup T_2$ seria um modelo de $\{A, \sim C\}$ e, uma vez que A implica C, não existe um tal modelo. Assim, pelo teorema da consistência conjunta, T_1 não é uma extensão satisfatível de T_0 e, portanto, $T_0 \cup \{A\}$ é insatisfatível. Pelo teorema da compacidade, há um conjunto finito de sentenças em T_0 cuja conjunção D, que está em L_0, implica $\sim A$. Assim, A implica $\sim D$, $\sim D$ está em L_0, $\sim D$ está em Δ, e $\sim D$ é, portanto, verdadeira em $\mathcal{M}$. Mas isso é uma contradição, pois todos os componentes de D estão em T_0 e, portanto, são verdadeiros em $\mathcal{M}$. Assim, $\Delta \cup \{\sim C\}$ é insatisfatível, e mais uma vez pelo teorema da compacidade, há um conjunto finito de elementos de Δ cuja conjunção B implica C. B está em L_0, uma vez que seus componentes estão e, como A implica cada um deles, A implica B.

20.3 O teorema da definibilidade de Beth

O teorema da definibilidade de Beth é um resultado sobre a relação entre duas explicações diferentes, ou maneiras diferentes de tornar precisa, da noção de uma *teoria dar uma definição de um conceito em termos de outros conceitos*. Como se poderia esperar, cada uma das explicações discute uma relação que pode ou não valer entre uma teoria, um símbolo da linguagem dessa teoria (que supostamente 'representa' um certo conceito), e outros símbolos da linguagem dessa teoria (que 'representam' outros conceitos), em vez de diretamente discutir uma relação que pode ou não valer entre uma teoria, um conceito e outros conceitos. A suposição do teorema de Beth, então, é que α e $\beta_1, \ldots, \beta_n$ são símbolos não lógicos da linguagem L de alguma teoria T e que α não está entre os β_i.

A primeira explicação não é complicada e representa a ideia de que uma teoria define um conceito em termos de outros quando 'uma definição desse conceito em termos de outros é uma consequência da teoria'. Esse tipo de definição é denominado uma definição explícita: dizemos que α é *explicitamente definível* em termos dos β_i em T se uma definição de α a partir dos β_i é uma das sentenças em T. O que se quer precisamente dizer com uma definição de α em termos dos β_i depende de se α é um predicado ou símbolo funcional. No caso de um predicado $(k + 1)$-ário, uma tal definição é uma sentença da forma

$$\forall x_0 \forall x_1 \cdots \forall x_k(\alpha(x_0, x_1, \ldots, x_k) \leftrightarrow B(x_0, \ldots, x_k))$$

e no caso de um símbolo funcional k-ário, uma tal definição é uma sentença da forma

$$\forall x_0 \forall x_1 \cdots \forall x_k(x_0 = \alpha(x_1, \ldots, x_k) \leftrightarrow B(x_0, \ldots, x_k))$$

onde, em qualquer dos dois casos, B é uma fórmula cujos únicos símbolos não lógicos estão entre os β_i. (As constantes podem ser consideradas símbolos funcionais 0-ários, e não requerem discussão separada. Nesse caso, o lado esquerdo do bicondicional seria simplesmente $x_0 = \alpha$.) A forma geral de uma definição pode ser representada como

$$\forall x_0 \cdots \forall x_k(\text{—}\alpha, x_0, \ldots, x_k\text{—} \leftrightarrow B(x_0, \ldots, x_k)).$$

A segunda explicação é um tanto mais sutil, e incorpora a ideia de que uma teoria define um conceito em termos de outros se 'qualquer especificação do universo de discurso da teoria e dos significados dos símbolos que representam os outros conceitos (que seja compatível com a verdade de todas as sentenças da teoria) determina unicamente o significado do símbolo que representa aquele conceito'. Essa espécie de definição é denominada definição implícita: dizemos que α é *implicitamente definível* a partir dos β_i em T se quaisquer dois modelos de T que têm o mesmo domínio e concordam no que atribuem aos β_i também concordam naquilo que atribuem a α.

Será útil desenvolver uma reformulação mais 'sintática' dessa definição 'semântica' de definibilidade implícita. Para esse fim, introduzimos uma nova linguagem L' obtida de L pela substituição de todo símbolo não lógico γ de L, diferente dos β_i, por um novo símbolo γ' da mesma espécie: símbolos funcionais 17-ários são substituídos por símbolos funcionais 17-ários, predicados 59-ários por predicados 59-ários, e assim por diante.

Dados dois modelos $\mathcal{M}$ e $\mathcal{N}$ de T que têm o mesmo domínio e concordam naquilo que atribuem aos β_i, seja $\mathcal{M} + \mathcal{N}$ a interpretação de $L \cup L'$ que tem o mesmo domínio, e atribui as mesmas denotações aos β_i e, para qualquer outro símbolo não lógico γ de L, atribui a γ o que $\mathcal{M}$ atribui a γ, e atribui a γ' o que $\mathcal{N}$ atribui a γ. Então $\mathcal{M} + \mathcal{N}$ é um modelo de $T \cup T'$.

Inversamente, se $\mathcal{K}$ é um modelo de $T \cup T'$, então $\mathcal{K}$ pode claramente ser 'decomposto' em dois modelos $\mathcal{M}$ e $\mathcal{N}$ de T, que têm o mesmo domínio (um que o outro, e que $\mathcal{K}$) e concordam (entre si e com $\mathcal{K}$) no que atribuem aos β_i, onde, para qualquer outro símbolo não lógico γ de L, o que $\mathcal{M}$ atribui a γ é o que $\mathcal{K}$ atribui a γ, e o que $\mathcal{N}$ atribui a γ é o que $\mathcal{K}$ atribui a γ'.

20.9 Lema. α é implicitamente definível a partir de $\beta_1, \ldots, \beta_n$ em T se e somente se

$$(1) \qquad \forall x_0 \cdots \forall x_k(\text{—}\alpha, x_0 \ldots, x_k\text{—} \leftrightarrow \text{—}\alpha', x_0, \ldots, x_k\text{—})$$

é consequência de $T \cup T'$.

Demonstração: Aqui, é claro, por —$\alpha', x_0, \ldots, x_k$— entendemos o resultado de substituir α por α' em —$\alpha, x_0, \ldots, x_k$—. Note que (1) será verdadeira em uma dada interpretação se e somente se essa interpretação atribui a mesma denotação a α e α'.

Para a direção da esquerda para a direita, suponhamos que α seja implicitamente definível a partir dos β_i em T. Suponhamos que $\mathcal{K}$ seja um modelo de $T \cup T'$. Sejam $\mathcal{M}$ e $\mathcal{N}$ os modelos em que $\mathcal{K}$ pode ser decomposto, como acima, de modo que $\mathcal{K} = \mathcal{M} + \mathcal{N}$.

Nesse caso, $\mathcal{M}$ e $\mathcal{N}$ têm o mesmo domínio e concordam naquilo que atribuem aos β_i. Pela suposição de definibilidade implícita, eles têm, portanto, que concordar naquilo que atribuem a α. Portanto, o bicondicional (1) é verdadeiro em $\mathcal{K}$. Em outras palavras, qualquer modelo de $T \cup T'$ é um modelo de (1), que, portanto, é consequência de $T \cup T'$.

Para a direção da direita para a esquerda, suponhamos que (1) se segue de $T \cup T'$. Suponhamos que $\mathcal{M}$ e $\mathcal{N}$ sejam modelos de T que têm o mesmo domínio e concordam naquilo que atribuem aos β_i. Então $\mathcal{M} + \mathcal{N}$ é um modelo de $T \cup T'$ e, portanto, de (1), pela suposição de que (1) é consequência de $T \cup T'$. Segue-se que $\mathcal{M} + \mathcal{N}$ atribui a mesma denotação a α e α' e, portanto, que $\mathcal{M}$ e $\mathcal{N}$ atribuem a mesma denotação a α. Assim, α é implicitamente definível a partir dos β_i em T.

Uma direção da relação entre definibilidade implícita e explícita é fácil agora.

20.10 Proposição. (Método de Padoa). Se α não é implicitamente definível a partir dos β_i em T, então α não é explicitamente definível a partir dos β_i em T.

Demonstração: Suponhamos que α seja explicitamente definível a partir dos β_i em T. Então, alguma definição

$$\forall x_0 \cdots \forall x_k(\text{—}\alpha, x_0 \ldots, x_k\text{—} \leftrightarrow B(x_0, \ldots, x_k)) \tag{2}$$

de α a partir dos β_i está em T. Portanto

$$\forall x_0 \cdots \forall x_k(\text{—}\alpha', x_0 \ldots, x_k\text{—} \leftrightarrow B(x_0, \ldots, x_k)) \tag{3}$$

está em T'. (Recorde que B envolve somente os β_i, que *não* são substituídos por novos símbolos não lógicos.) Uma vez que (1) do Lema 20.9 é consequência lógica de (2) e (3), é consequência de $T \cup T'$, e por aquele lema, α é implicitamente definível dos β_i em T.

20.11 Teorema. (Teorema da definibilidade de Beth). α é implicitamente definível a partir dos β_i em T se e somente se α é explicitamente definível a partir dos β_i em T.

Demonstração: A direção 'se' é a proposição precedente, de modo que só resta demonstrar a direção 'somente se'. Suponhamos, assim, que α é implicitamente definível a partir dos β_i em T. Então (1) do Lema 20.9 é uma consequência de $T \cup T'$. Pelo teorema da compacidade, é uma consequência de algum subconjunto finito de $T \cup T'$. Acrescentando finitamente muitas sentenças adicionais a ele, se necessário, podemos considerar esse subconjunto finito como $T_0 \cup T_0'$, onde T_0 é um subconjunto finito de T, e T_0' vem de T_0 pela substituição de cada símbolo não lógico γ diferente dos β_i por γ'. Seja A (A') a conjunção dos elementos de T_0 (T_0'). Então (1) é implicada por A & A'. Sejam $c_0, \ldots, c_k$ constantes que não ocorrem em $T \cup T'$ e, portanto, não ocorrem em A, A', $\text{—}\alpha, x_0 \ldots, x_k\text{—}$, ou $\text{—}\alpha', x_0 \ldots, x_k\text{—}$. Então

$$\text{—}\alpha, c_0 \ldots, c_k\text{—} \leftrightarrow \text{—}\alpha', c_0 \ldots, c_k\text{—}$$

é uma consequência de (1) e, portanto, de $A \& A'$. Aqui, é claro, por $\text{—}\alpha, c_0 \ldots, c_k\text{—}$ entendemos o resultado de substituir x_i por c_i em $\text{—}\alpha, x_0 \ldots, x_k\text{—}$ para todo i, e analogamente para $—\alpha', c_0 \ldots, c_k—$. Segue-se que

$$(A \,\&\, A') \to (—\alpha, c_0 \ldots, c_k— \leftrightarrow —\alpha', c_0 \ldots, c_k—)$$

é válida e, portanto, que

$$A \,\&\, —\alpha, c_0 \ldots, c_k— \tag{4}$$

implica

$$A' \to —\alpha', c_0 \ldots, c_k—. \tag{5}$$

Aplicamos agora o lema da interpolação de Craig. Ele nos diz que há uma sentença $B(c_0, \ldots, c_k)$ implicada por (4) e implicando (5), tal que os símbolos não lógicos de B são comuns a (4) e (5). Isso significa que eles podem incluir somente os c_i, que exibimos, e os β_i. Uma vez que (4) implica $B(c_0, \ldots, c_k)$, A e portanto T implica

$$—\alpha, c_0 \ldots, c_k— \to B(c_0, \ldots, c_k)$$

e uma vez que os c_i não ocorrem em T, isso significa que T implica

$$\forall x_0 \cdots \forall x_k(—\alpha, x_0 \ldots, x_k— \to B(x_0, \ldots, x_k)). \tag{6}$$

Uma vez que $B(c_0, \ldots, c_k)$ implica (5), A', e portanto T', implicam

$$B(c_0, \ldots, c_k) \to —\alpha', c_0 \ldots, c_k—,$$

e uma vez que os c_i não ocorrem em T', isso significa que T' implica

$$\forall x_0 \cdots \forall x_k(B(x_0, \ldots, x_k) \to —\alpha', x_0 \ldots, x_k—).$$

Substituindo cada símbolo γ' por γ, segue-se que T implica

$$\forall x_0 \cdots \forall x_k(B(x_0, \ldots, x_k) \to —\alpha, x_0 \ldots, x_k—). \tag{7}$$

Mas (6) e (7) juntos implicam, e portanto T implica, a definição explícita

$$\forall x_0 \cdots \forall x_k(—\alpha, x_0 \ldots, x_k— \leftrightarrow B(x_0, \ldots, x_k)).$$

Assim, α é explicitamente definível a partir dos β_i em T, e o teorema de Beth está demonstrado.

Problemas

20.1 (*O teorema da interpolação de Lyndon*) Sejam A e C sentenças sem constantes ou símbolos funcionais e que estão em forma normal negativa. Dizemos que uma ocorrência de um predicado em uma tal sentença é *positiva* se não for precedida por ~, e *negativa* se for precedida por ~. Mostre que, se A implica C, e nem ~A nem C são válidas, então há alguma outra sentença B tal que: (i) A implica B; (ii) B implica C; (iii) qualquer predicado ocorre positivamente em B somente se ocorre positivamente tanto em A quanto em C, e ocorre negativamente em B se e somente se ocorre negativamente tanto em A quanto em C.

20.2 Dê um exemplo mostrando que o teorema de Lyndon não vale se constantes estiverem presentes.

20.3 (*O teorema de Kant sobre a indefinibilidade da quiralidade*). Para pontos no plano, dizemos que y está *entre* x e z se os três pontos estão em uma linha reta e y está entre x e z nessa linha. Dizemos que w e y e z são *equidistantes* se a distância de w a x e a distância de y a z são a mesma. Dizemos que x e y e z formam uma tripla *dextrorrotativa* se não há duas distâncias entre diferentes pares deles que sejam a mesma, e percorrer o lado mais curto, depois o lado médio, e depois o lado mais longo de um triângulo que os tem como vértices leva-nos ao redor do triângulo *no sentido dos ponteiros do relógio*, como no lado direito da Figura 20.1.

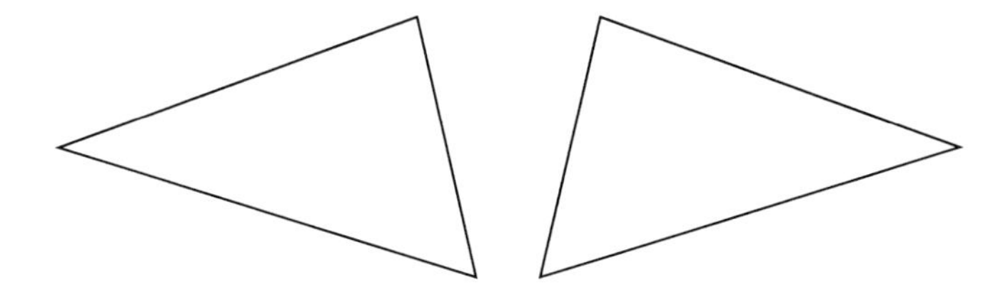

Figura 20.1. Triângulos dextrorrotativos e levorrotativos.

Mostre que a propriedade de ser dextrorrotativo não pode ser definida em termos da propriedade de estar entre e da equidistância. (Mais formalmente, considere a linguagem com um predicado ternário P, um predicado quaternário Q, e um predicado ternário R; considere a interpretação cujo domínio é o conjunto dos pontos no plano e que atribui a propriedade de estar entre, equidistância e dextrorrotatividade às denotações de P e Q e R; finalmente considere a teoria T cujos teoremas são todas as sentenças da linguagem que resultam verdadeiras sob essa interpretação. Mostre que R não é definível em termos de P e Q nessa teoria.)

21

Lógica monádica e diádica

Apresentamos, em capítulos anteriores, várias provas diferentes do teorema de Church no sentido de que a lógica de primeira ordem é indecidível: não há nenhum procedimento efetivo que, aplicado a qualquer sentença de primeira ordem, nos diz, em um tempo finito, se ela é ou não válida. Esse resultado negativo deixa espaço, por um lado, para resultados positivos contrastantes, e por outro, para resultados negativos mais apurados. O mais admirável entre os primeiros é o teorema de Löwenheim–Behmann, *no sentido de que a lógica dos predicados* monádicos *(de um lugar) é decidível, até mesmo quando o predicado binário lógico de identidade é admitido. O mais admirável entre os últimos é o* teorema de Church–Herbrand *de que a lógica de um único predicado diádico (de dois lugares) é indecidível. Esses teoremas são apresentados nas seções 21.2 e 21.3, após alguma discussão geral de casos solúveis e insolúveis do problema da decisão para a lógica na seção 21.1. Ao passo que a prova do teorema de Church requer o uso de considerável teoria da computabilidade (a teoria das funções recursivas, ou das máquinas de Turing), isso não é o caso para a prova do teorema de Löwenheim–Behmann ou para a prova de que o teorema de Church* implica *o teorema de Church–Herbrand. O primeiro emprega apenas material desenvolvido no capítulo 11. O último usa também a eliminação de símbolos funcionais e identidade da seção 19.4, mas nada mais além disso. As provas desses dois resultados, positivos e negativos, são independentes uma da outra.*

21.1 Problemas da decisão solúveis e insolúveis

Seja K alguma classe sintaticamente definida de sentenças de primeira ordem. Pelo *problema da decisão* para K entendemos o problema de especificar um procedimento efetivo que, aplicado a qualquer sentença S em K, irá, em um tempo finito, dizer-nos se S é ou não válida. Uma vez que S é válida se e somente se $\sim S$ é insatisfatível, e S é satisfatível se e somente se $\sim S$ não é válida, para qualquer classe K que contenha a negação de qualquer sentença que ela contém, o problema da decisão para K é equivalente ao *problema da satisfatiblidade* para K, o problema de inventar um procedimento efetivo que, aplicado a qualquer sentença S em K, irá, em um tempo finito, dizer-nos se S é ou não satisfatível, ou tem um modelo. A formulação em termos de satisfatibilidade resulta ser mais conveniente para nossos propósitos neste capítulo.

O resultado mais básico nessa área é negativo, o teorema de Church, o qual afirma a insolubilidade do problema da satisfatibilidade para a lógica de primeira ordem plena, onde K é a classe de *todas* as sentenças. Já demos três provas diferentes desse resultado, duas no capítulo 11 e outra na seção 17.1; mas nada dos mecanismos de qualquer dessas provas do teorema de Church precisa ser relembrada para os propósitos deste capítulo. Vamos demonstrar agora resultados mais apurados que o teorema de Church, no sentido de que o problema da satisfatibilidade é insolúvel para classes K mais restritas do que a classe de todas as sentenças de primeira ordem; mas em caso algum demonstraremos esses resultados mais apurados voltando à prova do teorema de Church e refinando a prova. Em vez disso, vamos simplesmente demonstrar que *se* o problema da satisfatibilidade para K fosse solúvel, *então* o problema da satisfatibilidade para a lógica de primeira ordem inteira seria solúvel, ao passo que o teorema de Church nos diz que não é. E vamos demonstrar isso simplesmente mostrando como podemos associar, de maneira efetiva, a qualquer sentença arbitrária uma sentença em K que é equivalente a ela por satisfatibilidade.

De fato, já fizemos isso em um caso, na seção 19.4, onde mostramos como podemos efetivamente associar a qualquer sentença arbitrária uma sentença da *lógica de predicados* (isto é, uma que não envolve constantes ou símbolos funcionais); na verdade, uma sentença da lógica de predicados *sem identidade*, que é equivalente a ela por satisfatibilidade. Assim, já demonstramos o leve refinamento a seguir do teorema de Church.

21.1 Lema. O problema da satisfatibilidade para a lógica de predicados sem identidade é insolúvel.

Resultados mais apurados serão obtidos se considerarmos classes mais restritas de sentenças: a *lógica diádica*, aquela parte da lógica de predicados sem identidade em que somente predicados de dois lugares são admitidos; *a lógica de um predicado triádico*, em que é admitido apenas um único predicado de três lugares; e finalmente, *a lógica de um predicado diádico*, em que é admitido somente um único predicado de dois lugares. A seção 21.3 será dedicada a demonstrar os três resultados seguintes.

21.2 Lema. O problema da satisfatibilidade para a lógica diádica é insolúvel.

21.3 Lema. O problema da satisfatibilidade para a lógica de um predicado triádico é insolúvel.

21.4 Teorema. (O teorema de Church–Herbrand). O problema da satisfatibilidade para a lógica de um predicado dádico é insolúvel.

Passemos agora a resultados positivos. Chamemos uma sentença de n-satisfatível se ela tem um modelo de algum tamanho $m \leq n$. Notemos agora três coisas. Primeiro, sabemos, da seção 12.2, que se uma sentença resulta verdadeira em alguma interpretação de tamanho m, então ela resulta verdadeira em alguma interpretação cujo domínio é o conjunto dos números naturais de 1 até m. Segundo, para uma dada linguagem finita, há apenas finitamente muitas interpretações cujo domínio é o conjunto dos números naturais de 1 até m. Terceiro, para qualquer uma delas, podemos determinar efetivamente, para qualquer sentença dada, se ela resulta verdadeira ou não nessa interpretação.

[É fácil ver que essa última afirmação vale para sentenças sem quantificadores: a especificação do modelo nos diz quais sentenças atômicas são verdadeiras e, então, podemos facilmente descobrir se um dado composto verofuncional delas é verdadeiro. Talvez a maneira mais fácil de ver que a afirmação vale para todas as sentenças seja reduzir o caso geral ao caso especial de sentenças sem quantificadores. Para tanto, para cada $1 \leq k \leq m$, acrescentemos à linguagem uma constante $\mathbf{k}$ denotando k. A qualquer sentença A da linguagem expandida podemos efetivamente associar uma sentença A^* sem quantificadores como segue. Se A é atômica, A^* é A. Se A é um composto verofuncional, então A^* é o mesmo composto das sentenças, sem quantificadores, associadas às sentenças a partir das quais é composto. Por exemplo, $(B \,\&\, C)^*$ é $B^* \,\&\, C^*$, e analogamente para $\vee$. Se A é $\forall x F(x)$, então A^* é $(F(\mathbf{1}) \,\&\ldots\&\, F(\mathbf{m}))^*$, e analogamente para $\exists$. Então A resulta verdadeira na interpretação se e somente se A^* o faz.]

Reunindo essas três observações, demonstramos o seguinte.

21.5 Lema. Para cada n, o problema da n-satisfatibilidade para a lógica de primeira ordem é solúvel.

Para mostrar que o problema da decisão para uma classe K é solúvel, é suficiente mostrar como se pode efetivamente calcular, para alguma sentença S em K, um número n tal que se S tem algum modelo, então tem um modelo de tamanho $\leq n$. Pois se isso puder ser mostrado, então, para K, o problema da satisfatibilidade é reduzido ao problema de n-satisfatibilidade. O resultado positivo mais básico que pode ser provado dessa maneira diz respeito à *lógica monádica*, onde são admitidos somente predicados unários (ou seja, de um lugar).

21.6 Teorema. O problema da decisão para a lógica monádica é solúvel.

Um resultado mais forte diz respeito à *lógica monádica com identidade*, onde, além de predicados unários, é admitido o predicado lógico binário de identidade.

21.7 Teorema. O problema da decisão para a lógica monádica com identidade é solúvel.

Esses resultados seguem-se imediatamente dos lemas seguintes, cujas demonstrações ocuparão a seção 21.2.

21.8 Lema. Se uma sentença envolvendo somente predicados monádicos é satisfatível, então ela tem um modelo cujo tamanho não é maior do que 2^k, onde k é o número de predicados nessa sentença.

21.9 Lema. Se uma sentença envolvendo somente n predicados monádicos e identidade é satisfatível, então ela tem um modelo cujo tamanho não é maior do que $2^k \cdot r$, onde k é o número de predicados monádicos e r o número de variáveis na sentença.

Antes de começar as demonstrações, alguns breves comentários históricos podem ser úteis. O primeiro lógico, Aristóteles, estava interessado em argumentos tais como:

Todos os cavalos são mamíferos.
Todos os mamíferos são animais.
Portanto, todos os cavalos são animais.

A forma de um tal argumento seria representada, em notação moderna, usando-se predicados unários. Lógicos posteriores, até e inclusive George Boole, na metade do século XIX, consideraram argumentos mais complicados, mas ainda assim argumentos envolvendo somente predicados unários. Tinha sido notada a existência de argumentos intuitivamente válidos envolvendo predicados de vários argumentos, tais como:

Todos os cavalos são animais.
Portanto, todos aqueles que cavalgam cavalos cavalgam animais.

Mas até quase o final do século XIX, especificamente a obra de Gottlob Frege, os lógicos não tratavam de tais argumentos sistematicamente. A extensão da lógica passando do monádico e indo para o poliádico é indispensável se as formas de argumentos usados nas demonstrações matemáticas devem ser representadas, mas a capacidade da lógica contemporânea de representar as formas de tais argumentos tem um preço, a saber, a indecidibilidade das noções contemporâneas de validade e satisfatibilidade. Pois, como deixam claro os resultados acima listados, a indecidibilidade se manifesta precisamente quando predicados binários são admitidos.

21.2 A lógica monádica

Passemos diretamente às provas.

Demonstração do Lema 21.9: Seja S uma sentença da lógica monádica com identidade envolvendo k predicados unários (possivelmente $k = 0$) e r variáveis. Sejam $P_1, \ldots, P_k$ predicados e $v_1, \ldots, v_r$ as variáveis. Suponhamos que $\mathcal{M}$ seja um modelo de S.

Para cada d no domínio $M = |\mathcal{M}|$, seja a *assinatura* $\sigma(d)$ de d a sequência $(j_1, \ldots, j_k)$ cujo i-ésimo elemento j_i é 1 ou 0 conforme $P_i^{\mathcal{M}}$ vale ou não de d [se $k = 0$, então $\sigma(d)$ é a sequência vazia ( ).] Há no máximo 2^d assinaturas possíveis. Chamemos e e d *similares* se tiverem a mesma assinatura. Claramente, a similaridade é uma relação de equivalência. Há no máximo 2^k classes de equivalência.

Seja agora N um subconjunto de M contendo *todos* os elementos de qualquer classe de equivalência que tenha $\leq r$ elementos e exatamente r elementos de qualquer classe de equivalência que tenha $\geq r$ elementos. Seja $\mathcal{N}$ a subinterpretação de $\mathcal{M}$ com domínio $|\mathcal{N}| = N$. Então, $\mathcal{N}$ tem tamanho $\leq 2^k \cdot r$. Para completar a prova, é suficiente demonstrar que $\mathcal{N}$ é modelo de S.

Para esse fim, introduzimos uma noção auxiliar. Sejam $a_1, \ldots, a_s$ e $b_1, \ldots, b_s$ sequências de elementos de M. Dizemos que elas *se equiparam* se para cada i e j entre 1 e n, a_i e b_i são similares, e $a_i = a_j$ se e somente se $b_i = b_j$. Afirmamos que, se $R(u_1, \ldots, u_s)$ é uma subfórmula de S (o que implica que $s \leq r$ e que cada um dos us é um dos vs) e $a_1, \ldots, a_s$ e $b_1, \ldots, b_s$ são sequências que se equiparam de elementos de M, com os b_i todos pertencendo a N, então os a_i satisfazem R em $\mathcal{M}$ se e somente se os b_i satisfazem R em $\mathcal{N}$. Para completar a prova, é suficiente demonstrar essa afirmação, uma vez que, aplicada com $s = 0$, ela nos diz que, uma vez que S é verdadeira em $\mathcal{M}$, S é verdadeira em $\mathcal{N}$, como desejado.

Se R é da forma $\sim Q$, então os as satisfazem R em $\mathcal{M}$ se e somente se não satisfazem Q e, pela hipótese de indução, os as não satisfazem Q em $\mathcal{M}$ se e somente se os bs não satisfazem Q em $\mathcal{N}$, o que é o caso se e somente se os bs satisfazem R em $\mathcal{N}$, e terminamos. Analogamente para os outros compostos verofuncionais.

Resta tratar do caso da quantificação universal (e de quantificação existencial, mas esta é análoga e deixada ao leitor). Seja então $R(u_1, \ldots, u_s)$ da forma $\forall u_{s+1} Q(u_1, \ldots, u_s, u_{s+1})$, onde $s + 1 \leq r$ e cada um dos us é um dos vs. Precisamos mostrar que $a_1, \ldots, a_s$ satisfaz R em $\mathcal{M}$ (ou seja, que para qualquer a_{s+1} em M, a sequência mais longa de elementos $a_1, \ldots, a_s, a_{s+1}$ satisfaz Q em $\mathcal{M}$) se e somente se $b_1, \ldots, b_s$ satisfaz R em $\mathcal{N}$ (ou seja, que para todo b_{s+1} em N a sequência mais longa de elementos $b_1, \ldots, b_s, b_{s+1}$ satisfaz Q em $\mathcal{N}$). Tratamos da direção 'se' e deixamos a direção 'somente se' para o leitor.

Nossa hipótese de indução é que, se $a_1, \ldots, a_s, a_{s+1}$ e $b_1, \ldots, b_s, b_{s+1}$ se equiparam, então $a_1, \ldots, a_s, a_{s+1}$ satisfaz Q em $\mathcal{M}$ se e somente se $b_1, \ldots, b_s, b_{s+1}$ satisfazem Q em $\mathcal{N}$. O que queremos mostrar é que, se $b_1, \ldots, b_s, b_{s+1}$ satisfazem Q em $\mathcal{N}$ para todo b_{s+1} em N, então $a_1, \ldots, a_s, a_{s+1}$ satisfazem Q em $\mathcal{M}$ para todo a_{s+1} em M. Portanto, será suficiente mostrar que se $a_1, \ldots, a_s$ e $b_1, \ldots, b_s$ se equiparam, onde $s < r$, então, para qualquer a_{s+1} em M, há um b_{s+1} em N tal que $a_1, \ldots, a_s, a_{s+1}$ e $b_1, \ldots, b_s, b_{s+1}$ se equiparam.

No caso degenerado em que a_{s+1} é idêntico a um dos a_i anteriores, podemos simplesmente tomar b_{s+1} como idêntico ao b_i correspondente. No caso não degenerado, a_{s+1} pertence a alguma classe de equivalência C e é distinto de todos os a_i anteriores que pertencem a C. Seja t o número de tais a_i (onde, possivelmente, $t = 0$), de modo que há pelo menos $t + 1$ elementos em C, contando a_{s+1}. Para assegurar a equiparação, será suficiente escolher b_{s+1} como algum elemento de C que seja distinto de todos os prévios b_i que pertencem a C. Uma vez que $a_1, \ldots, a_s$ e $b_1, \ldots, b_s$ se equiparam, o número de tais b_i também será t. Uma vez que $t \leq s < r$, e que há pelo menos $t + 1 \leq r$ elementos em C, haverá pelo menos esse número de elementos de C em N, e, assim, podemos encontrar um b_{s+1} apropriado, para completar a prova.

21.10 Corolário. Se uma sentença que não envolve nenhum símbolo não lógico (mas somente identidade) é satisfatível, então ela tem um modelo de tamanho não maior do que r, onde r é o número de variáveis na sentença.

21.11 Corolário. Se uma sentença da lógica monádica que envolve somente uma variável é satisfatível, então ela tem um modelo de tamanho não maior do que 2^k, onde k é o número de predicados monádicos na sentença.

Demonstrações: Esses são simplesmente os casos $k = 0$ e $r = 1$ do Lema 2.19.

Demonstração do Lema 21.8: É uma consequência imediata do Corolário 21.11 e do lema a seguir, o qual é um tipo de teorema da forma normal.

21.12 Lema. Qualquer sentença da lógica monádica sem identidade é logicamente equivalente a uma sentença tendo os mesmos predicados e somente uma variável.

Demonstração: Chamemos uma fórmula F de *clara* se, em qualquer subfórmula $\forall xB(x)$ ou $\exists xB(x)$ que começa com um quantificador, nenhuma variável além da variável x ligada ao quantificador aparece em B. Asim, $\forall x\exists y(Fx \; \& \; Gy)$ não é clara, mas $\forall xFx \; \& \; \exists yGy$ é. Para demonstrar o lema, mostramos como podemos associar indutivamente a qualquer fórmula A da lógica monádica sem identidade uma fórmula equivalente $A^{©}$ tendo os mesmo predicados e que é clara (como, em nosso exemplo, a primeira fórmula é equivalente à segunda). Notamos então que qualquer sentença clara é equivalente ao resultado de reescrever todas as suas variáveis para que sejam a mesma (tal como, em nosso exemplo, a segunda sentença é equivalente a $\forall zFz \; \& \; \exists zGz$). A presença da identidade tornaria tal processo de clareação impossível. (Não há nenhuma sentença clara equivalente a $\forall x\exists y \, x \neq y$, por exemplo.)

A uma fórmula atômica, associamos ela mesma. A um composto verofuncional de fórmulas, às quais fórmulas claras equivalentes foram associadas, associamos o mesmo complexo verofuncional desses equivalentes. Assim, $(B \vee C)^{©}$ é $B^{©} \vee C^{©}$, por exemplo, e analogamente para &. O único problema é como definir a fórmula associada $(\exists xB(x))^{©}$ a uma fórmula quantificada $\exists xB(x)$ em termos da fórmula associada $(B(x))^{©}$ da subfórmula $B(x)$, e analogamente para $\forall$.

$\exists xB(x)$, é claro, será equivalente a $\exists x(B(x))^{©}$. E $(B(x))^{©}$ é um complexo verofuncional de fórmulas claras $A_1, \ldots, A_n$ cada uma das quais ou é atômica ou começa com um quantificador. Consideremos uma fórmula equivalente a $(B(x))^{©}$ que está em forma normal disjuntiva nos A_i. Ela é uma disjunção $B_1 \vee \ldots B_n$ de fórmulas B_j, cada uma das quais é uma conjunção de alguns dos A_i e suas negações. Podemos supor que cada um dos B_j tem a forma

$$C_{j,1} \; \& \ldots \& \; C_{j,t} \; \& \; D_{j_1} \; \& \ldots \& \; D_{j,s},$$

onde os Cs são os componentes da conjunção nos quais a variável x ocorre livre, e os Ds, aqueles em que ela não ocorre; por clareza, os Ds incluem todos os componentes que começam com, ou são, as negações de fórmulas começando com quantificadores, e os

Cs são todos fórmulas atômicas ou negações de atômicas. Podemos então tomar, como $\exists x(B(x))^{©}$, a disjunção $B'_1 \vee \ldots \vee B'_r$, onde B'_j é

$$\exists x(C_{j,1} \& \ldots \& C_{j,t}) \& D_{j_1} \& \ldots \& D_{j,s}.$$

(No caso degenerado em que $r = 0$, B'_j é assim o mesmo que B_j.)

21.3 A lógica diádica

Novamente, passemos diretamente às provas.

Demonstração do Lema 21.2: O Lema 21.1 nos diz que o problema da satisfatibilidade é insolúvel para a lógica de predicados, e queremos mostrar que é insolúvel para a lógica diádica. Será suficiente mostrar como podemos efetivamente associar a qualquer sentença da lógica de predicados uma sentença da lógica diádica tal que a primeira é satisfatível se e somente se a segunda for. O que vamos fazer é mostrar como eliminar um predicado de ternário (ao custo de introduzir novos predicados binários e unários). O mesmo método funciona para predicados k-ários, para qualquer $k \geq 3$, e aplicando-o repetidamente podemos eliminar todos os predicados com exceção dos binários e unários. Os predicados unários também podem ser eliminados um de cada vez, uma vez que, dada uma sentença S contendo um predicado unário P, introduzir um novo predicado binário P^* e substituir cada subfórmula atômica Px por P^*xx claramente produz uma sentença S^* que é satisfatível se e somente se S for. Assim, podemos eliminar todos os predicados, exceto os binários.

Para apresentar o método de eliminar um predicado ternário, seja S uma sentença contendo um tal predicado P. Seja P^* um novo predicado unário, e Q_i para $i = 1, 2, 3$ um trio de novos predicados binários. Seja w uma variável que não aparece em S, e seja S^* o resultado de substituir cada subfórmula atômica da forma $Px_1x_2x_3$ em S por

$$\exists w(Q_1wx_1 \& Q_2wx_2 \& Q_3wx_3 \& P^*w).$$

Afirmamos que S é satisfatível se e somente se S^* é satisfatível. A direção 'se' é fácil. Pois se S é insatisfatível, então $\sim S$ é válida, e substituição (de um predicado por uma fórmula com as variáveis livres apropriadas) preserva a validade, de modo que $\sim S^*$ é válida, e S^* é insatisfatível.

Para a direção 'somente se', suponhamos que S tem um modelo $\mathcal{M}$. Pelo teorema dos domínios canônicos (Corolário 12.18), podemos tomar como domínio de $\mathcal{M}$ o conjunto dos números naturais. Queremos mostrar que S^* tem um modelo $\mathcal{M}^*$. Consideraremos que $\mathcal{M}^*$ tem como domínio o conjunto dos números naturais, e vamos atribuir a cada predicado em S diferente de P a mesma denotação que $\mathcal{M}$ atribui. Será suficiente mostrar que podemos atribuir denotações a P^* e aos Q_i de maneira tal que números naturais a_1, a_2, a_3 satisfaçam $\exists w(Q_1wx_1 \& Q_2wx_2 \& Q_3wx_3 \& P^*w)$ em $\mathcal{M}^*$ se e somente se satisfazem $Px_1x_2x_3$ em $\mathcal{M}$. Para obter isso, fixamos uma função sobrejetora f dos números naturais no conjunto de todas as triplas de números naturais. É suficiente então tomar como a denotação de P^* em $\mathcal{M}^*$ a relação que vale de um número b se e somente se $f(b)$ é uma tripla a_1, a_2, a_3 para a qual vale a relação que é a denotação de P em $\mathcal{M}$, e tomar como a denotação de Q_i em $\mathcal{M}^*$ a relação que vale de b e a se e somente se a é o i-ésimo componente da tripla $f(b)$.

Demonstração do Lema 21.3: Queremos mostrar a seguir que podemos eliminar qualquer número de predicados binários $P_1, \ldots, P_k$ em troca de um único predicado ternário Q. Assim, dada uma sentença S contendo os P_i, sejam $v_1, \ldots, v_k$ variáveis que não ocorrem em S, e seja S^* o resultado de substituir cada subfórmula atômica da forma $P_i x_1 x_2$ em S por $Q v_i x_1 x_2$, e seja $S^\dagger$ o resultado de prefixar S^* por $\exists v_1 \cdots \exists v_k$. Por exemplo, se S é

$$\forall x \exists y (P_2 yx \;\&\; \forall z (P_1 xz \;\&\; P_3 zy)),$$

então $S^\dagger$ será

$$\exists v_1 \exists v_2 \exists v_3 \forall x \exists y (Q v_2 yx \;\&\; \forall z (Q v_1 xz \;\&\; Q v_3 zy)).$$

Afirmamos que S é satisfatível se e somente se $S^\dagger$ é satisfatível. Como na demonstração precedente, a direção 'se' é fácil, usando o fato de que substituição preserva validade. (Mais explicitamente, se há um modelo $\mathcal{M}^\dagger$ de $S^\dagger$, alguns elementos $a_1, \ldots, a_k$ de seu domínio satisfazem a fórmula S^*. Podemos agora obter um modelo $\mathcal{M}$ de S tomando o mesmo domínio, e atribuindo como denotações dos P_i em $\mathcal{M}$ a relação que vale entre b_1 e b_2 se e somente se a relação que é a denotação de Q em $\mathcal{M}^\dagger$ vale entre a_i e b_1 e b_2.)

Para a direção 'somente se', suponhamos que $\mathcal{M}$ seja um modelo de S. Como na demonstração precedente, podemos tomar como domínio de $\mathcal{M}$ o conjunto dos números naturais, usando o teorema dos domínios canônicos. Podemos agora obter um modelo $\mathcal{M}^\dagger$ de $S^\dagger$, também tendo como domínio os números naturais, tomando como a denotação de Q em $\mathcal{M}^\dagger$ a relação que vale entre números naturais a e b_1 e b_2 se e somente se $1 \leq a \leq k$, e como a denotação de P_a em $\mathcal{M}$ a relação que vale entre b_1 e b_2. Do fato de que $\mathcal{M}$ é um modelo se S, segue-se que $1, \ldots, k$ satisfazem S^* em $\mathcal{M}^\dagger$, e, portanto, $S^\dagger$ é verdadeira em $\mathcal{M}^\dagger$.

Demonstração do Teorema 21.4: Queremos mostrar a seguir que podemos eliminar um único predicado ternário P em troca de um único predicado binário Q. Assim, dada uma sentença S contendo P, sejam u_1, u_2, u_3, u_4 variáveis que não ocorrem em S, e seja S^* o resultado de substituir cada subfórmula atômica da forma $Px_1x_2x_3$ em S por uma certa fórmula $P^*(x_1, x_2, x_3)$, a saber

$$\exists u_1 \exists u_2 \exists u_3 \exists u_4 ({\sim} Q u_1 u_1 \;\&\; Q u_1 u_2 \;\&\; Q u_2 u_3 \;\&\; Q u_3 u_4 \;\&$$
$$Q u_4 u_1 \;\&\; Q u_1 x_1 \;\&\; Q u_2 x_2 \;\&\; Q u_3 x_3 \;\&\; {\sim} Q x_1 u_2 \;\&\; {\sim} Q x_2 u_3 \;\&\; {\sim} Q x_3 u_4 \;\&\; Q u_4 x_1).$$

Afirmamos então que S é satisfatível se e somente se S^* é satisfatível. Como nas demonstrações precedentes, a direção 'se' é fácil, e para a direção 'somente se' o que precisamos fazer é mostrar, dado um modelo $\mathcal{M}$ de S, que pode ser considerado como tendo como domínio os números naturais, que podemos definir uma interpretação $\mathcal{M}^*$, também tendo como domínio os números naturais, que atribui como denotação a Q em $\mathcal{M}^*$ uma relação tal que, para quaisquer números naturais b_1, b_2, b_3, esses números satisfazem $P^*(x_1, x_2, x_3)$ em $\mathcal{M}^*$ se e somente se satisfazem $P(x_1, x_2, x_3)$ em $\mathcal{M}$. Para realizar isto e completar, assim, a demonstração, será suficiente estabelecer o lema a seguir.

21.13 Lema. Seja R uma relação ternária nos números naturais. Então há uma relação binária S nos números naturais tal que, se a, b e c são quaisquer números naturais, então temos $Rabc$ se e somente se, para alguns números naturais w, x, y, z, nós temos

$$(1) \qquad {\sim}Sww \,\&\, Swx \,\&\, Sxy \,\&\, Syz \,\&\, Szw \,\&\, Swa \,\&\, Sxb \,\&\, Syc \,\&\, {\sim}Sax \,\&\, {\sim}Sby \,\&\, {\sim}Scz \,\&\, Sza.$$

Demonstração: Uma das várias maneiras de enumerar todas as triplas de números naturais é ordená-las por meio de suas somas e, quando são as mesmas, por seus primeiros componentes, e quando estes também são os mesmos, por seus segundos componentes, e quando estes são os mesmos, por seus terceiros componentes. Assim, as primeiras triplas são

$$\begin{array}{c}(0,0,0)\\(0,0,1)\\(0,1,0)\\(1,0,0)\\(0,0,2)\\(0,1,1)\\(0,2,0)\\(1,0,1)\\(1,1,0)\\(2,0,0)\\(0,0,3)\\\vdots\end{array}$$

Contando a tripla inicial como a primeira, e não a zero-ésima, fica claro que se a n-ésima tripla é (a, b, c), então a, b, c são todos $< n$. Segue-se que se w, x, y e z são, respectivamente, $4n + 1$, $4n + 2$, $4n + 3$ e $4n + 4$, então a, b, c são todos menores que $w - 4$, $x - 4$, $y - 4$ e $z - 4$. (Por exemplo, $a < n$ implica $a + 1 \leq n$, que implica $4a + 4 \leq 4n < 4n + 1$.)

Definamos agora S. Se a n-ésima tripla é (a, b, c), estipulemos que Svu vale em cada um dos seguintes quatro casos:

$$\begin{array}{lll} v = 4n+1 & \text{e} & (u = 4n+2 \text{ ou } u = a),\\ v = 4n+2 & \text{e} & (u = 4n+2 \text{ ou } u = 4n+3 \text{ ou } u = b),\\ v = 4n+3 & \text{e} & (u = 4n+3 \text{ ou } u = 4n+4 \text{ ou } u = c),\\ v = 4n+4 & \text{e} & (u = 4n+4 \text{ ou } u = 4n+1 \text{ ou } (u = a \text{ e } Rabc)).\end{array}$$

Svu não deve valer em nenhum outro caso. Note que

(2) se Svu, então $v + 1 \geq u$

(3) há no máximo um $u < v - 4$ tal que Svu.

Temos agora que mostrar que $Rabc$ vale se e somente se há w, x, y, z tais que (1) vale. A direção 'somente se' é imediata: se $Rabc$, tomemos w, x, y, z como $4n+1$, $4n+2$, $4n+3$, $4n+4$, onde (a, b, c) é a n-ésima tripla, e (1) valerá. [$\sim Sax$ vale porque $a < x - 4$ vale, de modo que $a + 1 \geq x$ falha, de modo que Sax falha por (2); analogamente para as outras negações em (1).]

Suponhamos agora que (1) vale para algum w, x, y, z. Temos que mostrar que $Rabc$. Para começar, (1) nos dá $\sim Sww$; assim, w deve ser da forma $4n + 1$, para algum $n \geq 1$.

Igualmente, (1) nos dá Swx, Sxy, Syz, Szw. Portanto, por (2), $x+3 \geq y+2 \geq z+1 \geq w$, de onde temos $x \geq w - 3$. Analogamente, $y \geq x - 3$ e $z \geq y - 3$. Assim, nem $x < w - 4$ nem $y < x - 4$ nem $z < y - 4$. Uma vez que Swx vale, ao passo que $x < w - 4$ não, temos que ter $x = w + 1 = 4n + 2$.

Além disso, uma vez que Sxy vale mas $y < x - 4$ não, ou $y = x$ ou $y = x + 1$. Analogamente, ou $z = y$ ou $z = y + 1$. Mas se ou $y = x$ ou $z = y$, então $z = w + 1 = 4n + 2$ ou $z = w + 2 = 4n + 3$. Mas isso é impossível, visto que Svu jamais vale para $u = 4n + 1$ e $v = 4n + 2$ ou $4n + 3$, ao passo que temos Szw. Segue-se que $y = x + 1 = 4n + 3$ e $z = y + 1 = 4n + 4$.

Se pudermos mostrar que a n-ésima tripla é (a, b, c), então podemos concluir que $Rabc$: pois se (a, b, c) é a n-ésima tripla, então Sza se e somente se $Rabc$, e (1) nos dá Sza.

Temos Swa, Sxb, Syc e $\sim Sax$, $\sim Sby$, $\sim Scz$ de (1). E dado que sabemos que $w = 4n + 1$, $x = 4n + 2$, $y = 4n + 3$, $z = 4n + 4$, também temos Sxx, Sxy, Syy, Syz e Szz da definição de S. Assim, $a \neq x$, $b \neq x$, $b \neq y$, $c \neq y$ e $c \neq z$. Temos, portanto, Swa e $a < w - 4$, Sxb e $b < x - 4$ e Syc e $c < y - 4$. Se a n-ésima tripla é (r, s, t), então também temos Swr, Sxs, Syt e $r < w - 4$, $s < x - 4$, $t < y - 4$. Assim, por (3), devemos ter $r = a$, $s = b$ e $t = c$. Logo, (a, b, c) é a n-ésima tripla, e a prova está completa.

Problemas

21.1 Demonstre o Lema 21.8 diretamente, sem derivá-lo do Lema 21.9.

21.2 Mostre que as estimativas 2^k e $2^k \cdot r$ nos Lemas 21.8 e 21.9 não podem ser melhoradas.

21.3 O que acontece se constantes forem acrescentadas à lógica monádica com identidade?

21.4 A linguagem da teoria de conjuntos tem um único símbolo não lógico e predicado binário $\in$. **ZFC** é uma certa teoria nessa linguagem, da qual foi afirmado, ao final da seção 17.1, que é 'adequada para formalizar essencialmente todas as provas matemáticas aceitas'. Qual é a relação desse fato com o Teorema 21.4?

22

Lógica de segunda ordem

Suponhamos que, além de admitir quantificações sobre os elementos de um domínio, como na lógica de primeira ordem usual, também permitamos quantificações sobre relações e funções do domínio. O resultado é denominado lógica de segunda ordem. *Quase todos os principais teoremas que estabelecemos para a lógica de primeira ordem falham espetacularmente para a lógica de segunda ordem, como mostraremos neste breve capítulo. Este capítulo, e aqueles que o seguem, em geral pressupõem o material da seção 17.1. (Eles também são, em geral, independentes uns dos outros, e os resultados do presente capítulo não serão pressupostos por capítulos posteriores.)*

Comecemos recordando alguns dos principais resultados que estabelecemos para a lógica de primeira ordem.

O teorema da compacidade: Se todo subconjunto finito de um conjunto de sentenças tem modelo, o conjunto todo tem modelo.

O teorema de Löwenheim–Skolem 'descendente': Se um conjunto de sentenças tem modelo, então tem um modelo enumerável.

O teorema de Löwenheim–Skolem 'ascendente': Se um conjunto de sentenças tem um modelo infinito, então tem um modelo não enumerável.

O teorema (abstrato) de completude de Gödel: O conjunto das sentenças válidas é semirrecursivo.

Todos esses resultados falham para a *lógica de segunda ordem*, que envolve uma noção ampliada de sentença, com uma ampliação correspondente da noção de verdade de uma sentença em uma interpretação. Ao introduzir essas noções ampliadas, enfatizamos, já de início, que não estamos mudando nem a definição de *linguagem* nem a definição de *interpretação*: uma linguagem ainda é um conjunto enumerável de símbolos não lógicos, e uma interpretação de uma linguagem ainda é um domínio juntamente com a atribuição de uma denotação a cada símbolo não lógico da linguagem. As únicas mudanças serão que acrescentamos algumas cláusulas novas à definição do que é uma sentença de uma linguagem e, correspondentemente, algumas cláusulas novas à definição do que significa que uma sentença de uma linguagem é verdadeira em uma interpretação.

O que é uma sentença de segunda ordem? Vamos nos referir ao que estivemos chamando de 'variáveis' como variáveis *individuais*. Introduzimos agora novas espécies de variável: variáveis para *relações* e variáveis para *funções*. Assim como temos predicados ou símbolos relacionais ou símbolos funcionais de um, dois, três e mais argumentos, temos variáveis para relações e variáveis para funções de um, dois, três e mais argumentos. (Uma vez que relações unárias são simplesmente conjuntos, variáveis para relações unárias podem ser denominadas variáveis para *conjuntos*.) Pressupomos que nenhum símbolo de qualquer espécie seja também um símbolo de qualquer outra espécie. Estendemos a definição de fórmula, permitindo que variáveis para relações ou funções ocorram naquelas posições nas fórmulas onde, previamente, somente símbolos relacionais (também denominados predicados) ou símbolos funcionais (respectivamente!) podiam ocorrer, e também permitindo que as novas espécies de variáveis ocorram depois de $\forall$ e $\exists$ nas quantificações. Ocorrências livres e ligadas são definidas para as duas novas espécies de variáveis exatamente como foram definidas para variáveis individuais. Sentenças, como sempre, são fórmulas nas quais nenhuma variável (individual, relacional ou funcional) ocorre livre. Uma fórmula de segunda ordem, então, é uma fórmula que contém pelo menos uma ocorrência de uma variável relacional ou funcional, e uma sentença de segunda ordem é uma fórmula de segunda ordem que é uma sentença. Uma fórmula ou sentença de uma linguagem, seja de primeira, seja de segunda ordem, é, como antes, uma fórmula cujos símbolos não lógicos todos pertencem a essa linguagem.

22.1 Exemplo. (Sentenças de segunda ordem). (Nos exemplos seguintes, usamos u como uma variável funcional unária, e X como uma variável relacional unária.)

Na lógica de primeira ordem podemos identificar uma função particular como a função identidade: $\forall x\, f(x) = x$. Na lógica de segunda ordem, porém, podemos afirmar a existência da função identidade: $\exists u \forall x\, u(x) = x$.

Analogamente, onde na lógica de primeira ordem podemos afirmar que dois indivíduos particulares compartilham uma propriedade (Pc & Pd), na lógica de segunda ordem podemos afirmar que quaisquer dois indivíduos compartilham alguma propriedade: $\forall x \forall y \exists X(Xx \;\&\; Xy)$.

Finalmente, na lógica de primeira ordem podemos afirmar que, se dois indivíduos particulares são idênticos, então ambos têm que ter, ou deixar de ter, uma propriedade particular: $c = d \rightarrow (Pc \leftrightarrow Pd)$. Mas na lógica de segunda ordem podemos *definir* a identidade através da *lei de Leibniz* ou *identidade dos indiscerníveis*: $c = d \leftrightarrow \forall X(Xc \leftrightarrow Xd)$.

Cada uma dessas três sentenças de segunda ordem acima é válida: verdadeiras em cada uma de suas interpretações.

Quando é que uma sentença de segunda ordem S é verdadeira em uma interpretação $\mathcal{M}$? Respondemos a essa questão acrescentando mais quatro cláusulas (para as quantificações universal e existencial envolvendo variáveis relacionais e funcionais) à definição de verdade em uma interpretação dada na seção 9.3. Para uma quantificação universal $\forall XF(X)$ envolvendo uma variável relacional, a cláusula é como segue. Primeiro, definimos o que significa que uma relação R (com o número apropriado de argumentos) no domínio de $\mathcal{M}$ *satisfaz* $F(X)$: R o faz se, ao expandirmos a linguagem pelo acréscimo de um novo símbolo relacional P (com o número apropriado de argumentos) à linguagem, e expandirmos a interpretação $\mathcal{M}$ a uma interpretação $\mathcal{M}_R^P$ da linguagem ampliada, tomando R como a denotação de P, a sentença $F(P)$ resulta verdadeira. Definimos então $\forall XF(X)$ como verdadeira em $\mathcal{M}$ se e somente se toda relação R (com número apropriado de argumentos) no domínio $\mathcal{M}$ satisfaz $F(X)$. As cláusulas para quantificações existenciais e símbolos funcionais são semelhantes. As definições de validade, satisfatibilidade e implicação ficam também inalteradas para sentenças de segunda ordem. Qualquer sentença, de primeira ou segunda ordem, é válida se e somente se verdadeira em todas as suas interpretações, e satisfatível se e somente se verdadeira em pelo menos uma delas. Um conjunto Γ de sentenças implica uma sentença D se e somente se não há nenhuma interpretação na qual todas as sentenças em Γ sejam verdadeiras mas D falsa.

(Isso tudo nos dá a noção *padrão* de interpretação e verdade para a lógica de segunda ordem. Na literatura especializada são às vezes consideradas noções *não padrão*, eufemisticamente denominadas 'gerais', onde uma interpretação tem domínios separados de indivíduos e de relações e funções. Não iremos considerá-las aqui.)

22.2 Exemplo. (A definição de identidade). A definição de Leibniz de identidade no Exemplo 22.1 é desnecessariamente complicada, uma vez que a definição mais simples de *Whitehead–Russell* serve:

$$c = d \leftrightarrow \forall X(Xc \rightarrow Xd).$$

Não *precisamos* de um bicondicional à direita!

Demonstração: $\sim Pc \vee Pd$ ou $Pc \rightarrow Pd$ é verdadeira em uma interpretação caso o conjunto denotado por P ou não contém o indivíduo denotado por c, ou contém o indivíduo denotado por d. Logo, um conjunto R satisfaz $Xc \rightarrow Xd$ exatamente quando ele ou deixa de conter o indivíduo que c denota ou contém aquele que d denota. Logo, $\forall X(Xc \rightarrow Xd)$ é verdadeira se e somente se todo conjunto ou deixa de conter o indivíduo que c denota ou contém aquele que d denota. Se c e d denotam o mesmo indivíduo, isso deve ser o caso para todo conjunto, ao passo que se c e d não denotam o mesmo indivíduo, então isso não é o caso para o conjunto cujo único elemento é o indivíduo que c denota. Logo, $\forall X(Xc \rightarrow Xd)$ é verdadeira se e somente se c e d denotam o mesmo indivíduo, isto é, se e somente se $c = d$ é verdadeira. (Intuitivamente, a definição de Whitehead–Russell é válida porque entre as propriedades de a está a propriedade de *ser idêntico a* a; logo, se o indivíduo b deve ter *todas* as propriedades de a, ele deve ter em particular a propriedade de ser idêntico a a.)

22.3 Exemplo. (O 'axioma' da enumerabilidade). Seja Enum a sentença

$$\exists z \exists u \forall X((Xz \,\&\, \forall x(Xx \to Xu(x))) \to \forall x Xx).$$

Então Enum é verdadeira em uma interpretação se e somente se seu domínio é enumerável.

Demonstração: Suponhamos primeiro que Enum seja verdadeira em uma interpretação $\mathcal{M}$. Isso significa que existe um indivíduo a em $|\mathcal{M}|$ e uma função unária f em $|\mathcal{M}|$ que satisfaz

$$\forall X((Xz \,\&\, \forall x(Xx \to Xu(x))) \to \forall x Xx).$$

Assim, se acrescentarmos uma constante **0** e estipularmos que denota a, e um símbolo funcional unário $'$ e estipularmos que denota f, então

$$\forall X((X\mathbf{0} \,\&\, \forall x(Xx \to Xx')) \to \forall x Xx)$$

é verdadeira. Isso significa que todo subconjunto A de $|\mathcal{M}|$ satisfaz

$$(X\mathbf{0} \,\&\, \forall x(Xx \to Xx')) \to \forall x Xx.$$

Em particular, isso é o caso para o subconjunto enumerável A de $|\mathcal{M}|$ cujos elementos são todos os a, $f(a)$, $f(f(a))$, $f(f(f(a)))$ etc., e apenas eles. Assim, se acrescentarmos um predicado unário **N** e estipularmos que denota A, então

$$(\mathbf{N0} \,\&\, \forall x(\mathbf{N}x \to \mathbf{N}x')) \to \forall x \mathbf{N}x$$

é verdadeira. Mas **N0** é verdadeira, uma vez que o indivíduo a que é a denotação de **0** está no conjunto A que é a denotação de **N**, e $\forall x(\mathbf{N}x \to \mathbf{N}x')$ é verdadeira, uma vez que se algum indivíduo está em A, também está o valor obtido quando a função f, que é a denotação de $'$, é aplicada àquele indivíduo como argumento. Logo, $\forall x\mathbf{N}x$ tem que ser verdadeira, e isso significa que *todo* indivíduo do domínio está em A, de modo que o domínio, sendo apenas A, é enumerável.

Inversamente, suponhamos que o domínio de uma interpretação $\mathcal{M}$ é enumerável. Fixemos uma enumeração de seus elementos: m_0, m_1, m_2 etc. Seja a o elemento m_0, e seja f a função que, dado m_i como argumento, gera m_{i+1} como valor, e acrescentemos uma constante **0** e um símbolo funcional unário $'$ para denotar a e f. Dado qualquer subconjunto A do domínio, suponhamos que acrescentemos um predicado **N** para denotar A. Então, se **N0** é verdadeira, $a = m_0$ tem que pertencer a A, e se $\forall x(\mathbf{N}x \to \mathbf{N}x')$ é verdadeira, então sempre que m_i pertence a A, $f(m_i) = m_{i+1}$ tem que pertencer a A. Assim, se ambas são verdadeiras, todo elemento $m_0, m_1, m_2, \ldots$ do domínio tem que pertencer a A, e, portanto, $\forall x\mathbf{N}x$ é verdadeira. Assim

$$(\mathbf{N0} \,\&\, \forall x(\mathbf{N}x \to \mathbf{N}x')) \to \forall x \mathbf{N}x$$

é verdadeira se **N** denota A, e portanto A satisfaz

$$(X\mathbf{0} \,\&\, \forall x(Xx \to Xx')) \to \forall x Xx,$$

e uma vez que isso é verdadeiro para qualquer A,

$$\forall X((X\mathbf{0}\ \&\ \forall x(Xx \to Xx')) \to \forall xXx)$$

é verdadeira e, portanto,

$$\exists z\exists u\forall X((Xz\ \&\ \forall x(Xx \to Xu(x))) \to \forall xXx)$$

ou Enum é verdadeira em $\mathcal{M}$.

22.4 Exemplo. (O 'axioma' do infinito). Seja Inf a sentença

$$\exists z\exists u(\forall x\, z \neq u(x)\ \&\ \forall x\forall y(u(x) = u(y) \to x = y)).$$

Então Inf é verdadeira em uma interpretação se e somente se seu domínio é infinito. A demonstração é deixada ao leitor.

22.5 Proposição. Os teoremas de Löwenheim–Skolem ascendente e descendente falham ambos para a lógica de segunda ordem.

Demonstração: Inf & ~Enum e Inf & Enum são ambas sentenças de segunda ordem tendo modelos infinitos, mas não modelos finitos. A primeira tem somente modelos não enumeráveis, contrariamente ao teorema de Löwenheim–Skolem descendente; a última tem somente modelos denumeráveis, contrariamente ao teorema de Löwenheim–Skolem ascendente.

É uma consequência imediata dos teoremas de Löwenheim–Skolem descendente e ascendente que, se uma sentença de primeira ordem, ou um conjunto de tais sentenças, tem um modelo infinito, então tem modelos infinitos não isomorfos. Mesmo esse corolário dos teoremas de Löwenheim–Skolem falha para a lógica de segunda ordem, como mostra o próximo exemplo.

22.6 Exemplo. (Aritmética de segunda ordem). Seja $\mathbf{P}^{\mathrm{II}}$ a conjunção dos axiomas de $\mathbf{Q}$ (como na seção 16.2) com a seguinte sentença, denominada o *axioma da indução*:

$$\forall X((X\mathbf{0}\ \&\ \forall x(Xx \to Xx')) \to \forall xXx).$$

Nesse caso, uma interpretação da linguagem da aritmética é um modelo de $\mathbf{P}^{\mathrm{II}}$ se e somente se é isomorfa à interpretação padrão.

Demonstração: Na verdade, já vimos na prova do Exemplo 22.3 que, em qualquer modelo de Ind, o domínio consiste precisamente nas denotações dos termos $\mathbf{0}$, $\mathbf{0}'$, $\mathbf{0}''$, ..., isto é, nos numerais $\mathbf{1}$, $\mathbf{2}$, $\mathbf{3}$, ..., como usualmente abreviamos esses termos. Também vimos na seção 16.2 que, em qualquer modelo dos axiomas de $\mathbf{Q}$, todas as fórmulas seguintes são verdadeiras, para números naturais m, n e p:

$$\begin{array}{rll} \mathbf{m} \neq \mathbf{n} & \text{se} & m \neq n \\ \mathbf{m} < \mathbf{n} & \text{se} & m < n \\ \sim\mathbf{m} < \mathbf{n} & \text{se} & m \geq n \\ \mathbf{m} + \mathbf{n} = \mathbf{p} & \text{se} & m + n = p \\ \mathbf{m} + \mathbf{n} \neq \mathbf{p} & \text{se} & m + n \neq p \\ \mathbf{m} \cdot \mathbf{n} = \mathbf{p} & \text{se} & m \cdot n = p \\ \mathbf{m} \cdot \mathbf{n} \neq \mathbf{p} & \text{se} & m \cdot n \neq p. \end{array}$$

Seja agora $\mathcal{M}$ um modelo de $\mathbf{P}^{\text{II}}$. Todo elemento de $|\mathcal{M}|$ é a denotação de pelo menos um **m**, porque $\mathcal{M}$ é modelo de Ind, e de no máximo um **m**, porque $\mathcal{M}$ é um modelo dos axiomas de **Q** e, portanto, de $\mathbf{m} \neq \mathbf{n}$ sempre que $m \neq n$, pelo primeiro fato da lista acima. Podemos, portanto, definir uma função j de $|\mathcal{M}|$ nos números naturais estipulando que o valor de j para aquele argumento que é a denotação de **m** seja m. Pelos outros seis fatos da lista acima, j será um isomorfismo entre $\mathcal{M}$ e a interpretação padrão.

Inversamente, vê-se facilmente que $\mathbf{P}^{\text{II}}$ é verdadeira na interpretação padrão, e a prova do teorema do isomorfismo (Proposição 12.5) continua valendo essencialmente inalterada para a lógica de segunda ordem, de modo que qualquer interpretação isomorfa à interpretação padrão será também um modelo de $\mathbf{P}^{\text{II}}$.

22.7 Proposição. O teorema da compacidade falha para a lógica de segunda ordem.

Demonstração: Como na construção de um modelo não *standard* da aritmética de primeira ordem, acrescentemos uma constante c à linguagem de aritmética, e consideremos o conjunto

$$\Gamma = \{\mathbf{P}^{\text{II}}, c \neq \mathbf{0}, c \neq \mathbf{1}, c \neq \mathbf{2}, \ldots\}.$$

Todo subconjunto finito Γ_0 tem um modelo obtido expandindo-se a interpretação padrão de modo a atribuir uma denotação adequada a c – qualquer número maior que todos aqueles mencionados em Γ_0 serve. Mas o próprio Γ não tem modelo porque em qualquer modelo de $\mathbf{P}^{\text{II}}$ todo elemento é a denotação de algum dos termos **0**, **1**, **2** e assim por diante.

22.8 Proposição. O teorema (abstrato) de completude de Gödel falha para a lógica de segunda ordem: o conjunto de sentenças válidas da lógica de segunda ordem não é semirrecursivo (nem mesmo aritmético).

Demonstração: Uma sentença de primeira ordem A da linguagem da aritmética é verdadeira na interpretação padrão se e somente se é verdadeira em todas as interpretações isomorfas à padrão, e portanto, pelo exemplo precedente, se e somente se é verdadeira em todos os modelos de $\mathbf{P}^{\text{II}}$ ou, equivalentemente, se e somente se $\mathbf{P}^{\text{II}} \rightarrow A$ é válida. A função que leva (o número de código de) uma sentença de primeira ordem A à (ao número de código da) sentença de segunda ordem $\mathbf{P}^{\text{II}} \rightarrow A$ é claramente recursiva. (Compare a prova do Teorema 17.6.) Logo, se o conjunto de (números de código de) sentenças válidas de segunda ordem fosse semirrecursivo, o conjunto de (números de código de) sentenças da linguagem da aritmética verdadeiras na interpretação padrão também seria. Este último conjunto, porém, não é aritmético (pelo Teorema 17.3) e, *a fortiori*, não é semirrecursivo.

A Proposição 22.8 é às vezes formulada da seguinte maneira: 'a lógica de segunda ordem é incompleta'. Uma formulação mais precisa seria: 'nenhum procedimento de prova para a lógica de segunda ordem que seja correto é completo'. (Afinal, não é a lógica que é incompleta, mas os candidatos a procedimentos de prova.)

Concluímos este capítulo com uma pré-estreia do próximo. Recorde que um conjunto S de números naturais é *aritmeticamente definível*, ou simplesmente *aritmético*, se há uma fórmula de primeira ordem $F(x)$ da linguagem da aritmética tal que S consiste exatamente naqueles m para os quais $F(\mathbf{m})$ é verdadeira na interpretação padrão ou, equivalentemente, exatamente naqueles m que satisfazem $F(x)$ na interpretação padrão. Um conjunto S de números naturais é *analiticamente definível*, ou *analítico*, se há uma fórmula $\phi(x)$ de primeira ou segunda ordem da linguagem da aritmética tal que S consiste apenas naqueles m que satisfazem $\phi(x)$ na interpretação padrão. Durante esta discussão, utilizemos a palavra *classe* para conjuntos de conjuntos de números naturais. Então, uma *classe* Σ de conjuntos de números naturais é *aritmética* se há uma fórmula de segunda ordem $F(X)$ *sem nenhuma variável relacional ou funcional ligada* tal que Σ consiste precisamente naqueles conjuntos M que satisfazem $F(X)$ na interpretação padrão. Uma classe Σ de conjuntos de números naturais é *analítica* se há uma fórmula de segunda ordem $\phi(X)$ tal que Σ consiste precisamente naqueles conjuntos M que satisfazem $\phi(X)$ na interpretação padrão. Vimos que conjuntos recursivos e semirrecursivos são aritméticos, mas o conjunto (dos número de códigos) das sentenças de primeira ordem da linguagem da aritmética que são verdadeiras na interpretação padrão não é aritmético. Pode-se mostrar, de maneira análoga, que o conjunto de sentenças de primeira e segunda ordem verdadeiras na interpretação padrão não é analítico.

Contudo, o conjunto V (dos número de códigos) das sentenças de *primeira* ordem verdadeiras na interpretação padrão *é* analítico. Isso se segue do fato, a ser demonstrado no próximo capítulo, de que a classe $\{V\}$ de conjuntos de números naturais cujo único elemento é o conjunto V é aritmética. Esse último resultado significa que há uma fórmula de segunda ordem $F(X)$ sem nenhuma variável relacional ou funcional ligada tal que V é o único conjunto que satisfaz $F(X)$ na interpretação padrão. Disso se segue que V é precisamente o conjunto dos m que satisfazem $\exists X(F(X) \,\&\, Xx)$; e isso mostra que, como afirmado, V é analítico. Também será mostrado que a classe dos conjuntos aritméticos de números naturais não é aritmética. (Mais uma vez, pode-se mostrar que essa classe é analítica.) Para manter o próximo capítulo autocontido e independente deste, uma definição diferente de classe aritmética será dada lá, uma que não pressupõe familiaridade com a lógica de segunda ordem. Contudo, o leitor que *está* familiarizado com a lógica de segunda ordem não terá dificuldade em reconhecer que essa definição é equivalente àquela apresentada aqui.

Problemas

22.1 Segue-se do fato de que $\exists xFx \mathbin{\&} \exists x{\sim}Fx$ é satisfatível que $\exists X(\exists xXx \mathbin{\&} \exists x{\sim}Xx)$ é válida?

22.2 Escrevamos R^*ab para abreviar

$$\forall X[(Xa \mathbin{\&} \forall x\forall y((Xx \mathbin{\&} Rxy) \rightarrow Xy)) \rightarrow Xb].$$

Mostre que as fórmulas seguintes são válidas:

(**a**) R^*aa

(**b**) $Rab \rightarrow R^*ab$

(**c**) $(R^*ab \mathbin{\&} R^*bc) \rightarrow R^*ac$.

Suponha que Rab se e somente se a é um filho ou filha de b. Sob que condições temos R^*ab?

22.3 (*Um teorema de Frege*) Mostre que (a) e (b) implicam (c):

(**a**) $\forall x\forall y\forall z[(Rxy \mathbin{\&} Rxz) \rightarrow y = z]$

(**b**) $\exists x(R^*xa \mathbin{\&} R^*xb)$

(**c**) $(R^*ab \vee a = b \vee R^*ba)$.

22.4 Escreva $\Diamond(R)$ para abreviar

$$\forall x\forall y(\exists w(Rwx \mathbin{\&} Rwy) \rightarrow \exists z(Rxz \mathbin{\&} Ryz)).$$

Mostre que $\Diamond(R) \rightarrow \Diamond(R^*)$ é válida.

22.5 (*O princípio do paradoxo de Russell*) Mostre que $\exists X{\sim}\exists y\forall x(Xx \leftrightarrow Rxy)$ é válida.

22.6 (*Um problema de Henkin*) Sejam Q1 e Q2 como na seção 16.2, e seja I o axioma de indução do Exemplo 22.6. Quais das oito combinações $\{(\sim)Q1, (\sim)Q2, (\sim)I\}$, onde, em cada uma as três sentenças, o sinal de negação pode estar presente ou ausente, são satisfatíveis?

22.7 Mostre que o conjunto de (números de código de) sentenças de segunda ordem verdadeiras no modelo *standard* da aritmética não é analítico.

22.8 Mostre que $\mathbf{P}^{\mathrm{II}}$ não é logicamente equivalente a nenhuma sentença de primeira ordem.

22.9 Mostre que, para qualquer sentença A de primeira ou segunda ordem da linguagem da aritmética, ou $\mathbf{P}^{\mathrm{II}} \mathbin{\&} A$ é equivalente a $\mathbf{P}^{\mathrm{II}}$, ou $\mathbf{P}^{\mathrm{II}} \mathbin{\&} A$ é equivalente a $\mathbf{0} \neq \mathbf{0}$.

22.10 Mostre que o conjunto (dos números de código) das sentenças de segunda ordem que são equivalentes a sentenças de primeira ordem não é analítico.

22.11 Demonstre o teorema da interpolação de Craig para a lógica de segunda ordem.

23

Definibilidade aritmética

O teorema de Tarski nos diz que o conjunto V (dos números de código) das sentenças de primeira ordem da linguagem da aritmética que são verdadeiras na interpretação padrão não é aritmeticamente definível. Na seção 23.1, mostramos que esse resultado negativo está, por assim dizer, suspenso entre dois resultados positivos. Um é que, para cada n, o conjunto V_n *das sentenças da linguagem da aritmética de grau de complexidade n que são verdadeiras na interpretação padrão é aritmeticamente definível (em um sentido de grau de complexidade a ser precisado). O outro é que a classe* $\{V\}$ *de conjuntos de números naturais cujo único elemento é V é aritmeticamente definível (em um sentido de definibilidade aritmética para classes a ser precisado). Na seção 23.2, ocupamo-nos da questão de se a classe de conjuntos aritmeticamente definíveis de números é uma classe aritmeticamente definível de conjuntos. A resposta é negativa, de acordo com o* teorema de Addison. *Esse resultado é mais interessante talvez em virtude de seu método de prova, que é uma aplicação comparativamente simples do método de* forcing *originalmente inventado para demonstrar a independência da hipótese do contínuo na teoria de conjuntos (ao que fizemos alusão nas notas históricas do capítulo 18).*

23.1 Definibilidade aritmética e verdade

Por todo este capítulo, usamos L e $\mathcal{N}$ para a linguagem da aritmética e sua interpretação padrão (previamente denominadas L^* e $\mathcal{N}^*$), e V para o conjunto dos números de código das sentenças de primeira ordem de L verdadeiras em $\mathcal{N}$. Será conveniente trabalhar com uma versão da lógica na qual os únicos operadores são $\sim$ e $\vee$ e $\exists$ (& e $\forall$ sendo tratados como abreviações não oficiais). Medimos a 'complexidade' de uma sentença pelo número de ocorrências nela dos operadores lógicos $\sim$ e $\vee$ e $\exists$. (Nossos resultados, contudo, valem para outras noções razoáveis de medidas de complexidade: ver os problemas no final do capítulo.) Por V_n entendemos o conjunto dos números de código das sentenças de primeira ordem de L de complexidade $\leq n$ que são verdadeiras em $\mathcal{N}$.

Vamos discutir números naturais, conjuntos de números naturais e conjuntos de conjuntos de números naturais. Para manter os níveis em ordem, geralmente usamos *números* para os números naturais, *conjuntos* para os conjuntos de números naturais e *classes* para os conjuntos de conjuntos de números naturais. Escrevemos L^c para a expansão de L pelo acréscimo de uma constante c, e $\mathcal{N}_a^c$ para a expansão de $\mathcal{N}$ que atribui a c como denotação o número a. Assim, um conjunto S de números é aritmeticamente definível se e somente se existe uma sentença $F(c)$ de L^c tal que S é precisamente o conjunto daqueles a para os quais $F(c)$ é verdadeira em $\mathcal{N}_a^c$. Analogamente, escrevemos L^G para a expansão de L pelo acréscimo de um predicado unário G, e $\mathcal{N}_A^G$ para a expansão de $\mathcal{N}$ que atribui a G como denotação o conjunto A. E dizemos que uma classe Σ de conjuntos de números é *aritmeticamente definível* se e somente se há uma sentença $F(G)$ de L^G tal que Σ é precisamente o conjunto dos A para os quais $F(G)$ é verdadeira em $\mathcal{N}_A^G$.

Os dois resultados seguintes contrapõem-se ao teorema de Tarski no sentido de que V não é aritmeticamente definível.

23.1 Teorema. Para cada n, V_n é aritmeticamente definível.

23.2 Teorema. A classe $\{V\}$ cujo único elemento é V é aritmeticamente definível.

Esta seção inteira será dedicada às demonstrações. Precisaremos de certos fatos sobre recursividade (ou a 'aritmetização da sintaxe'):

(**1**) O conjunto S dos números de código das sentenças de L é recursivo.
(**2**) Para cada n, o conjunto S_n de números de código de sentenças de L com não mais do que n ocorrências de operadores lógicos é recursivo.
(**3**) Há uma função recursiva ν tal que, se B é uma sentença de L com número de código b, então $\nu(b)$ é o número de código de $\sim B$.
(**4**) Há uma função recursiva δ tal que, se B e C são sentenças de L com números de código b e c, então $\delta(b, c)$ é o número de código de $(B \vee C)$.
(**5**) Há uma função recursiva η tal que, se v é uma variável com número de código q e $F(v)$ é uma fórmula com número de código p, então $\eta(p, q)$ é o número de código de $\exists v F(v)$.
(**6**) Há uma função recursiva σ tal que, se v, $F(v)$, q e p são como em (5), então, para qualquer m, $\sigma(p, q, m)$ é o número de código de $F(\mathbf{m})$.
(**7**) O conjunto V_0 de sentenças atômicas de L que são verdadeiras em $\mathcal{N}$ é recursivo.

[Podemos supor que ν, δ, η, σ tomam o valor 0 para argumentos inapropriados; por exemplo, se b não é o número de código de alguma sentença, então $\nu(b) = 0$.]

Em todos os casos, é intuitivamente mais ou menos claro que o conjunto ou função em questão é efetivamente decidível ou computável; assim, de acordo com a tese de Church, todos deveriam ser recursivos. Provas que não dependem de um recurso à tese de Church foram dadas para (1) e (3)–(6) no capítulo 15; e a prova para (2) é muito semelhante e poderia facilmente ter sido incluída lá também (ou colocada entre os problemas no final daquele capítulo).

No que toca a (7), talvez a prova mais simples seja notar que V_0 consiste nos elementos do conjunto recursivo S_0 que são teoremas de **Q**, e equivalentemente, cujas negações *não* são teoremas de **Q** (já que **Q** prova todas as sentenças atômicas verdadeiras e refuta todas as falsas). Mas sabemos, do capítulo 15, que o conjunto de teoremas de **Q** ou qualquer outra teoria axiomatizável é um conjunto semirrecursivo, e o conjunto de sentenças cujas negações *não* são teoremas é o complemento de um conjunto semirrecursivo. Segue-se que V_0 é tanto um conjunto semirrecursivo quanto o complemento de um, e é, portanto, recursivo.

Sendo os conjuntos acima todos recursivos, eles são definíveis na aritmética e, na verdade, em **Q**, e as funções são representáveis. Sejam $S(x)$, $S^0(x)$, $S^1(x)$, $S^2(x)$, ..., $\mathrm{Nu}(x,y)$, $\mathrm{Delta}(x,y,z)$, $\mathrm{Eta}(x,y,z)$, $\mathrm{Sigma}(x,y,z,w)$ e $V^0(x)$ fórmulas definidoras ou representativas de S, S_0, S_1, S_2, ..., ν, δ, η, σ e V_0. Esse aparato será utilizado nas provas de ambos os teoremas.

Demonstração do Teorema 23.1: Uma sentença A que contém $n + 1$ operadores lógicos é ou a negação $\sim B$ de uma sentenças B contendo n operadores, ou a disjunção $B \vee C$ de duas sentenças B e C contendo cada uma no máximo n operadores, ou então uma quantificação existencial $\exists v F(v)$ de uma fórmula $F(v)$ contendo n operadores. Nesse último caso, para cada m, a sentença $F(\mathbf{m})$ também contém n operadores. No primeiro caso, A é verdadeira se e somente se B não é verdadeira. No segundo caso, A é verdadeira se e somente se B é verdadeira ou C é verdadeira. No terceiro caso, A é verdadeira se e somente se, para algum m, $F(\mathbf{m})$ é verdadeira.

Em termos de V_n, podemos, portanto, caracterizar V_{n+1} como o conjunto daqueles números a em S_{n+1} tais que ou a está em V_n; ou, para algum b, $a = \nu(b)$ e b não está em V_n; ou, para algum b e algum c, $a = \delta(b,c)$ e ou b está em V_n ou c está em V_n; ou, finalmente, para algum p e algum q, $a = \eta(p,q)$ e, para algum m, $\sigma(p,q,m)$ está em V_n. Assim, se $V^n(x)$ define aritmeticamente V_n, a fórmula $V^{n+1}(x)$ seguinte define aritmeticamente V_{n+1}:

$$\begin{aligned} S^{n+1}(x) \,\&\, \{V^n(x) &\vee \exists y[\mathrm{Nu}(y,x) \,\&\, {\sim}V^n(y)] \\ &\vee \exists y \exists z[\mathrm{Delta}(y,z,x) \,\&\, (V^n(y) \vee V^n(z))] \\ &\vee \exists y \exists z[\mathrm{Eta}(y,z,x) \,\&\, \exists u \exists w(\mathrm{Sigma}(y,z,u,w) \,\&\, V^n(w))]\}. \end{aligned}$$

Uma vez que sabemos que V_0 é aritmeticamente definível, segue-se por indução que V_n é aritmeticamente definível para todo n.

Demonstração do Teorema 23.2: O conjunto de sentenças verdadeiras em $\mathcal{N}$ pode ser caracterizado como o único conjunto Γ tal que:

Γ contém somente sentenças de L.

Para qualquer sentença atômica A, A está em Γ se e somente se A é uma sentença atômica verdadeira.

Para qualquer sentença B, $\sim B$ está em Γ se e somente se B não está em Γ.

Para quaisquer sentenças B e C, $(B \vee C)$ está em Γ se e somente se B está em Γ ou C está em Γ.

Para qualquer variável v e qualquer fórmula $F(v)$, $\exists v F(v)$ está em Γ se e somente se, para algum m, $F(\mathbf{m})$ está em Γ.

O conjunto V de números de código de sentenças verdadeiras em $\mathcal{N}$ pode, portanto, ser caracterizado como o único conjunto M tal que:

Para todo b, se b está em M, então b está em S.

Para todo a, se a está em S_0, então a está em M se e somente se a está em V_0.

Para todo b, se $\nu(b)$ está em S, então $\nu(b)$ está em M se e somente se b não está em M.

Para todo b e c, se $\delta(b, c)$ está em S, então $\delta(b, c)$ está em M se e somente se ou b está em M ou c está em M.

Para todo p e q, se $\eta(p, q)$ está em S, então $\eta(p, q)$ está em M se e somente se, para algum m, $\sigma(p, q, m)$ está em M.

Deste modo, ao expandir L acrescentando o predicado unário G, se estipularmos que $F(G)$ é a conjunção

$$
\begin{aligned}
&\forall x(Gx \to S(x))\ \& \\
&\quad \forall x(S^0(x) \to (Gx \leftrightarrow V^0(x)))\ \& \\
&\quad \forall x\forall y((\mathrm{Nu}(x, y)\ \&\ S(y)) \to (Gy \leftrightarrow {\sim}Gx))\ \& \\
&\quad \forall x\forall y\forall z((\mathrm{Delta}(x, y, z)\ \&\ S(z)) \to (Gz \leftrightarrow (Gx \vee Gy)))\ \& \\
&\quad \forall x\forall y\forall z((\mathrm{Eta}(x, y, z)\ \&\ S(z)) \to (Gz \leftrightarrow \exists u\exists w(\mathrm{Sigma}(x, y, u, w)\ \&\ Gw))),
\end{aligned}
$$

então a única maneira de expandir $\mathcal{N}$ para obter um modelo de $F(G)$ é tomar B como a denotação de G.

23.2 Definibilidade aritmética e *forcing*

Conservamos a terminologia e notação da seção precedente. Esta seção inteira será dedicada à demonstração do seguinte resultado:

23.3 Teorema. (Teorema de Addison). A classe de conjuntos aritmeticamente definíveis de números não é uma classe aritmeticamente definível de conjuntos.

A primeira noção da qual precisamos é a de uma *condição*, pelo que entendemos um conjunto finito e consistente de sentenças da linguagem L^G cada uma das quais é da forma $G\mathbf{m}$ ou ${\sim}G\mathbf{m}$. O conjunto vazio $\emptyset$ é uma condição. Outros exemplos são $\{G\mathbf{17}\}$, $\{G\mathbf{17}, {\sim}G\mathbf{59}\}$, e

$$\{G\mathbf{0}, G\mathbf{1}, G\mathbf{2}, \ldots, G\mathbf{999\,999}, G\mathbf{1\,000\,000}\}.$$

Usamos p, q e r como variáveis para condições. Dizemos que uma condição q *estende* ou é uma *extensão* de uma condição p se p é um subconjunto de q. Assim, toda condição estende a si mesma e estende $\emptyset$.

Forcing é uma relação entre certas condições e certas sentenças de L^G. Escrevemos $p \Vdash S$ para significar que a condição p força a sentença S. A relação de *forcing* é indutivamente definida pelas cinco estipulações seguintes:

(**1**) Se S é uma sentença atômica de L, então $p \Vdash S$ se e somente se $\mathcal{N} \models S$.

(**2**) Se t é um termo de L, e m é a denotação de t em $\mathcal{N}$, então, se S é a sentença Gt, então $p \Vdash S$ se e somente se $G\mathbf{m}$ está em p.

(**3**) Se S é uma disjunção $(B \vee C)$, então $p \Vdash S$ se e somente se ou $p \Vdash B$ ou $p \Vdash C$.

(**4**) Se S é uma quantificação existencial $\exists xB(x)$, então $p \Vdash S$ se e e somente se, para algum n, $p \Vdash B(\mathbf{n})$.

(**5**) Se S é uma negação $\sim B$, então $p \Vdash S$ se e somente se, para todo q que estende p, não é o caso que $q \Vdash B$.

Vale a pena repetir essa última cláusula: uma condição força a negação de uma sentença se e somente se nenhuma extensão dela força a sentença. Segue-se que nenhuma condição força alguma sentença e sua negação, e também que ou uma condição força a negação de uma sentença, ou alguma extensão dela força a sentença. (Mostraremos em breve que, se uma condição força uma sentença, então toda extensão dela também o faz.)

Segue-se de (2) e (5) que $p \Vdash \sim G\mathbf{m}$ se e somente se $\sim G\mathbf{m}$ está em p. Pois se $\sim G\mathbf{m}$ não está em p, então $p \cup \{G\mathbf{m}\}$ é uma extensão de p que força $G\mathbf{m}$. Assim, se $p \Vdash \sim G\mathbf{m}$, isto é, se nenhuma extensão de p força $G\mathbf{m}$, então $\sim G\mathbf{m}$ deve estar em p. Inversamente, se $\sim G\mathbf{m}$ está em p, então $G\mathbf{m}$ não está em nenhuma extensão de p e, portanto, nenhuma extensão de p força $G\mathbf{m}$, e assim $p \Vdash \sim G\mathbf{m}$.

Assim, $\{G\mathbf{3}\}$ não força nem $G\mathbf{11}$ nem $\sim G\mathbf{11}$, e assim não força $(G\mathbf{11} \vee \sim G\mathbf{11})$. Logo, uma condição pode implicar uma sentença sem forçá-la. (Veremos em breve que o inverso é também possível; que, por exemplo, $\emptyset$ força $\sim\sim\exists Gx$, mesmo embora não a implique, e não força $\exists xGx$.)

23.4 Lema. Se $p \Vdash S$ e q estende p, então $q \Vdash S$.

Demonstração: Suponhamos que $p \Vdash S$ e q estende p. A prova de que $q \Vdash S$ é por indução na complexidade de S. O caso atômico tem dois subcasos. Se S é uma sentença atômica de L, então, uma vez que $p \Vdash S$, S é verdadeira em $\mathcal{N}$, e uma vez que S é verdadeira em $\mathcal{N}$, $q \Vdash S$. Se S é uma sentença atômica da forma Gt, então, uma vez que $p \Vdash S$, $G\mathbf{m}$ está em p, onde m é a denotação de t em $\mathcal{N}$, e uma vez que q estende p, $G\mathbf{m}$ também está em q e $q \Vdash Gt$. Se S é $(B \vee C)$, então, uma vez que $p \Vdash S$, ou $p \Vdash B$ ou $p \Vdash C$; assim, pela hipótese de indução, ou $q \Vdash B$ ou $q \Vdash C$ e, assim, $q \Vdash (B \vee C)$. Se S é $\exists xB(x)$, então, uma vez que $p \Vdash S$, temos que $p \Vdash B(\mathbf{m})$ para algum m; assim, pela hipótese de indução, $q \Vdash B(\mathbf{m})$ e $q \Vdash \exists xB(x)$. Finalmente, se S é $\sim B$, então, uma vez que $p \Vdash S$, nenhuma extensão de p força B; e então, uma vez que q é uma extensão de p, toda extensão de q é uma extensão de p, de modo que nenhuma extensão de q força B e, assim, $q \Vdash \sim B$.

Duas observações, que não merecem ser chamadas lemas, seguem-se diretamente do lema precedente. Primeiro, se $p \Vdash B$, então $p \Vdash \sim\sim B$, pois qualquer extensão de p força B; logo, nenhuma extensão de p força $\sim B$. Segundo, se $p \Vdash \sim B$

e $p \Vdash \sim C$, então $p \Vdash \sim(B \vee C)$, pois toda extensão de p força tanto $\sim B$ quanto $\sim C$, e, assim, não força nem B nem C, e, portanto, não força $(B \vee C)$.

Uma observação mais complicada, do mesmo gênero, pode ser registrada para referência futura, no que concerne à sentença

$$(*) \qquad \sim(\sim(\sim B \vee \sim C) \vee \sim(B \vee C)),$$

que é um equivalente lógico de $\sim(B \leftrightarrow C)$. Suponhamos que $p \Vdash B$ e $p \Vdash \sim C$. Então $p \Vdash (\sim B \vee \sim C)$, e assim, pela nossa primeira observação no parágrafo anterior, $p \Vdash \sim\sim(\sim B \vee \sim C)$. Temos também que $p \Vdash (B \vee C)$; assim, $p \Vdash \sim\sim(B \vee C)$. Portanto, pela nossa segunda observação, $p \Vdash (*)$. Analogamente, se $p \Vdash \sim B$ e $p \Vdash C$, então, mais uma vez, $p \Vdash (*)$.

23.5 Lema. Se S é uma sentença de L, então, para todo p, $p \Vdash S$ se e somente se $\mathcal{N} \models S$.

Demonstração: A prova é novamente por indução na complexidade de S. Se S é atômica, a asserção do lema vale pela primeira cláusula da definição de *forcing*. Se S é $(B \vee C)$, então $p \Vdash S$ se e somente se $p \Vdash B$ ou $p \Vdash C$, o que, pela hipótese de indução, é o caso se e somente se $\mathcal{N} \models B$ ou $\mathcal{N} \models C$, isto é, se e somente se $\mathcal{N} \models (B \vee C)$. Se S é $\exists x B(x)$, a prova é análoga. Se S é $\sim B$, então $p \Vdash S$ se e somente se nenhuma extensão de p força B, o que, pela hipótese de indução, acontece se e somente se não é o caso que $\mathcal{N} \models B$, isto é, se e somente se $\mathcal{N} \models \sim B$.

Forcing é uma relação curiosa. Uma vez que $\emptyset$ não contém nenhuma sentença $G\mathbf{n}$, $\emptyset$ não força $G\mathbf{n}$ para nenhum n, e, portanto, $\emptyset$ não força $\exists x Gx$. Mas $\emptyset$ força $\sim\sim\exists x Gx$! Suponhamos que algum p força $\sim\exists x Gx$. Seja n o menor número tal que $\sim G\mathbf{n}$ não está em p. Seja q agora $p \cup \{G\mathbf{n}\}$. Então q é uma condição, q estende p, e q força $G\mathbf{n}$, de modo que q força $\exists x Gx$. Contradição. Logo, nenhum p força $\sim\exists x Gx$, isto é, nenhuma extensão de $\emptyset$ força $\sim\exists x Gx$ e, assim, $\emptyset$ força $\sim\sim\exists x Gx$.

Vamos precisar de mais algumas definições. Seja A um conjunto de números. Primeiro, chamamos uma condição p de *A-correta* se, para qualquer m, se $G\mathbf{m}$ está em p, então m está em A, ao passo que se $\sim G\mathbf{m}$ está em p, então m não está em A. Em outras palavras, p é A-correta se e somente se $\mathcal{N}_A^G$ (a expansão da interpretação padrão $\mathcal{N}$ da linguagem da aritmética L a uma interpretação da linguagem L^G na qual considera-se que o novo predicado G denota A) é um modelo de p.

Além disso, dizemos que A FORÇA S se alguma condição A-correta força S. Note que a união de quaisquer duas condições A-corretas ainda é uma condição e ainda é A-correta. Segue-se que A não pode FORÇAR tanto S quanto $\sim S$, uma vez que a união de uma condição A-correta forçando S com uma forçando $\sim S$ forçaria ambos, o que é impossível.

Finalmente, chamamos A de *genérico* se para toda sentença S de L^G, ou A FORÇA S ou A FORÇA $\sim S$. Se isso é o caso ao menos para toda sentença S que tenha no máximo n ocorrências de operadores lógicos, chamamos A de *n-genérico*. Assim, um conjunto é genérico se e somente se é n-genérico para todo n.

O primeiro fato que precisamos demonstrar sobre conjuntos genéricos é que eles existem.

23.6 Lema. Para qualquer p, há um conjunto genérico A tal que p é A-correta.

Demonstração: Seja $S_0, S_1, S_2, \ldots$ uma enumeração de todas as sentenças de L^G. Seja $p_0, p_1, p_2, \ldots$ uma enumeração de todas as condições. Definimos indutivamente uma sequência $q_0, q_1, q_2, \ldots$ de condições, cada uma uma extensão daquelas que vêm antes dela, como segue:

(1) q_0 é p.
(2) Se q_i força $\sim S_i$, então q_{i+1} é q_i.
(3) Se q_i não força $\sim S_i$, em cujo caso deve haver alguma q estendendo q_i e forçando S_i, então q_{i+1} é a primeira q desse tipo (na enumeração $p_0, p_1, p_2, \ldots$).

Seja A o conjunto dos m tal que $G\mathbf{m}$ está em q_i para algum i.

Afirmamos que p é A-correta e que A é genérico. Uma vez que $p = q_0$, e desde que, para cada i, ou $q_{i+1} \Vdash S_i$ ou $q_{i+1} \Vdash \sim S_i$, será suficiente mostrar que, para cada i, q_i é A-correta. E uma vez que m está em A quando $G\mathbf{m}$ está em q_i, é suficiente mostrar que, se $\sim G\mathbf{m}$ está em q_i, então m *não* está em A. Bem, suponhamos que estivesse. Então $G\mathbf{m}$ estaria em q_j para algum j. Tomando $k = \max(i, j)$, tanto $\sim G\mathbf{m}$ quanto $G\mathbf{m}$ estariam em q_k, o que é impossível. Essa contradição completa a prova.

O próximo fato sobre conjuntos genéricos relaciona FORÇAR e verdade.

23.7 Lema. Seja S uma sentença de L^G, e A um conjunto genérico. Então A FORÇA S se e somente se $\mathcal{N}^G_A \models S$.

Demonstração: A prova será mais uma prova por indução em complexidade, com cinco casos, um para cada cláusula na definição de *forcing*. Abreviamos 'se e somente se' por 'sse'.

Caso 1. S é uma sentença atômica de L. Então A FORÇA S sse alguma p A-correta força S, sse (pelo Lema 23.5) $\mathcal{N} \models S$, sse $\mathcal{N}^G_A \models S$.

Caso 2. S é uma sentença atômica Gt. Seja m a denotação de t em $\mathcal{N}$. Então A FORÇA S sse alguma p A-correta força Gt, sse $G\mathbf{m}$ está em alguma p A-correta, sse m está em A, sse $\mathcal{N}^G_A \models Gt$.

Caso 3. S é $(B \vee C)$. Então A FORÇA S sse alguma p A-correta força $(B \vee C)$, sse alguma p A-correta força B ou força C, sse ou alguma p A-correta força B ou alguma p A-correta força C, sse A FORÇA B ou A FORÇA C, sse (pela hipótese de indução) $\mathcal{N}^G_A \models B$ ou $\mathcal{N}^G_A \models C$, sse $\mathcal{N}^G_A \models (B \vee C)$.

Caso 4. S é $\exists x B(x)$. Então A FORÇA S sse alguma p A-correta força $\exists x B(x)$, sse para alguma p A-correta há um m tal que p força $B(\mathbf{m})$, sse para algum m há uma p A-correta tal que p força $B(\mathbf{m})$, sse para algum m, A força $B(\mathbf{m})$, sse (pela hipótese de indução), para algum m, $\mathcal{N}^G_A \models B(\mathbf{m})$, sse $\mathcal{N}^G_A \models \exists x B(x)$.

Caso 5. S é $\sim B$. Nenhum conjunto FORÇA ambas, B e $\sim B$. Uma vez que A é genérico, A FORÇA pelo menos uma de B ou $\sim B$. Logo, A FORÇA $\sim B$ sse não é o caso que A FORÇA B, sse (pela hipótese de indução) não $\mathcal{N}_A^G \models B$, sse $\mathcal{N}_A^G \models \sim B$.

O último fato que temos de demonstrar sobre conjuntos genéricos é que nenhum deles é aritmético.

23.8 Lema. Nenhum conjunto genérico é aritmético.

Demonstração: Suponhamos o caso contrário. Então há um conjunto genérico A e uma fórmula $B(x)$ de L tal que, para todo n, n está em A se e somente se $\mathcal{N} \models B(\mathbf{n})$. Assim, $\mathcal{N}_A^G \models \forall x(Gx \leftrightarrow B(x))$ ou $\mathcal{N}_A^G \models \sim\exists x F(x)$, onde $F(x)$ é o seguinte equivalente lógico de $\sim(Gx \leftrightarrow B(x))$:

$$\sim(\sim(\sim Gx \vee \sim B(x)) \vee \sim(Gx \vee B(x))).$$

Pelo Lema 23.7, A FORÇA $\sim\exists x F(x)$, de modo que alguma p A-correta força $\sim\exists x F(x)$; assim, para nenhuma q estendendo P, e nenhum n, q força $F(\mathbf{n})$, isto é

$$(*) \qquad \sim(\sim(\sim G\mathbf{n} \vee \sim B(\mathbf{n})) \vee \sim(G\mathbf{n} \vee B(\mathbf{n}))).$$

Seja k o menor número tal que nem $G\mathbf{k}$ nem $\sim G\mathbf{k}$ estão em p. Definamos uma condição q estendendo p estipulando que $q = p \cup \{G\mathbf{k}\}$ se $\mathcal{N} \models \sim B(\mathbf{k})$, e $q = p \cup \{\sim G\mathbf{k}\}$ se $\mathcal{N} \models B(\mathbf{k})$. No primeiro caso, $q \Vdash G\mathbf{k}$, ao passo que, pelo Lema 23.5, $q \models \sim B(\mathbf{k})$. No segundo caso, $q \Vdash \sim G\mathbf{k}$, ao passo que, pelo Lema 23.5, $q \Vdash B(\mathbf{k})$. Em qualquer caso, $q \Vdash (*)$ por nossa observação a seguir do Lema 23.4, isto é, $q \Vdash F(\mathbf{n})$. Contradição.

Suponhamos que, no início da prova do Lema 23.6, em vez de enumerar todas as sentenças, nós enumerássemos aquelas sentenças de complexidade $\leq n$ (isto é, não tendo mais do que n ocorrências de operadores lógicos). Então a prova estabeleceria a existência de um conjunto n-genérico em vez de um conjunto genérico. Suponhamos que, na hipótese do Lema 23.7, nós supuséssemos somente que o conjunto A é n-genérico em vez de genérico. Então a prova estabeleceria a conclusão do Lema 23.7 para sentenças de complexidade $\leq n$, em vez de para todas as sentenças. Suponhamos, porém, que na hipótese do Lema 23.8 nós supuséssemos somente que o conjunto A é n-genérico em vez de genérico. Nesse caso, a prova falharia inteiramente. E de fato, contrapondo-se ao Lema 23.8, temos o seguinte.

23.9 Lema. Para qualquer n, há um conjunto n-genérico A que é aritmético.

Demonstração: A prova será indicada apenas em linhas gerais. A ideia é realizar a construção da prova do Lema 23.6, começando de uma enumeração de todas as sentenças de complexidade $\leq n$, e com $p = \emptyset$. É necessário mostrar que, se números de código são atribuídos de maneira adequada, então várias relações entre números de código ligadas a essa construção serão aritméticas, com o resultado de que o conjunto genérico construído também será aritmético.

Note primeiro que, uma vez que vimos na seção precedente que o conjunto de números de código de sentenças de complexidade $\leq n$ é recursivo, a função que enumera os elementos desse conjunto em ordem crescente é recursiva. Ou seja, se enumerarmos as sentenças $S_0, S_1, S_2, \ldots$ em ordem de número de código crescente, então a função que nos leva de i ao número de código para S_i será recursiva.

Também enumeramos as condições $p_0, p_1, p_2, \ldots$ em ordem de número de código crescente, onde números de código são atribuídos a conjuntos finitos de sentenças – pois isso é o que as condições são – como na seção 15.2. Nela, observamos que a relação 'a sentença com número de código i pertence ao conjunto com número de código s' é recursiva. Usando esse fato, e o fato de que a função que leva m no número de código para $G\mathbf{m}$ – essencialmente a função substituição σ utilizada na seção precedente – é recursiva, não é difícil mostrar que o conjunto de números de código de condições é recursivo e que a relação que vale entre m e s se e somente se s é o número de código de uma condição contendo $G\mathbf{m}$ é recursiva. Também observamos na seção 15.2 que a relação 'o conjunto com número de código s é um subconjunto do conjunto com número de código t' é recursiva. Logo, a relação que vigora entre s e t se e somente se eles são números de código de condições p e q, com q uma extensão de p, é também recursiva. Sendo recursivas, as várias funções e relações que mencionamos são todas aritméticas.

Precisamos também de mais um fato: para cada n, a relação que vale entre i e s se e somente se i é o número de código de uma sentença S de complexidade $\leq n$ e s é o número de código de uma condição p, e p força S, é aritmética. A prova é muito semelhante à prova, na seção precedente, de que, para cada n, o conjunto V_n é aritmético, e será deixada ao leitor.

Retornando agora à construção de um conjunto n-genérico A pelo método da prova do Lema 23.6, vemos que m está em A se e somente se existe uma sequência s de condições tal que vale o seguinte (para cada i menor que o comprimento da sequência):

(0) O 0-ésimo elemento da sequência é a condição vazia $\emptyset$.

(1) Se o i-ésimo elemento da sequência força a negação da i-ésima sentença na enumeração de sentenças, então o $(i + 1)$-ésimo elemento é o mesmo que o i-ésimo.

(2) Caso contrário, o $(i + 1)$-ésimo elemento é uma condição que estende o i-ésimo, e que força a i-ésima sentença na enumeração de sentenças, e é tal que nenhuma condição anterior na enumeração de condições (isto é, nenhuma condição de número de código menor) faz ambas as coisas.

(3) A sentença $G\mathbf{m}$ pertence ao último elemento da sequência.

Podemos, é claro, substituir 'existe uma sequência ...' por 'existe um número de código para uma sequência ...'. Quando tudo é reformulado dessa maneira, em termos de número de códigos, o que obtemos é um composto lógico de relações que observamos serem aritméticas nos vários parágrafos precedentes. Segue-se que o próprio A é aritmético.

Finalmente, estamos em condições de demonstrar o teorema de Addison.

Demonstração do Teorema 23.3: Suponhamos que o teorema falhe. Então há uma sentença S de L^G tal que, para qualquer conjunto A, $\mathcal{N}_A^G \models S$ se e somente se A é aritmético.

Seja S de complexidade n. Pelo Lema 23.9, existe um conjunto n-genérico A que é aritmético. Assim, $\mathcal{N}_A^G \models S$. Logo, pelo Lema 23.7 (ou antes, pela versão para conjuntos n-genéricos e sentenças de complexidade $\leq n$, como em nossas observações seguindo-se ao Lema 23.8), A FORÇA S. Assim, alguma p A-correta força S. Pelo Lema 23.6, existe um conjunto (totalmente) genérico A^* tal que p é A^*-correta. Uma vez que p força S, pelo Lema 23.7 (em sua versão original), $\mathcal{N}_A^G \models S$. Mas isso significa que A^* é aritmético, contrariando o Lema 23.8.

Problemas

23.1 Use o teorema da definibilidade de Beth, o teorema de Tarski sobre a indefinibilidade em primeira ordem da verdade aritmética de primeira ordem, e os resultados da seção 23.1 para obter uma outra prova da existência de modelos não *standard* da aritmética.

23.2 Mostre que, para cada n, o conjunto de (números de código de) sentenças prenex verdadeiras da linguagem da aritmética que contêm no máximo n quantificadores é aritmético. Mostre a mesma coisa omitindo 'prenex'.

23.3 Mostre que se $p \Vdash {\sim}{\sim}{\sim}B$, então $p \Vdash {\sim}B$.

23.4 Dê um exemplo de uma sentença B tal que o conjunto de números pares não FORÇA nem B nem ${\sim}B$.

23.5 Mostre que o conjunto de pares (i, j) tais que j codifica uma sentença de L^G, e i codifica uma condição que força essa sentença, não é aritmético.

23.6 Onde teria falhado a prova do teorema de Addison, se tivéssemos trabalhado com $\sim$, &, $\forall$ em vez de $\sim$, $\vee$, $\exists$ (e feito as óbvias estipulações análogas na definição de *forcing*)?

23.7 Mostre que os únicos subconjuntos aritméticos de um conjunto genérico são seus subconjuntos finitos.

23.8 Mostre que se A é genérico, então $\{A\}$ não é aritmético.

23.9 Mostre que $\{A : A \text{ é genérico}\}$ não é aritmético.

23.10 Mostre que todo conjunto genérico contém infinitamente muitos números primos.

23.11 Mostre que a classe dos conjuntos genéricos é não enumerável.

23.12 Dizemos que um conjunto de números naturais tem a densidade r, onde r é um número real, se r é o limite, quando n tende ao infinito, da razão (número de elementos de $A < n)/n$. Mostre que nenhum conjunto genérico tem uma densidade.

24

Decidibilidade da aritmética sem multiplicação

A aritmética não é decidível: o conjunto V de números de código de sentenças da linguagem L da aritmética que são verdadeiras na interpretação padrão não é recursivo (nem mesmo aritmético). No entanto, para algumas sublinguagens L de L, se considerarmos os elementos de V que são números de código de sentenças de L*, então o conjunto V* de tais elementos é recursivo: a aritmética sem alguns dos símbolos de sua linguagem é decidível. Um caso notável é a* aritmética de Presburger, *ou aritmética sem multiplicação. O presente capítulo é inteiramente dedicado a demonstrar sua decidibilidade.*

Usamos a expressão *aritmética (verdadeira)* para indicar o conjunto de sentenças da linguagem da aritmética $L = \{\mathbf{0}, <, ', +, \cdot\}$ que são verdadeiras na interpretação padrão $\mathcal{N}$. Por *aritmética sem multiplicação* entendemos o conjunto de sentenças da aritmética (verdadeira) que não contém o símbolo $\cdot$. Por *aritmética sem adição* entendemos o conjunto de sentenças da aritmética (verdadeira) que não contém os símbolos $<$, $'$, $+$. Em contraste com a indecidibilidade da aritmética encontram-se o teorema de Presburger, no sentido de que a aritmética sem multiplicação é decidível, e o teorema de Skolem, no sentido de que a aritmética sem adição é decidível. [Note, em relação a esse último teorema, que $'$ é facilmente definível em termos de $<$, e que $+$ é definível em termos de $'$ e $\cdot$, como segue:

$$x + y' = z \leftrightarrow (x' \cdot z'') \cdot (y' \cdot z'') = ((x' \cdot y')' \cdot (z'' \cdot z''))'.$$

É por isso que $\cdot$ e $'$ têm que ser descartados junto com $+$.] Este capítulo será inteiramente dedicado a demonstrar o primeiro desses teoremas, com a descrição de um procedimento efetivo para determinar se uma dada sentença da linguagem da aritmética não envolvendo $\cdot$ é ou não verdadeira na interpretação padrão.

Começamos com uma redução do problema. Seja K a linguagem com constantes $\mathbf{0}$ e $\mathbf{1}$, infinitamente muitos predicados unários $\mathbf{D}_2, \mathbf{D}_3, \mathbf{D}_4, \ldots$, o predicado binário $<$ e os símbolos funcionais binários $+$ e $-$. Seja $\mathcal{M}$ a interpretação cujo domínio é o conjunto de *todos* os inteiros (positivos, zero, negativos), e com as seguintes denotações para os símbolos não lógicos. $\mathbf{0}$, $\mathbf{1}$, $<$, $+$, $-$ denotarão os elementos usuais zero e unidade, a relação usual de ordem e as operações usuais de adição e subtração de inteiros. $\mathbf{D}_n$ denotará o conjunto dos inteiros divisíveis por n sem deixar resto.

Dada uma sentença S de L sem $\cdot$, substitua $'$ em toda ela por $\mathbf{+1}$, e substitua toda quantificação $\forall x$ ou $\exists x$ por uma quantificação *relativizada*

$$\forall x((x = \mathbf{0} \vee \mathbf{0} < x) \rightarrow \cdots) \qquad \exists x((x = \mathbf{0} \vee \mathbf{0} < x) \,\&\, \ldots)$$

de modo a obter uma sentença S^* de K. Então S será verdadeira em $\mathcal{N}$ se e somente se S^* é verdadeira em $\mathcal{M}$. Por conseguinte, para demonstrar o teorema de Presburger será suficiente descrever um procedimento efetivo para determinar se uma dada sentença de K é ou não verdadeira em $\mathcal{M}$.

Pelo restante deste capítulo, portanto, *termo* ou *fórmula* ou *sentença* significarão sempre termo ou fórmula ou sentença *de K*, ao passo que *denotação* ou *satisfação* ou *verdade* significarão sempre denotação ou satisfação ou verdade *em* $\mathcal{M}$. Dizemos que dois termos r e s são *coextensivos* se $\forall v_1 \ldots \forall v_n r = s$ é verdadeira, onde os v_i são todas as variáveis ocorrendo em r ou s. Dizemos que duas fórmulas F e G são *coextensivas* se $\forall v_1 \ldots \forall v_n(F \leftrightarrow G)$ é verdadeira, onde os v_i são todas as variáveis livres ocorrendo em F ou G.

Dado qualquer termo fechado, é possível efetivamente calcular sua denotação. Dada qualquer sentença atômica, podemos efetivamente determinar seu valor de verdade; portanto, podemos fazer a mesma coisa para qualquer sentença em que não ocorram quantificadores. Vamos mostrar como é possível efetivamente decidir se uma dada sentença S é verdadeira ao demonstrar como podemos efetivamente associar a S uma sentença T coextensiva na qual não ocorrem quantificadores: uma vez que T seja encontrada, seu valor de verdade, que também é o valor de verdade de S, pode ser efetivamente determinado.

O método a ser utilizado para encontrar T, dada S, é denominado *eliminação de quantificadores*. Consiste em mostrar como podemos efetivamente associar a uma fórmula $F(x)$ sem quantificadores, que pode conter outras variáveis livres além de x, uma G sem quantificadores que é coextensiva com $\exists x F(x)$ e tal que G não contém nenhuma outra variável livre além das variáveis livres em $\exists x F(x)$. Mostrado isso, dada S, nós a colocamos em forma prenex, substituímos então cada quantificação $\forall x$ por $\sim\exists x\sim$ e trabalhamos de dentro para fora, substituindo sucessivamente quantificações existenciais de fórmulas sem ocorrências de quantificadores por fórmulas coextensivas, sem quantificadores e sem nenhuma variável livre adicional, até que, ao final, obtemos uma sentença sem variáveis livres, isto é, uma sentença T sem ocorrências de quantificadores.

Seja então $F(x)$ uma fórmula sem quantificadores. Obtemos G, coextensiva com $\exists x F(x)$ e que não contém nenhuma outra variável livre além daquelas em $\exists x F(x)$, executando, em ordem, uma sequência de 30 operações, cada uma das quais substitui uma fórmula por outra coextensiva sem nenhuma variável livre adicional.

Ao descrever as operações a serem efetuadas, fazemos uso de certas convenções notacionais. Ao escrever um inteiro positivo k e um termo t nós nos permitimos escrever, por exemplo,

$$-t \quad \text{em vez de} \quad \mathbf{0} - t$$
$$k \quad \text{em vez de} \quad \mathbf{1} + \mathbf{1} + \cdots + \mathbf{1} \ (k \text{ vezes})$$
$$kt \quad \text{em vez de} \quad t + t + \cdots + t \ (k \text{ vezes}).$$

Com tal notação, as 30 operações são como segue:

(**1**) Coloque F em forma normal disjuntiva. (Veja a seção 19.1.) Assim, obtemos uma disjunção de conjunções de fórmulas atômicas da forma $r = s$ ou $\mathbf{D}_m s$ (onde r e s são termos) e negações de tais fórmulas.

(**2**) Substitua cada fórmula da forma $r = s$ por $(r < s + \mathbf{1} \ \& \ s < r + \mathbf{1})$.

(**3**) Substitua cada fórmula da forma $r \neq s$ por $(r < s \vee s < r)$.

(**4**) Coloque o resultado outra vez em forma normal disjuntiva.

(**5**) Substitua cada fórmula da forma $\sim r < s$ por $s < r + \mathbf{1}$.

(**6**) Substitua cada fórmula da forma $\sim\mathbf{D}_m s$ pela disjunção de $\mathbf{D}_m(s + i)$ para todo i com $0 < i < m$. O resultado é coextensivo com o original, porque, para cada número a, m divide exatamente um de $a, a + 1, a + 2, \ldots, a + m - 1$.

(**7**) Coloque o resultado outra vez em forma normal disjuntiva.

(**8**) Nesse ponto, temos uma disjunção de conjunções de fórmulas atômicas da forma $r < s$ e $\mathbf{D}_m s$. Substitua cada fórmula da forma $r < s$ por $\mathbf{0} < (s - r)$.

(**9**) Dizemos que um termo está em *forma normal* se tem uma das cinco formas kx, $-kx$, $kx + t$, $-kx + t$, ou t, onde t é um termo que não contém a variável x.
Para cada termo, podemos efetivamente encontrar um termo coextensivo em forma normal por meio de operações algébricas usuais, tais como reagrupar e reordenar parcelas.
Substitua cada termo na fórmula que não está em forma normal por um termo coextensivo que está.

(**10**) Substitua cada fórmula da forma

$$\mathbf{0} < -kx, \qquad \mathbf{0} < kx + t, \qquad \text{ou} \qquad \mathbf{0} < -kx + t$$

por

$$kx < \mathbf{0}, \qquad -t < kx, \qquad \text{ou} \qquad kx < t$$

conforme o caso.

(**11**) Neste ponto, todas as fórmulas atômicas com predicado $<$ que contêm a variável x têm ou a forma $t < kx$ ou a forma $kx < t$, onde k é positivo e t não contém x. Denominamos os da primeira forma de *desigualdades inferiores* e os da segunda, de *desigualdades superiores*. Rearranje a ordem dos componentes de cada conjunção em cada componente da disjunção de modo que todas as desigualdades inferiores ocorram à esquerda.

(12) A fim de reduzir o número de desigualdades inferiores ocorrendo em qualquer componente da disjunção, se uma conjunção da forma $t_1 < k_1x \& t_2 < k_2x$ ocorre em um componente da disjunção, substitua-a pela disjunção das três conjunções seguintes:

(i) $t_1 < k_1x \& k_1t_2 < k_2t_1$,
(ii) $t_1 < k_1x \& k_1t_2 = k_2t_1$,
(iii) $t_2 < k_2x \& k_2t_1 < k_1t_2$.

Para ver que essa substituição é justificada (isto é, para ver que produz um resultado coextensivo com o original), note que exatamente um dos segundos componentes das conjunções em (i)–(iii) deve valer, e que se (i) ou (ii) valem, então também valem $k_2t_1 < k_1k_2x$ e $k_1t_2 < k_1k_2x$, e, portanto, também vale $t_2 < k_2x$; ao passo que, analogamente, (iii) produz $t_1 < k_1x$.

(13) Elimine quaisquer ocorrências de = introduzidas no passo anterior repetindo os passos (2) e (4).

(14) O efeito dos dois passos precedentes é reduzir em um o número de desigualdades inferiores em cada componente da disjunção onde havia, de começo, mais de uma delas. (Note que $k_1t_2 < k_2t_1$, por exemplo, *não* conta como uma desigualdade inferior, uma vez que não contém a variável x.) Repita esses três passos repetidamente até que nenhum componente da disjunção tenha mais do que uma desigualdade inferior entre as conjunções que o compõem.

(15) Efetue um processo análogo para desigualdades superiores, até que nenhum componente da disjunção tenha mais do que uma desigualdade inferior *ou* superior entre as conjunções que o compõem.

(16) Substitua cada fórmula da forma

$$\mathbf{D}_m(kx), \quad \mathbf{D}_m(-kx), \quad \mathbf{D}_m(kx+t), \quad \text{ou} \quad \mathbf{D}_m(-kx+t)$$

por

$$\mathbf{D}_m(kx-\mathbf{0}), \quad \mathbf{D}_m(kx-\mathbf{0}), \quad \mathbf{D}_m(kx-(-t)), \quad \text{ou} \quad \mathbf{D}_m(kx-t)$$

conforme o caso. Esse passo é justificado porque, para qualquer número a, m divide a se e somente se m divide $-a$.

(17) Neste ponto, todas as fórmulas atômicas com $\mathbf{D}_m$ e envolvendo x têm a forma $\mathbf{D}_m(kx - t)$, onde k é um inteiro positivo. Substitua qualquer fórmula dessa forma pela disjunção de todas as conjunções

$$\mathbf{D}_m(kx - i) \& \mathbf{D}_m(t - i)$$

para $0 \leq i < m$. Para ver que esse passo é justificado, note que m divide a diferença de dois números a e b se e somente se a e b deixam o mesmo resto na divisão por m, e que o resto da divisão de a (respectivamente, b) por m é o único i com $0 \leq i < m$ tal que m divide $a - i$ (respectivamente, $b - i$).

(18) Coloque o resultado outra vez em forma normal disjuntiva.

(19) Neste ponto, todas as fórmulas atômicas com $\mathbf{D}_m$ e envolvendo x têm a forma $\mathbf{D}_m(kx - i)$, onde k é um inteiro positivo e $0 \leq i < m$. Substitua qualquer fórmula dessa forma com $k > 1$ pela disjunção das fórmulas $\mathbf{D}_m(x - j)$ para todo j com

$0 \leq j < m$ tal que m divide $kj - i$. Esse passo é justificado porque, para qualquer número a, ka deixa um resto i ao ser dividido por m se e somente se kj também deixa, onde j é o resto da divisão de a por m.

(20) Coloque o resultado outra vez em forma normal disjuntiva.

(21) Neste ponto, todas as fórmulas atômicas com $\mathbf{D}_m$ e envolvendo x têm a forma $\mathbf{D}_m(x - i)$ onde i é um inteiro não negativo. Em qualquer caso desses, considere a decomposição prima de m; isto é, escreva

$$m = p_1^{e_1} \cdots p_k^{e_k} \qquad \text{onde} \qquad p_1 < p_2 < \cdots < p_k \quad \text{e todos os } ps \text{ são primos.}$$

Se $k > 1$, então seja $m_1 = p_1^{e_1}, \cdots, m_k = p_k^{e_k}$, e substitua $\mathbf{D}_m(x - i)$ por

$$\mathbf{D}_{m_1}(x - i) \ \& \ldots \& \ \mathbf{D}_{m_k}(x - i).$$

Esse passo é justificado porque o produto de dois números dados que não têm fator comum (tais como potências de primos distintos) divide um dado número se e somente se cada um dos dois números o faz.

(22) Neste ponto, todas as fórmulas atômicas com **D**s e envolvendo x têm a forma $\mathbf{D}_m(x - i)$, onde i é um inteiro não negativo, e m uma potência de um número primo. Se, em um dado componente da disjunção, há dois componentes dessa conjunção $\mathbf{D}_m(x - i)$ e $\mathbf{D}_n(x - j)$ onde m e n são potências do *mesmo* número primo, digamos, $m = p^d$, $n = p^e$, $d \leq e$, então descarte $\mathbf{D}_m(x - i)$ em favor de $\mathbf{D}_m(i - j)$, que não envolve x. Esse passo é justificado porque, uma vez que m divide n, para qualquer número a, se a deixa um resto j na divisão por n, a deixará um resto i na divisão por m se e somente se j também deixa.

(23) Repita o passo precedente até que, para quaisquer dois componentes $\mathbf{D}_m(x - i)$ e $\mathbf{D}_n(x - j)$ em um único componente da disjunção, m e n sejam potências de primos distintos e, portanto, não tenham fatores comuns.

(24) Substitua cada $\mathbf{D}_m(x - i)$ por $\mathbf{D}_m(x - i^*)$, onde i^* é o resto da divisão de i por m.

(25) Reescreva cada componente da disjunção de modo que todas as fórmulas atômicas com **D**s e envolvendo x estejam à esquerda.

(26) Neste ponto, cada componente da disjunção tem a forma

$$\mathbf{D}_{m_1}(x - i_1) \ \& \ldots \& \ \mathbf{D}_{m_k}(x - i_k) \ \& \ \text{(outros componentes)},$$

onde $0 \leq i_1 < m_1, \ldots, 0 \leq i_k < m_k$. Seja $m = m_1 \cdot \cdots \cdot m_k$. De acordo com o teorema chinês dos restos (ver Lema 16.5), existe um (único) i com $0 \leq i < m$ tal que i deixa resto i_1 na divisão por $m_1, \ldots, i$ deixa resto i_k na divisão por m_k. Substitua os componentes de conjunção envolvendo **D**s pela fórmula única $\mathbf{D}_m(x - i)$.

(27) Neste ponto, temos uma disjunção $F_1 \vee \cdots \vee F_k$, cada um de cujos componentes é uma conjunção contendo no máximo uma desigualdade inferior, no máximo uma desigualdade superior, e no máximo uma fórmula da forma $\mathbf{D}_m(x - i)$. Reescreva $\exists x(F_1 \vee \cdots \vee F_k)$ como $\exists x F_1 \vee \cdots \vee \exists x F_k$.

(28) No interior de cada componente de disjunção $\exists x F$, reescreva a conjunção F de modo que todos os seus componentes envolvendo x ocorram à esquerda, e restrinja o quantificador a esses conjuntos, dos quais há no máximo três: se não há nenhum, simplesmente omita o quantificador.

(29) Neste ponto, as únicas ocorrências de x estão em sentenças de um dos sete tipos listados na Tabela 24.1. Substitua-as pelas sentenças listadas do lado direito.

Tabela 24.1. Eliminação de quantificadores

$\exists x\, s < jx$	$\mathbf{0} < \mathbf{1}$
$\exists x\, kx < t$	$\mathbf{0} < \mathbf{1}$
$\exists x \mathbf{D}_m(x - i)$	$\mathbf{0} < \mathbf{1}$
$\exists x(\mathbf{D}_m(x - i) \,\&\, s < jx)$	$\mathbf{0} < \mathbf{1}$
$\exists x(\mathbf{D}_m(x - i) \,\&\, kx < t)$	$\mathbf{0} < \mathbf{1}$
$\exists x(s < jx \,\&\, kx < t)$	$\exists x(\mathbf{D}_{jk}(x - \mathbf{0}) \,\&\, ks < x \,\&\, x < jt)$
$\exists x(\mathbf{D}_m(x - i) \,\&\, s < jx \,\&\, kx < t)$	$\exists x(\mathbf{D}_{jkm}(x - jki) \,\&\, ks < x \,\&\, x < jt)$

Esse passo é justificado nos cinco primeiros casos porque neles a sentença do lado direito é automaticamente verdadeira. (No quarto caso isso é porque há inteiros arbitrariamente grandes deixando um resto prescrito i na divisão por m, e analogamente no quinto caso.) O sexto e o sétimo casos são semelhantes um ao outro. Discutimos o último porque é ligeiramente mais complicado. Note, primeiro, que a sentença do lado esquerdo,

(i) $$\exists x(\mathbf{D}_m(x - i) \,\&\, s < jx \,\&\, kx < t),$$

é coextensiva com

(ii) $$\exists x(\mathbf{D}_{jkm}(jkx - jki) \,\&\, ks < jkx \,\&\, jkx < jt).$$

Esta por sua vez é coextensiva com

(iii) $$\exists y(\mathbf{D}_{jkm}(y - jki) \,\&\, ks < y \,\&\, y < jt),$$

que é a sentença do lado direito, exceto pela renomeação da variável. Pois se x é como em (ii), então $y = jkx$ será como em (iii); e inversamente, se y é como em (iii), então, uma vez que jk divide $y - jki$, jk deve dividir y, isto é, y será da forma jkx para algum x, e esse x será então como em (ii).

(30) Neste ponto, as únicas ocorrências de x são em sentenças da forma

$$\exists x(\mathbf{D}_m(x - i) \,\&\, s < x \,\&\, x < t).$$

Substitua isso pela disjunção de

$$\mathbf{D}_m(s + j - i) \,\&\, s + j < t$$

para todo j com $1 \leq j \leq m$. Esse passo é justificado porque, dados dois inteiros a e b, haverá um inteiro estritamente entre eles que deixa o mesmo resto que i quando dividido por m se e somente se um entre $a + 1, \ldots, a + m$ é um tal inteiro.

Nesse momento, eliminamos x inteiramente, e obtivemos uma fórmula sem ocorrências de quantificadores coextensiva com nossa fórmula original e que não envolve nenhuma outra variável livre, e terminamos.

Problemas

24.1 Considere a lógica monádica sem identidade, e acrescente a ela um novo quantificador $(\mathsf{M}x)(A(x) > B(x))$, que é verdadeira se e somente se há mais x tais que $A(x)$ do que há x tais que $B(x)$. Chame o resultado de *lógica comparativa*. Mostre como definir em termos de M:

(**a**) $\forall$ e $\exists$ (de modo que eles possam ser oficialmente descartados e tratados como meras abreviações)

(**b**) 'a maioria dos x tais que $A(x)$ são tais que $B(x)$'.

24.2 Defina uma *comparação* como uma fórmula da forma $(\mathsf{M}x)(A(x) > B(x))$, em que $A(x)$ e $B(x)$ não têm ocorrências de quantificadores. Mostre que qualquer sentença é equivalente a um composto verofuncional de comparações (que então, por renomeação, podem ser consideradas todas como envolvendo a mesma variável x).

24.3 Tal como com conjuntos de sentenças da lógica de primeira ordem, um conjunto de sentenças da lógica com o quantificador M é *(finitamente) satisfatível* se há uma interpretação (com um domínio finito) na qual todas as sentenças do conjunto resultam verdadeiras. Mostre que satisfatibilidade finita para conjuntos finitos da lógica com o quantificador M é decidível. (O mesmo é verdadeiro da satisfatibilidade, mas isso envolve mais teoria de conjuntos do que desejamos pressupor.)

24.4 Para os presentes propósitos, por uma *desigualdade* queremos indicar uma expressão da forma

$$a_1x_1 + \cdots + a_mx_m \; \S \; b,$$

onde os x_i são variáveis, os a_i e b são (numerais para) números racionais específicos, e § pode ser qualquer um entre $<$, $\leq$, $>$, $\geq$. Um conjunto finito de desigualdades é *coerente* se há números racionais r_i que, se tomados para os x_i, tornariam cada desigualdade no conjunto verdadeira (com respeito à operação usual e relação de ordem usual dos números racionais). Mostre que há um procedimento de decisão para a coerência de conjuntos finitos de desigualdades.

24.5 Na lógica *sentencial*, os únicos símbolos não lógicos são uma infinidade enumerável de *letras sentenciais*, e os únicos operadores lógicos são negação, conjunção e disjunção $\sim$, &, $\vee$. Sejam $A_1, \ldots, A_n$ letras sentenciais, e consideremos sentenças da lógica sentencial que não contêm nenhuma letra sentencial exceto os A_i, ou, equivalentemente, que são compostos verofuncionais dos A_i. Para cada sequência $e = (e_1, \ldots, e_n)$ de 0s e 1s, seja P_e a fórmula $(\sim)A_1 \mathbin{\&} \ldots \mathbin{\&} (\sim)A_n$, onde, para cada i, $1 \leq i \leq n$, o sinal de negação precedendo A_i está presente se $e_i = 0$, e está ausente se $e_i = 1$. Para os propósitos presentes, uma *medida de probabilidade* μ pode ser definida como uma atribuição de um número racional $\mu(P_e)$ a cada P_e de maneira tal que a soma de todos esses números é 1. Para uma combinação verofuncional A dos A_i, definimos $\mu(A)$ como a soma dos $\mu(P_e)$ para aqueles P_e que implicam A, ou, equivalentemente, que são componentes da disjunção na forma normal disjuntiva completa de A. A *probabilidade condicional* $\mu(A \setminus B)$ é definida como o quociente $\mu(A \& B)/\mu(A)$, se $\mu(A) \neq 0$, e é convencionalmente considerada como 1 se $\mu(A) = 0$. Para os presentes propósitos, por uma *restrição* entendemos uma expressão da forma $\mu(A)$ § b ou $\mu(A \setminus B)$ § b, onde A e B são sentenças da lógica sentencial, b é um número racional não negativo, e §, qualquer um de $<$, $\leq$, $>$, $\geq$. Um conjunto finito de restrições é *coerente* se existe uma medida de probabilidade μ que faz que cada restrição no conjunto resulte verdadeira. É o conjunto de restrições $\mu(A \setminus B) = 3/4$, $\mu(B \setminus C) = 3/4$ e $\mu(A \setminus C) = 1/4$ coerente?

24.6 Mostre que há um procedimento de decisão para a coerência de conjuntos finitos de restrições.

25

Modelos não standard

Por um modelo da aritmética (verdadeira) *entendemos qualquer modelo do conjunto de todas as sentenças da linguagem L da aritmética que são verdadeiras na interpretação padrão $\mathcal{N}$. Por um modelo* não standard *entendemos um modelo que não é isomorfo a $\mathcal{N}$. A prova da existência de um modelo (enumerável) não standard da aritmética é uma aplicação fácil do teorema da compacidade (e do teorema de Löwenheim–Skolem). Todo modelo não standard enumerável é isomorfo a um modelo não standard $\mathcal{M}$ cujo domínio é o mesmo que de $\mathcal{N}$, isto é, o conjunto dos números naturais; embora, é claro, um tal $\mathcal{M}$ não possa atribuir aos símbolos não lógicos de L as mesmas denotações que $\mathcal{N}$. Na seção 25.1, analisamos a estrutura da relação de ordem em um desses modelos não standard. Uma consequência dessa análise é que, embora a relação de ordem não possa ser a padrão, pode, ao menos, ser uma relação recursiva. Por oposição, o* teorema de Tannenbaum *nos diz que as relações de adição e multiplicação não podem ser recursivas. Esse teorema, e resultados relacionados, serão considerados na seção 25.2. A seção 25.3 é uma espécie de apêndice (independente das outras seções, mas aludindo a resultados de vários capítulos anteriores) referente a modelos não standard de uma expansão da aritmética denominada análise.*

25.1 Ordem em modelos não standard

Seja $\mathcal{M}$ um modelo da aritmética (verdadeira) que não seja isomorfo ao modelo standard $\mathcal{N}$. (A existência desses modelos foi estabelecida nos problemas no final do capítulo 12, como uma aplicação do teorema da compacidade.) Que aspecto tem um tal modelo? Denominaremos os objetos no domínio $|\mathcal{M}|$ NÚMEROS. $\mathcal{M}$ atribui como denotação ao símbolo **0** algum NÚMERO O que denominaremos ZERO, e ao símbolo $'$ alguma função † nos NÚMEROS que denominaremos SUCESSOR. Também atribui a **<** uma relação $\prec$ que denominaremos MENOR QUE, e a **+** e **·** funções $\oplus$ e $\otimes$ que denominaremos ADIÇÃO e MULTIPLICAÇÃO. Nosso interesse principal nesta seção será entender a relação MENOR QUE.

Em primeiro lugar, nenhum NÚMERO é MENOR QUE si mesmo. Pois nenhum número (natural) é menor que si mesmo. Assim, $\forall x \sim x < x$ é verdadeira em $\mathcal{N}$, de forma que é verdadeira em $\mathcal{M}$, e assim, como afirmado, nenhum NÚMERO é MENOR QUE si mesmo. Esse argumento ilustra nossa principal técnica para obter informação sobre que 'aspecto' tem $\mathcal{M}$: observar que os números naturais têm uma certa propriedade, concluir que uma certa sentença de L é verdadeira em $\mathcal{N}$, inferir que deve ser verdadeira também em $\mathcal{M}$ (uma vez que as mesmas sentenças de L são verdadeira em $\mathcal{M}$ como em $\mathcal{N}$), e decifrar a sentença 'sobre' $\mathcal{M}$. Dessa maneira, podemos concluir que exatamente um de dois NÚMEROS quaisquer é MENOR QUE o outro, e que se um NÚMERO é MENOR QUE outro, que é MENOR QUE um terceiro, então o primeiro é MENOR QUE o terceiro. MENOR QUE é uma ordenação linear dos NÚMEROS, da mesma forma que menor que constitui uma ordenação linear dos números.

Zero é o menor número, de forma que O é o MENOR NÚMERO. Qualquer número é menor que seu sucessor, e não há nenhum número entre um dado número e seu sucessor (no sentido de ser maior que o primeiro e menor que o segundo), de modo que qualquer NÚMERO é MENOR QUE seu SUCESSOR, e não há nenhum NÚMERO entre um dado NÚMERO e seu SUCESSOR. Em particular, $0'$ (isto é, 1 ou um) é o segundo menor número, e $\mathrm{O}^{\dagger}$ (que podemos chamar I ou UM) é o segundo MENOR NÚMERO; $0''$ é o segundo segundo-menor, e $\mathrm{O}^{\dagger\dagger}$ é o segundo segundo--MENOR; e assim por diante. Portanto, há um segmento inicial $\mathrm{O}, \mathrm{O}^{\dagger}, \mathrm{O}^{\dagger\dagger}, \ldots$ da relação MENOR QUE que é isomorfa à série $0, 0', 0'', \ldots$ dos números (naturais).

Denominamos $\mathrm{O}, \mathrm{O}^{\dagger}, \mathrm{O}^{\dagger\dagger}, \ldots$ NÚMEROS *standard*. Todos os demais são *não standard*. Os NÚMEROS *standard* são precisamente aqueles que podem ser obtidos de O pela aplicação da operação SUCESSOR um número *finito* de vezes. Para qualquer número (natural) n, escrevamos $h(n)$ para $\mathrm{O}^{\dagger\dagger\ldots\dagger(n \text{ vezes})}$, que é a denotação do numeral $\mathbf{n}$ ou $\mathbf{0}^{\prime\prime\ldots\prime(n \text{ vezes})}$ em $\mathcal{M}$. Então os NÚMEROS *standard* são precisamente os $h(n)$ para algum número natural n. Quaisquer outros são *não standard*. Qualquer NÚMERO *standard* $h(n)$ é MENOR QUE qualquer NÚMERO não *standard* m. Isso é porque, sendo verdadeira em $\mathcal{N}$, a sentença

$$\forall z((z \neq \mathbf{0} \ \& \ldots \& \ z \neq \mathbf{n}) \rightarrow \mathbf{n} < z)$$

deve ser verdadeira em $\mathcal{M}$, e assim algum NÚMERO diferente de $h(0), \ldots, h(n)$ deve ser MAIOR QUE $h(n)$.

[Não é inteiramente trivial mostrar que deve *haver* NÚMEROS não *standard* em qualquer modelo não *standard* $\mathcal{M}$. Se não houvesse, então h seria uma função *sobrejetora* dos números (naturais) no domínio de $\mathcal{M}$. Afirmamos que, nesse caso, h seria um isomorfismo entre $\mathcal{N}$ e $\mathcal{M}$, o que não pode ser se $\mathcal{M}$ é não *standard*. Em primeiro lugar, h seria injetora, porque, quando $m \neq n$, $\mathbf{m} \neq \mathbf{n}$ é verdadeira em $\mathcal{N}$ e, portanto, em $\mathcal{M}$, de modo que as denotações de $\mathbf{m}$ e $\mathbf{n}$ em $\mathcal{M}$ são distintas, isto é, $h(m) \neq h(n)$. Além disso, quando $m + n = p$, $\mathbf{m} + \mathbf{n} = \mathbf{p}$ é verdadeira em $\mathcal{N}$ e portanto em $\mathcal{M}$, de modo que $h(m + n) = h(m) \oplus h(n)$. Finalmente, $h(m \cdot n) = h(m) \otimes h(n)$ por um argumento similar.]

Qualquer número diferente de zero é o sucessor de algum número único, de modo que qualquer NÚMERO diferente de ZERO é o SUCESSOR de algum NÚMERO único. Podemos assim definir uma função ‡ de NÚMEROS em NÚMEROS estipulando que $O^{\ddagger} = O$ e, além disso, que $m^{\ddagger}$ é o único NÚMERO do qual m é o SUCESSOR. Se n é *standard*, então $n^{\dagger}$ e $n^{\ddagger}$ também são *standard*, e se m é não *standard*, então $m^{\dagger}$ e $m^{\ddagger}$ também são não *standard*. Além disso, se n é *standard* e m não *standard*, então n é MENOR QUE $m^{\ddagger}$.

Definimos agora uma relação de equivalência $\approx$ nos NÚMEROS. Se a e b são NÚMEROS, dizemos que $a \approx b$ se para algum NÚMERO *standard*(!) c, ou $a \oplus c = b$ ou $b \oplus c = a$. Intuitivamente falando, $a \approx b$ se a e b encontram-se a uma distância *finita* um do outro, ou, em outras palavras, se podemos chegar de a a b aplicando † ou ‡ um número finito de vezes. Todo NÚMERO *standard* está na relação $\approx$ com todos os NÚMEROS *standard*, e somente eles. Chamamos a classe de equivalência sob $\approx$ de qualquer NÚMERO a o *bloco* de a. Assim, o bloco de a é

$$\{\ldots, a^{\ddagger\ddagger\ddagger}, a^{\ddagger\ddagger}, a^{\ddagger}, a, a^{\dagger}, a^{\dagger\dagger}, a^{\dagger\dagger\dagger}, \ldots\}.$$

Note que o bloco de a é infinito em ambas as direções se a é não *standard*, e é ordenado como os inteiros (negativos, zero, e positivos).

Suponhamos que a seja MENOR QUE b e que a e b estejam em blocos diferentes. Então, uma vez que $a^{\dagger}$ é MENOR QUE ou igual a b, e a e $a^{\dagger}$ estão no mesmo bloco, $a^{\dagger}$ é MENOR QUE b. Analogamente, a é MENOR QUE $b^{\ddagger}$. Segue-se que se houver um número sequer de um bloco A que seja MENOR QUE algum elemento de um bloco B, então todo elemento de A é MENOR QUE todo elemento de B. Se esse é o caso, dizemos que o bloco A é MENOR QUE o bloco B. Um bloco é *não standard* se e somente se contém algum número não *standard*. O bloco *standard* é o MENOR bloco.

Não há, contudo, um MENOR bloco não *standard*. Pois suponhamos que b seja um NÚMERO não *standard*. Então há um a MENOR QUE b tal que ou $a \oplus a = b$ ou $a \oplus a \oplus I = b$. [Por quê? Porque para qualquer número (natural) b maior que zero há um a menor que b tal que ou $a + a = b$ ou $a + a + 1 = b$.] Suponhamos que $a \oplus a = b$. (O outro caso é análogo.) Se a é *standard*, $a \oplus a$ também é. Assim, a é não *standard*. E a não está no mesmo bloco que b; pois, se $a \oplus c = b$ para algum c *standard*, então $a \oplus c = a \oplus a$, de onde $c = a$, contradizendo o fato de que a é não *standard*. (As leis da adição que valem em $\mathcal{N}$ valem em $\mathcal{M}$.) Assim, o bloco de a é MENOR QUE o bloco de b. Analogamente, não há um MAIOR bloco.

Finalmente, se um bloco A é MENOR QUE um outro bloco C, então há um terceiro bloco B tal que A é MENOR QUE B e B é MENOR QUE C. Pois suponhamos que a esteja em A e c esteja em C, e a seja MENOR QUE c. Então há um b tal que a é MENOR QUE b, b é menor que c, e ou $a \oplus c = b \oplus b$ ou $a \oplus c \oplus I = b \oplus b$.

(*Médias*, dentro de uma margem de erro de um meio, sempre existem em $\mathcal{N}$; b é a MÉDIA em $\mathcal{M}$ de a e c.) Suponhamos que $a \oplus c = b \oplus b$. (O argumento é análogo no outro caso.) Se b está em A, então $b = a \oplus d$, para algum d *standard*, e assim $a \oplus c = a \oplus d \oplus a \oplus d$, e assim $c = a \oplus d \oplus d$ (leis da adição), do que se segue, como $d \oplus d$ é *standard*, que c está em A. Assim, b não está em A, e analogamente, também não está em C. Podemos, então, tomar como o B desejado o bloco de b.

Para resumir: os elementos do domínio de qualquer modelo não *standard* $\mathcal{M}$ da aritmética estarão linearmente ordenados por MENOR QUE. Essa ordenação terá um segmento inicial que é isomorfo à ordem usual dos números naturais, seguido por uma sequência de blocos, cada um dos quais é isomorfo à ordem usual dos inteiros (negativos, zero e positivos). Não há nem um primeiro nem um último bloco, e entre quaisquer dois blocos sempre há um terceiro. Assim, essa ordenação dos *blocos* é o que foi chamado, nos problemas no final do capítulo 12, de uma *ordem linear densa sem pontos finais*, e assim, como lá foi mostrado, é isomorfa à ordem usual dos números racionais. Essa análise nos dá o seguinte resultado.

25.1*a* Teorema. As relações de ordem em quaisquer dois modelos não *standard* enumeráveis da aritmética são isomorfas.

Demonstração: Seja K o conjunto consistindo em todos os números naturais juntamente com todos os pares (q, a) em que q é um número racional e a é um inteiro. Seja $<_K$ a ordem em K na qual os números naturais vêm primeiro, em sua ordem usual, e os pares depois disso, ordenados da seguinte maneira: $(q, a) <_K (r, b)$ se e somente se $q < r$ na ordem usual dos números racionais, ou $q = r$ e $a < b$ na ordem usual dos inteiros. Então, o que mostramos é que relação de ordem em qualquer modelo enumerável não *standard* da aritmética é isomorfa à ordenação $<_K$ de K. Logo, as relações de ordem em quaisquer dois modelos desses são isomorfas entre si.

Esse resultado pode ser estendido de modelos da aritmética (verdadeira) a modelos da teoria **P** (apresentada no capítulo 16).

25.1*b* Teorema. As relações de ordem em quaisquer dois modelos não *standard* enumeráveis de **P** são isomorfas.

Demonstração: Apresentamos a prova em linhas gerais. O que precisamos fazer, para estender o teorema 25.1*a* de modelos da aritmética a modelos de **P**, é substituir todo argumento 'S tem que ser verdadeira em $\mathcal{M}$ porque S é verdadeira em $\mathcal{N}$', que ocorre acima, pelo argumento 'S tem que ser verdadeira em $\mathcal{M}$ porque S é um teorema de **P**'. Para mostrar que S é de fato um teorema de **P**, precisamos 'formalizar' em **P** a prova matemática ordinária, não formalizada, de que S é verdadeira em $\mathcal{N}$. Em alguns casos (por exemplo, leis da aritmética) isso já foi feito no capítulo 16; em outros casos (por exemplo, a existência de médias) o que precisa ser feito é bastante semelhante ao que foi feito no capítulo 16. Os detalhes são deixados para o leitor.

Qualquer modelo enumerável da aritmética ou de **P** (ou, na verdade, de qualquer teoria) é isomorfo a um modelo cujo domínio é o conjunto dos números naturais. Nosso interesse no restante deste capítulo será na natureza das relações e funções que tal modelo atribui como denotações dos símbolos não lógicos da linguagem. Um primeiro resultado sobre essa questão é uma consequência direta do Teorema 25.1*a*.

25.2 Corolário. Há um modelo não *standard* da aritmética cujo domínio são os números naturais e no qual a relação de ordem é uma relação recursiva (e a função sucessor é uma função recursiva).

Demonstração: Sabemos que a relação de ordem em qualquer modelo não *standard* da aritmética é isomorfa à ordem $<_K$ no conjunto K definido na prova do Teorema 25.1a. O passo principal na demonstração do corolário será relegado aos problemas no final do capítulo. Consiste em mostrar que há uma relação recursiva $\prec$ nos números naturais que é também isomorfa à ordem $<_K$ no conjunto K. Agora, dado qualquer modelo enumerável não standard $\mathcal{M}$ da aritmética, há uma função h dos números naturais em $|\mathcal{M}|$ que é um isomorfismo entre a ordenação $\prec$ dos números naturais e ordem $<^{\mathcal{M}}$ em $\mathcal{M}$. Tal como na prova do lema dos domínios canônicos (Corolário 12.6), definimos uma operação † nos números naturais estipulando que $n^\dagger$ é o (único) m tal que $h(m) = h(n)'^{\mathcal{M}}$; e definimos as funções $\oplus$ e $\otimes$ analogamente. Então, a interpretação cujo domínio são os números naturais e que tem $\prec$, †, $\oplus$, $\otimes$ como as denotações de $<$, $'$, $+$, $\cdot$ será isomorfa a $\mathcal{M}$. Será assim um modelo da aritmética, com a relação de ordem $\prec$ recursiva. (Se formos cuidadosos, podemos fazer que a função sucessor † seja também recursiva.)

O teorema de Löwenheim–Skolem nos diz que qualquer teoria que tenha um modelo infinito tem um modelo cujo domínio são os números naturais. O *teorema de Löwenheim–Skolem aritmético* afirma que qualquer teoria *axiomatizável* que tenha um modelo infinito tem um modelo cujo domínio são os números naturais *e no qual a denotação de todo símbolo não lógico é uma relação ou função aritmética.* A prova desse resultado requer uma revisão cuidadosa da prova do lema da existência de modelos no capítulo 13. Essa prova está esboçada nos problemas no final deste capítulo. Ao passo que a aritmética (verdadeira) não é uma teoria axiomatizável, **P** é, e, assim, o teorema de Löwenheim–Skolem aritmético nos dá o seguinte.

25.3 Corolário. Há um modelo não *standard* de **P** cujo domínio são os números naturais e no qual a denotação de todo símbolo não lógico é uma relação ou função aritmética.

Demonstração: Como na prova da existência de modelos não *standard* da aritmética, acrescentamos uma constante ∞ à linguagem da aritmética e aplicamos o teorema da compacidade ao conjunto

$$\mathbf{P} \cup \{\infty \neq \mathbf{n} : n = 0, 1, 2, \ldots\}$$

para concluir que ela tem um modelo (necessariamente infinito, já que todos os modelos de **P** o são). A denotação de ∞ em qualquer um desses modelos será um elemento não *standard*, garantindo que o modelo é não *standard*. Aplicamos então o teorema de Löwenheim–Skolem aritmético para concluir que o modelo pode ser considerado como tendo por domínio os números naturais, e a denotação de todos os símbolos não lógicos é aritmética.

Os resultados da próxima seção contrastam fortemente com os Corolários 25.2 e 25.3.

25.2 Operações em modelos não standard

Nosso objetivo nesta seção é indicar a prova de dois fortalecimentos do teorema de Tennenbaum no sentido de que não há nenhum modelo não *standard* de **P** cujo domínio sejam os números naturais no qual as funções de adição e multiplicação sejam ambas recursivas, junto com dois análogos desses resultados fortalecidos. Especificamente, os quatro resultados são como segue.

25.4*a* Teorema. Não há nenhum modelo não *standard* da aritmética (verdadeira) que tenha como domínio os números naturais no qual a função adição seja aritmética.

25.4*b* Teorema. (Teorema de Tennenbaum–Kreisel). Não há nenhum modelo não *standard* de **P** que tenha como domínio os números naturais no qual a função adição seja recursiva.

25.4*c* Teorema. Não há nenhum modelo não *standard* da aritmética (verdadeira) que tenha como domínio os números naturais no qual a função multiplicação seja aritmética.

25.4*d* Teorema. (Teorema de Tennenbaum–McAloon). Não há nenhum modelo não *standard* de **P** que tenha como domínio os números naturais no qual a função multiplicação seja recursiva.

A prova do Teorema 25.4*a* será apresentada pormenorizadamente. As modificações necessárias para demonstrar o Teorema 25.4*b* e as necessárias para provar o Teorema 25.4*c* serão indicadas em linhas gerais. Uma combinação de ambos os tipos de modificações seria necessária para o Teorema 25.4*d*, a qual não será ainda mais discutida.

No restante desta seção, por *fórmula* entenderemos fórmula e sentença da linguagem da aritmética L, e por *modelo* entenderemos uma interpretação de L tendo como domínio os números naturais. Por enquanto, nosso interesse será em modelos da aritmética (verdadeira). Seja $\mathcal{M}$ um tal modelo que não é isomorfo ao modelo *standard* $\mathcal{N}$, e usemos $\oplus$ e $\otimes$ como na seção precedente para as denotações que ele atribui aos símbolos de adição e multiplicação.

Uma preliminar notacional: nossa notação usual para a satisfação em um modelo $\mathcal{M}$ de uma fórmula $F(x, y)$ pelos elementos a e b do domínio tem sido $\mathcal{M} \models F[a, b]$. No restante deste capítulo, em vez de escrever, por exemplo, 'seja $F(x, y)$ a fórmula $\exists z\, x = y \cdot z$ e suponhamos que $\mathcal{M} \models F[a, b]$', vamos abreviar para 'suponhamos que $\mathcal{M} \models \exists z x = y \cdot z[a, b]$'. (Essa notação mais curta é potencialmente ambígua quando há mais de uma variável livre, uma vez que nada nela indica explicitamente que a vai com x e b com y em vez de o contrário; na verdade, contexto e ordem alfabética sempre deverão ser suficientes para indicar o que se pretende.) Assim, em vez de escrever 'seja $F(z)$ a fórmula $\mathbf{n} < z$ e suponhamos que $\mathcal{M} \models F[d]$', abreviaremos para 'suponhamos que $\mathcal{M} \models \mathbf{n} < z[d]$'. Nessa notação, um número d é um elemento não *standard* de $\mathcal{M}$ se e somente se, para todo n, $\mathcal{M} \models \mathbf{n} < z[d]$. (Se d é não *standard*, $\mathcal{M} \models \mathbf{d} < z[d]$.)

Sabemos de uma seção anterior que existem elementos não *standard*. A chave para a demonstração do Teorema 25.4*a* é um resultado bastante surpreendente (Lema 25.7*a* abaixo) afirmando a existência de elementos não *standard* com propriedades especiais. No enunciado desse resultado e dos lemas necessários para prová-lo, escrevemos $\pi(n)$ para o n-ésimo primo (contando 2 como o zero-ésimo, 3 como o primeiro, e assim por diante). Para que possamos escrever sobre π na linguagem da aritmética, fixemos uma fórmula $\Pi(x, y)$ representando a função π em $\mathbf{Q}$ (e, portanto, em $\mathbf{P}$ e na aritmética), como na seção 16.2. Também abreviemos como $x \mid y$ a fórmula rudimentar definindo a relação 'x divide y'. Aqui, então, estão os lemas essenciais.

25.5*a* Lema. Seja $\mathcal{M}$ um modelo não *standard* da aritmética. Para qualquer $m > 0$,

$$\mathcal{M} \models \forall x\, \mathbf{m} \cdot x = x + \cdots + x \qquad (m\ x\text{s}).$$

25.6*a* Lema. Seja $\mathcal{M}$ um modelo não *standard* da aritmética. Seja $A(x)$ alguma fórmula de L. Então há um elemento não *standard* d tal que

$$\mathcal{M} \models \exists y \forall x < z(\exists w(\Pi(x, w)\ \&\ w \mid y) \leftrightarrow A(x))[d].$$

25.7*a* Lema. Seja $\mathcal{M}$ um modelo não *standard* da aritmética. Seja $A(x)$ alguma fórmula de L. Então existe um b tal que, para todo n,

$$\mathcal{M} \models A(\mathbf{n}) \quad \text{se e somente se} \quad \text{para algum } a, \quad b = a \oplus \cdots \oplus a \quad [\pi(n)\ a\text{s}].$$

Demonstração do Lema 25.5a: A sentença exibida é verdadeira em $\mathcal{N}$, e portanto é verdadeira em $\mathcal{M}$.

Demonstração do Lema 25.6a: É suficiente mostrar que a sentença

$$\forall z \exists y \forall x < z\, (\exists w(\Pi(x, w)\ \&\ w \mid y) \leftrightarrow A(x))$$

é verdadeira em $\mathcal{N}$, já que, então, deve ser verdadeira em $\mathcal{M}$. Ora, o que essa sentença diz, interpretada em $\mathcal{N}$, é apenas que, para todo z, existe um inteiro positivo y tal que, para todo $x < z$, o x-ésimo número primo divide y se e somente se $A(x)$ vale. É suficiente tomar para y o produto do x-ésimo primo para todo $x < z$ tal que $A(x)$ vale.

Antes de dar os detalhes da prova do Lema 25.7*a*, vamos indicar a ideia principal de Tennenbaum. O Lema 25.6*a* pode ser considerado como dizendo que para todo z existe um y que codifica as respostas a todas as questões $A(x)$? para um x menor que z. Apliquemos isso a um elemento não *standard* d em $\mathcal{M}$. Então há um b que codifica as respostas a todas as questões $\mathcal{M} \models A(x)[i]$? para todo i MENOR QUE d. Porém, uma vez que d é não *standard*, as denotações de todos os numerais são MENORES QUE d. Assim, b codifica as respostas a todas as infinitamente muitas questões $\mathcal{M} \models A(\mathbf{n})$? para n um número natural.

Demonstração do Lema 25.7a: Seja d como no Lema 25.6*a*, de modo que temos

$$\mathcal{M} \models \exists y \forall x \mathbf{<} z\,(\exists w(\Pi(x, w)\ \&\ w \mid y) \leftrightarrow A(x))[d].$$

Seja b tal que

$$\mathcal{M} \models \forall x \mathbf{<} z\,(\exists w(\Pi(x, w)\ \&\ w \mid y) \leftrightarrow A(x))[b, d].$$

Uma vez que d é não *standard*, para todo n, $\mathcal{M} \models \mathbf{n} \mathbf{<} z[d]$. Temos, assim,

$$\mathcal{M} \models (\exists w(\Pi(\mathbf{n}, w)\ \&\ w \mid y) \leftrightarrow A(\mathbf{n}))[b].$$

Uma vez que Π representa π, temos

$$\mathcal{M} \models \forall w(\Pi(\mathbf{n}, w) \leftrightarrow w = \mathbf{p}_n).$$

Assim, para todo n,

$$\mathcal{M} \models \mathbf{p}_n \mid y \leftrightarrow A(\mathbf{n})[b].$$

Ou seja,

$$\mathcal{M} \models \exists x(\mathbf{p}_n \cdot x = y) \leftrightarrow A(\mathbf{n})[b].$$

Segue-se que, para todo n,

$$\mathcal{M} \models A(\mathbf{n}) \quad \text{se e somente se} \quad \text{para algum } a, \quad \mathcal{M} \models \mathbf{p}_n \cdot x = y[a, b].$$

Pelo Lema 25.5*a*, isso significa que

$$\mathcal{M} \models A(\mathbf{n}) \quad \text{se e somente se} \quad \text{para algum } a, \quad b = a \oplus \cdots \oplus a\ [\pi(n)\ a\text{s}],$$

como exigido para terminar a prova.

Demonstração do Teorema 25.4a: Suponhamos que $\oplus$ seja aritmética. Então, visto que pode ser obtida de $\oplus$ por recursão primitiva, a função f que leva a em $a \oplus \cdots \oplus a$ (n as) é aritmética; e então, como pode ser obtida de f e π por composição, a função g que leva a em $a \oplus \cdots \oplus a$ ($\pi(n)$ as) é aritmética. (A prova na seção 16.1 de que funções recursivas são aritméticas mostra que processos de composição e recursão primitiva aplicados a funções aritméticas geram funções aritméticas.) Portanto, a relação H dada por

$$Hbn \quad \text{se e somente se} \quad \text{para algum } a, \quad b = a \oplus \cdots \oplus a \ [\pi(n)\ a\text{s}]$$

ou, em outras palavras,

$$Hbn \quad \text{se e somente se} \quad \exists a\, b = g(a, n)$$

é aritmética, podendo ser obtida por quantificação existencial do gráfico de uma função aritmética.

Seja então $B(x, y)$ uma fórmula que define aritmeticamente H. Seja $A(x)$ a fórmula $\sim B(x, x)$. Apliquemos o Lema 25.7a para obter um b tal que, para todo n, $\mathcal{M} \models A(\mathbf{n})$ se e somente se Hbn. Uma vez que as mesmas sentenças são verdadeiras em $\mathcal{M}$ e $\mathcal{N}$, para todo n, $\mathcal{N} \models A(\mathbf{n})$ se e somente se Hbn. Em particular, $\mathcal{N} \models A(\mathbf{b})$ se e somente se Hbb, isto é, $\mathcal{N} \models \sim B(\mathbf{b}, \mathbf{b})$ se e somente se Hbb. Mas uma vez que B define aritmeticamente H, também temos $\mathcal{N} \models B(\mathbf{b}, \mathbf{b})$ se e somente se Hbb. Contradição.

Para a prova do Teorema 25.4b, precisamos de extensões dos lemas usados para o Teorema 25.4a que se apliquem não somente a modelos da aritmética, mas também a modelos de **P**. Vamos enunciá-las como os Lemas 25.5b a 25.7b abaixo. Como no caso da extensão do Teorema 25.1a ao Teorema 25.1b, alguma 'formalização' da espécie que foi feita no capítulo 16 é necessária. O que é preciso para o Lema 25.6b, contudo, vai muito além disso; assim, deixando os detalhes para o leitor, apresentamos a prova desse lema, antes de continuar mostrando a derivação do Teorema 25.4b a partir dos lemas. A própria prova do Lema 25.6b usa um lema auxiliar de algum interesse, o Lema 25.8 abaixo.

25.5*b* Lema. Seja $\mathcal{M}$ um modelo não *standard* de **P**. Para qualquer $m > 0$

$$\mathcal{M} \models \forall x\, \mathbf{m} \cdot x = x + \cdots + x \ (m\ x\text{s}).$$

25.6*b* Lema. Seja $\mathcal{M}$ um modelo não *standard* de **P**. Seja $A(x)$ alguma forma de L. Então há um elemento não *standard* d tal que

$$\mathcal{M} \models \exists y \forall x < z\, (\exists w(\Pi(x, w)\ \&\ w \mid y) \leftrightarrow A(x))[d].$$

25.7*b* Lema. Seja $\mathcal{M}$ um modelo não *standard* de **P**. Seja $A(x)$ alguma fórmula de L. Então existe um b tal que, para todo n,

$$\mathcal{M} \models A(\mathbf{n}) \quad \text{se e somente se} \quad \text{para algum } a, \quad b = a \oplus \cdots \oplus a \ \ [\pi(n)\ a\text{s}].$$

25.8 Lema. (Princípio da propagação (*overspill*)). Seja $\mathcal{M}$ um modelo não *standard* de **P**. Seja $B(x)$ uma fórmula qualquer de L que é satisfeita em $\mathcal{M}$ por todos os elementos *standard*. Então $B(x)$ é satisfeita em $\mathcal{M}$ por algum elemento não *standard*.

Demonstração do Lema 25.8: Suponhamos que não. Então, para qualquer d que satisfaz $B(x)$ em $\mathcal{M}$, d é *standard*; logo, $d^\dagger$ é *standard* e, portanto, $d^\dagger$ satisfaz $B(x)$ em $\mathcal{M}$. Assim,

$$\mathcal{M} \models \forall x(B(x) \to B(x')),$$

já que O, sendo *standard*, satisfaz $B(x)$ em $\mathcal{M}$, $\mathcal{M} \models B(\mathbf{0})$. Mas também

$$\mathcal{M} \models (B(\mathbf{0})\ \&\ \forall x(B(x) \to B(x'))) \to \forall x B(x),$$

uma vez que esse é um axioma de **P**. Assim, $\mathcal{M} \models \forall x B(x)$ e *todo* elemento satisfaz $B(x)$ em $\mathcal{M}$, contrariamente à hipótese.

Demonstração do Lema 25.6b: É possível formalizar a prova de

$$\forall z \exists y \forall x < z\,(\exists w(\Pi(x, w)\ \&\ w \mid y) \leftrightarrow A(x))$$

em **P**, mas fazer isso seria extremamente tedioso e inteiramente desnecessário, uma vez que, em vista do lema precedente, é suficiente mostrar que

$$\exists y \forall x < z\,(\exists w(\Pi(x, w)\ \&\ w \mid y) \leftrightarrow A(x))$$

é satisfeita por todos os elementos *standard*, e para isso é suficiente mostrar que, para todo n, o seguinte é um teorema de **P**:

(1) $$\exists y \forall x < \mathbf{n}\,(\exists w(\Pi(x, w)\ \&\ w \mid y) \leftrightarrow A(x)).$$

Seja $n = m + 1$. Primeiro, lembremos que o seguinte é um teorema de **P**:

(2) $$\forall x(x < \mathbf{n} \leftrightarrow (x = \mathbf{0} \vee \ldots \vee x = \mathbf{m})).$$

Uma vez que Π representa π, escrevendo p_i para $\pi(i)$, para todo $i < n$ o seguinte é um teorema de **P**:

(3) $$\forall w(\Pi(\mathbf{i}, w) \leftrightarrow w = \mathbf{p}_i).$$

Usando (2) e (3), (1) é demonstravelmente equivalente em **P** a

(4) $$\exists y((\mathbf{p}_0 \mid y \leftrightarrow A(\mathbf{0}))\ \&\ \ldots\ \&\ (\mathbf{p}_m \mid y \leftrightarrow A(\mathbf{m}))).$$

Para cada sequência $e = (e_0, \ldots, e_m)$ de comprimento n de 0s e 1s, seja A_e a conjunção de todos os $(\sim)A(\mathbf{i})$, onde o sinal de negação está presente se $e_i = 0$ e ausente se $e_i = 1$. Seja $B_e(y)$ a fórmula análoga tendo $\mathbf{p}_i \mid y$ em lugar de $A(\mathbf{i})$. Então, a fórmula após o quantificador inicial em (4) é logicamente equivalente à disjunção de todas as conjunções $A_e\ \&\ B_e(y)$. O quantificador existencial pode ser distribuído através da disjunção e, em cada disjunto, ser restrito aos conjuntos que envolvem a variável y. Assim, (4) é logicamente equivalente à disjunção de todas as conjunções $A_e \& \exists y B_e(y)$. Logo, (1) é demonstravelmente equivalente em **P** a essa disjunção. Mas $\exists y B_e(y)$ é uma sentença $\exists$-rudimentar verdadeira, e, assim, demonstrável em **P**. Logo, (1) é demonstravelmente equivalente em **P** à disjunção de todos os A_e. Mas essa disjunção é logicamente válida; portanto, demonstrável em **P** ou qualquer teoria. Assim, (1) é demonstrável em **P**.

Demonstração do Teorema 25.4b: Precisamos de um fato estabelecido nos problemas no final do capítulo 8 (e, de modo diferente, naqueles no final do capítulo 16): existem conjuntos semirrecursivos A e B disjuntos, tais que não há nenhum conjunto recursivo contendo A que seja disjunto de B. Uma vez que os conjuntos são semirrecursivos, há fórmulas $\exists$-rudimentares $\exists y \alpha(x, y)$ e $\exists y \beta(x, y)$ que os definem. Substituindo-as por

$$\exists y(\alpha(x, y)) \,\&\, {\sim}\exists z \leq y \beta(x, z)) \quad \text{e} \quad \exists y(\beta(x, y) \,\&\, {\sim}\exists z \leq y \alpha(x, z))$$

obtemos fórmulas $\exists$-rudimentares $\alpha^*(x)$ e $\beta^*(x)$ que também definem A e B, e para as quais ${\sim}\exists x(\alpha^*(x) \,\&\, \beta^*(x))$ é um teorema de **P**. Se n está em A, então, uma vez que $\alpha^*(\mathbf{n})$ é $\exists$-rudimentar e verdadeira, é um teorema de **P**, e, portanto, $\mathcal{M} \models \alpha^*(\mathbf{n})$; ao passo que, se n está em B, então, analogamente, $\beta^*(\mathbf{n})$ é um teorema de **P** e, portanto, ${\sim}\alpha^*(\mathbf{n})$ também é, de modo que $\mathcal{M} \models {\sim}\alpha^*(\mathbf{n})$.

Agora, pelo Lema 25.7*b*, há elementos b^+ e b^- tais que, para todo n,

$$\mathcal{M} \models \alpha^*(\mathbf{n}) \quad \text{se e somente se} \quad \text{para algum } a, \quad b^+ = a \oplus \cdots \oplus a \;\; (\pi(n)\ as)$$
$$\mathcal{M} \models {\sim}\alpha^*(\mathbf{n}) \quad \text{se e somente se} \quad \text{para algum } a, \quad b^- = a \oplus \cdots \oplus a \;\; (\pi(n)\ as).$$

Seja Y^+ o conjunto $\{n : \mathcal{M} \models \alpha^*(\mathbf{n})\}$, e seja Y^- seu complemento, $\{n : \mathcal{M} \models {\sim}\alpha^*(\mathbf{n})\}$. Então temos:

$$Y^+ = \{n : \text{ para algum } a,\ b^+ = a \oplus \cdots \oplus a\ (\pi(n)\ as)\}.$$

Se a função $\oplus$ é recursiva, então (tal como na prova do Teorema 25.4*a*), uma vez que a função g que leva a em $a \oplus \cdots \oplus a$ ($\pi(n)$ *a*s) pode ser obtida de $\oplus$ por recursão primitiva e composição com π, essa g é recursiva. Uma vez que

$$Y^+ = \{n : \exists a\, b^+ = g(a, n)\},$$

Y^+ é semirrecursivo. Um argumento similar com b^- em lugar de b^+ mostra que o complemento Y^- de Y^+ é também semirrecursivo, do que se segue que Y^+ é recursivo. Mas isso é impossível, uma vez que Y^+ contém A e é disjunto de B.

Para a prova do Teorema 25.4*c*, precisamos de lemas análogos àqueles usados para o Teorema 25.4*a*, com $\otimes$ em lugar de $\oplus$. Vamos enunciá-los como os Lemas 25.5*c* a 25.7*c* abaixo. Esses lemas referem-se à exponenciação. Ora, a notação x^y para a exponenciação não está disponível em L, tal como não está a notação π para a função que enumera os números primos. Mas vamos nos permitir usar isso ao enunciar os lemas, em vez de usar uma formulação mais correta, porém mais complicada, em termos de uma fórmula *representando* a função exponencial. Também escrevemos $x \downarrow y$ para 'y tem uma raiz x-ésima inteira' ou 'y é a x-ésima potência de algum inteiro'. A única novidade real aparece na prova do Lema 25.6*c*; assim, apresentamos essa prova, deixando outros detalhes ao leitor.

25.5*c* Lema. Seja $\mathcal{M}$ um modelo não *standard* da aritmética. Para qualquer $m > 0$,

$$\mathcal{M} \models \forall x\, x^{\mathbf{m}} = x \cdot \cdots \cdot x \quad (m\ x\text{s}).$$

25.6*c* Lema. Seja $\mathcal{M}$ um modelo não *standard* da aritmética. Seja $A(x)$ alguma fórmula de L. Então há um elemento não *standard* d tal que

$$\mathcal{M} \models \exists y \forall x < z\, (\exists w(\Pi(x, w)\ \&\ w \downarrow y) \leftrightarrow A(x))[d].$$

25.7*c* Teorema. Seja $\mathcal{M}$ um modelo não *standard* da aritmética. Seja $A(x)$ alguma fórmula de L. Então existe um b tal que, para todo n,

$$\mathcal{M} \models A(\mathbf{n}) \quad \text{se e somente se} \quad \text{para algum } a, \quad b = a \otimes \cdots \otimes a \quad (\pi(n)\ a\text{s}).$$

Demonstração do Lema 25.6c: É suficiente mostrar que

$$\forall z \exists y \forall x < z\, (\exists w(\Pi(x, w)\ \&\ w \downarrow y) \leftrightarrow A(x))$$

é verdadeira em $\mathcal{N}$, uma vez que deve então ser verdadeira em $\mathcal{M}$. Recorde que mostramos na prova do Lema 25.6*b* que

$$\forall z \exists y \forall x < z\, (\exists w(\Pi(x, w)\ \&\ w \mid y) \leftrightarrow A(x))$$

é verdadeira em $\mathcal{N}$. É suficiente mostrar, portanto, que a seguinte fórmula é verdadeira em $\mathcal{N}$:

$$\forall y \exists v \forall w (w \downarrow v \leftrightarrow w \mid y).$$

Com efeito, dado y, 2^y servirá para v (a menos que $y = 0$, caso em que $v = 0$ servirá). Pois suponhamos que w divide y, digamos, $y = uw$. Então $2^y = 2^{uw} = (2^u)^w$, e 2^y é uma w-ésima potência. E suponhamos, inversamente, que 2^y é uma w-ésima potência, digamos, $2^y = t^w$. Então t não pode ser divisível por nenhum número primo ímpar e, portanto, deve ser uma potência de 2, digamos, $t = 2^u$. Então $2^y = (2^u)^w = 2^{uw}$, e $y = uw$, e assim y é divisível por w.

25.3 Modelos não standard da análise

Na linguagem L^* da aritmética, sob sua interpretação padrão $\mathcal{N}^*$ (para reverter à nossa notação anterior), podemos diretamente 'falar sobre' números naturais, e podemos de maneira indireta, através de codificações, 'falar sobre' conjuntos finitos de números naturais, inteiros, números racionais e mais ainda. Não podemos, contudo, 'falar sobre' conjuntos arbitrários de números naturais ou objetos que possam ser codificados por estes, tais como números reais ou complexos. A *linguagem da análise* L^{**}, e sua interpretação padrão $\mathcal{N}^{**}$, permite-nos fazer isso.

Essa linguagem é um exemplo de uma *linguagem de primeira ordem bissortida*. Na lógica de primeira ordem bissortida há dois tipos, ou *sortes*, de variáveis: um primeiro tipo $x, y, z, \ldots$, que podem ser chamadas de variáveis *inferiores*, e um segundo tipo $X, Y, Z, \ldots$, que podem ser chamadas variáveis *superiores*. Para cada símbolo não lógico de uma linguagem bissortida, deve ser especificado não somente quantos argumentos aquele símbolo tem, mas também que tipos de variáveis devem ocupar qual lugar. Uma interpretação de uma linguagem bissortida tem dois domínios, superior e inferior. Uma sentença $\forall x F(x)$ é verdadeira em uma interpretação se todo elemento do domínio inferior satisfaz $F(x)$, ao passo que uma sentença $\forall X G(X)$ é verdadeira se todo elemento do domínio superior satisfaz $G(X)$. De resto, as definições de linguagem, sentença, fórmula, interpretação, verdade, satisfação etc. ficam inalteradas em relação às da lógica de primeira ordem ordinária ou monossortida.

Um isomorfismo entre duas interpretações de uma linguagem bissortida consiste em um *par* de correspondências, uma entre os domínios inferiores e outra entre os domínios superiores, das duas interpretações. A prova do lema do isomorfismo (Proposição 12.5) continua valendo para a lógica de primeira ordem bissortida, e o mesmo se dá para as provas de resultados mais substanciais tais como o teorema da compacidade e o teorema de Löwenheim–Skolem (incluindo o teorema forte de Löwenheim–Skolem do capítulo 19). Note que, no teorema de Löwenheim–Skolem, uma interpretação de uma linguagem bissortida conta como enumerável somente se *ambos* os seus domínios são enumeráveis.

Na linguagem da análise L^{**}, os símbolos não lógicos são aqueles de L^*, que tomam somente variáveis inferiores, mais um predicado binário adicional $\in$, que toma uma variável inferior em seu primeiro argumento mas uma superior no segundo. Assim, $x \in Y$ é uma fórmula atômica, mas $x \in y$, $X \in Y$ e $X \in y$ não são. Na interpretação padrão $\mathcal{N}^{**}$ de L^{**}, o domínio inferior é o conjunto dos números naturais e a interpretação de cada símbolo de L^* é a mesma que na interpretação padrão N^* de L^*. O domínio superior é a classe de todos os conjuntos de números naturais, e a interpretação de $\in$ é a relação de pertinência $\in$ entre números e conjuntos de números. Como a aritmética (verdadeira) é o conjunto de sentenças de L^* verdadeiras em $\mathcal{N}^*$, a *análise (verdadeira)* é o conjunto de todas as sentenças de L^{**} verdadeiras em $\mathcal{N}^{**}$. Um modelo da análise é *não standard* se não é isomorfo a $\mathcal{N}^{**}$. Nosso objetivo nesta seção é ganhar algum entendimento a respeito dos modelos não *standard* da análise (verdadeira) e de algumas importantes subteorias dela.

Pela *parte inferior* de uma interpretação de L^{**} entendemos a interpretação de L^* cujo domíno é o domínio inferior da interpretação dada, e que atribui a cada símbolo não lógico de L^* a mesma denotação que atribui a interpretação dada. Assim, a parte inferior de $\mathcal{N}^{**}$ é $\mathcal{N}^*$. Uma sentença de L^* será verdadeira em uma intepretação de L^{**} se e somente se é verdadeira na parte inferior dessa interpretação. Assim, uma sentença de L^{*} é um teorema da (isto é, na) aritmética verdadeira se e somente se é um teorema da análise verdadeira.

Nosso primeiro objetivo nesta seção será estabelecer a existência de modelos não *standard* da análise de duas espécies distintas. Uma intepretação de L^{**} é denominada um $\in$-*modelo* se (como na interpretação padrão) os elementos do domínio superior são conjuntos de elementos do domínio inferior, e a interpretação de $\in$ é a relação de pertinência $\in$ (entre elementos do domíno inferior e superior). A sentença

$$\forall X \forall Y (\forall x (x \in X \leftrightarrow x \in Y) \rightarrow X = Y)$$

é denominada o axioma da *extensionalidade*. Claramente, essa sentença é verdadeira em qualquer $\in$-modelo e, portanto, em qualquer modelo isomorfo a um $\in$-modelo. Inversamente, qualquer modelo $\mathcal{M}$ da extensionalidade é isomorfo a um $\in$-modelo $\mathcal{M}^{\#}$. [Para obter $\mathcal{M}^{\#}$ de $\mathcal{M}$, conserve o mesmo domínio inferior e as mesmas interpretações para os símbolos de L^{*}, substitua cada elemento α do domínio superior de $\mathcal{M}$ pelo conjunto $\alpha^{\#}$ de todos os elementos a do domínio inferior tais que $a \in^{\mathcal{M}} \alpha$, e interprete $\in$ não como a relação $\in^{\mathcal{M}}$, mas como $\in$. A função identidade no domínio inferior, juntamente com a função que leva α em $\alpha^{\#}$, é um isomorfismo. O único ponto que pode não ser imediatamente óbvio é que essa última função é injetora. Para ver isso, note que se $\alpha^{\#} = \beta^{\#}$, então α e β têm que satisfazer $\forall x(x \in X \leftrightarrow x \in Y)$ em $\mathcal{M}$ e uma vez que (2) é verdadeiro em $\mathcal{M}$, α e β têm que satisfazer $X = Y$, isto é, devemos ter $\alpha = \beta$.] Posto que vamos estar interessados somente em modelos da extensionalidade, podemos restringir nossa atenção aos $\in$-modelos.

Se a parte inferior de um $\in$-modelo $\mathcal{M}$ é o modelo *standard* da aritmética, denominamos $\mathcal{M}$ um ω-modelo. O modelo *standard* da análise é, é claro, um ω-modelo. Se um ω-modelo da análise é não *standard*, seu domínio superior deve consistir em alguma classe de conjuntos *propriamente* contida na classe de *todos* os conjuntos de números. Se a parte inferior de um $\in$-modelo $\mathcal{M}$ é isomorfa à interpretação padrão $\mathcal{N}^{*}$ de L^{*}, então $\mathcal{M}$ como um todo é isomorfo a um ω-modelo $\mathcal{M}^{\#}$. [Se j é o isomorfismo de $\mathcal{N}^{*}$ à parte inferior de $\mathcal{M}$, substituamos cada elemento α do domínio superior de $\mathcal{M}$ pelo conjunto dos n tais que $j(n) \in \alpha$, para obter $\mathcal{M}^{\#}$.] Assim, podemos restringir nossa atenção a modelos que são de um de dois tipos, a saber, aqueles que ou são ω-modelos, ou têm uma parte inferior não *standard*.

Nosso primeiro resultado é que existem modelos não *standard* da análise de ambos os tipos.

25.9 Proposição. Existem tanto modelos não *standard* da análise cuja parte inferior é um modelo não *standard* da aritmética quanto ω-modelos não *standard*.

Demonstração: A existência de modelos não *standard* da aritmética foi estabelecida nos problemas no final do capítulo 12 aplicando-se o teorema da compacidade à teoria que resulta de acrescentar à aritmética uma constante ∞ e as sentenças $\infty \neq \mathbf{n}$ para todos os números naturais n. A mesma prova, com a análise em lugar da aritmética, estabelece a existência de um modelo não *standard* da análise cuja parte inferior é um modelo não *standard* da aritmética. O teorema de Löwenheim–Skolem forte implica a existência de uma subinterpretação enumerável do modelo *standard* da análise que é, ela própria, um modelo de análise. Esse tem que ser um ω-modelo, mas não pode ser isomorfo ao modelo *standard*, cujo domínio superior é não enumerável.

A teoria axiomatizável em L^* à qual os lógicos dedicaram a maior atenção é **P**, que consiste nas sentenças dedutíveis dos seguintes axiomas:

(**0**) Os finitamente muitos axiomas de **Q**.
(**1**) Para cada fórmula $F(x)$ de L^*, a sentença

$$(F(\mathbf{0}) \mathbin{\&} \forall x(F(x) \rightarrow F(x'))) \rightarrow \forall x F(x).$$

Deve-se entender que em (1) podem ocorrer outras variáveis livres $u, v, \ldots$, e o que se realmente deve entender pela expressão exibida é seu fecho universal

$$\forall u \forall v \cdots (F(\mathbf{0}, u, v \ldots) \mathbin{\&} \forall x(F(x, u, v \ldots) \rightarrow F(x', u, v \ldots)) \rightarrow \forall x F(x, u, v \ldots)).$$

A sentença em (1) é denominada o *axioma da indução* para $F(x)$.

A teoria axiomatizável em L^{**} a que os lógicos dedicaram a maior atenção é a teoria $\mathbf{P}^{**}$, que consiste nas sentenças dedutíveis dos seguintes axiomas:

(**0**) Os finitamente muitos axiomas de **Q**.
(**1***) $\forall X(\mathbf{0} \in X \mathbin{\&} \forall x(x \in X \rightarrow x' \in X) \rightarrow \forall x\, x \in X)$.
(**2**) $\forall X \forall Y(\forall x(x \in X \leftrightarrow x \in Y) \rightarrow X = Y)$.
(**3**) Para cada fórmula $F(x)$ de L^{**}, a sentença

$$\exists X \forall x(x \in X \leftrightarrow F(x)).$$

Deve-se entender que em (3) podem ocorrer outras variáveis livres $u, v, \ldots$ e/ou $U, V, \ldots$, e o que se realmente deve entender pela expressão exibida é seu fecho universal

$$\forall u \forall v \cdots \forall U \forall V \cdots \exists X \forall x(x \in X \leftrightarrow F(x, u, v \ldots, U, V \ldots)).$$

A sentença (1^*) é denominada o *axioma da indução* de $\mathbf{P}^{**}$; já vimos antes o axioma da extensionalidade (2), e a sentença (3) é denominada o *axioma da compreensão* para $F(x)$. Denominamos $\mathbf{P}^{**}$ a *análise axiomática*.

Uma vez que o conjunto de teoremas da aritmética (verdadeira) não é aritmético, o conjunto de teoremas da análise (verdadeira) não é aritmético e, *a fortiori*, não é semirrecursivo. Por oposição, o conjunto de teoremas da análise axiomática **P**** é, como o conjunto de teoremas de qualquer teoria axiomatizável, semirrecursivo. Deve haver muitos teoremas da análise (verdadeira) que não são teoremas da análise axiomática, e de fato (visto que os teoremas de Gödel se aplicam a **P****), entre esses estão as sentenças de Gödel e de Rosser de **P****, e a sentença de consistência para **P****.

Note que o axioma da indução (1) de **P** para $F(x)$ se segue imediatamente do axioma da indução (1) de **P**** juntamente com o axioma da compreensão (3) para $F(x)$. Assim, todo teorema de **P** é um teorema de **P****, e a parte inferior de qualquer modelo de **P**** é um modelo de **P**. Dizemos que um modelo de **P** é *expansível* a um modelo de **P**** se é a parte inferior de um modelo de **P****. Nosso segundo resultado é estabelecer a *não* existência de certos tipos de modelos não *standard* de **P****.

25.10 Proposição. Nem todo modelo de **P** pode ser expandido a um modelo de **P****.

Demonstração: Não vamos apresentar uma prova completa, mas indicamos a ideia principal. Qualquer modelo de **P** que pode ser expandido a um modelo de **P**** deve ser um modelo de toda sentença de L^* que seja um teorema de **P****. Seja A a sentença de consistência para **P** (ou a sentença de Gödel ou de Rosser). Então A não é um teorema de **P** e, assim, há um modelo de $\mathbf{P} \cup \{\sim A\}$. Afirmamos que esse modelo não pode ser expandido a um modelo de **P****, porque A é demonstrável em **P****. A demonstração mais ingênua da consistência de **P** é apenas essa: todo axioma de **P** é verdadeiro, somente verdades são dedutíveis de verdades, e $\mathbf{0} = \mathbf{1}$ não é verdadeira; logo, $\mathbf{0} = \mathbf{1}$ não é dedutível de **P**. Na seção 23.1 nós, de fato, produzimos uma fórmula $F(X)$ de L^{**} que é satisfeita no modelo *standard* da análise pelo conjunto, e somente por ele, de números de código de sentenças de L^* que são verdadeiras na parte inferior daquele modelo (isto é, o modelo *standard* da aritmética). Trabalhando em **P****, podemos introduzir a abreviação Verd(x) para $\exists X(F(X) \ \& \ x \in X)$, e 'formalizar' o argumento ingênuo que acabamos de apresentar. (O trabalho de 'formalização' exigido, que estamos omitindo, é extenso, embora não tão extenso como seria exigido para uma prova completa do segundo teorema de incompletude.)

Recorde que se uma linguagem L_1 está contida em uma linguagem L_2 e uma teoria T_1 em L_1 está contida em uma teoria T_2 em L_2, então T_2 é chamada uma *extensão conservativa* de T_1 se e somente se toda sentença de L_1 que é um teorema de T_2 é um teorema de T_1. O que foi mostrado na prova indicada na proposição precedente é, nessa terminologia, que **P**** não é uma extensão conservativa de **P**.

Uma variante mais fraca $\mathbf{P}^+$ admite os axiomas da compreensão (3) *somente para fórmulas $F(x)$ que não envolvam variáveis superiores ligadas*. [Pode ainda haver, além de variávels inferiores livres $u, v, \ldots$, variáveis superiores *livres* $U, V, \ldots$ em $F(x)$.] $\mathbf{P}^+$ é chamada a *análise (estritamente) predicativa*. Quando especificamos um conjunto por meio de uma condição que é necessária e suficiente para que um objeto pertença ao conjunto, essa especificação é denominada *impredicativa* se a condição envolve quantificação sobre conjuntos. A análise predicativa não permite especificações impredicativas de conjuntos. Na argumentação matemática ordinária, não formalizada, especificações impredicativas de conjuntos de números são comparativamente comuns: por exemplo, na primeira seção do próximo capítulo será apresentada uma prova matemática ordinária, não formalizada, de um princípio sobre conjuntos de números naturais, denominado o 'teorema infinitário de Ramsey', a qual é um exemplo típico de uma prova que pode ser 'formalizada' em $\mathbf{P}^{**}$, mas não em $\mathbf{P}^{+}$.

Um exemplo aparentemente inocente de uma especificação impredicativa de um conjunto é implicitamente envolvido sempre que definimos um conjunto S de números como a união $S_0 \cup S_1 \cup S_2 \cup \ldots$ de uma sequência de conjuntos que é definida indutivamente. Em uma definição indutiva, especificamos uma condição $F^0(u)$ tal que u pertence ao conjunto S_0 se e somente se $F^0(u)$ vale, e especificamos uma condição $F'(u, U)$ tal que, para todo i, u pertence a S_{i+1} se e somente se $F'(u, S_i)$ vale. Uma tal definição indutiva pode ser transformada em uma definição direta, já que $x \in S$ se e somente se

existe uma sequência finita de conjuntos $U_0, \ldots, U_n$ tal que

para todo u, $u \in U_0$, se e somente se $F^0(u)$

para todo $i < n$, para todo u, $u \in U_{i+1}$ se e somente se $F'(u, U_i)$

$x \in U_n$.

Mas ao passo que a quantificação 'existe uma sequência finita de conjuntos' pode ser, por uma codificação adequada, substituída por uma quantificação 'existe um conjunto', em geral essa última quantificação não pode ser eliminada. A definição indutiva envolve implicitamente – o que a correspondente definição direta envolve explicitamente – uma especificação impredicativa de um conjunto. Em geral, não se pode 'formalizar' em $\mathbf{P}^{+}$ argumentos envolvendo essa espécie de especificação indutiva de conjuntos, *mesmo se* as condições F^0 e F' não envolvam nenhuma variável superior ligada.

Igualmente, não se pode 'formalizar' em $\mathbf{P}^{+}$ a prova da sentença de consistência para $\mathbf{P}$ indicada na prova da proposição precedente. [Pode-se de fato introduzir a abreviação Verd(x) para $\exists X(F(X) \,\&\, x \in X)$, mas não se pode em $\mathbf{P}$ provar a existência de $\{x : \text{Verd}(x)\}$ e, assim, não se pode aplicar o axioma da indução para demonstrar asserções que envolvam a abreviação Verd(x).] Desse modo, a prova indicada para a proposição precedente falha para $\mathbf{P}^{+}$ em lugar de $\mathbf{P}^{*}$. De fato, a sentença de consistência para $\mathbf{P}$ não somente não é um exemplo de uma sentença de L^{*} que é um teorema de $\mathbf{P}^{+}$ e não de $\mathbf{P}$, mas realmente não pode haver *nenhum* exemplo de uma sentença dessas: $\mathbf{P}^{+}$ é uma extensão conservativa de $\mathbf{P}$.

Nosso último resultado é uma proposição implicando imediatamente o fato que acabamos de afirmar.

25.11 Proposição. Todo modelo de **P** pode ser expandido a um modelo de $\mathbf{P}^+$.

Demonstração: Seja $\mathcal{M}$ um modelo de **P**. Chamemos um subconjunto S do domínio $|\mathcal{M}|$ *parametricamente definível* em $\mathcal{M}$ se existe uma fórmula $F(x, y_1, \ldots, y_m)$ de L^* e elementos $a_1, \ldots, a_m$ de $|\mathcal{M}|$ tais que

$$S = \{b : \mathcal{M} \models F[b, a_1, \ldots, a_m]\}.$$

Façamos a expansão de $\mathcal{M}$ a uma interpretação de L^{**} tomando como domínio superior a classe de todos os subconjuntos parametricamente definíveis de $\mathcal{M}$, e interpretando $\in$ como $\in$. Afirmamos que o modelo expandido $\mathcal{M}^+$ é um modelo de $\mathbf{P}^+$. Os axiomas que necessitam de verificação são a indução (1) e compreensão (3) (com F não tendo nenhuma variável superior ligada). Deixando o primeiro caso ao leitor, consideramos uma instância do último:

$$\forall u_1 \forall u_2 \forall U_1 \forall U_2 \exists X \forall x (x \in X \leftrightarrow F(x, u_1, u_2, U_1, U_2)).$$

(Em geral, poderia haver mais de dois us e mais de dois Us, mas a prova não seria diferente.) Para mostrar que o axioma exibido é verdadeiro em $\mathcal{M}^+$, precisamos demonstrar que, para quaisquer elementos s_1, s_2 de $|\mathcal{M}|$, e quaisquer subconjuntos parametricamente definíveis S_1, S_2 de $|\mathcal{M}|$, há um subconjunto parametricamente definível T de $|\mathcal{M}|$ tal que

$$\mathcal{M}^+ \models \forall x (x \in X \leftrightarrow F(x, u_1, u_2, U_1, U_2))[s_1, s_2, S_1, S_2, T].$$

Equivalentemente, o que temos que mostrar é que, para quaisquer s_1, s_2, S_1, S_2, o conjunto

$$T = \{b : \mathcal{M}^+ \models F(x, u_1, u_2, U_1, U_2)[s_1, s_2, S_1, S_2, b]\}$$

é parametricamente definível. Para esse fim, consideremos definições paramétricas de U_1, U_2:

$$U_1 = \{b : \mathcal{M} \models G_1[b, a_{11}, a_{12}]\}$$
$$U_2 = \{b : \mathcal{M} \models G_2[b, a_{21}, a_{22}]\}.$$

(Em geral, poderia haver mais de dois as para cada U, mas a prova não seria diferente.) Agora, seja

$$H(x, u_1, u_2, v_{11}, v_{12}, v_{21}, v_{22})$$

o resultado de substituir quaisquer subfórmulas da forma $U_i(w)$ por $G_i(w, v_{i1}, v_{i2})$. Então

$$T = \{b : \mathcal{M} \models H[b, s_1, s_2, a_{11}, a_{12}, a_{21}, a_{22}]\}$$

e é parametricamente definível, como exigido.

Problemas

25.1 Mostre como a prova da existência de médias pode ser formalizada em **P**, no estilo do capítulo 16.

25.2 Mostre que há uma relação recursiva $\prec$ nos números naturais que é também isomorfa à ordem $<_K$ no conjunto K definido na prova do Teorema 25.1.

25.3 Mostre que a função sucessor † associada com $\prec$ também pode ser considerada recursiva.

25.4 Mostre que em um $\in$-modelo que não é um ω-modelo o domínio superior não pode conter *todos* os subconjuntos do domínio inferior.

Os problemas restantes apresentam um esboço da prova do teorema de Löwenheim–Skolem aritmético e referem-se à prova alternativa do lema da existência de modelos na seção 13.5 e aos problemas que o seguem.

25.5 Assumindo a tese de Church, explique por que, se Γ é um conjunto recursivo de (números de código de) sentenças em uma linguagem recursiva, o conjunto Γ^* obtido pelo acréscimo (dos números de código) das sentenças de Henkin a Γ ainda é recursivo (assumindo uma codificação adequada da linguagem com as constantes de Henkin acrescentadas).

25.6 Explique por que, se Δ é um conjunto arimético de sentenças, então a relação

i codifica um conjunto finito de sentenças Θ,
j codifica uma sentença D,
e $\Delta \cup \Theta$ implica D

também é aritmética.

25.7 Suponha que Γ^* seja um conjunto de sentenças de uma linguagem L^* e $i_0, i_1, \ldots$ seja uma enumeração de todas as sentenças de L^*, e suponha que formemos $\Gamma^\#$ como a união dos conjuntos Γ_n, onde $\Gamma_0 = \Gamma^*$ e $\Gamma_{n+1} = \Gamma_n$ se Γ_n implica $\sim i_n$, ao passo que $\Gamma_{n+1} = \Gamma_n \cup \{i_n\}$ caso contrário. Explique por que, se Γ^* é aritmético, então $\Gamma^\#$ é aritmético.

25.8 Suponha que temos uma linguagem com símbolos relacionais e enumeravelmente muitas constantes $c_0, c_1, \ldots$, mas símbolos funcionais e identidade estão ausentes. Suponhamos que $\Gamma^\#$ é aritmético e tem as propriedades de fecho exigidas para a construção feita na seção 13.2. Naquela construção, tome como o elemento $c_i^{\mathcal{M}}$ associado à constante c_i o número i. Explique por que a relação $R^{\mathcal{M}}$ associada a um símbolo relacional R qualquer será, então, aritmética.

25.9 Suponha que temos uma linguagem com símbolos relacionais e enumeravelmente muitas constantes $c_0, c_1, \ldots$, mas que símbolos funcionais estejam ausentes, embora a identidade possa estar presente. Suponha que $\Gamma^{\#}$ seja aritmético e tenha as propriedades de fecho exigidas para a construção feita na seção 13.3. Chame i de *minimal* se não há nenhum $j < i$ tal que $c_i = c_j$ está em $\Gamma^{\#}$. Mostre que a função δ, que leva n no n-ésimo número i tal que c_i é minimal, é aritmética.

25.10 Continuando o problema precedente, explique por que, para toda constante c, há um único n tal que $c = \delta(n)$ está em $\Gamma^{\#}$, e que se, na construção feita na seção 13.3, tomamos como o elemento $c_i^{\mathcal{M}}$ associado à constante c_i esse número n, então a relação $R^{\mathcal{M}}$ associada a um símbolo relacional R qualquer será aritmética.

25.11 Explique como o teorema de Löwenheim–Skolem aritmético para o caso em que símbolos funcionais estão ausentes segue-se da reunião dos seis problemas precedentes, e indique como estender o teorema ao caso em que estão presentes.

26

O teorema de Ramsey

O teorema de Ramsey é um resultado combinatório sobre conjuntos finitos cuja prova tem aspectos lógicos interessantes. Para demonstrar esse resultado sobre conjuntos finitos, vamos primeiro demonstrar, na seção 26.1, um resultado análogo sobre conjuntos infinitos, e então derivar, na seção 26.2, o resultado finito do resultado infinito. A derivação será uma aplicação do teorema da compacidade. Nada nessa prova do teorema de Ramsey que será apresentada requer familiaridade com a lógica além do enunciado do teorema da compacidade; todavia, no final do capítulo, indicamos como a teoria de Ramsey fornece um exemplo de uma sentença indecidível em **P** *que é matematicamente mais natural do que qualquer uma que tenhamos encontrado até agora.*

26.1 O teorema de Ramsey: finitário e infinitário

Há um velho quebra-cabeças sobre uma festa em que participam seis pessoas, na qual quaisquer duas pessoas dessas seis ou gostam uma da outra, ou se detestam: o problema é mostrar que na festa há três pessoas, quaisquer duas das quais gostam uma da outra, ou há três pessoas, quaisquer duas das quais se detestam.

A solução: seja a uma das seis. Uma vez que há outras cinco, ou haverá (pelo menos) outras três de quem a gosta ou haverá outras três que a detesta. Suponhamos que a goste delas. (O argumento é análogo se a as detesta.) Chamemos essas três de b, c, d. Então, se (caso 1) b gosta de c ou b gosta de d ou c gosta de d, então a, b, e c, ou a, b e d, ou a, c e d, respectivamente, são três pessoas quaisquer duas das quais gostam uma da outra; mas se (caso 2) b detesta c, b detesta d, e c detesta d, então b, c, e d são três pessoas, quaisquer duas das quais se detestam. E ou o caso 1 ou o caso 2 deve valer.

O número seis, em geral, não pode ser reduzido; se somente cinco pessoas a, b, c, d e e estão presentes, então pode ocorrer a situação ilustrada na Figura 26.1. (Uma linha quebrada significa 'gosta'; uma linha sólida, 'detesta'.) Nessa situação, não há três de a, b, c, d, e quaisquer duas das quais gostam uma da outra (uma 'panelinha') e não há três, quaisquer duas das quais se detestam (uma 'antipanelinha').

Um quebra-cabeças mais difícil, do mesmo tipo, é demonstrar que, em qual-

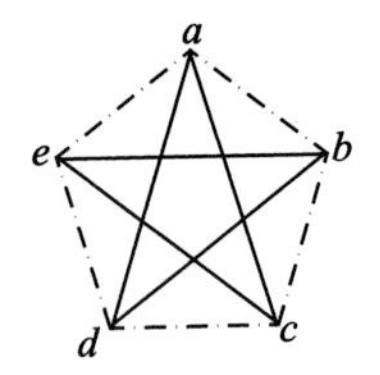

Figura 26.1. Uma festa sem panelinhas ou antipanelinhas de três

quer festa como a anterior na qual dezoito pessoas estejam presentes, ou há quatro pessoas, quaisquer duas das quais gostam uma da outra, ou quatro pessoas, quaisquer duas das quais se detestam. (Esse quebra-cabeças foi colocado entre os problemas no final deste capítulo.) É sabido que o número dezoito não pode ser reduzido.

Vamos demonstrar um teorema que tem relação com esses três quebra-cabeças. Recorde que por uma *partição* de um conjunto não vazio entendemos uma família de subconjuntos não vazios dele, denominados as *classes* da partição, tais que todo elemento do conjunto original pertence a exatamente uma dessas três classes. Por um *conjunto de tamanho k* entendemos um *conjunto com exatamente k elementos.*

26.1 Teorema. (Teorema de Ramsey). Sejam r, s, n inteiros positivos com $n \geq r$. Então existe um inteiro positivo $m \geq n$ tal que para $X = \{0, 1, \ldots, m-1\}$, não importa como os subconjuntos de X de tamanho r sejam particionados em s classes, sempre haverá um subconjunto Y de X de tamanho pelo menos n tal que todos os subconjuntos de Y de tamanho r pertencem à mesma classe.

Um conjunto Y cujos subconjuntos de tamanho r pertencem todos a uma mesma dessas s classes é denominado um *conjunto homogêneo* para a partição. Note que, se o teorema vale tal como enunciado, então ele claramente vale para qualquer outro conjunto de tamanho m em vez de $\{0, 1, \ldots, m-1\}$.

Por exemplo, vale para o conjunto de pessoas em uma festa em que m pessoas estão presentes. Nos quebra-cabeças, os subconjuntos de tamanho 2 do conjunto de pessoas na festa estavam particionados em duas classes, uma consistindo nos pares de pessoas que gostam uma da outra; a outra, nos pares de pessoas que se detestam. Assim, em ambos os problemas, $r = s = 2$. No primeiro, em que $n = 3$, mostramos como provar que $m = 6$ é grande o suficiente para garantir a existência de um conjunto homogêneo de tamanho n – uma panelinha de três que gostam um do outro, ou uma antipanelinha de três que detestam um ao outro. Também mostramos que 6 é o *menor* número m que é grande o suficiente. No segundo problema, em que $n = 4$, relatamos que $m = 18$ é grande o suficiente, e que 18 é, de fato, o *menor* valor de m que é grande o suficiente.

Em princípio, uma vez que há apenas finitamente muitos subconjuntos de tamanho r de $\{0, \ldots, m-1\}$, e apenas finitamente muitas maneiras de particionar esses finitamente muitos subconjuntos em s classes, e uma vez que há apenas finitamente muitos subconjuntos de tamanho n, poderíamos pôr um computador a examinar todas essas partições e, para cada uma delas, procurar um conjunto homogêneo. Se fosse encontrada alguma partição contendo um conjunto homogêneo, o computador poderia continuar fazendo uma verificação similar para $\{0, \ldots, m\}$. Continuando dessa maneira, em um tempo finito ele encontraria o menor m que é grande o suficiente para garantir a existência do conjunto homogêneo requerido.

Na prática, os números de possibilidades a serem verificadas são tão grandes que um procedimento desses é inexequível. Não temos, no presente, o discernimento teórico suficiente sobre o problema para que sejamos capazes de reduzir o número de possibilidades que teriam que ser verificadas, a ponto de um computador poder, de fato, ser usado para inspecioná-las a fim de detectar o menor m. E é inteiramente concebível que, por causa de tais limitações físicas como as impostas pela velocidade da luz, o caráter atômico da matéria e o pouco tempo que resta antes que o universo se torne incapaz de sustentar a vida, jamais chegaremos a saber exatamente qual é o valor do menor m, mesmo para valores bem pequenos de r, s e n.

Deixemos de lado, então, o difícil problema de encontrar o *menor* m que seja grande o suficiente, e passemos à demonstração de que há *algum* m que é grande o suficiente. A prova do Teorema 26.1 que iremos apresentar fará um 'desvio pelo infinito'. Primeiro, demonstramos o seguinte análogo *infinitário*:

26.2 Teorema. (Teorema de Ramsey infinitário). Sejam r e s inteiros positivos. Então, não importa como os subconjuntos de tamanho r do conjunto $X = \{0, 1, 2, \ldots\}$ sejam particionados em s classes, sempre haverá um subconjunto infinito Y de X tal que todos os subconjuntos de Y de tamanho r pertencem à mesma classe.

Note que, se o teorema vale tal como foi enunciado, então ele claramente vale para qualquer outro conjunto enumeravelmente infinito em lugar de $\{0, 1, 2, \ldots\}$. (Se Zeus desse uma festa para uma infinidade enumerável de convidados, quaisquer dois dos quais ou gostassem um do outro ou se detestassem, então haveria ou infinitamente muitos convidados, quaisquer dois dos quais gostam um do outro, ou infinitamente muitos convidados, quaisquer dois dos quais se detestam.) De fato, o Teorema 26.2 vale para um conjunto infinito X, porque qualquer conjunto como esse tem um subconjunto enumeravelmente infinito (embora a demonstração disso requeira o axioma da escolha, e não vamos entrar no assunto).

A prova do Teorema 26.2 será dada nesta seção, e a derivação do Teorema 26.1 a partir dela – o que envolverá uma aplicação interessante do teorema da compacidade – na próxima. Antes de iniciarmos a prova, vamos introduzir alguma notação que será útil para ambas as demonstrações.

Uma partição de um conjunto Z em s classes pode ser representada por uma função f cujos argumentos são os elementos de Z e cujos valores são elementos de $\{1, \ldots, s\}$: a i-ésima classe na partição é justamente o conjunto daqueles z em Z com $f(z) = i$. Escrevamos $f : Z \to W$ para indicar que f é uma função cujos argumentos são os elementos de Z e cujos valores são elementos de W. Nosso interesse está no caso em que Z é a coleção de todos os subconjuntos de tamanho r de algum conjunto X. Denotemos essa coleção por $[X]^r$. Finalmente, escrevamos ω para o conjunto dos números naturais. Então a versão infinitária do teorema de Ramsey pode ser reformulada como segue: Se $f : [\omega]^r \to \{1, \ldots, s\}$, então há um subconjunto infinito Y de ω e um j com $1 \leq j \leq s$ tais que $f : [Y]^r \to \{j\}$ (isto é, f toma o valor j para qualquer subconjunto de tamanho r de Y como argumento).

Demonstração do Teorema 26.2: Nossa prova procederá como segue. Para qualquer $s > 0$ fixo, mostramos, por indução em r, que, para qualquer $r > 0$, podemos definir uma operação Φ tal que se $f : [\omega]^r \to \{1, \ldots, s\}$, então $\Phi(f)$ é um par (j, Y) com $f : [Y]^r \to \{j\}$.

Passo base: $r = 1$. Nesse caso, a definição de $\Phi(f) = (j, Y)$ é fácil. Para cada um dos infinitamente muitos conjuntos $\{b\}$ de tamanho 1, $f(\{b\})$ é um dos finitamente muitos inteiros positivos $k \leq s$. Podemos assim definir j como o menor $k \leq s$ tal que $f(\{b\}) = k$ para infinitamente muitos b, e definir Y como $\{b : f(\{b\}) = j\}$.

Passo indutivo: Assumimos como hipótese de indução que Φ tenha sido adequadamente definida para todos os $g : [\omega]^r \to \{1, \ldots, s\}$. Suponhamos que $f : [\omega]^{r+1} \to \{1, \ldots, s\}$. Para definir $\Phi(f) = (j, Y)$, definimos, para cada número natural i, um número natural b_i, conjuntos infinitos Y_i Z_i, W_i, uma função $f_i : [\omega]^r \to \{1, \ldots, s\}$, e um inteiro positivo $j_i \leq s$. Seja $Y_0 = \omega$. Supomos agora que Y_i tenha sido definido, e mostramos como definir b_i, Z_i, f_i, j_i, W_i e Y_{i+1}.

Seja b_i o menor elemento de Y_i.

Seja $Z_i = Y_i - \{b_i\}$. Uma vez que Y_i é infinito, Z_i também é. Sejam os elementos de Z_i, em ordem crescente, $a_{i0}, a_{i1}, \ldots$.

Para qualquer conjunto x de tamanho r de números naturais, onde $x = \{k_1, \ldots, k_r\}$, com $k_1 < \cdots < k_r$, seja $f_i(x) = f(\{b_i, a_{ik_1}, \ldots, a_{ik_r}\})$. Uma vez que b_i não é um dos a_{ik} e f é definida em todos os conjuntos de tamanho $(r + 1)$ de números naturais, f_i está bem definida.

Pela hipótese de indução, para algum inteiro positivo $j_i \leq s$ e algum conjunto infinito W_i, $\Phi(f_i) = (j_i, W_i)$ e, para todo subconjunto x de W_i de tamanho r, temos $f_i(x) = j_i$. Definimos, portanto, j_i e W_i, e definimos $Y_{i+1} = \{a_{ik} : k \in W_i\}$.

Uma vez que W_i é infinito, Y_{i+1} é infinito. $Y_{i+1} \subseteq Z_i \subseteq Y_i$, e, assim, se $i_1 \leq i_2$, então $Y_{i_2} \subseteq Y_{i_1}$. E uma vez que b_i é menor que todo elemento de Y_{i+1}, temos $b_i < b_{i+1}$, que é o menor elemento de Y_{i+1}. Assim, se $i_1 < i_2$, então $b_{i_1} < b_{i_2}$.

Para cada inteiro positivo $k \leq s$, seja $E_k = \{i : j_i = k\}$. Como no passo base, algum E_k é infinito; seja então j o menor k tal que E_k é infinito, e seja $Y = \{b_i : i \in E_j\}$. Isso completa a definição de Φ.

Uma vez que $b_{i_1} < b_{i_2}$ se $i_1 < i_2$, Y é infinito. Para completar a prova, temos que mostrar que se y é um subconjunto de Y de tamanho $(r + 1)$, então $f(y) = j$. Suponhamos assim que $y = \{b_i, b_{i_1}, \ldots, b_{i_r}\}$, com $i < i_1 < \cdots < i_r$, e $i, i_1, \ldots, i_r$ todos em E_j. Uma vez que os Y_i estão ordenados por inclusão, todos os $b_{i_1}, \ldots, b_{i_r}$ estão em Y_i. Para cada m, $1 \leq m \leq r$, seja k_m o único elemento de W_i tal que $b_{i_m} = a_{ik_m}$. E seja $x = \{k_1, \ldots, k_r\}$. Então x é um subconjunto de W_i, e desde que $i_1 < \cdots < i_r$, temos $b_{i_1} < \cdots < b_{i_r}$, $a_{ik_1} < \cdots < a_{ik_r}$, e $k_1 < \cdots < k_r$, e, assim, x é um subconjunto de W_i de tamanho r. Mas $\Phi(f_i) = (j_i, W_i)$, e assim $f_i(x) = j_i$. Uma vez que i está em E_j, $j_i = j$. Portanto,

$$f(y) = f(\{b_i, b_{i_1}, \ldots, b_{i_r}\}) = f(\{b_i, a_{ik_1}, \ldots, a_{ik_r}\}) = f_i(x) = j$$

como exigido.

Antes de passar à próxima seção e à prova do Teorema 26.3, queremos observar que o seguinte fortalecimento do Teorema 26.2 é simplesmente falso: seja s um inteiro positivo. Então, não importa como os conjuntos finitos de números naturais sejam particionados em s classes, sempre haverá um conjunto infinito Y de números naturais tal que, para todos os inteiros positivos r, todos os subconjuntos de Y de tamanho r pertencem a uma mesma dessas s classes. De fato, isso falha para $s = 2$. Seja $f(x) = 1$ se o conjunto finito x contém o número que é o número de elementos em x; e $f(x) = 2$ caso contrário. Então não há um conjunto infinito Y tal que, para todo r, ou $f(y) = 1$ para todos os subconjuntos y de Y de tamanho r ou $f(y) = 2$ para todos esses y. Pois se r é um inteiro positivo que pertence a Y e $b_1, \ldots, b_r$ são r outros elementos de Y, então $f(\{r, b_2, \ldots, b_r\}) = 1$, ao passo que $f(\{b_1, \ldots, b_r\}) = 2$.

26.2 O lema de König

Para derivar a versão original, finitária, do teorema de Ramsey de sua versão infinitária, estabeleceremos um princípio conhecido como o *lema de König*, referente a objetos denominados árvores. Para os presentes propósitos, uma *árvore* consiste em: (i) um conjunto não vazio T de elementos, denominados os *nós* da árvore; (ii) uma partição de T em finitamente ou infinitamente muitos conjuntos

$$T = T_0 \cup T_1 \cup T_2 \cup \cdots$$

denominados os *níveis* da árvore; e (iii) uma relação binária R sujeita às seguintes condições:

(1) Rab jamais vale para b em T_0.

(2) Para b em T_{n+1}, Rab vale para exatamente um a, e esse a está em T_n.

Quando Rab vale, dizemos que a está imediatamente *abaixo* de b, e b está imediatamente *acima* de a.

A Figura 26.2 é uma imagem de uma árvore finita com nove nós e quatro níveis. Segmentos de linha conectam nós imediatamente abaixo e acima um do outro.

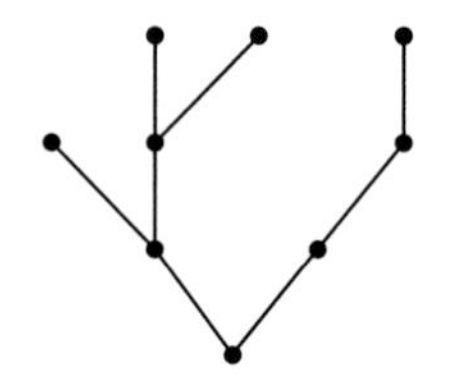

Figura 26.2. Uma árvore finita

Um *ramo* em uma árvore é uma sequência de nós $b_0, b_1, b_2, \ldots$ com cada b_n imediatamente abaixo de b_{n+1}. Obviamente, uma árvore infinita, nenhum de cujos níveis é infinito, deve ter infinitamente muitos níveis não vazios. O lema a seguir não é tão óbvio.

26.3 Lema. (Lema de König). Uma árvore infinita nenhum de cujos níveis é infinito tem que ter um ramo infinito.

Adiando a prova desse resultado, vejamos como ele pode ser usado como uma ponte entre o finito e o infinito.

Demonstração do Teorema 26.1: Suponhamos que o Teorema 26.1 falha. Então, para inteiros positivos r, s, n, com $n \geq r$, para todo $m \geq n$, existe uma partição

$$f : [\{0, 1, \ldots, m-1\}]^r \to \{1, \ldots, s\}$$

que não tem nenhum conjunto homogêneo Y de tamanho n. Seja T o conjunto de todas as partições desse tipo sem conjuntos homogêneos de tamanho n para todo m, e seja T_k o subconjunto de T consistindo naquelas f com $m = n + k$. Estipulemos então que Rfg vale se e somente se, para algum k,

$$f : [\{0, 1, \ldots, n+k-1\}]^r \to \{1, \ldots, s\}$$
$$g : [\{0, 1, \ldots, n+k\}]^r \to \{1, \ldots, s\}$$

e g *estende* f, no sentido de que g atribui o mesmo valor que f a qualquer argumento no domínio de f. Vê-se facilmente que, para qualquer g em T_{k+1}, há exatamente um f em T_k que g estende, de modo que o que definimos é uma árvore.

Há apenas finitamente muitas funções de um dado conjunto finito em um conjunto finito dado, de forma que há somente finitamente muitos nós f em qualquer nível T_k. Mas nossa suposição inicial era que, para todo $m = n + k$, existe uma partição f em T_k, de modo que o nível T_k é não vazio para todo k, e a árvore é infinita. O lema de König nos diz então que haverá um ramo infinito $f_0, f_1, f_2, \ldots$, isto é, uma sequência infinita de partições, cada uma estendendo a anterior, e nenhuma tendo um conjunto homogêneo de tamanho n. Podemos então definir uma partição

$$F : [\omega]^r \to \{1, \ldots, s\}$$

como segue. Para qualquer subconjunto x de tamanho r de ω, seja p seu maior elemento. Então, para qualquer k grande o suficiente para que $p < n + k$, x está no domínio de f_k, e temos

$$f_k(x) = f_{k+1}(x) = f_{k+2}(x) = \cdots .$$

Seja $F(x)$ esse valor comum.

Pela versão infinitária do teorema de Ramsey, F tem um conjunto infinito homogêneo. Isto é, há um Y infinito e um j com $1 \leq j \leq s$ tal que $F : [Y]^r \to \{j\}$. Seja Z o conjunto dos primeiros n elementos de Y, e tomemos k grande o suficiente para que o maior elemento de Z seja menor do que $n + k$. Então Z será um subconjunto de tamanho n de $\{0, \ldots, n + k - 1\}$, com $f_k(x) = F(x) = j$ para todos os subconjuntos x de tamanho r de Z. Em outras palavras, Z será um conjunto homogêneo de tamanho n para f_k, o que é impossível, posto que f_k está em T. Essa contradição completa a prova.

Demonstração do Lema 26.3: Para demonstrar o lema de König, vamos empregar o teorema da compacidade. Seja L_T a linguagem com um predicado unário **B** e com uma constante **t** para cada nó t na árvore T. Estipulemos que Γ consiste nas seguintes sentenças sem quantificadores:

(1) $$\mathbf{Bs}_1 \vee \cdots \vee \mathbf{Bs}_k,$$

onde $s_1, \ldots, s_k$ são todos os nós em T_0;

(2) $$\sim(\mathbf{Bs} \;\&\; \mathbf{Bt})$$

para todos os pares de nós s, t pertencentes ao mesmo nível; e

(3) $$\sim\mathbf{Bs} \vee \mathbf{Bu}_1 \vee \cdots \vee \mathbf{Bu}_m$$

para todo nó s, onde $u_1, \ldots, u_m$ são todos os nós imediatamente acima de s. [Se não há nenhum nó acima de s, a sentença (3) é apenas $\sim$**Bs**.]

Mostramos, primeiro, que, se Γ tem um modelo $\mathcal{M}$, então T tem um ramo infinito. Por (1), há pelo menos um nó r em T_0 tal que **Br** é verdadeira em $\mathcal{M}$. Por (2), há de fato *exatamente* um tal nó, vamos chamá-lo r_0. Por (3), aplicado com r_0 como s, há pelo menos um nó r imediatamente acima de r_0 tal que **Br** é verdadeira em $\mathcal{M}$. Por (2), há de fato *exatamente* um tal nó, vamos chamá-lo r_1. Repetindo o processo, obtemos $r_0, r_1, r_2, \ldots$, cada um imediatamente acima do anterior; isto é, obtemos um ramo infinito.

Mostramos a seguir que Γ não tem um modelo. Pelo teorema da compacidade, é suficiente mostrar que qualquer subconjunto finito Δ de Γ tem um modelo. De fato, podemos mostrar que, para qualquer k, o conjunto Γ_k contendo a sentença (1), a sentença (2) e todas as sentenças (3) *para s de nível menor que k* tem modelo. Podemos então, dado um Δ

finito, aplicar esse fato ao menor k tal que todos os **s** ocorrendo em Δ são de nível $<k$, para concluir que Δ tem modelo.

Para obter um modelo de Γ_k, seja T o domínio, e seja a denotação de cada constante **r** o nó r. Resta atribuir uma denotação a **B**. Tomemos qualquer t_k no nível T_k, e tomemos como a denotação de **B** o conjunto consistindo em t_k, o nó t_{k-1} no nível T_{k-1} imediatamente abaixo de t_k, o nó t_{k-2} no nível T_{k-2} imediatamente abaixo de t_{k-1}, e assim por diante até que alcancemos o nó t_0 no nível 0.

A presença de t_0 na denotação de **B** torna (1) verdadeira. Uma vez que incluímos na denotação de **B** somente um nó t_i em cada nível T_i para $i \leq k$, e nenhum em níveis mais altos, (2) é verdadeira. Para uma sentença da forma (3), com s de nível $i < k$, o primeiro disjunto é verdadeiro, a menos que s seja t_i, caso em que $\mathbf{B}\mathbf{t}_{i+1}$ está entre os outros disjuntos, e é verdadeira. Em qualquer caso, então, (3) é verdadeira para toda sentença desse tipo em Γ_k. [A sentença de forma (3) com t_k como s é falsa, mas essa sentença não está em Γ_k.]

Antes de indicar a conexão do teorema de Ramsey com o gênero de fenômenos lógicos com os quais estivemos nos ocupando neste livro, faremos uma digressão breve para apresentar uma bela aplicação do teorema de Ramsey.

26.4 Corolário. (Teorema de Schur). Suponhamos que cada número natural é 'pintado' com exatamente uma de algum número finito de 'cores'. Então há inteiros positivos x, y, z, todos da mesma cor, tais que $x + y = z$.

Demonstração: Suponhamos que o número de cores seja s. Pintemos cada conjunto de tamanho 2 $\{i, j\}$, $i < j$, da mesma cor que o número natural $j - i$. Pelo teorema de Ramsey ($r = 2$, $n = 3$), há um inteiro positivo $m \geq 3$ e um subconjunto de tamanho 3 $\{i, j, k\}$ de $\{0, 1, \ldots, m-1\}$ com $i < j < k$, tais que $\{i, j\}$, $\{j, k\}$ e $\{i, k\}$ são todos da mesma cor. Seja $x = j - i$, $y = k - j$, e $z = k - i$. Então x, y, z são inteiros positivos todos da mesma cor, e $x + y = z$.

O teorema de Ramsey é, de fato, apenas o ponto de partida para um grande corpo de resultados na matemática combinatória. É possível acrescentar um pouco de ornamentação ao enunciado básico do teorema. Chamemos um conjunto não vazio Y de números naturais de *glorioso* se Y tem mais do que p elementos, onde p é o menor elemento de Y. Uma vez que todo conjunto infinito é automaticamente glorioso, trocar 'conjunto infinito homogêneo' por 'conjunto infinito homogêneo glorioso' não acrescentaria nada à versão infinitária do teorema de Ramsey. Contudo, trocar 'conjunto homogêneo de tamanho n' por 'conjunto homogêneo glorioso de tamanho n' acrescenta alguma coisa ao teorema original de Ramsey.

Denominemos o resultado dessa mudança o teorema de Ramsey *glorificado*. Essencialmente a mesma prova que demos para o teorema de Ramsey demonstra o teorema de Ramsey glorificado. (No início, tome T como o conjunto de partições sem conjuntos homogêneos *gloriosos* de tamanho n e, mais para o final, tome Z

como o conjunto de todos os primeiros q elementos de Y, onde q é o *maior* de n e p, p sendo o menor elemento de Y.) Há, contudo, uma diferença interessante de estatuto lógico entre os dois.

Embora a prova do teorema de Ramsey que apresentamos envolva um desvio pelo infinito, a prova original de F. P. Ramsey desse teorema não fez isso. Usando uma codificação razoável de conjuntos finitos de números naturais por números naturais, o teorema de Ramsey pode ser expresso na linguagem da aritmética e, 'formalizando-se' a prova de Ramsey, pode ser demonstrado em **P**. Ao contrário, o teorema de Ramsey glorificado, embora possa ser expresso na linguagem da aritmética, *não* pode ser provado em **P**.

Isso é um exemplo de uma sentença indecidível em **P** que é muito mais natural, matematicamente falando, do que qualquer uma que tenhamos encontrado até agora. (As sentenças envolvidas no teorema de Gödel ou no teorema de Chaitin, por exemplo, são '*meta*matemáticas', sendo acerca de demonstrabilidade e computabilidade, e não noções matemáticas ordinárias na ordem daquelas ocorrendo no teorema de Ramsey.) Infelizmente, o *teorema de Paris–Harrington*, que nos diz que o teorema de Ramsey glorificado é indecidível em **P**, requer uma análise mais profunda dos modelos não *standard* do que a empreendida no capítulo precedente, e está além do escopo de um livro como este.

Problemas

26.1 Mostre que em uma festa em que estão pelo menos nove pessoas, quaisquer duas das quais gostam uma da outra ou se detestam, ou há quatro delas, quaisquer duas das quais gostam uma da outra, ou há três, quaisquer duas das quais se detestam.

26.2 Mostre que em uma festa em que estão pelo menos dezoito pessoas, quaisquer duas das quais gostam uma da outra ou se detestam, ou há quatro delas, quaisquer duas das quais gostam uma da outra, ou há quatro, quaisquer duas das quais se detestam.

26.3 Um conjunto finito de pontos no plano, nenhum deles jazendo em uma linha entre quaisquer outros dois, é dito *convexo* se nenhum ponto jaz no interior de um triângulo formado por quaisquer três pontos, como no lado esquerdo da Figura 26.3. Não é difícil mostar que, dado qualquer conjunto de cinco pontos no plano, nenhum deles jazendo na linha entre quaisquer outros dois, há um subconjunto convexo de quatro pontos. O teorema de *Erdös–Szekeres* afirma que, de maneira mais geral, para qualquer número $n > 4$ existe um número m tal que, dado um conjunto de (pelo menos) m pontos no plano, nenhum dos quais jaz em uma linha entre quaisquer outros dois, há um subconjunto convexo de (pelo menos) n pontos. Mostre como esse teorema se segue do teorema de Ramsey.

Figura 26.3. Conjuntos convexos e côncavos de pontos

26.4 Mostre que o caso geral do teorema de Ramsey se segue do caso especial com $s = 2$, por indução em s.

26.5 Para $r = s = 2$ e $n = 3$, cada nó na árvore usada na prova do Teorema 26.1 na seção 26.2 pode ser representado por uma figura no estilo da Figura 26.1. Quantos nós desse tipo haverá na árvore?

26.6 Demonstre o lema de König diretamente, isto é, sem utilizar o teorema da compacidade, considerando a subárvore T^* de T consistindo em todos os nós que têm infinitamente muitos nós acima deles (onde *acima* significa ou imediatamente acima, ou imediatamente acima de algo imediatamente acima, ou . . .).

27

Lógica modal e demonstrabilidade

A lógica modal estende a lógica 'clássica' acrescentando dois novos operadores lógicos $\Box$ e $\Diamond$ para 'necessidade' e 'possibilidade'. A seção 2.7 é uma exposição dos rudimentos da lógica modal (sentencial). A seção 27.2 indica como um sistema particular de lógica modal, **GL**, *está relacionado com os tipos de questões sobre demonstrabilidade em* **P** *que consideramos nos capítulos 17 e 18. Essa conexão motiva o exame mais detalhado de* **GL** *empreendido então na seção 27.3.*

27.1 Lógica modal

Livros-texto introdutórios de lógica dedicam considerável atenção a um parte da lógica a que não demos consideração independente: a *lógica sentencial.* Nessa parte da lógica, os *únicos* símbolos não lógicos são uma infinidade enumerável de *letras sentenciais*, e os únicos operadores lógicos são negação, conjunção e disjunção: $\sim$, &, $\vee$. Alternativamente, os operadores podem ser tomados como a constante falso ($\bot$) e o condicional ($\rightarrow$). A sintaxe da lógica sentencial é muito simples: letras sentenciais são sentenças (também denominadas fórmulas), a constante $\bot$ é uma sentença, e se A e B são sentenças, $(A \rightarrow B)$ também é.

A semântica também é simples: uma interpretação é simplesmente uma atribuição ω de valores de verdade, verdadeiro (representado por 1) ou falso (representado por 0), às letras sentenciais. Tal valoração é estendida a sentenças estipulando-se que $\omega(\bot) = 0$, e que $\omega(A \rightarrow B) = 1$ se, e somente se, se $\omega(A) = 1$ então $\omega(B) = 1$. Em outras palavras, $\omega(A \rightarrow B) = 1$ se $\omega(A) = 0$ ou $\omega(B) = 1$ ou ambos, e $\omega(A \rightarrow B) = 0$ se $\omega(A) = 1$ e $\omega(B) = 0$. $\sim A$ pode ser considerada uma abreviação para $(A \rightarrow \bot)$, que resulta verdadeira se e somente se A é falsa. $(A \,\&\, B)$ pode analogamente ser considerada uma abreviação para $\sim(A \rightarrow \sim B)$, que resulta verdadeira se e somente se A e B são ambas verdadeiras, e $(A \vee B)$ pode ser considerada uma abreviação para $(\sim A \rightarrow B)$.

Validade e implicação são definidas em termos de interpretações: uma sentença D é implicada por um conjunto de sentenças Γ se for verdadeira em toda interpretação em que todas as sentenças em Γ são verdadeiras, e D é válida se é verdadeira em todas as interpretações. Se uma dada sentença D é válida ou não é algo decidível, uma vez que o fato de D resultar verdadeira em uma interpretação

ω depende somente dos valores que ω associa às finitamente muitas letras sentenciais que ocorrem em D. Se há somente k tais letras, isso significa que somente um número finito de interpretações, a saber, 2^k, precisa ser verificado para ver se tornam D verdadeira. Observações análogas aplicam-se à implicação.

O que se faz em livros-texto introdutórios, e que não fizemos aqui, é examinar muitos exemplos particulares de sentenças válidas e inválidas, e de implicações e não implicações entre sentenças. Vamos simplesmente presumir uma certa facilidade em reconhecer validade e implicação sentenciais.

A lógica sentencial *modal* acrescenta ao aparato da lógica sentencial usual ou 'clássica' mais um operador lógico, o quadrado $\Box$, que se lê 'necessariamente' ou 'tem que ser o caso que'. Uma cláusula a mais é acrescentada à definição de sentença: se A é uma sentença, $\Box A$ também é. O losango $\Diamond$, que se lê 'possivelmente' ou 'pode ser o caso que', é tratado como uma abreviação: $\Diamond A$ abrevia $\sim\Box\sim A$.

Dizemos que uma sentença modal é uma *tautologia* se ela pode ser obtida de uma sentença válida da lógica sentencial não modal pela substituição de letras sentenciais por sentenças modais. Assim, como $p \vee \sim p$ é válida para qualquer letra sentencial p, $A \vee \sim A$ é uma tautologia para qualquer sentença modal A. Analogamente, *consequência tautológica* para a lógica modal é definível em termos da implicação para a lógica sentencial não modal. Assim, como q é implicada por p e $p \to q$ para quaisquer letras sentenciais p e q, B é uma consequência tautológica de A e $A \to B$ para quaisquer sentenças modais A e B. A inferência de A e $A \to B$ a B é tradicionalmente chamada *modus ponens*.

Não há uma concepção única aceita sobre quais sentenças modais devem ser consideradas modalmente válidas, além das tautologias. Em lugar disso, há uma variedade de sistemas de lógica modal, cada um com sua própria noção de sentença demonstrável.

O sistema *minimal* de lógica modal sentencial, **K**, pode ser descrito como segue. Os *axiomas* de **K** incluem todas as tautologias, e todas as sentenças da forma

$$\Box(A \to B) \to (\Box A \to \Box B).$$

As *regras* de **K** permitem que se passe de sentenças anteriores a qualquer sentença que seja uma consequência tautológica delas, e passar

$$\text{de } A \text{ a } \Box A.$$

Esta última regra é chamada a regra de *necessitação*. Uma *demonstração* em **K** é uma sequência de sentenças, cada uma das quais ou é um axioma ou se segue de sentenças anteriores por uma regra. Uma sentença é então *demonstrável* em **K**, ou um *teorema* de **K**, se é a última sentença de alguma demonstração. Dado um conjunto finito $\Gamma = \{C_1, \ldots, C_n\}$, escrevemos $\wedge\Gamma$ para a conjunção de todos os seus elementos, e dizemos que Γ é inconsistente se $\sim\wedge\Gamma$ é um teorema. Dizemos que uma sentença D é *dedutível* de Γ se $\wedge\Gamma \rightarrow D$ é um teorema. As relações usuais valem.

Sistemas mais fortes podem ser obtidos acrescentando-se classes adicionais de sentenças como axiomas, resultando em uma classe maior de teoremas. As sentenças seguintes estão entre os candidatos:

(A1)	$\Box A \rightarrow A$
(A2)	$A \rightarrow \Box\Diamond A$
(A3)	$\Box A \rightarrow \Box\Box A$
(A4)	$\Box(\Box A \rightarrow A) \rightarrow \Box A.$

Para qualquer sistema **S**, escrevemos $\vdash_{\mathbf{S}} A$ para indicar que A é um teorema de **S**.

Há uma noção de *interpretação* ou *modelo* para **K**. Estaremos interessados somente em modelos *finitos*, e, assim, inserimos uma condição de finitude na definição. Um *modelo* para **K** é uma tripla $\mathcal{W} = (W, >, \omega)$ em que W é um conjunto finito não vazio, $>$ uma relação binária nesse conjunto, e ω uma valoração ou atribuição de valores de verdade verdadeiro ou falso (representados por 1 ou 0) não a letras sentenciais, mas a *pares* (w, p) consistindo em um elemento w de W e uma letra sentencial p. A noção $\mathcal{W}, w \models A$ de uma sentença A ser *verdadeira* em um modelo $\mathcal{W}$ e um elemento w é definida por indução em complexidade. As cláusulas são as seguintes:

$\mathcal{W}, w \models p$, para p uma letra sentencial	sse	$\omega(w, p) = 1$
não $\mathcal{W}, w \models \bot$		
$\mathcal{W}, w \models (A \rightarrow B)$	sse	não $\mathcal{W}, w \models A$ ou $\mathcal{W}, w \models B$
$\mathcal{W}, w \models \Box A$	sse	$\mathcal{W}, v \models A$ para todo $v < w$.

(Escrevemos $v < w$ para $w > v$.) Note que as cláusulas para $\bot$ e $\rightarrow$ são exatamente como aquelas para a lógica sentencial não modal. Dizemos que uma sentença A é *válida* no modelo $\mathcal{W}$ se $\mathcal{W}, w \models A$ para todo w em W.

Noções mais fortes de modelo podem ser obtidas impondo-se condições que a relação $>$ deve satisfazer, resultando em classes menores de modelos. As condições seguintes estão entre os candidatos.

(W1)	*Reflexividade*:	para todo w,	$w > w$
(W2)	*Simetria*:	para todo w e v,	se $w > v$, então $v > w$
(W3)	*Transitividade*:	para todo w, v e u,	se $w > v > u$, então $w > u$
(W4)	*Irreflexividade*:	para todo w,	não $w > w$.

(Escrevemos $w > v > u$ para $w > v$ e $v > u$.) Para qualquer classe Σ de modelos, dizemos que A é válida em Σ, e escrevemos $\models_\Sigma A$, se A é válida em todos os $\mathcal{W}$ em Σ.

Seja **S** um sistema obtido acrescentando-se axiomas, e Σ uma classe obtida impondo-se condições sobre $>$. Se, sempre que $\vdash_\mathbf{S} A$ nós temos $\models_\Sigma A$, dizemos que **S** é *correto* para Σ. Se, sempre que $\models_\Sigma A$ nós temos $\vdash_\mathbf{S} A$, dizemos que **S** é *completo* para Σ. Um teorema de correção e completude relacionando o sistema **S** a uma classe de modelos Σ geralmente nos diz que o (conjunto de teoremas do) sistema **S** é decidível: dada uma sentença A, para determinar se A é ou não um teorema, podemos simultaneamente percorrer todas as demonstrações e todos os modelos finitos, até que encontremos ou uma demonstração de A ou um modelo de $\sim A$. Uma grande classe de tais teoremas de correção e completude é conhecida, dos quais enunciamos o mais básico como nosso primeiro teorema.

27.1 Teorema. (Teoremas de correção e completude de Kripke). Seja **S** obtido acrescentando-se a **K** um subconjunto de $\{(A1), (A2), (A3)\}$. Seja Σ obtida impondo-se a $<_W$ o subconjunto de $\{(W1), (W2), (W3)\}$ correspondente. Então **S** é correto e completo para Σ.

Uma vez que há oito subconjuntos possíveis, temos oito teoremas aqui. Vamos deixar a maioria deles para o leitor, e apresentar provas somente para dois: o caso do conjunto vazio, e o caso do conjunto $\{(A3)\}$ correspondente a $\{(W3)\}$: **K** é correto e completo para a classe de todos os modelos, e **K** + (A3) é correto e completo para a classe dos modelos transitivos. Antes de começar as demonstrações, precisamos de alguns fatos simples.

27.2 Lema. Para qualquer extensão **S** de **K**, se $\vdash_\mathbf{S} A \to B$, então $\vdash_\mathbf{S} \Box A \to \Box B$.

Demonstração: Suponhamos que temos uma prova de $A \to B$. Então podemos estendê-la como segue:

(1)	$A \to B$	D
(2)	$\Box(A \to B)$	N(1)
(3)	$\Box(A \to B) \to (\Box A \to \Box B)$	A
(4)	$\Box A \to \Box B$	C(2), (3)

As anotações significam: D[ado], [por] N[ecessitação do passo] (1), A[xioma] e C[onsequência tautológica dos passos] (2), (3).

27.3 Lema. $\vdash_\mathbf{K} (\Box A \ \&\ \Box B) \leftrightarrow \Box(A \ \&\ B)$, e analogamente para conjunções com mais elementos.

Demonstração:

(1)	$(A \,\&\, B) \to A$	T
(2)	$\Box(A \,\&\, B) \to \Box A$	27.2(1)
(3)	$\Box(A \,\&\, B) \to \Box B$	S(2)
(4)	$A \to (B \to (A \,\&\, B))$	T
(5)	$\Box A \to \Box(B \to (A \,\&\, B))$	27.2(4)
(6)	$\Box(B \to (A \,\&\, B)) \to (\Box B \to \Box(A \,\&\, B))$	A
(7)	$(\Box A \,\&\, \Box B) \leftrightarrow \Box(A \,\&\, B)$	T(2), (3), (5), (6)

As três primeiras anotações significam: T[autologia], [pelo Lema] 27.2 [de] (1), e S[imilar a] (2).

Demonstração do Teorema 27.1: Há quatro asserções a serem demonstradas.

K *é correto para a classe de todos os modelos.* Seja $\mathcal{W}$ um modelo qualquer, e escrevamos $w \models A$ para $\mathcal{W}, w \models A$. Será suficiente mostrar que, se A é um axioma, então, para todo w, nós temos $w \models A$, e que se A se segue por uma regra de $B_1, \ldots, B_n$, e para todo w temos que $w \models B_i$, para cada i, então, para todo w, nós temos $w \models A$.

Axiomas. Se A é uma tautologia, as cláusulas da definição de $\models$ para $\bot$ e $\to$ garantem que $w \models A$. Quanto a axiomas do outro tipo, se $w \models \Box(A \to B)$ e $w \models \Box A$, então, para qualquer $v < w$, $v \models A \to B$ e $v \models A$. Logo, $v \models B$ para qualquer $v < w$, e $w \models \Box B$. Assim, $w \models \Box(A \to B) \to (\Box A \to \Box B)$.

Regras. Se A é uma consequência tautológica dos B_i e $w \models B_i$ para cada i, então mais uma vez as cláusulas da definição de $\models$ para $\bot$ e $\to$ garantem que $w \models A$. Para a outra regra, se $w \models A$ para todo w, então *a fortiori* para qualquer w e qualquer $v < w$, temos que $v \models A$. Logo, $w \models \Box A$.

K *é completo para a classe de todos os modelos.* Suponhamos que A não seja um teorema. Construímos um modelo em que A não é válida. Denominamos uma sentença uma *fórmula* se ela é ou uma subsentença de A, ou a negação de uma. Denominamos um conjunto consistente de fórmulas *maximal* se, para toda fórmula B, ele contém uma de todo par de fórmulas B, $\sim B$. Note, primeiro, que $\{\sim A\}$ é consistente: caso contrário, $\sim\sim A$ é um teorema, e logo A também é, como consequência tautológica. Além disso, note que todo conjunto consistente Γ é um subconjunto de algum conjunto maximal: $\wedge\Gamma$ é equivalente a alguma disjunção não vazia cada componente da qual é uma conjunção de fórmulas que contém os elementos de Γ e contém toda fórmula exatamente uma vez, afirmada ou negada. Além disso, note que um conjunto maximal contém qualquer fórmula dele dedutível: caso contrário, ele conteria a *negação* dessa fórmula; mas um conjunto que contém a negação de uma fórmula dele dedutível é inconsistente.

Seja W o conjunto de todos os conjuntos maximais. W é não vazio, posto que $\{\sim A\}$ é consistente e, portanto, um subconjunto de algum conjunto maximal. W é finito: se há somente k subsentenças de A, há no máximo 2^k conjuntos maximais. Definamos uma relação $>$ sobre W estipulando que $w > v$ se e somente se, sempre que uma fórmula $\Box A$ está em w, a fórmula A está em v. Finalmente, para w em W e letra sentencial p, seja $\omega(w, p) = 1$, se p está em w, e $\omega(w, p) = 0$ se não está. Seja então $\mathcal{W} = (W, >, \omega)$. Vamos mostrar, por indução em complexidade, que para qualquer w em W e qualquer fórmula B, nós temos que $\mathcal{W}, w \models B$ se e somente se B está em w. Visto que há um w contendo $\sim A$ em vez de A, segue-se que A não é válida em $\mathcal{W}$.

Para o passo base, se B é uma letra sentencial p, então p está em w sse $\omega(w, p) = 1$ sse $w \models p$. Se B é $\perp$, então $\perp$ não está em w, já que w é consistente; também não é o caso que $w \models \perp$. Para o passo indutivo, se B é $C \rightarrow D$, então B, C e D são subsentenças de A ou (no caso de D) possivelmente $\perp$, e $\sim B \leftrightarrow (C \wedge \sim D)$ é um teorema, sendo uma tautologia. Portanto, B não está em w sse (por maximalidade) $\sim B$ está em w, sse C e $\sim D$ estão em w, sse (pela hipótese de indução) $w \models C$ e não $w \models D$, sse não $w \models C \rightarrow D$. Se B é $\Box C$, a hipótese de indução é que, para qualquer v, $v \models C$ sse C está em v. Queremos mostrar que $w \models \Box C$ sse $\Box C$ está em w. Para a direção 'se', suponhamos que $\Box C$ está em w. Então, para qualquer $v < w$, C está em v e, assim, $v \models C$. Segue-se que $w \models \Box C$.

Para a direção 'somente se', suponhamos que $w \models \Box C$. Seja

$$V = \{D_1, \ldots, D_m, \sim C\},$$

em que os $\Box D_i$, para $1 \leq i \leq m$, são todas as fórmulas em w que começam com $\Box$. V é consistente? Se é, então está contido em algum conjunto maximal v. Uma vez que todos os D_i estão em v, temos que $v < w$. Uma vez que $\sim C$ está em v, não $v \models C$, o que é impossível, visto que $w \models \Box C$. Logo, V é inconsistente, e segue-se que

$$(D_1 \,\&\, \cdots \,\&\, D_m) \rightarrow C$$

é um teorema. Pelo Lema 27.2,

$$\Box(D_1 \,\&\, \cdots \,\&\, Dm) \rightarrow \Box C$$

é um teorema, e assim, pelo Lema 27.3,

$$(\Box D_1 \,\&\, \cdots \,\&\, \Box D_m) \rightarrow \Box C$$

é um teorema. Portanto, uma vez que cada $\Box D_i$ está em w, $\Box C$ está em w.

K + (A3) *é correto para modelos transitivos*. Se $w \models \Box A$, então, para qualquer $v < w$, é o caso que, para qualquer $u < v$, temos por transitividade $u < w$, e assim $u \models A$. Logo, $v \models \Box A$ para qualquer $v < w$, e $w \models \Box\Box A$. Portanto, $w \models \Box A \rightarrow \Box\Box A$.

K + (A3) *é completo para modelos transitivos*. A construção usada para demonstrar que **K** é completo para a classe de todos os modelos precisa ser modificada. Definamos que $w > v$ se e somente se, sempre que uma fórmula $\Box B$ está em w, as fórmulas $\Box B$ e B estão ambas em v. Então $>$ será transitiva. Pois se $w > v > u$, então sempre que $\Box A$ está em w, $\Box A$ e A estarão em v, e uma vez que a primeira está em v, ambas estarão também em u, logo $w > u$.

A única outra parte da prova que necessita de modificação é a prova de que se $w \models \Box C$, então $\Box C$ está em w. Suponhamos então que $w \models \Box C$, e seja

$$V = \{\Box D_1, D_1, \ldots, \Box D_m, D_m, \sim C\},$$

em que os $\Box D_i$ são todas as fórmulas em w que começam com $\Box$. Se V é consistente e v é um conjunto maximal que o contém, então $w > v$ e $v \models {\sim}C$, o que é impossível. Segue-se que

$$\Box D_1 \ \&\ D_1 \ \&\ \cdots \ \&\ \Box D_m \ \&\ D_m \to C$$
$$\Box(\Box D_1 \ \&\ D_1 \ \&\ \cdots \ \&\ \Box D_m \ \&\ D_m) \to \Box C$$
$$(\Box\Box D_1 \ \&\ \Box D_1 \ \&\ \cdots \ \&\ \Box\Box D_m \ \&\ \Box D_m) \to \Box C$$

são teoremas e, portanto, qualquer consequência tautológica do último deles e dos axiomas $\Box D_i \to \Box\Box D_i$ é um teorema, e isso inclui

$$(\Box D_1 \ \&\ \cdots \ \&\ \Box D_m) \to \Box C,$$

do que se segue que $\Box C$ está em w.

Além de seu emprego na demonstração de decidibilidade, o teorema precedente possibilita demonstrar resultados sintáticos por argumentos semânticos. Vamos apresentar três exemplos ilustrativos. Tanto no primeiro quanto no segundo, A e B são sentenças arbitrárias, q uma letra sentencial que não está contida em nenhuma delas, $F(q)$ qualquer sentença, e $F(A)$ e $F(B)$ os resultados de substituir por A e B, respectivamente, todas e quaisquer ocorrências de q em F. No segundo e no terceiro, $\boxdot$ abrevia $\Box A \ \&\ A$. No terceiro, $\bullet A$ é o resultado de substituir $\Box$ por $\boxdot$ em toda A.

27.4 Proposição. Se $\vdash_{\mathbf{K}} A \leftrightarrow B$, então $\vdash_{\mathbf{K}} F(A) \leftrightarrow F(B)$.

27.5 Proposição. $\vdash_{\mathbf{K}+(\mathrm{A3})} \boxdot(A \leftrightarrow B) \to \boxdot(F(A) \leftrightarrow F(B))$.

27.6 Proposição. Se $\vdash_{\mathbf{K}+(\mathrm{A1})+(\mathrm{A3})} A$, então $\vdash_{\mathbf{K}+(\mathrm{A3})} \bullet A$.

Demonstração: Para a Proposição 27.4, vê-se facilmente (por indução na complexidade de F) que, se $\mathcal{W} = (W, >, \omega)$, e estipulando $\mathcal{W}' = (W, >, \omega')$, em que ω' é como ω exceto que, para todo w,

$$\omega'(w, q) = 1 \quad \text{se e somente se} \quad \mathcal{W}, w \models A,$$

então para todo w, temos

$$\mathcal{W}, w \models F(A) \quad \text{se e somente se} \quad \mathcal{W}', w \models F(q).$$

Mas se $\vdash_{\mathbf{K}} A \leftrightarrow B$, então, por correção, para todo w temos

$$\mathcal{W}, w \models A \quad \text{se e somente se} \quad \mathcal{W}, w \models B$$

e logo

$$\mathcal{W}, w \models F(B) \quad \text{se e somente se} \quad \mathcal{W}', w \models F(q)$$
$$\mathcal{W}, w \models F(A) \quad \text{se e somente se} \quad \mathcal{W}, w \models F(B).$$

E assim, pela completude, temos $\vdash_{\mathbf{K}} F(A) \leftrightarrow F(B)$.

Para a Proposição 27.5, vê-se facilmente (por indução na complexidade de A) que, uma vez que cada cláusula na definição de verdade em w menciona somente w e aqueles v com $w > v$, para qualquer $\mathcal{W} = (W, >, \omega)$ e qualquer w em W, se $\mathcal{W}, w \models A$ ou não depende somente dos valores de $\omega(v, p)$ para aqueles v tais que há uma sequência

$$w = w_0 > w_1 > \cdots > w_n = v.$$

Se $>$ é transitiva, esses são simplesmente aqueles v tais que $w \geq v$ (isto é, $w = v$ ou $w > v$). Logo, para qualquer modelo transitivo $(W, >, \omega)$ e qualquer w, estipulando $W_w = \{v : w \geq v\}$ e $\mathcal{W}_w = (W_w, >, \omega)$, temos

$$\mathcal{W}, w \models A \quad \text{se e somente se} \quad \mathcal{W}_w, w \models A.$$

Ora,

$$\mathcal{W}, w \models \boxdot C \quad \text{se e somente se} \quad \text{para todo } v \leq w \quad \text{temos que } \mathcal{W}, v \models C.$$

Assim, se $\mathcal{W}, w \models \boxdot(A \leftrightarrow B)$, então $\mathcal{W}_w, v \models A \leftrightarrow B$ para todo v em W_w. Então, argumentando como na prova da Proposição 27.4, temos que $\mathcal{W}_w, v \models F(A) \leftrightarrow F(B)$ para todos esses v e, assim, $\mathcal{W}, w \models \boxdot(F(A) \leftrightarrow F(B))$. Isso mostra que

$$\mathcal{W}, w \models \boxdot(A \leftrightarrow B) \rightarrow \boxdot(F(A) \leftrightarrow F(B))$$

para todos os $\mathcal{W}$ transitivos e todo w, do que a conclusão da proposição se segue por correção e completude.

Para a Proposição 27.6, para qualquer modelo $\mathcal{W} = (W, >, \omega)$ seja $\bullet\mathcal{W} = (W, \geq, \omega)$. Vê-se facilmente (por indução em complexidade) que, para qualquer A e qualquer w em W,

$$\mathcal{W}, w \models A \quad \text{se e somente se} \quad \bullet\mathcal{W}, w \models \bullet A.$$

$\bullet\mathcal{W}$ é sempre reflexivo, é o mesmo que $\mathcal{W}$ se $\mathcal{W}$ já era reflexivo, e é transitivo se e somente se $\mathcal{W}$ era transitivo. Segue-se que A é válida em todos os modelos transitivos se e somente se $\bullet A$ é válida em todos os modelos reflexivos transitivos. A conclusão da proposição se segue por correção e completude.

A conclusão da Proposição 27.4, na verdade, aplica-se não só a **K**, mas também a *qualquer sistema contendo* **K**, e as conclusões das Proposições 27.5 e 27.6 não só a **K** + (A3), mas também *qualquer sistema contendo* **K** + (A3). Estaremos particularmente interessados no sistema **GL** = **K**+(A3)+(A4). As demonstrações dos teoremas de correção e completude para **GL** são um pouquinho complicadas, e exigem mais um lema preliminar.

27.7 Lema. Se $\vdash_{\mathbf{GL}} (\Box A \;\&\; A \;\&\; \Box B \;\&\; B \;\&\; \Box C) \rightarrow C$, então $\vdash_{\mathbf{GL}} (\Box A \;\&\; \Box B) \rightarrow \Box C$, e analogamente para qualquer número de componentes da conjunção.

Demonstração: A hipótese do lema nos dá

$$\vdash_{\mathbf{GL}} (\Box A \,\&\, A \,\&\, \Box B \,\&\, B) \to (\Box C \to C).$$

Então, como na prova da completude de **K** + (A3) para modelos transitivos, obtemos

$$\vdash_{\mathbf{GL}} (\Box A \,\&\, \Box B) \to \Box(\Box C \to C).$$

Disso, e do axioma $\Box(\Box C \to C) \to \Box C$, obtemos, como consequência tautológica, a conclusão do lema.

27.8 Teorema. (Teoremas de correção e completude de Segerberg). **GL** é correto e completo para modelos transitivos irreflexivos.

Demonstração: Correção. Precisamos somente mostrar, além do que já foi mostrado na prova da correção de **K** + (A3) para modelos transitivos, que se um modelo é também irreflexivo, então $w \models \Box(\Box B \to B) \to \Box B$ para qualquer w. Para mostrar isso, precisamos de uma noção de *ordem*.

Note, primeiro, que se $>$ é uma relação transitiva e irreflexiva sobre um conjunto não vazio W, então, sempre que $w_0 > w_1 > \cdots > w_m$, por transitividade temos $w_i > w_j$ sempre que $i < j$, e logo, por irreflexividade, $w_i \neq w_j$ sempre que $i \neq j$. Assim, se W tem somente m elementos, jamais podemos ter $w_0 > w_1 > \cdots > w_m$. Logo, em qualquer modelo transitivo e irreflexivo, há, para qualquer w, um maior número natural k para o qual existem elementos $w = w_0 > \cdots > w_k$. Chamamos esse k de a *ordem* $\mathrm{ord}(w)$ de w. Se não há um $v < w$, então $\mathrm{ord}(w) = 0$. Se $v < w$, então $\mathrm{ord}(v) < \mathrm{ord}(w)$. E se $j < \mathrm{ord}(w)$, então há um elemento $v < w$ com $\mathrm{ord}(v) = j$. (Se $w = w_0 > \cdots > w_{\mathrm{ord}(w)}$, então $w_{\mathrm{ord}(w)-j}$ é um v desses.)

Suponhamos agora que $w \models \Box(\Box B \to B)$, mas que não $w \models \Box B$. Então há algum $v < w$ tal que não $v \models B$. Tomemos um tal v *da menor ordem possível*. Então, para todo $u < v$, por transitividade $u < w$, e uma vez que $\mathrm{ord}(u) < \mathrm{ord}(v)$, $u \models B$. Isso mostra que $v \models \Box B$, e já que não $v \models B$, não $v \models \Box B \to B$. Mas isso é impossível, pois $v < w$ e $w \models \Box(\Box B \to B)$. Assim, se $w \models \Box(\Box B \to B)$, então $w \models \Box B$, de modo que, para todo w, $w \models \Box(\Box B \to B) \to \Box B$.

Completude. Modificamos a prova da completude de **K** + (A3) estipulando que W seja não o conjunto de todos os w maximais, mas somente daqueles para os quais não $w > w$. Isso faz que o modelo seja irreflexivo.

A única outra parte da prova que precisa de modificação é a prova de que, se $w \models \Box C$, então $\Box C$ está em w. Suponhamos, então, que $w \models \Box C$, e seja

$$V = \{\Box D_1, D_1, \ldots, \Box D_m, D_m, \Box C, {\sim}C\},$$

em que os $\Box D_i$ são todas as fórmulas em w que começam com $\Box$. Se V é consistente e v é um conjunto maximal que o contém, então, como $\Box C$ está em v mas C não pode estar em v, não temos $v > v$, e v está em W. Temos também $w > v$ e $v \models {\sim}C$, o que é impossível. Segue-se que

$$\Box D_1 \,\&\, D_1 \,\&\, \cdots \,\&\, \Box D_m \,\&\, D_m \,\&\, \Box C \to C$$

é um teorema, e portanto, pelo lema precedente,

$$(\Box D_1 \,\&\, \cdots \,\&\, \Box D_m) \to \Box C$$

também é, do que se segue que $\Box C$ está em w. (Deixamos ao leitor mostrar que, se A não é um teorema, então $\sim A$ pertence a algum w em W.)

27.2 A lógica da demonstrabilidade

Comecemos explicando por que o sistema **GL** é de especial interesse com relação aos temas com que estivemos nos ocupando na maior parte deste livro. Seja L a linguagem da aritmética, e ϕ uma função atribuindo a letras sentenciais sentenças de L. Associamos a cada sentença modal A uma sentença A^ϕ de L como segue:

$$\begin{aligned} p^\phi &= \phi(p) \quad \text{para } p \text{ uma letra sentencial} \\ \bot^\phi &= \mathbf{0} = \mathbf{1} \\ (B \to C)^\phi &= B^\phi \to C^\phi \\ (\Box B)^\phi &= \mathrm{Dem}(\ulcorner B^\phi \urcorner), \end{aligned}$$

onde Dem é um predicado de demonstrabilidade para **P**, no sentido do capítulo 18. Temos, então, a seguinte relação entre **GL** e **P**:

27.9 Teorema. (Teorema da correção aritmética). Se $\vdash_{\mathbf{GL}} A$, então, para toda ϕ, $\vdash_{\mathbf{P}} A^\phi$.

Demonstração: Fixemos uma ϕ qualquer. É suficiente mostrar que $\vdash_{\mathbf{P}} A^\phi$ para cada axioma de **GL**, e que, se B se segue pelas regras de **GL** de $A_1, \ldots, A_m$, e $\vdash_{\mathbf{P}} A_i^\phi$ para $1 \leq i \leq m$, então $\vdash_{\mathbf{P}} B^\phi$. Isso é imediato para os axiomas tautológicos, e para a regra que permite passar a consequências tautológicas, de modo que somente precisamos considerar os três tipos de axiomas modais, e a única regra modal, necessitação. Para a necessitação, o que queremos mostrar é que, se $\vdash_{\mathbf{P}} B^\phi$, então $\vdash_{\mathbf{P}} (\Box B)^\phi$, isto é, $\vdash_{\mathbf{P}} \mathrm{Dem}(\ulcorner B^\phi \urcorner)$. Mas isso é precisamente a propriedade (P1) na definição de um predicado de demonstrabilidade no capítulo 18 (Lema 18.2). Os axiomas $\Box(B \to C) \to (\Box B \to \Box C)$ e $\Box B \to \Box\Box B$ correspondem exatamente da mesma maneira às propriedades (P2) e (P3) restantes daquela definição.

Resta mostrar que $\vdash_{\mathbf{P}} A^\phi$, onde A é um axioma da forma

$$\Box(\Box B \to B) \to \Box B.$$

Pelo teorema de Löb, é suficiente mostrar $\vdash_{\mathbf{P}} \mathrm{Dem}(\ulcorner A^\phi \urcorner) \to A^\phi$. Para esse fim, escrevemos S para B^ϕ, de modo que A^ϕ é

$$\mathrm{Dem}(\ulcorner \mathrm{Dem}(\ulcorner S \urcorner) \to S \urcorner) \to \mathrm{Dem}(\ulcorner S \urcorner).$$

Por (P2)

$$\mathrm{Dem}(\ulcorner A^\phi \urcorner) \to [\mathrm{Dem}(\ulcorner \mathrm{Dem}(\ulcorner \mathrm{Dem}(\ulcorner S \urcorner) \to S \urcorner) \urcorner) \to \mathrm{Dem}(\ulcorner \mathrm{Dem}(\ulcorner S \urcorner) \urcorner)]$$

$$\mathrm{Dem}(\ulcorner \mathrm{Dem}(\ulcorner S \urcorner) \to S \urcorner) \to [\mathrm{Dem}(\ulcorner \mathrm{Dem}(\ulcorner S \urcorner) \urcorner) \to \mathrm{Dem}(\ulcorner S \urcorner)]$$

são teoremas de **P**, e por (P3),

$$\text{Dem}(\ulcorner\text{Dem}(\ulcorner S\urcorner) \to S\urcorner) \to \text{Dem}(\ulcorner\text{Dem}(\ulcorner\text{Dem}(\ulcorner S\urcorner) \to S\urcorner)\urcorner)$$

também é um teorema de **P**. Portanto,

$$\text{Dem}(\ulcorner A^{\phi}\urcorner) \to [\text{Dem}(\ulcorner\text{Dem}(\ulcorner S\urcorner) \to S\urcorner) \to \text{Dem}(\ulcorner S\urcorner)]$$

isto é, $\text{Dem}(\ulcorner A^{\phi}\urcorner) \to A^{\phi}$, sendo uma consequência tautológica dessas três sentenças, é um teorema de **P**, como exigido.

A conversa do Teorema 27.9 é o *teorema de completude de Solovay*: se, para toda ϕ, $\vdash_{\mathbf{P}} A^{\phi}$, então $\vdash_{\mathbf{GL}} A$. A prova desse resultado, que não será necessária no que segue, está além do escopo de um livro como este.

O Teorema 27.9 permite-nos estabelecer resultados sobre a demonstrabilidade em **P** estabelecendo resultados sobre **GL**. O restante desta seção será dedicado ao enunciado de dois resultados sobre **GL**, o *teorema do ponto fixo de De Jongh–Sambin* e um *teorema de forma normal para sentenças sem letras sentenciais*, juntamente com uma apresentação de suas consequências para **P**. As demonstrações desses dois resultados ficam adiadas para a próxima seção. Antes de enunciar os teoremas, precisamos de umas poucas definições preliminares.

Denominamos uma sentença A *modalizada* na letra sentencial p se toda ocorrência de p em A é parte de uma subsentença começando com $\Box$. Assim, se A é modalizada em p, então A é um composto verofuncional de sentenças $\Box B_i$ e outras letras sentenciais além de p. (Sentenças que não contêm ocorrências de p contam *vacuamente* como modalizadas em p, ao passo que $\bot$, bem como compostos verofuncionais de $\bot$, contam *convencionalmente* como compostos verofuncionais de *quaisquer* sentenças.) Uma sentença é uma *p-sentença* se não contém nenhuma letra sentencial exceto p, e é *sem letras* se não contém nenhuma letra sentencial.

Assim, por exemplo, $\Box p \to \Box{\sim}p$ é uma p-sentença modalizada em p, tal como o é (vácua e convencionalmente) a sentença sem letras ${\sim}\bot$, ao passo que $q \to \Box p$ não é uma p-sentença, mas é modalizada em p, e ${\sim}p$ é uma p-sentença não modalizada em p, e, finalmente, $q \to p$ não é nem uma p-sentença nem modalizada em p.

Uma sentença H é um *ponto fixo* de A (com respeito a p) se H contém somente letras sentenciais contidas em A, H não contém p, e

$$\vdash_{\mathbf{GL}} \boxdot(p \leftrightarrow A) \to (p \leftrightarrow H).$$

Para qualquer A, $\Box^0 A = A$ e $\Box^{n+1}A = \Box\Box^n A$. Uma sentença H sem letras está em *forma normal* se é um composto verofuncional de sentenças $\Box^n\bot$. As sentenças B e C são *equivalentes* em **GL** se $\vdash_{\mathbf{GL}} (B \leftrightarrow C)$.

27.10 Teorema. (Teorema do ponto fixo). Se A é modalizada em p, então existe um ponto fixo H para A relativo a p.

São conhecidas várias provas usando diferentes linhas de argumentação. Aquela que vamos apresentar aqui (de Sambin e de Reidhaar-Olson) tem a vantagem de que ela associa, explícita e efetivamente, a qualquer A modalizada em p uma sentença $A^{\S}$, que se demonstra então ser um ponto fixo para A.

27.11 Teorema. (Teorema da forma normal). Se B é sem letras, então existe uma sentença sem letras C em forma normal equivalente a B em **GL**.

Mais uma vez, a prova que apresentaremos associa efetivamente a qualquer B sem letras uma sentença $B^{\#}$ em forma normal equivalente a B em **GL**.

27.12 Corolário. Se A é uma p-sentença modalizada em p, então existe uma sentença sem letras H em forma normal que é um ponto fixo para A relativamente a p.

O corolário segue-se imediatamente dos dois teoremas precedentes, tomando-se como H a sentença $A^{\S\#}$. Alguns exemplos da H assim associada com uma certa A são apresentados na Tabela 27.1.

Tabela 27.1. Pontos fixos em forma normal

A	$\Box p$	$\sim\Box p$	$\Box\sim p$	$\sim\Box\sim p$	$\sim\Box\Box p$	$\Box p \to \Box\sim p$
H	$\sim\bot$	$\sim\Box\bot$	$\Box\bot$	$\bot$	$\sim\Box\Box\bot$	$\Box\Box\bot \to \Box\bot$

O que isso tudo nos diz acerca de **P**? Suponhamos que tomemos alguma fórmula $\alpha(x)$ de L 'construída a partir de' Dem usando funções de verdade e aplicando o lema diagonal para obter uma sentença π_α tal que $\vdash_{\mathbf{P}} \pi_\alpha \leftrightarrow \alpha(\ulcorner \pi_\alpha \urcorner)$. Chamemos uma tal sentença π uma sentença de *tipo Gödel*. Então $\alpha(x)$ corresponde a uma p-sentença $A(p)$, à qual podemos aplicar o Corolário 27.12 a fim de obter um ponto fixo H em forma normal. Essa H, por sua vez, corresponde a um composto verofuncional η das sentenças

$$\mathbf{0} = \mathbf{1}, \qquad \text{Dem}(\ulcorner \mathbf{0} = \mathbf{1} \urcorner), \qquad \text{Dem}(\ulcorner \text{Dem}(\ulcorner \mathbf{0} = \mathbf{1} \urcorner) \urcorner), \ldots$$

e obtemos $\vdash_{\mathbf{P}} \pi_\alpha \leftrightarrow \eta$.Além disso, dado que a associação de A a H é efetiva, também o é a associação de α a η. Uma vez que as sentenças na sequência exibida são todas falsas (na interpretação padrão), podemos efetivamente determinar o valor de verdade de η e assim de π_α. Em outras palavras, há um *procedimento de decisão* para sentenças de tipo Gödel.

27.13 Exemplo. (Obtendo teoremas sobre **GL** como teoremas sobre **P**). Quando $\alpha(x)$ é Dem(x), então π_α é a sentença de Henkin, $A(p)$ é $\Box p$, e H é (de acordo com a Tabela 27.1)

$\sim\bot$; assim, η é $\mathbf{0} \neq \mathbf{1}$, e, uma vez que $\vdash_{\mathbf{P}} \pi_\alpha \leftrightarrow \mathbf{0} \neq \mathbf{1}$, obtemos o resultado de que a sentença de Henkin é verdadeira – e, além disso, que é um teorema de **P**, o que foi a resposta de Löb à pergunta de Henkin. Quando $\alpha(x)$ é $\sim$Dem(x), então π_α é a sentença de Gödel, $A(p)$ é $\sim\Box p$, e H é (de acordo com a Tabela 27.1) $\sim\Box\bot$; assim, η é a sentença de consistência $\sim$Dem(⌜**0** = **1**⌝), e, dado que $\vdash_{\mathbf{P}} \pi_\alpha \leftrightarrow \sim$Dem(⌜**0** = **1**⌝), obtemos o resultado de que a sentença de Gödel é verdadeira, que é algo que sabíamos – e, além disso, que *a sentença de Gödel é demonstravelmente equivalente em* **P** *à sentença da consistência*, que é uma conexão entre o primeiro e o segundo teoremas de incompletude que *não* conhecíamos antes.

Cada coluna na Tabela 27.1 corresponde a um outro exemplo desse tipo.

27.3 Os teoremas do ponto fixo e da forma normal

Começamos com o teorema da forma normal.

Demonstração do Teorema 27.11: A prova é por indução na complexidade de B. (Durante toda a prova, fazemos livremente uso tácito da Proposição 27.4, permitindo a substituição de sentenças demonstravelmente equivalentes uma pela outra.) É claramente suficiente mostrar como associar uma sentença sem letras em forma normal equivalente a $\Box C$ a uma sentença sem letras C em forma normal.

Em primeiro lugar, coloquemos C em forma normal conjuntiva, isto é, reescrevamos C como uma conjunção $D_1 \,\&\, \cdots \,\&\, D_k$ de disjunções de sentenças $\Box^i\bot$ e $\sim\Box^i\bot$. Uma vez que $\Box$ se distribui sobre conjunções pelo Lema 27.3, é suficiente encontrar um equivalente adequado para $\Box D$ para qualquer disjunção D de $\Box^i\bot$ e $\sim\Box^i\bot$. Seja então D

$$\Box^{n_1}\bot \vee \cdots \Box^{n_p}\bot \vee \sim\Box^{m_1}\bot \vee \cdots \vee \sim\Box^{m_q}\bot.$$

Podemos supor que D tem pelo menos um disjunto afirmado: se não, simplesmente acrescentemos o disjunto $\Box^0\bot = \bot$, e o resultado será equivalente ao original.

Usando o axioma $\Box B \rightarrow \Box\Box B$ e o Lema 27.2, vemos que $\vdash_{\mathbf{GL}} \Box^i B \rightarrow \Box^{i+1} B$ para todo i, e portanto

(*) $\quad \vdash_{\mathbf{GL}} \Box^i B \rightarrow \Box^j B \quad$ e $\quad \vdash_{\mathbf{GL}} \sim\Box^j B \rightarrow \sim\Box^i B \qquad$ sempre que $\quad i \leq j$.

Assim, podemos substituir D por $\Box^n\bot \vee \sim\Box^m\bot$, em que $n = \max(n_1, \ldots, n_p)$ e $m = \min(m_1, \ldots, m_q)$. Se não houver disjuntos negados, isto é simplesmente $\Box^n\bot$ e terminamos. Caso contrário, D é equivalente a $\Box^m\bot \rightarrow \Box^n\bot$. Se $m \leq n$, então isso é um teorema, e logo o são D e $\Box D$, que podem ser substituídos por $\sim\bot$.

Se $m > n$, então $n + 1 \leq m$. Afirmamos, nesse caso, que $\vdash_{\mathbf{GL}} \Box D \leftrightarrow \Box^{n+1}\bot$. Em uma direção, temos

(1)	$\Box^{n+1}\bot \rightarrow \Box^m\bot$	(*)
(2)	$(\Box^m\bot \rightarrow \Box^n\bot) \rightarrow (\Box^{n+1}\bot \rightarrow \Box^n\bot)$	T(1)
(3)	$\Box(\Box^m\bot \rightarrow \Box^n\bot) \rightarrow \Box(\Box^{n+1}\bot \rightarrow \Box^n\bot)$	27.2(2)
(4)	$\Box(\Box^{n+1}\bot \rightarrow \Box^n\bot) \rightarrow \Box^{n+1}\bot$	A

(5)	$\Box(\Box^m\bot \to \Box^n\bot) \to \Box^{n+1}\bot$	T(3), (4)
(6)	$\Box^n\bot \to (\Box^m\bot \to \Box^n\bot)$	T
(7)	$\Box^{n+1}\bot \to \Box(\Box^m\bot \to \Box^n\bot)$	27.2(6)
(8)	$\Box(\Box^m\bot \to \Box^n\bot) \leftrightarrow \Box^{n+1}\bot$	T(5), (7)

E (8) nos diz que $\vdash_{\mathbf{GL}} \Box D \leftrightarrow \Box^{n+1}\bot$.

Passando à prova do Teorema 27.10, começamos descrevendo a transformada $A^{\S}$. Escrevamos $\top$ para $\sim\bot$. Digamos que uma sentença A é de *grau n* se, para algumas letras sentenciais distintas $q_1, \ldots, q_n$ (onde possivelmente $n = 0$), e alguma sentença $B(q_1, \ldots, q_n)$ que não contém p mas contém todos os q_i, e alguma sequência de sentenças distintas $C_1(p), \ldots, C_n(p)$ todas contendo p, A é o resultado $B(\Box C_1(p), \ldots, \Box C_n(p))$ de substituir cada q_i em B pela sentença $\Box C_i$. Se A é modalizada em p, então A é de grau n para algum n.

Se A é de grau 0, então A não contém p, e é um ponto fixo de si mesma. Nesse caso, seja $A^{\S} = A$. Se

$$A = B(\Box C_1(p), \ldots, \Box C_{n+1}(p))$$

é de grau $n + 1$, para $1 \leq i \leq n + 1$, seja

$$A_i = B(\Box C_1(p), \ldots, \Box C_{i-1}(p), \top, \Box C_{i+1}(p), \ldots, \Box C_{n+1}(p)).$$

Então A_i é de grau n, e supondo que § esteja definida para sentenças de grau n, seja

$$A^{\S} = B(\Box C_1(A^{\S}_1), \ldots, \Box C_n(A^{\S}_{n+1})).$$

27.14 Exemplos. (Calculando pontos fixos). Ilustramos o procedimento calculando $A^{\S}$ em dois casos (mostrando incidentalmente como a substituição de uma sentença por outra sentença demonstravelmente equivalente pode resultar em simplificações da forma de $A^{\S}$).

Seja $A = \Box{\sim}p$. Então $A = B(\Box C_1(p))$, onde $B(q_1) = q_1$ e $C_1(p) = {\sim}p$. Ora, $A_1 = B(\top) = \top$ é de grau 0, de modo que $A^{\S}_1 = A_1 = \top$, e $A^{\S} = B(\Box C_1(A^{\S}_1)) = \Box{\sim}\top$, que é equivalente a $\Box\bot$, a H associada a essa A na Tabela 27.1.

Seja $A = \Box(p \to q) \to \Box{\sim}p$. Então $A = B(\Box C_1(p), \Box C_2(p))$, onde $B(q_1, q_2) = (q_1 \to q_2)$, $C_1(p) = (p \to q)$, $C_2(p) = {\sim}p$. Agora, $A_1 = (\top \to \Box{\sim}p)$, que é equivalente a $\Box{\sim}p$, e $A_2 = \Box(p \to q) \to \top$, que é equivalente a $\top$. Pelo exemplo precedente, $A^{\S}_1 = \Box{\sim}\top$, e $A^{\S}_2$ é equivalente a $\top$. Assim, $A^{\S}$ é equivalente a $B(\Box C_1(\Box\bot), \Box C_2(\top)) = \Box(\Box{\sim}\top \to q) \to \Box\top$, ou $\Box(\Box\bot \to q) \to \Box{\sim}\bot$.

Para demonstrar o teorema do ponto fixo, mostramos, por indução em n, que $A^{\S}$ é um ponto fixo de A para todas as fórmulas modalizadas em p de grau n. O passo básico $n = 0$, em que $A^{\S} = A$, é trivial. Para o passo indutivo, sejam A, B, e C_i como na definição de §, seja i tal que i percorre os números entre 1 e $n + 1$, escrevamos H para $A^{\S}$ e H_i para $A^{\S}_i$, e suponhamos, como hipótese de indução, que H_i é um ponto fixo para A_i. Seja $\mathcal{W} = (W, >, \omega)$ um modelo, e escrevamos $w \models D$ para $\mathcal{W}, w \models D$. Nos enunciados dos lemas, w pode ser qualquer elemento de W.

27.15 Lema. Suponhamos que $w \models \boxdot(p \leftrightarrow A)$ e $w \models \Box C_i(p)$. Então $w \models C_i(p) \leftrightarrow C_i(H_i)$ e $w \models \Box C_i(p) \leftrightarrow \Box C_i(H_i)$.

Demonstração: Dado que $w \models \Box C_i(p)$, pelo axioma (A3) $w \models \Box\Box C_i(p)$; logo, para todo $v \leq w$, $v \models \Box C_i(p)$. Segue-se que $w \models \boxdot(\Box C_i(p) \leftrightarrow \top)$. Pela Proposição 27.5, $w \models \boxdot(A \leftrightarrow A_i)$, do que, novamente pela Proposição 27.5, $w \models \boxdot(p \leftrightarrow A_i)$, dado que $w \models \boxdot(p \leftrightarrow A)$. Uma vez que H_i é um ponto fixo para A_i, $w \models \boxdot(p \leftrightarrow H_i)$. A conclusão do lema se segue aplicando-se a Proposição 27.5 duas vezes (uma para C_i, uma para $\Box C_i$).

27.16 Lema. $w \models \boxdot(p \leftrightarrow A) \to \boxdot(\Box C_i(p) \to \Box C_i(H_i))$.

Demonstração: Suponhamos que $w \models \boxdot(p \leftrightarrow A)$. Pela Proposição 27.6, $\boxdot D \to \boxdot\boxdot D$ é um teorema, de modo que $w \models \boxdot\boxdot(p \leftrightarrow A)$, e se $w \geq v$, então $v \models \boxdot(p \leftrightarrow A)$. Logo, se $v \models \Box C_i(p)$, então $v \models \Box C_i(p) \leftrightarrow \Box C_i(H_i)$ pelo Lema 27.15, e, assim, $v \models \Box C_i(H_i)$. Logo, se $w \geq v$, então $v \models \Box C_i(p) \to \Box C_i(H_i)$, e, assim, $w \models \boxdot(\Box C_i(p) \to \Box C_i(H_i))$.

27.17 Lema. $w \models \boxdot(p \leftrightarrow A) \to \boxdot(\Box C_i(H_i) \to \Box C_i(p))$.

Demonstração: Suponhamos que $w \models \boxdot(p \leftrightarrow A)$, $w \geq v$ e $v \models {\sim}\Box C_i(p)$. Então existe um u com $v > u$ e, portanto, $w \geq u$ com $u \models {\sim}C_i(p)$. Tomemos $u < v$ da menor posição entre aqueles tais que $u \models {\sim}C_i(p)$. Então, para todo t com $u > t$, temos $t \models C_i(p)$. Assim, $u \models \Box C_i(p)$. Como na prova do Lema 27.16, $u \models \boxdot(p \leftrightarrow A)$, e logo, pelo Lema 27.15, $u \models C_i(p) \leftrightarrow C_i(H_i)$ e $u \models {\sim}C_i(H_i)$. Assim, $v \models {\sim}\Box C_i(H_i)$ e $v \models \Box C_i(H_i) \to \Box C_i(p)$ e $w \models \boxdot(\Box C_i(H_i) \to \Box C_i(p))$.

Juntos, os dois últimos lemas nos dizem que

$$\boxdot(p \leftrightarrow A) \to \boxdot(\Box C_i(H_i) \leftrightarrow \Box C_i(p))$$

é um teorema de **GL**. Pela aplicação repetida da Proposição 27.5, vemos sucessivamente que $\boxdot(p \leftrightarrow A) \to \boxdot(A \leftrightarrow D)$ e, portanto, $\boxdot(p \leftrightarrow A) \to \boxdot(p \leftrightarrow D)$, é um teorema de **GL** para todas as sentenças D seguintes, das quais a primeira é A e a última H:

$$\begin{array}{l}
B(\Box C_1(p), \Box C_2(p), \ldots, \Box C_{n+1}(p)) \\
B(\Box C_1(H_1), \Box C_2(p), \ldots, \Box C_{n+1}(p)) \\
B(\Box C_1(H_1), \Box C_2(H_2), \ldots, \Box C_{n+1}(p)) \\
\vdots \\
B(\Box C_1(H_1), \Box C_2(H_2), \ldots, \Box C_{n+1}(H_{n+1})).
\end{array}$$

Assim, $\Box(p \leftrightarrow A) \rightarrow (p \leftrightarrow H)$ é um teorema de **GL**, completando a prova do teorema do ponto fixo.

Os teoremas da forma normal e do ponto fixo são dois dos muitos resultados sobre **GL** e sistemas relacionados que foram obtidos naquele ramo dos estudos lógicos conhecido como *lógica da demonstrabilidade*.

Problemas

27.1 Prove os casos do Teorema 27.1 que foram 'deixados ao leitor'.

27.2 Seja **S5** = **K**+(A1)+(A2)+(A3). Introduza uma noção alternativa de modelo para **S5** na qual um modelo é apenas um par $\mathcal{W} = (W, \omega)$, e $\mathcal{W}, w \models \Box A$ sse $\mathcal{W}, v \models A$ para todo v em W. Mostre que **S5** é correto e completo para essa noção de modelo.

27.3 Mostre que, em **S5**, toda fórmula é demonstravelmente equivalente a uma fórmula tal que, em uma subfórmula da forma $\Box A$, não há ocorrências de $\Box$ em A.

27.4 Mostre que há um modelo transitivo irreflexivo *infinito* em que a sentença $\Box(\Box p \rightarrow p) \rightarrow \Box p$ *não* é válida.

27.5 Verifique os itens na Tabela 27.1.

27.6 Suponha que para A na Tabela 27.1 nós tomássemos $\Box(\sim p \rightarrow \Box\bot) \rightarrow \Box(p \rightarrow \Box\bot)$. Qual seria a H correspondente?

27.7 Para provar que a sentença de Gödel não é demonstrável em **P**, temos que supor a consistência de **P**. Para provar que a *negação* da sentença de Gödel não é demonstrável em **P**, supusemos, no capítulo 17, a ω-consistência de **P**. Essa é uma suposição mais forte e que é realmente necessária para a prova. De acordo com a Tabela 27.1, que suposição é apenas forte o suficiente?

Bibliografia anotada

Obras gerais de referência

BARWISE, Jon. (Org.) *Handbook of Mathematical Logic*. Amsterdam: North-Holland, 1977. Coletânea de artigos expositórios com referências a literatura especializada adicional, em que o último artigo é uma exposição do teorema de Paris–Harrington.

GABBAY, Dov; GUENTHNER, Franz. (Org.) *Handbook of Philosophical Logic*. 4v. Dordrecht: Reidel, 1983. Coletânea de artigos expositórios abrangendo a lógica clássica, lógica modal e tópicos relacionados, e a relação da teoria lógica com a linguagem natural. Volumes sucessivos de uma segunda edição muito ampliada têm aparecido regularmente desde 2001.

VAN HEIJENOORT, Jean. (Org.) *From Frege to Gödel*: A Source Book in Mathematical Logic, 1879–1931. Cambridge, Massachusetts: Harvard University Press, 1967. Coletânea de artigos clássicos mostrando o desenvolvimento do assunto desde as origens da lógica verdadeiramente moderna até os teoremas de incompletude.

Livros-texto e monografias

ENDERTON, Herbert. *A Mathematical Introduction to Logic*. 2.ed. New York: Harcourt/Academic Press, 2001. Livro-texto para a graduação dirigido especialmente a estudantes de matemática e áreas afins.

KLEENE, Steven Cole. *Introduction to Metamathematics*. Princeton: D. van Nostrand, 1950. O texto a partir do qual muitos da geração mais velha primeiro aprenderam o assunto, contendo muitos resultados ainda não facilmente encontráveis em outra parte.

SHOENFIELD, Joseph R. *Mathematical Logic*. Reading, Massachusetts: Addison-Wesley, 1967. O livro-texto na área que é padrão para a pós-graduação.

TARSKI, Alfred; MOSTOWSKI, Andrzej; ROBINSON, Raphael. *Undecidable Theories*. Amsterdam: North-Holland, 1953. Um tratamento apresentando o primeiro teorema de incompletude de Gödel em sua formulação mais geral.

Dos autores

BOOLOS, George S. *The Logic of Provability*. Cambridge, UK: Cambridge University Press, 1993. Exposição detalhada das investigações sobre a abordagem modal da demonstrabilidade e da indemonstrabilidade introduzida no último capítulo deste livro.

JEFFREY, Richard C. *Formal Logic*: Its Scope and Limits. 4.ed. Indianapolis: Hackett, 1991. Livro-texto introdutório, fornecendo conhecimentos básicos mais do que suficientes para este livro.

Índice remissivo

SOBRE O LIVRO

Formato: 16 x 23 cm
Mancha: 27,5 x 49 paicas
Tipologia: Times New Roman 10,5/13,5
Papel: Offset 75g/m² (miolo)
Cartão Supremo 250 g/m² (capa)

EQUIPE DE REALIZAÇÃO

Edição de Texto

Capa
Estúdio Bogari

Editoração Eletrônica
Cezar A. Mortari

Assistência Editorial
Alberto Bononi

Impressão e acabamento
psi7 | book7
psi7.com.br book7.com.br